Springer-Lehrbuch

Bernd Page

Diskrete Simulation

Eine Einführung mit Modula-2

Unter Mitarbeit von
H. Liebert †, A. Heymann,
L. M. Hilty und A. Häuslein

Springer-Verlag Berlin Heidelberg GmbH

Prof. Dr. Bernd Page

FB Informatik
Universität Hamburg
Vogt-Koelln-Straße 30
W-2000 Hamburg 54

Mit 78 Abbildungen und 12 Tabellen

CR-Klassifikation (1991): I.6, G.3, J.2–4

ISBN 978-3-540-54421-0   ISBN 978-3-642-76862-0 (eBook)
DOI 10.1007/978-3-642-76862-0

CIP-Titelaufnahme der Deutschen Bibliothek
Page, Bernd: Diskrete Simulation. Eine Einführung mit Modula-2 / Bernd Page. –
Berlin; Heidelberg; New York; London; Paris; Tokyo; Hong Kong; Barcelona; Budapest:
Springer, 1991
(Springer-Lehrbuch)

Satz: Reproduktionsfertige Vorlage vom Autor

45/3140-543210 – Gedruckt auf säurefreiem Papier

Im Gedenken an Hansjörg Liebert

Vorwort

Die Computersimulation ist ein bedeutendes Instrument zur Analyse und Modellbildung komplexer Systeme. Ihre Methoden haben Eingang in die verschiedensten Fachgebiete gefunden, von den Natur- und Ingenieurwissenschaften über die Wirtschafts- und Sozialwissenschaften bis hin zur Medizin. Diesen Anwendungsgebieten durch adäquate methodische Konzepte und leistungsfähige Softwareprodukte gerecht zu werden, ist eine Herausforderung für die Angewandte Informatik. Der Erfolg einer Simulationsstudie hängt entscheidend vom Einsatz geeigneter Simulationssoftware ab.

Dieses Lehrbuch bietet dem Leser eine anwendungsorientierte Einführung in die *zeitdiskrete Simulation*. Ziel der Darstellung ist es, über die methodischen Grundlagen hinaus auch praxisbezogene Techniken zur Implementation komplexer Simulationsmodelle zu vermitteln. Als Implementationssprache wurde die strukturierte höhere Programmiersprache Modula-2 gewählt, die modernen Software-Engineering-Prinzipien (Modularität, Datenabstraktion, Portabilität) Rechnung trägt und somit für komplexe Simulationsprogramme geeignet ist.

Zum Verständnis des Buches werden Programmierkenntnisse in Modula-2 – oder in Pascal – sowie Grundkenntnisse aus der Wahrscheinlichkeitsrechnung und der Statistik vorausgesetzt.

Das Lehrbuch führt zunächst in die Grundbegriffe der Modellbildung und Simulation ein (Kap. 1), behandelt die grundlegenden Techniken des Entwurfs zeitdiskreter Modelle (Kap. 2) und ihrer Implementation mit Modula-2 (Kap. 3). Dabei werden allgemein verwendbare, modellunabhängige Programmbausteine eingeführt und in mehreren Beispielen angewendet. Die statistischen Methoden der Simulation (Kap. 4) und Methoden der Modellvalidierung (Kap. 5) sind für die Qualitätssicherung von Simulationsergebnissen entscheidend. Nach einem Überblick über das breite Spektrum der Simulationssoftware (Simulationssprachen, -pakete und -systeme, Kap. 6) wird das unter anwendungsbezogenen *und* didaktischen Gesichtspunkten entwickelte Simulationspaket DESMO (Discrete Event Simulation in Modula-2) eingeführt und an ausführlichen Beispielen in seiner Anwendung demonstriert. In einem Ausblick (Kap. 8) werden neuere Entwicklungen skizziert, die insbesondere durch den Einfluß der Künstlichen Intelligenz auf die Simulation angeregt wurden. Im Anhang sind Übungen und die vollständigen Programmtexte der Beispielmodelle zusammengestellt.

Die Beispielprogramme und das Simulationspaket DESMO können über den Autor entgeltlich bezogen werden.

Dieses Lehrbuch ist aus den langjährigen Vorlesungen, Übungen und Projektseminarien zur Modellbildung und Simulation hervorgegangen, die ich am Fachbereich Informatik der Universität Hamburg abgehalten habe. Der Stoff eignet sich für eine *zweisemestrige Vorlesung mit Übungen* im Umfang von jeweils mindestens zwei Semesterwochenstunden. Dabei bietet es sich an, die Kapitel 1, 4 und 6 nicht im Block zu behandeln, sondern die daraus benötigten Inhalte gezielt dort einzuführen, wo sie sich an konkreten Beispielen motivieren lassen. Eine sinnvolle Vorgehensweise wäre z. B.:

1. Semester

Vorlesung: 1.1 bis 1.5 aus Kapitel 1 (Einführung), Kapitel 2 (Elemente diskreter Modelle), Kapitel 3 einschließlich Anhang B (Implementation), 4.1 bis 4.3 aus Kapitel 4 (Statistik) , 6.1 aus Kapitel 6 (Simulationssoftware) und zum Abschluß 1.6 (Möglichkeiten und Grenzen)

Übungen: 3-4 Simulationsaufgaben (aus den Übungen 1 bis 9, Anhang A)

2. Semester

Vorlesung: Kapitel 7 einschließlich Anhang D (DESMO mit Beispielen), 4.4 aus Kapitel 4 (Statistik), Kapitel 5 (Modellvalidierung), Abschnitt 6.2 aus Kapitel 6 (Simulationssysteme), Kapitel 8 (Ausblick)

Übungen: 4-5 Simulationsaufgaben (aus den Übungen 10 bis 15, Anhang A)

Im Anschluß an diese Vorlesung bietet sich ein *Simulationsprojekt* von ca. 4 Semesterwochenstunden an, in dem komplexere Simulationsmodelle bearbeitet werden. Einige Vorschläge für Projektthemen sind im Anhang angegeben.

Zum Entstehen dieses Buches haben meine Koautoren wichtige Beiträge geleistet. Zu besonderem Dank für seinen großen Einsatz bin ich Herrn Hansjörg Liebert verpflichtet. Ihm war es durch einen tragischen Unfall leider nicht mehr vergönnt, das Erscheinen des Buches zu erleben. Neben den Koautoren Lorenz M. Hilty, Andreas Heymann und Andreas Häuslein ist auch Rolf Bölckow zu nennen, der das Simulationspaket DESMO mitentwickelt hat. Dirk Martinssen war maßgeblich an der Portierung der Software und an der Endkorrektur des Lehrbuches beteiligt. Astrid Ritscher hat sich neben Programmierarbeiten zusammen mit Rüdiger Hinze um die Textverarbeitung gekümmert. Unterstützung bei der Korrektur und dem Sachverzeichnis haben wir auch von meinen Diplomanden Sigrun Goll, Christian Rhodin und Anita Rudolf erhalten. Ihnen allen danke ich für die engagierte Mitarbeit, die wesentlich zum Gelingen des Buches beigetragen hat. Es wäre nicht möglich, an dieser Stelle alle Studenten und Diplomanden zu erwähnen, deren Arbeiten mir wertvolle Anregungen gaben. Hans Wössner und Ingeborg Mayer vom Springer-Verlag danken wir für die Geduld, mit der sie dieses Buchprojekt begleitet haben.

Hamburg, im Mai 1991   *Bernd Page*

Inhaltsverzeichnis

1 Einführung und Grundbegriffe

Die Umwelt des Menschen besteht nicht nur aus einer Anhäufung von Einzelobjekten, sondern auch aus einem Netz von Beziehungen, das die Objekte untereinander verbindet. Ausschnitte aus dieser Gesamtmenge der Objekte und Beziehungen werden vom Menschen abgegrenzt und als *Systeme* bezeichnet. Es kann sich um natürliche, technische oder – wird der Mensch selbst als Teil des Systems gesehen – soziale Systeme handeln. Oft sind die betrachteten Systeme komplex; ihre Struktur und ihr Verhalten sind nicht unmittelbar durchschaubar. Man denke beispielsweise an ökologische Systeme, an große Produktions- und Transportsysteme oder komplizierte elektronische Schaltungen.

Je besser der Mensch Struktur und Verhalten von Systemen durchschauen kann, desto besser sind seine Möglichkeiten, gezielt Einfluß auf die Systeme zu nehmen. Um die Folgen seiner Eingriffe in Systeme oder die Realisierbarkeit seiner Gestaltungswünsche abschätzen zu können, benötigt er nicht nur Wissen über die Eigenschaften einzelner Objekte des jeweiligen Systems (Detailwissen), sondern auch über das Wirkungsgefüge, das die Objekte miteinander verbindet (Strukturwissen).

Die systematische Untersuchung komplexer Systeme ist Gegenstand der *Systemanalyse*. Dieser Forschungsansatz, der im Sinne einer Ganzheitsbetrachtung über die Grenzen der bestehenden Wissenschaftsdisziplinen hinausgreift, ist durch die weitgehende Verwendung mathematisch-quantitativer Modelle gekennzeichnet. Die Systemanalyse untersucht das Verhalten von Systemen mit dem Ziel, den Entscheidungsverantwortlichen umfassende Informationen über die mit ihren Handlungsmaximen und Handlungsalternativen verbundenen Konsequenzen zur Verfügung zu stellen.

Um Erkenntnisse über Systeme zu gewinnen, ist es meist sinnvoll, die Untersuchung nicht am System selbst vorzunehmen, sondern ein *Modell* zu bilden, das die wesentlichen Eigenschaften des Systems abbildet. Durch die Beschränkung auf die problemrelevanten Eigenschaften des Originals erreicht man eine Verminderung der Komplexität, wodurch eine Untersuchung des Systems häufig erst möglich wird. In vielen Fällen sind Experimente am Original auch deshalb nicht angemessen, weil die Vorgänge in der Realität zu schnell oder zu langsam ablaufen, die Kosten zu hoch sind oder die Gefahr einer Störung oder Zerstörung des Realsystems durch die Experimente besteht (vgl. [Zei76]).

Der Umgang mit Systemen und Modellen aus den verschiedensten Anwendungsgebieten setzt zunächst einige begriffliche Klärungen aus der *Systemtheorie* voraus. Die

Systemtheorie ist eine allgemeine Theorie des Zusammenhangs zwischen Struktur und Verhalten von Systemen. Sie sucht nach Grundprinzipien, die gleichermaßen für alle Systeme gelten, die in den unterschiedlichen wissenschaftlichen Disziplinen erforscht werden. Die Systemtheorie bildet das theoretische Gerüst der Systemanalyse. Will man ein vorliegendes System analysieren, ist es hilfreich, auf allgemeine Prinzipien des Aufbaus und Verhaltens von Systemen zurückgreifen zu können. Der Systembegriff ist dabei lediglich ein Hilfsmittel. Er ist die Basis für ein einheitliches interdisziplinäres Vorgehen (vgl. [Wol79]).

1.1 Systeme

Wenn der Mensch einen Ausschnitt der Realität als System identifiziert, wendet er bereits implizite Kriterien an, nach denen er seine Beobachtungen bewertet und ordnet. Somit bestehen in der Systemanalyse große Freiheitsgrade, denn die untersuchten Systeme werden **problemabhängig** definiert und weniger interessierende Erscheinungen *a priori* ausgeklammert.

J. W. Forrester definiert ein System als eine Menge miteinander in Beziehung stehender Teile (Komponenten), die zu einem gemeinsamen Zweck interagieren [For72]. Der Begriff des Zwecks scheint sich auf den ersten Blick nur auf künstlich geschaffene Systeme zu beziehen. Tatsächlich sind aber auch natürliche Systeme häufig erst dadurch zu verstehen, daß ihnen ein Zweck zugeschrieben wird. So betrachten wir z. B. ein Herz als ein System, das zur Aufrechterhaltung des Blutkreislaufs in einem Organismus dient.

Als *Element* eines Systems bezeichnet man eine nicht weiter unterteilbare oder als nicht weiter unterteilbar *betrachtete* Komponente des Systems [Nie77]. Die Elemente eines Systems lassen sich wiederum als Systeme auf einer niedrigeren Aggregationsebene auffassen. Umgekehrt kann man ein System als Element eines übergeordneten Systems betrachten. So ergibt sich eine **Hierarchie der Systeme** [Krü74].

Den Elementen eines Systems können *Eigenschaften (Attribute)* zugeordnet werden, einem Fahrzeug beispielsweise die Eigenschaft "Geschwindigkeit". Veränderliche Eigenschaften werden als *Zustandsvariablen* bezeichnet, die verschiedenen Ausprägungen dieser Eigenschaften (z. B. 50 km/h) als *Werte* der Zustandsvariablen. Die Menge der Werte aller Zustandsvariablen zu einem bestimmten Zeitpunkt wird als *Zustand des Systems* bezeichnet [Sch79]. Wenn sich Werte im Verlauf der Zeit ändern, ergeben sich **Zustandsfolgen**, die das *Verhalten des Systems* darstellen.

Zwischen den Elementen eines Systems bestehen *Beziehungen,* die mathematisch durch zwei- oder mehrstellige Relationen dargestellt werden. Für das Systemverhalten sind speziell *Interaktionsbeziehungen* von Bedeutung. Eine solche Beziehung liegt dann vor, wenn der Zustand eines Elements den Zustand eines anderen Elements kausal beeinflußt.

Die *Komplexität eines Systems* hängt von der Anzahl der Elemente und Beziehungen und damit vom **Verflechtungsgrad** der Elemente ab. Je größer die Zahl der Beziehungen im Verhältnis zur Zahl der Elemente, desto höher der Verflechtungsgrad.

Nach Art der Beziehung eines Systems zu seiner Umgebung unterscheidet man offene und geschlossene Systeme [Nie77]. Ein *offenes System* hat mindestens eine Interaktionsbeziehung zu einem umgebenden System (einen Systemeingang oder -ausgang). *Geschlossen* nennt man dagegen Systeme, die keinerlei Interaktionsbeziehungen zu anderen Systemen haben (vgl. jedoch [For72]). Das Verhalten des Systems ist dann unabhängig von äußeren Einflüssen. Reale Systeme sind praktisch immer offen und können nur durch gedankliche Vereinfachung als geschlossene Systeme betrachtet werden. Beispielsweise ist ein See ein offenes System. Vernachlässigt man jedoch die Interaktionen des Systems See mit seiner Umwelt (also sämtliche Zu- und Abflüsse von Materie und Energie), so erscheint es als geschlossenes System. Ob eine solche Vereinfachung im Einzelfall zulässig ist oder nicht, hängt von der zu untersuchenden Problemstellung ab.

Eine weitere Unterscheidung ergibt sich durch das Verhalten der Systeme in der Zeit. Im Gegensatz zu den *statischen Systemen* ändert sich bei *dynamischen Systemen* der Zustand im Zeitablauf. Auch diese Einteilung ist eine Frage der Sichtweise. Z. B. kann man ein Schienennetz ohne die darauf fahrenden Züge betrachten (statisches System) oder den Zugverkehr in die Betrachtung miteinbeziehen (dynamisches System).

Die dynamischen Systeme werden weiter eingeteilt in kybernetische und nicht-kybernetische Systeme. Ein *kybernetisches System* ist dadurch gekennzeichnet, daß das Netz der Interaktionsbeziehungen Zyklen (sog. Rückkopplungsschleifen) enthält. Die grundlegenden Systembegriffe sind in Abb. 1-1 zusammengefaßt.

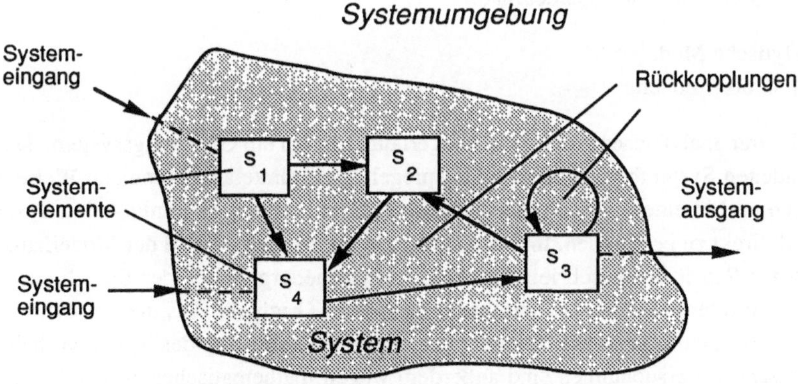

Abb. 1-1: Grundlegende Systembegriffe (nach [Bos89], S. 11)

1.2   Modelle

Durch den Vorgang der Modellbildung werden Systeme in *Modelle* abgebildet. Die Modelle sind selbst wiederum Systeme, die aber die Elemente und Relationen des Ursprungssystems in veränderter Weise darstellen.

> "Modelle sind materielle oder immaterielle Systeme, die andere Systeme so darstellen, daß eine experimentelle Manipulation der abgebildeten Strukturen und Zustände möglich ist."
> [Nie77, S. 57]

Beim Übergang vom Ursprungssystem (Original) zum Modell findet eine Abstraktion und Idealisierung statt. Ein Modell stellt das Original also vereinfacht dar – dadurch erst wird die Untersuchung komplexer Systeme handhabbar. Da die Ergebnisse, die mit dem Modell erzielt werden, auf das Original übertragen werden sollen, ist eine ausreichend genaue Abbildung der wesentlichen Eigenschaften nötig. Welche Eigenschaften als *wesentlich* betrachtet werden, hängt von der Fragestellung und Zielsetzung der Untersuchung ab. Zu einem gegebenen System können mehrere unterschiedliche Modelle erstellt werden, abhängig von der Zielsetzung der Modellstudie und der subjektiven Sichtweise des Modellbildners.

Modelle können nach verschiedenen Kriterien klassifiziert werden: nach der Art der *Untersuchungsmethode*, nach dem *Abbildungsmedium*, nach der Art der *Zustandsübergänge* und schließlich nach dem intendierten *Verwendungszweck*.

Klassifikation nach Art der Untersuchungsmethode

Wenn Untersuchungen an einem Modell vorgenommen werden, so können Erkenntnisse entweder durch *analytische Berechnung* oder durch *Simulation* gewonnen werden. Entsprechend unterscheidet man:

- analytische Modelle
- Simulationsmodelle

Modelle mit analytischem Lösungsansatz erlauben es, in ein Gleichungssystem, das die vorhandenen Systembeziehungen widerspiegelt, bestimmte angenommene Werte einzusetzen und in einem geschlossenen Lösungsdurchlauf den zu ermittelnden Systemzustand direkt zu bestimmen. In Simulationsmodellen dagegen wird der Modellzustand Schritt für Schritt fortgeschrieben, d. h. die Zwischenergebnisse der Berechnung besitzen eine Interpretation als Zwischenzustände des Originals. Aus diesem Grund eignen sich Simulationsmodelle besonders zur *Veranschaulichung* des Systemverhaltens. Analytische Untersuchungen sind außerdem wegen mathematischer Restriktionen auf Systeme mit relativ geringer Komplexität begrenzt (vgl. 1.3).

Klassifikation nach Abbildungsmedium

Modelle müssen nicht notwendigerweise in einem Formalismus dargestellt werden. Auch informale Beschreibungen oder materielle Systeme können als Modelle dienen. Verbale Modelle (umgangssprachliche Beschreibungen) und grafisch-deskriptive Modelle können wichtige Zwischenstufen bei der Entwicklung formaler Modelle darstellen (s. 1.4). Abbildung 1-2 zeigt die Hierarchie der Abbildungsmedien. Der Vollständigkeit halber wurde hier auch die Unterscheidung nach der Untersuchungsmethode miteinbezogen. Die folgenden Beispiele sollen die Klassifikation verdeutlichen:

- *materielles Modell:*   Schiffsmodell
- *verbales Modell:*   umgangssprachliche Beschreibung
- *grafisch-deskriptives Modell:*   Flußdiagramm
- *mathematisches Modell:*   Gleichungssystem
- *grafisch-mathematisches Modell:*   Petri-Netz

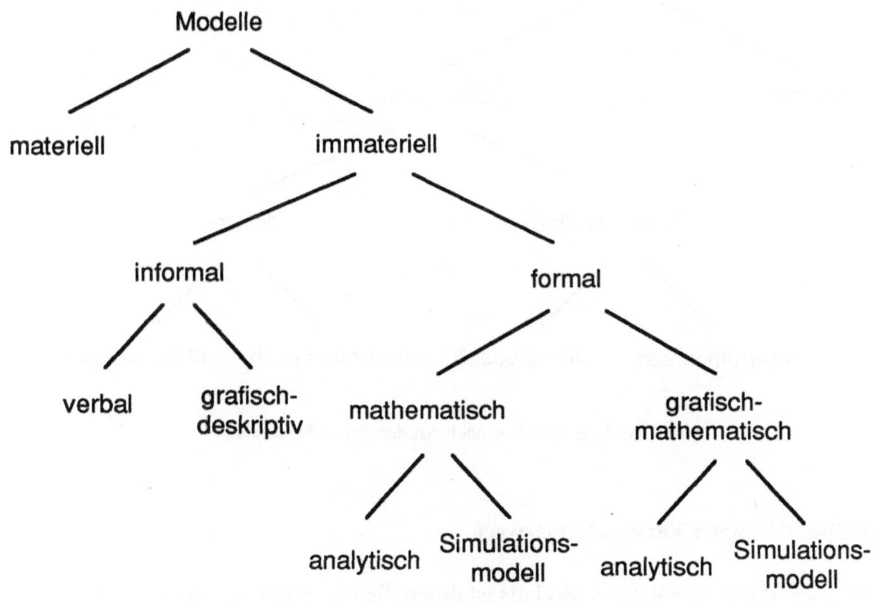

Abb. 1-2: Klassifikation nach Abbildungsmedium und Untersuchungsmethode

Klassifikation nach Art der Zustandsübergänge

Abbildung 1-3 zeigt die Klassifikation von Modellen nach der Art der Zustandsübergänge. Bei einem *statischen* Modell treten keine Zustandsänderungen auf. Ein *dynamisches* Modell zeichnet sich dagegen durch die Zeitabhängigkeit des Modellzustandes aus.

Die Zustandsvariablen eines *kontinuierlichen* Modells lassen sich durch stetige Funktionen beschreiben. Bei einem *diskreten* Modell ändern sich die Werte der Zustandsvariablen dagegen sprunghaft zu bestimmten, auf der Zeitachse diskret verteilten Zeitpunkten.

Deterministisch heißt ein Modell, wenn seine Reaktion auf eine bestimmte Eingabe, ausgehend von einem bestimmten Zustand, eindeutig festgelegt ist. Wenn dies nicht der Fall ist, d. h. wenn sich Reaktionen des Modells nur durch Wahrscheinlichkeitsverteilungen beschreiben lassen, nennt man es *stochastisch*.

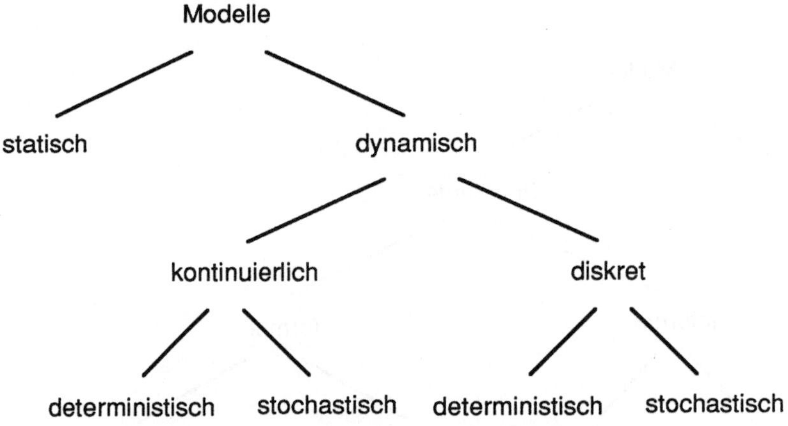

Abb. 1-3: Klassifikation nach Art der Zustandsübergänge

Klassifikation nach Verwendungszweck

Der Verwendungszweck eines Modells ist durch die Fragestellung und Zielsetzung der Modellstudie festgelegt. Abhängig vom Verwendungszweck werden unterschiedliche Anforderungen an Modelle gestellt. Ein *Erklärungsmodell* muß die Struktur des Originalsystems so detailliert abbilden, daß es zur Erklärung des beobachteten Systemverhaltens herangezogen werden kann. Ein *Prognosemodell* dient dazu, künftige Systemzustände unter gegebenen (alternativen) Annahmen abzuschätzen. Es ist durchaus möglich, daß ein bestimmtes Modell als Prognoseinstrument nützlich ist, ohne das Systemverhalten zu erklären. *Gestaltungsmodelle* dienen als Entscheidungshilfe beim Entwurf von Systemen und der Maßnahmenauswahl in der Projektplanung. *Optimierungsmodelle* schließlich werden zur Ermittlung optimaler Systemzustände entwickelt. Beispielsweise kann ein Transportmodell mit dem Ziel entwickelt werden, Transportkosten zu minimieren.

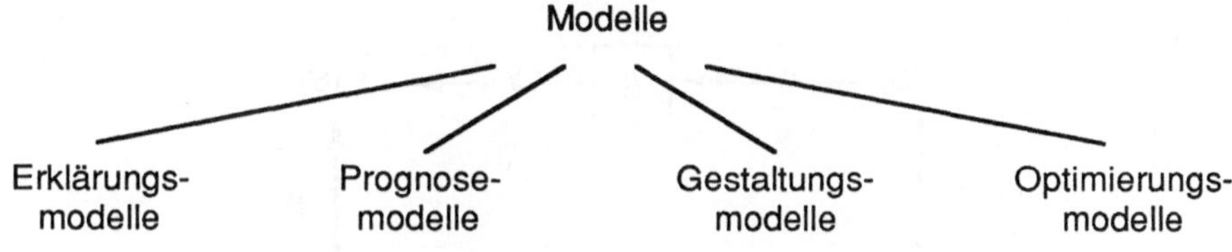

Abb. 1-4: Klassifikation nach Verwendungszweck

1.3 Simulation

Man spricht ganz allgemein von *Simulation*, wenn bei der Systemanalyse ein Modell an die Stelle des Originalsystems tritt und **Experimente** am Modell durchgeführt werden. Ist die hinreichend korrekte Abbildung zwischen Original und Modell gesichert, so lassen sich die Abläufe des realen, dynamischen Systems im Modell nachvollziehen und Kenntnisse über das Modellverhalten sammeln, die in gewissen Grenzen **Rückschlüsse** auf das Verhalten des Originals erlauben (vgl. [Krü74]).

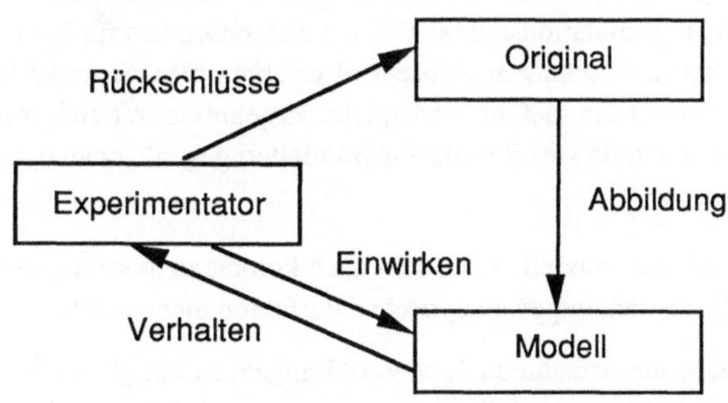

Abb. 1-5: Beziehungen zwischen Objekt, Modell und Experimentator

Die Simulation eines Systems S durch ein zweites System M (ein Modell von S) wird in der mathematischen Systemtheorie wie folgt charakterisiert (s. auch Abb. 1-6):

"Ein allgemeines System S transformiert einen Input u aus einer Inputmenge U (S) in einen Output y aus der Outputmenge Y (S). [...] Ein Output y des Systems S, der durch einen Input u erzeugt wird, muß auch dadurch erreicht werden können, daß man den Input u zunächst in einen Input $u' = \alpha$ (u) des Systems M umcodiert, den zugehörigen Output y' des Systems M erzeugt und ihn in den Output $y = \beta$ (y') des Systems S rückcodiert." [Koh76, S. 223]

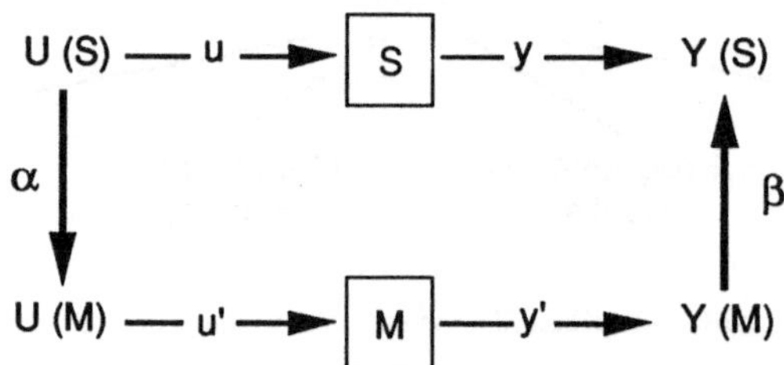

Abb. 1-6: Simulation eines Systems S durch ein zweites System M (nach [Koh76])

Der Begriff der Simulation ist hier sehr allgemein gefaßt, so daß er auch den Fall abdeckt, daß Experimente mit *analytischen* Modellen durchgeführt werden. Dennoch werden im allgemeinen nur solche Modelle als Simulationsmodelle bezeichnet, die keine analytische Behandlung erlauben.

Simulationsmodelle in diesem Sinne können keiner bestimmten mathematischen Methode zugerechnet werden. Immer dann, wenn ein analytisches Verfahren (z. B. aus der Warteschlangentheorie) keine adäquate Abbildung eines Systems mehr gestattet, bietet sich die Simulationsmethode an. Hierbei werden mathematische Beziehungen beliebiger Art, algorithmische Beschreibungen in Form von logischen Verknüpfungen, Fallunterscheidungen oder Wiederholungen entwickelt, bis die erstrebte Abbildungsgenauigkeit erreicht ist. Simulationsmodelle bieten sich besonders für komplexe Systeme an, da eine korrekte Anwendung analytischer Verfahren hier oft starke Vereinfachungen erfordert und somit die Gefahr inadäquater Ergebnisse mit sich bringt. Generell sind die folgenden **Vorteile von Simulationsmodellen** gegenüber analytischen Modellen hervorzuheben:

- Mit einem Simulationsmodell lassen sich auch komplexe Systemstrukturen untersuchen, die die Einschränkungen analytischer Verfahren nicht erfüllen.

- Ohne vereinfachende Annahmen über Verteilungen, Zufälligkeit oder Unabhängigkeit kann das Simulationsmodell mit einem wesentlich höheren Grad an Realitätsnähe versehen werden.

- Ein Simulationsmodell ermöglicht flexible Sensitivitätsuntersuchungen bezüglich der angenommenen statistischen Verteilungen.

- Simulation ist für den Anwender mathematisch weniger schwierig als die Verwendung analytischer Ansätze.

- Simulation ermöglicht eine anschauliche Darstellung des Systemverhaltens, weil die zeitliche Entwicklung des Systemzustandes Schritt für Schritt nachvollzogen wird.

Diesen Vorteilen stehen die folgenden **Nachteile von Simulationsmodellen** im Vergleich mit analytischen Modellen gegenüber:

- Im Gegensatz zu analytischen Verfahren (wie der linearen Programmierung oder anderen Optimierungsverfahren) ist bei der Simulation das Auffinden der optimalen Lösung nicht sichergestellt.

- Ein Simulationsmodell erfordert in der Regel höheren Entwicklungsaufwand als ein analytisches Modell.

- Computersimulation erfordert mehr Rechenzeit und Speicherplatz als die Anwendung analytischer Methoden.

In 1.2 wurden bereits zwei Modellklassen genannt, auf denen zwei grundlegend verschiedene Ansätze im Bereich der Computersimulation beruhen: diskrete und kontinuierliche Modelle.

Bei vielen Prozessen, vor allem in betrieblich-organisatorischen Systemen (der Mikroebene), z. B. bei Abläufen in Produktions-, Transport- oder Lagerhaltungssystemen, ändert sich der Systemzustand nicht kontinuierlich, sondern **diskret**. Als Beispiel kann etwa die Warteschlange vor einer Maschinengruppe einer Fertigungsanlage dienen: Der Zustand der Warteschlange (die Zahl der "wartenden" Werkstücke) ändert sich nur bei Ankunft oder Abgang eines Werkstückes. Diese Ankünfte und Abgänge können als *diskrete Ereignisse* betrachtet werden, d. h. als Ereignisse, die zu diskret über die Zeitachse verteilten Zeitpunkten auftreten. Bei derartigen Systemen haben wir es außerdem mit *diskreten Einheiten* (z. B. Werkstücke oder Maschinen) zu tun. Es ist oft vorteilhaft oder sogar notwendig, solche Einheiten als individuelle Elemente mit "eigener Geschichte" oder "individuellem Schicksal" in der Simulation mitzuführen.

Dagegen erscheint es bei physikalischen, biologischen oder medizinischen Systemen meist natürlich, daß sich Systemveränderungen **kontinuierlich** vollziehen, denn das Systemverhalten ist hier durch physikalische bzw. biologische Gesetze bestimmt, die in Form von *Differentialgleichungen* dargestellt werden können.

Das System wird in diesem Fall durch eine Reihe von zeitabhängigen Zustandsvariablen $x_1(t), ..., x_n(t)$ beschrieben. Die Änderungsraten, d. h. die zeitlichen Ableitungen $x_1'(t), ..., x_n'(t)$ der Zustandsvariablen werden durch Funktionen der Zustandsvariablen selber und gewisser Eingabevariablen $u_1(t), ..., u_m(t)$ bestimmt:

$$x_1'(t) = f_1(x_1(t), ..., x_n(t), u_1(t), ..., u_m(t))$$

$$\vdots$$

$$x_n'(t) = f_n(x_1(t), ..., x_n(t), u_1(t), ..., u_m(t))$$

Die Ergebnisvariablen $y_1(t)$, ..., $y_r(t)$ können dann durch Funktionen h_1, ..., h_r der Zustandsvariablen ausgedrückt werden:

$$y_1(t) = h_1(x_1(t), ..., x_n(t))$$

$$\vdots$$

$$y_r(t) = h_r(x_1(t), ..., x_n(t))$$

In den meisten Fällen ist man jedoch unmittelbar an den Zustandsgrößen interessiert, so daß keine besonderen Ergebnisvariablen benötigt werden. Diese Gleichungen definieren das kontinuierliche Simulationsmodell. Die Simulation besteht dann im wesentlichen in der Lösung der Differentialgleichungen durch **numerische Integrationsverfahren** für vorgegebene Eingabevariablen $u_1(t)$, ..., $u_m(t)$.

Thema dieses Buches sind **diskrete Simulationsmodelle**. Da dieser Modellansatz eine Diskretisierung der Zeit und damit eine bestimmte Betrachtungsweise der Realsysteme voraussetzt, spricht man auch von der *Simulation zeitdiskreter Systeme*. Eine Ortsabhängigkeit von Zustandsgrößen, wie sie z. B. bei Ausbreitungsmodellen für Schadstoffe auf dem Umweltsektor vorzufinden ist, bleibt hier außer Betracht.

1.4 Modellbildung und Modellbildungszyklus

Anknüpfend an Abschnitt 1.2 sei noch einmal festgehalten:

1. Die grundlegende Funktion eines Modells ist die *Abbildung* eines wirklichen oder gedachten Systems.
2. Auf dem Weg vom Original zum Modell findet eine *Abstraktion* statt; nur die relevanten Merkmale des Originals werden abgebildet. Was relevant ist, hängt einerseits vom Erkenntnisinteresse, andererseits auch vom Stand der Kenntnis ab. (Beispiel: In einem ökologischen Seemodell kann für bestimmte Fragestellungen von der Topographie des Sees abstrahiert werden.)
3. Bei der Modellbildung wird häufig auch eine *Idealisierung* bestimmter Merkmale des Originals vorgenommen. (Beispiel: Die jahreszeitlichen Schwankungen der Sonneneinstrahlung in einem ökologischen Seemodell werden durch eine einfache Sinusfunktion dargestellt, vgl. [Sch85].)

Durch Abstraktion und Idealisierung wird bei der Modellbildung die Komplexität des Originals reduziert. Im folgenden wird vorausgesetzt, daß der Modellbildungsprozeß von einem in der Realität vorgefundenen Original ausgeht (was etwa bei Gestaltungsmodellen nicht der Fall ist). Das Original wird als *Realsystem* bezeichnet. Viele der nachfolgenden Überlegungen gelten sinngemäß jedoch auch für die Modellierung fiktiver Systeme.

Der Prozeß der Modellbildung und Simulation läßt sich in mehrere Schritte zerlegen (s. Abb. 1-7). Zunächst wird ein *konzeptuelles Modell* entworfen. Dieses ist das Ergebnis des oben erwähnten Abstraktions- und Idealisierungsprozesses. Es handelt sich um ein rein **gedankliches Modell,** das zunächst nur in der Vorstellung des Modellentwicklers existiert. Beschreibungen des konzeptuellen Modells (z. B. in Form von umgangssprachlichen Texten, Modelldiagrammen, mathematischen Ausdrücken) sind unabhängig von der späteren Implementation des Modells als **Computerprogramm.** Das letztere wird zur deutlichen Abgrenzung vom konzeptuellen Modell auch als *Computer-Modell* bezeichnet. Ist ein lauffähiges und korrektes Computer-Modell entwickelt, so kann die **Simulation** durchgeführt werden. Die so erhaltenen *Simulationsergebnisse* erlauben in gewissen Grenzen Rückschlüsse auf das **Realsystem.** Die Ermittlung dieser Grenzen ist Aufgabe der *Modellvalidierung* (vgl. S. 16 und Kap. 5).

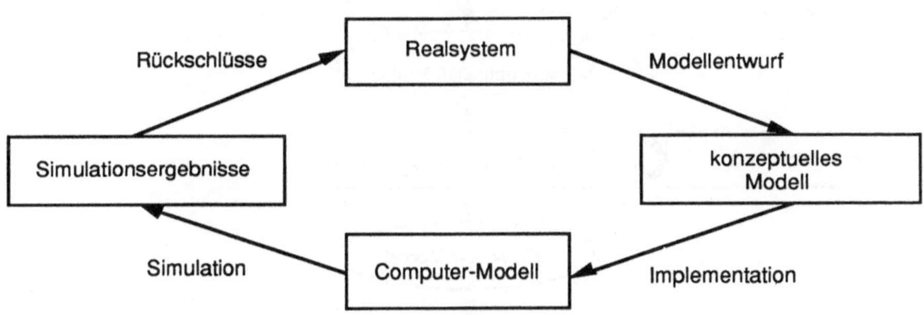

Abb. 1-7: Schematische Darstellung der Modellbildung und Simulation

Bisher wurde die Modellbildung stark vergröbert dargestellt. Betrachtet man die Arbeitsschritte des Modellentwicklers genauer, so lassen sich zahlreiche Einzelaktivitäten unterscheiden, die nicht streng sequentiell, sondern *parallel* und häufig in bestimmten *Zyklen* ablaufen.

Der gesamte Modellbildungsprozeß ist in Abbildung 1-8 in Anlehnung an [Käm90] dargestellt. Dabei kennzeichnen **Rechtecke** Aktivitäten des Modellentwicklers und **Ellipsen** deren Voraussetzungen bzw. Resultate. Die einzelnen Phasen werden im folgenden näher erläutert.

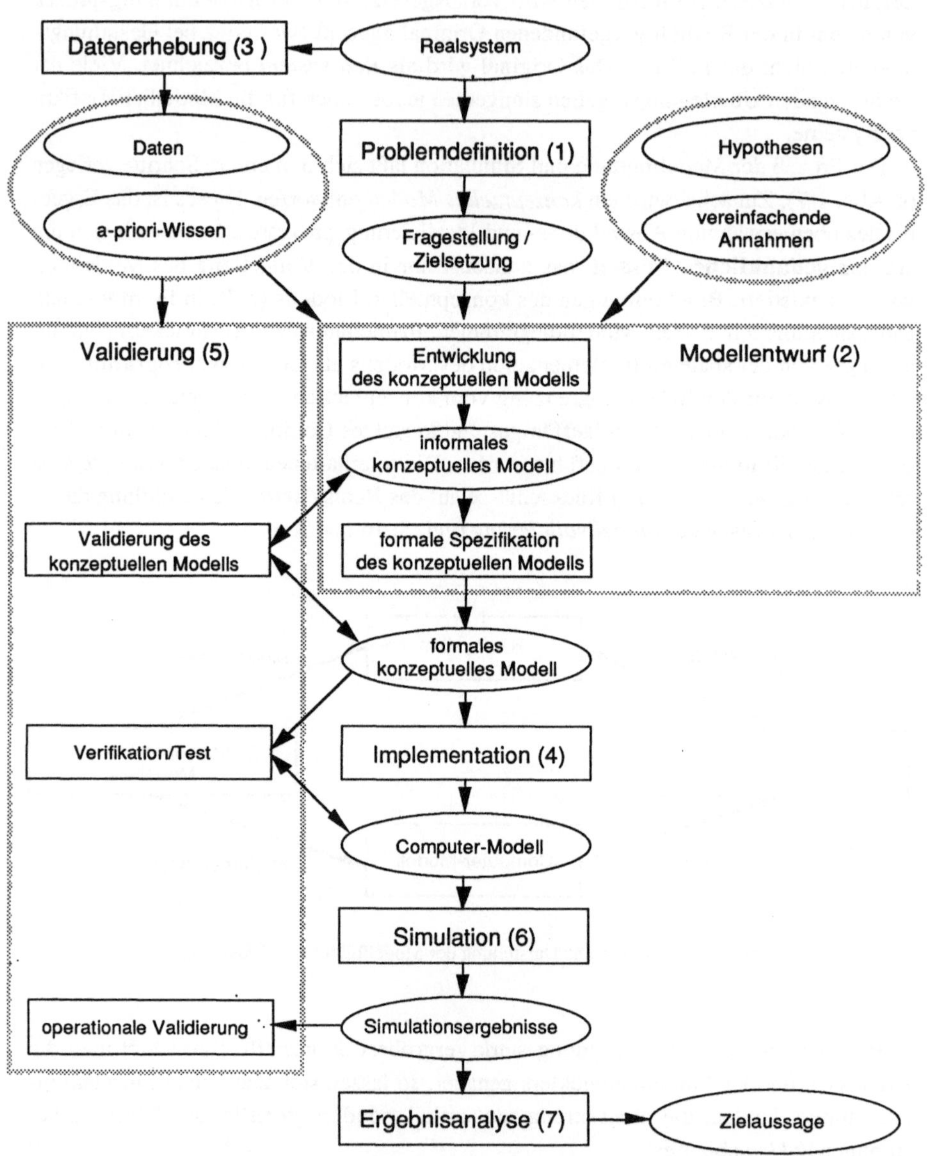

Abb. 1-8: Die Phasen des Modellbildungsprozesses

1. Problemdefinition

Am Anfang jeder Modellstudie sollte eine möglichst gründliche Problemdefinition stehen. Sie legt die zu untersuchenden Fragestellungen und zu erreichenden Ziele fest. Bei der genauen Problemabgrenzung muß dem Modellentwickler möglichst vollständig bewußt sein, unter welchem Blickwinkel er an die Problemstellung herangeht, da in diesem Anfangsschritt bereits eine Bandbreite von Lösungsmöglichkeiten abgesteckt wird.

Ist die Fragestellung der Untersuchung nicht eindeutig formuliert, so kann nicht zuverlässig entschieden werden, welche Systemkomponenten im Modell abzubilden sind und von welchen abstrahiert werden kann. Fehler, die in dieser frühen Phase gemacht werden, sind später nur mit großem Aufwand zu korrigieren, da hierzu die Modellstudie in der Regel wieder neu begonnen werden muß.

2. Modellentwurf

Der erste Schritt in der Phase des Modellentwurfs ist die **Entwicklung des konzeptuellen Modells**. Hierbei ist, ausgehend von der zu untersuchenden Fragestellung, eine Abgrenzung des zu modellierenden Systems gegenüber seiner Umgebung vorzunehmen (vgl. Abb. 1-1). Auf der Basis der Definition der Systemgrenzen wird eine erste Erfassung der Systemstruktur vorgenommen. In diesem ersten Abstraktionsschritt werden relevante Systemobjekte, ihre Attribute und Beziehungen ausgewählt und es wird entschieden, welche Systemaspekte für die zu untersuchende Fragestellung unwesentlich sind und unberücksichtigt bleiben können [Sch82].

Die relevanten Systemgrößen und ihre Beziehungen werden zunächst informal beschrieben. Hierfür wird meist ein *grafisch-deskriptives* Medium verwendet (Struktur-, Kausal- oder Flußdiagramme, Petri-Netz-ähnliche Darstellungen usw.).

Auf dieser Grundlage erfolgt die **Wahl eines geeigneten Modelltyps**. Ein System kann abhängig von der gewählten Fragestellung und Betrachtungsweise meistens durch Modelle verschiedenen Typs (z. B. durch ein kontinuierliches oder ein diskretes Modell) dargestellt werden. So kann man die Abfertigung der Kunden an den Kassen eines Supermarktes als *diskreten* Prozeß im Verlauf der Zeit ansehen. Betrachtet man aber die gesamte Masse der Kunden, die in den Supermarkt strömen, einkaufen, sich an den Kassen stauen, abgefertigt werden und den Supermarkt verlassen, so ist auch die Darstellung dieser Masse als "Menschenfluß" in einem *kontinuierlichen* Modell gerechtfertigt.

Ferner ist zu entscheiden, ob das System oder Teile davon durch Zufallsprozesse in einem *stochastischen* Modell beschrieben werden sollen, oder ob ein *deterministisches* Modell zu verwenden ist. In stochastischen Modellen lassen sich auch solche Komponenten des Systems durch Zufallsprozesse nachbilden, die zwar prinzipiell deterministisch beschreibbar wären, aufgrund ihrer Komplexität und Undurchschaubarkeit aber ein zufällig erscheinendes Verhalten zeigen. Die Abbildung deterministischer Systeme auf stochastische Modelle ist ein wichtiges Mittel der Komplexitätsreduktion.

Eine weitere Möglichkeit, die Komplexität des zu untersuchenden Systems zu reduzieren, ist die **Zerlegung des Systems in Subsysteme** (Strukturierung und Modularisierung). Die Subsysteme müssen dabei Einheiten bilden, die für eine isolierte Untersuchung anhand von Teilmodellen geeignet sind. Um eine korrekte Verknüpfung der Teilmodelle zu einem Gesamtmodell zu gewährleisten, ist eine genaue Kenntnis der Interdependenzen der entsprechenden Subsysteme erforderlich.

Das Ergebnis der beschriebenen Arbeitsschritte ist das *informale konzeptuelle Modell*. Spätestens an diesem Punkt sollte auch eine **Aufwandsabschätzung** hinsichtlich Arbeitszeit, Ressourcenbedarf und Kosten für die gesamte Modellstudie vorgenommen werden, um die vollständige Realisierbarkeit des Modells im vorgegebenen Rahmen sicherzustellen.

Der nächste Schritt im Rahmen des Modellentwurfs ist die **formale Spezifikation des konzeptuellen Modells,** d. h. eine exakte Beschreibung des Modells in einem geeigneten Formalismus. Voraussetzung für eine mathematische Darstellung ist die Quantifizierbarkeit der Systemgrößen, damit Gleichungen oder Entscheidungsregeln zur Beschreibung der Beziehungen dieser Größen aufgestellt werden können. Bei kontinuierlichen Systemen handelt es sich hierbei um *Differentialgleichungen*. Bei diskreten Modellen werden dagegen die Modellabläufe vorwiegend durch *algorithmische Beschreibungen* in Form von Aktionssequenzen, Verzweigungen und Wiederholungen abgebildet. Für Modellparameter und stochastische Modellgrößen werden statistische Schätzwerte benötigt.

Auf welche Informationen stützt sich ein Modellentwickler in der Entwurfsphase? Zum einen sind dies empirische Daten, anhand derer *induktiv* Schlußfolgerungen über bestimmte Eigenschaften des Realsystems gezogen werden (s. Punkt 3, Datenerhebung). Auf der Basis von Beobachtungsdaten werden Gesetzmäßigkeiten postuliert, die sich in den oben genannten Schätzwerten (z. B. Verteilungsparametern) ausdrücken. Beispielsweise könnte die mittlere Lebensdauer eines Maschinenteils auf der Grundlage empirischer Daten geschätzt und als Parameter in einem Modell eines ausfallanfälligen Systems verwendet werden. Zum anderen wird der Modellentwickler sein "a priori"-Wissen einbringen, also jene Fachkenntnisse und Erfahrungen, die er vor Beginn der Modellstudie erworben hat. Aus diesem Wissen kann er *deduktiv* bestimmte Aussagen über das Realsystem ableiten. Beispielsweise wird in ein Modell eines technischen Systems umfangreiches Ingenieurswissen einfließen. Besonders hilfreich sind auch Erfahrungen aus früheren Modellstudien. Wo sicheres Wissen fehlt, werden Hypothesen aufgestellt, die in späteren Validierungsphasen (s. Punkt 5, Modellvalidierung, sowie Kap. 5) abgesichert werden müssen. Im Rahmen des Abstraktions- und Idealisierungsprozesses macht der Modellentwickler schließlich bestimmte vereinfachende Annahmen, die sich ebenfalls im Rahmen der Validierung bewähren müssen. Ergebnis der gesamten Modellentwurfsphase ist ein *formales konzeptuelles Modell*.

3. Datenerhebung

Da im Rahmen des Modellentwurfs genau festgelegt wird, welche Konstanten und Variablen das Modell enthält und wie diese quantifiziert werden, ist die **Ermittlung der erforderlichen Daten** eng mit den verschiedenen Ebenen des Modellentwurfs verflochten. Daher ist dieser Schritt des Modellbildungsprozesses zeitlich parallel zur Entwurfsphase zu sehen. Es müssen Werte für Modellkonstanten, Anfangswerte oder Zeitreihen für Modellvariablen sowie Verteilungstypen und -parameter für stochastische Modellgrößen ermittelt werden.

Die Datenerhebung kann einen beträchtlichen Teil des Aufwandes einer Simulationsstudie ausmachen. Beobachtungsdaten können prinzipiell als unausgewertete Zeitreihen in ein Modell einfließen (etwa zu Validierungszwecken). Häufiger werden die Daten jedoch zu statistischen Kennwerten (insbesondere Verteilungsparametern) aggregiert und in dieser Form weiterverwendet. Dies hat den Vorteil, daß eine Verallgemeinerung gegenüber den speziellen Beobachtungsdaten erreicht wird. In den meisten Modellstudien werden historische Daten vorliegen, die einen Teil des Datenbedarfs abdecken, aber durch gezielte neue Messungen am Realsystem ergänzt werden müssen. Schätzwerte können auch durch Expertenbefragungen gewonnen werden, wenn eine Neuerfassung und Auswertung der entsprechenden empirischen Daten aus Aufwandsgründen nicht in Frage kommt.

4. Modellimplementation

Das formale konzeptuelle Modell, das in der Entwurfsphase erstellt wurde, muß in ein ablauffähiges Computerprogramm überführt werden. In Abhängigkeit vom verwendeten Modelltyp und der zur Verfügung stehenden Hard- und Software ist die **Wahl einer geeigneten Programmiersprache** zu treffen. Prinzipiell ist die Verwendung allgemeiner höherer Programmiersprachen (z. B. Pascal oder Modula-2; vgl. Kap. 3) möglich. Darüber hinaus stehen auch spezielle Simulationssprachen (z. B. GPSS, Simula, Simscript, SLAM; vgl. Kap. 6) oder Simulationspakete (z. B. DESMO in Modula-2; vgl. Kap. 7) zur Verfügung. *Simulationssprachen* unterstützen und erleichtern die Implementation eines bestimmten Modelltyps durch die Bereitstellung simulationsspezifischer Basisfunktionen wie Zeitführung, Zufallszahlenerzeugung usw., verfügen jedoch meist nicht über die Flexibilität allgemeiner höherer Programmiersprachen. *Simulationspakete* mit ähnlicher Funktionalität wie Simulationssprachen haben den Vorteil, daß dem Benutzer die volle Flexibilität der Basissprache erhalten bleibt. Andererseits erfordern sie aber umfassendere Programmierkenntnisse. Ergebnis der Modellimplementation ist das *Computer-Modell*, eine maschinell ausführbare Beschreibung des konzeptuellen Modells.

5. Modellvalidierung

Bevor ein Modell für Simulationen eingesetzt wird, die entsprechende Experimente am Realsystem ersetzen sollen, muß seine *Validität* (Gültigkeit) überprüft werden. Die Bewertung des Modells hinsichtlich seiner Validität (Gültigkeitsnachweis, Modellvalidierung) verläuft parallel zu anderen Phasen des Modellbildungsprozesses.

Ob ein Modell "richtig" ist, läßt sich jedoch nicht allgemein – d. h. unabhängig von bestimmten Fragestellungen, Zielsetzungen und Bewertungen – nachweisen. Daher kann es auch keinen allgemeingültigen, umfassenden Validitätstest geben. Vielmehr muß man während des Modellentwicklungsprozesses auf verschiedenen Ebenen vielfältige Prüfungen vornehmen, um das Modell nach außen hin *transparent* und seine Eignung für die jeweilige Problemstellung glaubhaft zu machen (*"model credibility"*). Für die Modellvalidierung bieten sich die folgenden Stufen an (vgl. auch [Sar84] und Kap. 5):

Validierung des konzeptuellen Modells:
Dieser Schritt bezieht sich auf die Abbildung vom *Realsystem* auf das *konzeptuelle Modell*. Es wird u. a. geprüft, ob das konzeptuelle Modell gemessen am jeweiligen Untersuchungsziel hinreichend genau beschrieben und in seinen wesentlichen Systemobjekten, -attributen und -beziehungen korrekt erfaßt ist [Hen84].

Modellverifikation:
Die Modellverifikation befaßt sich mit der korrekten Abbildung des *konzeptuellen Modells* auf das *Computer-Modell*. Es wird überprüft, ob das Programm eine korrekte Implementation des (formalen) konzeptuellen Modells darstellt. Trotz der üblichen Bezeichnung "Verifikation" handelt es sich normalerweise nicht um eine formale Programmverifikation, sondern vielmehr um systematische Programmtests.

Operationale Modellvalidierung:
Dies ist die aufwendigste Phase der Validierung. In Simulationen mit dem Computer-Modell wird das *dynamische Modellverhalten* überprüft. Hierfür stehen unterschiedliche Mittel zur Verfügung:

- *Plausibilitätstest:* Untersuchung des plausiblen Verhaltens des Gesamtmodells oder einzelner Modellteile (z. B. Beurteilung durch Experten)
- *Sensitivitätsanalyse:* Untersuchung der Robustheit des Modells bezüglich Veränderungen der Eingabewerte
- *Kalibrierung:* Anpassung des Modells an das reale System durch Änderung von solchen Parametern, die nur ungenau erfaßt werden konnten
- *Outputvergleich:* Vergleich von empirischen Ergebnissen über das Verhalten des Realsystems mit Modellergebnissen bei entsprechenden Eingabewerten
- *Prognostische und dynamische Gültigkeitsprüfung:* Nachweis der Prognosefähigkeit und der dynamischen Gültigkeit eines Modells im späteren Praxiseinsatz

Werden im Verlauf der unterschiedlichen Stufen der Modellvalidierung Unzulänglich-
keiten aufgedeckt, müssen bestimmte Phasen des Modellbildungsprozesses erneut
durchlaufen werden. Im ungünstigsten Fall kann die Modellrevision sogar eine Über-
arbeitung der ursprünglichen Problemdefinition erfordern.

Die Modellvalidierung gehört zu den schwierigsten Aufgaben im Laufe des Modellbildungsprozesses. Sie erfordert möglichst weitreichendes Erfahrungswissen über das
Systemverhalten, das häufig nur Fachleute besitzen, die mit dem Realsystem eng vertraut sind.

6. Simulation

Mit dem lauffähigen und verifizierten Computer-Modell können nun Simulationen
durchgeführt werden. Die Simulationsphase umfaßt die Planung und Durchführung von
Modellexperimenten. Ein *Modellexperiment* oder *Simulationsexperiment* besteht aus
einem oder mehreren Simulationsläufen. In jedem *Simulationslauf* wird das dynamische Modellverhalten unter vorher festgelegten Bedingungen generiert. Dabei werden
die Eingabewerte bzw. experimentellen Parameter von Lauf zu Lauf variiert. Die Auswahl dieser speziellen Werte gehört zur Planung eines Experiments. Für eine Untersuchung sind häufig mehrere Experimente mit strukturell unterschiedlichen Modell-
varianten notwendig.

Bei der Planung empfiehlt sich große Sorgfalt, um den Aufwand für die Durchführung der Experimente gering zu halten und die Anzahl der Simulationsläufe auf ein ge-
eignetes Maß zu reduzieren. Die *Simulationsergebnisse*, also die Ausgabedaten der
Simulationsläufe, müssen in angemessener Form präsentiert werden. Dabei spielt die
grafische Aufbereitung der Daten eine wichtige Rolle.

7. Ergebnisanalyse

Die Simulationsergebnisse geben auch nach einer geeigneten Aufbereitung noch keine
direkte Antwort auf die Fragestellung der Modellstudie. Vielmehr ist eine umfassende
und sorgfältige Ergebnisanalyse und -bewertung erforderlich, um eine Zielaussage zu
gewinnen. Im Rahmen der Ergebnisanalyse werden z. B. die Simulationsdaten aus verschiedenen Läufen verglichen, um die Auswirkungen der Eingabewerte auf das Modellverhalten zu untersuchen. Bei stochastischen Modellen müssen die Wahrscheinlichkeitsverteilungen (bzw. deren Parameter) der Ausgabevariablen mit statistischen Methoden geschätzt werden.

Eine Bewertung der Ergebnisse erfolgt auf der Grundlage der ursprünglichen Fragestellung und Zielsetzung der Simulationsstudie. Wenn im Verlauf des Modellbildungsprozesses Einschränkungen vorgenommen wurden, die die Anwendbarkeit des Modells
betreffen, müssen diese bei der Interpretation der Ergebnisse unbedingt berücksichtigt

werden. Nur auf dieser Grundlage ist eine Übertragung der aus der Analyse gewonnenen *Zielaussage* auf das Realsystem zulässig.

8. Dokumentation

Parallel zu allen beschriebenen Phasen des Modellbildungsprozesses sollte eine umfassende Dokumentation erstellt werden. Sie hat den Zweck, die Kommunikation zwischen allen am Modellbildungsprozeß beteiligten Personen zu unterstützen.

Die Dokumentation bildet auch die Arbeits- und Beurteilungsgrundlage für spätere Benutzer der Modelle. Sie sollte sich dabei keinesfalls nur auf das Computerprogramm, sondern auf die relevanten Ergebnisse *aller* Phasen der Modellstudie beziehen. Dazu gehört die explizite Problemdefinition ebenso wie eine genaue und verständliche Darstellung des konzeptuellen Modells einschließlich der Bemühungen um seine Validierung und der Erklärung seiner Ergebnisse. Grafische Darstellungsformen können die Dokumentation entscheidend unterstützen.

9. Einsatz in der Praxis

Beim Einsatz eines Modells in der Praxis ist zu beachten, mit welcher Fragestellung und Zielsetzung das Modell entwickelt wurde. *F. Maryanski* unterscheidet zwei grundlegende Zielrichtungen von Modellstudien: Bei sogenannten *classroom projects* wird die Modellentwicklung (z. B. im Ausbildungs- und Forschungsbereich) betont, wobei eine mehrmalige Anwendung des Modells nicht angestrebt wird. Der Nutzen solcher Projekte besteht im **Erkenntnisgewinn**, der sich als Folge der Modellentwicklung einstellt. Im Gegensatz dazu steht bei den *practical applications* die Anwendung im Vordergrund. Das Modell wird als mehrfach verwendbares Werkzeug entwickelt, das in der Praxis als **Entscheidungshilfe** dient [Mar80].

Die Einführung eines Modells in die Planungspraxis ist an eine Reihe von Voraussetzungen geknüpft. Neben einer besonders gründlichen Validierung ist auf die *Benutzerorientierung* des Modells Wert zu legen, da sie für die Annahme oder Ablehnung des Modells in der Praxis von großer Bedeutung sein kann. Demnach sollten Modelle dem Benutzer *verständlich*, in der Handhabung möglichst *einfach* und außerdem *anpassungsfähig* an Benutzerwünsche und an das sich verändernde Realsystem sein [Pag82]. Hier sollte sich der Modellentwickler an den Prinzipien der *Software-Ergonomie* orientieren. Häufig ist eine *Schulung* der Benutzer erforderlich, da die Benutzerorientierung des Modells selten so weit entwickelt werden kann, daß ein selbständiges Erlernen seiner Anwendung möglich und sinnvoll wäre.

1.5 Anwendungsfelder der zeitdiskreten Simulation

Die Simulation als bedeutendes Instrument für die Analyse komplexer Systeme findet allgemein Eingang in die verschiedensten Fachgebiete, von den Natur- und Ingenieurwissenschaften über die Wirtschafts- und Sozialwissenschaften bis hin zur Medizin oder Ökologie. In dem hier behandelten Teilgebiet der zeitdiskreten Simulation stehen die folgenden Anwendungsfelder im Vordergrund:

- **Verkehrsplanung:** Planung von Straßen (z. B. [Kac85]), Personennahverkehrssystemen, Flugplätzen (z. B. [Mre82]), Hafenanlagen (z. B. [Par87], [Amb85]) usw.
- **Fertigungssysteme:** Planung von Betriebs- und Produktionsabläufen (z. B. [Sch87a], [Kuh87] und Abschnitt 2.5.1), Planung des Personaleinsatzes (z. B. [Pet87]), betrieblicher Transportsysteme (z. B. [Sch87b]) und Lagerhaltungssysteme (s. Abschnitt 2.4.2)
- **Versorgungs- und Dienstleistungseinrichtungen:** Planung und Betrieb von öffentlichen Einrichtungen z. B. des Gesundheitswesens, hier insbesondere für die Lagerhaltung in Blutbanken, das Rettungswesen, Röntgenabteilungen und die Personalplanung in Krankenhäusern (s. [Pag82])
- **Umweltschutz und Umweltforschung:** Abfallwirtschaft (z. B. [Vog86]), Emissionsminderung (z. B. [Bel84]), umweltfreundliche Verkehrsregelung (z. B. [Vor88]), Ökosystemforschung (z. B.[Bre87])
- **Datenverarbeitung:** Konfigurierung von Rechenanlagen, Analyse von Betriebssystemen, Analyse von Rechnernetzen (z. B. [Joh84]), Datenbankentwurf (z. B. [Eic89])
- **Technik:** Schaltkreisentwurf (z. B. [Lew87] oder [Hor85]), Entwurf von Industrierobotern, Analyse von Funknetzen (z. B. [Bol87]), Zuverlässigkeitsanalyse technischer Systeme auf den verschiedensten Gebieten (s. Abschnitt 2.4.3)

1.6 Möglichkeiten und Grenzen der Modellbildung und Simulation

Die Methode der Modellbildung und Simulation kann ein nützliches Instrument der Systemanalyse sein. Voraussetzung dafür ist eine gut durchdachte und korrekt ausgeführte Simulationsstudie und eine **kritische Analyse der Ergebnisse**, die die im Laufe der Modellbildung getroffenen Annahmen und Einschränkungen berücksichtigt. Dabei ist zu bedenken, daß Modellbildung und Simulation zur Unterstützung eines *Problemlösungsprozesses* dienen, der unter vorgegebenen Zielen und Randbedingungen stattfindet und Antworten auf konkrete Fragestellungen liefern soll. Diesem ist ein *Zielfindungsprozeß* vorgelagert, in dem die zu lösenden Probleme festgelegt werden. Zur Auswahl dieser Fragestellungen und Zielsetzungen kann das methodische Instrumentarium der Modellbildung und Simulation keinen Beitrag leisten. Der instrumentelle Charakter dieser Methoden sollte dem Entwickler und Anwender von Simulationsmodellen stets bewußt bleiben.

In den vorausgegangenen Abschnitten sollten bereits die prinzipiellen Möglichkeiten und Vorteile der Modellbildung und Simulation deutlich geworden sein. Diesem methodischen **Potential** stehen bestimmte **Probleme** und Grenzen gegenüber, die beim Einsatz dieser Methode zu beachten sind. Abbildung 1-9 faßt das Potential und die Probleme der Modellbildung und Simulation in Stichworten zusammen; die einzelnen Punkte werden im folgenden diskutiert.

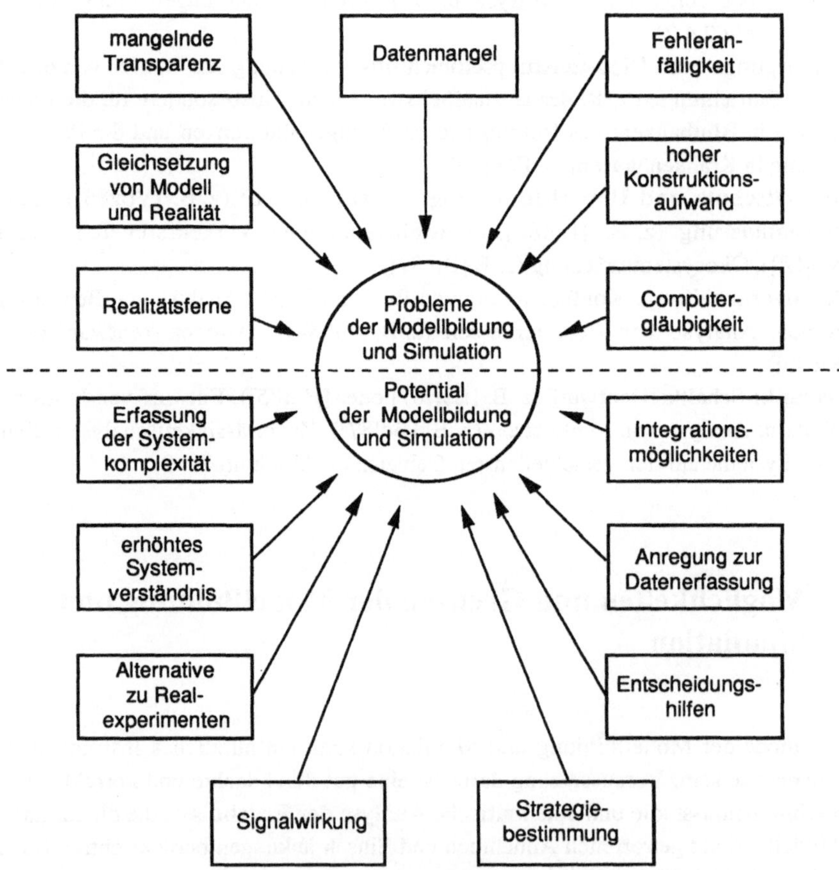

Abb. 1-9: Potential und Probleme der Modellbildung und Simulation

1.6.1 Das Potential der Modellbildung und Simulation

Die Modellbildung und Simulation bietet als Methode der Systemanalyse die folgenden potentiellen Vorteile:

Erfassung der Systemkomplexität

Der menschliche Verstand kann die Dynamik von Systemen und die Konsequenzen bestimter Systemzustände dann recht gut erfassen, wenn eine isolierte Betrachtung der jeweils relevanten Komponenten und Prozesse möglich ist. Diese Möglichkeit ist bei komplexen Systemen mit vielfach interagierenden Prozessen jedoch nicht mehr gegeben. Hier bietet sich die systemtheoretische Modellbildung mit der Möglichkeit zur Computersimulation an. In ihr ist darüber hinaus der interdisziplinäre Gedanke verankert, der die Fähigkeit erhöht, komplexe Probleme zu lösen.

Erhöhtes Systemverständnis

Durch die Modellbildung wird das Verständnis des Realsystems verbessert. Auch ohne Simulationsergebnisse führt die Modellbildung zu einem Erkenntnisgewinn für den Modellentwickler. Die explizite Formulierung des Modells (informal, formal und schließlich als Computerprogramm) führt dazu, daß alle in das Modell einfließenden Prämissen (a-priori-Wissen, empirische Daten, Hypothesen, vereinfachende Annahmen) erkennbar werden. Dabei wird die logische Struktur des ursprünglichen konzeptuellen Modells aufgedeckt. Inkonsistenzen und Unvollständigkeiten werden sichtbar.

Alternative zu Realexperimenten

Der Einsatz von Modellen ist immer dann nützlich, wenn Experimente am Realsystem unmöglich, zu kostenintensiv oder aus anderen Gründen nicht vertretbar sind. Simulation ist häufig die *einzige* Möglichkeit, Experimente durchzuführen, ohne das zu untersuchende System in unerwünschter Weise zu beeinflussen.

Signalwirkung

Modelle erlauben die Abschätzung der Auswirkungen geplanter Eingriffe in ein Realsystem und können somit frühzeitig vor ungewollten Folgen bestimmter Maßnahmen oder Entwicklungen warnen.

Strategiebestimmung

Die Methode der Modellbildung und Simulation ist hilfreich bei der Auswahl und Begründung alternativer Handlungsstrategien für den Umgang mit komplexen Realsystemen.

Entscheidungshilfen

Modellbildung und Simulation erhöhen den Informationsstand und erweitern den
Blickwinkel der Entscheidungsträger. Sie können (und sollten) zwar keine Entscheidungen liefern (denn ein "Entscheidungsautomat" trägt keine Verantwortung!), bieten
jedoch Entscheidungs*hilfen,* wenn im Rahmen von Planungs- und Entscheidungspro-
zessen eine Abwägung verschiedener hypothetischer Maßnahmen vorzunehmen ist.
Das gilt insbesondere für normative Entscheidungen.

Integrationsmöglichkeiten

Modelle oder Teilmodelle, die im Rahmen einer bestimmten Problemstellung entwik-
kelt werden, können (unter Beachtung der relevanten Einschränkungen) anschließend
im Rahmen weiter gefaßter Untersuchungen wiederverwendet werden, indem sie als
Bausteine in ein neues Gesamtmodell *integriert* werden. Durch die Modellintegration
lassen sich die in mehreren Untersuchungen gewonnenen Erkenntnisse systematisch
kumulieren.

Anregung zur Datenerfassung

Der systemtheoretische Ansatz der Modellbildung kann Datenlücken aufdecken und
die Erschließung der fehlenden Daten motivieren. Dadurch wird ein *gezielter* Einsatz
der Forschungsmittel möglich, die für die Datenerfassung zur Verfügung stehen. Durch
Modellstudien kann auch ein Anstoß zum Aufbau von Informationssystemen mit
regelmäßiger Aktualisierung der Daten gegeben werden.

1.6.2   Probleme der Modellbildung und Simulation

Ein angemessener Einsatz der Methode der Modellbildung und Simulation setzt voraus, daß ihre Grenzen und Risiken beachtet werden. Im folgenden werden die Probleme beschrieben, die beim Einsatz der Methode zu berücksichtigen sind:

Realitätsferne

Im Modellbildungsprozeß erfolgt notwendigerweise eine starke Simplifizierung der
realen Gegebenheiten. Die Erfahrung zeigt, daß dabei häufig Beziehungen falsch interpretiert, Probleme übersehen und inadäquate Ziele vorgegeben werden [Rüs82]. In
vielen Systemen, insbesondere sozio-ökonomischen oder ökologischen Realsystemen,
überwiegen qualitative Einflußfaktoren, die schwierig zu quantifizieren sind. Dadurch
entstehen in diesen Bereichen besondere Zweifel an der Realitätsnähe und damit an der

Validität der Modelle. Allgemein sollten die Mittel der Validitätsprüfung möglichst vollständig ausgeschöpft werden (vgl. Kap. 5).

Gleichsetzung von Modell und Realsystem

Die Modellbildung und Simulation erscheint attraktiv und kann daher leicht zu einer Überbewertung von Modellergebnissen verführen. Ein Modellanwender sollte sich keinesfalls dazu verleiten lassen, Simulationsdaten mit Fakten gleichzusetzen oder zu vermischen. Das verwendete Computerprogramm repräsentiert nur *ein* Modell des Realsystems und steht mit diesem nur indirekt über mehrere Ebenen der Abbildung in Beziehung, die im Modellbildungszyklus (vgl. Abb. 1-8) zu erkennen sind. Diese Ebenen müssen argumentativ und terminologisch möglichst sauber auseinandergehalten werden.

Mangelnde Transparenz

Eine wichtige Voraussetzung für die Nachprüfbarkeit von Simulationsergebnissen ist die Transparenz aller Schritte einer Simulationsstudie. Alle Faktoren, die am Zustandekommen der Simulationsergebnisse beteiligt waren, müssen für Außenstehende Betrachter möglichst unmittelbar einsehbar sein [Häu88]. Häufig sind jedoch Modellstruktur, vereinfachende Annahmen, Hypothesen und andere Prämissen des Modells für Außenstehende wenig transparent und mit vertretbarem Aufwand kaum nachvollziehbar. Besonders die mangelnde Dokumentation von Modellstudien und die unzureichende Strukturiertheit von Simulationssoftware sind für dieses Problem verantwortlich. Daher ist eine möglichst vollständige und verständliche Dokumentation der Modellstudie anzustreben, unterstützt durch eine klare Strukturierung der erstellten Programme.

Datenmangel

In vielen Anwendungsbereichen, insbesondere in den Sozialwissenschaften oder der Ökologie, fehlen häufig die Daten, die zur Entwicklung und Anwendung von validen Simulationsmodellen benötigt werden. Die schlechte Datenlage kann dazu führen, daß bei der Modellkonstruktion mit empirisch nicht ausreichend gesicherten Schätzungen gearbeitet wird, was den Wert der Simulationsergebnisse erheblich mindert. Wo es möglich ist, sollten die wichtigsten Daten gezielt erhoben werden; nicht zuletzt ist der Nutzen einer Modellstudie auch darin zu sehen, daß eine gezielte Datenerhebung und damit ein optimaler Einsatz der dafür zur Verfügung stehenden Forschungsmittel möglich wird.

Fehleranfälligkeit

Die Komplexität des Modellbildungsprozesses, die hohe Qualifikationsanforderungen
stellt, birgt das Risiko von Irrtümern und Fehlentscheidungen. Fehler sind in allen Phasen des Modellbildungsprozesses denkbar. In der Implementationsphase können wegen
der hohen Komplexität der Simulationsprogramme Inkonsistenzenen zwischen konzeptuellem Modell und Computer-Modell auftreten, die nur schwer als Fehler erkennbar
sind (und vielleicht nie erkannt werden). Viele Modellstudien vernachlässigen außerdem notwendige Untersuchungsschritte wie z. B. die explizite Systemabgrenzung oder
eine sorgfältige Modellvalidierung. Nicht zu unterschätzen sind daneben auch die Auswirkungen *numerischer Fehler*, die sich im Simulationslauf akkumulieren und das
Ergebnis beträchtlich verfälschen können. Bei stochastischen Modellen können sich
über die Zufallszahlenerzeugung und die stochastischen Variablen zusätzliche, oft
schwer erkennbare Fehler in die Ergebnisse einschleichen. Störend kann sich bei vielen
Modellen auch eine ungünstige Wahl der Initialisierungswerte auswirken.

Hoher Konstruktionsaufwand

Ein weiteres Problem der Modellbildung und Simulation ist der hohe Aufwand, der mit
entsprechenden Studien verbunden ist. Wird dieser Aufwand bei der Planung einer Modellstudie unterschätzt, so kann dies leicht zu einem Scheitern der gesamten Untersuchung führen. Auch können sich während der Durchführung umfangreicher, langwie-
riger Simulationsstudien die Rahmenbedingungen derart verändern, daß das Modell
nach Abschluß seiner Entwicklung bereits nicht mehr anwendbar ist.

Computergläubigkeit

Es besteht die Gefahr, daß Modelle aufgrund der Verwendung des Computers als Modellmedium mit einer *Scheinobjektivität* ausgestattet werden, die der stets begrenzten
und nie endgültig feststellbaren Validität von Modellen nicht gerecht wird. Aufgrund
einer verbreiteten Computergläubigkeit werden Modellergebnisse häufig unkritisch interpretiert. Eine möglichst transparente Dokumentation der Modellstudie sollte es dem
Leser ermöglichen, sich ein eigenes Urteil über die Validität der Ergebnisse zu bilden.

Die hier beschriebenen Probleme der Modellbildung und Simulation sind nicht in allen
Anwendungsgebieten gleich ausgeprägt. Bei Modellstudien auf der Makroebene, wie
sie in den Sozialwissenschaften, der Ökonomie und der Ökologie durchgeführt werden,
treten sie stärker in Erscheinung als bei Anwendungen auf der Mikroebene, die mehr in
den technisch-organisatorischen Bereich fallen. Diese typischen Anwendungen der
zeitdiskreten Simulation, die in diesem Buch im Mittelpunkt stehen, sollten vom
Modellentwickler und Modellanwender dennoch im Bewußtsein der prinzipiellen
Grenzen und Risiken des Instrumentariums bearbeitet werden.

2 Elemente zeitdiskreter Simulationsmodelle

Obwohl zeitdiskrete Simulationsmodelle in vielfältigen Formen auftreten und für die unterschiedlichsten Problemstellungen eingesetzt werden, lassen sich typische Merkmale und wesentliche Grundelemente identifizieren, die in jedem dieser Modelle auftreten. So muß in jedem Modell die Beziehung zwischen Systemzustand und Simulationszeit hergestellt werden (2.1). Diesbezüglich haben sich in der zeitdiskreten Simulation unterschiedliche konzeptuelle Sichtweisen herausgebildet, die auch als *Weltbilder* oder *Modellierungsstile* bezeichnet werden und eng mit bestimmten Simulationssprachen verbunden sind. Dazu gehören im wesentlichen der **ereignisorientierte**, der **prozeßorientierte**, der **transaktionsorientierte** und der **aktivitätsorientierte Ansatz** der Simulation (2.2), wobei der letztgenannte allerdings wenig praktische Bedeutung erlangt hat. Im Mittelpunkt der Darstellung steht der ereignisorientierte Ansatz, dessen prinzipielle Modellkomponenten und Abläufe in 2.3 ausführlich behandelt werden. In 2.4 werden typische Problemklassen dargestellt, die in der diskreten Simulation untersucht werden. Hierzu gehören Bedienungs-/Wartesysteme (2.4.1), Lagerhaltungssysteme (2.4.2) und ausfallanfällige Systeme (2.4.3). Für jede dieser Problemklassen, denen bestimmte Modellklassen zugeordnet werden können, wird ein überschaubares Anwendungsbeispiel präsentiert. Gegenstand von 2.5 ist schließlich die Gegenüberstellung der beiden wichtigsten Modellierungsstile der zeitdiskreten Simulation, des ereignisorientierten und des prozeßorientierten Ansatzes, anhand eines konkreten Beispiels, dem Modell eines Fertigungssystems.

2.1 Beziehungen zwischen Zustand und Zeit

Bei der Modellierung eines Systems muß nicht nur ein bestimmter Zustand abgebildet werden, es ist vielmehr darzustellen, wie sich der Systemzustand in Abhängigkeit von der Zeit verändert. In diesem Abschnitt werden die grundlegenden Konzepte eingeführt, die in der zeitdiskreten Simulation die Beziehung zwischen dem Systemzustand und der (Simulations-) Zeit herstellen. Es geht also um die prinzipiellen Möglichkeiten, den Zusammenhang zwischen der (statischen) Struktur und dem (dynamischen) Verhalten eines Systems in einem diskreten Modell abzubilden.

Die statische Struktur eines Systems kann man sich aus einer Vielzahl von Objekten bestehend vorstellen, die durch ein Netz von Beziehungen miteinander verbunden sind. Die Objekte werden durch eine Anzahl von Attributen charakterisiert, die für jedes individuelle Objekt bestimmte (quantitative oder qualitative) Werte annehmen. Im weitesten Sinne können auch die Beziehungen als Attribute aufgefaßt werden. Somit sind zwei Arten von Attributen zu unterscheiden:

- *Indikative Attribute:* Sie beschreiben die Eigenschaften von Objekten (Beispiel: Ein Auftrag hat eine bestimmte Bearbeitungsdauer).
- *Relationale Attribute:* Sie setzen Objekte zueinander in Beziehung (Beispiel: Zur Bearbeitung bestimmter Aufträge werden bestimmte Maschinen benötigt).

Der *Zustand eines Objektes* sei nun das n-Tupel aller Attributwerte dieses Objektes. Der Zustand des gesamten Systems sei die Menge aller Objektzustände. Um das dynamische Verhalten eines Systems abzubilden, müssen Attributwerte im Modell mit einem Zeitindex versehen werden. Der Index kann als spezielles Attribut, als *Indexattribut* aufgefaßt werden, das allen Objekten gemeinsam ist. Neben der **Zeit** sind auch andere Indexattribute denkbar, etwa wenn die **räumliche** Dynamik von Systemen durch Simulation untersucht werden soll. Beispiele hierfür sind die Modelle der Schadstoffausbreitung, die im Umweltschutz eingesetzt werden.

Das Indexattribut Zeit wird auch als *Zeitbasis* eines Simulationsmodells bezeichnet. Die **diskrete**, abzählbare Zeitbasis, die in zeitdiskreten Simulationsmodellen verwendet wird, bedeutet eine Einschränkung: Vorgänge, deren exakte Beschreibung eine **kontinuierliche** Zeitbasis erfordern würde, werden von der Modellierung ausgeschlossen. In jedem Fall besteht aber die Möglichkeit einer Approximation kontinuierlicher Vorgänge durch zeitdiskrete Modelle. Bei der Verwendung eines Digitalrechners als "Modellmedium" ist die Diskretisierung kontinuierlicher Vorgänge sogar prinzipiell unumgänglich. Beruht das konzeptuelle Modell auf der Vorstellung eines kontinuierlichen Ablaufs und wird dieser nur aus technischen Gründen diskretisiert, so spricht man auch von einem *quasikontinuierlichen* Modell.

Die Beziehung zwischen Zustand und Zeit kann in einem diskreten Simulationsmodell nun auf dreierlei Weise hergestellt werden:

- durch ein **Ereignis** (*event*), das die Veränderung eines Objektzustandes zu einem bestimmten Zeitpunkt, dem *Ereigniszeitpunkt*, bewirkt. Dabei sind zwei Arten von Ereignissen zu unterscheiden:

  - *exogene Ereignisse:* Der Ereigniszeitpunkt ist von der Systemumgebung vorgegeben; es besteht keine interne Abhängigkeit von anderen Ereignissen (Beispiel: Eintreffen eines Kunden)
  - *endogene Ereignisse:* Sie treten als Folge von Zustandsveränderungen ein, wobei die Ereigniszeitpunkte determiniert oder stochastisch sein können (Beispiel: Ende der Bedienung eines Kunden)

- durch eine **Aktivität** (*activity*), die aus einer Menge von Operationen besteht, die während eines Zeitintervalls ausgeführt werden. Die Wirkung einer Aktivität, also die Zustandänderung des Objekts, wird dem Endzeitpunkt des Intervalls zugeordnet.

- durch einen **Prozeß** (*process*), der aus einer Folge von Aktivitäten besteht, die auf ein bestimmtes Objekt bezogen sind und während einer Zeitspanne ablaufen.

Wie Abbildung 2-1 veranschaulicht, können Systemabläufe auf elementarer Ebene stets durch Ereignisfolgen gekennzeichnet werden. Bei der **diskreten Ereignis-Simulation** (*discrete event simulation*) wird eine modellinterne Simulationsuhr von der Ablaufkontrolle jeweils bis zum nächstfolgenden Ereigniszeitpunkt vorgerückt (s. 2.3). Dies impliziert, daß die Zeit zwischen zwei benachbarten Ereignissen im allgemeinen variabel ist. Der Simulationszeitpunkt eines Ereignisses kann *beliebig* gewählt werden, wodurch eine wirklichkeitsgetreue Abbildung der Zustandsänderungen möglich ist. Dies wäre nicht der Fall, wenn man die Simulationsuhr in konstanten Zeitintervallen weiterschalten würde. Dann müßten alle Ereigniszeitpunkte auf das Ende eines solchen Intervalls verschoben werden, was bei ungünstiger Wahl der Schrittlänge erhebliche Verfälschungen des Modellverhaltens bewirken kann.

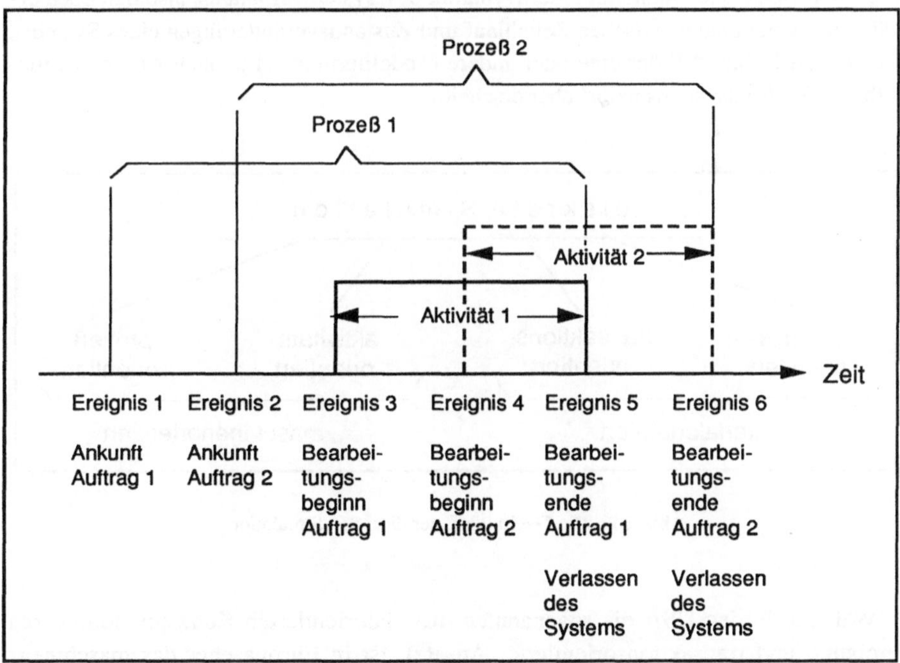

Abb. 2-1: Zusammenhang von Ereignis, Aktivität und Prozeß am Beispiel der Auftragsbearbeitung

Nun ist es durchaus möglich, daß Ereignisse simultan auftreten, also in einem Ereigniszeitpunkt zusammenfallen. Ein sequentiell arbeitender Rechner ist jedoch nur in der Lage, die Ereignisse (Zustandsänderungen) nacheinander abzuarbeiten: Das erzwingt eine Sequentialisierung paralleler Ereignisse. Hierfür wird von Simulationssprachen (und anderen Klassen von Simulationssoftware, s. 6.1) in der Regel ein **Prioritätsmechanismus** bereitgestellt.

2.2 Konzepte der zeitdiskreten Simulation

Innerhalb der zeitdiskreten Simulation haben sich verschiedene konzeptuelle Sichtweisen herausgebildet, auch **Weltbilder** (*world views*) oder **Modellierungsstile** (*modelling styles*) genannt. Sie wurden jeweils durch paradigmatische Simulationssprachen geprägt. Mit der Verwendung einer bestimmten Simulationssprache ist somit eine bestimmte Sichtweise der Realsysteme und ein Modellierungsstil verbunden.

Die vier klassischen Weltbilder (s. Abb. 2-2) unterscheiden sich in erster Linie in ihrer Sichtweise und Darstellung der Dynamik des Systemverhaltens, also den oben erwähnten Beziehungen zwischen Zeitablauf und Zustandsveränderungen eines Systems. Das hat zur Folge, daß der eine oder andere Modellierungsstil je nach Art des zu modellierenden Realsystems natürlicher erscheint.

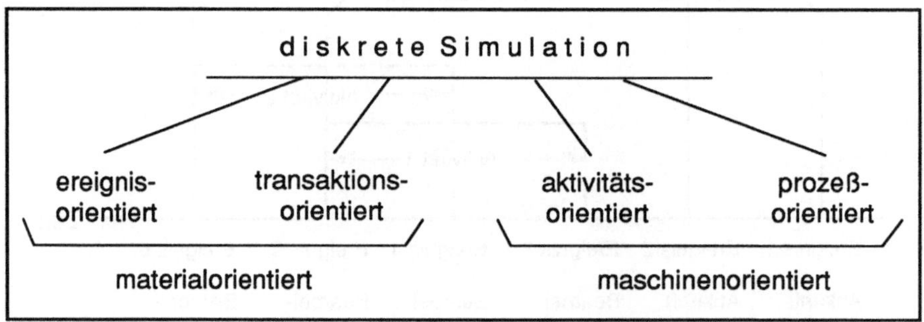

Abb. 2-2: Die "Weltbilder" der diskreten Simulation

Während in den USA die sogenannten materialorientierten Konzepte dominieren (ereignis- und transaktionsorientierter Ansatz), ist in Europa eher das maschinenorientierte Denken vorherrschend (prozeß- und aktivitätsorientierter Ansatz). *Materialorientiert* bedeutet in diesem Zusammenhang, daß bei der Modellbildung primär die

Materialflüsse durch Bedienstationen und die dabei zurückzulegenden Wege betrachtet werden. (Der Begriff der Bedienstation wird hier wesentlich weiter gefaßt als in der Umgangssprache; vgl. 2.4.1.) Ein materialorientiertes Modell des Kundenflusses durch einen Supermarkt würde z. B. das Aufsuchen bestimmer Verkaufsstände als Bedienstationen aus der Perspektive der Kunden darstellen. Bei der *maschinenorientierten* Sicht steht dagegen der Bearbeitungsvorgang selbst im Vordergrund. Hier würde also primär das Geschehen an den einzelnen Verkaufsständen modelliert.

In einigen Darstellungen wird das transaktionsorientierte Weltbild dem prozeßorientierten implizit untergeordnet (vgl. z. B. [Kre86]). Die hier vollzogene Trennung ist jedoch insoweit einsichtig, als sich die Implementationssprache, die diesen Modellierungsstil geprägt hat, die Simulationssprache **GPSS**, grundlegend von prozeßorientierten Sprachen wie **Simula** unterscheidet. Als ein Vertreter des ereignisorientierten Weltbildes sei hier **Simscript** genannt, und **ECSL** möge für die aktivitätsorientierten Sprachen stehen (s. dazu [Kre86] und Abschnitt 6.1).

Der aktivitätsorientierte Ansatz hat nicht die Bedeutung der anderen Ansätze erlangt und soll deshalb nicht weiter vertieft werden. Nur soviel sei erwähnt: Im Gegensatz zum ereignisorientierten Ansatz, bei dem Ereignisroutinen durch das Abarbeiten einer Ereignisliste aktiviert werden, werden hier in einem eher deklarativen Stil Bedingungen für den Beginn und das Ende von Aktivitäten spezifiziert. Diese Bedingungen, die beliebig komplex sein können, müssen für alle Aktivitäten zu jedem Simulationszeitpunkt überprüft werden, was erhebliche Effizienzprobleme aufwirft.

Die Grundzüge der anderen drei Simulationsansätze werden in den folgenden Abschnitten vorgestellt. Zur Vertiefung der beiden wichtigsten Konzepte, der ereignisorientierten und der prozeßorientierten Simulation, dienen die anschließenden Beispiele. Die Diskussion der unterschiedlichen Simulationskonzepte (einschließlich des aktivitätsorientierten Ansatzes) wird in 7.2 und 7.12 unter Implementationsaspekten nochmals aufgegriffen.

2.2.1 Ereignisorientierte Sicht (event scheduling)

Dieser Ansatz beruht auf einer detaillierten Beschreibung von Ereignissen in Form von *Ereignisroutinen (event routines)*. In einem ereignisorientierten Modell werden lediglich die **Zustandsänderungen** nachvollzogen, die zu den Ereigniszeitpunkten stattfinden, nicht jedoch die Tätigkeiten (Aktivitäten), die in den dazwischenliegenden Intervallen ablaufen. Zeitlich ausgedehnte Vorgänge werden somit auf eine Folge von Ereignissen reduziert, von denen jedes einzelne einem Punkt auf der Zeitachse (dem Ereigniszeitpunkt) zugeordnet ist. Unabhängig davon, wieviel Rechenzeit zur Ausführung einer Ereignisroutine auf einem Computer real verbraucht wird, geschieht sie konzeptuell **zeitverzugslos**. Die interne Simulationsuhr wird vor der Ausführung der

Ereignisroutine zum Ereigniszeitpunkt vorgestellt, steht während der Ausführung still und springt nach vollzogener Zustandsänderung auf den Zeitpunkt des nächsten Ereignisses vor.

Die ereignisorientierte Sicht erlaubt eine klare Trennung zwischen der Struktur und dem Verhalten des zu simulierenden Systems. Im Modell werden unterschieden:

- *Statische Komponenten:* Die Datenstrukturen, die die unterschiedlichen Objektklassen des Realsystems und die permanent vorhandenen individuellen Objekte (Ausprägungen dieser Klassen, z. B. Maschinen eines bestimmten Maschinentyps) abbilden. Die vorgesehenen Attribute ermöglichen die Kennzeichnung der individuellen Objekte und legen die prinzipiell möglichen Zustandsänderungen fest.
- *Dynamische Komponenten:* Die im Modell vorgesehenen Ereignisse (z. B. Beginn der Bearbeitung eines Werkstücks), dargestellt durch sogenannte Ereignisroutinen, und temporäre Objekte, die im Laufe der Simulation durch Ereignisroutinen erzeugt oder vernichtet werden (z. B. Werkstücke).

Die **Ereignisroutinen** bestimmen in ihrem Zusammenspiel das Verhalten des Modells, indem sie

- Attributwerte von Objekten ändern,
- temporäre Objekte generieren oder löschen,
- einer Ereignisliste neue, geplante Ereignisse hinzufügen oder aus der Liste streichen.

Die **Ablaufkontrolle** erfolgt durch einen Programmteil, der die in einer Ereignisliste nach ihren Ereigniszeitpunkten geordneten Ereignisse sequentiell abarbeitet (*next event approach*). Als wesentlich ist nochmals hervorzuheben, daß bei diesem Ansatz die sogenannte *tote* Zeit, also die Zeit zwischen den Ereigniszeitpunkten, übersprungen wird.

Die ereignisorientierte Formulierung eines Modells liegt nahe bei Vorgängen, die im wesentlichen im **Belegen und Freigeben von Bedienstationen** bestehen, ohne daß die Modellkomponenten komplex interagieren. Die Ablaufsteuerung ist wesentlich einfacher zu realisieren und die Programme laufen meist auch schneller als prozeß-, transaktions- oder aktivitätsorientierte Modelle.

2.2.2 Prozeßorientierte Sicht (process interaction)

Im prozeßorientierten Weltbild werden die auf ein Objekt bezogenen Aktivitäten mit den Objektattributen in ihrer Gesamtheit zu einem **Prozeß** zusammengefaßt. Sowohl die aktiven als auch die passiven Phasen einer Systemkomponente können relativ wirklichkeitsgetreu abgebildet werden.

Während seiner aktiven Phasen führt ein Prozeß Zustandsänderungen durch, die konzeptuell zeitverzugslos ablaufen, d. h. die Simulationsuhr steht während der aktiven

Phasen still. Das dabei ausgeführte Teilstück der Prozeßroutine ist in dieser Hinsicht mit einer Ereignisroutine vergleichbar. Ein Prozeß hat nach Durchführung der Zustandsänderungen – im Gegensatz zu einer Ereignisroutine, die dann stets terminiert – jedoch die Möglichkeit, in einen inaktiven Zustand einzutreten. Die Ausführung des Prozesses kann dann zu einem späteren Zeitpunkt fortgesetzt, d. h. der Prozeß kann *reaktiviert* werden. Nach der Reaktivierung wird das nächste Teilstück der Prozeßroutine abgearbeitet.

Weil in aktiven Prozeßphasen keine Simulationszeit verbraucht wird, dienen sie zur Darstellung von Ereignissen. Die (zeitkonsumierenden) Aktivitäten einer Systemkomponente und ihre passiven Phasen werden dagegen durch *inaktive* Prozeßzustände abgebildet. Um z. B. die Bearbeitung eines Werkstücks durch eine Maschine während eines Zeitintervalls Δt darzustellen, wird man einen Maschinenprozeß definieren, der seine Reaktiverung nach Ablauf von Δt Zeiteinheiten vormerkt und sich gleichzeitig deaktivert. Diese Operation entspricht dem Ereignis "Beginn der Bearbeitung". Die Ablaufsteuerung sorgt dann für die Reaktivierung des Prozesses zum vorgemerkten Zeitpunkt, sofern kein anderer Prozeß diesen verschoben oder gelöscht hat Dies entspricht dem Ereignis "Ende der Bearbeitung". Die Phase, während der der Prozeß (programmtechnisch) nicht aktiv war, entspricht (inhaltlich) der Aktivität "Bearbeiten".

Ein Prozeß muß den Zeitpunkt seiner Reaktivierung nicht notwendigerweise selbst bestimmen. Der häufigere Fall besteht vielmehr darin, daß ein Prozeß sich selbst passiviert und später durch andere Prozesse zur Reaktivierung vorgemerkt wird.

Ein Prozeß kann während seiner aktiven Phase

* Objektattribute modifizieren,
* neue Prozesse generieren,
* die Aktivierung anderer Prozesse zu bestimmten Zeitpunkten planen oder geplante Aktivierungen verschieben oder löschen,
* sich selbst deaktivieren, wobei die Kontrolle an einen anderen Prozeß übergeht,
* Prozesse beenden.

Die **Ablaufkontrolle** sorgt dafür, daß Prozesse in der richtigen Reihenfolge und in den vorgesehenen Zeitabständen ablaufen. Faßt man die (Re-) Aktivierung eines Prozesses als Ereignis auf, so läßt sich die Ablaufsteuerung ähnlich wie im ereignisorientierten Weltbild beschreiben: Die zu aktivierenden Prozesse werden in einer nach Zeitpunkten geordneten Ereignisliste notiert. Eine Hauptroutine – die in diesem Konzept selbst wieder als Prozeß betrachtet wird – übernimmt die Abarbeitung dieser Liste, d. h. sie wählt das jeweils nächste (Aktivierungs-) Ereignis aus und stößt den betreffenden Prozeß an. Im Gegensatz zu einer Ereignisroutine wird der Prozeß jedoch nicht notwendigerweise von seinem Anfang an abgearbeitet. Falls er bereits einmal aktiv war, wird seine Abarbeitung an der Stelle fortgesetzt, an der er sich selbst deaktiviert hat. Es ist also notwendig, den Status eines Prozesses zum Zeitpunkt seiner Deaktivierung auf-

zubewahren. Dazu gehören sowohl die Werte seiner Attribute als auch die Information,
an welcher Stelle er fortzusetzen ist.

Im prozeßorientierten Ansatz entfällt die Auflösung logisch zusammengehöriger Abläufe auf verschiedene Ereignisroutinen, die mit dem Nachteil einer gewissen Unüber-
sichtlichkeit der Systemstruktur verbunden ist. Bei der Modellierung **paralleler Vorgänge mit komplexen Interaktionen** bietet der prozeßorientierte Ansatz daher erhebliche Vorteile gegenüber dem ereignisorientierten.

2.2.3   Transaktionsorientierte Sicht (transaction flow)

Grundlage dieses Konzepts ist eine aus der Systemanalyse bekannte Blockdiagramm-
technik zur Beschreibung des Systemverhaltens. Die wesentlichen Elemente sind neben
den *Blöcken (blocks)* mit fest vorgegebenen Funktionen die *Transaktionen (transactions)*, die auf ihrem Weg durch die einzelnen Blöcke verändert werden.

Die Blöcke sind permanent vorhanden, sie bilden also die **statischen Systemkomponenten**. Dazu gehören z. B.

* *Bedienstationen (facilities)* unterschiedlichster Art, z. B. Maschinen oder
  Maschinenkomplexe,
* *Speicher (storages)*, die Lager mit vorgegebener Kapazität darstellen,
* *Leitstellen (logic switches)*, die einzelne Transaktionen gemäß bestimmter Abhän-
  gigkeiten steuern.

Demgegenüber stellen die Transaktionen die temporären Elemente, also die **dynamischen Systemkomponenten** dar. Sie werden durch eine Anzahl von Parametern (indi-
kativen Attributen) charakterisiert, die auf dem Weg durch das modellierte System in
den einzelnen Blöcken verändert werden können. Somit wird eine Zustandsänderung
durch eine Transaktion in einem Block ausgelöst. Sie kann darin bestehen, daß Bearbei-
tungsstationen belegt oder freigegeben werden, sich Warteschlangen vergrößern oder
Speicheinhalte verändern.

Die **Ablaufkontrolle** läßt sich wiederum am besten durch Rückgriff auf den ereignisorientierten Ansatz verdeutlichen: Das Aufeinandertreffen von Transaktion und
Block kann als Ereignis betrachtet werden. Die Transaktionen sind in der Ereignisliste
nach dem Zeitpunkt ihres Eintritts in den nächsten Block und nach Prioritäten geordnet.

2.3 Komponenten ereignisorientierter Simulationsmodelle

Obwohl die zeitdiskrete Simulation für die Analyse einer breiten Vielfalt von Realsystemen eingesetzt wird, lassen sich gemeinsame Modellkomponenten identifizieren. Aus didaktischen Gründen wird hier vorerst nur der ereignisorientierte Ansatz betrachtet. Er kann als Grundlage für das Verständnis der anderen Ansätze dienen.

Typischerweise sind in ereignisorientierten Simulationsmodellen die folgenden Komponenten vorzufinden (vgl. 2.2.1):

- *Zustandsvariablen:* die Menge aller Variablen zur Beschreibung des Systemzustandes zu einem bestimmten Zeitpunkt
- *Simulationsuhr:* eine Variable, die den aktuellen Stand der Simulationszeit angibt
- *Ereignisliste:* eine Liste mit Zeitpunkt und Typ der geplanten Ereignisse, nach Ereigniszeitpunkten aufsteigend geordnet
- *Statistische Zähler:* Variablen zur Sammlung der statistischen Ergebnisse des Simulationslaufs
- *Initialisierungsroutine:* eine Prozedur zur Initialisierung des Simulationsmodells zum Zeitpunkt 0
- *Zeitführungsroutine:* eine Prozedur zur Selektion des nächsten Ereignisses aus der Ereignisliste und Vorstellen der Simulationsuhr auf den nächsten Ereigniszeitpunkt
- *Ereignisroutinen:* Prozeduren zur Aktualisierung des Modellzustandes in Abhängigkeit vom jeweiligen Ereignistyp (für jeden Ereignistyp existiert eine Ereignisroutine)
- *Ergebnisroutine (Reportgenerator):* eine Prozedur zur Berechnung der statistischen Schätzwerte der Ergebnisvariablen (anhand der statistischen Zähler) und zur Ausgabe des Ergebnisprotokolls am Ende des Simulationslaufs
- *Steuerprogramm:* ein Programmteil, der wiederholt die Zeitführungsroutine für die Bestimmung des nächsten Ereignistyps aufruft und die zugehörige Ereignisroutine aktiviert, bis der Simulationslauf beendet ist

Abbildung 2-3 zeigt das **prinzipielle Ablaufschema** der zeitdiskreten, ereignisorientierten Simulation. Die Simulation beginnt zum Zeitpunkt 0 mit dem Aufruf der Initialisierungsroutine durch das Steuerprogramm (Hauptprogramm).

Die **Initialisierungsroutine** setzt die Simulationsuhr auf 0, belegt alle Objektattribute entsprechend dem Anfangszustand des Systems, erzeugt ein oder mehrere Startereignisse, die in die Ereignisliste eingetragen werden und besetzt die statistischen Zähler mit Anfangswerten. Neben den Startereignissen wird i. d. R. ein Ereignis vom Typ *Simulationsende* erzeugt und mit der vorgegebenen Simulationsdauer als zugehörigem Ereigniszeitpunkt vorgemerkt.

Nach Rückkehr in das Steuerprogramm wird von dort die **Zeitführungsroutine** aktiviert. Diese bestimmt durch Zugriff auf die Ereignisliste (Entnahme des vordersten

Ereignisses) das jeweils nächstfolgende Ereignis mit Ereignistyp i und Ereigniszeitpunkt t und stellt die Simulationsuhr auf t vor.

Die Kontrolle wird nunmehr an das Steuerprogramm zurückgegeben, das die zugehörige **Ereignisroutine** i aufruft. In einer Ereignisroutine finden typischerweise die
folgenden Aktionen statt:

1. Aktualisierung des Systemzustandes gemäß den Erfordernissen des Ereignistyps i.
2. Sammeln von Informationen (Aktualisierung der statistischen Zähler).
3. Erzeugen neuer Ereignisse, Festsetzung ihres Ereigniszeitpunktes und Eintragen in
   die Ereignisliste, evtl. Löschen von Ereignissen aus der Ereignisliste.

Das Eintragen eines neuen Ereignisses in die Ereignisliste (Punkt 3) wird auch als
Vormerken oder *Ansetzen* des Ereignisses bezeichnet. Auf Programmebene wird hierfür
eine sogenannte *Ereignisnotiz* erzeugt, die den Typ und den Zeitpunkt des Ereignisses
verzeichnet. Zusätzlich können die Modellobjekte spezifiziert sein, deren Zustand
durch das Ereignis verändert werden soll. Die Ereignisnotiz wird in die Ereignisliste
eingetragen. Sie repräsentiert ein *geplantes* Ereignis, das erst dann aktuell stattfindet,
wenn die Ereignisnotiz an die vorderste Stelle der Liste gelangt ist und die zugehörige
Ereignisroutine aktiviert wird. In der üblichen Sprechweise wird jedoch nicht zwischen
geplanten und aktuellen Ereignissen differenziert.

Wenn eine Ereignisroutine ein neues Ereignis erzeugt und vormerkt, so sind zwei
Fälle zu unterscheiden. *Erstens* kann es sich um das nächste Ereignis des gleichen Typs
handeln, ohne daß die beiden Ereignisse auf der konzeptuellen Ebene in einer Kausal-
beziehung stehen. Dies gilt typischerweise für eine Folge von exogenen Ankunfts-
ereignissen (beispielsweise die Ankunft von Kunden oder Aufträgen im betrachteten
System). Obwohl diese Ereignisse konzeptuell voneinander unabhängig sind, ist es
praktisch, ihre Abfolge im Programm so darzustellen, daß jedes Ereignis dieses Typs
seinen Nachfolger erzeugt und vormerkt. Häufig sind nämlich statistische Kennwerte
der Zwischenankunftszeiten solcher Ereignisse bekannt. *Zweitens* kann es sich um ein
Ereignis handeln, das auf der konzeptuellen Ebene vom aktuellen Ereignis kausal
abhängig ist. Beispielsweise kann der Beginn der Bedienung eines Kunden als kausale
Folge seines Eintretens in einen Laden betrachtet werden. Das Vormerken eines neuen
Ereignisses als Operation auf Programmebene besitzt also zwei unterschiedliche Inter-
pretationen auf der konzeptuellen Ebene.

Nach Ausführung der Ereignisroutine erfolgt im Steuerprogramm gemäß einer vorgegebenen Abbruchbedingung die Prüfung, ob die Simulation beendet werden soll. Die
Abbruchbedingung kann sich sowohl auf ein *Ereignis* vom – hierfür speziell vorgesehenen – Typ *Simulationsende* als auch auf eine vorgegebene *Simulationsdauer*
beziehen. Ist die Bedingung erfüllt, also das Ende der Simulation erreicht, so wird die
Ergebnisroutine aufgerufen, die die Abschlußarbeiten (Berechnung der statistischen
Schätzwerte der Ergebnisvariablen, Reportgenerierung) durchführt. Anderenfalls wird
der Ablauf mit dem erneuten Aufruf der Zeitführungsroutine fortgesetzt.

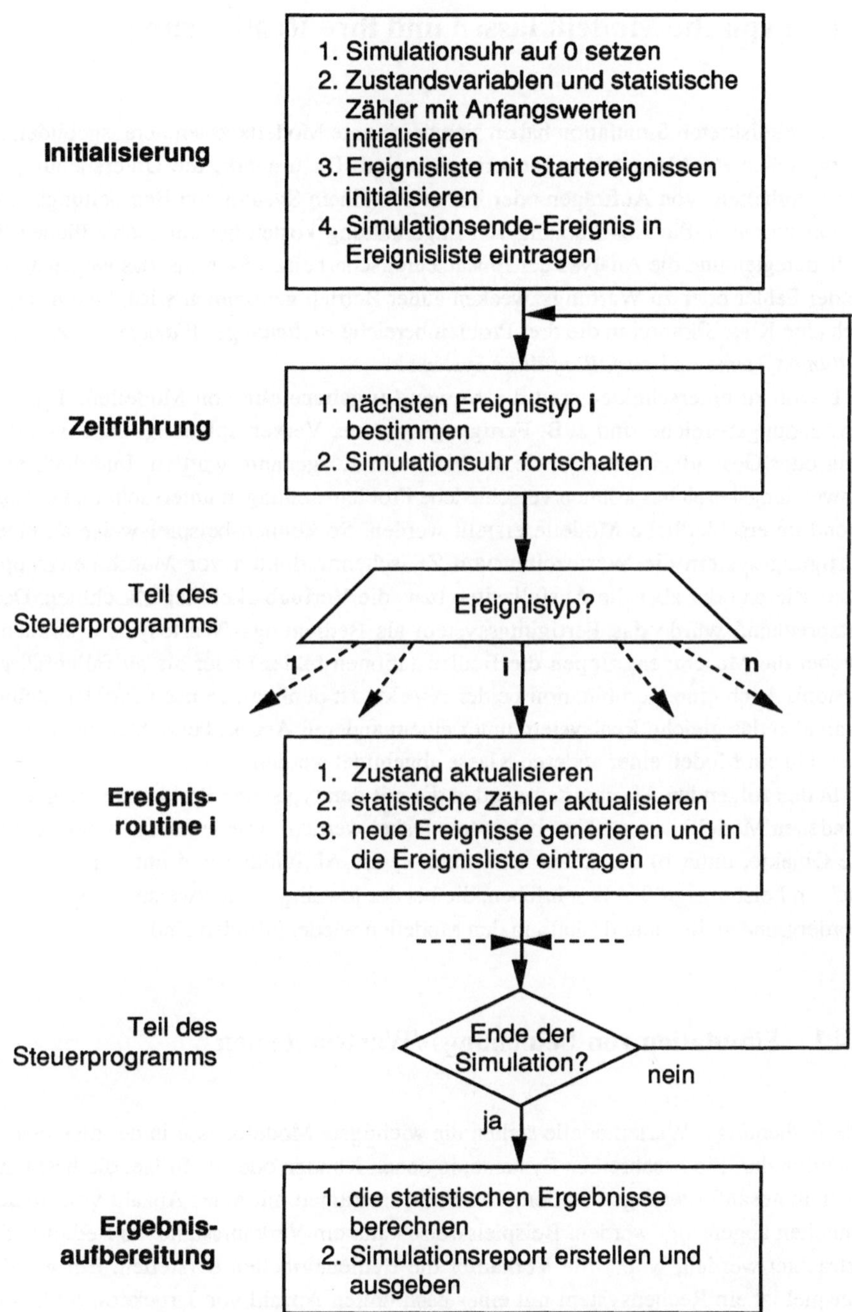

Abb. 2-3: Prinzipielles Ablaufschema der ereignisorientierten Simulation

2.4 Typische Modellklassen und ihre Realisierung

In der zeitdiskreten Simulation haben sich bestimmte Modellklassen herausgebildet, die
an typischen **Problemstellungen** orientiert sind. Dazu gehört die Untersuchung des
Warteverhaltens von Aufträgen oder Kunden in einem System von Bearbeitungs- oder
Bedienstationen, die Abschätzung von Lagerhaltungskosten bei unterschiedlichen Be-
stellstrategien und die Analyse der Einsatzbereitschaft eines Systems, das wegen auftre-
tender Fehler oder zu Wartungszwecken außer Betrieb genommen wird. Daraus ergibt
sich eine Klassifikation in die drei Problembereiche *Bedienungs-/Wartesysteme, Lagerhaltungssysteme* und *ausfallanfällige Systeme.*

Davon zu unterscheiden sind die **Anwendungsbereiche** von Modellen. Typische
Anwendungsbereiche sind z. B. Fertigungssysteme, Verkehrsplanung, Datenverarbeitung oder Gesundheitswesen, wie sie bereits in 1.5 genannt wurden. Innerhalb eines
Anwendungsbereiches können verschiedene Problemstellungen untersucht und entsprechend unterschiedliche Modelle erstellt werden. So können beispielsweise an einem
Fertigungssystem die Wartezeiten von Zwischenprodukten vor Maschinengruppen
interessieren oder aber die Ausfallzeiten bzw. die Verfügbarkeit der Maschinen. Dementsprechend würde das Fertigungssystem als Bedienungs-/Wartesystem betrachtet
(wobei die Maschinengruppen die Bedienstationen bilden) oder als ausfallanfälliges
System. Auch eine Kombination beider Aspekte ist denkbar. Je nach Problemstellung
kann also das gleiche Realsystem unter einem anderen Aspekt betrachtet und entsprechend in ein Modell einer anderen Klasse abgebildet werden.

In den folgenden Abschnitten werden die mit den typischen Problemstellungen verbundenen Modellklassen näher behandelt. Dabei werden für jede Klasse unter Punkt a)
die Objekte, unter b) die Relationen, unter c) die Aktivitäten und unter d) die untersuchten Leistungsgrößen beschrieben, die bei der jeweiligen Sichtweise des Systems im
Vordergrund stehen und deshalb in den Modellen wiederzufinden sind.

2.4.1 Simulation von Bedienungs-/Wartesystemen

Die Bedienungs-/Wartemodelle stellen die wichtigste Modellklasse in der diskreten Simulation dar. Sie beschreiben Systeme, in denen Kunden oder Aufträge, die bestimmte
Bedienungsanforderungen stellen, von Bedienstationen mit einer Anzahl von Bedien-
einheiten abgefertigt werden. Beispielsweise kann ein Verkaufsstand als Bedienstation
betrachtet werden, wobei die Verkäufer die Bedieneinheiten darstellen. Ein weiteres
Beispiel ist ein Rechensystem mit einer bestimmten Anzahl von Druckern. Sollte eine
Anforderung zum gegebenen Zeitpunkt nicht erfüllbar sein, werden die Kunden bzw.
Aufträge in **Warteschlangen** vor den Bedienstationen eingereiht. Im folgenden wird

häufig nur von Kunden gesprochen; alle Aussagen gelten jedoch sinngemäß auch für Aufträge.

Sowohl Bedienstationen als auch Bedieneinheiten werden gelegentlich als *Ressourcen* bezeichnet. "Ressource" ist jedoch ein allgemeiner Begriff für Hilfsmittel, mit denen Bedürfnisse erfüllt werden können. Dabei kann zwischen *verbrauchbaren* und *nicht verbrauchbaren* Ressourcen unterschieden werden. Die verbrauchbaren Ressourcen werden weiter eingeteilt in *erneuerbare* und *nicht erneuerbare*. Im Zusammenhang mit Bedienungs-/Wartemodellen kommen i. a. nur **nicht verbrauchbare Ressourcen** vor. Es handelt sich um die Bedienstationen und deren Bedieneinheiten, die nach Freigabe durch einen bedienten Kunden wieder zur Verfügung stehen. Im Zusammenhang mit Rechensystemen ist auch die Bezeichnung *Betriebsmittel* gebräuchlich.

Mit Bedienungs-/Wartemodellen werden primär das Warteverhalten von Kunden und die Auslastung von Bedienstationen untersucht. Gesucht ist die günstigste Bedienstrategie unter den (z. T. konkurrierenden) Zielkriterien:

- minimale Anzahl von Bedienstationen
- minimale Wartezeiten
- maximale Auslastung der Bedienstationen

Für bestimmte Standardmodelle von Bedienungssystemen existieren analytische Lösungen. Bei komplexen Bedienungsproblemen empfiehlt sich dagegen eine angenäherte Lösung durch stochastische, zeitdiskrete Simulation der Bedienstationen, sollen keine gravierenden Vereinfachungen in Kauf genommen werden.

2.4.1.1 Systemstruktur

a) Objekte

Die Objekte, aus denen Bedienungs-/Wartemodelle bestehen, sind *nachfragende Instanzen* (Kunden, Aufträge) und *nicht verbrauchbare Ressourcen* (wie Verkaufsstände, Praxisräume, Maschinengruppen usw., allgemein Bedienstationen). Sie sind jeweils durch eine Menge von Attributen charakterisiert. Für die **Kunden** oder **Aufträge** sind dies:

- Ankunftsverteilung
- Servicebedarf
- Präferenzen für eine bestimmte Bedieneinheit
- Ressourcenbedarf
- Wartebereitschaft
- Priorität
- Bedienungsfolge

Die **Bedienstationen** sind durch folgende Merkmale gekennzeichnet:

- Anzahl der Bedieneinheiten
- Leistungsfähigkeit der Bedieneinheiten
- Bedienzeitverhalten
- Warteraum
- Warteschlangendisziplin (Bedienstrategie)
- Serviceunterbrechung

Die aufgeführten Merkmale werden nun ausführlicher dargestellt (vgl. auch [Fis78]).

Merkmale der Kunden/Aufträge

Ankunftsverteilung: Die Ankunftsverteilung eines Kundentyps legt die Zeitpunkte fest, zu denen Objekte dieses Typs in das betrachtete System eintreten. Bei einer deterministischen Ankunftsverteilung wird im einfachsten Fall eine *Zwischenankunftszeit*, also das Zeitintervall zwischen den Ankunftszeitpunkten zweier aufeinanderfolgender Kunden, fest vorgegeben. Es ist aber auch denkbar, den nächsten Ankunftszeitpunkt auf andere Weise als Funktion des vorigen Ankunftszeitpunktes (oder die nächste Zwischenankunftszeit als Funktion der vorigen Zwischenankunftszeit) anzugeben. Im Falle einer stochastischen Ankunftsverteilung sind die Zwischenankunftszeiten i. a. unabhängig identisch verteilt, d. h. sie sind Realisierungen einer Folge untereinander stochastisch unabhängiger Zufallsvariablen, die alle dem gleichen statistischen Verteilungsgesetz folgen. Häufig wird hierfür die **Exponentialverteilung** oder die **Erlang-Verteilung** gewählt (s. 4.1.3).

Weitere Eigenschaften der Ankunftsverteilung sind Anfangszeitpunkt und Endzeitpunkt oder die maximale Zahl von Ankünften. Eine Alternative zur Modellierung der Ankunftsverteilung als Kundenattribut besteht darin, sie als Attribut eines eigenständigen Objekts *Quelle* anzusehen, das gemäß der angegebenen Verteilung Kunden eines bestimmten Typs generiert. Diese Möglichkeit wurde in der Simulationssprache GPSS [Rös78] realisiert. Entsprechend der Quelle für Kunden eines bestimmten Typs wäre dann auch deren Senke anzugeben (siehe auch Punkt "Bedienungsfolge").

Servicebedarf: Die Kunden oder Aufträge können sich durch ihren Servicebedarf (die Art ihrer Anforderungen an die Bedienstationen) unterscheiden. Zum Beispiel haben Jobs in einem Rechensystem unterschiedliche Betriebsmittelforderungen. Der Servicebedarf kann durch Attribute dargestellt werden. Eine andere Möglichkeit besteht darin, für Kunden oder Aufträge mit unterschiedlichen Anforderungen verschiedene Typen von Objekten zu definieren.

Präferenzen für Bedieneinheiten: Es ist möglich, daß die Anforderungen von Kunden nur von bestimmten Bedieneinheiten einer Bedienstation (z. B. Friseusen in einem Friseursalon) erfüllt werden können – sei es, daß nur diese eine bestimmte Leistung erbringen können (z. B. eine bestimmte Frisur beherrschen), sei es, daß die Kunden von sich aus bestimmte Präferenzen haben. Im Extremfall könnten alle Kunden nur eine bestimmte Bedieneinheit akzeptieren. Dann könnte die entsprechende Bedienstation mit n Bedieneinheiten auch als System von n Bedienstationen mit jeweils einer Bedieneinheit modelliert werden. Dies ist jedoch nicht möglich, wenn es Kunden ohne Präferenzen gibt, wenn Präferenzen sich auf mehrere Bedieneinheiten beziehen (Frau Koch *oder* Herr Schmidt) oder wenn negative Präferenzen bestehen (auf keinen Fall eine Auszubildende im ersten Jahr). In diesem Fall müssen im Modell Bedieneinheiten mit individuellen Attributen und positive oder negative Präferenzen für solche Einheiten darstellbar sein.

Ressourcenbedarf: Ein weiterer Fall, der die Modellierung von Anforderungen erschwert, ist gegeben, wenn Kunden für ihre Bedienung bestimmte *Kombinationen* von Bedienstationen gleichzeitig belegen müssen. Zur Verdeutlichung soll das folgende Beispiel dienen:

Bei einer Flotte von Frachtern tritt laufend Bedarf nach Ersatzteilen verschiedenen Gewichts und Volumens auf. Die Ersatzteile müssen per Flugzeug zum jeweiligen Frachter befördert werden, wobei ebenfalls eingeflogene Mechaniker die Reparatur durchführen. Von allen drei Bedienstationen – Flugzeugpark, Pilotenteam und Mechanikerteam – wird also gleichzeitig eine Bedienung gefordert.

Erschwerend könnte hinzukommen, daß je nach Entfernung des Frachters vom Flugplatz nur bestimmte Flugzeuge eingesetzt werden, die auch nur von bestimmten Piloten geflogen werden können. Ebenso könnten für eine gegebene Reparatur nur bestimmte Mechaniker einsetzbar sein. Hier wären also wiederum Präferenzen für bestimmte Bedieneinheiten zu berücksichtigen.

In einem solchen System können sogenannte Verklemmungsprobleme (*Deadlock*-Probleme) auftreten (s. auch 7.10). Im Realsystem wie im Modell muß hierfür eine Lösungsstrategie vorgesehen sein.

Wartebereitschaft: Es kann vorkommen, daß Kunden, die auf eine belegte Bedienstation stoßen, nicht bereit sind, länger als eine bestimmte Frist auf ihre Bedienung zu warten. Sie verlassen also das System ggf. nach einer bestimmten Wartezeit. Derartige Verluste von Kunden oder Aufträgen müssen in der Modellstruktur und der Beurteilung des Modellverhaltens berücksichtigt werden.

Priorität: Bestimmte Kunden oder Aufträge können in einem System mit höherer Priorität behandelt werden als andere (z. B. die Freundin der Chefin im Friseursalon oder ein eiliger Auftrag in einer Werkstatt). Hier ist zu unterscheiden, ob die Prioritäten ausschließlich bei der Verwaltung der Wartschlangen berücksichtigt werden (die Wartenden werden nach Prioritäten sortiert), oder ob höher priorisierte Kunden die

Bedienung anderer Kunden sogar unterbrechen und sie damit aus der Bedieneinheit verdrängen können.

Bedienungsfolge: Häufig benötigt ein Kunde oder Auftrag nicht nur eine Bedienstation, sondern mehrere in Folge. Beispielsweise durchläuft ein Werkstück verschiedene aufeinanderfolgende Bearbeitungsvorgänge; ein Supermarkt-Kunde steht zuerst an der Käsetheke an und später an der Kasse. Jeder Kundentyp hat daher eine spezifische Folge von Bedienstationen, die seinen Weg von der Ankunft im System (Quelle) bis zu seinem Austritt (Senke) beschreibt. Die Bedienungsfolge besagt erstens, welche Bedienstationen des Systems der Kunde durchläuft, und zweitens, wie diese zeitlich geordnet sind.

Von der linearen Bedienungsfolge gibt es drei mögliche Abweichungen. Im ersten Fall sind für einen Kundentyp mehrere alternative Abschnitte von Bedienungsfolgen vorgesehen. Die Entscheidung darüber, welche der möglichen Bedienungsfolgen für einen individuellen Kunden gewählt wird, kann entweder zufällig, aufgrund bestimmter Kundenattribute oder abhängig vom Systemzustand (Länge der Warteschlangen vor den Bedienstationen usw.) erfolgen.

Die zweite Möglichkeit liegt in der Verbindung von Bedienungsfolgen von Kunden verschiedenen Typs. Die Kunden absolvieren einen gemeinsamen Abschnitt ihrer Bedienungsfolge und trennen sich dann wieder. Von jedem der beteiligten Kundentypen kann eine bestimmte Anzahl von Kunden erforderlich sein, damit alle Kunden gemeinsam den Weg fortsetzen können. In diesem Fall besteht zwischen den Kunden eine Synchronisationsbeziehung.

Ein dritter Fall der Abweichung von linearen Bedienungsfolgen ist gegeben, wenn Aufträge in Teilaufträge zerlegt werden, deren Ergebnisse dann an anderer Stelle wieder zusammengeführt werden müssen. Auch hier bestehen Synchronisationsbeziehungen (s. auch Punkt b)).

Merkmale der Bedienstationen

Anzahl und Leistungsfähigkeit der Bedieneinheiten: Dem Servicebedarf, den Präferenzen für bestimmte Bedieneinheiten und dem Ressourcenbedarf auf Kundenseite stehen Anzahl und Leistungsfähigkeit der Bedieneinheiten gegenüber, die eine Bedienstation aufweist.

Bedienzeitverhalten: Wie die Zwischenankunftszeiten können auch die Bedienzeiten deterministisch oder stochastisch verteilt sein. Es ist zu berücksichtigen, daß bei Serviceunterbrechungen evtl. ein Verwaltungsoverhead zur Bedienzeit hinzugerechnet werden muß.

Warteraum: Die Verfügbarkeit eines Warteraums bzw. einer Warteschlange ist eines der wichtigsten Merkmale einer Bedienstation. Es ist zu unterscheiden zwischen Warteräumen mit endlicher und solchen mit unendlicher Kapazität. Ist *kein* Warteraum vorhanden, so handelt es sich bei der Bedienstation um ein *Verlustsystem*, d. h. jeder Kunde oder Auftrag, der bei seiner Ankunft nicht sofort bedient werden kann, geht verloren.

Bedienstrategie und Serviceunterbrechung: Die Bedienstrategie entscheidet über die Reihenfolge der Bedienung der Kunden, die sich im Wartraum der Bedieneinheit befinden, unter Berücksichtigung ihrer Priorität. Dabei kann die Bedienung unterbrochen werden (Serviceunterbrechung), z. B. um eintreffende höher priorisierte Kunden sofort zu bedienen. Die aus der Bedienstation verdrängten Kunden werden dann wieder in die Warteschlange eingereiht. Die häufigsten Bedienstrategien für Kunden mit *gleicher* Priorität sind *First In First Out (FIFO), Last In First Out (LIFO), Shortest Job First (SJF), Round Robin (RR,* d. h. Zeitscheibenstrategie) und *Random* (zufällige Auswahl).

b) Relationen

Die Relationen zwischen **Kunden und Ressourcen** wurden als relationale Attribute der Kunden aufgefaßt und deshalb bereits unter Punkt a) behandelt.

Als weitere Relation zwischen Objekten kommt in Bedienungs-/Wartemodellen vor allem die **Synchronisation von Kunden** in Betracht. Eine typische Synchronisationsbeziehung liegt vor, wenn sich an einer bestimmten Stelle eines Bedienungs-/Wartemodells eine bestimmte Anzahl von Kunden ansammeln muß, bevor diese ihren Weg fortsetzen können. Beispielsweise sammeln sich Autos am Anleger einer Fähre, die erst ab einer bestimmten Zahl von Autos übersetzt.

Erheblich komplizierter wird das Problem, wenn Aufträge in teilweise **nebenläufige Teilaufträge** zerlegt werden. Hier besteht diese Synchronisationsbeziehung nicht zwischen beliebigen Aufträgen oder Kunden, sondern zwischen zusammengehörigen Teilaufträgen.

Eine **Synchronisation von Ressourcen** ist ebenfalls denkbar, wenn mehrere Ressourcen zur Bearbeitung eines Auftrages benötigt werden. Im Beispiel des Frachterflottenmodells sind diese Ressourcen die Flugzeuge, Piloten und Mechaniker, die zur Erledigung eines Reparaturauftrages benötigt werden.

c) Aktivitäten

In Bedienungs-/Wartemodellen ist nur eine Aktivität von Bedeutung: die **Bedienung**. Die Bedienzeit wird häufig nur als eine Attribut der Bedienstationen angesehen. Dies ist aber unangemessen, denn die Bedienzeit hängt im allgemeinen sowohl vom Kunden als auch vom Bedienzeitverhalten der Station ab. Die Dauer der Aktivität Bedienung wird somit aus der Kombination von Ressourcen- *und* Kundenattributen ermittelt.

d) Untersuchte Leistungsgrößen

Als wesentliche Fragestellung von Bedienungs-/Wartemodellen wurden eingangs bereits das Warteverhalten von Kunden und die Auslastung von Bedienstationen genannt. Hauptsächlich interessiert man sich dabei für den Zusammenhang zwischen der Anzahl der Bedienstationen und deren Bedienstrategien einerseits und bestimmten Leistungsgrößen des Systems andererseits. Gemessen werden i. a. Mittelwert und Varianz der folgenden Größen:

- Auslastung der Bedienstation (in Prozent)
- Systemfüllung (Anzahl der Kunden im System)
- Aufenthaltsdauer (Wartezeit plus Bedienzeit)
- Befriedigung der Anforderungen, d. h.
  - Erfüllung von Präferenzen
  - Warteverhalten der Kunden (Wartezeit bzw. Warteschlangenlänge)
  - Verlustwahrscheinlichkeit für jeden Kundentyp

Als *Verlustwahrscheinlichkeit* wird die Wahrscheinlichkeit bezeichnet, mit der ein Kunde das System ohne Bedienung verläßt.

2.4.1.2 Beispiel: Ein Bedienungssystem mit mehreren Servicestellen und begrenztem Warteraum

Systemspezifikation

Es soll die telefonische Platzreservierung einer Bahnlinie als ein spezielles Bedienungssystem mit begrenztem Warteraum untersucht werden. Das zu modellierende System ist folgendermaßen spezifiziert:

1. Es handelt sich ausschließlich um eine telefonische Platzreservierung.
2. Es stehen insgesamt 5 Reservierungskräfte zur Verfügung.
3. Es sind 18 Telefonleitungen geschaltet (d. h. Kapazität des Warteraums gleich 13).
4. Jeder Kunde bucht entweder nur eine einfache oder eine Hin- und Rückfahrt.
5. Wenn alle Reservierungskräfte belegt sind, so ertönt die Ansage "Bitte warten Sie!".
6. Wenn eine Reservierungskraft frei wird, soll derjenige Kunde bedient werden, der schon am längsten wartet.
7. Die Kunden warten nur eine begrenzte Zeit. Die mittlere Wartebereitschaft beträgt 4 Minuten (normalverteilt). Nach Ablauf seiner Wartebereitschaft verzichtet der Kunde endgültig auf die telefonische Reservierung.
8. Die Zwischenankunftszeiten sind exponentialverteilt mit Mittelwert 20 Sekunden, die Servicezeiten sind ebenfalls exponentialverteilt, für eine einfache Fahrt mit Mit-

telwert eine Minute, für eine Hin- und Rückfahrt mit Mittelwert zwei Minuten. Die Wahrscheinlichkeit für eine Hin- und Rückfahrt beträgt 0.75.

Die Systemleistung ist hinsichtlich der folgenden Kriterien zu analysieren:

- mittlere Wartezeit der Anrufer
- Auslastung der Reservierungskräfte
- mittlere Warteschlangenlänge
- Auslastung der Leitungen
- Anteil der sofort bedienten Anrufe
- Anteil der bedienten Anrufe mit Wartezeit
- Anteil der Anrufe, die keine freie Leitung erhalten
- Anteil der Anrufe, die innerhalb der Wartebereitschaft nicht bedient werden

Modellentwurf

Die Zustandsvariablen des Modells sind der Bedienungsstatus einer jeden Reservierungskraft (*frei* oder *beschäftigt*), die Anzahl der wartenden Anrufer in der Warteschlange sowie die Anzahl der freien Leitungen.

Eine erste Strukturierung der Abläufe im spezifizierten System zeigt Abbildung 2-4. Im nächsten Schritt müssen nun **Ereignisse** definiert werden. Wir erhalten sie z. T. durch Zusammenfassung der in Abbildung 2-4 gezeigten Zustandsübergänge:

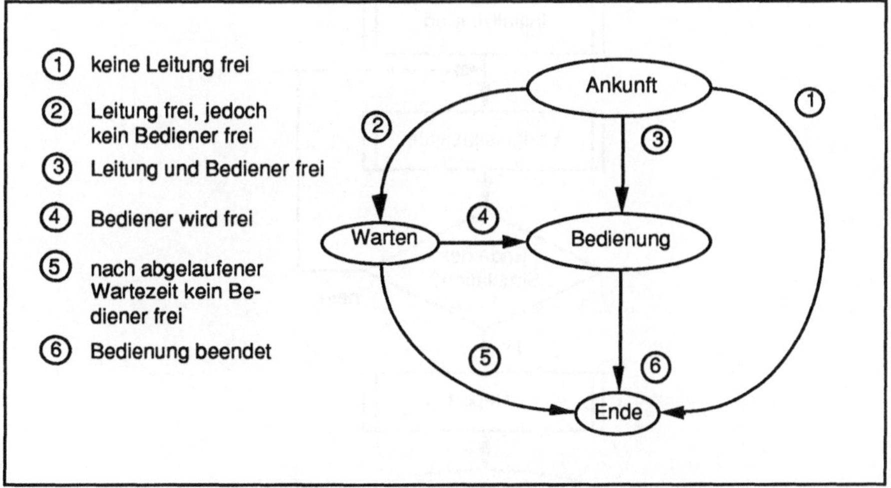

Abb. 2-4: Mögliche Ereignisse bzw. Teilaktivitäten im Reservierungsmodell

1. *Kundenanruf:* Generierung des Anrufs und Zuteilung einer Reservierungskraft oder Einreihen in die Warteschlange, wenn freie Leitung vorhanden.
2. *Bedienungsende:* Freisetzen der Reservierungskraft oder Zuweisung eines neuen Anrufers (falls vorhanden).
3. *Wartenende:* Löschen eines Kunden mit abgelaufener Wartebereitschaft aus der Warteschlange.
4. *Simulationsende:* Ende der Simulation mit Berechnung der Simulationsergebnisse (Reportgenerierung).

Diese informalen Ereignisbeschreibungen sind später zu **Ereignisroutinen** zu präzisieren. Daneben benötigt man, wie in 2.3 erläutert, noch Prozeduren, die Verwaltungsaufgaben übernehmen. Dazu gehören die Zeitführungsroutine und der Programmteil zur Aktivierung der jeweils benötigten Ereignisroutine. Diese beiden Programmteile sind hier zur **Prozedur Ereignisauswahl** zusammengefaßt. Standardmäßig werden auch die **Initialisierungsprozedur** und die **Reportprozedur** benötigt.

Der Vorgang der Bedienung kommt in zwei Ereignisroutinen vor: In *Kundenanruf* wird der jeweilige Kunde sofort bedient, falls eine Reservierungskraft frei ist. In *Bedienungsende* wird ein weiterer Kunde bedient (falls vorhanden), nachdem der aktuelle das System verlassen hat. Aus diesem Grunde wird eine **Prozedur Bedienung** vorgesehen.

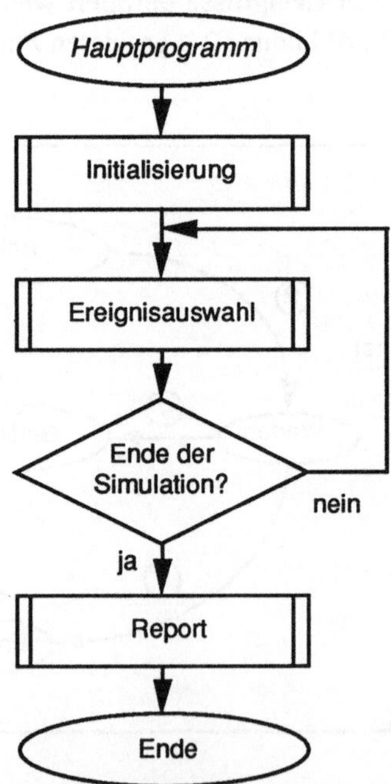

Abb. 2-5: Flußdiagramm des Hauptprogramms

Das Hauptprogramm (Abb. 2-5) hat aufgrund der Einführung der Prozedur *Ereignis-auswahl* eine einfache Struktur. Diese Prozedur (Abb. 2-6) entspricht im wesentlichen der in 2.3 definierten Zeitführungsroutine, erledigt hier aber zusätzlich auch den Aufruf der jeweiligen Ereignisroutine. Ereignistyp 4 (Simulationsende) führt nach Rückkehr in das Hauptprogramm zur Ergebnisauswertung und -ausgabe.

Beim Aufruf der Ereignisroutine *Kundenanruf* (Abb. 2-7) wird unmittelbar das nächste Ereignis des gleichen Typs generiert und in die Ereignisliste eingetragen. Hier wird also die bereits erwähnte Technik verwendet, eine Folge gleichartiger Ereignisse dadurch zu generieren, daß jedes Ereignis des entsprechenden Typs seinen Nachfolger erzeugt und vormerkt. Findet ein Kunde keine freie Leitung vor (ist die Kapazität des Warteraumes also erschöpft), so endet die Ereignisliste ohne weitere Aktionen. Ist eine Bedienungskraft unbeschäftigt, erfolgt der Aufruf der Prozedur *Bedienung*. In der Ereignisroutine *Kundenanruf* wird aus Vereinfachungsgründen nur dann ein Kundenrecord generiert, wenn dieser nicht sofort bedient, sondern in eine Warteschlange eingetragen wird. Denn nur für diesen Fall muß einem Kunden überhaupt ein Attribut mit der nach der vorgegebenen Normalverteilung generierten Wartebereitschaft zugewiesen werden. Für den Fall der sofortigen Bedienung werden allein die entsprechenden statistischen Zähler aktualisiert (Dekrementierung der Anzahl der freien Bediener).

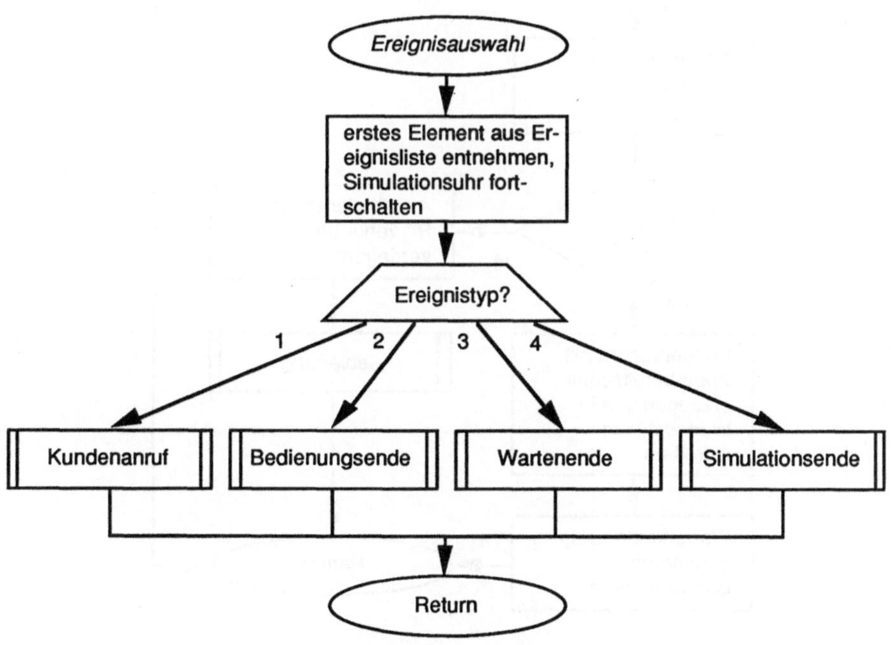

Abb. 2-6: Prozedur *Ereignisauswahl*

Die Ereignisroutine *Wartenende* (Abb. 2-8) bedarf keiner Erläuterung. Das Ende der Bedienung (Abb. 2-9) führt dazu, daß eine Leitung freigegeben wird und, falls noch Kunden auf anderen Leistungen warten, deren erster bedient wird. Anschließend wird der Kundenrecord gelöscht. (Dies kann bei Simulation einer größeren Anzahl von Kunden aus Speicherplatzgründen notwendig sein.) In der Prozedur *Bedienung* (Abb. 2-10) wird stochastisch der *Fahrtentyp* (einfache Fahrt oder Hin- und Rückfahrt) mit jeweils unterschiedlichen Bedienzeiten generiert.

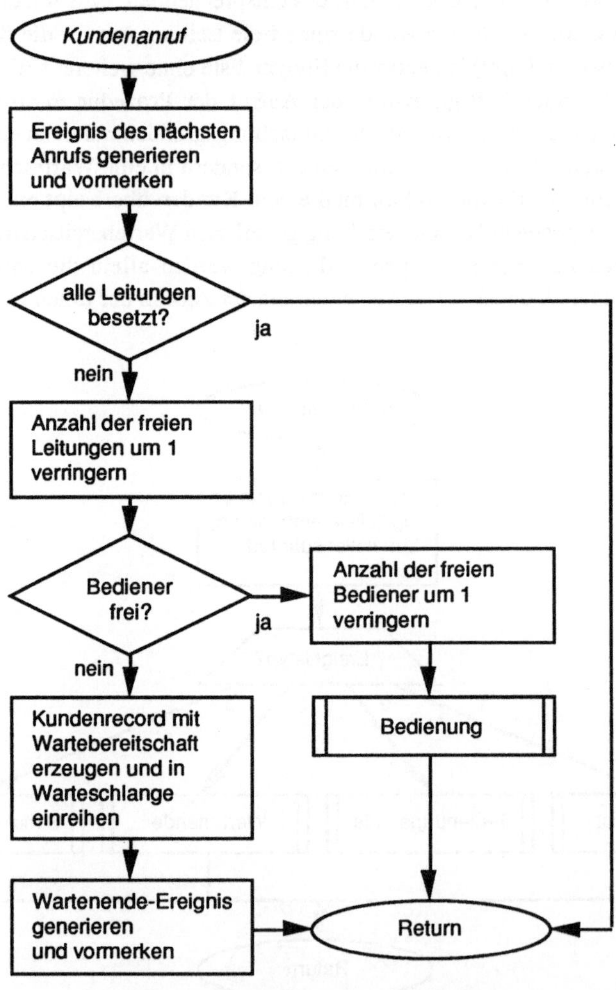

Abb. 2-7: Ereignisroutine *Kundenanruf*

Abb. 2-8: Ereignisroutine *Wartenende* (Ende der Wartebereitschaft)

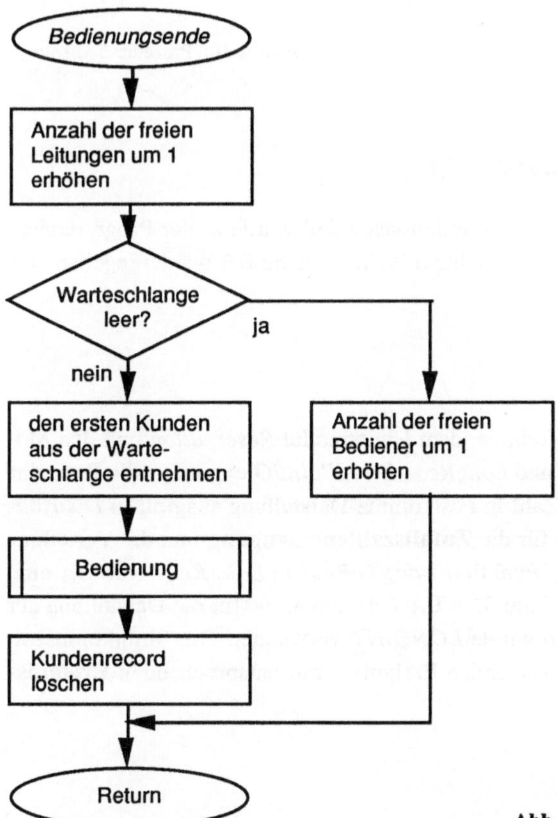

Abb. 2-9: Ereignisroutine *Bedienungsende*

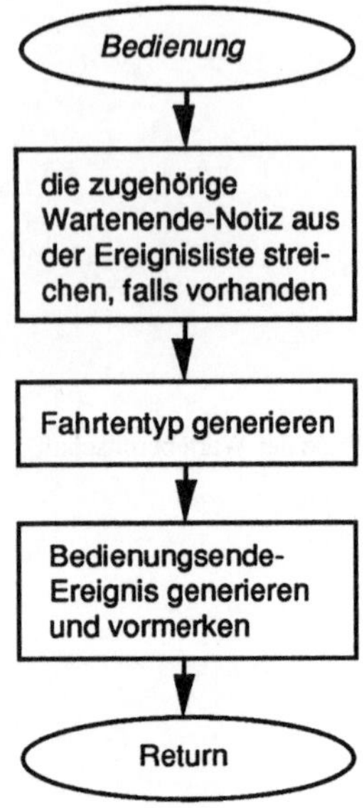

Abb. 2-10: Prozedur *Bedienung*

2.4.1.3   Implementation in Modula-2

Das oben skizzierte ereignisorientierte Simulationsmodell wurde in der Programmiersprache Modula-2 implementiert. Der Quelltext ist im Anhang B.1 wiedergegeben und
wird im folgenden erläutert.

Programmaufbau

Das Programm besteht aus vier Modulen, dem Hauptmodul *Reservation* und den Modulen *FixedPointIO*, *Distribution* und *LongReal*. *FixedPointIO* exportiert die Prozedur
WriteFixedPoint, die eine *REAL*-Zahl in Festkomma-Darstellung ausgibt. In *Distribution* befinden sich die Funktionen für die **Zufallszahlenerzeugung** und die Verteilungen *Exponential* und *Norm*. Die Funktion *LongToReal* in *LongReal* wandelt eine
LONGINT-Zahl in eine *REAL*-Zahl um. Der Typ *CARDINAL* ist für die Darstellung der
Simulationszeit zu klein, deshalb wurde *LONGINT* verwendet. Die Simulationszeit
wird in Sekunden gemessen. Die folgenden Ereignisse mit entsprechenden **Ereignisroutinen** sind definiert:

- Kundenanruf (*Call*)
- Bedienungsende (*Completion*)
- Wartenende (*MaxWaited*)
- Simulationsende (*EndofSimulation*)

Es werden zwei dynamische Datenstrukturen definiert: die **Ereignisliste** und die
Warteschlange für wartende Kunden. In der Ereignisliste *EvTOP* sind die zukünftigen
Ereignisse nach Ereigniszeitpunkt und Priorität geordnet. Das Ereignis *Bedienung* besitzt die höchste, *Anruf* die niedrigste Priorität. Das jeweils nächste Ereignis wird von
der Prozedur *SelectEvent* ausgewählt, die vom Hauptprogramm solange wiederholt aufgerufen wird, bis die Simulationszeit abgelaufen ist.

Die im Programm verwendeteten globalen Variablen sind:

EvTOP	Ereignisliste
QuTOP	Warteschlange für die Anrufer
CurrentTime	aktuelle Simulationszeit
SumOfServTimes	Summe der Bedienzeiten
SimulationTime	Dauer der Simulation
MeanServiceTime	mittlere Bedienzeit für eine einfache Fahrt
MeanIntercallTime	mittlere Zwischenankunftszeit
Seed	Anfangswert für den Zufallszahlenstrom
MeanWaitingTime	mittlere Wartebereitschaft eines Kunden
Deviation	Abweichung von der mittleren Wartebereitschaft
Server	Anzahl der freien Bediener
Lines	Anzahl der freien Telefonleitungen
ImmedServed	Anzahl der sofort bedienten Kunden
NoLine	Anzahl der Anrufe ohne freie Leitung
NoServer	Anzahl der Anrufe ohne Bedienung
Served	Anzahl der bedienten Anrufer

Im folgenden werden die einzelnen Prozeduren des Moduls *Reservation* kurz erläutert.

Initialisierung: In der Prozedur *Initialization* werden die Variablen initialisiert bzw.
interaktiv vom Terminal eingelesen. Danach wird das erste Kundenanruf-Ereignis in
die Ereignisliste *EvTOP* eingetragen.

Ereignisroutine Anruf: Die Prozedur *Call* generiert zunächst einen neuen Anruf und
ordnet ihn in die Ereignisliste ein. Wenn keine Telefonleitung frei ist, wird *Call* verlassen. Sonst wird die Anzahl der freien Leitungen um 1 reduziert. Wenn ein Bediener frei
ist, wird auch die Anzahl der Bediener um 1 reduziert und die Prozedur *Service* aufgerufen. Da die Bedienung hier unmittelbar zum Ankunftszeitpunkt des Kunden begonnen wird, muß kein Ereignis *Wartenende* vorgemerkt werden. Außerdem ist auch kein
Kundenrecord erforderlich, denn ein Eintritt in die Warteschlange ist für diesen Kunden
ausgeschlossen. Andernfalls muß für den Anrufer ein Kundenrecord erzeugt und in die
Warteschlange eingereiht werden. Schließlich werden eine Wartebereitschaft generiert
und das Ereignis *Wartenende* in der Ereignisliste für den errechneten Zeitpunkt vorge-

merkt, und zwar hinter dem Ereignis *Bedienungsende*, wenn es zeitgleich ist, jedoch vor allen anderen zeitgleichen Ereignissen.

Ereignisroutine Wartenende: Die Prozedur *MaxWaited* sucht in der Warteschlange *QuTOP* nach dem Kunden, dessen Summe aus Ankunftszeit und maximaler Wartezeit gleich der aktuellen Simulationszeit ist. Dieser Kunde wird dann gelöscht und seine Leitung wird freigegeben.

Ereignisroutine Bedienungsende: Die Prozedur *Completion* gibt zunächst eine Leitung frei. Danach wird geprüft, ob die Warteschlange leer ist. Ist dies der Fall, wird die Zahl der freien Bediener um 1 erhöht. Andernfalls wird der nächste Anrufer aus der Warteschlange geholt, die Prozedur *Service* aufgerufen und der zugehörige Kundenrecord gelöscht.

Ereignisroutine Simulationsende: Die Prozedur *EndofSimulation* ruft einzig die Auswertungsprozedur *Report* zum Ende der Simulationszeit auf.

Weitere Prozeduren: Die Prozedur *DeleteMaxWaited* dient dazu, das Wartenende-Ereignis des Kunden, dessen Bedienung gerade beginnt, aus der Ereignisliste zu entfernen. Ein Ende der Wartebereitschaft kann für diesen Kunden ja nicht mehr eintreten. Die Bedienungsprozedur *Service* generiert die Bedienzeit mit Hilfe einer Exponentialverteilung, deren Parameter (der Mittelwert) abhängig vom Fahrkartentyp (Hin- oder Hin- und Rückfahrt) bestimmt wird. Die Funktion *Type* liefert diesen Mittelwert, wobei auf den Zufallsgenerator *Random* zurückgegriffen wird. Anschließend generiert *Service* eine Ereignisnotiz für das zugehörige Bedienungsende-Ereignis und trägt diese in die Ereignisliste ein. Das Einordnen der Ereignisse in die Ereignisliste *EvTOP* gemäß Zeitpunkt und Priorität geschieht durch die Prozedur *ScheduleEvent*. Die Prozedur *SelectEvent* entnimmt das vorderste Ereignis aus der Ereignisliste, schaltet die Simulationsuhr auf den nächsten Ereigniszeitpunkt und ruft die zugehörige Ereignisroutine auf. *Report* schließlich errechnet die Statistik und schreibt die Ein- und Ausgabedaten in einem entsprechenden Tabellenformat in eine Datei.

Hauptprogramm: Im Hauptprogramm wird anfangs die Initialisierungsroutine aufgerufen und dann die Prozedur *SelectEvent* bis zum Simulationsende wiederholt ausgeführt. Der Aufruf der Reportprozedur erfolgt hier nicht im Hauptprogramm, sondern in der Ereignisroutine *EndofSimulation*.

Die Prozeduraufrufe im Hauptmodul *Reservation* des Modula-2-Simulationsprogramms sind wie folgt verschachtelt:

```
MODULE Reservation

BEGIN

    1 Initialization
          2 ScheduleEvent
    1 SelectEvent
          2 Call
                3 ScheduleEvent
                3 Service
                      4 ScheduleEvent
                3 ScheduleEvent
          2 Completion
                3 Service
                      4 DeleteMaxWaited
                      4 ScheduleEvent
          2 MaxWaited
          2 EndofSimulation
                3 Report

END Reservation
```

Simulationsergebnisse

Mit dem Modell wurde eine Simulation für die Dauer von 100 Stunden (= 360000 Sekunden) durchgeführt. In dieser Simulationszeit wurden ca. 18000 Kundenanrufe generiert, von denen ca. 15800 auch bedient wurden. Nur 161 Anrufe hatten keine freie Leitung vorgefunden, und ca. 2160 Anrufer gaben nach abgelaufener Wartebereitschaft vorzeitig auf. Die durchschnittliche Wartezeit betrug ca. 70 Sekunden, wobei auch Anrufer mit sofortiger Bedienung berücksichtigt sind. Ohne die sofort bedienten Kunden ergab sich für die wartenden Anrufer eine durchschnittliche Wartezeit von über 90 Sekunden. Die **Auslastungsstatistiken** wurden wie folgt berechnet:

$$\text{Mittlere Auslastung eines Reservierers} = \frac{\sum \text{Bedienzeiten}}{5 \cdot \text{Simulationszeit}}$$

$$\text{Mittlere Auslastung der Leitungen} = \frac{\sum (\text{Bedienzeiten} + \text{Wartezeiten})}{18 \cdot \text{Simulationszeit}}$$

Es ergab sich eine Auslastung von ca. 91% für die Bediener und ca. 45% für die Telefonleitungen. Die Simulationsergebnisse sind in Form des Simulations-Reports in Anhang B.1 angegeben. Diese Ergebnisse können jedoch nicht als statistisch gesichert angesehen werden, da **keine statistische Genauigkeitsabschätzung** vorgenommen wurde (s. hierzu 4.4.3).

2.4.2 Simulation von Lagerhaltungssystemen

Einen weiteren wichtigen Modelltyp der zeitdiskreten Simulation bilden die Lagerhaltungsmodelle. *Lager* dienen als Puffer zwischen Produktion (oder Anlieferung) und Verbrauch. Modelle der Lagerhaltung beschreiben den Betrieb eines Lagers mit einer Anzahl von Produkten, die entsprechend dem Eingang von Aufträgen aus dem Lager entfernt und beim Eintreffen von bestellten Lieferungen wieder aufgefüllt werden. Wenn ein Auftrag nicht sofort (vollständig) erfüllt werden kann, werden (Rest-) Aufträge zurückgestellt. Obwohl es viele verschiedene Arten von Lagern gibt, z. B. Produktions-, Verkaufs- oder Zentrallager, haben sie dennoch die Hauptziele der Lagerhaltung gemein. Es bestehen nur Unterschiede in der *Bewertung* der einzelnen Ziele. Die Hauptziele der Lagerhaltung sind:

1. Hohe Deckung der Nachfrage (Sofortlieferfähigkeit)
2. Niedrige Lagerhaltungskosten (laufende Kosten für die Lagerhaltung)
3. Niedriger Kapitaleinsatz (Lagerwert und Investitionen für das Lager)

Diese Ziele stehen z. T. in Konkurrenz zueinander. Eine hohe Deckung der Nachfrage verlangt beispielsweise einen hohen durchschnittlichen Lagerbestand, während ein niedriger Kapitaleinsatz nur durch einen niedrigen durchschnittlichen Lagerbestand erreicht wird. Die Ziele müssen deshalb bewertet und aufeinander abgestimmt werden. So kann man z. B. einen bestimmten Deckungsgrad der Nachfrage vorgeben und dazu die niedrigsten Gesamtkosten für das Lager bei einem beliebigen Kapitaleinsatz suchen. Eine gute Lagerhaltung wird nur dann erreicht, wenn die Ziele gut aufeinander abgestimmt sind. Die wichtigsten Leistungsgrößen bei Lagerhaltungsmodellen sind die Kosten der Lagerhaltung und die Erfüllbarkeit der Aufträge bei verschiedenen Lagerkapazitäten und Bestellpolitiken.

Zwischen den oben besprochenen Bedienungs-/Wartesystemen und Lagerhaltungssystemen gibt es zwei wesentliche Unterschiede. Erstens sind die **Ressourcen** eines Lagerhaltungssystems im Gegensatz zu denen eines Bedienungs-/Wartesystems sowohl verbrauchbar als auch erneuerbar. Zweitens liegt das Interesse bei der Analyse von Lagerhaltungssystemen mehr auf der **sofortigen Erfüllbarkeit** von Aufträgen (Sofortlieferfähigkeit) als auf der Aktivität der Auftragsabfertigung (Bedienung). Die Bedienzeit wird daher in Lagerhaltungsmodellen i. a. nicht modelliert. Dagegen spielen die Warteerfordernisse von Kunden bei nicht sofort erfüllbaren Aufträgen eine ähnlich wichtige Rolle wie bei Bedienungs-/Wartesystemen, wobei aber nicht der Wartevorgang an sich von Interesse ist. Das Ziel einer hohen Sofortlieferfähigkeit bedingt auch eine Minimierung der Kundenwartezeiten.

Lagerhaltungsmodelle lassen sich ohne weiteres mit Bedienungs-/Wartemodellen **kombinieren**. Zum Beispiel ließe sich in dem oben erwähnten Modell einer Frachterflotte eine Lagerhaltungskomponente für Ersatzteile einfügen. Schließlich gibt es Sy-

steme, die sich sowohl durch Bedienungs-/Wartemodelle als auch durch Lagerhaltungsmodelle beschreiben lassen (vgl. hierzu [Sch84]).

Unter bestimmten restriktiven Annahmen – z. B. hinsichtlich der Nachfragevertei-
lung – existieren für einige Lagerhaltungsmodelle **analytische Lösungen**. Die Analyse
komplexerer Lagerhaltungsmodelle ist dagegen nur durch Simulation möglich.

2.4.2.1 Systemstruktur

a) Objekte

Das wichtigste Objekt in einem Lagerhaltungsmodell ist das eigentliche **Lager**, d. h.
eine Menge von verschiedenen Produkten oder Artikeln, wobei für jeden Produkttyp
ein aktueller Bestand angegeben werden kann. Wie eine Bedienstation bei Bedienungs-
/Wartemodellen ist das Lager ein Objekt, das Ressourcen zur Erfüllung bestimmter
Aufträge und einen Warteraum für die Aufträge bereitstellt. Es handelt sich konzeptuell
um einen Objekttyp, wobei in einem Lagerhaltungsmodell aber häufig nur eine Instanz
dieses Typs, also nur ein einziges Lager, vorkommt.

Die weiteren Objekte eines Lagerhaltungsmodells sind Kundenaufträge, die Ressourcen anfordern, Sendungen an Kunden, die den Lagerbestand reduzieren, Bestellungen an einen Lieferanten und Lieferungen, die den Bestand auffüllen.

Merkmale des Lagers

Das Lager enthält, wie bereits erwähnt, die Menge der Produkte sowie einen Warteraum für nicht sofort erfüllbare Aufträge, die sogenannte *Vorbestell-Liste*. Außerdem
fallen im Lager verschiedene Arten von Kosten an. Die verschiedenen Produkttypen,
die in einem Lager vorgehalten werden, werden im folgenden als *Artikel* bezeichnet.

Bestand: Der aktuelle Bestand eines Artikels ändert sich durch Sendungen und Lieferungen. Bei der Definition eines Lagerhaltungsmodells muß für bestimmte Bestellpolitiken (s. u.) angegeben werden, wie groß der Mindestbestand jedes Artikels sein
soll. Bei der Aufgabe von Bestellungen ist außerdem ein maximal möglicher Bestand
zu berücksichtigen.

Warteraum und Bedienstrategie: Hier gilt im wesentlichen das gleiche, was über die
Warteräume und Bedienstrategien bei Bedienungs-/Wartemodellen gesagt wurde
(2.4.1.1). Die Kapazität des Warteraums eines Lagers kann begrenzt oder unbegrenzt
sein, oder es kann überhaupt kein Warteraum vorgesehen sein (Kapazität 0).

Kosten: Die Kosten eines Lagers sind für die Modellstruktur selbst nicht von Bedeutung. Sie spielen erst im Zusammenhang mit den angelegten **Zielkriterien** eine Rolle. Man unterscheidet u. a. die folgenden Kostenarten:

- Lagerhaltungskosten
  - Lagerstättenmiete
  - Betriebskosten
  - Personalkosten
  - Versicherungen
  - Kapitalbindung

- Fehlmengenkosten
  - Kosten für zusätzliche Verwaltungstätigkeit
  - Verlust an Kundenvertrauen
  - gegebenenfalls Kosten für außerplanmäßige Beschaffung

Merkmale der Kundenaufträge

Die Aufträge in einem Lagerhaltungsmodell haben zum Teil ähnliche Merkmale wie die Kunden oder Aufträge in einem Bedienungs-/Wartemodell: **Ankunftsverteilung**, **Artikelbedarf**, **Wartebereitschaft** und **Priorität** (vgl. 2.4.1.1).

Bei den Präferenzen für bestimmte Artikel und bei der Bedienungsfolge liegen die Dinge jedoch anders. Mit einer *Präferenz für bestimmte Artikel* ist bei Lagerhaltungsmodellen nicht gemeint, daß nur bestimmte Artikel angefordert werden – dies ist bei Warenbestellungen völlig natürlich. Gemeint ist vielmehr, daß für einen Artikel ein oder mehrere andere Artikel genannt werden, die geliefert werden sollen, wenn der erstgenannte Artikel nicht vorrätig ist. Das bedeutet, daß innerhalb einer Teilmenge der angebotenen Artikel bestimmte Artikel präferiert werden. Dies kann etwa dann sinnvoll sein, wenn ein Einzelhändler für einen vergriffenen Artikel wenigstens einen Ersatzartikel anbieten will. Die *Bedienungsfolge* tritt bei Lagerhaltungsmodellen nur noch in degenerierter Form auf, da nur eine einzige Bedienstation (das Lager) vorhanden ist.

Merkmale der Warensendungen

Der Begriff *Warensendung* bezeichnet hier die Auslieferung von Waren, die ein Kunde beim Lager in Auftrag gegeben hat. Der Vorgang der Warensendung wird in Lagerhaltungsmodellen häufig nicht abgebildet (bis auf die Tatsache, daß der Bestand entsprechend reduziert wird). Eine detailliertere Modellierung kann aber durchaus sinnvoll sein. Einerseits entstehen auch für Sendungen Kosten (Verpackung, Transport), die in die Gesamtkosten der Lagerhaltung mit eingehen. Andererseits entspricht in realen Lagern eine Sendung aufgrund von Irrtümern oder Fehlern nicht immer dem ursprünglichen Auftrag. Dies kann dann zu zusätzlichen Aufträgen und Reklamationen führen, die weitere Kosten verursachen.

Eine Warensendung ist charakterisiert durch ihren **Zeitpunkt** und die **Anzahl der ausgehenden Einheiten pro Artikel.** Die Zeitpunkte, zu denen die Sendungen das Lager verlassen, sind nicht unabhängig identisch verteilt, sondern abhängig von der Ankunft der sie auslösenden Aufträge, variiert durch eine stochastische Komponente.

Merkmale der Bestellungen

Der Begriff *Bestellung* bezieht sich hier stets auf eine Aktivität des Lagers mit dem Ziel, den Bestand aufzufüllen.

Zeitliche Verteilung: Wie die Kundenaufträge folgen auch die Zeitabstände zwischen den Bestellungen durch das Lager einer bestimmten Verteilung. Man spricht hier auch vom *Bestellzyklus* des Lagers. Die Intervalle zwischen den Bestellzeitpunkten sind jedoch im allgemeinen nicht unabhängig identisch verteilt. Häufig wird eine deterministische Gleichverteilung verwendet, d. h. man geht davon aus, daß Bestellungen in konstanten Zeitabständen erfolgen (fixe Bestellpunkte). Üblich sind daneben auch variable Zeitabstände, d. h. es wird immer dann bestellt, wenn der Lagerbestand eines Artikels eine bestimmte Grenze unterschreitet.

Bestellmenge: Ebenso wie der Bestellzyklus kann die Bestellmenge eines Artikel konstant oder variabel sein. Dies hängt von der jeweiligen Bestellpolitik ab (s. u.).

Kosten: Für eine Bestellung ist zunächst ein bestimmter Fixkostenbetrag anzusetzen. Darüber hinaus entstehen variable Kosten in Höhe der Bestellmenge, multipliziert mit dem jeweiligen Stückpreis.

Merkmale der Lieferungen

Zeitliche Verteilung: Wie die Warensendungen und die Bestellungen sind auch die Lieferungen an das Lager nicht unabhängig identisch verteilt. Der Zeitpunkt ihres Eintreffens ist abhängig von der Aufgabe ihrer Bestellung und wird i. d. R. durch eine stochastische Komponente variiert.

Kosten: Die Kosten, die als Merkmal der Bestellung erwähnt wurden, können bei einer detaillierteren Modellierung auch der Lieferung zugeordnet werden. Tatsächlich fallen sie ja zum größten Teil frühestens bei Eintreffen der Lieferung an. Der Gedanke liegt nahe, zwischen Bestellmenge und Liefermenge zu unterscheiden, um etwa Fälle berücksichtigen zu können, in denen eine Lieferung falsch, unvollständig oder beschädigt eintrifft. Bei üblichen Lagerhaltungsmodellen wird jedoch von der Annahme ausgegangen, daß Bestell- und Liefermenge identisch sind.

b) Relationen

In einem Lagerhaltungsmodell lassen sich zwei Arten von Beziehungen zwischen den oben beschriebenen Objekten ausmachen. Zum einen bestehen Kausalbeziehungen zwischen verschiedenen Ereignissen: Warensendungen erfolgen aufgrund von Aufträgen, Lieferungen aufgrund von Bestellungen. Für die Modellbildung relevant ist hierbei die zeitliche Verzögerung (*delivery lag*), mit der die Sendung oder Lieferung eintritt. Zum anderen bestehen Beziehungen zwischen Ereignissen und dem Zustand des Lagers: Sendungen vermindern den Bestand, Lieferungen vergrößern ihn, Bestellungen werden durch Differenzen zwischen Ist- und Sollbestand ausgelöst.

c) Aktivitäten

Die **Aufgabe von Bestellungen** ist die wichtigste Aktivität in einem Lagerhaltungssystem. Die Strategie, mit der Zeitpunkt und Umgang der Bestellungen festgelegt werden, wird als *Bestellpolitik* bezeichnet. Die Bestellpolitik ist das Kernstück jedes Lagerhaltungsmodells, denn sie ist es, deren Kosteneffizienz i. d. R. durch die Modellstudie überprüft werden soll.

Die Bestellpolitik legt fest, in welchen Zeitabständen t welche Produktmenge q bestellt werden soll. Da jede der Größen q und t konstant oder variabel gehalten werden kann, ergeben sich vier grundlegende Typen von Bestellpolitiken:

- *(q,t)-Politik:* Bestellung einer konstanten Bestellmenge q für jeden Artikel in konstanten Zeitabständen t (fixe Bestellpunkte).
- *(S,t)-Politik:* Die Bestände werden in konstanten Zeitabständen bis zu gegebenen Sollbeständen S aufgefüllt, d. h. es ist $q = S - I$ mit I = Istbestand (für einen gegebenen Artikel).
- *(q,s)-Politik:* Wenn der Bestand eines Artikels eine Untergrenze s unterschreitet, wird eine konstante Artikelmenge q bestellt.
- *(s,S)-Politik:* Unterschreitet der Bestand eines Artikels eine Untergrenze s, wird der Bestand bis zu einer Sollmenge S aufgefüllt.

Bei den letzten beiden Bestellpolitiken muß zusätzlich angegeben werden, in welchen Zeitabständen t der Lagerbestand *überprüft* werden soll. Außerdem können sie dahingehend variiert werden, daß aus Anlaß der Bestellung eines Artikels einige weitere Artikel mitbestellt werden, deren Bestand bereits relativ nahe an der Untergrenze liegt.

d) Untersuchte Leistungsgrößen

Die wichtigsten Leistungsgrößen eines Lagers sind die **Sofortlieferfähigkeit** und die aufzuwendenden **Kosten**. Untersucht wird primär die Abhängigkeit dieser Größen von den Faktoren **Lagerkapazität** und **Bestellpolitik**. Die hauptsächlichen Kostenarten, die dabei eine Rolle spielen, sind

- Lagerhaltungskosten (vgl. Punkt a), Unterabschnitt "Kosten")
- Fehlmengenkosten (vgl. Punkt a), Unterabschnitt "Kosten")
- Versandkosten
  - Verpackung
  - Transport
- Bestellkosten
  - Fixkosten
  - Stückkosten

Welche von diesen Kostenfaktoren in einem gegebenen Modell berücksichtigt werden müssen und wie sie berechnet werden, ist sehr unterschiedlich. Beispielsweise kann der Transport zu Lasten der Kunden gehen. Auf der anderen Seite können zusätzliche Kosten durch Reklamationen entstehen. Die konkrete Berechnung der Gesamtkosten ist daher modellspezifisch.

2.4.2.2 Beispiel: Ein Mehrprodukt-Lagerhaltungssystem mit Vorbestellungen

Systemspezifikation

Es soll ein Lagerhaltungssystem mit drei verschiedenen Artikeln i (i ∈ {1,2,3}) analysiert werden mit dem Ziel, den Sollbestand für jeden Artikel in den nächsten n Monaten festzusetzen. Die Zwischenankunftszeiten der Kundennachfragen seien exponentialverteilt mit einem Erwartungswert von 0.1 Monaten. Die Nachfragemengen D_i seien unabhängige Zufallsvariablen mit den folgenden diskreten Wahrscheinlichkeitsfunktionen:

Nachfrage-menge D_i	Wahrscheinlichkeiten P_i (D_i)		
	Produkt: i = 1	i = 2	i = 3
0	0	1/6	1/6
1	1/6	0	1/6
2	1/3	1/6	0
3	1/3	1/3	1/6
4	1/6	0	1/3
5	0	1/6	1/6
6	0	1/6	0

Bei jeder Kundenankunft tritt eine Nachfrage bezüglich mehrerer Produkte auf, wobei die Nachfragemengen für die einzelnen Produkte voneinander unabhängig sind. Sollte

eine Kundennachfrage nicht unmittelbar aus dem Lagerbestand befriedigt werden können, so wird sie als Vorbestellung aufgenommen und nach Lieferung neuer Ware erfüllt.

Bezüglich jeder einzelnen Produktart i wird wie folgt vorgegangen: Zu Beginn eines
jeden Monats wird der aktuelle Lagerbestand überprüft und entschieden, ob und wieviele Einheiten vom Lieferanten bestellt werden sollen. Wenn Z Einheiten bestellt werden, so entstehen Kosten in Höhe von K + J · Z, wobei K die fixen und J die variablen
Bestellkosten darstellen. Es gelte K = 32 GE (Geldeinheiten) und J = 3 GE für alle Artikel. Bei Aufgabe einer Bestellung ist mit einer stochastischen Lieferzeit zu rechnen, die
einer Gleichverteilung im Intervall 0,5 bis 1 Monat folgt.

Das Unternehmen bedient sich einer (s, S)-Politik, um die Bestellmengen Z zu bestimmen, also

$$Z = \begin{cases} S\text{--}L, & \text{wenn } L \le s \\ 0, & \text{wenn } L > s \end{cases}$$

wobei L den Lagerbestand zu Beginn eines Monats (vor Bestellung) bezeichnet. Die
Werte für s und S werden unten näher spezifiziert. Wenn eine Nachfrage auftritt, wird
diese sofort befriedigt, sofern der Lagerbestand größer oder gleich der Nachfragemenge
ist. Liegt die Nachfragemenge jedoch *über* dem aktuellen Bestand, so wird die offene
Nachfragemenge für eine spätere Auslieferung vermerkt. In diesem Fall wird der **buchmäßige Lagerbestand als negativ verzeichnet**. Kommt eine neue Lieferung an, so
werden zuerst die ausstehenden Bestellungen befriedigt; nur der Überschuß wird in das
Lager übernommen.

Sei L(t) der buchmäßige Lagerbestand zum Zeitpunkt t (positiv, 0 oder negativ),
wobei

$$L^+ (t) = \max \{L (t), 0\}$$

den tatsächlichen Lagerbestand zum Zeitpunkt t und

$$L^- (t) = \max \{-L (t), 0\}$$

die Vorbestellmenge aufgrund nicht befriedigter Nachfrage bezeichnen ($L^-(t) \ge 0$).
Eine mögliche Realisierung von L(t), $L^+(t)$ und $L^-(t)$ für einen Artikel ist in Anlehnung
an [Law82] in Abbildung 2-11 dargestellt. Die durchschnittlichen Lagerhaltungskosten
für n Zeitperioden lassen sich bestimmen aus:

$$LK = h / n \int_0^n L^+(t)dt$$

wobei h = 1 GE die Lagerhaltungskosten je Artikel im Monat bezeichnet. Die Fehlmengenkosten berechnen sich entsprechend zu

$$FK = j / n \int_0^n L^-(t)dt$$

wobei $j = 5$ GE die Fehlmengenkosten pro Artikel im Monat bedeutet. Die obigen Ausführungen gelten für die anderen beiden Produktarten dieses Beispiels analog.

In der Beispielsimulation werden ein Anfangslagerbestand von $L^+(0) = 60$ und Vorbestellungen $L^-(0) = 0$ für jede Produktart angenommen. Die Simulationszeit wird auf $n = 120$ Monate festgelegt, und die durchschnittlichen Gesamtkosten (Summe aus Bestell-, Lagerhaltungs- und Fehlmengenkosten) dienen als Maß für die Systemleistung zum Vergleich der folgenden vier Bestellpolitiken:

	1	2	3	4
s:	20	20	40	60
S:	60	100	100	80

Aus Einfachheitsgründen seien die Werte für s und S jeweils für alle Produktarten gleich. Anhand der Simulationsergebnisse soll die günstigste dieser vier speziellen (s, S)-Bestellpolitiken ausgewählt werden.

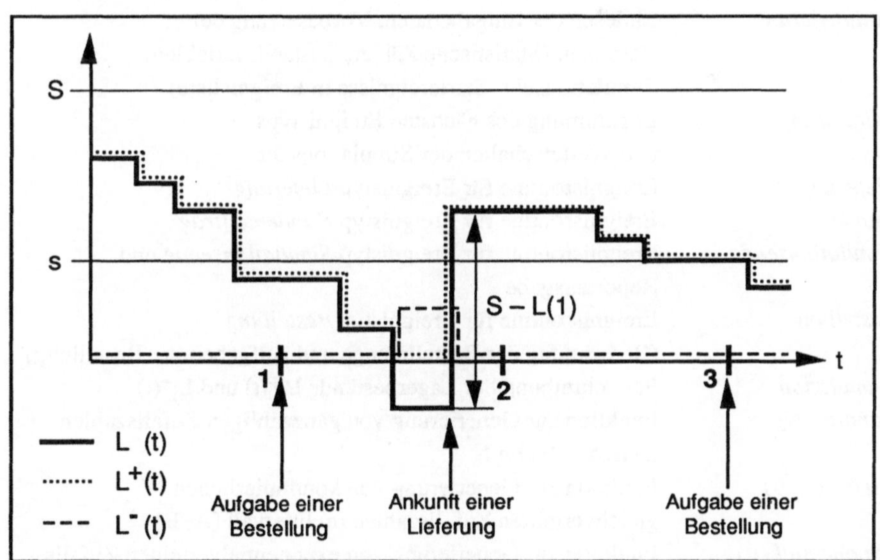

Abb. 2-11: Eine Realisierung von $L(t)$, $L^+(t)$ und $L^-(t)$ im Zeitverlauf

Modellentwurf

Das Modell des skizzierten Lagerhaltungssystems kann nach dem Modellierungskonzept der ereignisorientierten zeitdiskreten Simulation am einfachsten realisiert werden. Es werden in dem Modell die folgenden **Ereignistypen** definiert:

- *Lieferung:* Ankunft einer Lieferung im Lager
- *Kundenauftrag:* Eingang des Auftrags eines Kunden (bzgl. der drei Produktarten)
- *Simulationsende:* Ende der Simulation nach n Monaten
- *Bestellung:* Lagerbestandsprüfung für jede Produktart am Beginn eines Monats und Bestellung, falls der Lagerbestand kleiner oder gleich s ist.

Die **Zeitführungsroutine** des zu erstellenden Simulationsprogramms stellt sicher, daß am Simulationsende nach n Monaten die Simulation abgebrochen wird, bevor eine neuerliche Bestellung mit zusätzlichen Kosten aufgegeben wird (*Simulationsende* hat höhrere Priorität als *Bestellung*), um eine Verfälschung der Simulationsergebnisse zu vermeiden.

In diesem Beispiel wird auf die Angabe eines Quellprogramms verzichtet. Im folgenden wird jedoch aufgezeigt, welche Prozeduren ein entsprechendes Programm enthalten müßte:

Prozedur	Zweck
Initialisierung	Einlesen der Eingabedaten, Vorbesetzung der Variablen (Statistische Zähler, Zustandsvariablen, Simulationsuhr, Startereignisse in Ereignisliste)
Zeitführung	Bestimmung des nächsten Ereignistyps und Weiterschalten der Simulationsuhr
Lieferung	Ereignisroutine für Ereignistyp *Lieferung*
Kunde	Ereignisroutine für Ereignistyp *Kundenauftrag*
Simulationsende	Ereignisroutine für Ereignistyp *Simulationsende* und Reportausgabe
Bestellung	Ereignisroutine für Ereignistyp *Bestellung* (Berechnung der Bestellmenge und Aufgeben der Bestellung)
Kumulation	Fortschreibung der Lagerbestände $L_i^+(t)$ und $L_i^-(t)$
RandInt (N)	Funktion zur Generierung von ganzzahligen Zufallszahlen zwischen 0 und N
Gleich (A, B)	Funktion zur Generierung von kontinuierlichen gleichverteilten Zufallszahlen im Intervall [A, B]
Exponential (μ)	Funktion zur Generierung von exponentialverteilten Zufallszahlen mit Mittelwert μ

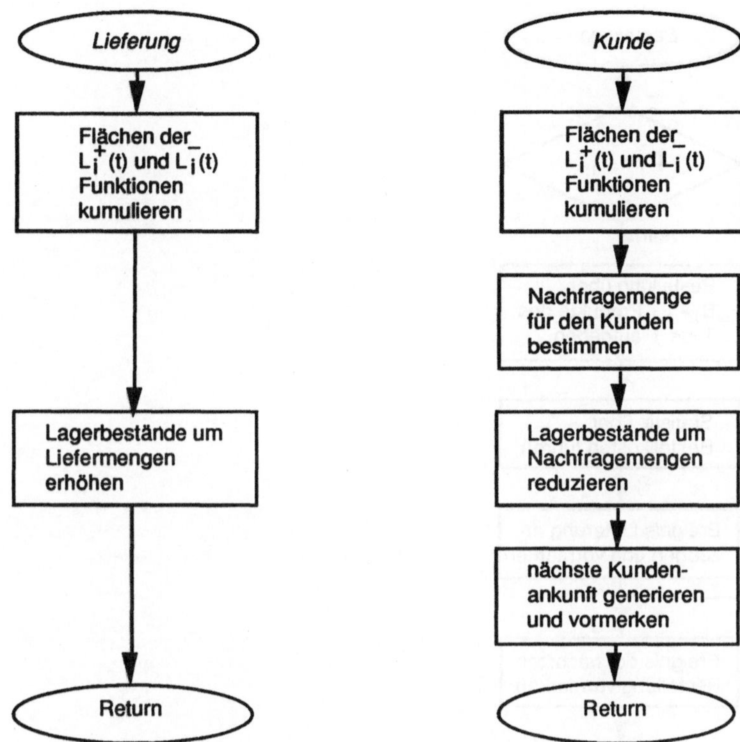

Abb. 2-12: Ereignisroutine *Lieferung*   **Abb. 2-13:** Ereignisroutine *Kunde*

In der Ereignisroutine *Lieferung* (Abb. 2-12) wird anfangs das Unterprogramm *Kumulation* zur Fortschreibung der Lagerbestände $L_i^+(t)$ bzw. $L_i^-(t)$ (Flächenbestimmung) aufgerufen, da sich zu diesem Zeitpunkt die Produktlagerbestände verändern. Dann werden die Zugänge den Lagerbeständen hinzugerechnet.

Die Ereignisroutine *Bestellung* (Abb. 2-14) vergleicht die tatsächlichen Lagerbestände L_i mit den minimalen Beständen s_i und bestellt bei Erreichung oder Unterschreitung von s_i Produkte im Umfang von $S_i - L_i$. Die Statistik der Bestellkosten wird fortgeschrieben und ein Ereignis *Lieferung* (Ankunft der bestellten Ware) vorgemerkt. Schließlich wird noch ein neues Ereignis desselben Typs *Bestellung* für den nächstmöglichen Bestellzeitpunkt (hier nach nach Ablauf eines Monats) generiert.

Die Prozedur *Kumulation*, die von verschiedenen Ereignisroutinen benutzt wird, dient der Flächenkumulation der Funktionen $L_i^+(t)$ und $L_i^-(t)$ für jedes Produkt i, jeweils wenn die Lagerbestände verändert werden (Abb. 2-15).

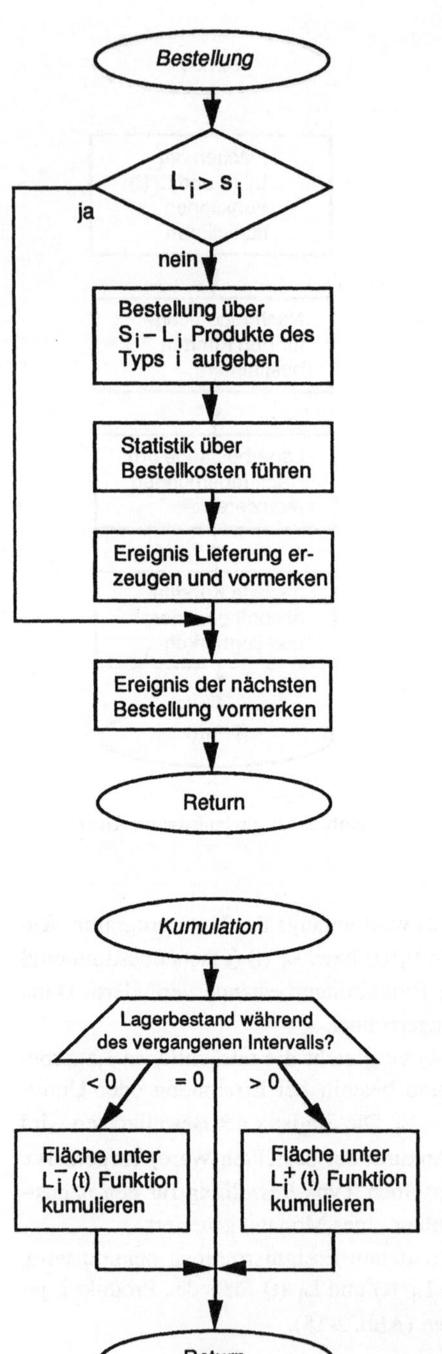

Abb. 2-14: Ereignisroutine *Bestellung*

Abb. 2-15: Prozedur *Kumulation*

Simulationsergebnisse

Der Ergebnisreport für einen Simulationslauf ist im folgenden wiedergegeben:

```
Report des Modells Lagerhaltung

Eingabedaten

Anzahl Produkte:                                3
Anfangslagerbestand je Produkt:               60 Stück
Lagerhaltungspolitik (s,S ):             (60, 80)
Simulationsdauer:                            120 Monate
Zwischenankunftszeit Nachfrage:                1 Tag
Bestellzeitpunkte:                       alle 30 Tage
Lieferfrist (gleichverteilt):          15 bis 30 Tage

Kostenfaktoren der Lagerhaltung (für alle Produkte gleich):

Kosten pro Bestellung:                        32 GE
Bestellkosten pro Stück:                       3 GE
Lagerhaltungskosten pro Stück und Monat:       1 GE
Fehlmengenkosten pro Stück und Monat:          5 GE

Ausgabedaten

PRODUKT 1:
Bestellkosten (gesamt):                    12291 GE
Lagerhaltungskosten (gesamt):               6963 GE
Fehlmengenkosten (gesamt):                  2453 GE
Gesamtkosten:                              21707 GE
Kosten pro Monat:                            181 GE

PRODUKT 2:
Bestellkosten (gesamt):                    15454 GE
Lagerhaltungskosten (gesamt):               6711 GE
Fehlmengenkosten (gesamt):                  6443 GE
Gesamtkosten:                              28608 GE
Kosten pro Monat:                            239 GE

PRODUKT 3:
Bestellkosten (gesamt):                    12839 GE
Lagerhaltungskosten (gesamt):               6816 GE
Fehlmengenkosten (gesamt):                  3777 GE
Gesamtkosten:                              23532 GE
Kosten pro Monat:                            196 GE
```

Die Simulationsergebnisse für alle vier zu untersuchenden Bestellpolitiken sind in Tabelle 2-1 zusammengefaßt. Die aufgeführten Beträge sind als Monatskosten in Geldeinheiten (GE) aufzufassen.

Tabelle 2-1: Simulationsergebnisse für die vier untersuchten Bestellpolitiken

Bestell-politik	Artikel	Gesamt-kosten	Bestell-kosten	Lager-kosten	Fehlmengen-kosten
(20, 60)	1	218	100	56	62
	2	277	123	53	101
	3	243	104	60	79
	alle	738	327	169	242
(20, 100)	1	247	116	78	53
	2	322	157	71	94
	3	256	120	81	55
	alle	825	393	230	202
(40, 100)	1	212	95	92	25
	2	283	131	87	65
	3	240	114	89	37
	alle	735	340	268	127
(60, 80)	1	181	102	58	21
	2	239	129	56	54
	3	196	107	58	31
	alle	616	338	172	106

Auf der Basis der durchschnittlichen monatlichen Gesamtkosten als Zielkriterium erscheint die Lagerhaltungspolitik (60, 80) für alle drei Artikel am günstigsten.

Auch bei diesem Beispiel sollten die Simulationsergebnisse vorsichtig interpretiert werden, da die statistische Genauigkeit der Simulationsergebnisse nicht untersucht wurde (s. hierzu 4.4.3).

2.4.3   Simulation von ausfallanfälligen Systemen

Der Begriff des *ausfallanfälligen Systems* bezeichnet technische Systeme, die unter dem Aspekt der Zuverlässigkeit betrachtet werden. Fortschreitende Automation führte dazu, daß technische Systeme zunehmend komplexer und damit auch störanfälliger wurden. Die Notwendigkeit eines möglichst **störungsfreien Betriebs** unter kostengünstigen Bedingungen ließ das Interesse an Fragen der Zuverlässigkeit technischer Systeme stark ansteigen.

Diese Systeme werden als Mengen von einzelnen Komponenten modelliert, die jeweils eine spezifische Lebensdauer haben. Um einem Systemausfall vorzubeugen, werden in regelmäßig durchgeführten **Wartungen** prophylaktisch Bauteile ausgetauscht, die ihre voraussichtliche Lebensdauer nahezu erreicht haben. Fällt ein Bauteil aus, muß repariert werden. Sowohl Wartungen als auch Reparaturen kosten Zeit und Geld (Stillstandskosten, Produktionsausfallkosten und Personalkosten der Techniker). Die typische Fragestellung bei solchen Modellen lautet, mit welcher *Wartungsstrategie* die Systemverfügbarkeit maximiert bzw. die Kosten minimiert werden können.

Modelle ausfallanfälliger Systeme unterscheiden sich sowohl von Bedienungs-/Wartemodellen als auch von Lagerhaltungsmodellen. Der Unterschied zu Lagerhaltungsmodellen liegt vor allem im Wesen der modellierten Systeme. Lagerhaltungsmodelle modellieren passive Speicher für Objekte. Ausfallanfällige Systeme sind dagegen aktive technische Systeme im Dauerbetrieb, der nur durch Komponentenausfälle unterbrochen wird. Im Unterschied zu beiden anderen Modelltypen kommen hier auch **keine Kunden oder Aufträge** vor, die Ressourcen in Anspruch nehmen.

Bedienungs-/Wartemodelle und Modelle ausfallanfälliger Systeme werden oft im gleichen Anwendungsbereich eingesetzt: zur Modellierung von Fertigungssystemen. Aber während in Bedienungs-/Wartemodellen die Auslastung der Systeme bzw. die Wartezeiten der die Systeme belegenden Aufträge analysiert werden sollen, interessiert bei Modellen ausfallanfälliger Systeme die Verfügbarkeit der Systeme, unabhängig von deren Inanspruchnahme durch Aufträge oder Kunden. Dementsprechend gibt es in reinen Modellen ausfallanfälliger Systeme auch keine Warteschlangen.

Man kann sich jedoch ohne weiteres vorstellen, ein Fertigungssystem als Kombination aus beiden Modelltypen darzustellen, es also gleichzeitig als Bedienungs-/Wartesystem und als ausfallanfälliges System zu betrachten. Auch eine Kombination mit Lagerhaltungsmodellen ist möglich. So kann z. B. die schon mehrfach zitierte Frachterflotte auch als ausfallanfälliges System mit mehreren Bauteilen von begrenzter Lebensdauer modelliert werden. Je nach prognostizierter Lebensdauer würden die Teile bei einem Aufenthalt der Frachter im Heimathafen ausgewechselt (Wartung). Bei Ausfällen von Bauteilen auf See käme es zu der erwähnten flugzeuggestützten Reparatur.

Unter bestimmten restriktiven Annahmen können ausfallanfällige Systeme auch mit **analytischen** Zuverlässigkeitsmodellen abgebildet werden. Die Lösungen, die mit relativ einfachen Algorithmen ermittelt werden, sind allerdings nur isoliert verwertbar und für die Praxis selten von Nutzen. Daher ist die Zuverlässigkeitsanalyse technischer Systeme ein weiteres wichtiges Anwendungsgebiet für die Simulation.

2.4.3.1 Systemstruktur

a) Objekte

Die einzigen modellierten Objekte sind die **Komponenten** oder Bauteile des ausfallanfälligen Systems. Das wichtigste Attribut der Komponenten ist ihre **stochastisch bestimmte Lebensdauer**. Außerdem ist jede Komponente durch eine bestimmte **Austauschzeit** bei regulären Wartungen, eine (längere) Austauschzeit bei Reparaturen sowie durch den erforderlichen **Arbeitsaufwand** und den **Stückpreis** charakterisiert.

b) Relationen

Im allgemeinen wird ein ausfallanfälliges System als unstrukturierte Menge von individuellen Komponenten modelliert. Angemessener ist es jedoch, technische Systeme hierarchisch zu strukturieren, d. h. Systeme selbst wieder als Komponenten übergeordneter Systeme zu betrachten. Die Komponenten eines ausfallanfälligen Systems stehen damit in einer "setzt-sich-zusammen-aus"-Relation.

Für die Modellierung ausfallanfälliger Systeme ist jedoch nicht von primärer Bedeutung, aus welchen Subkomponenten sich eine Komponente zusammensetzt, sondern unter welcher Bedingung sie als ausgefallen gilt. Dies ist i. d. R. bereits der Fall, wenn mindestens eine Subkomponente ausgefallen ist. Es gibt aber auch **redundant** ausgelegte Systeme mit gleichen, parallel angeordneten Komponenten. In solchen Anordnungen müssen alle Komponenten ausfallen, bevor es zu einem Gesamtausfall kommt. Selbstverständlich können **Parallelanordnung** und **Seriellanordnung** von Komponenten beliebig komplex geschachtelt sein. Das Modell eines ausfallanfälligen Systems muß also nicht nur die Kompositionsstruktur des Systems abbilden, sondern auch berücksichtigen, ob zusammengehörige Subkomponenten parallel oder seriell angeordnet sind, ob also ein Ausfall durch UND- oder ODER-Verknüpfung ermittelt werden muß.

c) Aktivitäten

Wartung: In industriellen Anlagen hängt die Verfügbarkeit oder Zuverlässigkeit des Systems entscheidend von der Wartung des Systems ab. Die Wartung kann unter zwei verschiedenen Zielsetzungen erfolgen:

1. *Maximale Verfügbarkeit* unter Einhaltung einer Obergrenze für die Wartungskosten.
2. *Minimale Wartungskosten* unter Sicherstellung einer bestimmten Verfügbarkeit.

Es gibt ferner zwei grundlegende Arten von Wartungsstrategien: Strategien, bei denen erst *nach* einem Ausfall Teile ersetzt werden und Strategien, bei denen ausfallgefährdete Teile *vorbeugend* ausgetauscht werden. Vorbeugende Strategien sind oft von Vorteil, weil so die Wahrscheinlichkeit von Systemausfällen verringert und die Reparaturzeit minimiert werden kann. Zu den gängigen Strategien vorbeugender Wartung gehören:

1. *Opportunistische Strategien:* Ausfälle oder Produktionspausen werden zum vorbeugenden Austausch von Anlagenteilen genutzt.
2. *Streng periodische Strategien:* Für alle Anlagenteile gibt es feste Zeitspannen, nach deren Ablauf sie ersetzt werden.
3. *Pseudoperiodische Strategien:* Wenn ein Teil vor einem geplanten Austausch ausfällt und erneuert wird, schiebt man den Zeitpunkt des vorbeugenden Austausches um eine Periode hinaus, ersetzt es also nicht gleich wieder beim nächsten Austauschzeitpunkt.

4. *Sequentielle Strategien:* Nach jeder Wartungsaktion wird der Zeitpunkt und der Umfang (betroffene Anlagenteile) der nächsten Wartungsaktion bestimmt.

Ausfall/Reparatur: Die Aktivitäten bei einer ausfallbedingten Reparatur ähneln denen einer Wartung, allerdings werden sie *zufällig* ausgelöst und nicht entsprechend einer Wartungsstrategie geplant. Bei der Modellbildung ist zu berücksichtigen, daß Reparaturen bei Ausfällen i. a. länger dauern und höhere Kosten verursachen als die entsprechenden Wartungsaktivitäten.

d) Untersuchte Leistungsgrößen

Neben der Verfügbarkeit des Gesamtsystems ist bei einem Modell eines ausfallanfälligen Systems die Frage nach den **Kosten einer Wartungsstrategie** wichtig. Wie bei den Lagerhaltungsmodellen gehen mehrere Faktoren in die Gesamtkosten ein:

* Stückkosten der ersetzten Teile
* Personalkosten der Techniker für Reparatur und Wartung
* Produktionsausfallkosten des Systems

2.4.3.2 Beispiel: Wartungsstrategien für eine technische Anlage

Systemspezifikation

Eine ausfallanfällige technische Anlage bestehe aus 6 verschiedenen Komponenten, die über eine unterschiedlich lange **mittlere Lebensdauer** verfügen. Die Lebensdauer sei unabhängig Erlang-verteilt (s. 4.1.3). Für jede Komponente gelte eine bestimmte **mittlere Austauschzeit** (normalverteilt) mit einer festen Anzahl eingesetzter Mechaniker sowie bestimmten **Stückkosten**. In der folgenden Tabelle sind diese Daten zusammengestellt.

Tabelle 2-2: Komponentendaten der ausfallanfälligen Anlage

Teil Nr.	Mittlere Lebensdauer [Stunden] Erlang-verteilt mit k=2	Mittlere Austauschzeit [Stunden] normalverteilt μ	σ	Anzahl der eingesetzten Mechaniker	Stückkosten [GE]
1	800	10	1.0	2	300
2	2200	6	0.8	1	130
3	1700	5	1.0	1	68
4	2900	6	0.5	2	71
5	3600	11	1.0	2	57
6	4800	7	1.0	1	44

Der Stundenlohn für einen Mechaniker betrage 50 GE.

Mit einem ereignisorientierten Simulationsmodell soll eine **streng periodische War-tungsstrategie** getestet werden. Wie bereits erwähnt, werden bei solchen Strategien nach einem festen Zeitabstand Δt jeweils bestimmte Teile (Komponenten) der Gesamt-anlage ausgetauscht. Der günstigste Zeitabstand ist zu bestimmen.

Für jede Strategie muß festgelegt werden, wie die jeweils auszutauschenden Teile ermittelt werden. Hier gelte: Ein Teil ist auszutauschen, wenn der Erwartungswert seiner Lebensdauer (Erlang-verteilt) im beginnenden Zwischenwartungsintervall oder im ersten Viertel des daran anschließenden Intervalls liegt.

Wenn der **Zeitpunkt einer Wartungsaktion** erreicht ist, werden die entsprechenden Teile ausgetauscht und die anfallenden Kosten berechnet. Es entstehen Materialkosten (Stückkosten gemäß Tab. 2-2) sowie Kosten für Arbeitslöhne und Produktionsausfall-kosten. Die Arbeitskosten für den Austausch eines Teils errechnen sich aus dem Pro-dukt der Austauschzeit für das betreffende Teil (μ, σ^2)-normalverteilt (s. Tab. 2-2) mit der Zahl der benötigten Mechaniker und dem Stundensatz von 50 GE. Die Produktions-ausfallkosten schlagen mit 2500 GE pro Stunde zu Buche (Produktionsausfallzeit = längste Austauschzeit eines Teils). Es ist zu beachten, daß für neue Teile die Lebens-dauer neu erzeugt werden muß. Außerdem muß das bereits angesetzte Ereignis vom Typ *Teileausfall* für das nun entfernte Teil aus der Ereignisliste gestrichen werden.

Beim **Ausfall** eines Teils ist die Anlage außerplanmäßig zu reparieren. Dabei entste-hen neben den Kosten für die Reparaturaktion zusätzliche Kosten, da sich die Aus-tauschzeit für das ausgefallene Teil um 12 bis 18 Stunden (gleichverteilt) gegenüber ei-nem wartungsbedingten Austausch verlängert (Produktionsausfallkosten).

Mit dem Modell sollen für eine Planungsperiode von 240 000 Stunden verschiedene spezielle Wartungsstrategien realisiert werden, die sich nur in den Wartungsintervallen unterscheiden (800, 1000, 1200 Stunden usw.). Für jede spezielle Strategie sollen je-weils für Wartungsaktionen und für Ausfälle getrennt die durchschnittliche Austausch-zeit, die durchschnittlichen Austauschkosten, die Gesamt-Ausfallkosten sowie die Summe aller Kosten ausgegeben werden. Außerdem ist die Systemauslastung für jede Strategie zu bestimmen. Wenn eine Planungsperiode beendet ist, wird festgestellt, ob die getestete Strategie eine minimale Verfügbarkeit der Anlage von 80% sicherstellt. Ist dies nicht der Fall, wird die Strategie verworfen. Unter den Wartungsintervallen, die die erforderliche Verfügbarkeit sicherstellen, ist das optimale auszuwählen.

Modellentwurf

Es werden drei **Ereignistypen** definiert (in der Reihenfolge ihrer Priorität):

1. *Ausfall:* Generierung eines Komponentenausfalls und Stillstand der Anlage.
2. *Simulationsende:* Ende der Simulationszeit des Simulationslaufs und Berechnung der Simulationsergebnisse (Report).
3. *Wartung:* Ersetzen von Teilen entsprechend der Wartungsstrategie.

Dem Ereignis *Simulationsende* wird gegenüber *Wartung* deshalb eine höhere Priorität zuerkannt, weil ein vorbeugender Teileaustausch auf zukünftige Maschinenausfälle ausgerichtet ist, die im aktuellen Simulationslauf nicht mehr erfaßt werden. Würden die entsprechenden Wartungskosten noch verbucht, so hätte dies eine Verfälschung der Ergebnisse zur Folge. Der prinzipielle Ablauf in den Ereignisroutinen *Ausfall* und *Wartung* ist in den Flußdiagrammen auf der folgenden Seite dargestellt (Abb. 2-16 und 2-17).

Es ist zu beachten, daß nur die reine Betriebszeit der Anlage ohne Reparatur- und Wartungszeit simuliert wird, da **nur während des Betriebes der Anlage** Ausfälle auftreten können.

Simulationsergebnisse

Die Simulationsergebnisse eines exemplarischen Simulationslaufs für eine spezielle Strategie (Wartungsintervall 1000 Std.) bei einer Betriebszeit von 240 000 Stunden sind im folgenden Simulationsreport dargestellt.

```
Report des Modells für eine ausfallanfällige Anlage


Eingabedaten:


Simulationszeit                        24000     Stunden
Wartungsintervall:                      1000     Stunden


Ausgabedaten:


Systemverfügbarkeit:                     94,2 %

Mittlere Reparaturzeit:                    23     Stunden
Mittlere Reparatukosten:                59533     GE
Gesamte Reparaturkosten:             31909730     GE

Mittlere Wartungszeit:                   10,3 Stunden
Mittlere Wartungskosten:                28202     GE
Gesamte Wartungskosten:               6768418     GE

Gesamtkosten:                        38678148     GE
```

Es sei wieder darauf hingewiesen, daß die Simulationsergebnisse hier nur zur Demonstration dienen. Sie können nicht als statistisch gesichert angesehen werden, da ihre statistische Genauigkeit nicht untersucht wurde.

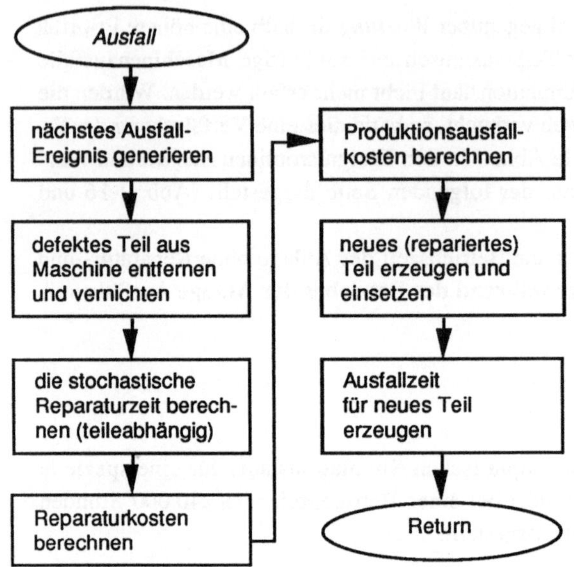

Abb. 2-16: Ereignisroutine für den Ausfall eines Maschinenteils

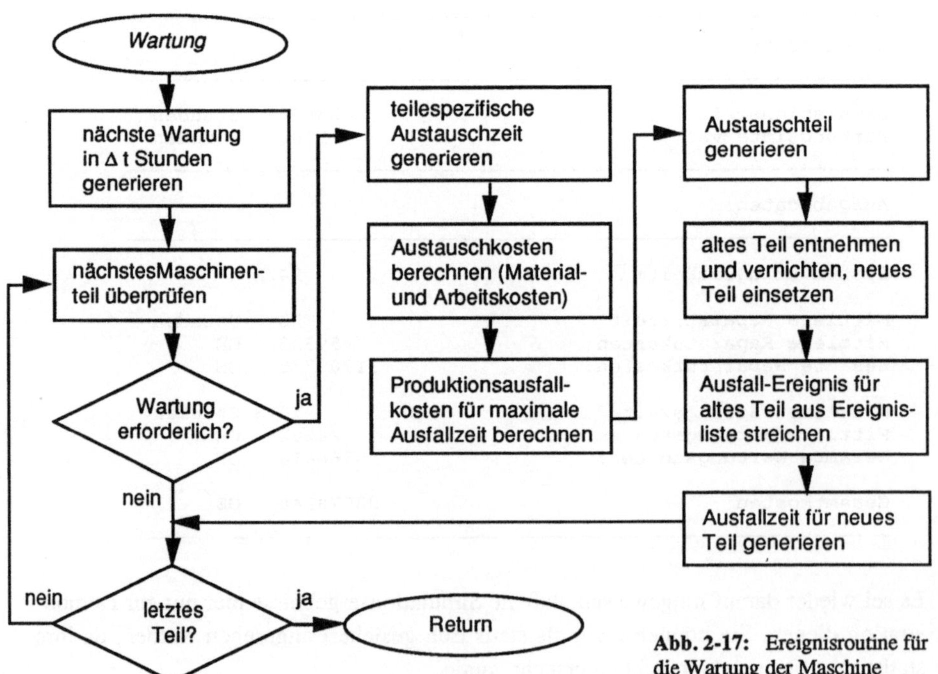

Abb. 2-17: Ereignisroutine für die Wartung der Maschine

2.5 Ereignisorientierte versus prozeßorientierte Sicht

In diesem Abschnitt sollen anhand eines einfachen Modells einer Fertigungsanlage (die
als Bedienungs-/Wartesystem betrachtet wird) die prinzipiellen Unterschiede zwischen
dem ereignisorientierten und dem prozeßorientierten "Weltbild" der Simulation verdeutlicht werden. Das Modell ist überschaubar und leicht verständlich, aber dennoch
hinreichend komplex, um die grundlegenden Unterschiede dieser beiden wichtigsten
konzeptuellen Sichtweisen der diskreten Simulation aufzuzeigen.

2.5.1 Beispielmodell eines Fertigungssystems

Die Analyse von Fertigungssystemen aus der Problemklasse der Bedienungs-/Wartesy-
steme stellt einen wichtigen Anwendungsbereich der diskreten Simulation mit ständig
zunehmender praktischer Bedeutung dar. Generelles Ziel ist es, Engpässe in Produk-
tionsprozessen aufzuspüren. Ein **Fertigungssystem** ist durch die folgenden Merkmale
gekennzeichnet:

- *Betriebsmittelausstattung:* Die eingesetzten Maschinen mit ihren Leistungsdaten
  (entspricht den Ressourcen in Abschnitt 2.4.1.1).
- *Auftragsprofil:* Jede Auftragsart ist durch ein Auftragsprofil gekennzeichnet, bestehend aus einem Kennzeichen für die Auftragsart (Auftragskennzeichen), Betriebsmittelanforderung, Ankunftszeiten, Priorität usw.
- *Organisationsform:* Es muß dargestellt werden, in welcher Weise Aufträge auf Betriebsmittel verteilt werden, und in welcher Reihenfolge sie bearbeitet werden.

Die Merkmale Betriebsmittelausstattung, Auftragsprofil und Organisationsform bestimmen in enger Abhängigkeit voneinander das Leistungsverhalten des Fertigungssystems.

Zu den Leistungsgrößen, die mit dem Fertigungsmodell untersucht werden sollen,
gehören z. B. die mittlere Warteschlangenlänge vor einer Maschine, die mittlere Bearbeitungszeit an einer Maschine (einschließlich Wartezeit), die mittlere Maschinenauslastung, der mittlere Durchsatz und die mittlere Verweilzeit im Fertigungssystem (vgl.
auch 2.4.1.1).

Systemspezifikation

Das betrachtete Fertigungssystem bestehe aus fünf Maschinengruppen mit jeweils 7, 3,
8, 7 bzw. 3 identischen Maschinen zur Bearbeitung von Werkstücken. Es handelt sich
somit um ein Wartenetz mit fünf Bedienstationen mit jeweils unterschiedlicher Zahl

von Bedieneinheiten. Die Ankunft der Werkstücke folge einer Exponentialverteilung mit $\mu = 0.10$ Stunden. Als Aufträge müssen drei verschiedene Werkstückarten (Typ 1-3), die mit unterschiedlichen Wahrscheinlichkeiten eintreffen ($p_1 = 0.3$, $p_2 = 0.5$, $p_3 = 0.2$), an einzelnen Maschinengruppen in unterschiedlicher Reihenfolge und Dauer bearbeitet werden. Die Bearbeitungsfolgen und -dauern der verschiedenen Auftragstypen sind wie folgt festgelegt:

Tabelle 2-3: Zusammenstellung der Auftragsdaten

Auftragsart	Wahrschein-lichkeit	Maschinen-folge	mittlere Bedienzeit in den einzelnen Maschinen [Std]
1	0.3	3, 1, 2, 5	0.50, 0.60, 0.85, 0.50
2	0.5	4, 1, 3	1.10, 0.80, 0.75
3	0.2	2, 5, 1, 4, 3	1.20, 0.25, 0.70, 0.90, 1.00

Wenn ein Auftrag bei einer bestimmten Maschinengruppe (Bedienstation) eintrifft und alle Maschinen dieser Gruppe (Bedieneinheiten) bereits aktiv vorfindet, wird er in eine unbegrenzte FIFO-Warteschlange eingereiht.

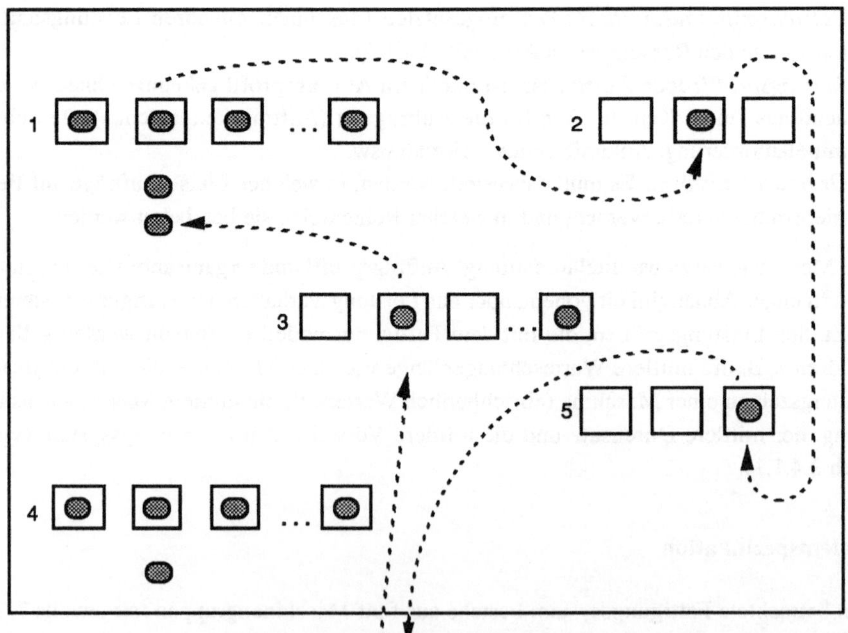

Abb. 2-18: Bearbeitungsreihenfolge für Auftragsart 1

Für die Bedienungszeit wird eine Erlang-Verteilung angenommen (s. 4.1.3). Mit dem
Modell sollen 100 Acht-Stunden-Arbeitstage simuliert und die durchschnittlichen
Wartezeiten für jede Auftragsart und für den gesamten Produktionsprozeß geschätzt
werden. Außerdem sind für jede Maschinengruppe die durchschnittliche Warteschlangenlänge, die durchschnittliche Auslastung und die durchschnittliche Wartezeit
abzuschätzen.

Anhand der Simulationsergebnisse könnte beispielsweise entschieden werden, ob
bestimmte Maschinengruppen zahlenmäßig verstärkt werden müßten (*Engpaßanalyse*).

2.5.2   Ereignisorientierte Version

Gemäß der Systemspezifikation können die Aktivitäten und Ereignisse informal wie
folgt beschrieben werden:

Nach der Erzeugung eines Auftrages durchläuft dieser, abhängig von der Auftragsart, zyklisch die folgenden Teilaktivitäten: Zunächst erfolgt die Ankunft in der ersten
bzw. nächsten Maschinengruppe. Kann der Auftrag sofort bedient werden, wird die Bearbeitung des Teilauftrages über ein gewisses Zeitintervall vorgenommen, andernfalls
muß der Auftrag warten, bis eine Maschine frei wird. Bei Ende der Bearbeitung wird
geprüft, ob weitere Maschinengruppen zu durchlaufen sind. Ist dies nicht der Fall, verläßt der Auftrag den Zyklus und damit das System (vgl. Abb. 2-19).

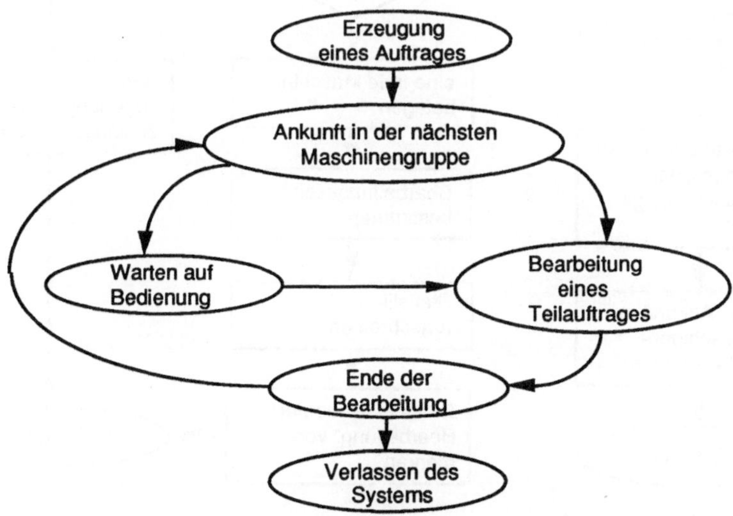

Abb. 2-19: Aktivitäten bzw. Ereignisse im Fertigungsmodell

Der oben beschriebene Ablauf läßt sich auf die folgenden **Ereignistypen** abbilden:

1. *Erzeugung eines neuen Auftrages:* Generieren und Vormerken eines Folgeauftrages, Festlegung der Auftragsart und Bearbeitungsreihenfolge des aktuellen Auftrages, Generieren und Vormerken der Ankunft an einer Maschinengruppe.
2. *Ankunft in einer Maschinengruppe:* Einreihung in die Warteschlange der Maschinengruppe oder sofortige Belegung einer Maschine (einschließlich Festlegung der Bedienzeit sowie Erzeugen und Vormerken des zugehörigen Bearbeitungsende-Ereignisses).
3. *Bearbeitungsende:* Ankunft in der nächsten Maschinengruppe vormerken oder System verlassen; danach Freigabe der Maschine oder Zuweisung eines Teilauftrages aus der Warteschlange zur weiteren Bearbeitung.

Die Abbruchbedingung ist hier nicht durch einen speziellen Ereignistyp *Simulationsende* realisiert, sondern als Abfrage auf Überschreitung einer vorgegebenen Simulationsdauer. Die Abläufe innerhalb der zugehörigen Ereignisroutinen sind als Flußdiagramme in den Abbildungen 2-20 bis 2-22 dargestellt.

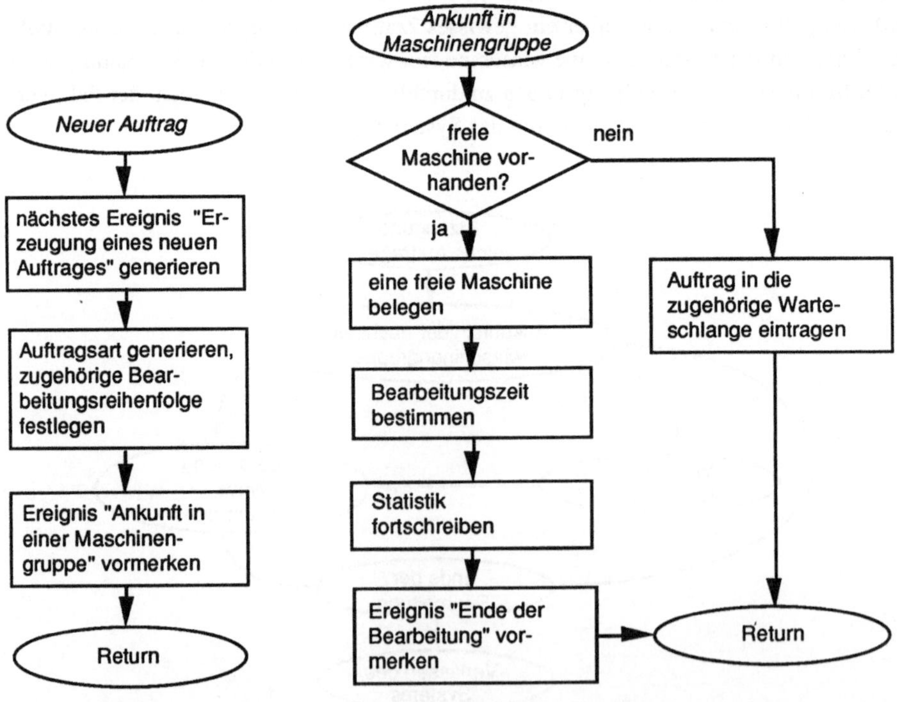

<table>
<tr><td>

Abb. 2-20: Ereignisroutine zur
Erzeugung eines neuen Auftrages

</td><td>

Abb. 2-21: Ereignisroutine zur
Ankunft in einer Maschinengruppe

</td></tr>
</table>

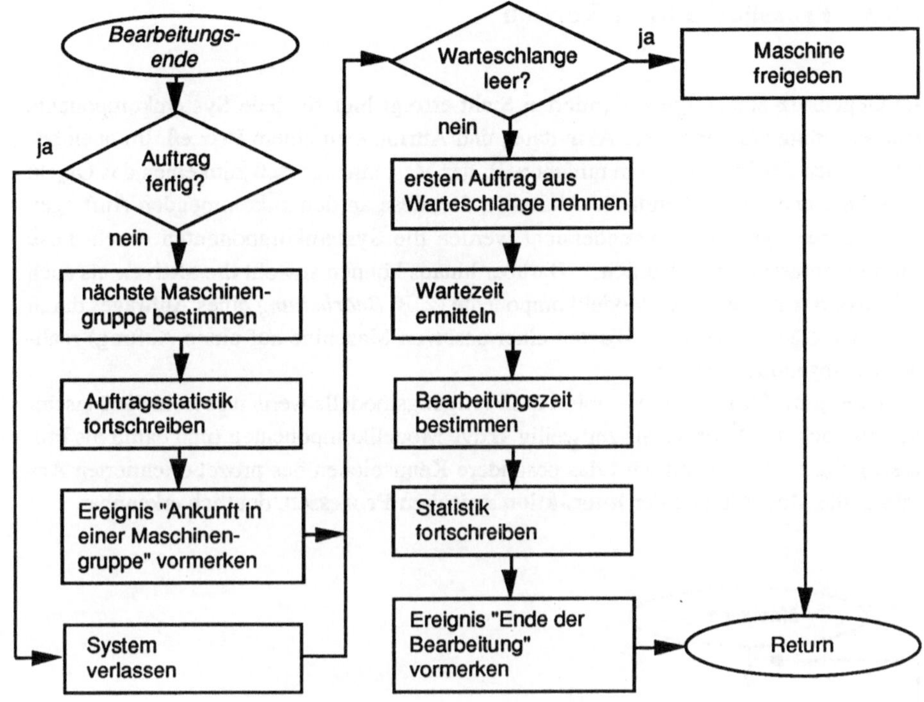

Abb. 2-22: Ereignisroutine *Bearbeitungsende*

Bei der ereignisorientierten Sichtweise wird das dynamische Verhalten des Systems **als Folge von Ereignissen** beschrieben. Zu jedem Ereigniszeitpunkt wird im Modell eine entsprechende **Ereignisroutine** aktiviert, die die gewünschten Zustandsänderungen realisiert. Bezogen auf das Fertigungssystem treten die oben definierten Modellereignisse *Erzeugung eines neuen Auftrages, Ankunft in einer Maschinengruppe* und *Bearbeitungsende* auf. Die Struktur des Fertigungssystems (repräsentiert durch die Maschinenfolgen der Autragstypen) wird dabei völlig getrennt von seinem Verhalten betrachtet. Tätigkeiten, die in realen Fertigungssystemen zwischen den dargestellten Ereignissen stattfinden (z. B. die Bearbeitung eines Auftrags an einer Maschine), finden in dem Modell keine Berücksichtigung.

Das hier skizzierte ereignisorientierte Simulationsmodell wird in 3.3 in Modula-2 implementiert, wobei jedoch auf zuvor eingeführte Simulationsbausteine zurückgegriffen wird. Den zugehörigen Programmtext sowie exemplarische Simulationsergebnisse findet der Leser im Anhang B.2.

2.5.3   Prozeßorientierte Version

Im Gegensatz zur ereignisorientierten Sicht erfolgt hier für jede Systemkomponente eine Zusammenfassung ihrer Aktivitäten und Attribute zu einem **Prozeß**. Im oben beschriebenen Fertigungssystem umfaßt z. B. der Maschinenprozeß zum einen das Objekt Maschine und zum anderen die Aktionen, die diese an den ankommenden Aufträgen auszuführen hat. Aus Anwendersicht werden die Systemkomponenten durch diese Zusammenfassung anschaulicher. Darüber hinaus können sowohl die **aktiven** als auch die **passiven** Phasen einer Modellkomponente (z. B. *Bearbeitung* eines Auftrages durch eine aktive Maschine bzw. *Warten* einer passiven Maschine auf einen Auftrag) realitätsnah abgebildet werden.

In der prozeßorientierten Version des Fertigungsmodells werden sowohl die Maschinen als auch die Aufträge als zeitweilig aktive Modellkomponenten (und damit als Prozesse) abgebildet. Damit wird das besondere Kennzeichen des prozeßorientierten Ansatzes, die Modellierung der **Interaktion zwischen Prozessen**, deutlich erkennbar.

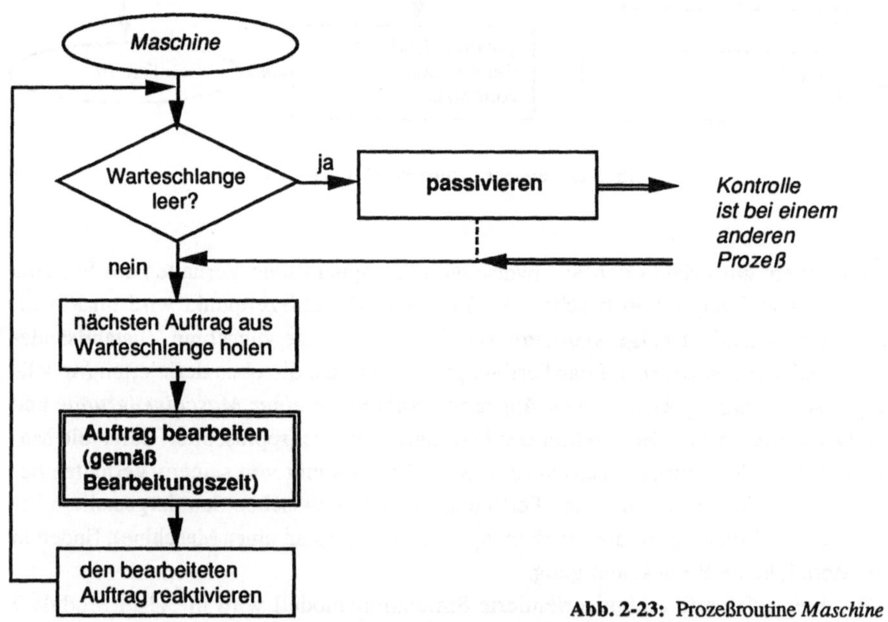

Abb. 2-23: Prozeßroutine *Maschine*

Gestrichelte Linien in den Flußdiagrammen der Prozeßroutinen (Abb. 2-23 und 2-24) stehen für passive Prozeßphasen unbestimmter Dauer. Der Prozeß passiviert sich, d. h. er gibt die Kontrolle an einen anderen Prozeß ab (nach außen führende Doppel-

pfeile) und kann nach einer unbestimmten Zeitspanne von einem anderen Prozeß reaktiviert werden (nach innen führende Doppelpfeile).

Doppelt umrandete Kästchen stehen für inaktive Phasen mit fester Zeitdauer. Der
Prozeß gibt die Kontrolle ab, hat sich selbst aber in der internen Ereignisliste bereits zur
Reaktivierung vorgemerkt. (Ein vorgemerkter Prozeß ist weder aktiv noch passiv.) Beispielsweise ist die Aktivität der Bearbeitung auf diese Weise realisiert. Der Prozeß ist
während dieser Verzögerung *programmtechnisch* inaktiv; die quasiparallele Abarbeitung der Prozesse (Koroutinenkonzept) macht es erforderlich, daß die Prozeßroutine in
diesem Fall die Kontrolle abgibt. *Konzeptuell* ist der Prozeß in dieser Phase jedoch
aktiv; die Verzögerung dient zur Darstellung einer zeitkonsumierenden Aktivität.

In der Prozeßroutine *Maschine* bleibt eine Maschine solange passiv, wie keine Aufträge in der Maschinengruppenwarteschlange auf Bearbeitung warten. Stehen Aufträge
in Warteposition, so wird der erste der Warteschlange entnommen, gemäß der festste-
henden Bearbeitungszeit bedient (zeitkonsumierende Aktivität, doppelt gerahmter
Kasten) und zwecks Fortsetzung ihres Weges durch den Maschinenpark reaktiviert
(Abb. 2-23).

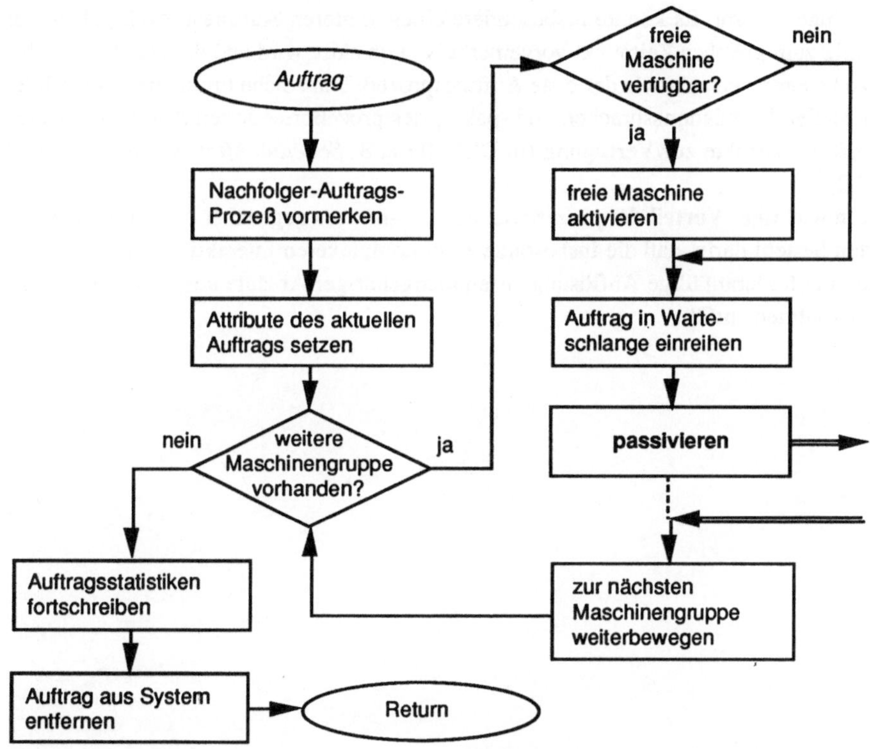

Abb. 2-24: Prozeßroutine *Auftrag*

In der Prozeßroutine *Auftrag* wandert der Auftrag nach dem Erzeugen und Vormerken eines Nachfolgeauftrages gemäß seiner Bearbeitungsreihenfolge von einer Maschinengruppe zur anderen, wobei er in jeder Gruppe zunächst ggf. eine untätige Maschine aktiviert, sich dann in die Auftragswarteschlange einreiht und auf Bearbeitung wartet, d. h. sich passiviert. Sofern eine freie Maschine verfügbar war, wird der vom aktivierten Prozeß *Maschine* zwecks Bearbeitung unmittelbar zu aktivierende Auftrag zum gleichen Zeitpunkt wieder aus der Warteschlange entnommen.

Aus Gründen der statistischen Erfassung der Aufträge ist es sinnvoll, in der beschriebenen Weise *alle* Aufträge in die Warteschlange einzufügen, also auch jene, die auf eine freie Maschine treffen. Die Wartezeit von Aufträgen, die sofort bedient werden können, beträgt Null. Bei dieser Vorgehensweise ist jedoch ein Problem zu beachten: Nach der Aktivierung einer freien Maschine durch den Auftragsprozeß behält dieser noch die Kontrolle, bis er sich in die Warteschlange eingereiht hat und sich passiviert. Bis zur Ausführung dieser Operation ist der Maschinenprozeß lediglich vorgemerkt. Erst nachdem sich der Auftragsprozeß passiviert hat, wird die Kontrolle dem nächsten vorgemerkten Prozeß übergeben. Um den vorgesehenen Ablauf zu garantieren, muß sichergestellt sein, daß hier kein anderer Prozeß als der vorgesehene Maschinenprozeß zum Zuge kommt. Es könnte insbesondere einen weiteren Auftragsprozeß geben, der zufällig zum gleichen Zeitpunkt vorgemerkt ist, nun aktiv wird und die gleiche Maschine zu belegen versucht wie der erste Auftragsprozeß. Um solche Probleme auszuschließen, stellen Simulationssprachen und -pakete des prozeßorientierten Ansatzes entsprechende Konstrukte zur Verfügung (in DESMO z. B. *ScheduleAfter*, s. Anhang C und 7.12.3).

Ein wichtiger **Vorteil** des prozeßorientierten Ansatzes gegenüber dem ereignisorientierten besteht darin, daß die insbesondere bei komplexeren Interaktionen unübersichtliche und fehleranfällige Auflösung zusammengehöriger Abläufe auf verschiedene Ereignisroutinen entfällt.

3 Implementation von Simulationsmodellen mit Modula-2

Die Simulation komplexer Systeme mit Hilfe digitaler Rechenanlagen stellt spezielle Anforderungen an die eingesetzten Implementationssprachen. Der Benutzer sollte von der Programmierung bestimmter Standardfunktionen der Simulation (wie Verwaltungs- und Statistikroutinen) befreit sein. Die Simulationssoftware sollte Funktionen für die schnelle und sichere Erstellung auch größerer Simulationsprogramme bereitstellen, ohne den Programmierer bei ihrer Verwendung auf ein starres Konzept einzuschränken und seine Flexibilität bei der Wahl seiner Ausdrucksmittel zu beschneiden.

Werden die wünschenswerten Funktionen nicht von der Sprache selbst angeboten, wie dies bei speziellen Simulationssprachen der Fall ist, so sollten sie zumindest mit vertretbarem Aufwand programmierbar sein und dann als einzubindende Programmkomponenten (Module) zur Verfügung stehen. Die Implementationssprache muß es in diesem Fall ermöglichen, die Implementationsdetails der Module zu verbergen. Da nicht nur DV-Spezialisten Simulationsmodelle programmieren, sollte die Implementationssprache möglichst klar und einfach aufgebaut sein und von maschinennahen Konstrukten abstrahieren. Modula-2 erfüllt diese Voraussetzungen.

In diesem Kapitel werden zunächst allgemeine Anforderungen an Implementationssprachen für Simulationsmodelle formuliert, und es wird aufgezeigt, wie weit sie von Modula-2 erfüllt werden (3.1). Hier ist zu unterscheiden zwischen allgemeinen Anforderungen, die auch bei der Implementation anderer komplexer Systeme eine Rolle spielen, und spezifischen Anforderungen der diskreten Simulation, die in Modula-2 durch die Erstellung neuer Module erfüllt werden können. In 3.2 wird im Detail gezeigt, wie diese modellunabhängigen, aber simulationsspezifischen Basiskomponenten (Simulationsbausteine) in Modula-2 realisiert werden können. Mit diesen Bausteinen wird ein überschaubares Modell (Simulationsmodell eines Fertigungssystems) exemplarisch implementiert (3.3). Den vollständigen Quelltext für das Beispielmodell einschließlich der Simulationsbausteine findet der Leser in Anhang B.2.

3.1 Anforderungen an Implementationssprachen für Simulationsmodelle

Eine Programmiersprache, die zur Implementation von Simulationsmodellen eingesetzt werden soll, hat eine Reihe von Anforderungen zu erfüllen, soll sie diese komplexe Aufgabe nicht unnötig erschweren. Die Anforderungen werden im folgenden Punkt für Punkt dargestellt, wobei jeweils kurz erwähnt wird, in welcher Weise die jeweilige Anforderung durch Modula-2 realisiert wird. Neben allgemeinen Anforderungen, die sich aus den meisten komplexen Implementationsaufgaben ergeben (3.3.1), sind vor allem bestimmte simulationsspezifische Grundfunktionen zu fordern (3.3.2), die in einer modularen Programmiersprache durch die einmalige Erstellung geeigneter Module realisiert werden können.

3.1.1 Allgemeine Anforderungen

Interaktivität

Die interaktive Betriebsform ist besonders wichtig während der Entwicklungs- und Testphase eines Simulationsprogramms. Batch-orientierte Sprachen sind in dieser Phase sehr unflexibel und umständlich zu handhaben. Eine interaktive *Debug*-Unterstützung reduziert den Zeitaufwand bei der Fehlersuche erheblich, macht in manchen Fällen die Fehlerfindung überhaupt erst möglich. Modula-2 bietet i. d. R. eine interaktive Testhilfe an, deren Qualität von der jeweiligen Sprachversion abhängt.

Eine weitere Form der Benutzerinteraktion ist die Durchführung von Simulationsexperimenten im Dialog mit dem System; dabei werden dem Benutzer laufend Zwischenergebnisse des Simulationslaufs angezeigt, und er kann Modellparameter zu beliebigen Zeitpunkten ändern. Dabei ist zu fordern, daß die Benutzereingriffe im Ergebnisprotokoll verzeichnet werden, damit die Voraussetzungen für eine adäquate Ergebnisinterpretation gegeben sind (vgl. hierzu den Punkt "Statistische Protokollierung und Auswertung" in 3.1.2).

Modularität

Die Modularisierung des Simulationsprogramms ist eine Grundvoraussetzung für die Trennung des speziellen Anwendermodells von allgemeinen Simulationsfunktionen. Die allgemein benötigten Bausteine werden am besten als abstrakte Datentypen in getrennt übersetzten Modulen realisiert. Dadurch werden diese Programmteile zum einen ohne erneute Kompilation wiederverwendbar, zum anderen können Implementationsdetails vor dem Anwender verborgen werden. Derart implementierte Simulationsbausteine können wie normale Sprachkonstrukte verwendet werden.

Durch Modularisierung besteht außerdem die Möglichkeit einer **arbeitsteiligen Implementation** von komplexeren Simulationsmodelle. Die Modelle können bereits auf der konzeptuellen Ebene in inhaltlich abgrenzbare Module eingeteilt werden. Dies ermöglicht den Aufbau einer Modellkomponentenbibliothek oder *Modellbank* zu einem bestimmten Anwendungsgebiet, so daß bei der Erstellung neuer Modelle auf vorhandene Modellkomponenten zurückgegriffen werden kann.

Die Möglichkeiten zur Modularisierung des Anwendermodells sind bei der ereignisorientierten Simulation jedoch beschränkt, da hier funktionell eigentlich zusammengehörige Abläufe häufig auf unterschiedliche Ereignisprozeduren verteilt sind und somit die Modellobjekte mit ihren Attributen global, potentiell im gesamten Programm zugreifbar, bereitgestellt werden müssen. Änderungen von Programmdetails wirken sich im allgemeinen auf viele Ereignisprozeduren aus. Bei Verwendung des prozeßorientierten Ansatzes bietet sich eine Modularisierung eher an. Die einzelnen Prozesse stellen konzeptuelle Einheiten dar, die im Gegensatz zu Ereignisroutinen isoliert verstanden und damit auch geändert oder ausgetauscht werden können. Allerdings sollte die Komplexität der Prozeßinteraktionen nicht unterschätzt werden.

Modula-2 besitzt mit dem Modulkonzept eine herausragende Eigenschaft, die es von älteren Sprachen wie FORTRAN oder Pascal unterscheidet: Programme müssen nicht monolithisch entwickelt werden. Vielmehr kann ein Programm in getrennt übersetzbare Module unterteilt werden. Die Sprache erfüllt damit eine wesentliche Voraussetzung für die Realisierung komplexer Simulationssoftware.

Strukturiertheit und Lesbarkeit

Gerade bei komplexen Simulationsmodellen ist es wichtig, daß die Zusammenhänge und Abhängigkeiten im Programm klar erkennbar sind. Eine unübersichtliche Struktur erschwert nicht nur die Programmerstellung, sondern ganz besonders auch die Verifikation und Fehlersuche. Die Programmnotation sollte leicht lesbar und weitgehend selbstdokumentierend sein, also ein Minimum an zusätzlicher Erläuterung erfordern.

Ein gut geschriebenes Modula-2-Programm dokumentiert sich weitgehend selbst: Den wenigen, verständlichen Sprachkonzepten auf der semantischen Ebene entsprechen lesbare syntaktische Konstrukte. Die zugelassenen Wechselwirkungen zwischen verschiedenen Modulen werden durch die Schnittstellendefinition explizit beschrieben.

Der gezielte Einsatz von Feldern (*ARRAYs*) in Verbindung mit Aufzählungstypen und von Verbunden (*RECORDs*) kann helfen, Strukturzusammenhänge und logische Abhängigkeiten durch die namentliche Selektion von Objekten im Simulationsprogramm zu unterstreichen.

Effizienz

Aus Kosten- und Performanzgründen sollte die Laufzeiteffizienz nicht außer acht gelassen werden. Denn umfangreiche Simulationsexperimente sind auch auf immer schnellerer Hardware rechenintensiv und zeitaufwendig. Dieser Aspekt ist auch im Hinblick auf den zunehmenden Einsatz von Mikrocomputern im Bereich der Simulation zu berücksichtigen.

Sowohl die Übersetzer als auch – was für die Simulation wesentlich wichtiger ist – die übersetzten Programme laufen in Modula-2 effizienter als in anderen in Frage kommenden Implementationssprachen, wie bei einem systematischen Vergleich festgestellt wurde (vgl. [Pag88], S. 121).

3.1.2 Simulationsspezifische Anforderungen

Die folgende Zusammenstellung enthält die grundlegenden Komponenten, die bei der Implementation von diskreten Simulationsmodellen bereits vorliegen sollten. Die Komplexität dieser Basiskomponenten ist sehr unterschiedlich; einige lassen sich auf triviale Weise, andere nur mit erheblichem Aufwand in einer allgemeinen höheren Programmiersprache realisieren. Die Möglichkeiten zur Realisierung in Modula-2 werden jeweils kurz angesprochen; eine mögliche Implementation wird in 3.2 und Anhang B.2 vorgestellt.

Zustandsvariablen

Die Zustandsvariablen repräsentieren zusammen den Zustand eines modellierten Systems zu einem bestimmten Zeitpunkt. Alle temporären und permanenten Modellobjekte werden durch Zustandsvariablen dargestellt. In modernen Programmiersprachen – damit auch in Modula-2 – stehen hierfür geeignete Datenstrukturen, insbesondere Verbunde (*RECORDs*) und Felder (*ARRAYs*) zur Verfügung.

Simulationsuhr

Diese globale Variable gibt den aktuellen Stand der Simulationszeit an. Sie wird vom Simulationsprogramm automatisch fortgeschrieben. Für die Simulationszeitbasis sollte ein spezieller Typ *Simulationszeit* definiert werden, was in strukturierten Programmiersprachen wie Modula-2 möglich ist. Die Simulationsuhr und alle anderen zeitbezogenen Variablen sind von diesem Typ.

Temporäre Objekte

Während eines Simulationslaufs entstehen dynamisch neue Objekte und verlassen nach einiger Zeit wieder das System. Die Sprache sollte daher die dynamische Generierung von Objekten und deren Vernichtung (Freigabe des Speicherplatzes) unterstützen. In Modula-2 stehen hierfür die Funktionen *NEW* und *DISPOSE* (bzw. *ALLOCATE* und *DEALLOCATE*) zur Verfügung.

Ereignisliste mit Zeitführungs- und Listenmanipulationsroutinen

In die Ereignisliste werden alle Simulationsereignisse nach Zeitpunkten und gegebenenfalls Prioritäten geordnet eingetragen. Die Zeitführungsroutine ermittelt das jeweils nächste Ereignis auf der Ereignisliste und stellt die Simulationsuhr entsprechend vor (vgl. 2.2). Spezielle Listenmanipulationsroutinen dienen zum Einfügen neuer und zum Entfernen oder Verschieben bereits eingetragener ("angesetzter") Ereignisse.

Listen lassen sich in Modula-2 unter Verwendung von *POINTER*- und *RECORD*-Typen realisieren. Durch Nutzung des Modulkonzeptes kann die Ereignisliste als Datenkapsel realisiert werden, so daß willkürliche Manipulationen ausgeschlossen sind.

Warteschlangen mit Verwaltungsroutinen

Zumindest für die Realisierung von Bedienungs-/Wartesystemen sind Warteschlangen als Basiskomponenten unverzichtbar. Auch hier müssen Routinen zur Listenmanipulation, insbesondere zum Einfügen und Entfernen von Objekten, bereitgestellt werden. Außer der Standard-FIFO-Strategie sollten bei Bedarf auch andere Strategien (LIFO, Prioritäten, direkte Auswahl u. ä.) sowie Suchoperationen auf der Warteschlange realisiert werden können.

In Modula-2 kann ein Modul erstellt werden, das die Datenstruktur *Warteschlange* als abstrakten Datentyp realisiert.

Zufallszahlengeneratoren und Verteilungsfunktionen

Für stochastische Simulationsmodelle sollten mehrere voneinander unabhängige (Pseudo-) Zufallszahlenströme mit möglichst großer Periode zur Verfügung stehen. Sie werden ergänzt durch Funktionen zur Erzeugung gleich-, exponential-, Erlang- oder Gauß-verteilter Zahlenfolgen. (Auf Zufallszahlen und Verteilungen wird im 4. Kapitel näher eingegangen.) Auch andere Verteilungen sollten bei Bedarf mit geringem Aufwand programmiert werden können. Die automatische Generierung antithetischer Zufallszahlensströme wäre von Vorteil.

Modula-2 verfügt wie die meisten Programmiersprachen über die notwendigen mathematischen Grundfunktionen (Modul *MathLib0*).

Statistische Protokollierung und Auswertung

Neben den üblichen Funktionen wie Mittelwert, Standardabweichung etc. ist auch die Erfassung zeitlich gewichteter und ungewichteter Daten und die Extremwerterkennung nützlich.

Zur statistischen Protokollierung gehört auch die begleitende Ausgabe von Zwischenergebnissen, also eine Ablaufverfolgung (*trace*) für Simulationsexperimente. Diese ermöglicht nicht nur eine frühzeitige Fehlererkennung, sondern auch die Durchführung interaktiver Simulationsexperimente, bei denen der Benutzer in den Simulationslauf eingreifen und Werte verändern kann. Diese Eingriffe des Benutzers müssen von der Statistikkomponente adäquat behandelt werden.

Ausgabe von Ergebnisprotokollen

Die statistischen Ergebnisse eines Simulationslaufs sollten mit einfachen Ausdrucksmitteln formatiert bzw. tabelliert ausgegeben werden können. Die Ausgabe des Reports sollte in gleicher Form sowohl auf den Drucker, auf den Bildschirm als auch auf periphere Speicher geleitet werden können.

In Modula-2 ist die Ein-/Ausgabe nur recht umständlich zu programmieren. Aufgrund der strengen Typbindung gibt es unterschiedliche Ein-/Ausgabeprozeduren für jeden elementaren Datentyp. Einige Standardprozeduren verfügen nur über unzureichende Formatoptionen. Deshalb müssen leistungsfähige, simulationsspezifische Ausgabeprozeduren in Modula-2 selbst geschrieben werden, um eine geeignete Formatierung und Fehlerdarstellung (z. B. bei arithmetischem Überlauf) im Ergebnisprotokoll zu realisieren.

Parallele Prozesse

In Fällen umfangreicher Interaktionen zwischen konzeptuell gleichzeitig arbeitenden Modellkomponenten ist bekanntlich der prozeßorientierte Ansatz vorteilhaft (vgl. 2.2 und 2.5.3). Die Implementationssprache sollte daher Beschreibungsmittel für nebenläufige Prozesse bereitstellen. Normalerweise bedient man sich hier des Koroutinen-Konzepts, d. h. die Prozesse werden auf Programmebene durch Routinen dargestellt, die einander mittels spezieller Sprachkonstrukte die Kontrolle übertragen können (Prozeßumschaltung). Im Gegensatz zu Prozeduren besteht bei Koroutinen keine Hierarchie zwischen aufrufender und aufgerufener Routine. Da zu einem bestimmten Zeitpunkt jeweils nur eine Koroutine die Kontrolle über den Prozessor besitzt, handelt sich um eine *quasi-parallele* Verarbeitung.

Unter den maschinennahen Konstrukten von Modula-2 im Modul *SYSTEM* findet sich die Definition eines abstrakten Datentyps *PROCESS*, der eine einfache Koroutinensteuerung realisiert und durch die beiden Prozeduren *NEWPROCESS* und *TRANSFER* definiert ist. *NEWPROCESS* erzeugt eine neue Inkarnation eines Prozesses, *TRANSFER* unterbricht die Ausführung des aktuellen Prozesses und übergibt die Kontrolle an einen anderen Prozeß. Auf der Basis des Koroutinenkonstrukts läßt sich in Modula-2, wenngleich nicht ohne Schwierigkeiten, Simulationssoftware für den prozeßorientierten Ansatz realisieren (vgl. [Pag88], S. 151 f.). Dieser Weg wurde auch bei der Entwicklung des Simulationspakets DESMO beschritten (s. Kapitel 7).

3.2 Realisierung grundlegender Simulationsbausteine mit Modula-2

Schon in den frühen sechziger Jahren sind **Simulationssprachen** entwickelt worden (s. [Kre86] sowie Abschnitt 6.1), die über spezielle Konstrukte für die Modellimplementation verfügen. Allerdings sind in diesen Sprachen moderne Programmierkonzepte aus dem Software-Engineering (z. B. Modularisierung, Geheimnisprinzip, modernes Typenkonzept, Beachtung von Portabilitätsaspekten usw.) kaum berücksichtigt. Da Simulationsprogramme komplexe Softwaresysteme sind, ist bei deren Entwicklung jedoch die Anwendung bewährter Prinzipien des Software-Engineering sehr ratsam. Moderne Programmiersprachen wie Modula-2 unterstützen solche Prinzipien in weit höherem Maße als die – meist älteren – Simulationssprachen.

Durch intensive Nutzung der Modularisierung kann in Modula-2 ein **Simulationspaket** geschaffen werden, das eine komfortable Arbeitsumgebung für die Implementation diskreter Simulationsmodelle darstellt und unabhängig vom jeweiligen Anwendermodell übersetzt werden kann. Ein solches Paket enthält jene Programmkomponenten, die in gleicher oder ähnlicher Form bei jeder Modellimplementation von neuem erstellt werden müßten. Der Aufwand für die Entwicklung des Simulationspaketes entsteht im wesentlichen nur einmal. Ein weiterer Vorteil ist darin zu sehen, daß das Paket im Laufe seiner Verwendung durch sukzessive Erweiterung und Fehlerbeseitigung einen höheren Entwicklungsgrad erreichen kann als jedes *ad hoc* erstellte Simulationsprogramm.

Ein solches Simulationspaket bildet eine Softwareumgebung, in die der Anwender sein spezielles Modell mit verhältnismäßig geringem Aufwand einbetten kann. Es wird daher im folgenden auch als **Simulationsumgebung** bezeichnet.

Die hier zu didaktischen Zwecken entwickelte Modula-2-Simulationsumgebung beschränkt sich auf die **notwendigsten Basiskomponenten für die ereignisorientierte Simulation**. Sie erhebt ausdrücklich nicht den Anspruch, alle in 3.1 gestellten Anforderungen zu erfüllen. Die drei hier besprochenen und in Anhang B.2 aufgelisteten Module dienen vielmehr dazu, die Implementation ereignisorientierter Simulationsmodelle in Modula-2 in Grundzügen darzustellen. Dem Leser, der die folgenden Überlegungen nachvollzieht, wird es leichter fallen, das funktional umfassende Modula-2-Simulationspaket DESMO (s. Kapitel 7) zu verstehen und anzuwenden.

3.2.1 Modularisierung

Die hier vorgestellte Simulationsumgebung stellt dem Anwender die folgenden drei Module zur Verfügung:

- *EventChain* (Ereignislistenverwaltung und Zeitführung)
- *Queue* (Warteschlangenverwaltung)
- *Distributions* (Zufallszahlenerzeugung, statistische Verteilungsfunktionen)

Als Beispiel für die Anwendung dieser Module wird das bereits eingeführte Modell eines Fertigungssystems (2.5.1) verwendet. Für das spezielle Modell wird ein weiteres Modul erstellt, hier *Jobshop* genannt. Abbildung 3-1 zeigt die Module mit den wichtigsten exportierten bzw. importierten Prozeduren und Typen. Auf das Modul *Jobshop* wird erst im Anschluß an die Darstellung der Simulationsumgebung näher eingegangen (3.3).

Die drei Module der Simulationsumgebung exportieren hauptsächlich Prozeduren (einschließlich Funktionsprozeduren). Nach dem **Geheimnisprinzip** (*information hiding*) sind Zugriffe auf Datenstrukturen nur unter Verwendung dieser Prozeduren erlaubt. Insbesondere bleibt die Implementation der Ereignisliste und der Warteschlangen vor anderen Modulen verborgen.

Da grundsätzlich nur eine einzige Ereignisliste benötigt wird, genügt es, diese als einfache **Datenkapsel** zu realisieren. Die Ereignisliste wird als Variable im Modul *EventChain* realisiert und kann ausschließlich über die exportierten Prozeduren manipuliert werden. Etwas komplizierter ist die Realisierung der Warteschlangen, da im allgemeinen mehrere Exemplare davon benötigt werden. Hier muß mit den Mitteln der Programmiersprache Modula-2 das Konzept des **abstrakten Datentyps** verwirklicht werden. Das Modul *Queue* exportiert zu diesem Zweck neben den Warteschlangen-Operationen einen Datentyp (hier ebenfalls mit *Queue* bezeichnet), der im Anwenderprogramm zur Deklaration von Warteschlangen-Variablen verwendet werden kann. Um dem Geheimnisprinzip zu genügen, ist *Queue* als undurchsichtiger (opaker) Datentyp definiert. Die Struktur eines opaken Typs bleibt dem importierenden Modul verborgen. Auf Variablen eines opaken Typs läßt der Übersetzer außerhalb des Herkunftsmoduls keine anderen Operationen zu als die Zuweisung, die Übergabe als Parameter und die Prüfung auf Gleichheit/Ungleichheit.

Der Anwender, der die in der Simulationsumgebung verwalteten Wartschlangen und die Ereignisliste nutzt, kann sich somit darauf verlassen, daß auf diesen Objekten nur die vorgesehenen Operationen ausgeführt werden und keine inkonsistenten Zustände entstehen können. Ein weiterer Vorteil der hier vollzogenen Datenabstraktion ist die Tatsache, daß die Implementation der Objekte geändert werden kann, ohne daß das Benutzermodell angepaßt werden muß.

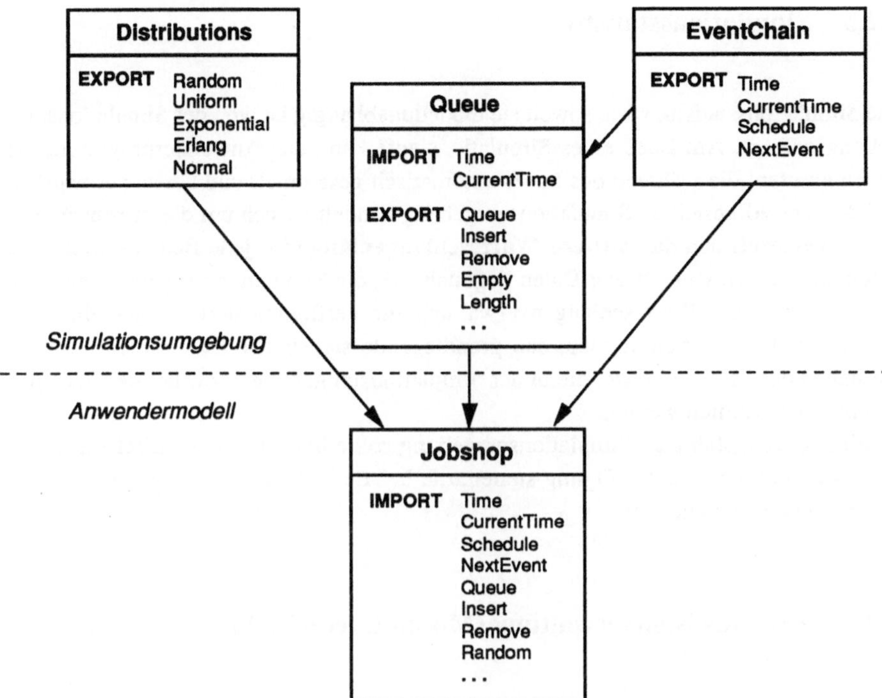

Abb. 3-1: Modularisierung eines Simulationsprogramms in Modula-2

3.2.2   Freispeicherverwaltung

Während der Simulation werden dynamisch Objekte in häufig sehr großer Anzahl erzeugt. Die Lebensdauer dieser **temporären Objekte** ist im Vergleich zur gesamten Simulationszeit meist gering. Kann der dynamisch allozierte Speicherplatz nicht wiederverwendet werden, reicht die zur Verfügung stehenden Halde (*heap*) für einen Simulationslauf häufig nicht aus.

In Modula-2 ist für die Freigabe nicht mehr benötigter Speicherfragmente die Prozedur *DISPOSE* vorgesehen, aber die Wiederverwendung nicht vollständig garantiert. Will man sich auf die Freigabe dynamisch allozierten Speichers durch das Laufzeitsystem nicht verlassen, muß eine eigene Freispeicherverwaltung als Bestandteil der Simulationsumgebung implementiert werden. In die explizit geführten Freispeicherlisten sind dann jene temporären Objekte einzutragen, die aus Warteschlangen oder der Ereignisliste entfernt wurden. In der hier dargestellten Version der Simulationsumgebung wird jedoch aus Gründen der Übersichtlichkeit auf die Realisierung einer Freispeicherverwaltung verzichtet (vgl. aber [Pag88], S. 155 ff.).

3.2.3　Simulationsstatistik

Die Simulationsstatistik wird, soweit sie modellunabhängig ist, von der Simulationsumgebung geführt. Am Ende eines Simulationslaufs kann das Anwenderprogramm die Daten abrufen, die während des Laufs automatisch gesammelt und berechnet wurden. Bei der hier vorgestellten Simulationsumgebung handelt es sich um die **durchschnittliche Wartezeit** und die **mittlere Warteschlangenlänge** für jede Bedienstation. Die automatische Erfassung dieser Daten liegt nahe, da die Simulationsumgebung mit dem Modul *Queue* eine Warteschlangenverwaltung zur Verfügung stellt. Allgemein sollte der Anwender erwarten können, daß grundlegende statistische Kennzahlen über das Verhalten der Modellobjekte, die in der Simulationsumgebung verwaltet werden, auch automatisch ermittelt werden.

Eine leistungsfähigere Simulationsumgebung sollte über die automatische Statistik hinaus Funktionen zur Verfügung stellen, die bei Bedarf die Führung modellspezifischer Statistiken erleichtern.

3.2.4　Ereignislistenverwaltung (Modul EventChain)

EventChain exportiert Prozeduren zur Manipulation der Ereignisliste, speziell zum Eintragen und Entfernen von **Ereignisnotizen**. Eine Ereignisnotiz ist die programminterne Repräsentation eines geplanten Ereignisses. Einzig die Prozeduren *Schedule* und *NextEvent* ermöglichen den Zugriff auf die Ereignisliste. Die verwendeten Datenstrukturen bleiben dem aufrufenden Modul verborgen.

Weil die Ereignislistenverwaltung eng mit der Zeitführung gekoppelt ist, wird auch diese Aufgabe im Modul *EventChain* erledigt. Für den lesenden Zugriff auf die aktuelle Simulationszeit wird die Funktion *CurrentTime* exportiert, zur Deklaration von zeitbezogenen Variablen außerdem der Typ *Time* (die Simulationszeitbasis). Die automatisch fortgeschriebene **Simulationsuhr** wird hier als lokale Variable implementiert, damit keine unkontrollierten Manipulationen möglich sind. Sowohl die Ereignisliste als auch die Simulationsuhr sind somit gekapselt.

Eine gewisse Komplikation entsteht dadurch, daß die Ereignisnotizen Verweise auf die von den Ereignissen betroffenen modellspezifischen Objekte enthalten, der Datentyp dieser Objekte zum Zeitpunkt der Übersetzung der Simulationsumgebung aber noch nicht bekannt ist. Vielmehr ist es Sache des Anwenders, geeignete Datenstrukturen für modellspezifische Objekte zu wählen. Ein ähnliches Problem tritt bei den Ereignistypen auf, die ebenfalls Bestandteil der Ereignisnotizen sind, deren Anzahl und Benennung aber erst durch einen modellspezifischen Aufzählungstyp festgelegt wird. Die Lösung dieses Problems wird für den interessierten Leser in 3.2.7 erläutert. Vorerst sei einfach vorausgesetzt, daß die entsprechenden Datentypen existieren und mit *RefEntity* und *EventType* bezeichnet sind. *RefEntity* ist ein Zeigertyp, der zum Verweis auf modellspezifische Objekte dient. Die Struktur dieser Objekte wird also im Anwenderprogramm festgelegt. *EventType* ist der Aufzählungstyp der im Modell benötigten Ereignistypen (Ereignisarten). Auch dieser Datentyp wird im Anwenderprogramm definiert.

Die Exportschnittstelle des Moduls *EventChain* kann wie folgt beschrieben werden:

- Die Prozedur *Schedule* erwartet als Parameter eine Ereignisart *Event*, einen Objektverweis *Entity* und einen Ereigniszeitpunkt *t*. Sie erzeugt eine neue Ereignisnotiz, in die die übergebenen Parameter eingetragen werden. Die Ereignisnotiz wird dann entsprechend ihres Zeitvermerks in die (bereits zeitlich geordnete) Ereignisliste eingefügt. Bei Zeitgleichheit wird die durch den Aufzählungstyp *EventType* definierte lineare Ordnung als Prioritätsordnung verwendet. Eine spätere Position in der Aufzählung bedeutet eine niedrigere Priorität der entsprechenden Ereignisart. Die Angabe eines *vor* der aktuellen Simulationszeit liegenden Ereigniszeitpunktes ist ein Fehler, der zum Programmabbruch führt.
- *NextEvent* gibt über seine Parameter *Event* und *Entity* die Art des nächsten Ereignisses und einen Verweis auf das zugehörige Objekt zurück. (Diese Daten ermöglichen dem aufrufenden Programm die Aktivierung der entsprechenden Ereignisroutine.) Die aktuelle Ereignisnotiz wird aus der Ereignisliste entfernt und die Simulationsuhr auf den Ereigniszeitpunkt vorgestellt. Der Aufruf von *NextEvent* bei leerer Ereignisliste ist ein Fehler, der zum Programmabbruch führt.
- *CurrentTime* liefert als parameterlose Funktion mit Ergebnistyp *Time* die aktuelle Simulationszeit. Intern wird hier lediglich auf die Simulationsuhr, die Variable *SystemTime*, zugegriffen. Diese Funktion ist notwendig, weil die Simulationsuhr gekapselt ist.
- *Time* ist ein Datentyp, der im Anwenderprogramm zur Deklaration von Variablen benötigt wird, die Zeitpunkte als Werte aufnehmen. *Time* repräsentiert die Simulationszeitbasis.

Nach außen nicht sichtbar und für den Anwender ohne Interesse ist die Implementation der Ereignisnotizen, die hier kurz erläutert wird. *EventNotice* ist ein *RECORD*-Typ mit den folgenden vier Komponenten:

- *SchedTime* vom Typ *Time* vermerkt den Ereigniszeitpunkt.
- *Kind* vom Typ *EventType* gibt an, um welchen Ereignistyp es sich handelt.
- *ConsEnt* vom Typ *RefEntity* ist ein Zeiger auf das vom Ereignis modifizierte Objekt.
- *Next* vom Typ *RefEventNotice* ist ein Zeiger auf die nächste Ereignisnotiz.

Es sei noch einmal darauf hingewiesen, daß die Datentypen *EventType* und *RefEntity* modellspezifisch sind, also im Anwenderprogramm definiert werden müssen. Das Dilemma, daß diese Typen dennoch – wie hier gezeigt – im Modul *EventChain* benötigt werden, also bereits bei der Übersetzung der Simulationsumgebung bekannt sein müßten, wird durch Verwendung maschinennaher Konstrukte (speziell der Datentypen *BYTE* und *ADDRESS*) gelöst (s. 3.2.7).

3.2.5   Warteschlangenverwaltung (Modul Queue)

Die Implementation von Warteschlangen wird in der Literatur häufig als Beispiel für die Realisierung eines abstrakten Datentyps behandelt. Dabei sind im wesentlichen drei Operationen (Initialisieren der Warteschlange, Einfügen und Entfernen von Objekten) zu implementieren, die auf einer gegen andere Zugriffe geschützten Datenstruktur arbeiten. Das hier vorgestellte Modul *Queue* leistet jedoch mehr, da für die Simulation auch Funktionen zur Abfrage oder Berechnung statistischer Daten benötigt werden. Intern werden die zu einer Warteschlange gehörenden statistischen Daten im **Warteschlangenkopf** abgelegt, der neben zwei Zeigern auf das erste bzw. letzte Element die erforderlichen statistischen Variablen enthält.

Das Modul *Queue* importiert von *EventChain* den Typ *Time* und die Funktion *CurrentTime*, da zur Führung der Warteschlangenstatistik auf die Simulationsuhr zugegriffen werden muß. Der im Anwenderprogramm zu definierende Typ *RefEntity* (s. 3.2.4.) wird auch hier genutzt: Der Inhalt eines Warteschlangenelements wird durch einen Zeiger vom Typ *RefEntity* repräsentiert.

Die Exportschnittstelle des Moduls *Queue* kann wie folgt beschrieben werden:

* *QueueInit* sorgt für die erforderliche Voreinstellung einer Warteschlange. Wurde die übergebene Warteschlange *Q* noch nicht benutzt, so erzeugt die Prozedur einen neuen Warteschlangenkopf. Anderenfalls werden alle vorhandenen Elemente gelöscht (Speicherplatzfreigabe). In beiden Fällen werden Initialwerte in den Warteschlangenkopf eingetragen.
* *Insert* fügt das durch den Parameter *Entity* übergebene Objekt gemäß der FIFO-Strategie an das Ende der Warteschlange *Q* an. Außerdem modifiziert die Prozedur die zeitgewichtete Summe der Warteschlangenlänge entsprechend und vermerkt die aktuelle Simulationszeit als Zeitpunkt der letzten Änderung der Wartschlange.
* *Remove* entfernt das erste Element aus der Warteschlange *Q* und gibt es über den Parameter *Entity* zurück. Das entnommene Element kann in der aufrufenden Prozedur bestimmungsgemäß weiterverwendet werden. Die Statistik wird durch Einträge in den Warteschlangenkopf ähnlich wie bei *Insert* fortgeschrieben, wobei zusätzlich die Anzahl der durchgelaufenen Objekte inkrementiert und die Summe der Wartezeiten aktualisiert wird. Der Aufruf von *Remove* mit einer leeren Warteschlange ist ein Fehler, der zum Programmabbruch führt.
* *Empty* ist eine boolesche Funktion, die prüft, ob die Warteschlange *Q* leer ist.

Die folgenden Funktionen liefern statistische Informationen über die Warteschlange zurück, und zwar:

* *Length:* die aktuelle Warteschlangenlänge,
* *MaxLength:* die bisher maximale Warteschlangenlänge,
* *EntityCount:* die Gesamtzahl der bisher durchgelaufenen Objekte,
* *AvgQueueLength:* die zeitlich gewichtete mittlere Warteschlangenlänge und
* *AvgWaitingTime:* die mittlere Wartezeit aller bisher durchgelaufenen Objekte.

Falls keine Durchläufe stattgefunden haben, gibt *AvgWaitingTime* den Wert der Konstanten *undefined* als Fehlermarke zurück. Diese ist in *Queue* mit −1.0 definiert.

* *Queue* ist ist ein opaker Typ, hinter dem sich die Implementation des Warteschlangenkopfes verbirgt. Dieser Typ wird im Anwenderprogramm verwendet, um Variablen als Exemplare von Warteschlangen zu deklarieren.

Nach außen nicht sichtbar und für den Anwender ohne Interesse ist die Struktur des Warteschlangenkopfes. Es handelt sich um einen *RECORD* mit den folgenden Komponenten:

* *Length, MaxLength* und *EntityCount*, die durch die oben erwähnten (gleichnamigen) Funktionen abgefragt werden,
* *WSumOfLength*, die gewichtete Warteschlangenlänge,
* *SumOfWaitingTime*, die Summe aller Wartezeiten,
* *LastAccess*, der Zeitpunkt des letzten modifizierenden Zugriffs,
* *FirstElement, LastElement*, Zeiger auf das erste bzw. letzte Element der Schlange,
* *SelfRef*, ein Selbstverweis zur Überprüfung der Gültigkeit einer Warteschlange.

Die Warteschlange ist als verkettete Liste von Elementen realisiert (Typ *Element*). Jedes Element enthält den Zeitpunkt seines Eintritts in die Schlange, einen Zeiger auf das wartende Objekt (also den eigentlichen Inhalt des Elements) und einen Zeiger auf das nächste Element der Warteschlange.

Der Zugriff auf die Komponenten *Length, MaxLength* und *EntityCount* erfolgt ausschließlich über Funktionen, so daß Manipulationen dieser Daten von außen unmöglich sind.

3.2.6 Verteilungsfunktionen (Modul Distributions)

Den Kern des Moduls *Distributions* bildet ein **Pseudozufallszahlengenerator**, der zur Gewährleistung einer möglichst langen Periode auf einem sehr großen Zahlenbereich arbeitet. Im Anwenderprogramm können damit beliebig viele stochastisch unabhängige Zufallszahlenströme für unterschiedliche Simulationsvariablen (z. B. Bedienzeiten, Auftragsarten) erzeugt werden. Für jeden benötigten Zufallszahlenstrom wird eine Variable vom Typ *RandomNumberStream* deklariert, der von *Distributions* undurchsichtig exportiert wird. *RandomNumberStream* ist somit wie *Queue* ein abstrakter Datentyp.

Zusätzlich stellt das Modul **Verteilungsfunktionen** zur Verfügung, die (unter Verwendung des Zufallszahlengenerators) Zufallszahlenströme mit verschiedenen Verteilungen für vorgegebene Verteilungsparameter erzeugen.

Von *Distributions* werden im einzelnen folgende Funktionsprozeduren exportiert:

- *StreamInit (s, Seed)* erzeugt einen neuen Zufallszahlenstrom *s* und initialisiert ihn mit dem Anfangswert *Seed*, mit der folgenden Ausnahme: Wird für *Seed* eine ganze Zahl im Bereich 0 bis −9 übergeben, dann wird der Startwert aus einer Reihe fester Voreinstellungen entnommen. Die Verwendung dieser zehn statistisch getesteten Voreinstellungen für verschiedene Zufallszahlenströme garantiert weitgehende Überlappungsfreiheit.

- *Random (s)* liefert den jeweils nächsten Wert des Zufallszahlenstroms *s* zurück. Diese Funktion ist der eigentliche Zufallszahlengenerator, welcher gleichverteilte reelle Zahlen im Intervall (0, 1) erzeugt. Der Aufruf von *Random* mit einem nicht initialisierten Zufallszahlenstrom ist ein Fehler, der zum Programmabbruch führt.

- *Uniform (Low, High, s)* realisiert eine Gleichverteilung im Intervall (*Low, High*).

- *Exponential (Mean, s)* realisiert eine negativ-exponentielle Verteilung mit Mittelwert *Mean*.

- *Erlang (Mean, k, s)* liefert die Werte einer *k*-Erlang-Verteilung, die als Mittelwert von *k* aufeinanderfolgenden Zufallszahlen eines negativ-exponentiell verteilten Zufallszahlenstroms definiert ist.

- *Normal (Mean, StdDev, s)* erzeugt normalverteilte reelle Zufallszahlen mit Mittelwert *Mean* und Standardabweichung *StdDev*.

Der Algorithmus des Zufallszahlengenerators *Random* und seine Implementation werden in 4.2 näher erläutert. Die übrigen Verteilungsfunktionen arbeiten alle mit den (0, 1)-gleichverteilten Zufallszahlen von *Random*, die sie gemäß dem geforderten Verteilungstyp und den angegebenen Verteilungsparametern transformieren (s. 4.1) .

3.2.7 Implementationsdetails [1]

Die strenge Typbindung in Modula-2, die von Informatikern wegen der geringeren Fehleranfälligkeit eher positiv bewertet wird, wirft im Zusammenhang mit der Modularisierung einige Probleme auf. Sie entstehen, wenn ein Modul allgemeine Dienstfunktionen bereitstellen und dabei auf Datentypen operieren soll, die zum Zeitpunkt seiner Übersetzung noch nicht definiert sind. Dieses Problem stellt sich z. B. bei der Realisierung einer Warteschlangenverwaltung, die vom Typ der einzureihenden Objekte unabhängig sein soll. Eine ähnliche Schwierigkeit ist gegeben, wenn ein Datentyp für Ereignisnotizen definert werden soll, der unabhängig von den später in diese Notizen eingetragenen Ereignistypen – also Elementen des noch nicht definierten Aufzählungstyps *EventType* – ist. Mit welchem Datentyp soll die betreffende *RECORD*-Komponente deklariert werden?

In Modula-2 stehen maschinennahe Datentypen (*WORD, BYTE, ADDRESS*) zur Verfügung, die vom Standardmodul *SYSTEM* exportiert werden. Bei ihnen ist die Typprüfung eingeschränkt. So ist etwa *BYTE* mit jedem Typ verträglich, der genau ein Byte Speicherplatz belegt. *ADDRESS* ist mit jedem beliebigen Zeigertyp verträglich; eine Variable vom Typ *ADDRESS* ist somit ein allgemeiner Zeiger.

Für die Inhalte der Warteschlangenelemente kann eine *RECORD*-Komponente vom Typ *ADDRESS* verwendet werden. Dies geschieht dadurch, daß der Typ *RefEntity* als *ADDRESS* vereinbart wird. Der später im Anwenderprogramm definierte Typ *RefEntity* (als Zeiger auf modellspezifische Objekte) ist dann in jedem Fall mit dem in der Simulationsumgebung vordefinierten gleichnamigen Typ kompatibel. Die Tatsache, daß der Typ *Queue* nicht selbst als *RECORD*, sondern als Zeiger auf einen *RECORD* (den Warteschlangenkopf) definiert ist, hat keinen Zusammenhang zu dem soeben geschilderten Problem. Vielmehr gilt es hier die Einschränkung zu umgehen, daß opake Typen in Modula-2 nicht strukturiert sein dürfen.

Bei der Übergabe der modellspezifischen Objekte und Ereignistypen an *EventChain* wird ähnlich verfahren. Zur Darstellung der Objekte wird wiederum *RefEntity* verwendet. Der Aufzählungstyp der Ereignistypen (Ereignisarten), mit *EventType* bezeichnet, wird hier als *BYTE* vereinbart. Der Anwender der Simulationsumgebung definiert in seinem Modell einen gleichnamigen Aufzählungstyp mit den tatsächlich vorkommenden Ereignistypen in der Reihenfolge ihrer Priorität. Sofern ein Maximum von 256 Ereignistypen (Ereignisarten) nicht überschritten wird, ist dieser Datentyp mit dem vordefinierten Typ *EventType* verträglich.

Da der Zufallszahlengenerator mit *LONGINT* arbeitet, sind bei der Berechnung von Ausdrücken, in denen sowohl *INTEGER*- als auch *LONGINT*-Werte auftreten, explizite Typkonvertierungen mittels *VAL* unvermeidbar. Außerdem muß eine Funktion *Float*

---

[1] Dieser Abschnitt setzt vertiefte Modula-2-Kenntnisse voraus, ist jedoch für das weitere Verständnis nicht unbedingt erforderlich.

zur Umwandlung von *LONGINT-* in *REAL*-Zahlen implementiert werden, die nicht standardmäßig zur Verfügung steht.

Zur Ausgabe von Fehlermeldungen werden grundsätzlich Prozeduren aus dem Standardmodul *Terminal* importiert. Für die Ein-/Ausgabe in Anwenderprogrammen bieten sich die von den Bibliotheksmodulen *InOut* und *RealInOut* bereitgestellten Prozeduren an. Die Ausgabeprozeduren für *REAL*-Zahlen haben allerdings den Nachteil, daß der Anwender nur die *gesamte* Anzahl der Stellen spezifizieren kann. Für eine tabellarische Aufstellung statistischer Werte ist dagegen eine Festkommadarstellung erforderlich. Daher wurde zusätzlich das Modul *FixedInOut* zur Verfügung gestellt. Die exportierte Prozedur *WriteFixed* verfügt über Parameter für die Anzahl der Vor- und Nachkommastellen. Im Fehlerfall werden gemäß dieser Stellenzahl Sterne ("∗") ausgegeben.

3.3 Implementation eines Beispielmodells in der Modula-2-Simulationsumgebung

Um die Anwendung der hier entwickelten Simulationsumgebung zu demonstrieren, wird das Simulationsmodell eines Fertigungssystems implementiert, das bereits in 2.5.1 entworfen wurde.

Im Beispielprogramm *JobShop*, dessen Quelltext im Anhang B.2 abgedruckt ist, wurden gemäß den Prinzipien der strukturierten Programmierung explizite Konstanten- und Typdefinitionen, insbesondere auch Aufzählungs- und Unterbereichstypen mit möglichst selbsterklärenden Bezeichnern verwendet. Hierdurch werden die Lesbarkeit verbessert und die Fehlererkennung erleichtert. Für ganzzahlige Modellvariablen, die aus inhaltlichen Gründen keine negativen Werte annehmen können, wurde *CARDINAL* verwendet. Dadurch können bereits zahlreiche Fehler ausgeschlossen werden.

Bei der Zusammenfassung von Datenstrukturen und Prozeduren waren logische Gesichtspunkte entscheidend, nicht primär die Laufzeiteffizienz. Außerdem wurde das Prinzip der Lokalität möglichst weitgehend eingehalten.

Wie aus der Vereinbarung des Aufzählungstyps *EventType* hervorgeht, gibt es in diesem Modell drei **Ereignistypen** (Ereignisarten):

1. Erzeugung eines neuen Auftrags (*NewJob*)
2. Ankunft in einer Maschinengruppe (*Arrival*)
3. Ende der Bearbeitung (*Departure*)

Die zugehörigen Ereignisroutinen sind die Prozeduren *CreateJob*, *Arrive* und *Depart*. Die Algorithmen dieser Ereignisroutinen wurden bereits in 2.5.2 besprochen.

3.3.1 Datenstrukturen

Modellspezifische Datenstrukturen lassen sich prinzipiell in drei Klassen einteilen:

- Modellobjekte (hier Aufträge und Maschinengruppen) mit ihren Attributen,
- statistische Variablen und Zähler (hier z. B. die Anzahl der erzeugten Aufträge),
- Hilfsgrößen (z. B. Startwerte für den Zufallszahlengenerator).

Bei der Implementation ist es jedoch aufgrund übergeordneter Zielsetzungen häufig nicht sinnvoll, die Grenzen dieser Kategorien sehr streng zu ziehen. Insbesondere sollten statistische Variablen oder Zähler, die bestimmten Objekten eindeutig zugeordnet sind (z. B. die Summe der Bedienzeiten einer Maschinengruppe), aus Gründen der Lokalität und der Einfachheit programmtechnisch wie Objektattribute behandelt werden.

Bei der Implementation ist zunächst zu entscheiden, welche Objekte temporärer Natur sind und deshalb durch **dynamische Datenstrukturen** dargestellt werden müssen. Dies sind im vorliegenden Beispiel ausschließlich die Aufträge. Jeder Auftrag wird durch einen über Zeiger (Typ *RefEntity*) zugreifbaren *RECORD* (Typ *JobParams*) repräsentiert, welcher die für das Durchlaufen des Maschinenparks und die statistische Auswertung notwendigen Grunddaten enthält:

- den Zeitpunkt der Ankunft in einer Maschinengruppe (*ArrivalTime*),
- die tatsächliche Bedienzeit in einer Maschine (*ServiceTime*),
- die Auftragsart (*Kind*),
- die Nummer des aktuellen Teilauftrages (*Tasks*).

Die folgenden Modellobjekte sind durch **statische Datenstrukturen** repräsentiert:

1. Die Gesamtheit der Maschinengruppen (*MGroupData*) als Feld (*ARRAY*) von *RECORDs*. Ein solcher *RECORD* beinhaltet

   - eine Warteschlange (*MQueue*),
   - die Gesamtmaschinenzahl in der Gruppe (*NumOfMachines*),
   - die aktuelle Anzahl der freien Maschinen (*FreeMachines*),
   - die Summe der Bedienzeiten in der Maschinengruppe (*SumOfServTimes*).

   Diese Datenstruktur umfaßt also zum einen die festen Daten der Maschinengruppen, zum anderen Zustandsvariablen und statistische Zähler (zum Teil implizit im Warteschlangenkopf, dessen Struktur im Modul *Queue* verborgen ist).

2. Die statistischen Daten aller Aufträge im System (*JobData*), ebenfalls in einem Feld von *RECORDs* zusammengefaßt. Für jede Auftragsart ist eine Feldkomponente vorgesehen. Ein solcher *RECORD* beinhaltet:

- die Anzahl der auszuführenden Teilaufträge (*TasksPerJob*),
- die Summe der Wartezeiten (*SumOfJobDelay*),
- die Anzahl der Bearbeitungsschritte, welche die Aufträge erfahren haben (*ServedTasks*),
- die Anzahl der erzeugten Aufträge (*JobCount*).

Auch diese Datenstruktur enthält u. a. statistische Daten. Anders als bei den Maschinendaten wird die Summe der Wartezeiten hier pro Auftragsart erfaßt.

3. Die drei möglichen Pfade durch den Maschinenpark (*Routing*), die in einem zweidimensionalen Feld abgelegt sind. Jeder Eintrag enthält die Nummer der Maschinengruppe, die ein Auftrag vom Typ *JobType* im nächsten Bearbeitungsschritt (*Task*) aufsuchen muß.

4. Die Zufallszahlenströme (*Streams*) und ihre als Feld vereinbarten Startwerte (*Seed*) für die Auftragsart, die Zwischenankunftszeit und die Bedienzeiten.

Einige Datentypen werden aus der Simulationsumgebung importiert. Dazu gehören der Typ *Queue* aus dem Modul *Queue*, der Typ *Time* aus dem Modul *EventChain* und der Typ *RandomNumberStream* aus dem Modul *Distributions*.

3.3.2   Prozeduren

Die im Modul *JobShop* deklarierten Prozeduren lassen sich einteilen in

- Ereignisroutinen (*CreateJob, Arrive, Depart*),
- Prozeduren zur statistischen Auswertung und Protokollierung (*Report*),
- Ablaufsteuerung und Hilfsprozeduren (*SelectEvent, Initialization, SetJobType*).

Die **Ereignisroutinen** sind im wesentlichen Verfeinerungen der in 2.5.2 aufgeführten Flußdiagramme. Alle Ereignisroutinen machen beim Ansetzen weiterer Ereignisse (also beim Eintragen von Ereignisnotizen in die Ereignisliste) Gebrauch von der Prozedur *Schedule* aus dem Modul *EventChain*. Als aktuelle Parameter werden dieser Prozedur ein Element des Aufzählungstyps *EventType* (zur Kennzeichnung der Ereignisart), ein Zeiger auf den vom Ereignis betroffenen Auftrag sowie der (absolute) Ereigniszeitpunkt übergeben. Ein Aufruf erfolgt z. B. in der Form

```
Schedule (Arrival, Job, CurrentTime () + delta_t);
```

Der durch *Schedule* in die Ereignisnotiz eingetragene Verweis auf den betroffenen Auftrag (Typ *RefEntity*) wird beim späteren Aufruf der entsprechenden Ereignisroutine an diese übergeben. *Arrive* und *Depart* erhalten so über ihren einzigen Parameter *Job* (vom Typ *RefEntity*) den Zugriff auf die Attribute des aktuell zu bearbeitenden Teilauftrages. Die Attribute *ArrivalTime, ServiceTime* und *Task* werden gelesen und bei Bedarf modifiziert; die Auftragsart *Kind* bleibt stets unverändert und wird lediglich als Index für die Auftragsdatentabelle benutzt. Die Ereignisroutine *CreateJob* benötigt jedoch keinen Verweis auf einen Auftrag (und damit keinen Parameter *Job*), da ihre Aufgabe ja darin besteht, einen neuen Auftrag zu erzeugen. Beim Aufruf von *Schedule* mit dem Ereignistyp *NewJob* wird daher der entsprechende Parameter mit *NIL* besetzt.

Ereignisse, die zeitverzugslos gestartet werden sollen, erhalten beim Aufruf von *Schedule* den Wert von *CurrentTime ()* als Ereigniszeitpunkt.

Bei der Erzeugung eines neuen Auftrages durch *CreateJob* wird zeitverzugslos dessen Ankunftsereignis in die Ereignisliste eingetragen. Zur Bestimmung der Auftragsart dient die Funktion *SetJobType*. Sie bedient sich dabei der Funktion *Random* aus dem Modul *Distributions*. Wesentlich für die Korrektheit dieser Prozedur ist der *einmalige* Aufruf des Zufallszahlengenerators und die Speicherung des Zufallswertes in einer lokalen Variablen. Eine zweite Aufgabe von *CreateJob* ist es, die Erzeugung des nachfolgenden Auftrages zu veranlassen. Durch einen zweiten Aufruf von *Schedule* wird ein Ereignis vom Typ *NewJob* in die Ereignisliste eingetragen. Für die Ermittlung des Zeitpunktes wird die aus *Distributions* importierte Verteilungsfunktion *Exponential* mit Mittelwert *MeanArrivalTime* und Zufallszahlenstrom *Streams [ArriveTime]* aufgerufen.

Abweichend vom Flußdiagramm 2-21 in Abschnitt 2.5.2 wird in der Prozedur *Arrive* der in einer Maschinengruppe ankommende Auftrag *unbedingt* in die entsprechende Warteschlange eingefügt, also auch dann, wenn eine Maschine frei ist. Ist eine sofortige Bedienung möglich, wird der Auftrag noch zum gleichen Simulationszeitpunkt wieder aus der Warteschlange entfernt (Wartezeit Null). Dies ist notwendig, weil hier die vom Modul *Queue* angebotene automatische Statistikfortschreibung benutzt wird. Eine exakte Umsetzung des ursprünglichen Flußdiagramms hätte zur Folge, daß *sofort* bediente Aufträge nicht oder nur durch komplizierte zusätzliche Programmelemente statistisch erfaßt werden könnten.

Die Belegung und Freigabe einzelner Maschinen erscheint in den Programmen in Form von Dekrementierungen bzw. Inkrementierungen des Zählers *FreeMachines* der jeweiligen Maschinengruppe.

Durch Vergleich der Anzahl der insgesamt durchzuführenden Teilaufträge mit der Anzahl der bereits abgeschlossenen kann in *Depart* die vollständige Bearbeitung eines Auftrages erkannt werden. Wenn ein Auftrag das System verläßt, führt dies zur Freigabe des Speicherplatzes mittels *DISPOSE*. *Depart* verwendet die aus dem Modul *Queue* importierte Funktion *Empty*, um festzustellen, ob die Warteschlange der jeweiligen Maschinengruppe leer ist.

Die Ereignisroutine *Arrive* und *Depart* benutzen zur Berechnung der Bedienzeit die Funktion *Erlang*, ebenfalls aus *Distributions*.

Auch die Prozedur *Report*, die statistische Ergebnisse berechnet und ausgibt, macht Gebrauch von der Simulationsumgebung. Die von *Queue* exportierten Funktionen *AvgQueueLength* und *AvgWaitingTime* (s. 3.2.5) werden hier aufgerufen. Alle anderen geforderten Daten – wie die auftragsartbezogenen Größen oder die Auslastung der Maschinengruppen – müssen jedoch explizit gesammelt bzw. errechnet werden (s. dazu auch 3.3.3).

Als interne Fehlermarke für möglicherweise auftretende undefinierte Werte (bei Division durch nullwertige Zähler) wird der Wert −1.0 verwendet. Das Auftreten solcher Werte wird abgeprüft und im Protokoll entsprechend vermerkt.

Das Ergebnisprotokoll setzt sich zusammen aus einer Liste der Eingabedaten und dem geforderten "Jobtypen-" und "Maschinengruppen-Report", ergänzt durch die Angabe der Anzahl erzeugter Aufträge. Die Ausgabe erfolgt auf einer externen Datei, deren Name interaktiv eingegeben wird.

Obwohl sie konzeptuell zur Simulationsumgebung gehören, sind bestimmte Programmteile zur **Ablaufsteuerung** aus übersetzungstechnischen Gründen – den modellspezifischen Ereignistypen angepaßt – im Benutzermodell realisiert. Den Kern der Ablaufsteuerung bildet die Prozedur *SelectEvent*, deren Algorithmus in Form eines Nassi-Shneiderman-Diagramms in Abbildung 3-2 dargestellt ist. Zunächst wird das nächste Ereignis aus der Ereignisliste entfernt und die Simulationsuhr vorgestellt. Dies geschieht im Programm durch Aufruf der aus *EventChain* importierten Prozedur *NextEvent*. Danach ist der aktuelle Ereignistyp bekannt, was zur Selektion und zum Aufruf der zugehörigen Ereignisroutine führt. Nun ist zu erkennen, weshalb die Prozedur *SelectEvent* nicht in der Simulationsumgebung realisiert wurde: Sie enthält eine Kontrollstruktur (die *CASE*-Anweisung), die unmittelbar mit den modellspezifischen Ereignistypen und -routinen verknüpft ist. Eine Alternative hierzu besteht darin, die Zuordnung von Ereignistypen zu Ereignisroutinen auf Datenebene (unter Verwendung von Prozedurvariablen) zu realisieren. Dieser Weg wurde bei der Entwicklung von DESMO beschritten (vgl. Kap. 7).

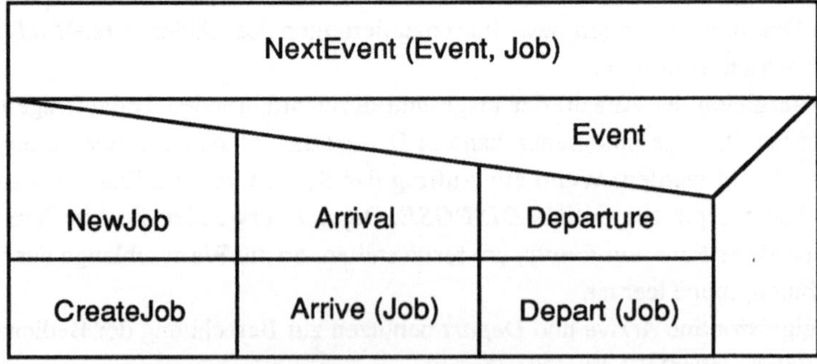

Abb. 3-2: Nassi-Shneiderman-Diagramm der Ereignisauswahl

Die zur Klasse der **Hilfsroutinen** zählende Prozedur *Initialization* dient zum Einlesen der Startwerte (Gesamtsimulationszeit in Tagen, Zwischenankunftszeit in Stunden, Maschinenzahl, Zufallszahlen), zur Initialisierung der Warteschlangen, der Zufallszahlenströme und anderer globaler Variablen einschließlich des Feldes *Routing*.

Das **Hauptprogramm** schließlich ist zuständig für die Initialisierung, das Ansetzen des ersten Ereignisses, den wiederholten Aufruf von *SelectEvent* bis zum Ablauf der vorgegebenen Simulationszeit und für die Ausführung der Prozedur *Report* (Abb. 3-3).

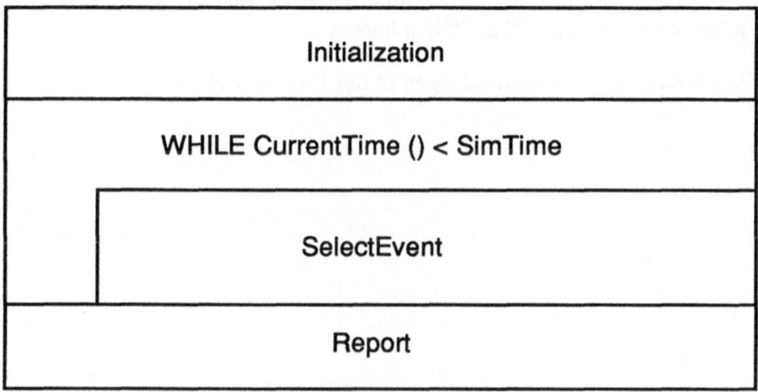

Abb. 3-3: Nassi-Shneiderman-Diagramm des Hauptprogramms

3.3.3 Statistische Berechnungen

Ein Teil der Simulationsstatistik wird, wie bereits mehrfach erwähnt, automatisch im Modul *Queue* abgewickelt. Die Ergebnisse sind allerdings beschränkt auf die Wartezeit und die Länge der Warteschlangen, wobei diese Größen unabhängig vom Typ der wartenden Objekte erfaßt werden. Für alle anderen benötigten Ergebnisse, z. B. die Maschinenauslastung, müssen die notwendigen statistische Zähler im Anwenderprogramm explizit geführt werden. Im einzelnen werden die folgenden Mittelwerte berechnet:

* mittlere Wartezeit pro Auftragsart (*MeanJobDelay*):
  Sie ergibt sich als Summe aller Wartezeiten pro Auftragsart (*SumOfJobDelay* [j]) geteilt durch die Zahl der erfolgten Verzögerungen, inklusive derjenigen mit Wartezeit Null (*JobDelayCount*). Da ein Auftrag aus mehreren Teilaufträgen besteht, muß noch mit deren Anzahl (*TasksPerJob*) multipliziert werden, um die mittlere Wartezeit des Gesamtauftrages zu erhalten.

- mittlere Wartezeit über alle Auftragsarten (*MeanOverallJobDelay*):
  Ihr Wert ergibt sich als Summe der mittleren Wartezeit pro Auftragsart (*MeanJob-Delay*) über alle Auftragstypen, jeweils gewichtet mit dem Anteil der Verzögerungen bzw. vollzogenen Bearbeitungsschritte einer Auftragsart (*ServedTasks*) an der Gesamtverzögerungsanzahl (*TotalJobDelayCount*).

- mittlere Auslastung pro Maschinengruppe (*AvgGroupUtilization*):
  Als relativer Anteil der Gesamtarbeitszeit der Maschinengruppen an der gesamten Simulationszeit ergibt sie sich aus der Summe der Bedienzeiten (*SumOfServTimes*), geteilt durch das Produkt aus der Gesamtsimulationszeit (*SimTime*) und der Anzahl der Maschinen pro Gruppe (*NumOfMachines*).

Diese statistischen Berechnungen erfolgen in der Prozedur *Report*.

4 Statistische Verfahren

Viele Aktivitäten, die in der Systemanalyse untersucht werden, haben die Eigenschaft, daß ihre Ergebnisse nicht genau vorausgesagt werden können. Es läßt sich meist nur ein Bereich der möglichen Ergebnisse angeben. Wird eine solche Aktivität mehrfach und unabhängig durchgeführt, dann werden in zufälliger Folge verschiedene Ergebnisse aus dem jeweiligen Wertebereich realisiert. Man nennt daher eine derartige Aktivität ein *Zufallsexperiment*. Simulationsexperimente mit stochastischen Modellen sind als solche Zufallsexperimente aufzufassen. Es bedarf statistischer Verfahren, um die Zufallsaspekte in ein Simulationsmodell einzubringen (4.1 und 4.2), entsprechende statistische Verteilungen für das Modell abzuleiten (4.3) und die Ergebnisse von Simulationsexperimenten exakt auszuwerten (4.4).

4.1 Zufallszahlenerzeugung

4.1.1 Die Bedeutung von Zufallszahlen für die Simulation

Wenn man das Verhalten zufallsabhängiger Prozesse an einem entsprechenden Simulationsmodell untersuchen will, kommt man nicht umhin, die real vorhandene Zufälligkeit in geeigneter Weise im Modell nachzubilden. Hierfür werden sogenannte Zufallszahlen verwendet. Beispielsweise wurden die Abstände zwischen Kundenanrufen und die Bedienungsdauer im Reservierungsmodell (2.4.1.2) jeweils durch eine Zufallszahl festgelegt. In gleicher Weise wurde im Beispiel zur Simulation ausfallanfälliger Systeme (2.4.3) die Zufallsgröße "Lebensdauer eines Maschinenteils" nachgebildet. Allgemein läßt sich feststellen:

Zufallszahlen dienen zur Realisierung von *Zufallsvariablen*. Der betreffenden Variablen wird mittels einer Zufallszahl ein Wert ihres Wertebereichs zugeordnet.

Dabei sind Zufallszahlen zunächst als Ergebnis **stochastischer** physikalischer Vorgänge aufzufassen. Als einfachstes und bekanntestes Beispiel wird dafür fast immer der Wurf eines idealen Würfels angegeben, als dessen Ergebnis eine zufällige Folge von

Zahlen aus der Menge 1, 2, ..., 6 entsteht, z. B. 5, 2, 1, 1, 6, 3, 4, ... Ein weiterer physikalischer Prozeß, der Zufallszahlen liefert, ist der Zerfall radioaktiver Substanzen. Als Zufallszahlen können dabei die Anzahl der je Zeiteinheit zerfallenden Teilchen registriert werden. Auf diese oder ähnliche Weise gewonnene Zufallszahlen bezeichnet man als *echte* oder *natürliche Zufallszahlen*. Damit wird angezeigt, daß sie Produkt realer physikalischer Prozesse sind. Ein Verfahren zur Erzeugung von Zufallszahlen wird *Zufallszahlengenerator* genannt.

Zufallszahlentabellen auf der Basis von Beobachtungen stochastischer physikalischer Prozesse eignen sich aber kaum für die Simulation komplexer Prozesse, die praktisch nur mit Hilfe von Rechnern durchführbar ist. Da aus statistischen Gründen jede Zufallsgröße in vielfacher Wiederholung im Modell realisiert werden muß, ist für die Nachahmung eines Prozesses mit mehreren Zufallsvariablen eine sehr große Anzahl von Zufallszahlen notwendig. Somit wären riesige Zufallszahlentabellen im Rechner zu speichern. Die Speicherung der Zufallszahlen in Dateien würde keinen effizienten Zugriff ermöglichen. Sinnvoller ist es, die benötigten Zufallszahlen erst dann zu erzeugen, wenn sie bei der Simulation benötigt werden. Das bedeutet, daß als Zufallszahlengenerator ein Algorithmus zu implementieren ist, dessen Ausgabe einen brauchbaren Ersatz für natürliche Zufallszahlen darstellt.

Es leuchtet ein, daß es bei Zufallszahlen nicht auf die Art ihrer Erzeugung ankommt. Wesentlich ist nur, daß sie in ihrer Gesamtheit Eigenschaften aufweisen, die es gestatten, Zufallsgrößen nachzubilden. Mit anderen Worten: Wichtig ist nur, daß die Zahlen in statistischer Hinsicht annähernd gleiche Eigenschaften wie die nachzuahmende reale Zufallsgröße aufweisen.

Im Sinne dieser Feststellung wurden algorithmische Verfahren zur Berechnung von Zahlen gesucht, die Zahlenfolgen mit vorgegebenen statistischen Eigenschaften liefern. Es ist klar, daß die mit Hilfe von Algorithmen berechneten Zahlen nicht das Ergebnis stochastischer, sondern nur deterministischer Prozesse sein können. Deshalb bezeichnet man solche Zufallszahlen als *Pseudo-Zufallszahlen*.

Ein Vorteil der synthetisch konstruierten Pseudo-Zufallszahlen ist ihre **Reproduzierbarkeit**. Die gleiche Zufallszahlenfolge kann beliebig oft rekonstruiert werden. Diese Eigenschaft ist für Kontrollrechnungen und für die Durchführung von Alternativsimulationen wichtig. Zufallszahlengeneratoren, die sehr schnell in praktisch endloser Folge voneinander unabhängige Zufallszahlen produzieren und sie zur Weiterverarbeitung dem Simulationsprozeß zuführen, stellen somit das Herz einer jeden stochastischen Simulation dar. Es ist offensichtlich, daß die Simulationsergebnisse ganz wesentlich von der Qualität der eingesetzten Zufallszahlengeneratoren abhängen.

4.1.2 Erzeugung gleichverteilter Zufallszahlen

In zufallsabhängigen Prozessen treten Zufallsvariablen mit sehr unterschiedlicher Charakteristik auf, ausgedrückt durch das **statistische Verteilungsgesetz**, dem sie folgen, und die zugehörigen **Verteilungsparameter** wie Mittelwert und Varianz. Zur adäquaten Nachbildung solcher Zufallsvariablen sind daher auch Zufallszahlen mit ganz unterschiedlichen wahrscheinlichkeitstheoretischen Merkmalen erforderlich.

Die dafür aufgestellten Erzeugungsalgorithmen schließen jedoch i. d. R. in einem ersten Schritt die Berechnung gleichverteilter Zufallszahlen ein, die in einem zweiten Schritt transformiert werden. Zufallszahlen X sind in einem Intervall (a, b) *gleichverteilt*, wenn sie der Verteilungsfunktion

$$F(X) = 0 \qquad \text{für } X \leq a$$

$$F(X) = \frac{X-a}{b-a} \qquad \text{für } a < X < b$$

$$F(X) = 1 \qquad \text{für } X \geq b$$

bzw. der Dichtefunktion

$$f(X) = \frac{1}{b-a} \qquad \text{für } a < X < b$$

$$f(X) = 0 \qquad \text{für } X \leq a \text{ oder } X \geq b$$

folgen. Erwartungswert E und Varianz Var der Gleichverteilung bestimmen sich aus[1]:

$$E(X) = \frac{a+b}{2} \qquad \text{bzw.} \qquad Var(X) = \frac{(b-a)^2}{12}$$

Die für stetige Gleichverteilungen gültigen Beziehungen lassen sich näherungsweise auch für diskrete Zufallszahlen verwenden. Eine Folge gleichverteilter Zahlen kann man durch Würfeln oder durch Ziehen aus einer Urne erhalten, da für jede Zahl die gleiche Wahrscheinlichkeit dafür besteht, daß sie als nächste gezogen wird. Ob dies für ein Berechnungsverfahren für (Pseudo-) Zufallszahlen auch gilt, muß jeweils geprüft werden. Die Statistik stellt dafür geeignete Prüfmethoden in Form sogenannter *Anpassungstests* zur Verfügung, mit denen eine gegebene Zahlenfolge daraufhin untersucht werden kann, ob sie einem bestimmten statistischen Verteilungsgesetz genügt.

---

[1] Als Erwartungswert bezeichnet man allgemein den Mittelwert einer theoretischen Verteilung. Die Varianz (bzw. die Standardabweichung als deren Wurzel) beschreibt die Schwankungen einer Verteilung um deren Mittelwert.

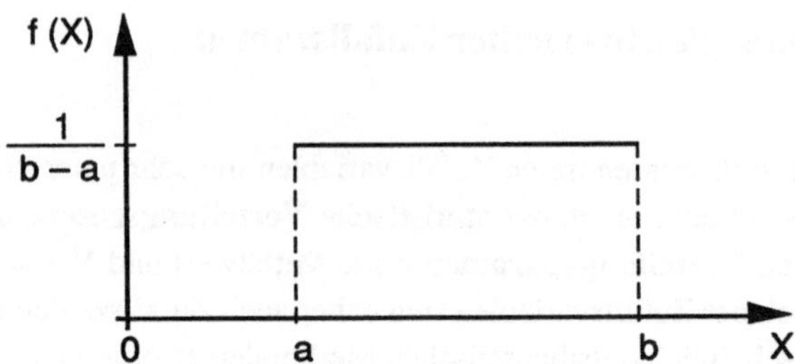

Abb. 4-1: Wahrscheinlichkeitsdichte der Gleichverteilung

Zu den bekanntesten **Methoden für die Zufallszahlenerzeugung** gehört die (multiplikative) *Kongruenz-Methode*, die von *D. H. Lehmer* bereits 1951 eingeführt wurde [Leh51]. Sie liefert Zahlenfolgen nach der rekursiven Rechenvorschrift:

$$z_{i+1} \equiv (A \cdot z_i) \bmod P \qquad i = 0, 1, \ldots \tag{4.1-1}$$

Eine weitere Zufallszahl z_{i+1} ergibt sich somit aus der vorangegangenen Zahl z_i durch Multiplikation mit A und durch Modulo-Division (Rest der ganzzahligen Division) durch P. Die Größen A und z_0 stellen festzusetzende ganze Zahlen aus dem Bereich [1, P-1] dar, wobei P eine Primzahl sein sollte. Die durch das Verfahren erzielbare Zahlenfolge bewegt sich ebenfalls im Intervall [1, P-1]. Durch Wahl eines sehr großen Wertes für P (maximal bis zur Rechengenauigkeit des Computers) kann der Wertebereich der Zahlenfolge sehr weit ausgedehnt werden.

Die rekursive Berechnung sei an einem Beispiel erläutert (das wegen der kleinen Periodenlänge allerdings nicht realistisch ist). Mit A = 5, P = 17 und z_0 = 5, d. h.

$$z_{i+1} \equiv (5 \cdot z_i) \bmod 17$$

ergibt sich die in der dritten Zeile von Tabelle 4-1 angegebene Zahlenfolge. Die Zahlenfolge ist **periodisch**. Sobald ein bereits erzeugter Wert erneut entsteht – im Beispiel ab i = 16 – wiederholt sich die Folge.

Tabelle 4-1: Zahlenbeispiel für die multiplikative Kongruenz-Methode

i	0	1	2	3	4	5	6	7	8	9	10	11	12	13	14	15	16	...
$A \cdot z_i$	25	40	30	65	70	10	50	80	60	45	55	20	15	75	35	5	25	...
z_{i+1}	8	6	13	14	2	10	16	12	9	11	4	3	15	7	1	5	8	...

Zufallszahlenfolgen dürfen eine solche Eigenschaft nicht aufweisen, da sonst stochastische Abhängigkeiten eingeführt werden. Man verwendet daher nur Zufallszahlen, die **innerhalb einer Periode** liegen. Die Länge der Periode läßt sich durch die Wahl von P beeinflussen. Für eine geeignete Wahl der Parameter A und P gibt es mehrere Möglichkeiten, z. B.

$$P = 2^{31}-1$$

$$A = p^k$$

wobei p eine Primzahl als Faktor von P–1 und k ein positiver Exponent ist. P stellt dabei die größte binär darstellbare Primzahl dar, die in einem Maschinenwort heute üblicher Länge (32 Bit) gespeichert werden kann. Es läßt sich nachweisen, daß die bei geeigneter Wahl von A und z_0 maximal erzielbare Periodenlänge 2^{29} beträgt.

Die mit Hilfe dieses Verfahrens gebildeten Zahlen z_i werden meist noch durch P dividiert:

$$z'_i = \frac{z_i}{P} \quad (i = 1, 2, 3, ...) \tag{4.1-2}$$

Die so erzeugten Pseudozufallszahlen liegen im Intervall (0, 1) und erfüllen gut die Forderung nach Gleichverteilung. Die Umrechnung (4.1-2) entspricht einer Abbildung des Intervalls (0, P) auf das Intervall (0, 1) (s. Abb. 4-2).

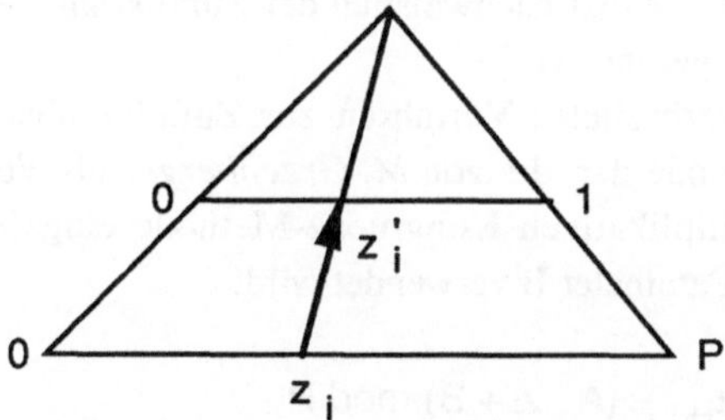

Abb. 4-2: Transformation zur Erzeugung von (0, 1)-gleichverteilten Zufallszahlen

Damit ist zugleich der Weg für die Erzeugung gleichverteilter Zufallszahlen X für ein beliebiges Intervall (a, b) aufgezeigt (s. Abb. 4-3):

$$\frac{x_i-a}{b-a} = z'_i \quad \Rightarrow \quad x_i = a + (b-a)z'_i \tag{4.1-3}$$

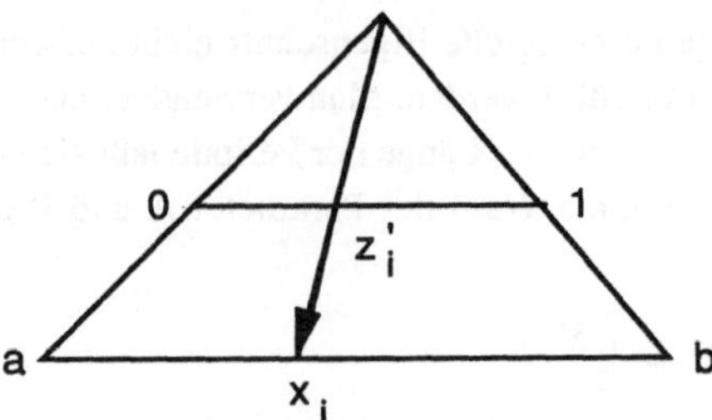

Abb. 4-3: Transformation zur Erzeugung von (a, b)-gleichverteilten Zufallszahlen

Diese Beziehung gestattet eine einfache Transformation von (0, 1)-gleichverteilten Zufallszahlen Z' in gleichverteilte Zufallszahlen X eines beliebigen Intervalls (a, b).

Um als Ersatz für echte Zufallszahlen dienen zu können, genügt es nicht allein, daß Pseudo-Zufallszahlen ein bestimmtes statistisches Verteilungsgesetz erfüllen. Sie müssen außerdem

- **stochastisch unabhängig** sein und
- **zufällig in der Folge** auftreten (nicht stellenweise gehäuft).

Für den Nachweis dieser Eigenschaften einer erzeugten Zahlenfolge werden ebenfalls statistische Testverfahren herangezogen. Einige Testverfahren für Zufallszahlen werden beispielsweise in [Bar83] behandelt. In diesem Rahmen werden auch einige aus der Literatur bekannte Zufallszahlengeneratoren exemplarisch diesen Testverfahren unterworfen und Empfehlungen für Generatoren guter statistischer Qualtität abgeleitet. Gute statistische Eigenschaften besitzt nachweislich der Zufallszahlengenerator, der im folgenden Abschnitt 4.2 eingeführt wird.

Ein ebenfalls weit verbreitetes Verfahren zur Zufallszahlenerzeugung stellt die lineare Kongruenz-Methode dar, die von *M. Greenberger* als Verallgemeinerung der oben vorgestellten multiplikativen Kongruenz-Methode eingeführt wurde [Gre51], wobei hier ein weiterer Parameter B verwendet wird:

$$z_{i+1} \equiv (A \cdot z_i + B) \bmod P \qquad (4.1\text{-}4)$$

$$\text{mit} \quad i = 0, 1, \ldots \quad \text{und} \quad 0 \le z_{i+1} < P$$

$$z'_i = \frac{z_i}{P-1}$$

Andere Verfahren zur Gewinnung von Pseudo-Zufallszahlen findet man z. B. bei *D. E. Knuth* [Knu69]. Die Bemühungen um effiziente Zufallsgeneratoren mit hoher statistischer Qualität können jedoch noch keineswegs als abgeschlossen angesehen werden.

4.1.3 Zufallszahlen beliebiger Verteilungen

Die in Simulationsmodellen nachzubildenden Zufallsvariablen sind natürlich nicht immer gleichverteilt, sondern können sehr verschiedenartigen theoretischen oder empirischen Verteilungsgesetzen unterliegen. Daher benötigt man auch Verfahren zur Erzeugung von Zufallszahlen, die z. B. einer Exponential-, Normal- oder einer empirischen Verteilung genügen. Solche Verfahren gehen in der Regel von gleichverteilten Pseudo-Zufallszahlen des Intervalls (0, 1) aus, die nach einer geeigneten Berechnungsvorschrift in Zufallszahlen der geforderten Verteilung **transformiert** werden.

Die Erzeugung beliebig verteilter Zufallszahlen erfolgt somit in zwei Schritten (s. Abb. 4-4). Der erste Schritt wurde im vorausgegangenen Abschnitt beschrieben. Für den 2. Schritt wird der folgende Satz (ohne Beweis) zugrundegelegt:

Im Intervall (0, 1) gleichverteilte Zufallszahlen z_1, z_2, z_3, ... können in Zufallzahlen x_1, x_2, x_3, ... transformiert werden, die nach der Verteilungsfunktion F(X) verteilt sind, indem man die Umkehrfunktion von F auf z_i anwendet, also:

$$x_i = F^{-1}(z_i) \qquad (4.1\text{-}5)$$

Durch **Inversion** der im Modell zu realisierenden Verteilungsfunktion F(X) ergibt sich also eine Berechnungsvorschrift für entsprechend verteilte Zufallszahlen. Man spricht daher auch von *inverser Transformation*. Dieses Verfahren wird nachfolgend für jene statistischen Verteilungstypen angewendet, die in der Simulation am häufigsten benötigt werden (vgl. [Fra79], S. 58).

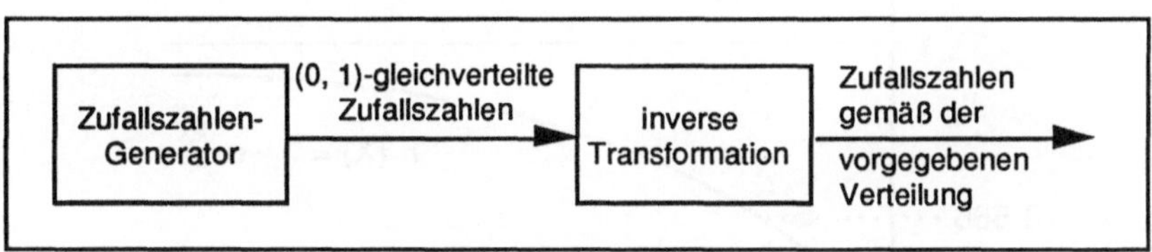

Abb. 4-4: Erzeugung von Zufallszahlen mit vorgegebener Verteilung

Exponentialverteilte Zufallszahlen

Bei Simulationsstudien sind häufig Zufallsvariablen im Modell zu realisieren, die einer Exponentialverteilung folgen (z. B. Zwischenankunftszeiten oder die Lebensdauer eines Gerätes). Die nachzubildende Zufallsvariable sei mit X bezeichnet, ihre Verteilungsfunktion mit $Z = F(X)$. Für die Exponentialverteilung lautet die (theoretische) Verteilungsfunktion:

$$Z = 1 - e^{-\lambda X} = F(X) \tag{4.1-6}$$

Die inverse Funktion F^{-1} ergibt sich durch Auflösung der Verteilungsfunktion nach X:

$$e^{-\lambda X} = 1 - Z$$

$$X = -\frac{1}{\lambda} \ln(1-Z)$$

Z nimmt die Werte z_i in (0, 1) mit gleichmäßiger Verteilung an. Diesen wird nun

$$x_i = -\frac{1}{\lambda} \ln(1-z_i) \tag{4.1-7}$$

zugeordnet. Erwartungswert und Standardabweichung (die Wurzel der Varianz) einer Exponentialverteilung betragen $1/\lambda$.

Die Transformation gleichverteilter Zufallszahlen in Zufallszahlen einer Exponentialverteilung über die Inverse der Verteilungsfunktion besteht, geometrisch veranschaulicht, in einer Zuordnung von Ordinatenwerten des Intervalls (0, 1) zu Abszissenwerten X über den Graphen der Verteilungsfunktion (s. Abb. 4-5).

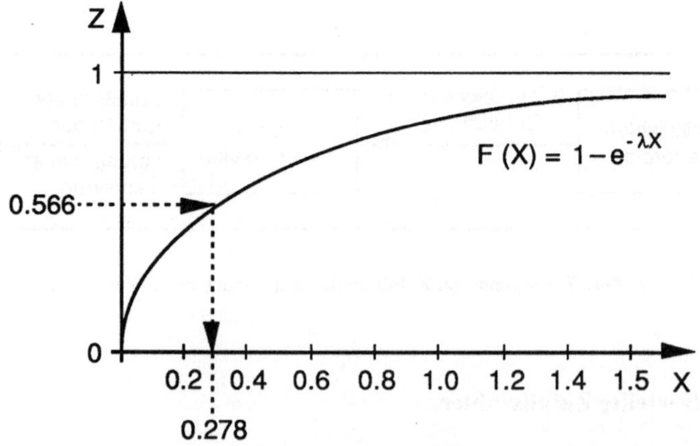

Abb. 4-5: Exponentialverteilung mit $\lambda = 3$

Erlang-verteilte Zufallszahlen

Die allgemein anwendbare Transformationsmethode kann grundsätzlich durch andere Erzeugungsverfahren ersetzt werden, wo Zufallsvariablen derart definiert sind, daß sie aus einfacher zu simulierenden Zufallsvariablen zusammengesetzt sind. Beispielsweise folgt das arithmetische Mittel aus k unabhängigen, exponentialverteilten Zufallsvariablen mit gleichem Mittelwert einer Erlang-Verteilung der Ordnung k. Dieser Verteilungstyp spielt bei Bedienungs-/Wartesystemen eine wichtige Rolle, denn in der Praxis ergeben sich oft Häufigkeitsverteilungen, die von einer exponentiellen Verteilungsform (z. B. aufgrund höherer Varianzen) abweichen. Derartige Häufigkeitsverteilungen lassen sich häufig durch eine Erlang-Verteilung mit den Parametern k und $\mu = 1/\lambda$ beschreiben. Zur Simulation einer Erlang-verteilten Zufallsvariablen benötigt man nicht die Kenntnis ihrer Verteilungsfunktion. Es genügt, deren Definition richtig anzuwenden, nämlich **k exponentialverteilte Zufallszahlen** nach dem oben genannten Verfahren zu erzeugen und ihr arithmetisches Mittel zu berechnen. In Verbindung mit der Transformationsmethode zur Erzeugung exponentialverteilter Zufallsvariablen lautet die Berechnungsvorschrift für eine Erlang-verteilte Zufallszahl x_j:

$$x_j = -\frac{1}{k \cdot \lambda} \sum_{i=1}^{k} \ln (1 - z_i) \qquad (4.1\text{-}8)$$

Der Erwartungswert einer Erlang-Verteilung beträgt $1/\lambda$, die Varianz $1/(k \cdot \lambda^2)$.

Normalverteilte Zufallszahlen

Die explizite Inversion der Verteilungsfunktion, wie sie bei der Exponentialverteilung gezeigt wurde, ist bei der Normalverteilung – und auch bei einigen anderen theoretischen Verteilungen – mathematisch nicht möglich. Eine analytische Transformationsvorschrift kann folglich nicht abgeleitet werden. Man wendet daher Näherungsverfahren an.

Nach dem *zentralen Grenzwertsatz* der Statistik nähert sich die Summe von n identisch verteilten, unabhängigen Zufallsvariablen mit dem Mittelwert μ und der Varianz σ^2 einer Normalverteilung mit Mittelwert $n \cdot \mu$ und Varianz $n \cdot \sigma^2$ asymptotisch an. Werden gleichverteilte Zufallszahlen addiert, dann ist schon für relativ kleine n eine sehr gute Annäherung an das Normalverteilungsgesetz zu beobachten. Ein besonders günstiger Wert ist n = 12, da der Mittelwert einer im Einheitsintervall (0, 1) gleichförmig verteilten Zufallsvariablen 1/2 und die Varianz 1/12 betragen. Die Varianz der Summe von 12 dieser Variablen ist dann gerade gleich 1, ihr Mittelwert ist 6. Man erhält also mit für die Zwecke hinreichend guter Näherung standardisierte normalverteilte Zufallszahlen (d. h. mit einer Normalverteilung N (0, 1)), indem man 12 gleichverteilte Zufallszahlen aufaddiert und von der Summe die Zahl 6 subtrahiert:

$$z_j = \sum_{i=1}^{12} z_i - 6 \tag{4.1-9}$$

Eine Transformation der aus dieser Berechnung resultierenden normalverteilten Zufallszahlen mit dem Erwartungswert 0 und der Varianz 1 in eine beliebige Normalverteilung mit dem Erwartungswert μ und der Standardabweichung σ erfolgt nach der Formel:

$$x_j = z_j \cdot \sigma + \mu \tag{4.1-10}$$

Zufallszahlen empirischer Verteilungen

Häufig wird man es in der Simulation mit Zufallsvariablen zu tun haben, für die keine theoretischen Verteilungstypen, sondern nur empirische Verteilungen ermittelt werden können, die in Form von **Histogrammen** gegeben sind. Als Beispiel sei die Verarbeitungsdauer eines Auftrags in einem Rechensystem genannt. Mit Hilfe der Zeiterfassung werden Angaben darüber gewonnen, mit welcher Häufigkeit die Verarbeitungsdauer in gewisse Teilintervalle (Klassen) des gesamten Wertebereichs fällt.

Tabelle 4-2 zeigt ein Beispiel mit 500 Messungen: Es treten Werte zwischen 2 und 10 Minuten auf. Der Wertebereich wird in 8 Klassen geteilt. Jede Klasse wird in der Tabelle durch den Mittelwert der Klassengrenzen gekennzeichnet. Die erste Klasse entspricht also dem Intervall [2,3[usw. Es wird angenommen, daß die Werte innerhalb einer Klasse gleichverteilt sind.

Tabelle 4-2: Empirische Verteilung

Klasse	2.5	3.5	4.5	5.5	6.5	7.5	8.5	9.5
Anzahl der Meßwerte	16	20	86	130	79	75	39	55
Relative Häufigkeit	0.032	0.04	0.172	0.260	0.158	0.150	0.078	0.110
Kumulative Häufigkeit	0.032	0.072	0.244	0.504	0.662	0.812	0.890	1.000

Die Abbildungen 4-6 und 4-7 zeigen die relative und die kumulative Häufigkeit (Verteilungsfunktion) dieser empirischen Verteilung. Dabei ist das Transformationsverfahren bereits zu erkennen:

$$x_i = x_j + (z_i - F(x_j)) \frac{x_{j+1} - x_j}{F(x_{j+1}) - F(x_j)} \tag{4.1-11}$$

Gemäß der Gleichverteilungsannahme der Werte innerhalb einer Histogrammklasse werden die Klassengrenzen jeweils mit Geradenstücken verbunden, d. h. es wird linear interpoliert.

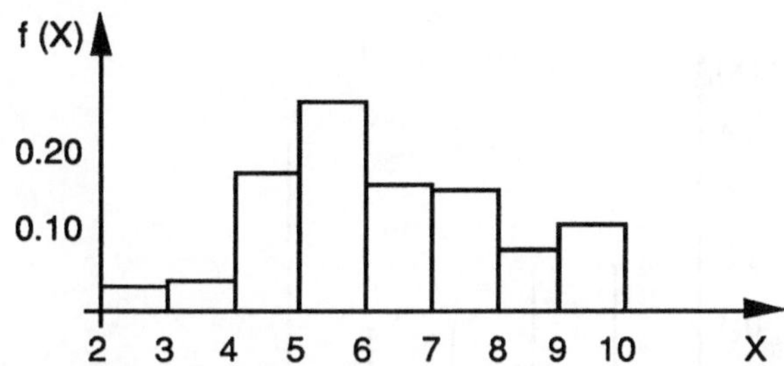

Abb. 4-6: Histogramm der empirischen Verteilung (relative Häufigkeit)

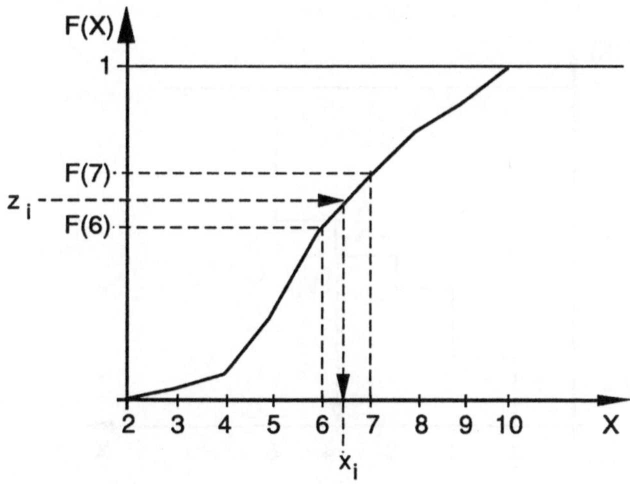

Abb. 4-7: Verteilungsfunktion der empirischen Verteilung (kumulative Häufigkeit)

Zufallszahlen diskreter Verteilungen

Eine zu simulierende Zufallsvariable (z. B. die tägliche Nachfragemenge nach einem Produkt) sei durch die Tabelle ihrer diskreten Verteilung gegeben. In Abbildung 4-8 ist die Wahrscheinlichkeitsfunktion $p_i = P\,(X = x_i)$, in 4-9 die Verteilungsfunktion (kumulative Häufigkeit) $F\,(X) = P\,(X \leq x_i)$ dargestellt. Um eine verteilungsgerechte Transformation gleichverteilter Zufallszahlen zu erhalten, werden diese im Verhältnis der p_i in i Intervalle auf der Ordinate unterteilt und den x_i entsprechend Tabelle 4-3 zugeordnet. Auch hier wird also die Inverse der Verteilungsfunktion zur Erzeugung von Zufallszahlen einer gegebenen Verteilung verwendet.

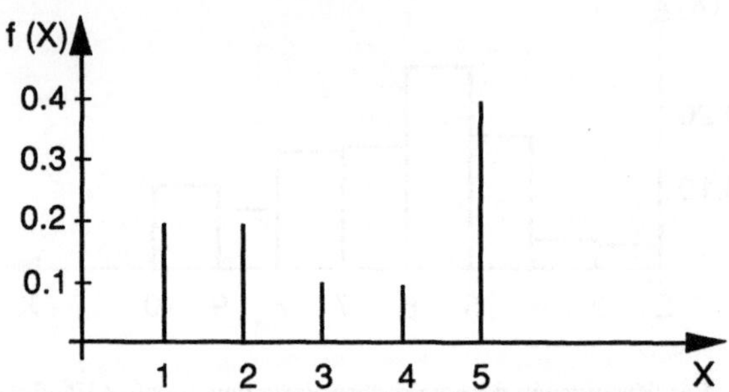

Abb. 4-8: Wahrscheinlichkeitsfunktion einer diskreten Verteilung

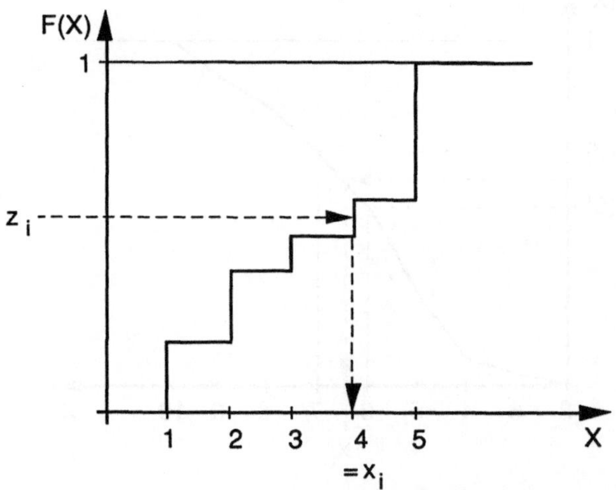

Abb. 4-9: Verteilungsfunktion der diskreten Verteilung

Tabelle 4-3: Transformation (0,1)-gleichverteilter Zufallszahlen in die diskrete Verteilung

z_i	$0 < z_i \leq 0.2$	$0.2 < z_i \leq 0.4$	$0.4 < z_i \leq 0.5$	$0.5 < z_i \leq 0.6$	$0.6 < z_i \leq 1$
x_i	1	2	3	4	5

4.2 Ein portabler Zufallszahlengenerator in Modula-2

Für die Erzeugung gleichverteilter Zufallszahlen im Intervall (0, 1) bietet sich ein spezieller Zufallszahlengenerator nach der **multiplikativen Kongruenzmethode** an, der ursprünglich von *L. Schrage* eingeführt wurde [Sch79]. *K. Marse* und *S. D. Roberts* [Mar83] haben mit Hilfe statistischer Testverfahren nachgewiesen, daß dieser Zufallszahlengenerator über ausgezeichnete statistische Eigenschaften verfügt. Darüber hinaus ist der Generator aufgrund seiner speziellen Überlaufbehandlung besonders leicht portierbar. Eine Implementation in Modula-2 wird hier vorgestellt.

Die Funktionsprozedur *Random*, die unten erläutert wird, nimmt als Eingabeparameter eine ganze Zahl – genauer: einen Zeiger auf einen *RECORD*, der eine ganzzahlige Komponente besitzt – entgegen und bestimmt daraus zunächst einen neuen ganzzahligen Zufallszahlenwert. Dieser *INTEGER*-Wert wird anschließend in eine reellwertige Zufallszahl im Intervall (0, 1) konvertiert und als Funktionswert zurückgegeben.

In der ursprünglichen Version dieses Generators in FORTRAN [Mar82] bzw. Ada [Fri85] ist nur ein einziger Zufallszahlenstrom vorgesehen. Für viele Anwendungen werden jedoch **mehrere stochastisch unabhängige Zufallszahlenströme** benötigt, etwa wenn unterschiedliche Variablen wie Bedienzeiten, Ankunftszeiten, Auftragsarten realisiert werden sollen. Deshalb wird hier ein abstrakter Datentyp "Zufallszahlenstrom" (*RandomNumberStream*) implementiert, von dem der Anwender beliebig viele Exemplare erzeugen kann (vgl. auch 3.2.6).

Der Generator arbeitet auf einem sehr großen Zahlenbereich und eignet sich für alle 32-Bit-Rechner. Er beruht auf der Formel (4.1-1), wobei die Werte $P = 2^{31}-1$ und $A = 630\,360\,016$ gewählt wurden. Als Funktionswert wird $z_i' = z_i/P$ zurückgegeben.

Das verwendete Verfahren löst mehrere Probleme, die bei Multiplikationen und Modulo-Operationen mit großen *INTEGER*-Zahlen auftreten können. Zur Vermeidung von Überläufen ist der Algorithmus für einen 15-Bit-Multiplikator ausgelegt. Um den oben genannten Wert für A verwenden zu können, ohne Überläufe bei Zwischenresultaten zu erhalten, erfolgt eine Aufspaltung in die zwei Faktoren 24 112 und 26 143, die jeweils kleiner als 2^{15} sind (24 112 · 26 143 = 630 360 016). Mit diesen beiden Faktoren wird die Berechnungsschleife zweifach durchlaufen. Bei den erforderlichen Rechenoperationen sind weitere Probleme zu beachten:

- Bei der Multiplikation von 31-Bit-*INTEGER*-Werten[2] mit 15-Bit-Faktoren (A · z_i) ergeben sich maximal 46 Bit umfassende Zahlen. Um einen Überlauf zu vermeiden, wird jede Zahl z_i zunächst in der Form

$$z_i = a \cdot 2^{16} + b \tag{4.2-1}$$

---

[2] Das 32. Bit enthält das Vorzeichen.

dargestellt und das Produkt aus A und z_i entsprechend als

$$A \cdot z_i = A \cdot a \cdot 2^{16} + A \cdot b$$

wobei für a maximal 15 und für b maximal 16 Bit benötigt werden.

- Der Modulus P des Zufallszahlen-Generators nach der multiplikativen Kongruenz-methode sollte eine Primzahl sein, um die Zyklenlänge (Periodenlänge) möglichst groß zu halten. Andererseits lassen sich Modulo-Operationen einfacher mit Zweier-potenzen ($P' = 2^d$) implementieren[3], da dann lediglich die höherwertigen Bits abge-schnitten werden müssen. Mit $P' = P+1$ ist

$$z_i' = (A \cdot z_i) \ \text{MOD} \ P' = A \cdot z_i - k \cdot P' \qquad (4.2\text{-}2)$$

Der ganzzahlige Wert

$$k = (A \cdot z_i) \ \text{DIV} \ P' \qquad (4.2\text{-}3)$$

stellt dann den Überlauf über die 31 Bit des Produktes dar. Durch Addition von k in (4.2-2) erhalten wir

$$z_i' + k = A \cdot z_i - k \cdot P \qquad (4.2\text{-}4)$$

Es läßt sich zeigen, daß alle so erzeugten Werte $z_i' + k$ kleiner als 2P sind, wenn bestimmte Voraussetzungen über P, P' und A erfüllt sind.[4] Gegebenenfalls muß P vom Ergebnis subtrahiert werden, damit es stets im Intervall [1, P-1] liegt. Somit setzt man[5]

$$z_{i+1} = \begin{cases} z_i' + k & \text{wenn } (z_i' + k) < P \\ z_i' + k - P & \text{wenn } (z_i' + k) > P \end{cases} \qquad (4.2\text{-}5)$$

Für die praktische Anwendung der dargelegten Überlegungen sind folgende Schritte notwendig:

1. Zerlegung des Zufallszahlenwerts z_i gemäß (4.2-1) in $z_i = a \cdot 2^{16} + b$,
2. Berechnung von z_i' und k gemäß (4.2-2) und (4.2-3),
3. Berechnung von $z_{i+1} = z_i' + k$,
4. ggf. Subtraktion von P, um im vorgegebenen Intervall [1, P-1] zu bleiben,
5. Wiederholung der Schritte 2 bis 4 für den zweiten Multiplikator,
6. Abbildung der resultierenden Zufallszahl auf das reelle Intervall (0, 1).

---

[3] In unserem Fall ist $P' = 2^{31}$.
[4] Für den mathematisch interessierten Leser sei auf [Sch79] verwiesen.
[5] Der Fall $z_i' + k = P$ kann nicht eintreten.

Die unten gezeigte Funktionsprozedur *Random* setzt die Definition des Typs *RandomNumberStream* und eine Prozedur zur Erzeugung neuer Zufallszahlenströme (*StreamInit*) voraus. Beides ist Bestandteil des Moduls *Distributions* (Anhang B.2.3). Die dort ebenfalls vorhandene Prozedur *Random* ist eine optimierte Version des hier vorgestellten Programms. Es werden einige Berechnungsschritte zusammengefaßt und Mehrfachauswertungen vermieden.

Die konkrete Umsetzung des geschilderten Algorithmus in Modula-2 erfordert einige zusätzliche Erläuterungen.

Anstatt direkt mit der gemäß (4.2-1) zerlegten Zufallszahl $z_i = a \cdot 2^{16}+b$ zu operieren, wird die Berechnung mit $z_i' = a+b/2^{16}$ durchgeführt. Dies gilt entsprechend für die Zwischenresultate. Die sich daraus ergebenden Divisionsreste werden bei der Rekonstruktion des Gesamtergebnisses berücksichtigt.

Im Gegensatz zum oben beschriebenen Verfahren wird der Modulus P zur Vermeidung von Überläufen *in jedem Falle* subtrahiert und beim Auftreten eines negativen Ergebnisses wieder addiert.

```
PROCEDURE Random (s : RandomNumberStream) : REAL;
(*-------------------------------------------------*)
    (* Portabler Zufallszahlengenerator für (0,1)-Gleichvertei-  *)
    (* lung nach der multiplikativen Kongruenz-Methode:          *)
    (* z_{i+1} = A*z_i mod P                                      *)
    (* Multiplier A = 630360016, Modulus P = 2^31-1 = 2147483647  *)

CONST
    b2e15 = 32768; b2e16 = 65536; b2e24 = 16777216;
    Modulus = 2147483647;   (* 2^31-1 *)

VAR
    Multiplier, HighProduct, LowProduct,
    High31, Low15, Overflow, i : INTEGER;

BEGIN
    (* Zur Vermeidung eines Überlaufes des Zwischenproduktes    *)
    (* über 31 Bit hinaus muß der Multiplier kleiner als 2^15   *)
    (* sein. Daher wird die Schleife mit den beiden Faktoren    *)
    (* 24112 * 26143 = 630360016 jeweils einmal durchlaufen     *)

    Multiplier := 24112;   (* erster Faktor *)

    FOR i := 1 TO 2 DO
        (* Zerlegung des Zufallszahlenwertes in a*2^16+b und ge-  *)
        (* trennte Berechnung des Produktes für die oberen 15 Bit *)
        (* und die unteren 16 Bit des Zufallszahlenwertes         *)
        (* (M*a) bzw. (M*b).                                      *)
        HighProduct := (s^.value DIV b2e16) * Multiplier;
        LowProduct  := (s^.value MOD b2e16) * Multiplier;

        (* Bestimmung des durch 2^16 geteilten Gesamtproduktes    *)
        (* (M*a+M*b/2^16) aus den unteren und oberen Anteilen     *)
        High31 := HighProduct + (LowProduct DIV b2e16);
```

```
    (* Bestimmung des Überlaufs (k) des gesamten Produktes    *)
    (* über 31 Bit hinaus. Da das Produkt durch 2^16 geteilt  *)
    (* wurde, muss lediglich noch durch 2^15 geteilt werden.   *)
    Overflow   := High31 DIV b2e15;

    (* Rekonstruktion des Gesamtergebnisses (z(i+1)=z'+k)      *)
    (* unter Berücksichtigung der bei ganzzahliger Division    *)
    (* aufgetretenen (gewichteten) Reste und mit vorheriger    *)
    (* Subtraktion des Modulus 2^31-1 zur Überlaufvermeidung   *)
    s^.value := (High31 MOD b2e15) * b2e16 - Modulus +
                    (LowProduct MOD b2e16) + Overflow;

    (* Bei negativem Wert Modulus wieder addieren              *)
    IF s^ < 0 THEN
        s^ := s^ + Modulus;
    END;

    (* Wiederholung der Berechnung für den zweiten Faktor      *)
    Multiplier := 26143;
  END; (* FOR *)

    (* Transformation in das Intervall (0,1) für 24-Bit-Mantisse *)
    RETURN FLOAT (2 * (s^ DIV 256) + 1) / FLOAT (b2e24)
END Random;
```

Die Klammerung im Ausdruck für das Funktionsergebnis in der zweitletzten Zeile (*RETURN FLOAT...*) ist nur scheinbar redundant; sie dient der Überlaufvermeidung. Auf den ersten Blick mag es schwer verständlich erscheinen, weshalb die Transformation der *INTEGER*-wertigen Zufallszahlen auf die reellen Zahlen so kompliziert erfolgt. Die exakte Form dieses Ausdrucks hat jedoch entscheidenden Einfluß auf die gleichmäßige Verteilung der Ergebniswerte: Auf 32-Bit-Maschinen werden üblicherweise 24-Bit-Mantissen verwendet (*single precision*). Damit ist keine 1:1-Abbildung ohne Genauigkeitsverlust zwischen *INTEGER*- und *REAL*-Zahlen möglich. Als Ausweg bietet sich die explizite Abbildung von jeweils $2^8=256$ *INTEGER*-Werten auf eine einzige *REAL*-Zahl im Intervall (0, 1) an. Somit werden 2^{31} verschiedene ganze Zahlen auf 2^{23} verschiedene Gleitkommazahlen transformiert, zwischen denen jeweils eine Differenz von $1/2^{23}$ besteht.

Aus der üblichen Mantissennormalisierung mit führenden Nullen kann maschinenabhängig eine unterschiedlich dichte Abbildung der *INTEGER*- auf *REAL*-Werte am oberen und unteren Ende des (0, 1)-Intervalls resultieren, so daß dort u. U. keine Gleichverteilung gegeben ist. Um zu vermeiden, daß die ersten 255 Werte auf Null abgebildet werden, erfolgt vor der Division durch 2^{24} die Multiplikation mit 2 und anschließender Addition von 1. Durch diese Verschiebung um eine Stelle nach links und Setzen des untersten Bits wird stets eine ungerade *INTEGER*-Zahl erzeugt und weiterverarbeitet.

4.3 Testverfahren zur Bestimmung statistischer Eingabeverteilungen für Simulationsmodelle

Wie die Beispiele in Kapitel 2 gezeigt haben, spielen in der Simulation Eingabedaten mit stochastischem Charakter (z. B. Zwischenankunftszeiten, Nachfragemengen, Bearbeitungszeiten) eine zentrale Rolle. Unter der Annahme, daß diese einer bestimmten statistischen Verteilung folgen, werden dann im Verlauf der Simulation entsprechend verteilte Zufallszahlen als Eingabe für das Simulationsmodell erzeugt. Dabei kann die empirische Verteilung oder aber ein **theoretischer Verteilungstyp** (Normal-, Exponential-, Erlang-Verteilung usw.) zugrundegelegt werden, der durch statistische Auswertung der empirischen Daten ermittelt wurde. Diese zweite Möglichkeit ist in der Regel vorzuziehen, da die Ergebnisse dann weniger abhängig vom konkreten Datenmaterial sind (z. B. hinsichtlich der Randwerte) und somit eine **Verallgemeinerung** der beobachteten Zufallsprozesse erreicht wurde.

Es stellt sich somit die Frage, auf welche Art der Verteilungstyp der jeweiligen Eingabeverteilung bestimmt werden kann. Ein statistisches **Testverfahren** zur Bestimmung der Verteilungstypen und deren Parameter für die Eingabeverteilungen eines Modells aus empirischem Datenmaterial ist der X^2-*(Chiquadrat)-Anpassungstest*, der übrigens auch als Prüfverfahren für die statistische Qualität von Zufallszahlengeneratoren (s. 4.1) eingesetzt wird.

Als Beispiel für die Durchführung eines X^2-Anpassungstests dient die in Tabelle 4-4 gezeigte Zufallsstichprobe der Antwortzeiten eines Rechensystems (in Sekunden) bei bestimmten Datenbankanfragen. Es ist die Annahme zu prüfen, daß diese Beobachtungswerte einer Normalverteilung folgen.

Da zwischen den beobachteten und erwarteten Häufigkeiten erwartungsgemäß Abweichungen auftreten, soll mit Hilfe des X^2-Anpassungstests entschieden werden, welche der beiden folgenden Hypothesen zutreffend ist:

H_0: Die Häufigkeiten der Antwortzeiten entsprechen einer Normalverteilung mit
    $\mu = 43.6$ und $\sigma^2 = 1.4$.

H_1: Die Häufigkeiten entsprechen nicht dieser Normalverteilung.

Um sich für eine der beiden Hypothesen entscheiden zu können, benötigt man eine **Prüfgröße**, die die Abweichung der tatsächlich beobachteten Häufigkeiten h_i in einem vorgegebenen Wertebereich (eingeteilt in äquidistante Klassen) von den theoretisch zu erwartenden Häufigkeiten e_i ausdrückt. Treten beträchtliche Unterschiede zwischen diesen Häufigkeiten auf, wird man geneigt sein, H_0 zu verwerfen. Eine häufig verwendete Prüfgröße ist:

$$\chi^2 = \sum_i \frac{(h_i - e_i)^2}{e_i}$$

(4.3-1)

Die Größe χ^2 folgt näherungsweise (für $n \rightarrow \infty$) selbst einer statistischen Verteilung, der von *Pearson* eingeführten χ^2-Verteilung.

Die Quadrierung der Differenzen zwischen beobachteter und erwarteter Häufigkeit im Zähler verhindert, daß sich positive und negative Abweichungen aufheben. Ebenso erscheint es plausibel, diesen Ausdruck durch e_i zu normieren – die Abweichung $(1000–990)^2 = 100$ ist nicht so relevant wie $(20–10)^2 = 100$.

Die χ^2-Verteilung besitzt einen Parameter f, die *Anzahl der Freiheitsgrade*. Die Anzahl der Freiheitsgrade entspricht der Anzahl der Intervalle (Klassen) minus 1. Sie muß jedoch weiter reduziert werden, wenn beim Vergleich der empirischen mit der theoretischen Verteilung auch Parameter der theoretischen Verteilung geschätzt werden müssen: Liegen k Intervalle vor und werden aus der Stichprobe m Parameter geschätzt, so beträgt die Anzahl der Freiheitsgrade:

$$f = k - m - 1$$

(4.3-2)

Für das Beispiel ergibt sich bei Einteilung der Stichprobe in acht Intervalle (k = 8) und bei zwei geschätzten Parametern μ und σ die folgende Anzahl von Freiheitsgraden:

$$f = 8 - 2 - 1 = 5$$

Tabelle 4-4: Stichprobe von n = 128 Antwortzeiten für eine Datenbankanfrage in Sekunden

44.0	42.8	40.8	41.4	44.4	43.9	42.8	44.0	42.2	44.8
43.3	42.5	43.5	44.7	45.8	42.0	45.2	41.1	43.8	43.8
42.9	43.7	45.8	41.4	42.6	45.0	44.5	41.6	44.3	43.5
43.8	44.4	43.2	42.3	42.0	41.2	44.1	45.5	43.0	39.8
43.2	44.9	42.6	40.1	43.2	43.0	42.7	43.5	44.0	44.8
44.5	44.0	42.7	44.0	42.3	44.2	44.8	41.7	43.7	42.4
43.5	44.3	43.7	45.4	44.6	42.4	45.5	40.8	44.3	43.7
44.1	46.1	45.3	43.6	43.0	46.8	44.8	42.9	45.3	44.1
43.8	42.5	46.0	44.4	42.0	45.4	44.0	45.3	42.0	42.9
44.2	43.9	43.5	42.1	44.2	44.2	43.8	41.7	46.5	43.5
44.5	44.8	45.2	43.6	42.3	43.5	43.5	46.0	43.6	44.0
42.0	41.1	43.4	45.0	44.2	42.8	42.0	46.1	43.4	42.6
46.7	44.5	44.0	44.8	43.3	42.7	43.1	43.8		

Mittelwert $\bar{x}$ = 43.62   Standardabweichung s = 1.373

Bezüglich des Approximationsverhaltens der Verteilung kann i. d. R. davon ausgegangen werden, daß bei einer Stichprobe vom Umfang $n > 50$ und mit $e_i > 5$ die Approximation hinreichend gut ist.

Der Anpassungstest führt dann zur Ablehnung, wenn die Stichprobenverteilung von der vorgegebenen Verteilung zu stark abweicht, wenn also das beobachtete χ^2 einen zu großen Wert annimmt. Wenn die Nullhypothese H_0 zutrifft, ist χ^2 asymptotisch χ^2-verteilt mit f = 5 Freiheitsgraden. Man bestimmt dann aus einer Tabelle der χ^2-Verteilung[6] den kritischen Wert, den χ^2 überschreiten muß, damit H_0 mit einer Irrtumswahrscheinlichkeit von α (Signifikanzniveau) verworfen werden kann. Der kritische Wert c ist gekennzeichnet durch die Eigenschaft:

$$P\,(\chi^2 > c) = \alpha$$

Wenn der Wert der Prüfgröße größer ist als c, wird H_0 verworfen und H_1 angenommen. Das Ergebnis des Tests würde in diesem Falle lauten, daß die empirischen Daten *nicht* normalverteilt sind. Wären wir an diesem Ausgang des Tests interessiert, so wäre das Signifikanzniveau α möglichst klein anzusetzen. Bei $\alpha = 0.05$ beispielsweise beträgt die Wahrscheinlichkeit, einen Wert für $\chi^2 > c$ zu erhalten, falls die vorliegende Stichprobe dennoch aus einer normalverteilten Grundgesamtheit stammt, nur 5%. So hoch wäre somit das Risiko, H_0 *irrtümlich zu verwerfen*. Man spricht bei einer Irrtumswahrscheinlichkeit von 5% von einem signifikanten Ergebnis; bei einem Signifikanzniveau von 1% nennt man das Ergebnis sehr signifikant.

Nun sind wir aber daran interessiert, H_0 beizubehalten und stattdessen H_1 abzulehnen. Es soll ja positiv festgestellt werden, daß die Normalverteilungsannahme zutrifft. Ist die Prüfgröße χ^2 kleiner oder gleich dem kritischen Wert c, so besteht nun umgekehrt ein gewisses Risiko, daß die Nullhypothese *irrtümlich beibehalten* wird. Dieses Risiko bezeichnet man in der Statistik als β-Fehler (im Gegensatz zum oben beschriebenen α-Fehler). Für praktische Zwecke ist es nicht unbedingt erforderlich, den β-Fehler genau zu bestimmen. Vielmehr genügt es, das Signifikanzniveau α nicht zu klein anzusetzen (z. B. $\alpha = 0.3$), um den β-Fehler klein zu halten.

Im obigen Beispiel geht man nun folgendermaßen vor: Für $\alpha = 0.3$ und 5 Freiheitsgrade wird der kritische Wert c aus einer Tabelle der χ^2-Verteilung entnommen. Dieser beträgt 6.06. Bei Werten von $\chi^2 \leq 6.06$ kann also die Normalverteilungsannahme als bestätigt angesehen werden.

Nun wird der χ^2-Wert für das obige Beispiel schrittweise ermittelt, wie in Tabelle 4-5 gezeigt. Die Intervallgrenzen (Spalte 2) der acht Intervalle werden durch Subtraktion des empirischen Mittelwerts $\bar{x}$ und Division durch s standardisiert (Spalte 3). Einer gängigen Tabelle der Flächen unter der Standard-Normalverteilung werden dann die Flächenanteile der Intervallgrenzen entnommen (Spalte 4). Aus der Differenz der beiden Flächen ergibt sich die Intervallwahrscheinlichkeit (Spalte 5). Die Multiplikation mit dem Stichprobenumfang n ergibt die erwarteten Häufigkeiten e_i innerhalb der Intervalle (Spalte 6). Diesen werden die beobachteten Intervallhäufigkeiten h_i

---

6 Tabellen der χ^2-Verteilung findet man in Statistik-Lehrbüchern.

gegenübergestellt (Spalte 7). In Spalte 8 werden die Terme $(h_i-e_i)^2 / e_i$ in Formel (4.3-1) berechnet und zur Prüfgröße X^2 aufsummiert.

Da der Wert $X^2 = 5.167$ im *Annahmebereich* liegt, wird die Hypothese einer Normalverteilung der Antwortzeiten mit den geschätzten Parametern μ und σ akzeptiert. Dieser Verteilungstyp kann folglich als Eingabeverteilung für die entsprechende Variable in einem Simulationsmodell gewählt werden.

Tabelle 4-5: Berechnung der Prüfgröße X^2 beim X^2-Anpassungstest (Beispiel)

1	2	3	4	5	6	7	8
1	-∞ .. 42.0	-∞ .. -1.18	0.0000 ..0.1190	0.1190	15.23	12	0.685
2	42.0.. 42.5	-1.18 .. -0.82	0.1190 ..0.2061	0.0871	11.15	13	0.307
3	42.5.. 43.0	-0.82 .. -0.45	0.2061 ..0.3264	0.1203	15.40	14	0.127
4	43.0.. 43.5	-0.45 .. -0.09	0.3264 ..0.4641	0.1377	17.63	12	1.798
5	43.5.. 44.0	-0.09 .. 0.28	0.4641 ..0.6103	0.1462	18.71	23	0.984
6	44.0.. 44.5	0.28 .. 0.64	0.6103 ..0.7389	0.1286	16.46	21	1.252
7	44.5.. 45.0	0.64 .. 1.01	0.7389 ..0.8438	0.1049	13.43	13	0.014
8	45.0.. ∞	1.01 .. ∞	0.8438 ..1.0000	0.1562	19.99	20	0.000
				1.0000		$X^2 =$	5.167

Der X^2-Anpassungstest eignet sich für diskrete und im allgemeinen auch für stetige Verteilungen. Für stetige Verteilungen mit *kleinen* Stichprobenumfängen bietet sich dagegen der *Kolmogorov-Smirnov Anpassungstest* an, der ebenfalls in den meisten Statistik-Lehrbüchern beschrieben ist.

4.4　Die statistische Planung und Auswertung von Simulationsexperimenten

4.4.1　Zur Notwendigkeit der Wiederholung von Simulationsexperimenten

Im Zusammenhang mit stochastischen Modellen versteht man unter einem *Simulationsexperiment* den simulierten Ablauf eines oder mehrerer stochastischer Prozesse (Zufallsprozesse) unter Verwendung von Zufallszahlen. Ein *stochastischer Prozeß* ist ein in der Zeit ablaufender zufallsabhängiger Vorgang. Diesem wird zu jedem Zeitpunkt t eine Zufallsvariable X_t zugeordnet. Typisch für einen stochastischen Prozeß ist, daß die X_t voneinander nicht stochastisch unabhängig, sondern vielmehr *autokorreliert* sind (zur Autokorrelation s. 4.4.3.1).

Es sei X_t ein zu simulierender stochastischer Prozeß (z. B. die Warteschlangenlänge zum Zeitpunkt t). Wird nun der fortlaufende Prozeß zu einem vorher festgelegten Zeitpunkt t_n "angehalten", können aus den bis dahin beobachteten Werten die zu untersuchenden Leistungsgrößen berechnet werden, z. B. die mittlere Warteschlangenlänge $\overline{X}_{t_n}$. Da t_n im folgenden fest bleibt, bezeichnen wir der Einfachheit halber $\overline{X}_{t_n}$ mit $\overline{X}$. Dann gilt: **Jeder Simulationslauf liefert genau einen Wert** für $\overline{X}$. Weil das Ergebnis des Simulationslaufs vom Zufall, genauer von den verwendeten Zufallszahlen, abhängt, wird gewöhnlich auch die daraus berechnete Größe $\overline{X}$ vom Zufall abhängen. Jeder neue Simulationslauf liefert einen neuen Wert für $\overline{X}$.

Diese Überlegung zeigt, daß das Ergebnis eines einzigen Simulationslaufs fast nichts darüber aussagt, mit welchem Wert einer interessierenden Größe man tatsächlich zu rechnen hat. Eine fundierte Simulationsstudie verlangt deshalb eine ausreichende Anzahl von **unabhängigen Wiederholungen** der Simulationsexperimente. Nur auf diese Weise kann man sich einen Überblick über die Variationsbreite der möglichen Ergebnisse verschaffen.

Als Alternative zur Wiederholung von Simulationsläufen kann auch ein **einziger, entsprechend längerer Simulationslauf** durchgeführt werden, der dann in mehrere Abschnitte eingeteilt wird mit dem Ziel, diese wie unabhängige Experimente zu behandeln. Hier muß allerdings sichergestellt sein, daß die stochastische Unabhängigkeit tatsächlich gegeben ist. Im allgemeinen kann man dies nicht voraussetzen, da die betrachteten Abschnitte (auch *Batches* genannt) ja Teile eines einzigen, zusammenhängenden stochastischen Prozesses sind. Auf diese Problematik wird noch ausführlich eingegangen. Der wesentliche Vorteil dieser Methode gegenüber Wiederholungsläufen besteht darin, daß die statistisch nicht verwertbare Anlaufphase der Simulation nur ein einziges Mal durchlaufen werden muß.

4.4.2 Anfangszustand und Anlaufphase

Jeder Simulationslauf geht von einem *Anfangszustand* aus, der bei der Initialisierung des Modells hergestellt wird.

In der Regel gilt das Interesse einer Simulationsstudie der stationären Zustandsverteilung eines Systems. Ein stochastischer Prozeß X_t wird als *stationär* bezeichnet, wenn die Wahrscheinlichkeit von X_t nicht von t abhängig ist. Viele stochastische Prozesse *konvergieren* gegen einen stationären Prozeß. Für die Praxis erscheint es ausreichend, solche Prozesse über eine **längere Zeitspanne** zu simulieren, um sich dem stationären Zustand des Systems hinreichend anzunähern. Nach dieser *Anlaufphase* ist die Verteilung von X_t praktisch von t und damit auch vom Anfangszustand des Modells unabhängig.

Obwohl es auch Problemstellungen gibt, bei denen die transienten, d. h. die nicht stationären Phasen, untersucht werden sollen, richtet sich das Interesse in der Regel auf die stationäre Phase. Es dürfen also die Beobachtungen, die während der Anlaufphase – vom Anfangszustand bis zum Erreichen der stationären Phase – gespeichert wurden, für die statistische Auswertung des Simulationslaufs **nicht berücksichtigt werden**. Das bedeutet aber, daß bestimmt werden muß, wann die Anfangsphase beendet ist und damit der stationäre Zustand des Systems beginnt.

Überschätzt man die Länge der Anlaufphase, gehen zu viele Beobachtungen für die statistische Auswertung verloren, und die Varianz des Schätzwertes wird erhöht, was bei vorgegebener Genauigkeit zu unnötig langen Rechenzeiten führt. Unterschätzt man dagegen die Länge der Anlaufphase, so kann eine systematische Verfälschung der Ergebnisse (*bias*) die Folge sein.

Wie *J. P. C. Kleijnen* feststellt, existieren keine exakten Verfahren zur Bestimmung des Beginns der stationären Phase eines stochastischen Prozesses (vgl. [Kle74], S. 70). Er verweist jedoch auf eine Reihe von heuristischen Regeln.

4.4.2.1 Heuristische Verfahren zur Bestimmung der Anlaufphase

Die meisten heuristischen Regeln für die Bestimmung der Anlaufphase sind nur auf bestimmte Problemklassen zugeschnitten, häufig auf *Bedienungs-/Wartesysteme* und *Lagerhaltungssysteme*. Zwei recht einfache Regeln wurden von *R. W. Conway* und von *K. D. Tocher* vorgeschlagen.

Nach der Regel von *Conway* [Con63] wird von einer längeren realisierten Folge x_1, x_2, x_3, ... eines stochastischen Prozesses X_t nacheinander für jedes x_i untersucht, ob es sich um Maximum oder Minimum der Restfolge handelt. Wenn das der Fall ist, wird x_i zur Anlaufphase gerechnet und somit weggelassen. Die Untersuchung wird fortgesetzt, bis man zu einem x_i gelangt ist, das weder ein Maximum noch ein Minimum der Restfolge x_i, x_{i+1}, x_{i+2}, ... darstellt. Die Restfolge ist dann mit differenzierteren Verfahren auf Stationarität zu untersuchen.

Tochers Vorschlag [Toc63] beruht auf der Erkenntnis, daß viele stochastische Prozesse *zyklisch* ablaufen. Nach Abschluß von drei bis vier solcher Zyklen könnte man das Erreichen der stationären Phase annehmen. Beispielsweise können wir bei einem Lagerhaltungssystem einen Zyklus dann als abgeschlossen ansehen, wenn ein bestimmter Lagerbestand wieder erreicht wird.

Wenn diese Verfahren durch eine **grafische Darstellung** des Werteverlaufs während der Simulation unterstützt werden, kann der Anwender nach Augenmaß – Erfahrung vorausgesetzt – den Stationaritätsbeginn ungefähr abschätzen (vgl. Abb. 4-10). Darüber hinaus könnte man auch den Fall erkennen, daß ein transienter Prozeß vorliegt und somit eine Auswertung im hier beschriebenen Sinne gar nicht zulässig ist.

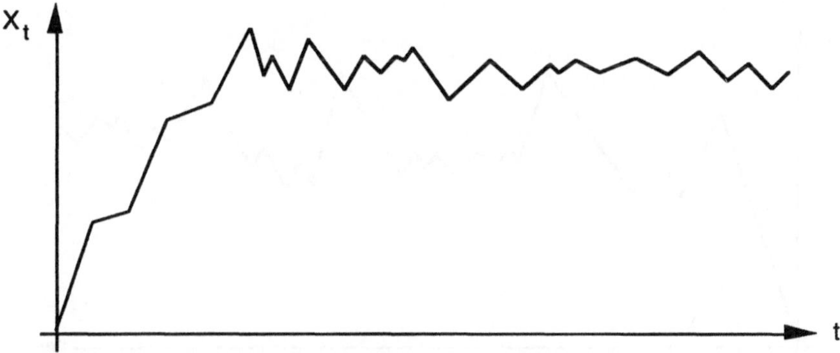

Abb. 4-10: Ein nach der Anlaufphase stationärer Prozeß

Nachteilig ist die **mangelnde Exaktheit** dieser Verfahren. Sie sind außerdem ungeeignet für Fälle, in denen ein einmal stationärer Prozeß vorübergehend wieder transient wird, wie man sich das z. B. in einer Verkehrssimulation bei Beginn der *rush hour* vorstellen kann. Nicht immer sind solche transienten Phasen so deutlich zu erkennen wie in Abbildung 4-11. Auch kann ein transientes Verhalten der **Varianz** trotz Unterstützung durch grafische Darstellungen übersehen werden (s. Abb. 4-12). Die Annahme konstanter Varianzen der Zeitreihen ist jedoch Voraussetzung für die Anwendung der hier behandelten Auswertungsmethoden.

Die heuristischen Verfahren sind dann effektiv, wenn sie eingesetzt werden, um *offensichtlich* transiente Phasen zu eliminieren. Genauere Aussagen können in einem weiteren Schritt mit entsprechenden Testverfahren gewonnen werden, die dann nur noch für die restliche Zeitreihe durchgeführt werden müssen.

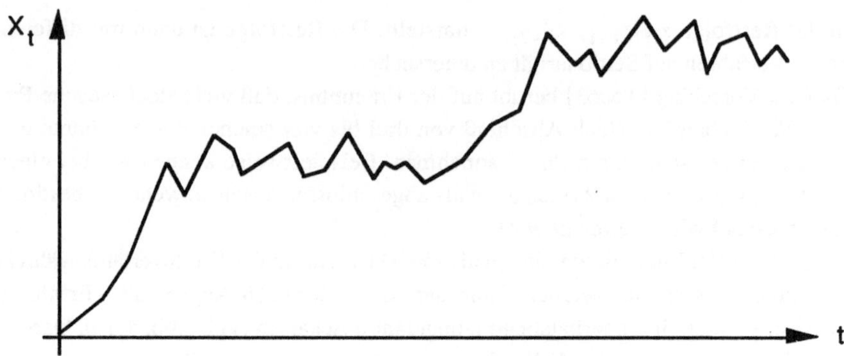

Abb. 4-11: Zeitweise transienter Prozeß

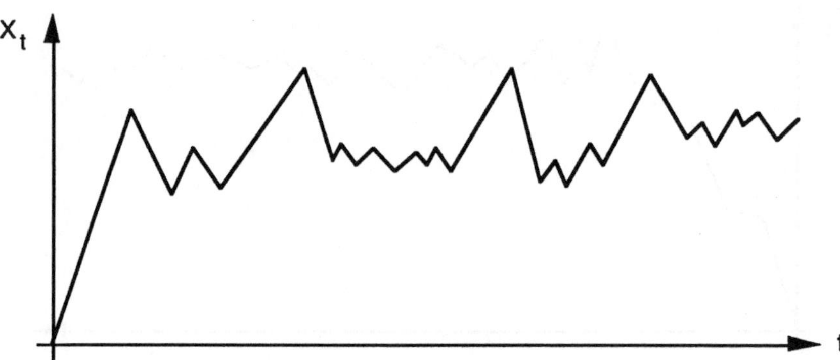

Abb. 4-12: Prozeß mit stationärem Mittelwert und transienter Varianz

4.4.2.2   Statistische Testverfahren zur Bestimmung der Anlaufphase

Unabhängig davon, ob man bereits eine offensichtlich transiente Phase aus einer vorliegenden Zeitreihe eliminiert hat, kann mit statistischen Verfahren die Stationarität der
Zeitreihe geprüft werden. Sollte Instationarität festgestellt werden, muß eine vom Anwender vorgegebene konstante Anzahl von Stichprobenwerten am Anfang der Sequenz
"abgeschnitten" und der Test noch einmal ausgeführt werden. Nach dem *trial-and-
error*-Prinzip müßte dieses Vorgehen möglicherweise sehr oft wiederholt werden, bis
endlich Stationarität festgestellt würde – oder aber keine genügend große Menge von
Stichproben für die Auswertung mehr vorhanden wäre. Auch mit dieser Methode kann
der Beginn der stationären Phase annähernd bestimmt werden.

Voraussetzung für die Testverfahren ist die Unabhängigkeit der Stichprobenwerte, die jedoch i. a. bei den hier behandelten Zeitreihen (Simulationsergebnissen) in der Regel nicht gegeben ist. Auf welchem Wege man dennoch zu (quasi-) unabhängigen Werten gelangen kann, wird in 4.4.3 näher behandelt.

Auf der Basis dieser Unabhängigkeitsannahme lassen sich sogenannte *nicht-parametrische Testverfahren* einsetzen, um die Stationarität einer (Rest-) Folge von Stichprobenwerten zu überprüfen. Diese Testverfahren dienen der Überprüfung von nicht-parametrischen Hypothesen im Gegensatz zu den üblichen parametrischen Testverfahren, die statistische Hypothesen über die Parameter von Grundgesamtheiten (wie Mittelwert oder Varianz) untersuchen. Hier werden der *Inversionstest* und der *Run-Test* kurz dargestellt (vgl. dazu auch [Him70]).

Inversionstest

Wenn in einer Zeitreihe auf einen bestimmten Wert ein kleinerer folgt – in beliebigem Abstand –, so liegt eine sogenannte *Inversion* vor. Zum Beispiel gibt es in der Folge:

$$3, 5, 1, 4, 2, 1$$

genau zehn Inversionen (I = 10):

- nach 3 folgen 1, 2, 1
- nach 5 folgen 1, 4, 2, 1
- nach 4 folgen 2, 1
- nach 2 folgt 1

Bei einer Folge von n unabhängigen Stichprobenwerten (oder quasi-unabhängigen Batch-Mittelwerten, s. Abschnitt 4.4.3.3) läßt sich der theoretische Mittelwert μ der Inversionen berechnen durch:

$$\mu_I = \frac{n\,(n-1)}{4} \tag{4.4-1}$$

Ebenfalls läßt sich die theoretische Varianz σ^2 herleiten:

$$\sigma_I^2 = \frac{2n^3 + 3n^2 - 5n}{72} \tag{4.4-2}$$

Mit Hilfe der *Student-t-Verteilung* mit n–1 Freiheitsgraden als Parameter läßt sich ein Annahmebereich für die Stationaritätshypothese berechnen. Es wird also hergeleitet, in welchem Intervall sich die tatsächliche Anzahl I von Inversionen befindet, wenn die Annahme einer stationären Zeitreihe zutrifft. Zur Benutzung der t-Verteilung ist die Unabhängigkeit der Stichprobenwerte Voraussetzung. Obere und untere Grenzen OG und UG für den **Annahmebereich** lassen sich wie folgt berechnen, wobei α für das Signifikanzniveau steht:

$$OG_{\alpha/2} = \mu_I + t_{n-1;\,1-\alpha/2} \cdot \sigma_I$$

$$UG_{\alpha/2} = \mu_I - t_{n-1;\,1-\alpha/2} \cdot \sigma_I$$

(4.4-3)

Da wir auch hier an der Annahme der Nullhypothese interessiert sind, setzen wir $\alpha = 0.2$ relativ groß an. Für die obige Zeitreihe (n = 6) ergeben sich Mittelwert, Varianz und Prüfgröße wie folgt:

$$\mu_I = 7.5 \qquad \sigma_I^2 = 7.08 \qquad t_{5;\,0.9} = 1.48$$

Der t-Wert ist üblichen Tabellen für die Student'sche Verteilung aus Statistik-Lehrbüchern entnommen und dient der Berechnung der kritischen Werte für die Ablehnung der Hypothese. Die oberen und unteren kritischen Grenzen lassen sich nun wie folgt bestimmen:

$$OG_{\alpha/2\,=\,0.1} = 7.5 + 1.48 \sqrt{7.08} = 11.44 \approx 11$$

$$UG_{\alpha/2\,=\,0.1} = 7.5 - 1.48 \sqrt{7.08} = 3.56 \approx 4$$

Sollten negative Werte für die untere Grenze des Annahmebereiches auftreten, sind diese als Null (die kleinste Zahl möglicher Inversionen) zu interpretieren. Die Anzahl der Inversionen $I = 10$ liegt innerhalb dieser kritischen Grenzen, d. h. die **Hypothese der Stationarität** der Zeitreihe kann angenommen werden.

Run-Test

Zur Vorbereitung dieses Tests gehört die Bestimmung des *Medians* M. Dazu wird die ursprüngliche Meßreihe mit n Meßwerten sortiert. Der **Median** einer Stichprobe ist dann definiert durch

$$M = \begin{cases} x_{(n+1)/2} & \text{wenn n ungerade} \\[2mm] \dfrac{x_{n/2} + x_{n/2+1}}{2} & \text{wenn n gerade} \end{cases}$$

(4.4-4)

Der Median teilt folglich die sortierte Stichprobe in zwei gleich große Wertemengen auf.

Jeder Wert der ursprünglichen Meßreihe wird nun mit M verglichen. Falls er größer oder gleich M ist, wird ihm ein "+" zugeordnet, andernfalls ein "–". Bei der oben eingeführten Beispielfolge ist M = 2.5. Somit ergibt sich die Folge:

$$+ \; + \; - \; + \; - \; -$$

Ein *Run* ist definiert als eine ununterbrochene Folge des gleichen Zeichens (+ oder −).
Als **Prüfgröße** wird die Anzahl der Runs U verwendet. Unter der Annahme, daß n
gerade ist, lassen sich Erwartungswert und Varianz der Verteilung berechnen als

$$\mu_U = \frac{n}{2} + 1 \tag{4.4-5}$$

$$\sigma^2_U = \frac{2n^2\,(2n^2 - n)}{n^2\,(n-1)}$$

Sowohl eine zu große als auch eine zu kleine Anzahl von Runs sprechen *gegen* die
Stationaritätsannahme. Es handelt sich folglich um einen zweiseitigen Test. Für die
Berechnung der kritischen Grenzwerte zum Vergleich mit der Prüfgröße U kann eben-
falls die Formel (4.4-3) verwendet werden.

Deutlicher noch als beim Inversionstest wird hier die Notwendigkeit der Unabhängigkeit als Voraussetzung klar: Bei positiver Korrelation werden die Runs besonders
lang, bei negativer besonders kurz.

Abschließend läßt sich festhalten: Beide genannten Testverfahren berücksichtigen alle
Stichprobenwerte und können somit auch Instationaritäten nach der Anlaufphase
erkennen. Keine dieser Methoden deckt jedoch eine Instationarität der Varianz bzw.
Standardabweichung auf. **Stationarität der Varianz** ist aber Voraussetzung, um Konfidenzintervalle für die Simulationsergebnisse berechnen zu können. Eine gute Möglichkeit, solche Instationaritäten aufzudecken, besteht jedoch darin, die genannten Tests
auf die absoluten Abweichungen der Stichprobenwerte vom Mittelwert anzuwenden.

4.4.3 Schätzgenauigkeit der Simulationsergebnisse

Viele Anwender der Simulationsmethode verzichten bei der Darstellung ihrer Ergebnisse auf die Angabe von *Konfidenzintervallen*, die eine Aussage über die Schätzgenauigkeit der Simulationsergebnisse ermöglichen. Ein Konfidenzintervall gibt an, in
welchem Bereich sich der wahre Wert mit einer vorgegebenen Wahrscheinlichkeit (z.B.
95%) befindet. Modellergebnisse in Form von Stichprobenmittelwerten ohne Konfidenzintervalle sind nahezu bedeutungslos.

In den folgenden Abschnitten wird auf die Bestimmung von Konfidenzintervallen
bei der Auswertung von Simulationsergebnissen näher eingegangen. Es besteht jedoch
kein prinzipieller Unterschied zur der Bestimmung von Konfidenzintervallen in
anderen Anwendungsgebieten der Statistik.

Die typische Problemstellung in der Simulation kann wie folgt beschrieben werden:
Die Verteilungsfunktion F(X) einer Zufallsvariablen X, die in einem Simulations-

experiment untersucht wird, sei unbekannt. Das eigentliche Ziel der Auswertung ist es, Aufschlüsse über die Verteilung F(X) zu gewinnen. Häufig reicht es für die Fragestellung aus, nur den **Erwartungswert** μ zu schätzen. Eine Stichprobe vom Umfang n mit den Werten

$$x_1, x_2, ..., x_n \qquad (4.4\text{-}6)$$

sei das Resultat eines Simulationsexperimentes, bei dem nacheinander n Realisationen der Zufallsgröße X erzeugt wurden. E(X) sei der *Erwartungswert* von X.

Nun muß auf der Grundlage der Stichprobe (4.4-6) der unbekannte Wert E(X) geschätzt werden. Ein *erwartungstreuer Schätzwert* für E(X) ist bekanntlich gegeben durch das Stichprobenmittel

$$\overline{X} = \frac{1}{n} \sum_{i=1}^{n} x_i \qquad (4.4\text{-}7)$$

Die Notwendigkeit zur Berechnung von Konfidenzintervallen für solche Schätzwerte soll an einem Beispiel (nach [Sch82]) verdeutlicht werden:

Es wird ein Bedienungs-/Wartesystem mit einer Bedienungsstelle und exponentialverteilten Zwischenankunfts- und Bedienungszeiten der Kunden untersucht. Die Warteschlangendisziplin sei FIFO, und der Quotient aus Ankunfts- und Bedienungsrate 0.85. Für den einfachen Fall dieses sog. M/M/1-Bedienungssystems ist der Erwartungswert für die mittlere Warteschlangenlänge WSL **analytisch** berechenbar. Unter den angegebenen Bedingungen gilt für den Erwartungswert E(WSL) = 4.816. In einem **Simulationslauf** könnte man – abhängig von den Zufallszahlen – die folgenden Ergebnisse erhalten: Für n = 1000 ergibt sich ein Mittelwert von $\overline{X}$ = 3.2.

Man sieht, daß bei n = 1000 der Mittelwert um 30% vom Erwartungswert abweicht. Selbst bei n = 20 000 kann der Fehler noch mehr als 10% betragen (s. Abb. 4-13).

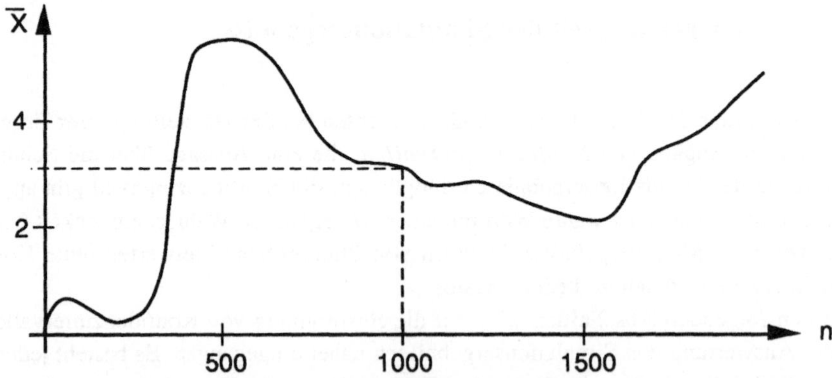

Abb. 4-13: Mittlere Warteschlangenlänge $\overline{X}$ in Abhängigkeit vom Stichprobenumfang n

Damit ist klar, daß die Ergebnisse sich nur dann sinnvoll interpretieren lassen, wenn über die Mittelwerte hinaus die zugehörigen Konfidenzintervalle angegeben werden. So darf bei n = 20 000 beispielsweise das Ergebnis des Simulationslaufs nur heißen, daß der gesuchte Erwartungswert μ mit der Wahrscheinlichkeit 0.95 im (Konfidenz-) Intervall zwischen 4.56 und 6.20 liegt.

Für **unabhängige Stichprobenwerte** stellt die Berechnung von Konfidenzintervallen kein Problem dar (s. 4.4.3.2), sofern die Stichprobe hinreichend groß ist. Bei **autokorrelierten** Stichproben verkompliziert sich jedoch die Auswertung (4.4.3.3 und 4.4.3.4). Zunächst soll aber der Begriff der Autokorrelation eingeführt werden.

4.4.3.1 Autokorrelation

x_1, x_2, ..., x_n seien Glieder eines **stationären stochastischen Prozesses**. Dann ist der *Autokorrelationskoeffizient* der Ordnung j definiert als

$$\rho_j = E\left[(x_i-\mu)(x_{i+j}-\mu)/\sigma^2\right] \tag{4.4-8}$$

wobei μ der Erwartungswert der x_i und σ^2 ihre Varianz ist. Dieser Koeffizient gibt die **durchschnittliche Abhängigkeit** zweier im Abstand j aufeinanderfolgender Werte an. Er liegt allgemein zwischen −1 und +1. Im Falle unabhängiger − und damit nicht autokorrelierter − Stichprobenwerte sind alle

$$\rho_j = 0 \quad \text{für } j \neq 0$$

Für stationäre stochastische Prozesse ist der Autokorrelationskoeffizient allein von j und nicht vom Zeitpunkt t abhängig.

4.4.3.2 Konfidenzintervalle bei unabhängigen Stichprobenwerten

$Var(X) = \sigma^2$ sei die Varianz von X. Dann ist

$$s^2 = \frac{1}{n-1} \sum_{i=1}^{n} (x_i - \bar{x})^2 \tag{4.4-9}$$

bekanntlich Schätzwert für σ^2. Für die Zufallsgröße

$$\bar{X} = \frac{1}{n} \sum_{i=1}^{n} X_i \tag{4.4-10}$$

gilt dann bei **unabhängigen** Stichprobenwerten x_1, x_2, ..., x_n die Beziehung

$$\mathrm{Var}\,(\overline{X}) = \frac{\sigma^2}{n} \tag{4.4-11}$$

wofür über (4.4-9) sofort ein Schätzwert zu gewinnen ist. Bei nicht zu kleinem Stichprobenumfang ($n > 40$) ist dann ein Konfidenzintervall für $E(X)$ gegeben durch

$$\left(\overline{x} - z\frac{s}{\sqrt{n}},\ \overline{x} + z\frac{s}{\sqrt{n}}\right) \tag{4.4-12}$$

wobei z abhängig vom gewählten *Konfidenzniveau* ist. Übliche Werte für z sind 1.64 (90%-iges Konfidenzniveau), 1.96 (95%-iges Konfidenzniveau) und 2.58 (99%-iges Konfidenzniveau).

Das einfachste Verfahren zur Auswertung von Simulationsergebnissen besteht in **unabhängigen Simulationsläufen** mit verschiedenen Zufallszahlen, bei denen alle Beobachtungen eines Laufes zu einem einzigen neuen Stichprobenwert x_i zusammengefaßt werden. Die x_i der einzelnen Läufe sind dann vollständig unkorreliert, und die elementare statistische Theorie zur Berechnung der Schätzgenauigkeit von $E(X)$ in (4.4-12) ist anwendbar. Der Nachteil dieses Verfahrens besteht darin, daß die Anlaufphase bei jeder Simulation erneut durchlaufen werden muß, ohne daß die Beobachtungen der Anlaufphase zur Auswertung herangezogen werden können. Besonders bei längeren Anlaufphasen wirkt sich dies nachteilig auf die erforderlichen Rechenzeiten aus.

Die in einem einzelnen Simulationslauf nacheinander beobachteten Werte einer Zufallsvariablen sind in der Regel nicht unabhängig voneinander, sondern sie sind autokorreliert, d. h. es besteht ein statistischer Zusammenhang zwischen aufeinanderfolgenden Werten. Damit ist die Berechnung von Konfidenzintervallen nach (4.4-12) unzulässig. Es gibt zwei grundsätzliche Wege, dieses Problem zu umgehen, wenn man die Ergebnisse eines einzigen (längeren) Simulationslaufs dennoch auswerten möchte. Der *erste Weg* besteht darin, aus den vorliegenden Werten neue Stichprobenwerte abzuleiten, die einem Test auf stochastische Unabhängigkeit standhalten, obwohl sie aus ursprünglich autokorrelierten Daten hervorgegangen sind. Solche Stichprobenwerte nennt man *quasi-unabhängig*. Die Berechnung der Konfidenzintervalle erfolgt dann wie oben beschrieben. Entsprechende Methoden werden im nächsten Abschnitt vorgestellt. Der *zweite Weg* beruht darauf, die bestehende Autokorrelation bei der Berechnung der Konfidenzintervalle zu berücksichtigen. Diese Berechnung muß dann allerdings nach aufwendigeren Verfahren erfolgen, die in 4.4.3.4 dargestellt werden.

4.4.3.3 Konfidenzintervalle bei quasi-unabhängigen Stichprobenwerten

Meist ist es nicht zweckmäßig, eine große Zahl von Simulationsläufen durchzuführen, um unabhängige Stichprobenwerte zu gewinnen. Besonders nachteilig ist das wiederholte Durchlaufen der Anlaufphase. Deshalb wird man es vorziehen, nur einen oder eine geringe Anzahl von Simulationsläufen durchzuführen und diese in **Teilintervalle** zu zerlegen. Für jedes Teilintervall wird dann das Stichprobenmittel berechnet. Die Menge der Mittelwerte wird dann als neue Stichprobe betrachtet. Die Werte dieser Stichprobe sind schwächer – im Idealfall gar nicht mehr – korreliert. Der für das Intervall i berechnete Stichprobenmittelwert $\bar{x}_i$ heißt Intervallmittelwert (*batch mean*).

Es gibt mehrere gängige Verfahren, diese quasi-unabhängigen Teilintervalle zu bestimmen. Dazu gehören

- regenerative Verfahren (*independent cycles approach*)
- das Batchmittelwertverfahren (*batch means approach*)

Das von *Kleijnen* (vgl. [Kle74], S. 462) eingeführte regenerative Verfahren basiert auf der **Erneuerungseigenschaft** vieler stochastischer Prozesse, bei denen Systemzustände auftreten, die die folgenden Stichprobenwerte völlig unabhängig vom bisherigen Prozeßablauf werden lassen. Ein Beispiel dafür ist ein Bedienungs-/Wartesystem, bei dem ein unabhängiger Zyklus immer dann beginnt, wenn ein neuer Kunde in ein leeres System (Warteraum) eintritt. Wegen der Unabhängigkeit der Mittelwerte der einzelnen Zyklen ist prinzipiell die elementare statistische Theorie anwendbar. Allerdings ist eine recht komplizierte Gewichtung der Mittelwerte aufgrund der unterschiedlichen Periodenlängen erforderlich. Ein weiterer Nachteil dieses Ansatzes besteht darin, daß man am Anfang einer Simulation die Länge des Simulationslaufs nicht genau abschätzen kann. Außerdem werden sich unabhängige Zyklen nicht für alle Systeme finden lassen, denn diese Erneuerungseigenschaft kennzeichnet nur eine bestimmte Klasse von stochastischen Prozessen.

Das Batchmittelwertverfahren

Dieses Verfahren ist breiter anwendbar als die regenerativen Verfahren und wird deshalb ausführlicher besprochen. Es macht sich die Tatsache zunutze, daß die Abhängigkeit von Stichprobenwerten mit dem zeitlichen Abstand der Stichprobenwerte voneinander in aller Regel abnimmt.

Bei diesem Verfahren wird ein längerer Simulationslauf in eine Vielzahl **quasi-unabhängiger Blöcke mit fester Länge** (*batches*) aufgeteilt, deren Beobachtungen zu neuen Stichprobenwerten (Batchmittelwerten) zusammengefaßt werden, die dann nur noch wenig korreliert sind. Die elementare statistische Theorie ist wieder anwendbar, und mit (4.4-12) ist eine approximative Intervallschätzung gegeben. Eine intuitive Begründung des Verfahrens gibt *Kleijnen*:

"if the intervals are sufficiently large the averages of the subruns of intervals will effectively be uncorrelated because the effects of the correlations of early values in the interval will be averaged with the large number of values which occur later in the interval and which have no correlation with the values in the previous interval." [Kle74, S. 459]

Voraussetzung für die Anwendung des Verfahrens ist allerdings, daß die Autokorrelation mit zunehmenden Abständen zwischen den Stichprobenwerten auch tatsächlich abnimmt, was die Existenz von Periodizitäten im Modell ausschließt.

Die Hauptschwierigkeit bei dem Verfahren besteht in der **Festlegung einer angemessenen Blocklänge**. *A. M. Law* und *J. S. Carson* (vgl. [Law79] und [Law82]) haben einen Algorithmus entwickelt, um die Länge der Batches zu bestimmen. Die Darstellung dieses Algorithmus erfordert einige Vorüberlegungen.

Gegeben sei eine Meßreihe $\{x_i\}$. Ein Schätzwert für die Autokorrelation erster Ordnung (auch als *Lag-1*-Korrelation bezeichnet) ist dann gegeben durch :

$$r_1 = \frac{1}{n-1} \sum_{i=1}^{n-1} \frac{(x_i - \bar{x})(x_{i+1} - \bar{x})}{s^2} \tag{4.4-13}$$

Mittelwert und Varianz lassen sich mit $\bar{x}$ und s^2 nach den bekannten Formeln (4.4-10) und (4.4-9) ermitteln. Zur Berechnung der Autokorrelation bildet man nun q gleichlange Blöcke der Länge m (mit m = n/q).

Aus den m Stichproben eines Batches wird dann jeweils ein Mittelwert $\bar{x}_i$ (i = 1, ..., q) gebildet. Damit entsteht eine Folge $\{\bar{x}_i\}$ von **Batchmittelwerten**, von der – wie bei der ursprünglichen Meßreihe – Varianz und Korrelation bestimmt werden können. Der Gesamtmittelwert ist natürlich der gleiche. Vom Anwender wird die maximale zulässige *Lag-1*-Autokorrelation, d. h. ein akzeptables Maß für die Annahme der (Quasi-) Unabhängigkeit, vorgegeben. Diese muß selbstverständlich bei der Ergebnisdarstellung mit angegeben werden, da sie ein wichtiges Kriterium zur Beurteilung der Güte der Simulationsergebnisse darstellt.

Ein häufig in der Literatur empfohlener Wert ist $r_1 = 0.05$. Man geht nun so vor, daß man zum Stichprobenumfang n eine Blockanzahl q bzw. Blocklänge m bestimmt, für die die Schätzung r_1 der *Lag-1*-Korrelation der Blockmittelwerte $\bar{x}_i$ diese vorgegebene Grenze nicht überschreitet. Sollte dabei aber die Anzahl der Batches q so klein werden, daß kein vernünftiges Konfidenzintervall mehr berechnet werden kann, empfiehlt sich eine verlängerte Wiederholung des Simulationsexperiments oder notfalls eine Erhöhung von r_1.

Der Algorithmus nach *Law* und *Carson* beruht nun darauf, daß **drei Arten von Autokorrelationsverhalten** unterschieden werden. Diese sind in Abb. 4-14 bis 4-16 dargestellt, die die unterschiedlichen Beziehungen zwischen Autokorrelation und Blocklänge m veranschaulichen.

Das erste Verhalten der Autokorrelation ist unkritisch. Die Autokorrelation in Abbildung 4-14 fällt streng monoton gegen Null. Gibt man einen maximal zulässigen Autokorrelationskoeffizienten der Ordnung 1 vor, kann man die Blocklänge sukzessive erweitern, bis dieser Wert unterschritten wird. *Law* und *Carson* schlagen vor, die Anzahl relevanter Stichproben zur Mittelwertbestimmung immer zu verdoppeln, solange die Hypothese der Unabhängigkeit nicht bestätigt wird.

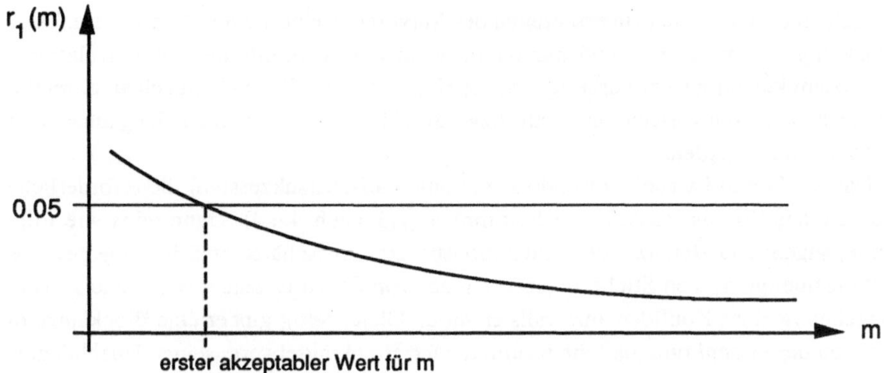

Abb. 4-14: Monotone Abnahme der Autokorrelation

Eine **negative Autokorrelation** kann ebenfalls als unkritisch angesehen werden. Wenn die Stichprobenwerte negativ korreliert sind, bedeutet das eine Oszillation um den Mittelwert der gesamten Folge. Mit anderen Worten: je größer ein bestimmter Wert ist, um so kleiner ist der folgende und umgekehrt. Dieses Verhalten impliziert eine hohe Varianz und damit ein Konfidenzintervall, das größer – und damit sicherer – ist als bei unkorrelierten Werten.

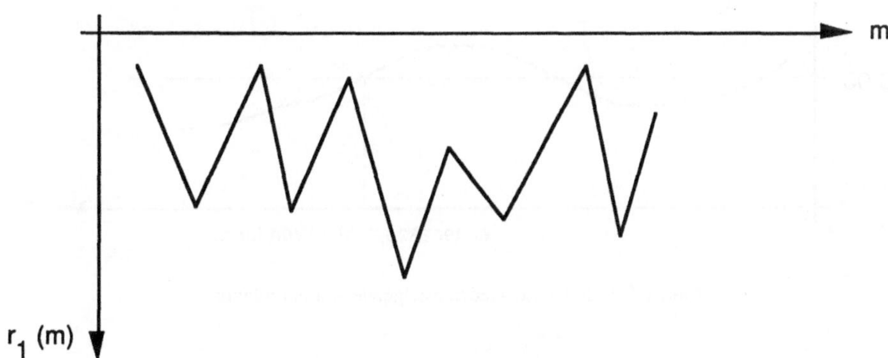

Abb. 4-15: Negative Autokorrelation

Ein **Wiederanstieg der Autokorrelation** bei Vergrößerung der Blocklänge ist als das eigentliche Problem zu betrachten. Folgt man der Vorgehensweise, die Anzahl der Batchmittelwerte durch doppelte Längen der Teilläufe zu halbieren und nach dem ersten Unterschreiten des Maximalwertes für die Autokorrelation das Verfahren abzubrechen, läuft man Gefahr, versteckte Abhängigkeiten zu übersehen. *Law* und *Carson* empfehlen deshalb, nach Unterschreiten des Maximums eine weitere Verdoppelung der Blocklänge vorzunehmen und nur dann, wenn der so ermittelte Autokorrelationskoeffizient kleiner als der vorherige ist, die Hypothese der Unabhängigkeit zu akzeptieren. Dann kann die vorletzte Intervall- bzw. Blocklänge als ausreichend lang angesehen und verwendet werden.

Das Verfahren ist auch anwendbar, um automatisch (sukzessive) die erforderliche Länge eines Simulationslaufs zu bestimmen (vgl. auch 4.4.4). Dann wird wie folgt vorgegangen: Der Benutzer des Simulationsprogramms schätzt zunächst eine gewisse Anfangsmenge n_1 von Stichprobenwerten ab, von denen er eine ausreichend genaue Berechnung eines Konfidenzintervalls erwartet. Gleichzeitig gibt er eine Blocklänge m vor, von der er annimmt, daß die resultierenden Blockmittelwerte seinen Unabhängigkeitsanforderungen genügen.

Aufgrund der Vorgaben des Benutzers erzeugt das Simulationssystem n_1 Werte und berechnet dann die Autokorrelation der n_1/m Mittelwerte. Sollte dann entweder die These der Unabhängigkeit verworfen werden oder das errechnete Konfidenzintervall eine vorgegebene Schranke des Benutzers überschreiten, werden zusätzliche Stichprobenwerte generiert und das Verfahren wird sukzessive wiederholt.

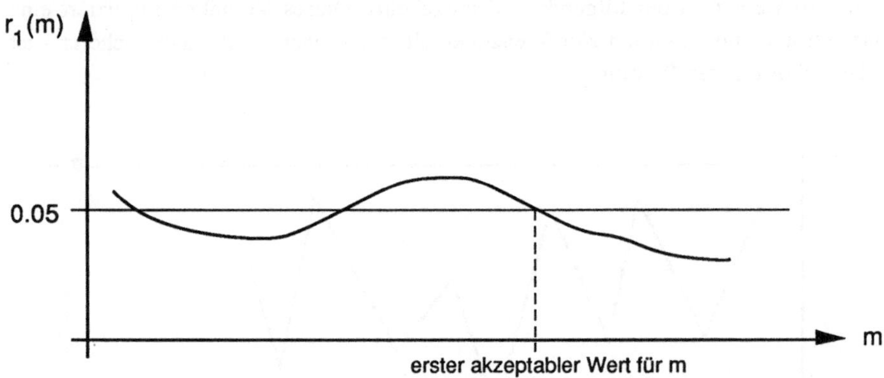

Abb. 4-16: Zeitweise wiederansteigende Autokorrelation

4.4.3.4 Konfidenzintervalle bei autokorrelierten Stichprobenwerten

Sind die Werte einer Stichprobe **autokorreliert**, was bei den Ergebniszeitreihen aus Simulationsexperimenten die Regel ist, so treten bei der Berechnung von Konfidenzintervallen einige Schwierigkeiten auf. Bei Vorliegen von Autokorrelation ist die elementare statistische Theorie nicht mehr ohne weiteres anwendbar. Würde man aus den n Stichprobenwerten $x_1, ..., x_n$ den Mittelwert $\bar{x}$ und die Standardabweichung s berechnen, dann erhielte man bei positiver Autokorrelation aufgrund einer zu geringen

Varianzschätzung gemäß (4.4-9) mit Formel (4.4-12) ein **zu kleines Konfidenzintervall**. Damit würde eine scheinbare Genauigkeit errechnet, wie sie in Wirklichkeit keineswegs erreicht wird. Das wahre Konfidenzintervall ist größer als das auf diese Weise ermittelte. Es läßt sich zeigen, daß die Varianz bei autokorrelierten Stichproben sich berechnet zu

$$\text{Var}\,(\overline{X}) = \frac{\sigma^2}{n}\,(1 + 2\sum_{j=1}^{n-1}((1 - \frac{j}{n})\,\rho_j)) \qquad (4.4\text{-}14)$$

Diese Beziehung geht bei $\rho_j = 0$ in die bekannte Formel (4.4-11) über. Für $r_j > 0$ ist $\text{Var}(\overline{X})$ aber offenbar stets größer als der nach (4.4-11) berechnete Wert.

Für die Varianzschätzung im Rahmen der Berechnung eines Konfidenzintervalls für autokorrelierte Stichproben können verschiedene Verfahren wie das *direkte Einsetzen der Autokorrelationsschätzwerte* oder der sog. *Exponentialansatz* genutzt werden.

Direktes Einsetzen der Autokorrelationsschätzwerte

In Formel (4.4-14) wird die Kenntnis der σ^2 bzw. der Autokorrelationskoeffizienten ρ_j vorausgesetzt. Sie müssen jedoch erst aus der Stichprobe geschätzt werden. Für Autokorrelationen höherer Ordnung stehen nur wenige Stichprobenwerte zur Verfügung, so daß deren Schätzung sehr ungenau sein muß und man diese in (4.4-14) weglassen sollte. Dies ist an sich unkritisch, weil sie nur mit einem vergleichsweise geringen Faktor $(1-j/n)$ in die Berechnung eingehen. Um jedoch annähernd verläßliche Schätzungen für σ^2 und die ρ_j zu gewährleisten, müssen viele der Koeffizienten höherer Ordnung weggelassen werden. Das ist, ohne größere Fehler zu begehen, nur dann möglich, wenn die ρ_j mit $j \rightarrow \infty$ rasch gegen 0 streben. Unter dieser Bedingung läßt sich die Summe in (4.4-14) abkürzen und $\text{Var}(\overline{X})$ mit

$$\text{Var}\,(\overline{X}) = \frac{s^2}{n}\,(1 + 2\sum_{j=1}^{m}((1 - \frac{j}{n})\,r_j))) \qquad (4.4\text{-}15)$$

schätzen, wobei $m \ll n$ sein sollte, insbesondere so klein, daß die r_j und s^2 verläßliche Schätzungen darstellen. Die Gewichtungsfaktoren der r_j nehmen dabei zunächst linear mit der Rate $1/n$ ab, um nach $j = m$ abrupt auf Null zu fallen. Ein verbessertes Gewichtungsschema, das linear und ohne Bruch bis zum Wert 0 abfällt, erhält man, wenn man n im Quotienten durch m ersetzt (vgl. [Köc72], S. 155). Dabei soll m ungefähr 10% von n betragen.

Ein **Konfidenzintervall für E(X) bei autokorrelierten Beobachtungen** ergibt sich dann zu:

$$\left(\overline{x} - z\frac{s}{\sqrt{n}}\,f,\ \overline{x} + z\frac{s}{\sqrt{n}}\,f\right) \qquad (4.4\text{-}16)$$

Wie man sieht, ist f der Faktor, um den das Konfidenzintervall aufgrund der Autokorrelation gegenüber Formel (4.4-12) vergrößert wird. Bei dem Ansatz, der zu der Varianzschätzung in (4.4-15) führt, nimmt f den folgenden Wert an:

$$f = \sqrt{1 + 2 \sum_{j=1}^{m} \left(\left(1 - \frac{j}{n}\right) r_j\right)} \qquad (4.4\text{-}17)$$

Exponentialansatz

Eine besondere Vereinfachung der Formel (4.4-15) läßt sich dann erreichen, wenn man von der Annahme ausgehen kann, daß die ρ_j in (4.4-14) **geometrisch abfallen**, so daß

$$r_j = \rho_1^{\,j} \quad \text{mit} \quad j = 0, 1, \ldots \qquad (4.4\text{-}18)$$

In diesem Fall braucht nur der Autokorrelationskoeffizient **erster Ordnung** bestimmt zu werden. Formel (4.4-14) vereinfacht sich dadurch zu

$$\text{Var}\,(\overline{X}) = \frac{\sigma^2}{n}\left(1 + 2\,\frac{\rho}{1 - \rho}\right) \qquad (4.4\text{-}19)$$

Dieses Verfahren wird wegen der zugrundeliegenden Annahme exponentiell abfallender Autokorrelationskoeffizienten auch als *Exponentialansatz* bezeichnet [Geb74]. Es ist vor allem auf Warteschlangensysteme anwendbar, bei denen diese Annahme häufig zutrifft.

Für den Exponentialansatz mit (4.4-19) gilt bei der Berechnung des Konfidenzintervalls nach (4.4-16):

$$f = \sqrt{\frac{1 + r}{1 - r}} \qquad (4.4\text{-}20)$$

4.4.3.5 Schlußbetrachtung zur Ermittlung der Schätzgenauigkeit

Die in 4.4.3.2 beschriebene Batchmittelwert-Methode veranschaulicht einen wichtigen Aspekt der statistischen Analyse von Simulationsexperimenten: die **Verwendung von Approximationen**. Wir nehmen insbesondere an, daß bei einer Verlängerung der Blöcke die (Auto-) Korrelation zwischen Paaren von Batchmittelwerten kleiner wird. Da es sich notwendigerweise um endliche Stichprobenumfänge handelt, muß man voraussetzen, daß eine endliche Anzahl von Beobachtungen je Batch so festgesetzt werden kann, daß die Abhängigkeit der Folge der Batchmittelwerte mit Hilfe eines statistischen Testes nicht mehr nachweisbar ist. Auf dieser Basis erfolgt die Schätzung der Varianz der Batchmittelwerte $\text{Var}(\overline{X}_n)$ zur Berechnung von Konfidenzintervallen.

Andere Methoden zur Schätzung der Varianz $\mathrm{Var}(\overline{X}_n)$, die die Autokorrelation der Stichprobenwerte unmittelbar berücksichtigen, arbeiten ebenfalls mit Approximationen. Dies gilt für das direkte Einsetzen der Autokorrelationsschätzwerte und den Exponentialansatz, aber auch für andere, mathematisch komplexere Methoden wie den autoregressiven Ansatz (vgl. [Sch82], S. 122 und [Fis78], S. 247-262). Dieser betrachtet die Zeitreihe der Stichprobenwerte als autoregressiven Prozeß in Form einer Linearkombination von p Vorgängern eines Stichprobenwertes und einer Störgröße und gewinnt Varianzschätzungen über die Regressionsbeziehung.

Zur Berechnung von Konfidenzintervallen empfiehlt sich in der Praxis insbesondere die **Batchmittelwert-Methode**. Dagegen erscheinen unabhängige Wiederholungsläufe und regenerative Verfahren wegen der genannten Nachteile nur bedingt geeignet. Das direkte Einsetzen der Autokorrelationsschätzwerte ist mit hohem Rechenaufwand verbunden. Sollten die Voraussetzungen des Exponentialansatzes vorliegen, stellt dieser eine praktikable Alternative dar. Die autoregressive Methode hat wegen ihrer großen mathematischen Komplexität bisher keine größere Verbreitung in der Simulationspraxis gefunden.

4.4.4 Wahl des Stichprobenumfangs

Wie bei jeder statistischen Untersuchung muß auch bei einem Simulationsexperiment vorab der Stichprobenumfang n festgelegt werden. Einerseits muß n groß genug sein, um die Fehler bei der Berechnung des Konfidenzintervalls aufgrund der Schätzung von σ durch s und aufgrund der approximativen Annahme der Normalverteilung der Prüfgröße X unbedeutend werden zu lassen. Andererseits muß n auch ausreichend groß sein, daß eine als maximal vorgegebene Größe des Konfidenzintervalls nicht überschritten wird. Über eine festgelegte **maximale Breite des Konfidenzintervalls** bei gegebenem Konfidenzniveau läßt sich durch Umformung von (4.4-16) der erforderliche Stichprobenumfang n berechnen. Man findet n, indem man die halbe Länge des Konfidenzintervalls gleich L setzt:

$$L = z \frac{s}{\sqrt{n}} f$$

$$n = z^2 \frac{s^2}{L^2} f^2 \tag{4.4-21}$$

Es ist ersichtlich, daß zuerst eine Schätzung s für das unbekannte σ abzuleiten ist. Folglich muß man in **mehreren Schritten** vorgehen, um den notwendigen Stichprobenumfang eines Simulationsexperiments abzuschätzen. Im ersten Schritt werden durch

Simulation n_1 Stichprobenwerte generiert. Aus dem Ergebnis dieser Stichprobe vom Umfang n_1 wird σ geschätzt und ein Konfidenzintervall für den Mittelwert μ konstruiert. Liegt dieses bereits innerhalb der gewünschten Genauigkeitsschranken, so kann die Simulation abgebrochen werden. Andernfalls wird mit Hilfe der ermittelten Schätzung für σ der gesamte zur Erreichung der geforderten Genauigkeit notwendige Stichprobenumfang n nach (4.4-21) errechnet. Die Differenz $n_2 = n - n_1$ gibt dann die Anzahl der noch *zusätzlich* erforderlichen Beobachtungswerte (z. B. Batchmittelwerte) an. Da es sich hier bei den Schätzungen von σ und dem resultierenden n um Zufallsergebnisse handelt und die Schätzgenauigkeit nicht vorab garantiert werden kann, muß der Vorgang möglicherweise mehrfach wiederholt werden, bis die gewünschte Genauigkeit erreicht ist, also die vorgegebene Breite des Konfidenzintervalls nicht mehr überschritten wird.

Bei der Vorgabe einer realistischen Breite des Konfidenzintervalls muß ein Kompromiß zwischen einer noch akzeptablen Genauigkeit und den mit dem Stichprobenumfang anwachsenden Rechenzeiten gefunden werden. Pilotläufe mit vorläufigen Schätzungen von σ und n können für eine realistische Vorgabe der Genauigkeit hilfreich sein.

4.4.5 Varianzreduzierende Methoden

In den vorausgegangenen Abschnitten wurde häufig davon ausgegangen, daß Simulationsexperimente zu dem Zweck durchgeführt werden, den **Erwartungswert** einer oder mehrerer stochastischer Variablen X zu schätzen. Dabei wurde das arithmetische Mittel $\overline{X}$ als erwartungstreue Schätzfunktion für den unbekannten Erwartungswert herangezogen.

Eine erwartungstreue Schätzfunktion wird als umso besser angesehen, je geringer ihre Varianz ist (Effizienz der Schätzfunktion). Varianzreduzierende Methoden dienen zur **Reduzierung der Varianz bei gleichbleibendem Stichprobenumfang**:

> "A Variance Reduction technique reduces the variance of the estimator by replacing the original sampling procedure by a new procedure that yields the same expected value with a smaller variance." [Kle74, S. 105]

Der zu erzielenden Varianzreduzierung sind jedoch bei Simulationsexperimenten die zusätzliche Rechenzeit und der erhöhte Programmieraufwand gegenüberzustellen. Zwei der zahlreichen Methoden zur Varianzreduzierung, die sich aufgrund ihrer Einfachheit bei der Implementation und wegen der kaum höheren Rechenzeiten besonders für die Simulationspraxis eignen, sind die Methode der antithetischen Variablen und die Verwendung gemeinsamer Zufallszahlen.

4.4.5.1 Antithetische Variablen

Es sei wieder der Erwartungwert einer stochastischen Variablen X in einer Simulations-studie zu schätzen. Wenn $\overline{X}_j$ einen erwartungstreuen Schätzer für μ_j im j-ten Teil-intervall (Batch) des Experimentes darstellt, dann ist der Schätzer für k solcher Wieder-holungen

$$\overline{\overline{X}}_k = \frac{1}{k} \sum_{j=1}^{k} \overline{X}_j \tag{4.4-22}$$

mit der Varianz

$$\text{Var}\,(\overline{\overline{X}}_k) = \frac{1}{k^2} \sum_{j=1}^{k} \left(\text{Var}\,(\overline{X}_j) + 2 \sum_{i=1,\,i<j}^{k} \text{Cov}\,(\overline{X}_i, \overline{X}_j)\right) \tag{4.4-23}$$

Die **Kovarianz Cov** stellt ein Maß für den Zusammenhang zweier Zufallsvariablen dar. Durch Standardisierung mit den jeweiligen Varianzen der Zufallsvariablen erhält man den Korrelationskoeffizienten. Stammen die Zufallsvariablen aus dem gleichen sto-chastischen Prozeß – als Beobachtungen zu unterschiedlichen Zeitpunkten –, so spricht man von der Autokovarianz bzw. der Autokorrelation (vgl. 4.4.3.1). Bei unabhängigen Versuchen sind die Kovarianzen $\text{Cov}(\overline{X}_i, \overline{X}_j)$ (ebenso wie die Autokorrelationen) gleich 0. Wenn es jedoch gelingt, die Summe der Kovarianzen negativ zu machen, läßt sich eine kleinere Varianz gegenüber unabhängigen Versuchen erreichen. Durch Ein-führung einer negativen Korrelation zwischen den Ergebnissen verschiedener Wieder-holungen können statistisch genauere Simulationsergebnisse erzeugt werden, als dies bei unabhängigen Versuchen möglich ist.

Eine **negative Korrelation** zwischen jeweils zwei Stichproben läßt sich mit Hilfe von sog. *antithetischen Zufallszahlen* in den Simulationsprozeß einbringen. Bei dieser Methode werden im Intervall (0, 1) gleichverteilte Zufallszahlen $U_1, U_2, ..., U_n$ zur Erzeugung von Ereignissen in einem Abschnitt des Simulationsprozesses verwendet und $1-U_1, 1-U_2, ..., 1-U_n$ für die entsprechenden Ereignisse in einer zweiten Wieder-holung. Man kann dann davon ausgehen, daß (abhängig von den Transformationen, die die Zufallszahlen während eines Simulationsprozesses durchlaufen) ein Teil der nega-tiven Korrelation sich bis zur Simulationsausgabe fortpflanzt und damit zu einer Varianzreduzierung führt.

Die Ergebnisse der **antithetischen Wiederholungen** werden paarweise gemittelt, und man erhält eine neue Folge von Beobachtungswerten. Für die gleiche Anzahl von auszuwertenden Beobachtungen ist hierbei der doppelte Stichprobenumfang notwendig. Das arithmetische Mittel der auf Grund von antithetischen Zufallszahlen generierten Beobachtungswerte hat dann eine Varianz, die um den Faktor $1 + \rho$ (mit $\rho < 0$) kleiner ist als die Varianz einer gewöhnlichen Mittelwertschätzung (vgl. [Köc72], S. 191), wobei ρ den Korrelationskoeffizienten zwischen den zugehöri-gen antithetischen Beobachtungspaaren darstellt.

Der Einsatz von antithetischen Variablen in Simulationsstudien erfordert zusätzlichen Programmieraufwand und leicht erhöhte Rechenzeiten durch weitere Programmschritte. Bei einem Simulationsexperiment, bei dem ein einziger, sehr langer Simulationslauf beispielsweise mit quasi-unabhängigen Blöcken zur Auswertung herangezogen wird, müssen bei Erreichen der stationären Phase Systemzustand und Werte der Zufallszahlenströme gespeichert werden. Nach der Hälfte der Simulationszeit ist dann das System mit diesen Werten neu zu initialisieren und die Simulation mit den antithetischen Zufallszahlen fortzuführen. Es ist also nochmals die gleiche Anzahl von Blöcken zu simulieren. Am Ende der Simulation muß dann die **paarweise Zusammenfassung der antithetischen Beobachtungen** erfolgen. Diese gemittelten Werte der Beobachtungspaare bilden dann die neuen (für die Varianzbestimmung) auszuwertenden Beobachtungen. Diese haben meist eine geringere Varianz, als wenn alle Blockmittelwerte mit unabhängigen Zufallszahlen erzeugt worden wären, höchstens aber die gleiche Varianz. Da Ergebnisgrößen eines Simulationsmodells gewöhnlich nicht nur durch eine, sondern durch mehrere Zufallsvariablen bestimmt werden, ist eine merkliche Varianzreduzierung nicht garantiert. Daher ist der Einsatz von antithetischen Zufallszahlen nur dann sinnvoll, wenn man im Endergebnis eine negativ korrelierte Variable erhoffen kann. Gegebenenfalls muß dies vorab mit Hilfe von Pilotläufen getestet werden.

4.4.5.2 Gemeinsame Zufallszahlen

Häufig will man bei einer Simulationsstudie mehrere Systeme mit alternativen Operationsregeln (z. B. Bestellpolitiken in der Lagerhaltung) simulieren, um das beste System zu bestimmen. In diesem Fall ist man nicht so sehr an den absoluten Werten der Ausgabeparameter interessiert, sondern an den Differenzen. Daher erscheint es intuitiv plausibel, die verschiedenen Systeme unter **gleichen Versuchsbedingungen** zu simulieren. Das bedeutet neben gleichen Anfangsbedingungen auch gleiche Eingabeströme für jedes System.

Es wird nun die Varianz der Differenz zwischen X als Ergebniswert von System 1 und Y als Ergebniswert von System 2 betrachtet. Die allgemeine Beziehung für diese Varianz ist durch den folgenden Ausdruck gegeben:

$$\text{Var}(X - Y) = \text{Var}(X) + \text{Var}(Y) - 2\,\text{Cov}(X, Y) \qquad (4.4\text{-}24)$$

Die Varianz kann für die geschätzte Differenz also reduziert werden, wenn der Kovarianzterm positiv wird. Eine positive Kovarianz ist dadurch zu erreichen, daß die gleichen Zufallszahlen für die Eingabeströme in beiden Systemen verwendet werden. Das kann in einem Simulationsmodell leicht dadurch bewerkstelligt werden, daß für jeden Eingabestrom die Zufallszahlengeneratoren mit den gleichen Anfangswerten initialisiert werden. Zusätzlicher Programmieraufwand und erhöhte Rechenzeiten fallen demnach nicht an. *Kleijnen* benennt jedoch den Nachteil dieser Methode:

"... the use of the same random numers implies that we do not have independent observations and this complicates the statistical analysis." [Kle79, S. 105]

Beim Vergleich von nur zwei Strategien läßt sich Unabhängigkeit noch dadurch erreichen, daß – wie oben beschrieben – nur die Differenz der Beobachtungen der beiden Systeme ausgewertet wird. Ein Vergleich von mehr als zwei Strategien läuft jedoch auf sog. simultane (d. h. gleichzeitige) Konfidenzintervalle für die verschiedenen Differenzen hinaus, die unabhängige Beobachtungen voraussetzen (s. [Kle79], S. 106).

4.4.6 Bestimmung des Optimums in einem Simulationsexperiment

Hängt das Ergebnis X eines Simulationsexperimentes von bestimmten Modellparametern (Steuer-, Entscheidungsparameter) in einem Simulationsmodell ab, dann interessiert man sich häufig für diejenige **Parameterkombination**, die ein in einem vorgegebenen Sinne **optimales Ergebnis** eintreten läßt. Ist X beispielsweise eine Verlustvariable, dann ist das Optimum erreicht, wenn der Mittelwert μ von X minimal wird. Umgekehrt bedeutet die Optimierung eines Systems bezüglich einer Gewinnvariablen X das Auffinden des maximalen Mittelwertes von X.

Die Bestimmung der optimalen Kombination der Steuerparameter in einem Simulationsmodell ist Gegenstand der Versuchsplanung (*experimental design*). Da dieses Gebiet einen breiten Raum in der statistischen Literatur einnimmt (s. z. B. [Mye71], [Mon76], [Box78] oder [Law82]), soll es hier nur angerissen werden.

Die experimentell veränderbaren Größen eines Modells werden in der Versuchsplanung üblicherweise als *Faktoren (factors)*, das Ergebnis der Veränderungen als *Reaktion (response)* bezeichnet. Die funktionale Beziehung zwischen den Faktoren $(X_1, X_2, ..., X_n)$ und der Ergebnisvariablen

$$R = f(X_1, X_2, ..., X_n) \qquad (4.4\text{-}25)$$

heißt *Reaktionsoberfläche (response surface)*. Die einzelnen quantitativen Werte bzw. qualitativen Ausprägungen eines Faktors sind die *Faktorstufen (levels)*. Die Gesamtheit der Kombinationen aller Faktorstufen, die bei einem Experiment möglich sind, wird *Faktorraum (factor space)* genannt. Mit der Festlegung einer Faktorstufe bzw. einer Kombination von Faktorstufen wird somit ein Punkt im Faktorraum bestimmt. Eine Auswahl derartiger Punkte stellt einen *Versuchsplan (experimental design)* dar. Bei einem *Optimierungsexperiment* soll diejenige Faktorenkombination bestimmt werden, die zu einer optimalen Reaktion des Modells führt.

Es ist oft sinnvoll, mit dem Simulationsmodell **Erkundungsexperimente** durchzuführen, um die wichtigsten Faktoren und die relevanten Faktorstufen herauszufinden. Man bezeichnet diese Vorgehensweise als *Screening* (vgl. [Kle74], S. 77). Außerdem können Vorinformationen über das Realsystem eingesetzt werden, um Faktorstufen auszuschließen, die von vornherein für die Praxis nicht relevant sind. Dennoch muß in der Regel eine Vielzahl von Faktorkombinationen analysiert werden, sofern ein **vollständiger Versuchsplan** mit sämtlichen Punkten des Faktorraumes verwendet wird. Nur so ist es möglich, das absolute Optimum mit Sicherheit aufzufinden. Ein vollständiger Versuchsplan ergibt bei m Faktoren mit k Stufen insgesamt

$$\prod_{i=1}^{m} k_i \tag{4.4-26}$$

Kombinationen. Es wird deutlich, daß man hier rasch an die Grenzen der praktischen Berechenbarkeit stößt.

Hier beginnt die eigentliche Aufgabe der Versuchsplanung, die die Reduzierung der zu untersuchenden Faktorkombinationen auf ein handhabbares Maß zum Ziel hat.

Es existiert eine ganze Reihe von experimentellen Methoden zur Suche nach der optimalen Faktorkombination, die den Rechenaufwand erheblich reduzieren können, jedoch das Auffinden eines globalen Optimums nicht garantieren. Vielmehr besteht die Gefahr, daß stattdessen ein lokales Optimum und damit eine *suboptimale Lösung* gefunden wird. Die gängigen Verfahren sind die *Methode des gleichförmigen Rasters*, die *stochastische Suche*, die *Methode des steilsten Anstiegs*, die *Einzelfaktor-Methoden* sowie die *Mutationsmethode* (Abb. 4-17; vgl. auch [Har74]).

Bei der **Methode des gleichförmigen Rasters** werden mit einem relativ groben Raster von Faktorkombinationen zuerst die meistversprechenden Regionen der Reaktionsoberfläche ermittelt, die dann mit einer Folge von immer kleineren Rastern weiter untersucht werden.

Bei der **stochastischen Suche** wird durch eine Zufallsstichprobe aus dem Faktorraum bestimmt, welche Punkte untersucht werden sollen. Auf diese Weise läßt sich dem Optimum beliebig nahe kommen, je nachdem, wie groß die Stichprobe ist. Diese Methode ist insbesondere vorteilhaft, wenn bei einer größeren Anzahl von Faktoren keinerlei Vorinformation für eine sinnvolle Einschränkung des Faktorraumes vorliegt.

Die **Methode des steilsten Anstiegs** beginnt mit der Wahl eines geeigneten Startpunktes im Faktorraum. Für diesen Punkt und seine nähere Umgebung untersucht man den zugehörigen Ausschnitt der Reaktionsoberfläche daraufhin, in welcher Richtung er am steilsten ansteigt. In dieser Richtung wird in einem bestimmten Abstand der nächste Punkt gewählt und auf die gleiche Weise behandelt. So fortfahrend gelangt man schließlich an einen Punkt, an dem die Reaktionsoberfläche annähernd horizontal verläuft und ein weiterer Anstieg nicht mehr möglich scheint. Durch Erkundung der Umgebung stellt man dann fest, ob ein Sattelpunkt erreicht wurde, oder ob man tatsächlich am obersten Punkt angelangt ist.

Bei der **Einzelfaktor-Methode** verändert man jeweils nur einen einzigen Faktor, während die übrigen konstant gehalten werden. Dabei wird der erste Faktor so lange variiert, bis keine Verbesserung der Zielfunktion mehr festgestellt wird. Der erste Faktor wird nun konstant gehalten, und die Veränderung des nächsten Faktors schließt sich an. Sind alle Faktoren auf diese Weise variiert worden, beginnt man erneut mit dem ersten Faktor, wobei die anderen Faktoren auf ihren günstigsten Stufen festgehalten werden. Die Suche nach dem Optimum wird abgebrochen, wenn keine weiteren Verbesserungen durch Änderung eines Faktors feststellbar sind.

Die **Mutationsmethode** schließlich beginnt mit der Wahl von zwei oder mehreren dem Startpunkt naheliegenden Punkten im Faktorraum nach dem Zufallsprinzip. Derjenige mit dem besten Zielfunktionswert wird zum neuen Ausgangspunkt gemacht, von dem aus wiederum zufällig benachbarte Faktorkombinationen ausgewählt werden. Bei einer Verschlechterung der Ergebnisse wird die Veränderung der Faktoren vom letzten Ausgangspunkt aus so lange fortgeführt, bis ein besserer Punkt gefunden ist, oder man annehmen kann, daß das Optimum erreicht wurde.

Selbst wenn man sich eines dieser Verfahren bedient, die das Auffinden eines globalen Optimums nicht garantieren, wird eine Vielzahl von Simulationsläufen benötigt. Die Simulation ist in der Tat ein sehr aufwendiges Analyseinstrument.

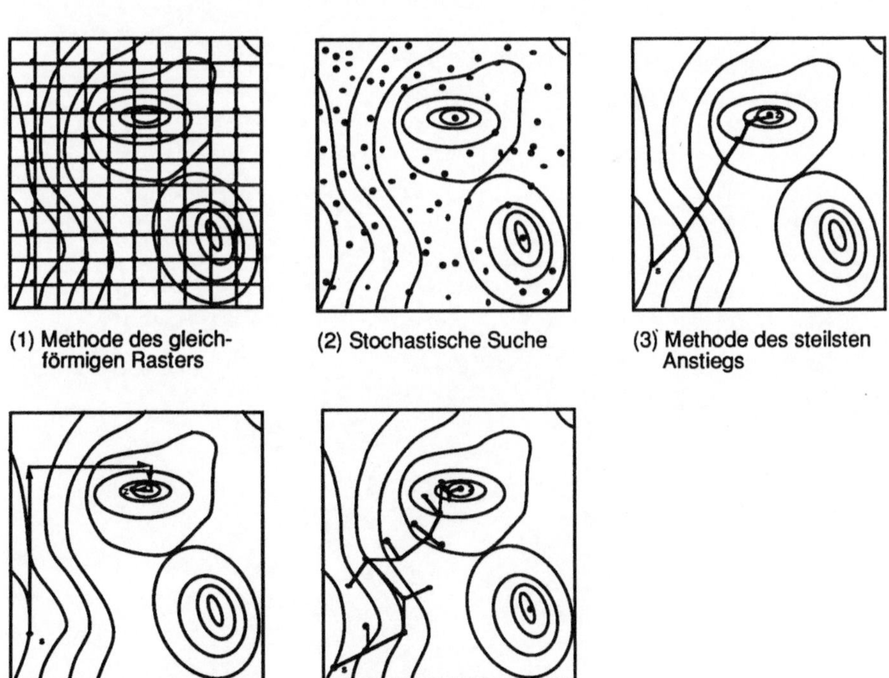

Abb. 4-17: Methoden zur Optimumsuche (nach [Har73], S. 223)

5 Modellvalidierung und -dokumentation

Ob ein mathematisches Modell "richtig" ist, läßt sich im allgemeinen nicht beweisen. Bestenfalls kann man das Modell einer Reihe von Prüfungen unterziehen, die das Vertrauen in die Gültigkeit des Modells im Rahmen bestimmter Problemstellungen erhöhen. In diesem Kapitel wird zunächst aufgezeigt, weshalb eine Gültigkeitsprüfung bei Simulationsmodellen besonders wichtig, zugleich aber auch besonders schwierig ist (5.1). Anschließend werden Grundsätze für ein Validierungskonzept aufgestellt (5.2). Auf dieser Basis wird ein Ansatz zur Modellvalidierung in mehreren Stufen – Validierung des konzeptuellen Modells, Verifikation, Sensitivitätsanalyse, Outputvergleich/ Kalibrierung, prognostische und dynamische Gültigkeitsprüfung – eingeführt (5.3). Der letzte Abschnitt gibt Hinweise für eine angemessene Dokumentation von Simulationsmodellen (5.4).

5.1 Zur Notwendigkeit einer Gültigkeitsprüfung

Die Entwicklung von mathematischen Modellen ist im allgemeinen ein komplexer Vorgang, der aus einer größeren Anzahl von Einzelschritten besteht. Diese verlaufen in der Regel nicht streng sequentiell, sondern teilweise parallel oder auch in Zyklen (Modellbildungszyklus, vgl. Kap. 1, Abb. 1-8). Jede Phase des Modellbildungsprozesses birgt zahlreiche **Fehlerquellen**. Es können Meßfehler bei der Datenerfassung auftreten, subjektive Einschätzungen des Modellentwicklers können zu Verfälschungen führen (*human bias*), beim Modellentwurf können wichtige Variablen und Relationen übersehen, falsche Parameterwerte und Variablenverknüpfungen gewählt werden, bei der Implementation auf dem Rechner Programmfehler auftreten – um nur einige Fehlerquellen zu nennen. Fehler können sich kumulieren oder sich gelegentlich auch zufällig kompensieren. Auf jeden Fall führen sie zu einer teilweisen oder vollständigen Ungültigkeit eines mathematischen Modells. Sollen Modellexperimente einen brauchbaren Ersatz für Experimente am Realsystem darstellen, muß daher die Gültigkeit (Validität) des Modells untersucht werden. Andernfalls wäre der Aussagewert solcher Experimente "weder hoch noch niedrig zu veranschlagen – er wäre überhaupt nicht abschätzbar" [Har74, S. 155]. *G. S. Fishman*'s Argumentation zielt in die gleiche Richtung:

"Before an investigator claims that his simulation model is a useful tool for studying behavior under new hypothetical conditions, he is well advised to check its consistency with the true system, as it exists before any change is made. The success of this validation procedure establishes a basis for confidence in the results that the model generates under new conditions. After all, if a model cannot reproduce system behavior without change, we hardly expect it to produce truly representative results with change." [Fis73, S. 328 f.]

Obwohl die mathematische Modellbildung und Simulation in vielen Anwendungsgebieten inzwischen große Verbreitung gefunden hat, wird der Modellvalidierung von den Modellentwicklern selten die ihr zustehende Bedeutung beigemessen. In vielen Modellstudien bleibt die Gültigkeitsprüfung sogar gänzlich unerwähnt. Hinzu kommt das Problem der uneinheitlichen Begriffsbildung auf dem Gebiet der Validierung von Simulationsmodellen (vgl. z. B. [Nay67], [Fis73], [Har74], [Kle74], [Stü75], [Pag83], [Sar84], [Bos89]). Ein wichtiges Ziel dieses Kapitels ist es, einen Ansatz zur Durchführung von Gültigkeitsprüfungen für komplexe Simulationsmodelle zu skizzieren, der einem Modellentwickler als Leitlinie dienen kann.

Die Validierungsproblematik stellt sich grundsätzlich in allen Modellstudien – unabhängig vom mathematischen Modelltyp. Es kann sich dabei um Optimierungsmodelle aus dem *Operations Research* (z. B. der Linearen Programmierung), um wahrscheinlichkeitstheoretische Modelle (z. B. der Warteschlangentheorie) oder um Modelle der multivariaten Statistik (z. B. der Faktorenanalyse) genauso handeln wie um ökonometrische Modelle. Bei **Simulationsmodellen** ist die Gültigkeitsprüfung jedoch besonders komplex. Während beispielsweise bei einem Optimierungsmodell der Linearen Programmierung oder von einem analytischen Warteschlangenmodell bestimmte Annahmen – z. B. der Linearität oder des statistischen Verteilungstyps – und damit Einschränkungen des Modells bekannt sind, an denen die Gültigkeitsprüfung ansetzen kann, können bei Simulationsmodellen mit ihren vielfältigen Erscheinungsformen höchst unterschiedliche Annahmen und Einschränkungen vorliegen. Die Validierung kann daher eine völlig andere Vorgehensweise erfordern. Die Gültigkeitsprüfung ist in der Simulation also besonders problematisch.

5.2   Grundsätze für ein Validierungskonzept

Die grundlegenden Überlegungen, auf denen der im folgenden Abschnitt eingeführte Validierungsansatz für Simulationsmodelle basiert, lassen sich in zehn Punkten zusammenfassen:

1.   Die Validierung ist eine **entscheidende Voraussetzung** für die praktische Anwendung eines mathematischen Modells. Modelle sollten weniger nach ihrem Detail-

lierungsgrad, nach Komplexität oder Umfang beurteilt werden, sondern in erster Linie danach, wie sorgfältig und mit welchem Ergebnis ihre Validität geprüft wurde.

2. Die Modellvalidierung ist als ein Prozeß zu verstehen, dessen Ziel die Schaffung eines **angemessenen Vertrauensgrades** in ein mathematisches Modell darstellt. Dabei kann es nicht um einen exakten "Test" gehen, mit dem sich die Validität des Modells endgültig beweisen oder widerlegen ließe. Vielmehr geht es bei der Validierung vor allem darum, größtmögliche Transparenz für die Beurteilung von Modellen zu schaffen und alle Möglichkeiten auszuschöpfen, inkorrekte Modelle zu falsifizieren.

3. Modellexperimente sollen als Ersatz für Experimente mit realen Systemen dienen. Aus den Ergebnissen werden Zielaussagen gewonnen, die in der Regel in einem Entscheidungsprozeß verwendet werden. Folglich ist das eigentliche Ziel der Validierung, sicherzustellen, daß ein Modell eingesetzt wird, welches den Modellanwender zu den **gleichen Entscheidungen** führt, wie er sie unter realen Bedingungen treffen würde. Dies setzt *keine* umfassende Äquivalenz zwischen Modell und Realsystem voraus.

4. Ein mathematisches Modell sollte immer auf ein **explizit definiertes Untersuchungsziel** ausgerichtet sein. Die Gültigkeit kann nur in bezug auf diese Problemstellung nachgewiesen werden. Ändert sich das Untersuchungsziel der Modellstudie, so muß die Validität neu geprüft werden. Modelle mit universeller Gültigkeit (im Sinne einer Äquivalenz mit dem Realsystem) kann es nicht geben, da der Modellbildungsprozeß durch Abstraktion, Idealisierung und Komplexitätsreduzierung gekennzeichnet ist. Ein Modell ist grundsätzlich nur eine Approximation an die jeweils problemrelevanten Aspekte des Realsystems.

5. Die Validierung sollte auf der Basis der gleichen **Genauigkeitsanforderungen** durchgeführt werden, die auch bei realen Experimenten und Entscheidungssituationen gestellt werden.

6. Die Anwendung mathematisch-statistischer Verfahren stößt in der Modellvalidierung an Grenzen. Daher müssen neben statistischen Verfahren auch **qualitative Methoden** (wie die Plausibilitätsprüfung durch Experten, die Erfahrungswissen über das Realsystem besitzen) zur Prüfung eines Modells herangezogen werden.

7. Die Vorgehensweise bei der Validierung ist **spezifisch für bestimmte Modelltypen und Problemstellungen**. Es kann kein einheitliches, für alle Modelltypen und Untersuchungsziele verbindliches Validierungsverfahren geben.

8. Alle Schritte des Validierungsprozesses sind genau zu **dokumentieren**. Nur durch die so hergestellte Transparenz der gesamten Modellstudie wird ein Modell vertrauenswürdig.

9. Ein wichtiger Bestandteil der Modellvalidierung ist die enge Zusammenarbeit mit den späteren **Modellanwendern.**

10. Validierung darf nicht als eine Art "Restschuld" betrachtet werden, die nach Abschluß der Modellentwicklung nur dann eingelöst wird, wenn dies Zeit und Finanzmittel zulassen. Vielmehr sollte sie den **gesamten Modellbildungsprozeß** begleiten, wobei jeweils zu dokumentieren ist, welche Schritte der Modellbildung mit welchen Maßnahmen überprüft wurden.

5.3   Ein mehrstufiger Ansatz zur Modellvalidierung

Der hier eingeführte Ansatz zum Gültigkeitsnachweis von Simulationsmodellen orientiert sich an den Abbildungsebenen zwischen den Objekten der Modellbildung (Realsystem – konzeptuelles Modell – Computer-Modell), wie sie in 1.4 vorgestellt wurden. Daraus leiten sich drei prinzipielle Stufen der Modellvalidierung ab, die in Abbildung 5-1 schematisch dargestellt sind. In jeder Stufe wird eine der Beziehungen überprüft, die zwischen den drei Objekten bestehen können.

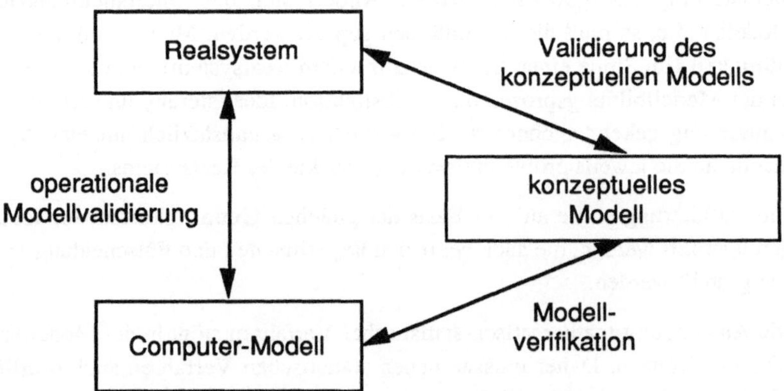

Abb. 5-1: Schematische Darstellung der Modellvalidierung (in Anlehnung an [SCS79])

5.3.1   Validierung des konzeptuellen Modells

Die erste Stufe des Gültigkeitsnachweises dient zur Prüfung der Abbildung zwischen Realsystem und konzeptuellem Modell. Dabei sind die folgenden Punkte zu prüfen.

Überprüfung der Hypothesen und vereinfachenden Annahmen

Typischerweise wird man beim Modellentwurf von bestimmten *Hypothesen* ausgehen. Diese sollten mit bekannten Theorien des Anwendungsgebietes vereinbar sein und einer Plausibilitätsprüfung durch Fachleute standhalten, die entsprechendes Erfahrungswissen über das Realsystem besitzen. Daneben sind bei der Modellbildung stets *vereinfachende Annahmen* notwendig (z. B. Verteilungsannahmen über Ankunftsprozesse). Hier kann zum Teil durch Vergleich mit empirischen Daten statistisch überprüft werden, ob die Vereinfachung zu große Abweichungen zur Folge hat und daher nicht mehr vertretbar erscheint. Außerdem können auch hierzu mehrere Experten befragt werden.

Methoden: Expertenbefragungen, statistische Anpassungstests

Datenverifikation

Sowohl für den Modellentwurf als auch zur Modellvalidierung sind in der Regel empirische Daten erforderlich. Daher müßten aus dem verfügbaren Datenbestand eigentlich zwei Teilmengen gebildet werden, die jeweils unabhängig voneinander für Modellentwurf und -validierung eingesetzt werden. Häufig scheitert jedoch diese an sich notwendige Vorgehensweise daran, daß die Datenbasis schon für den Modellentwurf kaum ausreichend ist. In jedem Fall ist eine Qualitätsprüfung ("Verifikation") aller in einer Modellstudie verwendeten Daten erforderlich. Zur Prüfung der Datenqualität können Plausibilitätskontrollen unter Mitwirkung der Modellanwender oder anderer Fachexperten herangezogen werden.

Methoden: Datenanalysemethoden, Glättungsmethoden, Expertenbefragungen

Strukturprüfung

Hier wird der innere Aufbau des Modells auf seine Plausibilität geprüft. Da es keine exakten Verfahren gibt, um die "Strukturähnlichkeit" zwischen Modell und Original zu überprüfen, ist es hier besonders wichtig, daß auch Personen an der Prüfung teilnehmen werden, die am Modellentwurf nicht beteiligt waren. Gegenüber diesen Experten muß die Struktur des Modells möglichst transparent dargestellt werden. Dabei ist zu diskutieren, ob für das Modell – gemessen am jeweiligen Untersuchungsziel – das richtige Aggregationsniveau gewählt wurde und ob die problemrelevanten Objekte, Attribute und Beziehungen korrekt erfaßt wurden.

Methoden: Begutachtung von Struktur- und Ablaufdiagrammen durch Experten

5.3.2 Modellverifikation

Die Überprüfung der Abbildung des konzeptuellen Modells auf das Computer-Modell
wird als Modellverifikation bezeichnet. Es wird geprüft, ob das mit Hilfe der ausge-
wählten Implementationssprache erstellte Programm das konzeptuelle Modell korrekt
wiedergibt. In der Praxis kommt es nicht selten vor, daß ein Simulationsprogramm
völlig andere Werte liefert, als man aufgrund des konzeptuellen Modells erwarten
würde. Problematischer sind jedoch Fehler, die nicht auf den ersten Blick zu erkennen
sind. Auch plausibel erscheinende Ergebnisse sollten daher in systematisch ausgewähl-
ten Fällen nachgerechnet werden, um mögliche Programmfehler aufzudecken.

Der Korrektheitsnachweis, der sich angesichts der hohen Komplexität von Simulationssoftware formal nicht führen lassen wird, muß durch eine saubere Anwendung
bewährter Methoden des Software-Engineering, wie die schrittweise Programment-
wicklung und -verfeinerung, Modularisierung, *Information Hiding* und systematische
Programmdokumentation wesentlich gestützt werden. Programmtestmethoden und die
Verwendung leistungsfähiger Testhilfen sind ebenfalls hilfreich.

Methoden: Beachtung von Software-Engineering-Prinzipien, Programmtestmethoden,
         Kontrollrechnungen

5.3.3 Operationale Modellvalidierung

Über die *Strukturgültigkeit* eines Modells hinaus ist auch die *Verhaltensgültigkeit*, also
die Ähnlichkeit der Prozeßabläufe in Realsystem und Modell, zu prüfen. Dazu müssen
zahlreiche Simulationsläufe durchgeführt werden, um das **dynamische Modellverhalten** zu explorieren. Diese aufwendigste Phase der Modellvalidierung sollte die nachfolgend erläuterten Schritte beinhalten.

Plausibilitätsprüfung

Dieser Schritt zielt auf die Untersuchung des plausiblen Verhaltens des Modells und
und seiner Komponenten. Hierbei erweisen sich **analytische Alternativmodelle** gerin-
gerer Komplexität häufig als nützlich, die einen Vergleich mit dem Simulationsmodell
zumindest für einige Spezialfälle ermöglichen. Außerdem können bekannte Theorien
(z. B. über Ankunftsprozesse) oder Modellanwender und andere Kenner des realen
Systems herangezogen werden, um das Modellverhalten zu interpretieren und zu beurteilen (*face validity*).

Methoden: analytische Vergleichsrechnungen, Expertenbefragungen

Sensitivitätsanalyse

In diesem Schritt der operationalen Modellvalidierung wird untersucht, wie die **Modellausgabe** auf Veränderungen der **Modelleingabe** oder der **Modellstruktur** reagiert, und von welchen exogenen Variablen, Relationen oder Parametern die Modellergebnisse am stärksten abhängen. Dadurch ist es möglich eventuelle Strukturfehler im Modell aufzudecken, kritische Größen zu erkennen, die im Modell wie in der Realität besonders beachtet werden müssen, wesentliche Einflußgrößen von unwesentlichen – und eventuell zu vernachlässigenden – Variablen zu trennen und Aussagen über die Prognosequalität des Modells zu gewinnen. Außerdem läßt sich herausfinden, ob bestimmte Modellresultate – beispielsweise in Form von Entscheidungsalternativen – nur für eingeschränkte Wertebereiche von Parametern gültig sind. Schließlich lassen sich Erkenntnisse über die Stabilität des Modells gewinnen.

Die Ergebnisse der Sensitivitätsanalyse geben somit Hinweise darauf, welche Variablen und Parameter (möglicherweise durch zusätzlichen empirischen Forschungsaufwand) besonders genau bestimmt werden müssen. Umgekehrt kann man sich bei weniger sensitiven Modellgrößen mit einer geringeren Daten- bzw. Abbildungsgenauigkeit begnügen.

Als formales Maß für die **Sensitivität** können die relativen Veränderungen einer Ergebnisvariablen Y_i und einer Eingabevariablen X_j in Beziehung gesetzt werden. Ein *Sensitivitätskoeffizient* läßt sich dann definieren als

$$S_{ij} = (dY_i / Y_i) / (dX_j / X_j) \tag{5.3-1}$$

Werte von S_{ij} nahe 0 zeugen von geringer Sensitivität; die Eingabevariablen sind folglich unkritisch für das Modellergebnis. Sehr große Werte ($|S_{ij}| \to \infty$) weisen dagegen auf die Instabilität des Modells hin. In diesem Fall sollte abgeklärt werden, ob nicht ein **Strukturfehler** des Modells die Ursache ist. Bei mittleren Werten ist die Interpretation jedoch von der Problemstellung abhängig: Unter dem Aspekt der modellgestützten Entscheidungsfindung ist letztlich von Bedeutung, wann die durch Eingabeveränderungen hervorgerufenen Modellresultate zu anderen Entscheidungen führen würden.

Outputvergleich und Kalibrierung

Der Outputvergleich nimmt eine zentrale Stellung im Modellvalidierungsprozeß ein. Der einfachste Ansatz besteht darin, einen oder mehrere statistische **Kennwerte** der Beobachtungen aus dem Realsystem zu berechnen und diese mit den entsprechenden Größen des Modells zu vergleichen. Dazu eignen sich Maßzahlen wie der Mittelwert, die Stichprobenvarianz, der Median, das Minimum oder Maximum. Klassische statistische Verfahren wie der t-Test oder verteilungsfreie Verfahren wie der Rangtest bieten sich für diesen Vergleich an.

Eine andere Möglichkeit besteht in der Bestimmung eines **Konfidenzintervalls** (vgl. 4.4.3) für die Ergebnisdifferenz zwischen Simulationsdaten und empirischen Daten. Befindet sich der Nullwert innerhalb des Konfidenzintervalls, so unterscheiden sich Modell und Realsystem hinsichtlich der betrachteten Ergebnisvariablen nicht signifikant. Doch selbst wenn die Differenz statistisch signifikant sein sollte, muß das Modell für praktische Anwendungen noch nicht unbedingt als ungültig angesehen werden. Subjektiv können durchaus größere Abweichungen toleriert werden, sofern diese nicht zu anderen Schlußfolgerungen (und damit Entscheidungen) führen.

Problematisch an diesem Ansatz sind die methodischen Schwierigkeiten, auf die man unmittelbar stößt, wenn man den Outputvergleich auf mehrere Ergebnisvariablen ausdehnen will (*simultane Konfidenzintervalle*, vgl. [Kle74], S. 237).

Ein anderer Ansatz besteht darin, Verteilungen aus Realsystem und Modell mit Hilfe von **statistischen Testverfahren** zu vergleichen. Zu den verfügbaren Testverfahren gehört der (Zweistichproben-) X^2-Test, bei dem man analog zum X^2-Anpassungstest (vgl. 4.3) Abweichungen zwischen zwei Verteilungen durch Berechnung einer Prüfgröße bestimmt. Während beim Anpassungstest eine empirische Verteilung mit einem theoretischen Verteilungstyp verglichen wird, so werden hier die Abweichungen zwischen empirischen und simulierten Verteilungen gemessen. Der Wert der Prüfgröße gibt Auskunft darüber, ob die Abweichungen noch als zufällig oder schon als signifikant anzusehen sind. Signifikante Abweichungen führen zu einem negativen Ergebnis des Outputvergleichs und damit zur Ablehnung der Hypothese der Modellvalidität.

Es ist zu beachten, daß die genannten Testverfahren nicht ohne weiteres anwendbar sind, da sie unabhängige, identisch verteilte Beobachtungen erfordern. Die meisten realen und simulierten Prozesse sind jedoch durch Autokorrelation und teilweise Instationarität gekennzeichnet (vgl. 4.4). Man muß über bestimmte Maßnahmen wie die Abtrennung der transienten Anlaufphase (vgl. 4.4.2) und das Batchmittelwertverfahren (vgl. 4.4.3.3) sicherstellen, daß man stationäre und (quasi-) unabhängige Stichprobenwerte erhält, übrigens für das Modell *und* für das Realsystem.

Ein sehr datenintensiver Ansatz für den Outputvergleich besteht darin, die Eingabevariablen des Modells mit **historischen Daten** aus dem Realsystem zu beschicken und zu prüfen, ob ein Modellergebnis ähnlich den bekannten Ergebniswerten des Realsystems erzeugt wird. Hier werden also empirische Rohdaten anstelle von Zufallszahlen verwendet. Voraussetzung für diesen Ansatz ist die Verfügbarkeit sehr detaillierter empirischer Beobachtungswerte und der resultierenden Reaktionen. Nachteilig an dieser an sich plausiblen Vorgehensweise ist der hohe Datenbedarf und die geringe Allgemeingültigkeit, die auf eine mögliche Abhängigkeit von den speziellen empirischen Daten zurückzuführen ist.

Es sind vorab verschiedene statistische Verfahren für den exakten quantitativen Outputvergleich angesprochen worden. Neben großen methodischen Schwierigkeiten, auf die man unmittelbar stößt, wenn mehrdimensionale Problemstellungen vorliegen, d. h.

mehrere Ergebnisvariablen gleichzeitig zu analysieren sind, setzt auch der erwähnte Datenmangel einem quantitativen Outputvergleich Grenzen.

Daher wird man für den Outputvergleich neben exakten statistischen Testverfahren typischerweise auch **qualitative** Ansätze heranziehen müssen. Dies ist beispielsweise dann der Fall, wenn aus Gründen der Datenlage nur für die wichtigste Ergebnisvariable ein exakter Test durchgeführt werden kann, die anderen Ergebnisse jedoch einer subjektiven Beurteilung unterzogen werden, die auch für die Modellanwender akzeptabel ist. Es kann auch sinnvoll sein, nach dem Vorbild des *Turing-Tests* den folgenden Blindversuch durchzuführen: Fachleute, die mit dem modellierten Realsystem gut vertraut sind, werden vor die Aufgabe gestellt, den Modelloutput und die realen Daten zu unterscheiden. Sind sie dazu nicht in der Lage, hat das Modell diesen Test bestanden (vgl. [Law82], S. 341).

Während beim Outputvergleich Modellergebnisse und empirische Meßwerte verglichen werden, geht es bei der *Kalibrierung* um eine Einregulierung der Modellparameter mit dem Ziel, eine Angleichung der Outputs zu erreichen. Genauer versteht man unter Kalibrierung die **Anpassung eines Modells an das Realsystem** (*model fitting*) durch Veränderungen solcher Parameter, die nur ungenau oder überhaupt nicht in der Realität gemessen werden können.

Obwohl die Kalibrierung zuweilen als eigenständiger Arbeitsschritt der Validierung angesehen wird (vgl. [Stü75], S. 239-245), wird sie hier nur als untergeordneter, in sehr enger Verbindung mit dem Outputvergleich stehender Teilschritt behandelt. Denn zum einen beinhaltet die Kalibrierung einen wiederholten Outputvergleich, um die Modellanpassung nach jeder Parameteränderung zu überprüfen; somit sind prinzipiell die gleichen statistischen Methoden anwendbar. Zum anderen sollte der Kalibrierung bewußt die Bedeutung einer eigenständigen Phase der Modellvalidierung vorenthalten werden, weil sie aufgrund der doch recht willkürlichen Parameterveränderungen zu **subjektiv bestimmten Manipulationen** verführen kann. Im Extremfall könnte man nämlich an allen Parametern solange "drehen", bis Modellergebnisse und reale Meßwerte übereinstimmen. Das Problem bei dieser Vorgehensweise ist der Verlust einer Kontrollmöglichkeit: Sind die Parameter eines Modells empirisch fundiert, so ist mit dem Outputvergleich, in den ja andere empirische Größen eingehen, eine Möglichkeit zur Überprüfung des Modells gegeben. Erzeugt es mit den abgesicherten Parameterwerten ein falsches Ergebnis, muß es fehlerhaft sein; ein erfolgreicher Outputvergleich dagegen wird als Bestätigung des Modells ausgelegt. Werden die Parameterwerte jedoch durch Kalibrierung bestimmt, so wird dies das Vertrauen in ein Modell kaum stärken. Folglich ist die Kalibrierung als ein wenig exaktes, eher pragmatisches Instrument im Validierungsprozeß anzusehen, das es sehr "sparsam" einzusetzen gilt. Aufgrund der meist schlechten Datenlage in der Praxis ist dieses Instrument jedoch selten verzichtbar.

Zum kontrollierten Einsatz der Kalibrierung sollte man sich tunlichst auf Parameter beschränken, die sich im Rahmen der Sensitivitätsanalyse als *wenig sensitiv* erwiesen haben, insbesondere auf diejenigen, die keinen bestimmenden Einfluß auf die aus den Modellergebnissen abzuleitenden Entscheidungsaussagen haben. Außerdem sollte die Parameteränderung nur innerhalb solcher Wertebereiche vorgenommen werden, die entweder empirisch abgesichert sind oder von den Modellanwendern bzw. anderen Experten als realistisch eingeschätzt werden. Schließlich ist es für die Glaubwürdigkeit der Modellstudie vorteilhafter, wenn man die Kalibrierung auf sehr wenige Parameter beschränkt und dabei die Ergebnisse der Kalibrierungsläufe genauestens offenlegt, um sich nicht einem Manipulationsvorwurf auszusetzen.

Prognostische und dynamische Gültigkeitsprüfung

Die letzte Phase der operationalen Modellvalidierung besteht in dem Nachweis der prognostischen und dynamischen Validität eines Modells. Voraussetzung für diesen Test ist jedoch, daß ein Modell tatsächlich in der Praxis eingesetzt wird, und zwar nicht nur für einmalige Analysen, sondern routinemäßig als Planungs- und Entscheidungs-instrument. Dieser **Praxistest** zeigt, ob sich das Modell unter realen Bedingungen auf Dauer bewährt. Bei der *prognostischen Gültigkeitsprüfung* muß sich erweisen, ob die Prognosen des Modells mit den eintretenden Ereignissen übereinstimmen (Prognose-fähigkeit). Die prognostische Validierung kann auch als Variante des Outputvergleichs betrachtet werden, bei der die Daten des Realsystems zum Zeitpunkt der Simulation noch nicht vorliegen. Auftretende Abweichungen zwischen Modell und Realsystem können Hinweise für eine Modellrevision geben.

Doch selbst wenn ein Modell verläßliche Prognosen liefert, muß man bei einem Routineeinsatz über einen längeren Zeitraum dennoch die *dynamische Modellvalidität* im Auge haben, denn die Systemdynamik mit raschen Veränderungen der Realität kann schon bald zu einer Ungültigkeit des Modells führen. Zur Sicherstellung der dynami-schen Modellvalidität muß folglich ein Verfahren zur laufenden Erfassung von Infor-mationen entwickelt werden, die anzeigen, wann Modellparameter und -struktur ange-paßt werden müssen.

Methodisch unterscheiden sich die prognostische und dynamische Gültigkeitsprü-fung nicht vom Outputvergleich; es kommen die gleichen statistischen und qualitativen Verfahren zur Anwendung.

Die hier aufgeführten Arbeitsschritte in den drei Stufen der Modellvalidierung sind als Maximalkatalog zu verstehen, von dem für den überwiegenden Teil der Modellstudien nur eine bestimmte Auswahl anwendbar ist. Beispielsweise ist ein historischer Output-vergleich nur für Modelle von bereits existierenden Systemen möglich – in vielen Modellstudien geht es jedoch um fiktive, hypothetische Systeme. Die prognostische und dynamische Gültigkeitsprüfung ist nur für solche Modelle relevant, die über einen längeren Zeitraum im praktischen Einsatz stehen.

Zusammenfassend läßt sich festhalten, daß der Gültigkeitsnachweis einen entschei-denden Bestandteil einer Simulationsstudie darstellt, der bisher zu wenig Beachtung fand. Validierungsaspekte sind im gesamten Modellbildungszyklus von Bedeutung. Die Modellvalidierung sollte es den Modellanwendern ermöglichen, sich ein eigenes Urteil über die Gültigkeit des Modells zu bilden. Grundvoraussetzung dafür ist eine hohe Transparenz der Modellstudie, die nur durch eine ausführliche Dokumentation aller Phasen der Modellbildung erreicht werden kann. Ein Gültigkeitsnachweis ist kein vollständig formaler Test im Sinne der Prüfstatistik sein; er wird neben quantitativen auch immer qualitative Methoden beanspruchen, die zusätzliche Möglichkeiten zur Erkennung unzulänglicher Modelle – also zur Falsifikation von Modellen – bieten. Welche Maßnahmen der Validierung im Einzelfall anwendbar sind, ist vom Modelltyp und von den verfügbaren Daten abhängig.

5.4 Modelltransparenz durch Dokumentation

Die Dokumentation einer Modellstudie hat einen hohen Stellenwert für ihre **Transparenz** und damit auch für die **Vertrauenswürdigkeit** des Simulationsmodells. *S. I. Gass* bemerkt dazu:

> "Although no studies that demonstrate precisely which documentation is necessary or sufficient to ensure appropriate model use exist, it is clear that the lack of documentation hinders both the dissemination and use of models." [Gas81, S. 728]

Es erscheint notwendig, daß selbst dann, wenn keine allgemein akzeptierten Dokumentationsstandards für Modelle verfügbar sind, einige Grundregeln eingehalten werden, um die Kommunikation zwischen Modellersteller und -anwender zu verbessern.

In Hinblick auf die wachsende Bedeutung der Simulation in der Entscheidungsfindung ist eine Dokumentation zu fordern, die die Prämissen eines Modells offenlegt und seine Anwendung einschließlich daraus resultierender Entscheidungen nachvollziehbar macht. Eine derartige **Dokumentation für Simulationsmodelle** muß weit über eine herkömmliche Programmdokumentation hinausgehen. Sie sollte so vollständig sein, daß sie einen Anwender in die Lage versetzt,

- die Qualität des Modells selbst zu beurteilen,
- die dokumentierten Simulationsexperimente selbständig zu wiederholen und eigene Experimente durchzuführen,
- bei Bedarf eigene Arbeiten auf dem vorliegenden Modell möglichst nahtlos aufzubauen und fortzuführen, also das Modell selbst weiterzuentwickeln.

Die Dokumentation eines Modells sollte mindestens die folgenden Bestandteile enthalten (vgl. auch [Gas81]):

1. den *Modellnamen*, der als Referenz und Suchbegriff dient und auch erkennen lassen sollte, welches System das Modell beschreibt,
2. den *Namen des verantwortlichen Modellkonstrukteurs*, damit bei späteren Rückfragen ein Ansprechpartner vorhanden ist,
3. das *Modellbildungsziel*, das der (ebenfalls zu benennende) Auftraggeber verfolgt,
4. die *Daten*, die zur Modellbildung herangezogen wurden, sowie ihre Quellen,
5. die *Prämissen*, die der Modellbildung zugrundeliegen,
6. die *Methoden* die bei der Modellerstellung zur Anwendung kommen, z. B. Simulationskonzepte, Differentialgleichungstypen, numerische Lösungsmethoden, statistische Auswertungsmethoden,
7. die durchgeführten Maßnahmen zur *Modellvalidierung* mit ausführlicher Darstellung der Resultate,
8. die *schematische Modelldarstellung*, möglichst in Form übersichtlicher, verständlicher Modelldiagramme,
9. die *formale Modellbeschreibung*, d. h. mathematische Modellgleichungen oder Algorithmen,
10. die *kommentierten Programmlistings* einschließlich der Flußdiagramme oder Struktogramme und weiterer Programmdokumentation,
11. die *technischen Voraussetzungen* für einen Simulationslauf wie Hardwareanforderungen, Betriebssystem, Compiler, Kompatibilitäts- und Portabilitätsprobleme,
12. die *Ergebnisse* mindestens eines exemplarischen Simulationslaufs mit den zugehörigen Eingabedaten,
13. die *Analyse* und *Bewertung* dieser exemplarischen Ergebnisdaten bezüglich der Prämissen und der Zielsetzung, der Hypothesen und vereinfachenden Annahmen,
14. die *Anwendungsbreite* des Modells (die Klasse der Fragestellungen, auf die es anwendbar ist) sowie den Vergleich mit anderen (verwandten) Modellen,
15. die *Literaturliste*, die dem Anwender weitere Hintergrundinformationen zur Modellstudie erschließt.

Man erkennt leicht, daß die Dokumentation eines Modells beschwerlich, zeitaufwendig und damit teuer ist. Dennoch muß sie fester Bestandteil einer jeden Modellstudie sein, wenn diese nicht nur für die Modellkonstrukteure, sondern auch für andere Anwender von Nutzen sein soll. Nur durch eine gute Dokumentation kann letztlich die Kommunikation zwischen Modellkonstrukteuren, Anwendern und anderen Fachleuten über das Modell ermöglicht und damit seine Qualität sichergestellt werden.

6 Simulationssoftware

Der Begriff *Simulationssoftware* umfaßt jede Art von Software, die für Aufgaben im Rahmen der Modellbildung und Simulation eingesetzt wird. In der Literatur wird gelegentlich die Bezeichnung *Software-Simulator* oder kurz *Simulator* in einer ähnlichen Bedeutung verwendet (vgl. z. B. [Sch85]).

Zur Simulationssoftware im *weiteren* Sinne sind auch allgemein einsetzbare Softwareprodukte (z. B. Compiler für allgemeine höhere Programmiersprachen) zu zählen, soweit diese auf dem Gebiet Simulation eingesetzt werden. Als Simulationssoftware im *engeren* Sinne kann die speziell für Aufgaben der Simulation entwickelte Software betrachtet werden.

Da sich ein breites Spektrum von Simulationssoftware entwickelt hat, erscheint es sinnvoll, ein Klassifikationsschema zu entwickeln, das in diesem heterogenen Gebiet als Orientierungshilfe dienen kann (6.1). Auf die wichtigste Klasse der Simulationssoftware, die *Simulationssysteme*, wird in einem gesonderten Abschnitt näher eingegangen (6.2).

6.1 Klassifikation von Simulationssoftware

Ein erstes Kriterium, das zur Klassifikation von Simulationssoftware verwendet werden soll, ist die **Anwendungsebene** der Software. Hier werden die folgenden drei Klassen unterschieden:

* *Software auf der Ebene von Sprachen:* Simulationssoftware dieser Art besteht im wesentlichen aus einem Übersetzer oder Interpreter für eine Programmiersprache, die für die Implementation von Simulationsmodellen geeignet ist. Diese Klasse von Simulationssoftware unterstützt den Benutzer also ausschließlich in der Implementationsphase des Modellbildungsprozesses.
* *Software auf der Ebene von Modellen:* Hier handelt es sich um Anwenderprogramme in Form fertig implementierter Modelle. Mit Eingabedaten versehen, können diese Programme unmittelbar zur Simulation eingesetzt werden.

- *Software auf der Ebene von Unterstützungssystemen:* Als Unterstützungssystem wird hier eine integrierte, in der Regel interaktive Arbeitsumgebung für einen oder mehrere Benutzer bezeichnet. Diese Klasse von Simulationssoftware erleichtert die Bearbeitung typischer Aufgaben im Rahmen der Modellbildung und Simulation, z. B. den Entwurf und die Dokumentation des konzeptuellen Modells oder die Auswertung von Simulationsexperimenten. Die Unterstützung ist nicht auf die Implementationsphase beschränkt.

Ein zweites Kriterium ist der **Grad der Problemorientierung** der Simulationssoftware. Danach lassen sich vier Klassen unterscheiden:

- *allgemein verwendbare Software:* Dazu gehören Compiler für allgemeine höhere Programmiersprachen, Statistikpakete usw.
- *simulationsspezifische Software:* Dies sind Softwareprodukte, die für die speziellen Anforderungen der Simulation entwickelt, nicht aber an bestimmte Modelltypen oder Problemstellungen orientiert sind.
- *an Problemklassen und Modelltypen orientierte Software:* Durch eine weitergehende Problemorientierung erleichtert diese Klasse von Software die Modellbildung für bestimmte Problemklassen und die ihnen zugeordneten Modelltypen.
- *an den Problemstellungen eines Anwendungsgebietes orientierte Software:* Diese Software ist auf die speziellen Problemstellungen eines bestimmten Anwendungsgebietes der Modellbildung und Simulation zugeschnitten.

6.1.1   Simulationssoftware auf Sprachebene

Bei der Verwendung von Simulationssoftware dieser Ebene entspricht die Modellerstellung der Entwicklung eines Simulationsprogramms. In diesem Programm werden sowohl die Modellstruktur als auch die zusätzlich erforderlichen Kontrollstrukturen (z. B. Ein-/Ausgabefunktionen, Ablaufkontrolle) implementiert. Das Ergebnis ist nach einem Übersetzungsvorgang, der evtl. über mehrere Sprachebenen erfolgt (s. u.), ein selbständiges, unmittelbar ausführbares Programm auf Maschinenebene.

Obwohl diese Art von Simulationssoftware direkt nur die Modellimplementation unterstützt, besteht dennoch das Ziel, die Erstellung eines Modells für den Benutzer nicht als Programmierung im traditionellen Sinne darzustellen, sondern ihm eine Modellspezifikation in einem eher deklarativen Stil zu gestatten. Auf diese Weise soll auch Benutzern, die über keine ausreichende Programmiererfahrung verfügen, die Implementation von Simulationsmodellen ermöglicht werden. Hierfür werden mächtige, problemorientierte Sprachkonstrukte zur Verfügung gestellt, deren Verwendung bereits den Entwurf des konzeptuellen Modells beeinflussen kann. Die Modellspezifikationen sind dann in der Regel über mehrere Ebenen zu übersetzen, ehe ein ausführbares Programm entsteht. In diesem Zusammenhang sind auch *Programmgeneratoren* zu nennen, die eine Spezifikation des Benutzers (z. B. in grafischer Form) in ein Quellprogramm einer allgemeinen höheren Programmiersprache übersetzen.

Nach dem Grad der **Problemorientierung** kann die Simulationssoftware auf der Ebene von Sprachen weiter eingeteilt werden in

- allgemeine Programmiersprachen
- Simulationspakete
- Simulationssprachen

Allgemeine Programmiersprachen

Trotz des mittlerweile breiten Angebots an speziellen Simulationssprachen werden häufig allgemeine Programmiersprachen zur Implementation von Simulationsmodellen eingesetzt. Damit ist nicht nur ein hoher Aufwand, sondern auch eine hohe **Fehleranfälligkeit** verbunden. Alle simulationsspezifischen (aber modellunabhängigen) Funktionen müssen mit elementaren Mitteln realisiert werden. Diesen Nachteilen stehen jedoch die größere **Flexibilität** bei der Modellformulierung und die weite Verbreitung der allgemeinen Programmiersprachen (Verfügbarkeit) als Vorteile gegenüber. Hinzu kommt, daß bestehende **Programmierkenntnisse** genutzt werden können und der Aufwand für das Erlernen einer neuen speziellen Sprache entfällt.

Allgemeine höhere Programmiersprachen, die häufiger zur Implementation von Simulationsmodellen eingesetzt werden, sind FORTRAN, Ada, Pascal und selbst BASIC. Die Sprache Modula-2, die hier im Mittelpunkt steht, wurde bisher noch relativ selten für Simulationszwecke verwendet.

Simulationspakete

Unter einem Simulationspaket versteht man eine Sammlung (Bibliothek) von Prozeduren und Funktionen, die simulationsspezifische Aufgaben realisieren. Die Grundbausteine eines Paketes für die ereignisorientierte Simulation wurden in 3.2 entworfen.

Simulationspakete dienen zur Ergänzung allgemeiner Programmiersprachen durch simulationsspezifische Konstrukte. Die Programmiersprache, in der ein solches Paket realisiert ist, wird auch als dessen *Basissprache* bezeichnet. Diese sollte gute Konzepte zur Modularisierung und Datenabstraktion zur Verfügung stellen, wie dies beispielsweise bei Modula-2 der Fall ist.

Bei Verwendung eines Simulationspaketes wird zur Modellimplementation ein Programm in der Basissprache erstellt, das von den vordefinierten Datentypen und Prozeduren Gebrauch macht. Ein Simulationspaket kann die Nachteile einer allgemeinen höheren Programmiersprache (als Modellimplementationssprache) kompensieren, ohne daß auf die **Flexibilität der Basissprache** verzichtet werden muß. Ein weiterer Vorteil ist die **Erweiterbarkeit** solcher Softwareprodukte, da bei Bedarf jederzeit zusätzliche Module erstellt werden können. Andererseits verlangt die Anwendung eines Simulationspakets detailliertere Programmierkenntnisse als die Benutzung einer (höheren) Simulationssprache (s. u.).

Beispiele für Simulationspakete sind das im nächsten Kapitel vorgestellte Simulationspaket DESMO (Basissprache Modula-2), das auf Simula aufgebaute DEMOS [Bir79a] sowie die in FORTRAN realisierten Pakete GASP [Pri74] und GPSS-FORTRAN [Sch84] einschließlich spezieller Erweiterungen [Sch87b].

Mit leistungsfähigen Simulationspaketen kann ein ebenso hoher Grad an **Problemorientierung** erzielt werden, wie dies bei den nachfolgend beschriebenen Simulationssprachen der Fall ist.

Simulationssprachen

Simulationssprachen sind Programmiersprachen, die speziell zur Implementation von Simulationsmodellen konzipiert sind und hierfür geeignete Konstrukte enthalten.

Nach dem Kriterium der Problemorientierung werden Simulationssprachen üblicherweise in drei weitere Klassen eingeteilt (vgl. [Sch85] und [Sch86a]):

- niedere Simulationssprachen
- höhere Simulationssprachen
- systemorientierte Simulationssprachen

Eine **niedere Simulationssprache** vereinfacht die Erstellung eines Simulationsprogramms, indem sie für die Ablaufsteuerung, für simulationsspezifische Verfahren (z. B. Zufallszahlenerzeugung) und für die Ergebnisprotokollierung und -auswertung geeignete Sprachkonstrukte zur Verfügung stellt. Es handelt es sich um *grundlegende* Simulationsfunktionen, die vom Inhalt der zu implementierenden Modelle völlig unabhängig sind.

Die Modellstruktur und die Algorithmen einzelner Modellkomponenten müssen mit herkömmlichen Sprachkonstrukten implementiert werden, also etwa auf dem Niveau einer allgemeinen Programmiersprache. Beispiele für niedere Simulationssprachen sind Simula [Dah66] (s. auch [Lam88]) oder Simscript [Rus83].

Höhere Simulationssprachen bieten darüber hinaus auch Sprachelemente an, die die Implementation der Modellstruktur unmittelbar erleichtern. Es stehen Sprachkonstrukte zur Implementation vollständiger Modellkomponenten zur Verfügung, die bei bestimmten Modelltypen üblicherweise vorkommen. Modelle können relativ schnell und komfortabel aus den vorgegebenen Bausteinen aufgebaut werden.

Jede höhere Simulationssprache ist zwangsläufig auf eine mehr oder weniger eingeschränkte Klasse von Modellen spezialisiert. Wenn ein zu implementierendes Modell nicht genau in die entsprechende Klasse paßt, können erhebliche Anpassungsschwierigkeiten entstehen. Dem Vorteil der komfortableren Implementation in bestimmten Fällen steht damit ein Verlust an Flexibilität gegenüber. Beispiele für höhere Simulationssprachen sind GPSS [Rös78], SLAM II [Pri86] und SIMAN [Peg87].

Während höhere Simulationssprachen an den Erfordernissen bestimmter Modelltypen oder -klassen ausgerichtet sind, enthalten **systemorientierte Simulationssprachen** Konstrukte, die zur direkten Modellierung bestimmter Systemklassen (wie Eisenbahnnetze, Rechensysteme usw.) geeignet sind. Damit ist eine direkte Orientierung an einem bestimmten Anwendungsgebiet gegeben.

Die Flexibilität solcher Sprachen ist noch weit geringer als die höherer Simulationssprachen. Beispiele sind CAPSIM zur Simulation organisatorischer Abläufe [Bra82], RAILSIM zur Simulation von Eisenbahnnetzen [Red77], HOSPSIM für Systeme der Gesundheitsfürsorge [Fet75], SIMFACTORY für den Produktionsbereich [SCS88] und ILMAOS zur Simulation und Leistungsanalyse von Rechensystemen [Job82].

In Abbildung 1-6 ist die beschriebene Klassifikation zusammengefaßt:

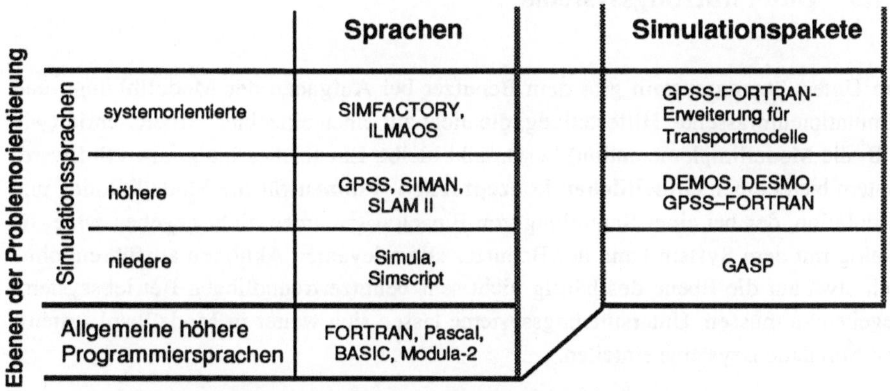

		Sprachen	**Simulationspakete**
Simulationssprachen	systemorientierte	SIMFACTORY, ILMAOS	GPSS-FORTRAN-Erweiterung für Transportmodelle
	höhere	GPSS, SIMAN, SLAM II	DEMOS, DESMO, GPSS–FORTRAN
	niedere	Simula, Simscript	GASP
Allgemeine höhere Programmiersprachen		FORTRAN, Pascal, BASIC, Modula-2	

(Ebenen der Problemorientierung)

Abb. 6-1: Klassifikation von Simulationssoftware auf Sprachebene

6.1.2 Simulationssoftware auf Modellebene

Hier steht dem Benutzer ein fertiges Computer-Modell (also ein lauffähiges Simulationsprogramm) zur Verfügung, das – von der notwendigen Datenversorgung abgesehen – unmittelbar zur Simulation eingesetzt werden kann. Solche Programme werden zutreffend auch als **Simulatoren** bezeichnet (z. B. Flugsimulatoren). Die Flexibilität solcher vorgefertigter Modelle ist äußerst gering. Sie sind nur dort sinnvoll, wo ein spezielles (Real-) System häufig und/oder von unterschiedlichen Anwendern simuliert

werden soll. Diese Situation ist typischerweise bei Simulatoren gegeben, die zu Aus-
bildungszwecken eingesetzt werden.

Eine geringfügig höhere Flexibilität bieten **parametrisierte Simulationsmodelle**,
die man hier zusätzlich abgrenzen kann. Ein solches Programm realisiert eine Klasse
von Simulationsmodellen, unter denen der Benutzer wählen kann. Gesteuert durch eine
Anzahl von Parametern können in engen Grenzen Modifikationen am Modell vorgenommen werden (z. B. bezüglich der Anzahl der Bedienstationen oder der Verteilung
von Ankunftszeiten), ohne daß das Programm neu übersetzt werden muß. Je nach Umfang der zulässigen Modifikationen ergeben sich umfangreiche, komplexe Programme
mit den entsprechenden Auswirkungen auf die Fehleranfälligkeit und die Hardware-
Anforderungen. Beispiele für parametrisierte Simulationsmodelle sind die Modelle
HUMAN [Gei82] zur Simulation des menschlichen Kreislaufs und SIM-QUEUE zur
Simulation von Warteschlangensystemen [Mey78].

6.1.3 Unterstützungssysteme

Ein Unterstützungssystem gibt dem Benutzer bei Aufgaben der Modellbildung und
Simulation umfassende Hilfestellung, die nicht auf einen einzelnen Arbeitsschritt (wie
z. B. die Modellimplementation) beschränkt bleibt. Ein solches integriertes Software-
system bietet einen **einheitlichen konzeptuellen Rahmen** für die Modellbildung und
Simulation, der bei einer Sammlung von Einzelprogrammen nicht gegeben wäre. Im
Dialog mit dem System kann der Benutzer alle relevanten Aktionen ausführen, ohne
sich etwa auf die Ebene des häufig nicht sehr benutzerfreundlichen Betriebssystems
begeben zu müssen. Unterstützungssysteme lassen sich weiter in Modellbanksysteme
und Simulationssysteme einteilen.

Modellbanksysteme

Ein Modellbanksystem soll die Modellbildung erleichtern, indem es die Wiederverwendbarkeit von Simulationsmodellen verbessert. Im Vordergrund steht der flexible
Zugriff auf eine Sammlung von Modellen oder Modellkomponenten nach Art einer
Datenbank und die Unterstützung eines Modellierungsstils, der auf der Verknüpfung
vorhandener Modellbausteine beruht (Baukastenprinzip).

Das Konzept des Modellbanksystems ist eine Weiterentwicklung des Methoden-
bank-Konzeptes. Ein *Methodenbanksystem* ist nach *K. R. Dittrich* eine erweiterbare
Sammlung von Programmbausteinen (Methoden) zusammen mit einer Komponente zur
Kopplung mit beliebigen Datenbeständen. Beides ist durch ein übergeordnetes Steuer-
system verbunden [Dit79]. Auch ein Modellbanksystem verwaltet Programmbausteine,

jedoch handelt es sich hier überwiegend um Modelle und Modellkomponenten. Daneben werden in einem Modellbanksystem auch Methoden (z. B. zur Datenanalyse) benötigt. Es wird daher sinnvollerweise ein Methodenbank-Subsystem enthalten. Der prinzipielle Aufbau eines Modellbanksystems ist in Abbildung 6-2 dargestellt.

Wenn auf einem Anwendungsgebiet ein ausreichender Bestand an bewährten Modellen gegeben ist, kann ein Modellbanksystem den Aufwand der Modellbildung erheblich reduzieren. Nur in Ausnahmefällen müssen dann Modelle völlig neu erstellt werden. Ein Mangel im Konzept des Modellbanksystems besteht darin, daß die Durchführung von Simulationsexperimenten kaum unterstützt wird.

Ein Beispiel für ein Modellbanksystem ist das System MBS (*Modell-Bank-System*), das von der Gesellschaft für Mathematik und Datenverarbeitung (GMD) entwickelt wurde. MBS ist für die Anwendung im sozio-ökonomischen Bereich konzipiert und wurde bereits 1978 in einer ersten Version realisiert (vgl. [Klö82] und [Klö83]).

Das System besteht aus den drei Hauptkomponenten Datenbank-Subsystem, Methodenbank-Subsystem und Modellbank-Subsystem und einigen weiteren Komponenten für spezielle Funktionen (z. B. Simulation).

Das **Datenbank-Subsystem** ist speziell auf den Datentyp *Zeitreihe* ausgerichtet, der in der Simulation eine zentrale Rolle spielt. Im Datenbanksystem sind neben den Verwaltungsfunktionen auch eine Sprache zur Datenmanipulation und Funktionen zur Reportgenerierung verfügbar.

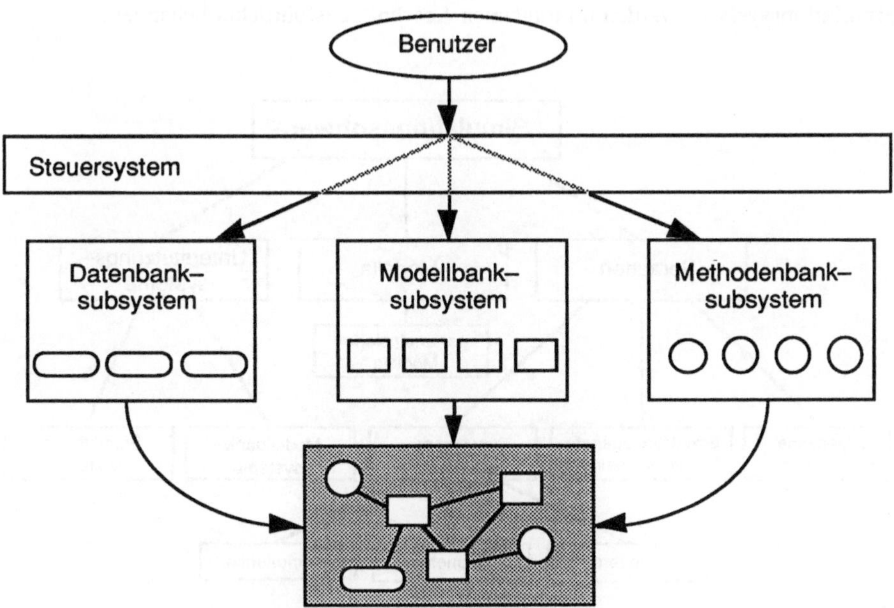

Abb. 6-2: Aufbau eines Modellbanksystems

Während einfache Auswertungen mit Mitteln der Datenmanipulationssprache möglich sind, wird für komplexere Analysen das **Methodenbank-Subsystem** benutzt. Es enthält mathematisch-statistische Verfahren aus der Matrizenrechnung, elementaren Statistik und Zeitreihenanalyse. Bei der Definition neuer Methoden müssen lediglich einige Dokumentationsregeln und Schnittstellenkonventionen beachtet werden. Vorhandene Methoden können mit Hilfe einer Prozedursprache zu komplexeren Methoden verknüpft werden.

Im **Modellbank-Subsystem** können Modelle verwaltet werden, die dem Typ des *dynamischen Fortschreibungsmodells* entsprechen, d.h. auf der schrittweisen Berechnung einer Datenmatrix (mit festen Zeitschritten) beruhen. Diese Matrix besteht typischerweise aus mehreren Zeilen, die jeweils Zeitreihen für die Modellgrößen enthalten. Die Modelle können in DYNAMO, FORTRAN oder einer speziellen MBS-Modellierungssprache spezifiziert werden.

Die Verknüpfung vorhandener Modelle erfolgt, indem der Benutzer einen Datenaustausch zwischen den Modellen durch sog. *Verknüpfungsgleichungen* festlegt. Diese haben die Form <zielmodell>.<variable> = <quellmodell>.<variable>.

Der Dialog mit MBS kann sowohl menü- und formular-orientiert als auch mittels einer kompakten Kommandosprache erfolgen. Aus heutiger Sicht ist der Bedienungskomfort des Systems jedoch nicht mehr befriedigend (vgl. [Hil85]).

Abbildung 6-3 faßt die dargestellte Klassifikation der Simulationssoftware zusammen. **Simulationssysteme** werden im folgenden Abschnitt ausführlicher behandelt.

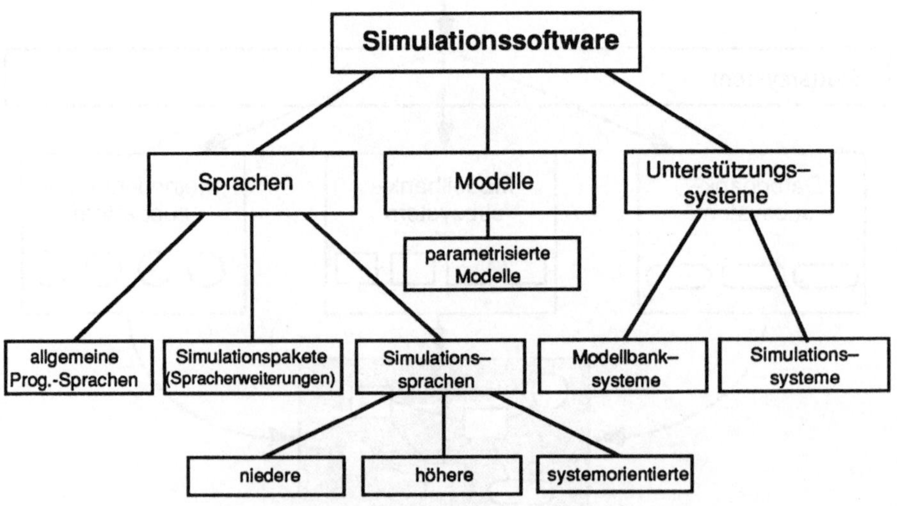

Abb. 6-3: Klassifikation der Simulationssoftware

6.2 Simulationssysteme

6.2.1 Definition und generelle Zielsetzung

Der Begriff *Simulationssystem* wird nicht einheitlich verwendet. Nur vereinzelt sind in der Literatur explizite Definitionen wie die folgende zu finden:

> "A *simulation system* is a unit of a simulation language, simulation specific programs and data, and a computer with suitable environment.
> A general simulation system is a simulation system, in which the description of the model, of the target etc. is independent of the special subject. Otherwise we call this a subject-oriented simulation system." [Mol83, S. 88]

Im Gegensatz zu dieser Definition von *I. Molnar*, die sich auf die Komponenten eines solchen Systems bezieht, soll hier eine aufgabenbezogene Definition zugrundegelegt werden:

> Ein Simulationssystem ist ein Softwaresystem, das die Bearbeitung der drei Aufgabenbereiche *Modellbildung, Durchführung von Simulationsexperimenten* und *Ergebnisanalyse* im Rahmen einer Simulationsstudie unterstützt.

Eine Unterscheidung zwischen allgemeinen und speziellen Simulationssystemen, wie sie in der Definition von *Molnar* zum Ausdruck kommt, wird hier nicht vorgenommen.

Die anspruchsvollste Zielsetzung bei der Konzeption eines Simulationssystems ist die Unterstützung auch von EDV-**Laien**, also von Benutzern ohne Vorkenntnisse im Computerbereich. Während etwa beim Einsatz von Simulationssprachen sowohl fundierte Programmierkenntnisse als auch Kenntnisse über die Rechnerbenutzung erforderlich sind, soll mit Hilfe von Simulationssystemen auch Benutzern mit minimalen Kenntnissen dieser Art die computergestützte Modellbildung und Simulation ermöglicht werden.

6.2.2 Anforderungen an Simulationssysteme

Die Anforderungen an die Funktionalität eines Simulationssystems ergeben sich aus der oben formulierten Definition. Ein solches System sollte den Benutzer (auf möglichst komfortable Weise) in den Aufgabenbereichen Modellbildung, Simulationsexperimente und Ergebnisanalyse unterstützen. Die Validierung wird hier nicht als eigenständiger Aufgabenbereich genannt, weil in allen Arbeitsphasen die Möglichkeiten zur Gültigkeitsprüfung genutzt (und vom System unterstützt) werden sollten. In den drei genannten Bereichen sind jeweils die folgenden Funktionen zu erfüllen:

Modellbildung:

- Eingabe und Modifikation von Modellen
- Speicherung von Modellen
- Zugriff und Verknüpfung gespeicherter Modelle

Durchführung von Simulationsexperimenten:

- Festlegung von Eingabedaten für die Experimente
- Start und Ausführung von Simulationsläufen
- Speicherung der Ergebnisse

Ergebnisanalyse:

- Zugriff auf gespeicherte Ergebnisse
- Auswahl der zu analysierenden Ergebnisse
- Präsentation der Ergebnisse

Über diese Mindestfunktionalität hinaus können weitere Anforderungen an Simulationssysteme gestellt werden, insbesondere in Hinblick auf die Konzeption der Benutzeroberfläche (vgl. [Häu88b]).

Modellbildung

Die Erstellung eines Simulationsmodells erfolgt in mehreren Schritten (vgl. 1.4). Auf jeder Stufe des Modellbildungsprozesses ist eine spezielle Beschreibungsform notwendig, die es erlaubt, das Modell seinem jeweiligen Entwicklungsstand entsprechend darzustellen. Ein Simulationssystem sollte daher **mehrere Arten von Modellbeschreibungen** unterstützen, die sich hinsichtlich ihres Formalisierungs- und Detaillierungsgrades unterscheiden (vgl. [Mol83]). Grafische Beschreibungsformen sind dabei von besonderer Bedeutung; sie erlauben nicht nur eine übersichtliche und anschauliche Darstellung auf einem hohen Abstraktionsniveau, sondern erleichtern auch den schrittweisen Übergang zu einer formalen Darstellung (vgl. [Yam86] und [Häu88a]).

Ein Simulationssystem sollte die **Erstellung umfangreicher Modelle** ermöglichen, indem es bewährte Prinzipien zur Komplexitätsbewältigung unterstützt. Die Modularisierung ist hierbei das wichtigste Hilfsmittel: Simulationssysteme müssen die Zerlegung von Modellen in Teilmodelle und deren Verknüpfung zu umfassenderen Modellen mit geeigneten Schnittstellenkonzepten unterstützen.

Die in einem Simulationssystem erstellten Modelle sollten **nur problemspezifische Informationen** enthalten. Diese Forderung läßt sich am besten am entgegengesetzten Fall verdeutlichen: Wird ein Simulationsmodell ohne Unterstützungssystem allein mit den Mitteln einer allgemeinen Programmiersprache implementiert, so wird das Simulationsprogramm Teile zur Ablaufsteuerung, zur Ein-/Ausgabe, Zufallszahlenerzeugung, Speicherplatzverwaltung usw. enthalten, die für die eigentlich zu bearbeitende Problemstellung keineswegs spezifisch sind. Bei Verwendung eines Simulationssystems sollten diese Aspekte von der Spezifikation des eigentlichen Modells völlig getrennt bleiben und standardmäßig vom System realisiert werden. Die Modellerstellung wird so von unnötigem Ballast befreit, was es dem Modellierer erlaubt, sich ganz auf die inhaltliche Problemstellung zu konzentrieren.

Simulationsexperimente

Das Simulationssystem muß eine klare **Trennung von Modellen und Experimenten** unterstützen. Die Eingabedaten für ein Modell, Parametervariationen, Spezifikationen betreffend Protokollierung, statistischer Auswertung, tabellarischer und grafischer Aufbereitung usw. sind konzeptuell nicht Bestandteil eines Modells, sondern eines Simulationsexperiments. In Simulationsprogrammen üblichen Stils sind diese konzeptuell sehr unterschiedlichen Elemente häufig nur schwer auseinanderzuhalten. Prinzipiell sollte es möglich sein, nicht nur verschiedene Experimente mit einem Modell, sondern auch ein Experiment mit verschiedenen Modellen durchzuführen.

Das impliziert, daß Experimente (wie Modelle oder Zeitreihen) von einem Simulationssystem als eigenständige Objekte verwaltet werden müssen. Insbesondere muß die Beziehung zwischen Experimenten und bereits erzeugten Ergebnissen im System repräsentiert sein. Es sollten auch Möglichkeiten zur **Spezifikation von komplexen Experimenten** vorgesehen sein. Damit sind Experimente gemeint, die mehrere Simulationsläufe erfordern (z. B. zur systematischen Parametervariation).

Für die Durchführung der Experimente sollte das System eine spezielle **Experimentierumgebung** bereitstellen. Diese muß einerseits für die effiziente interne Ausführung des Modells sorgen, andererseits durch eine geeignete Benutzeroberfläche die Exploration des Modellverhaltens unterstützen. Dazu gehört auch, daß der Benutzer laufend über den Fortgang eines Experiments informiert wird (begleitende Ergebnisausgabe, Trace) und in den Simulationslauf eingreifen kann, etwa um das Experiment zu unterbrechen und Parameterwerte zu verändern.

Ergebnisanalyse

Voraussetzung für eine Unterstützung der Ergebnisanalyse ist ein komfortabler Zugriff auf die gespeicherten Ergebnisdaten. Bei der großen Menge an Ergebnisdaten, die bei Simulationsexperimenten im allgemeinen erzeugt wird, hat die **Selektion von Daten** durch Datenbankoperationen eine zentrale Bedeutung.

Bei der Ergebnisanalyse sind hohe Anforderungen an die Darstellungstechniken für Ergebnisdaten zu stellen. Simulationsdaten werden häufig unter mehreren Aspekten und mit unterschiedlichen Zielsetzungen interpretiert (z. B. Plausibilitätsprüfung im Rahmen der Validierung, Entdeckung transienter Prozeßphasen vor der statistischen Auswertung, Vergleich alternativer Simulationsläufe, Ableitung von Zielaussagen usw.), für die unterschiedliche Darstellungsformen optimal sind. Das System sollte daher **flexible Darstellungsmöglichkeiten** für Simulationsergebnisse anbieten (z. B. verschiedene grafische und tabellarische Formate mit weitreichenden Gestaltungsmöglichkeiten durch den Benutzer).

Im Rahmen der Ergebnisanalyse ist meist eine Datenaggregation sinnvoll, um aus der großen Menge an Daten einige wenige aussagekräftige Werte abzuleiten. In der Regel geschieht dies durch Berechnung statistischer Kenngrößen (wie Mittelwert und Standardabweichung). Das Simulationssystem sollte hierfür entsprechende **Statistikfunktionen** anbieten.

Die beschriebene Funktionalität eines Simulationssystems sollte dem Benutzer auf möglichst komfortable Weise angeboten werden. Die **Benutzerfreundlichkeit** von Simulationssystemen setzt die Einhaltung einiger Grundprinzipien voraus, die ebenso für andere komplexe Softwaresysteme gelten (vgl. [Hil85]):

- *Konsistenz/Einheitlichkeit/Orthogonalität:* Die Regeln, die der Benutzer als Konventionen zum Umgang mit dem System erlernen muß, sollen möglichst generell anwendbar sein, so daß ingesamt möglichst wenige Regeln benötigt werden. Beispielsweise muß ein Kommando in allen Teilkomponenten des Systems die gleiche Bedeutung haben. Das gesamte System sollte auf einer möglichst kleinen Menge von möglichst frei kombinierbaren Konzepten beruhen.
- *Transparenz/Feedback:* Der Benutzer muß sich jederzeit ein Bild über den Zustand des Systems und die aktuellen Abläufe im System sowie über seine weiteren Handlungsmöglichkeiten machen können. Die Folgen seiner Eingaben sollen möglichst schnell und umfassend angezeigt werden.
- *Fehlertoleranz/Robustheit/Unterstützung explorativen Lernens:* Auch auf fehlerhafte, unvollständige oder unsinnige Eingaben des Benutzers muß das System kooperativ reagieren. Insbesondere sollte der durch solche Eingaben entstehende Schaden begrenzt bleiben. Alle kritischen Aktionen (z. B. unwiderrufliches Löschen von Daten) dürfen erst nach einer zusätzliche Bestätigung durch den Benutzer durchgeführt werden. Eine möglichst generell anwendbare Funktion zur Rücknahme von bereits durchgeführten Aktionen (*Undo*-Funktion) ist von großem Nutzen.
- *Flexibilität/Anpaßbarkeit:* Das System sollte sich den Wünschen eines individuellen Benutzers anpassen lassen. Das betrifft z. B. die Reihenfolge von Aktionen, die Zusammenfassung von Funktionen und die Einstellung von Defaultwerten für Systemparameter.

6.2.3 Aufbau von Simulationssystemen

Typischerweise enthält ein Simulationssystem drei Hauptkomponenten, die den drei genannten Arbeitsphasen Modellbildung (Modellerstellung), Durchführung von Simulationsexperimenten und Ergebnisanalyse entsprechen. Je nach Funktionsumfang des Systems können noch Komponenten zur Verwaltung der vorhandenen Modelle (Modellbankkomponente, vgl. 6.1.3) und zur Verwaltung von Eingabe- und Ergebnisdaten (Simulationsdatenbank, vgl. z. B. [Haa87]) hinzukommen (s. Abb. 6-4).

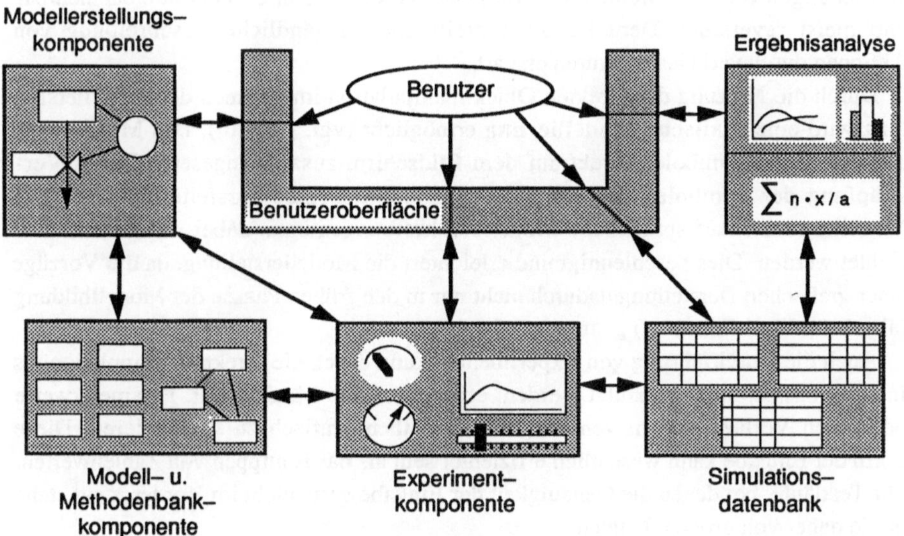

Abb. 6-4: Aufbau eines Simulationssystems

Als eigenständige und übergeordnete Komponente eines Simulationssystems kann dessen **Benutzeroberfläche** betrachtet werden. Sie nimmt einerseits die Eingaben des Benutzers entgegen und bereitet die Ausgaben des Systems auf, andererseits aktiviert sie die Funktionen der anderen Komponenten und übernimmt deren Ergebnisse zur Ausgabe.

Die Benutzeroberfläche bestimmt wesentlich den Grad der Benutzerfreundlichkeit des Systems. Die Komponenten, aus denen das Simulationssystem *intern* besteht, müssen aus der *externen* Sicht des Benutzers zu einem homogenen Gesamtsystem verbunden werden.

Eine Reihe von Simulationssystemen verfügt mittlerweile über *grafische* Benutzeroberflächen. Neben der Darstellung der Ergebnisse werden grafische Mittel immer häufiger sowohl zur Bedienung des Systems als auch bei der Modellerstellung eingesetzt (vgl. [Häu86]) und [Bel87]). Grafische Oberflächen bieten die Möglichkeit, in Verbindung mit der oben erwähnten Interaktivität das Prinzip der direkten Objektmanipulation zu realisieren. Unter **direkter Manipulation** (*direct manipulation*) versteht man eine Form der Interaktion zwischen Mensch und Computer, bei der symbolische Objekte mit Funktionen ähnlich bearbeitet werden wie konkrete Objekte mit Hilfe von Werkzeugen (vgl. [Shn83] und [Hut85]). Die symbolischen Objekte sind auf dem Bildschirm sichtbar und können mit Hilfe des (Maus-) Cursors oder durch Funktionsanwendungen verändert werden. Die Wirkung der Veränderung ist unmittelbar sichtbar und meist reversibel. Dem Benutzer bleibt die umständliche Beschreibung von Aktionen durch verbale Strukturen erspart.

Durch die Nutzung der direkten Objektmanipulation im Rahmen der Modellerstellung wird eine **grafische Modellierung** ermöglicht (vgl. [Hol86]). Das Modell wird aus grafischen Symbolen direkt auf dem Bildschirm zusammengesetzt. Durch Verknüpfung der Symbole, die einzelne Modellkomponenten darstellen, entsteht die Modellstruktur. Auf sprachliche Modellbeschreibungen kann dabei weitgehend verzichtet werden. Dies beschleunigt und erleichtert die Modellerstellung, da die Vorzüge einer grafischen Darstellung dadurch nicht nur in den frühen Phasen der Modellbildung (also beim Modellentwurf) genutzt werden können.

Auch die Durchführung von Experimenten kann durch die direkte Manipulation als Interaktionstechnik unterstützt werden, etwa durch die Möglichkeit, Parameterwerte oder auch Verlaufskurven von Eingabe-Zeitreihen grafisch zu spezifizieren. Diese Form der Eingabe kann wesentlich effizienter sein als das Eintippen von Zahlenwerten. Für Testläufe, bei denen die Genauigkeit der Eingabewerte nicht im Vordergrund steht, ist sie daher von großem Nutzen.

Zur Unterstützung der Ergebnisanalyse sollte der Einsatz grafischer Mittel selbstverständlich sein. Die direkte Manipulation ermöglicht es dem Benutzer, Ergebnisdarstellungen flexibel zu gestalten, indem er automatisch erzeugte Graphiken nachträglich in ihrer Skalierung oder Farbgebung verändert, mit erläuterndem Text kombiniert usw. Darüber hinaus können statistische Standardfunktionen in Form von Funktionsblöcken zur Verfügung gestellt werden, die er nach Bedarf zu komplexeren Auswertungsmethoden verknüpen kann.

Die Vielfalt der Informationen, die in einem Simulationssystem eine Rolle spielen und z. T. gleichzeitig angezeigt werden müssen (Modellstruktur, Ein- und Ausgabedaten in unterschiedlichen Darstellungsformen, Dokumentation usw.), ist nur mit **Fenstersystemen** auf angemessene Weise zu bewältigen. Fenstersysteme erlauben es, den Bildschirm flexibel in logisch getrennte Bereiche aufzuteilen, in die unterschiedliche Ein- und Ausgaben erfolgen können. Die Fenster können dabei aus Benutzersicht in mehreren Ebenen übereinander liegen und sich u. U. überdecken.

6.2.4   Beispiel für ein Simulationssystem

Zur Verdeutlichung des Simulationssystemkonzeptes wird hier das System IBS (Interaktives Blockorientiertes Simulationssystem) skizziert, das als Prototyp realisiert wurde [Pet89]. Das System soll den gesamten Prozeß der Modellbildung und Simulation unterstützen. Die Systemkonzeption basiert auf der Konzeption des interaktiven Simulationssystems DYNAMIS [Häu86]. Während DYNAMIS aber für zeitkontinuierliche Modelle konzipiert ist, unterstützt IBS den zeitdiskreten, **transaktionsorientierten Modellierungsstil**. Hierfür wurden bisher häufig die Simulationssprache GPSS oder deren Derivate eingesetzt [Rös78], die jedoch aus heutiger Sicht dem Benutzer keine ausreichende Unterstützung bieten. IBS ist gekennzeichnet durch:

- *interaktive grafische Modellbildung:* Die Modelle werden direkt am Bildschirm aus Symbolen zusammengesetzt, die Blöcken der Sprache GPSS ähnlich sind.
- *automatische Umsetzung des grafischen Modells in ein lauffähiges Simulationsprogramm:* Der Benutzer muß kein Programm im herkömmlichen Sinn erstellen.
- *interaktive Simulationsablaufsteuerung:* Der Benutzer kann Simulationsläufe jederzeit unterbrechen, um Zwischenergebnisse zu inspizieren, und den Simulationslauf dann fortsetzen.
- *interaktive Ergebnisanalyse:* Gespeicherte Simulationsergebnisse können im Dialog mit dem System selektiert und auf verschiedene Arten dargestellt werden.

Das System besteht aus den drei Komponenten *Modellbereich*, *Datenbereich* und *Benutzerbereich*. Im **Modellbereich** finden alle Aktionen statt, die die Erstellung und Nutzung von Simulationsmodellen betreffen. Dazu gehört auch der Zugriff auf bereits vorhandene Modelle. Jedes Modell besteht aus den folgenden Teilen:

- *Modellbeschreibung:* eine informale Dokumentation des Modells
- *Modelldiagramm:* die grafische Spezifikation der Modellstruktur
- *Modell-Programm:* ein Programm, das auf der Basis der grafischen Darstellung automatisch erzeugt wird
- *Bezeichnerliste:* eine Tabelle aller Modellgrößen mit zusätzlichen Informationen (z. B. über die Maßeinheiten)
- *Ergebnisübersicht:* ein Überblick über gespeicherte Modellergebnisse, der den direkten Zugriff auf die vollständigen Ergebnisse ermöglicht

Der **Datenbereich** besteht im wesentlichen aus einer Simulationsdatenbank, die Eingabedaten für die Simulationsexperimente enthält und insbesondere die Simulationsergebnisse in geeigneter Weise speichert und zugreifbar macht. Die Simulationsdatenbank kann über eine eigene grafische Benutzeroberfläche im Datenbereich direkt genutzt werden.

Der **Benutzerbereich** schließlich dient zur Aufnahme jener Informationen, die
weder einem speziellen Modell zugeordnet werden können noch in die Datenbank gehören. Neben einer Programmbibliothek sind dies benutzerspezifische Daten wie z. B.
individuelle Einstellungen für Systemparameter und Arbeitsnotizen.

Die zur **grafischen Modellierung** eingesetzten Symbole (Abb. 6-5) entsprechen in
Form und Terminologie weitgehend den Symbolen, die in Zusammenhang mit GPSS
verwendet werden (vgl. [Rös78]).

In der Grafik nicht enthaltene Informationen zu den Blöcken werden in einer blockspezifischen Maske gesammelt, die in einem eigenen Fenster auf dem Bildschirm dargestellt werden kann. Abbildung 6-6 zeigt das Bildschirmfenster für einen GENE
RATE-Block, dessen Funktion die (verteilungsabhängige) Erzeugung von Transaktionen ist. In der Statuszeile wird in diesem Fall angezeigt, daß der Benutzer noch
keine Verteilung spezifiziert hat.

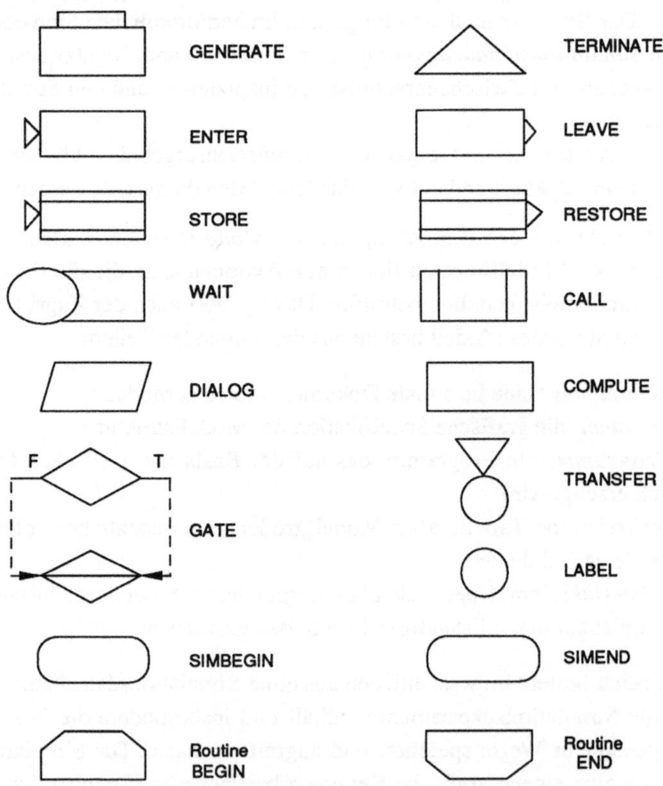

Abb. 6-5: Symbole zur grafischen Modellierung in IBS

<table>
<tr><td colspan="2" style="background:black;color:white;text-align:center">GENERATE</td></tr>
<tr><td>Transaktionsname:</td><td>Anrufer</td></tr>
<tr><td>Verteilung:</td><td>?</td></tr>
<tr><td>First:</td><td>0</td></tr>
<tr><td>Prio:</td><td>0</td></tr>
<tr><td>Time/Number:</td><td>Time, 360000</td></tr>
<tr><td>Kommentar:</td><td>Erzeugen der Anrufer, Exponentialverteilung mit
Mittelwert 30 Sek.
letzter Anrufer bei Time = 360000</td></tr>
<tr><td>Statuszelle:</td><td>Angabe zur Verteilung fehlt</td></tr>
</table>

Abb. 6-6: Bildschirmmaske für GENERATE-Block

Neben der grafischen *Eingabe* von Modellen erfolgt auch eine simulationsbegleitende grafische *Ausgabe* von Ergebnissen. So stehen beispielsweise zur Anzeige des Systemzustandes neben numerischen Darstellungen auch Balkendiagramme zur Verfügung, die die Belegung von Systemvariablen wiedergeben (s. Abb. 6-7). Im negativen Bereich der Ordinate wird die Länge von Warteschlangen angezeigt.

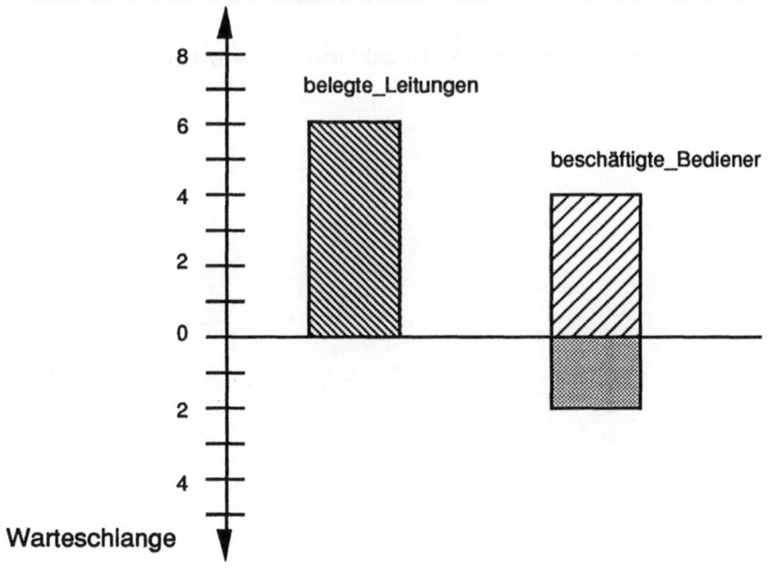

Abb. 6-7: Grafische Darstellung des Systemzustandes

Eine weitere Form der grafischen Ausgabe ist eine "animierte" Darstellung des Transaktionsflusses während des Simulationslaufes (Abb. 6-8). Dabei werden im Modelldiagramm die Transaktionen durch wandernde Punkte symbolisiert. Der aktuelle Block wird jeweils optisch hervorgehoben.

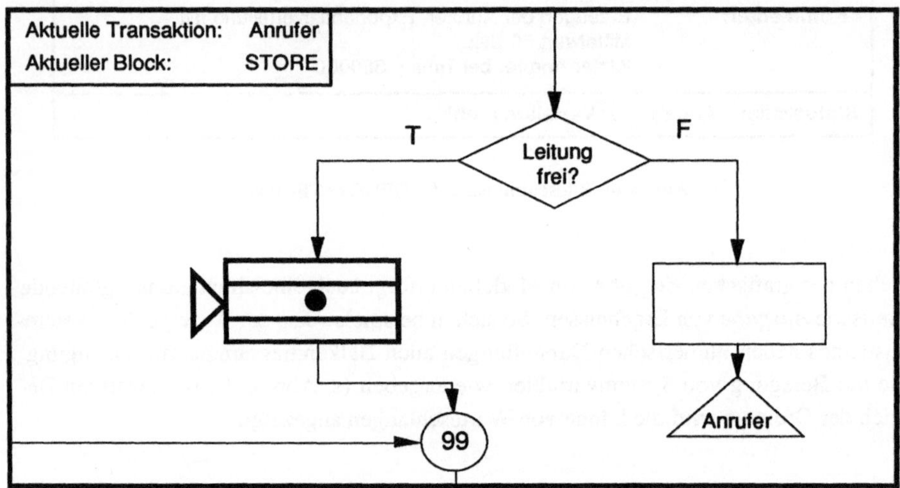

Abb. 6-8: Darstellung des Transaktionsflusses im System IBS

7 DESMO – Ein umfassendes Simulationspaket in Modula-2

DESMO (Discrete Event Simulation in Modula-2) ist ein leistungsfähiges Software-paket für die zeitdiskrete Simulation. Es wurde am Fachbereich Informatik der Universität Hamburg auf der Basis von Modula-2 für VAX-Rechner und Personal Computer in den Jahren 1987-89 entwickelt (s. auch [Böl89a]). Als Vorbild für DESMO diente das von *G. M. Birtwistle* in Simula implementierte Paket DEMOS (s. [Bir79a] und [Bir79b]). Bei der Entwicklung von DEMOS hat sich *Birtwistle* von der Konzeption der Simula-Klasse *Simulation* (s. hierzu [Lam88], Kap. 5) inspirieren lassen.

Als Basis für die Implementation eines Simulationspaketes kommen neben Simula auch die moderneren Programmiersprachen Modula-2, C und ADA in Betracht. Weil ein systematischer Vergleich dieser Sprachen einige wichtige Pluspunkte für Modula-2 erbrachte [Pag88], wurde diese Programmiersprache für DESMO gewählt.

Dieses Kapitel führt in die Konzeption und die Anwendung des Simulationspaketes ein und verdeutlich daran exemplarisch viele Aspekte der Implementation zeitdiskreter Simulationsmodelle, die in den vorangegangenen Kapiteln besprochen wurden. Zunächst werden die Entwicklungsziele dargelegt (7.1) und die von DESMO unterstützten Modellierungsstile beschrieben (7.2). Die Funktionalität von DESMO wird in 7.3 bis 7.10 verdeutlicht; die ausführlich kommentierten Definitionsmodule im Anhang C können zur Ergänzung und Präzisierung herangezogen werden. 7.11 gibt einen Einblick in die wichtigsten Implementationsentscheidungen, die die Struktur von DESMO geprägt haben. In 7.12 werden zum Abschluß mehrere Beispiele für die Anwendung des Paketes präsentiert und erläutert, deren vollständige Quellprogramme in Anhang D zu finden sind. Bei dieser Gelegenheit werden noch einmal die im 2. Kapitel besprochenen "Weltbilder" der zeitdiskreten Simulation gegenübergestellt, indem das dort eingeführte Beispielmodell – Simulation eines Fertigungssystems – in jedem dieser vier Modellierungsstile auf der Basis von DESMO implementiert wird.[1]

---

[1] Die Software kann über den Autor bezogen werden.

7.1 Entwicklungsziele

Mit DESMO sollte ein Simulationspaket geschaffen werden, das – wie sein Vorbild DEMOS – primär den **prozeßorientierten** Ansatz unterstützt und zugleich auf einer höheren Abstraktionsebene Modellierungskonstrukte für häufig auftretende Problemstellungen (Ressourcenwettbewerb mit wechselseitigem Ausschluß, Produzenten/ Konsumenten-Verhältnisse usw.) in Form leistungsfähiger Synchronisationsmechanismen für Prozesse zur Verfügung stellt.

In Hinblick auf den Einsatz in der **Lehre** sollte das Paket neben dem prozeßorientierten Ansatz auch die anderen Modellierungsstile (Weltbilder der Simulation) unterstützen, um einen Vergleich der verschiedenen Ansätze zu ermöglichen (s. 7.2).

Die gesamte Funktionalität von DESMO sollte dem Anwender in Form von **abstrakten Datentypen** zur Verfügung stehen. Dies ermöglicht eine klare Trennung zwischen Anwender- und Systemebene. Der Zugriff auf benötigte Datenstrukturen erfolgt ausschließlich durch die vordefinierten Operationen, deren Anwendung teilweise komplexe verdeckte Steuerungsmechanismen auslösen kann. Der Anwender kann sein Modell auf einem hohen Abstraktionsniveau formulieren, ohne sich um Details der Ablaufsteuerung und Statistik kümmern zu müssen. Trotz der Verwendung dieser hochaggregierten Bausteine sollte dabei die sprachliche Flexibilität der algorithmischen Sprache Modula-2 erhalten bleiben.

Die für die Simulation besonders wichtigen **statistischen Funktionen** werden wie folgt konzipiert: Für jede Klasse von Simulationsobjekten wird jeweils eine Prozedur *Report* vorgesehen, die die statistische Auswertung ausgibt, beispielsweise die Statistiken, die üblicherweise für Bedienstationen erstellt werden. Die Sammlung der notwendigen Daten während des Simulationslaufs und die Berechnung und Darstellung der benötigten Kennwerte geschieht automatisch. Der Anwender kann also davon ausgehen, daß jedes Objekt, das er als Exemplar eines abstrakten Datentyps erzeugt hat, selber für die Erstellung "seiner" Statistiken sorgt. Neben diesen vollautomatischen Statistiken können weitere Datensammlungen und Berechnungen vom Anwender explizit in Auftrag gegeben werden. Hier sind beispielhaft die aus der Simulationssprache Simscript bekannten Konstrukte *Accumulate* und *Tally* zu nennen, welche die Berechnung von Mittelwert und Standardabweichung zeitlich gewichtet bzw. ohne Gewichtung veranlassen.

Für komplexe Simulationsmodelle ist eine gut durchdachte **Fehlerbehandlung** wichtig, die Fehlermeldungen so präzise und informativ wie möglich ausgibt. Grundsätzlich sollen alle Fehler, die maschinell erkannt werden können, auch dem Benutzer zurückgemeldet werden. Je nach Schwere des Fehlers muß dann entschieden werden, ob eine Fortsetzung des Simulationslaufs sinnvoll ist oder ob er abgebrochen werden muß. Kern der Fehlerbehandlung ist die **Konsistenzprüfung**, ein möglichst umfassender Test auf korrekte Verwendung der angebotenen Bausteine.

Zu den Entwicklungszielen gehört nicht zuletzt auch die **Effizienz** hinsichtlich Rechenzeit und Speicherplatz, um den Einsatz des Paketes auf Personal Computern zu ermöglichen. Bis auf wenige maschinenabhängige Konstrukte wurde ferner möglichst weitreichende **Portabilität** angestrebt, auch zwischen Großrechnern und Personal Computern.

7.2   Unterstützte Modellierungsstile

In der zeitdiskreten Simulation unterscheidet man häufig zwischen vier Modellierungsstilen oder "Weltbildern", die durch die Begriffe *Ereignis*, *Prozeß*, *Transaktion* bzw. *Aktitivtät* geprägt sind (vgl. 2.2).

Das Paket DESMO basiert wie sein Vorbild DEMOS auf dem **prozeßorientierten** Ansatz. Das sogenannte *Entity* verkörpert die aktive Komponente (den Prozeß), welche über verschiedene Synchronisationsmechanismen mit anderen Prozessen interagieren kann. Neben den *grundlegenden* Mechanismen werden in DESMO auch *höhere* Synchronisationsmechanismen angeboten, die teilweise an Modellierungskonstrukte des **transaktionsorientierten** und des **aktivitätsorientierten** Weltbildes angelehnt sind. Die Verwendung dieser Mechanismen ermöglicht somit eine Modellimplementation im Stil von GPSS (transaktionsorientiert) oder ECSL (aktivitätsorientiert). Der Leser möge sich diese Zusammenhänge einmal im Detail verdeutlichen, indem er die in 7.12 besprochenen Beispielprogramme nachvollzieht. Außerdem sei auf *Birtwistle* [Bir85a] verwiesen, der an einfachen Beispielen zeigt, wie sich in Simula unter Verwendung der Standardklasse *Simulation* mit geringem Aufwand Sprachkonstrukte aus anderen Weltbildern nachbilden lassen.

Zur Integration des **ereignisorientierten** Weltbildes in ein prozeßorientiertes Simulationspaket gibt es mindestens zwei Wege. Der *erste Weg* beruht auf der Überlegung, daß Prozesse grundsätzlich in kleine Teilprozesse zerlegt werden können, von denen jeder einer Ereignisroutine entspricht. Die Ereignisroutine bildet eine einzelne aktive Phase eines Prozesses ab. Sie endet dort, wo im Gesamtprozeß die Kontrolle an einen anderen Prozeß übergehen könnte. Es ist somit möglich, die ereignisorientierte Modellierung auf der prozeßorientierten aufzubauen, wobei von den Konstrukten des prozeßorientierten Ansatzes ein stark eingeschränkter Gebrauch gemacht wird.

Der *zweite Weg* besteht darin, ein eigenständiges Unterpaket für den ereignisorientierten Modellierungsstil zu schaffen, das aber einen Teil seiner Funktionalität mit dem prozeßorientierten Unterpaket gemeinsam hat.

Der erste Weg hätte den Nachteil eines nicht unerheblichen Verwaltungsaufwandes, bedingt durch die überflüssige Koroutinensteuerung. Eine lokale Ablaufkontrolle wird bei Ereignisroutinen (im Gegensatz zu Prozessen) nicht benötigt, da sie reinen

Prozedurcharakter besitzen. Auch höhere Warteschlangenderivate (*CONDQ*, *WAITQ;*
s. 7.5) können in einer rein ereignisorientierten Umgebung nicht verwendet werden, da
sie auf Prozeßsynchronisation beruhen. Außerdem führt die Formulierung von Ereignisroutinen mit den Mitteln des prozeßorientierten Ansatzes zu unnatürlich an-
mutenden, überladen wirkenden Programmstrukturen. Das Überangebot an z. T. in der
ereignisorientierten Weltsicht nicht anwendbaren Synchronisationsmechanismen kann
darüber hinaus zur Verwirrung des Benutzers führen und ihn zur Formulierung nicht
ausführbarer Programme verleiten.

Hier wird daher der zweite Weg gewählt, indem ein ereignisorientiertes Unterpaket
als Teil von DESMO angeboten wird. Es besteht aus den Modulen *EventSimulation*
und *eQueue* und verfügt über eine eigene, effiziente Ablaufsteuerung.

Die Verteilungsfunktionen, die (halb-) automatischen Datensammlungs-, Statistik-
und Reportroutinen sowie grundlegende Warteschlangenoperationen stehen in beiden
Unterpaketen in gleicher Form zur Verfügung.

7.3   Ereignisorientierte Modellierung

Der ereignisorientierte Modellierungsstil wird in DESMO durch die Module
EventSimulation und *eQueue* ermöglicht. Die Funktionalität dieser Module entspricht
in Grundzügen den Modulen *EventChain* und *Queue* der einfachen Simulationsumgebung, die in 3.2 vorgestellt wurde. Unterschiede ergeben sich aber durch den
höheren Komfort, den DESMO bietet, und dadurch, daß hier eine möglichst weitgehende Konsistenz mit dem prozeßorientierten Unterpaket angestrebt wurde.

7.3.1   Entities und Ereignisse

In den Kapiteln 2 und 3 wurde bereits das Konzept der Ereignisliste erläutert. Als
Elemente der Ereignisliste wurden Ereignisnotizen eingeführt, in denen der *Typ* und
der *Zeitpunkt* eines geplanten Ereignisses verzeichnet waren sowie ein *Verweis* auf
jenes Objekt (Entity), dessen Zustand durch die Ereignisroutine verändert werden
sollte. Der Ereignistyp (die Ereignisart) wurde zur Auswahl der entsprechenden
Ereignisroutine benötigt, während der Verweis auf das Objekt an die Ereignisroutine
übergeben wurde. Bei dieser Konzeption ist es grundsätzlich möglich, mehrere
Ereignisse vorzumerken, die sich auf das gleiche Objekt beziehen. Es gibt dann
mehrere Ereignisnotizen, die den gleichen Objektverweis enthalten.

In DESMO dagegen kann es maximal eine Ereignisnotiz pro Entity geben. Dies ermöglicht eine andere Betrachtungsweise der Entities: Ein Entity kann als aktives Objekt gesehen werden, das in der Ereignisliste darauf wartet, eine Handlung auszuführen. Der Ereigniszeitpunkt wird in diesem Sinne als *Attribut des Entity* aufgefaßt. Diese Betrachtungsweise hat den Vorteil, daß sie mit der Begriffswelt des prozeßorientierten Ansatzes (und DESMO-Unterpaketes) konsistent ist. Für den ereignisorientierten Ansatz bedeutet die Einschränkung, daß ein Entity höchstens *einmal* in der Ereignisliste vorgemerkt sein darf, im übrigen keinen Nachteil: Der ereignisorientierte Modellierungsstil, der leicht zu undurchschaubaren Programmen führt, wird dadurch diszipliniert.

Zur Deklaration von Entity-Variablen wird von *EventSimulation* der Typ *Entity* exportiert, der nicht mit dem gleichnamigen Typ aus *ProcessSimulation* kompatibel ist. Ein Entity enthält (neben benutzerdefinierten Attributen) den Ereigniszeitpunkt (er ist negativ, wenn das Entity noch nicht in der Ereignisliste steht), einen Prioritätswert für das Einfügen in Warteschlangen und einen Titel, der von DESMO in Protokollen verwendet wird. Der Ereigniszeitpunkt wird auch als *Aktivierungszeitpunkt* bezeichnet. Das gerade von einer Ereignisroutine bearbeitete Entity heißt das *laufende (current)* Entity. Diese Terminologie wird einsichtig, sobald der Begriff des Entity auf Prozesse verallgemeinert wird (vgl. 7.4.1).

Als vordefiniertes Attribut verfügt jedes Entity über eine **Priorität.** Der Prioritätswert kann dynamisch verändert werden. Es handelt sich dabei um eine ganze Zahl, deren Größe darüber entscheidet, ob und in welchem Maße ein Entity in Wartesituationen gegenüber anderen Entities bevorzugt behandelt wird. Das Prioritätsattribut wird nur beim Eintragen der Entities in Warteschlangen berücksichtigt und hat *keinen* Einfluß auf die Organisation der Ereignisliste.

Im folgenden werden die wichtigsten auf Entities bezogenen Prozeduren aus dem Modul *EventSimulation* zusammengestellt (weitere Prozeduren s. Anhang C.1.1):

- **Erzeugen und Vernichten von Entities:** Hierfür stehen die Prozeduren *New* und *Dispose* zur Verfügung.
- **Zugriff auf Entity-Attribute:** Die Funktionsprozedur *EvTime* liefert den Ereigniszeitpunkt, *Priority* die Priorität eines Entity zurück. Mit *SetPriority* kann das Prioritätsattribut gesetzt werden. *Attributes* gibt einen Zeiger auf die benutzerdefinierten Attribute des Entity zurück (die in einem *RECORD* zusammengefaßt sein müssen), der sowohl für lesenden als auch für schreibenden Zugriff auf diese Attribute verwendet wird.
- **Ereignislistenmanipulation:** Mit *Schedule* wird ein Entity auf die Ereignisliste gesetzt, d. h. das nächste mit diesem Entity vorgesehene Ereignis wird vorgemerkt. Der Ereigniszeitpunkt wird relativ zum aktuellen Zeitpunkt angegeben. Das über-

gebene Entity darf nicht bereits in der Ereignisliste stehen.[2] *Cancel* löscht die mit einem Entity verbundene Ereignisnotiz aus der Ereignisliste. *ReSchedule* dient zum Verschieben eines vorgemerkten Ereignisses. *ExternalEvent* dient zum Ansetzen sogenannter externer Ereignisse (s. u.).

Bei Verwendung der Simulationsumgebung aus 3.2 mußte die Zuordnung von **Ereignisroutinen** zu **Ereignistypen** durch eine Kontrollstruktur im Anwenderprogramm vorgenommen werden. In DESMO entfällt diese eher umständliche Konstruktion, da die Zuordnung auf Datenebene realisiert wird. Die Ereignistypen sind auch hier durch einen benutzerdefinierten Aufzählungstyp (*EventType*) festgelegt. Jeder Ereignistyp hat darüber hinaus einen Namen (Titel), der von DESMO in Protokollen verwendet wird. Dieser Name und die zugehörige Ereignisroutine werden in einem *RECORD* vom Typ *EventDescriptor* zusammengefaßt und in Form eines durch den Ereignistyp indizierten Feldes an die Simulationssteuerungsprozedur *StartSimulation* übergeben. Beispiel:

```
EventType = (Event1, Event2, ...);        (* Ereignistypen   *)

Events : ARRAY EventType OF EventSimulation.EventDescriptor;

Events [Event1].Title   := "Name       ";
Events [Event1].Actions := EventProc1;
...
PROCEDURE EventProc1 (e : Entity);        (* Ereignisroutine *)
...                                       (* für Event1       *)
END EventProc1;
...
StartSimulation (Events, SimPeriod);      .
```

Die Deklaration des Feldes *Events* liegt dabei in der Verantwortung des Anwenders. Er hat selbst für eine konsistente Zuordnung und vollständige Initialisierung Sorge zu tragen.

Die Komponente *Actions* von *EventDescriptor* ist vom Typ *PROCEDURE (Entity)*. Die Verwendung von Prozedurtypen macht also die Zuordnung von Ereignisroutinen zu Ereignistypen auf Datenebene möglich. Dabei wird vorausgesetzt, daß jede Ereignisroutine genau einen Parameter besitzt, der vom Typ *Entity* ist.

Mit dem Aufruf von *StartSimulation* beginnt der Simulationslauf unter Kontrolle der DESMO-Ablaufsteuerung. Der Anstoß der Ereignisroutinen erfolgt – ggf. begleitet von Trace-Ausgaben – vollautomatisch. Eine im Modellprogramm verankerte Schleife zur wiederholten Ereignisroutinenauswahl (vgl. 3.2) ist somit nicht erforderlich. Die Simulation läuft solange, bis eine der folgenden Bedingungen erfüllt ist:

- *StopSimulation* wurde aufgerufen. Die laufende Ereignisroutine wird noch beendet.

---

[2] Das laufende Entity ist bereits aus der Ereignisliste entfernt, kann sich also mit *Schedule* selbst erneut eintragen. Dies gilt jedoch nur für den ereignisorientierten Teil von DESMO. Die interne Ereignisliste des prozeßorientierten Teils ist dagegen so organisiert, daß das laufende Entity (der laufende Prozeß) an der ersten Position der Ereignisliste steht.

- Die Ereignisliste ist *nach* Abarbeitung der Ereignisroutine leer.
- Die angegebene Simulationsdauer ist überschritten.
- Es wird ein unzulässiger Wert für den Ereignistyp übergeben (Fehler).

DESMO gestattet die Definition **externer Ereignisse**. Im Gegensatz zu **internen Ereignissen** setzen sie die Existenz eines Entity nicht voraus. Beim Ansetzen eines externen Ereignisses mittels *ExternalEvent* wird zwar ein verstecktes Entity generiert, diese Tatsache ist für den Anwender aber ohne Belang. Das versteckte (externe) Entity kann im Gegensatz zu einem internen Entity weder in eine Warteschlange eingefügt noch ein weiteres Mal auf die Ereignisliste gesetzt werden kann. Auch ein Verschieben des Ereigniszeitpunktes ist unzulässig. Externe Ereignisse werden verwendet, um einmalige (Stör-) Vorgänge darzustellen.

Damit ein externes und damit nicht manipulierbares Entity im Zweifel erkannt werden kann, ist jedem Entity ein über die Funktion *IsExternal* abfragbares Attribut zugeordnet. Bezüglich der Deklaration von Ereignistypen und -routinen besteht kein Unterschied zwischen internen und externen Ereignissen.

7.3.2 Warteschlangen

Wo in einem ereignisorientierten Modell Warteschlangen benötigt werden, müssen sie explizit erzeugt und manipuliert werden. Hierfür stellt das Modul *eQueue* die relevanten Operationen zur Verfügung. Sie bewirken die automatische Erfassung der üblichen statistischen Warteschlangendaten. Zusätzlich bietet *eQueue* auch Mechanismen für die Suche nach eingetragenen Entities an, die bestimmte Bedingungen erfüllen. Zur vollständigen Dokumentation des Moduls *eQueue* sei auf Anhang C.1.2 verwiesen. Der standardmäßige, tabellierte Warteschlangen-Report umfaßt die folgenden Daten (wobei undefinierte Mittelwerte unterdrückt werden):

- *Title*   Titel des Warteschlangenobjektes
- *(Re)Set*   Zeitpunkt der letzten statistischen Rücksetzung
- *Obs*   Anzahl der Aktualisierungen ("observations")
- *Qmax*   maximale Warteschlangenlänge
- *Qnow*   aktuelle Warteschlangenlänge
- *Qavg*   mittlere Warteschlangenlänge
- *Zeros*   Anzahl der Durchläufe ohne Wartezeit
- *avg.Wait* mittlere Wartezeit

Ein Beispiel für die Anwendung des ereignisorientierten Teils von DESMO wird in 7.12.2 bzw. Anhang D.1.1 dargestellt.

7.4 Prozeßorientierte Modellierung

Die prozeßorientierte Modellierung mit grundlegenden Synchronisationsmechanismen
wird in DESMO durch die Module *ProcessSimulation* und *Queue* ermöglicht. Darüber
hinaus stehen Module für *höhere* Synchronisationsmechanismen zur Verfügung. Diese
ermöglichen die Modellierung auf einer höheren, problemorientierten Ebene und werden deshalb gesondert besprochen (7.5).

7.4.1 Entities

Die primären Modellkomponenten bei der zeitdiskreten, prozeßorientierten Simulation
sind die **Prozesse** selbst. Wegen ihrer zentralen Stellung und zur Vermeidung der
Verwechslung mit den Prozessen der Simula-Klasse *Simulation* hat *Birtwistle* einen
gesonderten Begriff eingeführt: das *Entity*. Wir haben den Begriff des Entity in einer
eingeschränkten Form bereits in den vorausgegangenen Abschnitten verwendet. Die
Einschränkungen, die sich aus dem ereignisorientierten Ansatz ergeben haben,
entfallen nun. Insbesondere verfügt ein Entity nun über eine lokale Ablaufkontrolle.

Für jede Klasse von aktiven Objekten im Realsystem gibt es im Simulationsmodell
einen eigenen Typ von Entities mit entsprechenden Attributen. Von jedem **Entitytyp**
lassen sich prinzipiell beliebig viele individuelle Entities dynamisch generieren. Sie
werden, wie bei Prozessen üblich, als *Inkarnationen* bezeichnet. Es handelt sich um
pseudo-parallele Objekte, die über eine lokale Ablaufkontrolle verfügen (*local
sequence control*). Diese ermöglicht es, daß ein Entity seine Handlung unterbricht und
sie zu einem späteren Zeitpunkt, wenn es erneut am Kopf der Ereignisliste steht, wieder
aufnimmt. Ein Entity besitzt vier mögliche Zustände: Es ist entweder aktiv (d. h. es
steht an erster Position in der Ereignisliste), vorgemerkt (d. h. es steht an einer anderen
Position in der Ereignisliste), passiv (d. h. es steht nicht in der Ereignisliste und ist
noch nicht beendet) oder terminiert (beendet). Das aktive Entity wird auch als das
laufende (*current*) Entity bezeichnet.

Zur Manipulation von Entities stellt das Modul *ProcessSimulation* (Anhang C.2.1)
eine Reihe von Prozeduren zur Verfügung, von denen wiederum nur die wichtigsten
genannt werden:

* **Erzeugen und Vernichten von Entities:** Hierfür stehen wiederum *New* und
  Dispose zur Verfügung. *New* besitzt einen Prozedurparameter, an den die dem
  Entity zugeordnete Prozeßroutine übergeben wird. Wie eine Ereignisroutine muß
  eine Prozeßroutine als Prozedur mit einem Parameter vom Typ *Entity* deklariert
  sein. Sie unterscheidet sich äußerlich von einer Ereignisroutine nur dadurch, daß sie

spezielle Prozeduraufrufe für die Prozeßsteuerung (wie *Hold* und *Passivate*, s. u.) enthalten kann. Nach dem Aufruf von *New* ist sie untrennbar mit dem erzeugten Entity verbunden.

- **Zugriff auf Entity-Attribute**: Die Funktionsprozedur *EvTime* liefert den (Re-) Aktivierungszeitpunkt eines Entity. Für passive Entities wird ein negativer Wert zurückgegeben. Für *Priority*, *SetPriority* und *Attributes* gilt das gleiche wie für die Entities des ereignisorientierten Teils (s. 7.3.1). Die Funktion *Idle* liefert für passive oder terminierte, *Terminated* für terminierte Entities den Wert *TRUE*.

- **Ereignislistenmanipulation**: Hier gibt es zum einen die Prozeduren, die das aktive (laufende) Entity selbst betreffen, es also von der ersten Position in der Ereignisliste entfernen und damit deaktivieren. *Hold* merkt das Entity für einen späteren Zeitpunkt vor, *Passivate* versetzt es in den passiven Zustand. Aus diesem kann es nur durch ein anderes Entity wieder befreit werden.

  Zum anderen betreffen die Prozeduren dieser Gruppe Entities, die passiv oder vorgemerkt sind. Dazu gehören *Schedule*, *Cancel* und *Interrupt*. *Schedule* bewirkt, daß ein passives Entity für einen bestimmten Zeitpunkt vorgemerkt wird. Der Aktivierungszeitpunkt wird relativ zum aktuellen Zeitpunkt angegeben. Wird anstelle eines Zeitintervalls der Wert des Funktionsaufrufs *NOW()* übergeben, so wird das Entity unmittelbar in den aktiven Zustand versetzt und das bisher aktive auf die zweite Position der Ereignisliste verdrängt. *Cancel* entfernt ein vorgemerktes Entity aus der Ereignisliste. *Interrupt* schließlich aktiviert ein passives oder vorgemerktes Entity und übermittelt ihm die Unterbrechungsursache in Form einer Aufzählungskonstante, die das Entity durch Aufruf der Funktion *Interrupted* "empfängt". So kann beispielsweise ein wartendes, passives Entity in seinem Wartezustand unterbrochen werden und dann abhängig von der übermitelten Ursache weitere Aktionen ausführen. Es handelt sich hier um eine einfache Form der Nachrichtenübermittlung zwischen Entities. Neben *Interrupt* ist die Prozedur *CoOpt* für die direkte Prozeßsynchronisation vorgesehen. Ein Entity ist damit in der Lage, mit einem anderen, zur Kooperation bereiten Entity eine gemeinsame Handlung auszuführen (s. auch 7.5.3).

7.4.2 Warteschlangen

Explizite Warteschlangen für "Prozeß-Entities" (Modul *Queue*) unterscheiden sich aus Anwendersicht nicht von expliziten Warteschlangen für "Ereignis-Entities" (Modul *eQueue*, s. 7.3.2). Es stehen also die gleichen Operationen und automatischen Statistiken zur Verfügung. *Queue* ist in Anhang C.2.2 dokumentiert.

In allen höheren Synchronisationsmechanismen werden darüber hinaus *implizite* Warteschlangen für blockierte Objekte verwaltet. Auch die Operationen auf diesen Warteschlangen bewirken eine umfangreiche automatische Sammlung und Auswertung statistischer Daten, die auf Anforderung in Reports ausgegeben werden können. Die impliziten Warteschlangen werden im Zusammenhang mit den höheren Modellierungskonstrukten besprochen, zu deren Realisierung sie dienen.

7.5   Höhere Modellierungskonstrukte

In diesem Abschnitt werden in DESMO implementierte Mechanismen dargestellt, die Wechselwirkungen zwischen Entities auf einer höheren Ebene als der von Ereignisssen oder Prozessen beschreiben. Diese Mechanismen ermöglichen dem Benutzer die Modellierung auf einem wesentlich höheren Abstraktionsniveau und damit – zumindest für einige Problemstellungen – eine direktere und weniger fehleranfällige Umsetzung des konzeptuellen Modells in ein lauffähiges Programm.

7.5.1   Ressourcenwettbewerb

Um begrenzte Kapazitäten (z. B. an Personal oder Maschinen) in Bedienungssystemen zu modellieren, bietet DESMO die Möglichkeit, **Ressourcen** zu definieren (Modul *Res*, Anhang C.3.1). Für verschiedene Arten von Ressourcen lassen sich **Pools** mit jeweils eigenen Kapazitäten in Form von Stückzahlen festlegen. Man kann sich einen Pool als Behälter vorstellen, der ein vorgegebenes Fassungsvermögen besitzt und zu Beginn gefüllt ist. Die enthaltenen Elemente werden dann im Wechselspiel der Entities laufend entnommen und wieder zurückgelegt.

Entities können Ressourcen mittels *Acquire* anfordern, wobei jeweils die Art (bzw. der Pool) und die Anzahl spezifiziert werden. Die gleichzeitige Nachfrage nach mehreren Einheiten einer Ressource ist also möglich. Ist der Vorrat groß genug, wird die Nachfrage befriedigt und der Vorrat entsprechend reduziert. Ansonsten wird das Entity blockiert und in eine **implizite Warteschlange** eingereiht. Dabei werden die Prioritäten der Entities berücksichtigt. Es gibt ferner eine Operation *Avail*, mit der ein Entity sich zuvor über den Erfolg einer eventuellen Nachfrage erkundigen kann. Diese Operation ist insofern "ungefährlich", als sie nicht zur Blockierung des anfragenden Entity führen kann. Hat ein Entity Ressourcen erhalten, so müssen diese zu einem späteren Zeitpunkt von dem selben Entity (mittels *Release*) auch wieder zurückgegeben werden.

Um die Fortsetzung des Ablaufes eines blockierten Entity braucht der Anwender sich nicht zu kümmern. Sie geschieht automatisch, sobald das Entity die erste Warteschlangenposition erreicht hat und sein Bedarf befriedigt werden kann. Bei jeder Rückgabe wird für den Fall einer nicht leeren Warteschlange überprüft, ob die Anzahl der daraufhin frei verfügbaren Ressourcen zur Nachfragedeckung des ersten oder sogar mehrerer in vorderer Position befindlicher Entities ausreicht.

Über Ressourcen werden **automatische Statistiken** geführt (betreffend Auslastung, mittlere Wartezeiten usw.), für die ein Report abgerufen werden kann.

Beim Ressourcenwettbewerb steht zu jedem Zeitpunkt einer vorhandenen Kapazität an Ressourcen eine bestimmte Nachfragesituation gegenüber. Solange die Nachfrage diese Kapazität nicht überschreitet, liegt Deckung vor, und Ressourcen werden lediglich zwischen Entities ausgetauscht. Zur **Synchronisation**, also der eigentlichen Wechselwirkung zwischen Entities, kommt es daher erst bei überhöhter Nachfrage. Sie erfolgt zwischen einem Entity auf der einen und einem oder mehreren Entities auf der anderen Seite.

Der Mechanismus des Ressourcenwettbewerbs von Entities ist ähnlich dem des *Semaphors*, der allgemein bei parallelen Prozessen Anwendung findet (s. z. B. [Pet85]). Das trifft besonders für Betriebssysteme zu, bei denen wechselseitiger Ausschluß für die Benutzung bestimmter Betriebsmittel garantiert werden muß: Man formuliert innerhalb der verschiedenen Prozesse durch Eingrenzung in Semaphore sog. *kritische Abschnitte*, in denen die entsprechenden Zugriffe stattfinden. Den kritischen Abschnitten entsprechen bei Entities jene Abschnitte, in denen sie eine Ressource in Anspruch nehmen. Während dieser Zeit besitzen sie eine Art Exklusivrecht gegenüber anderen Entities.

Beim Ressourcenwettbewerb können sogenante **Verklemmungen** (*deadlocks*) auftreten. Eine solche Situation ist gegeben, wenn verschiedene Entities die gleichen Ressourcen in unterschiedlicher Reihenfolge zu belegen versuchen. Beispiel:

Entity E_1 belegt eine Ressource R_1, während Entity E_2 eine Ressource R_2 belegt. Als nächstes benötigen beide Entities die Ressource des jeweils anderen, E_1 also R_2 und E_2 R_1. Erst danach sind sie bereit, ihre erste Ressource wieder freizugeben.

Der Fall, daß ein Entity die belegte Ressource freigibt, kann somit nie eintreten. Die beiden Entities behindern sich gegenseitig in ihrem Ablauf. In 7.10 wird auf diese Problematik näher eingegangen.

7.5.2 Produzenten/Konsumenten-Beziehungen

Bei einer weiteren Form der Synchronisation zwischen Entities konsumiert ein Entity ein **Produkt**, das ein anderes Entity erzeugt hat (Modul *Bin*, Anhang C.3.2). Für verschiedene Arten von Produkten lassen sich wiederum **Pools** definieren. In einem solchen "Behälter" unbegrenzter Kapazität befindet sich zunächst eine bestimmte, als Initialwert vorgegebene Anzahl von Produkteinheiten. Die Einheiten können von Entities mittels *Take* entnommen ("konsumiert") werden. Ein Entity kann ferner mittels

Give Einheiten in den Pool hineingeben ("produzieren"). Der Poolinhalt wird durch diese Operationen entsprechend reduziert oder vergrößert. Wie bei den Ressourcen werden bei beiden Vorgängen jeweils Art und Anzahl spezifiziert.

Im Gegensatz zur *Benutzung* von Ressourcen gibt es beim *Konsum* von Produkten keine Rückgabe der entnommenen Einheiten. Hier werden also immer nur *neue* Erzeugnisse in einen Pool gelegt. Die Vorstellung eines Behälters (*bin*) liegt hier noch näher als bei Ressourcen. Die Pools können als Puffer zwischen Angebot und Nachfrage aufgefaßt werden.

Für den Fall ungedeckter Nachfrage gibt es auch hier **implizite Warteschlangen** mit Prioritätsmechanismus. Bei jeder *Give*-Operation wird automatisch geprüft, ob die Nachfrage eines oder mehrerer Entities in der Warteschlange befriedigt werden kann. Gegebenenfalls erfolgt eine Zuteilung und die Aufhebung ihrer Blockierung.

Auch hier werden **automatische Statistiken** mit der Möglichkeit der Reportgenerierung geführt.

Ein wesentlicher Unterschied zum Ressourcenwettbewerb besteht darin, daß Ressourcen in ihrer Anzahl begrenzt sind. Produktion und Konsum von Erzeugnissen können außerdem durch verschiedene Entities erfolgen, während eine Ressource nur durch das Entity freigegeben werden kann, das sie auch belegt hat. Diese Grundannahme ist prinzipiell ebenso überprüfbar wie die Rückgabe aller Ressourcen bei der Terminierung eines Entity. Bei Produkten bestehen keine derartigen Überprüfungsmöglichkeiten.

Zur **Synchronisation** zwischen Entities kommt es auch hier erst bei Engpässen, d. h. wenn die Nachfrage durch die laufende Produktion nicht gedeckt wird. Wie beim Ressourcenwettbewerb können einem Entity mehrere Entities als Synchronisationspartner gegenüberstehen.

Auch hier sind **Verklemmungen** nicht grundsätzlich ausgeschlossen: Es könnten sich z. B. zwei Entities in einer Situation befinden, in der sie ein (noch nicht vorhandenes) Produkt des jeweils anderen benötigen, um fortfahren zu können.

7.5.3 Direkte Prozeßkooperation

Bei der Prozeßsynchronisation durch Kooperation erfolgt *kein* Austausch von Ressourcen oder Produkten, sondern ein sog. **Rendezvous** zwischen zwei Entities, bei dem gemeinsame Aktivitäten ausgeführt werden können (Modul *WaitQ*, Anhang C.3.3). Die Beziehung zwischen den beiden Entities ist asymmetrisch. *Birtwistle* bezeichnet sie als **Master-Slave-Beziehung** (vgl. [Bir79a], Kap. 5). Die Kooperation wird dadurch eingeleitet, daß der Wunsch dafür sowohl vom Master-Entity (mittels *CoOpt*) als auch vom Slave-Entity (mittels *Wait*) geäußert wird. Nur das Master-Entity erhält eine Referenz auf das Slave-Entity (als Funktionswert von *CoOpt*) zurück und führt auch die gemeinsamen Aktionen aus. Das Slave-Entity ist während dieses Vorgangs passiv. Anschließend ist das Master-Entity für die explizite Reaktivierung des Slave-Entity, also die Wiedereintragung in die Ereignisliste, verantwortlich und beide setzen ihren Ablauf unabhängig voneinander fort.

Sowohl für Master- als auch für Slave-Entities gibt es **implizite Warteschlangen** mit Prioritäten. Findet ein Master-Entity keinen Synchronisationspartner, wird es in die entsprechende Warteschlange eingereiht. Eine Kooperation kommt dann in dem Moment (mit dem ersten wartenden Master-Entity) zustande, in dem ein Slave-Entity *Wait* aufruft. Sollte umgekehrt in diesem Moment kein Master-Entity warten, so wird das Slave-Entity solange blockiert, bis ein Master-Entity *CoOpt* aufruft und das Slave-Entity an erster Stelle in seiner Warteschlange steht.

Der Anwender hat die Möglichkeit, mehrere (im Prinzip beliebig viele) Master-Slave-Verwaltungsstrukturen zu definieren. Für jede dieser Strukturen werden (getrennt für die beiden Warteschlangen) **automatische Statistiken** geführt mit der Möglichkeit der Reportgenierung. Interessierende Größen sind hier die für Warteschlangen üblichen Kennwerte (wie mittlere Länge und mittlere Wartezeit).

Die *CoOpt*-Operation aus dem Modul *WaitQ* bietet einem Master-Entity nur die Möglichkeit, sich mit dem *nächsten* eintreffenden bzw. dem ersten wartenden Slave-Entity zusammenzuschließen. Für den Fall, daß eine Kooperation nur mit Slave-Entities erfolgen soll, die bestimmte Merkmale aufweisen, gibt es die *Find*-Operation: Die Slave-Warteschlange wird nach Entities abgesucht, die eine gegebene Bedingung erfüllen. Dazu ist ein Mechanismus notwendig, bei dem die als Parameter (in Form einer Booleschen Funktionsprozedur) übergebene Bedingung während des Suchvorgangs wiederholt ausgewertet wird. Ist die Suche erfolgreich, wird die Kooperation in bekannter Weise durchgeführt. Ansonsten erfolgt eine Eintragung des *Find* aufrufenden Entity in die Master-Warteschlange. Bei späteren Kooperationsangeboten durch Slave-Entities wird stets erneut die vom blockierten Master gestellte Bedingung geprüft. Die *CoOpt*-Operation kann als Spezialfall der *Find*-Operation betrachtet werden, bei dem die angegebene Bedingung immer wahr ist.

Außer *Find* bewirkt auch die Operation *Avail* das Durchsuchen einer Slave-Warteschlange. Im Erfolgsfall wird aber keine Kooperation durchgeführt, sondern lediglich der Erfolg an das aufrufende Entity gemeldet (*Avail* liefert dann *TRUE*). Im Mißerfolgsfall liefert *Avail FALSE*, ohne daß der Master blockiert wird.

Die Verwendung von *Avail* anstelle von *Find* ist dann sinnvoll, wenn mehrere Bedingungen als unterschiedlich priorisierte Alternativen in Frage kommen: Mittels *Find* könnte nur nach dem ersten in einer Warteschlange stehenden Entity gesucht werden, das die Disjunktion (ODER-Verknüpfung) aller Einzelbedingungen erfüllt. Mit *Avail* hingegen läßt sich die Warteschlange nacheinander mit unterschiedlichen Einzelbedingungen absuchen, da in keinem Fall eine Blockierung erfolgt. Ist die Suche erfolgreich, kann der Master die Kooperation anschließend mit dem bestgeeigneten Kandidaten einleiten, indem er ihn explizit benennt. Eigens für diesen Fall gibt es die

Möglichkeit, der von *ProcessSimulation* exportierten Prozedur *CoOpt* als Parameter
eine Referenz zur gezielten "Aufforderung" eines Partners mitzugeben. Diese Prozedur
ist also von der gleichnamigen Prozedur aus *WaitQ* zu unterscheiden (vgl. Anhänge
C.2.1 und C.3.3).

Bei der Kooperation zwischen Entities kommt es, anders als beim Ressourcenwettbewerb und bei Produzenten/Konsumentenbeziehungen, in *jedem* Fall zu einer
Synchronisation, und zwar grundsätzlich paarweise.

7.5.4   Bedingtes Warten

DESMO sieht auch die Möglichkeit vor, daß ein Entity seine Aktionen aussetzt, bis
eine bestimmte Bedingung erfüllt ist (Modul *CondQ*, C.3.4). Das geschieht durch die
Operation *WaitUntil* in Kombination mit einer speziell dafür bereitgestellten Warteschlange. Zur Befreiung wartender Entities gibt es die Operation *Signal*, die von einem
anderen Entity aufgerufen werden muß. Ein solcher Aufruf sollte immer dann erfolgen,
wenn für die Reaktivierung eventuell wartender Entities relevante Systemzustands-
änderungen durchgeführt wurden. *Signal* bewirkt die erneute Prüfung der Bedingungen
der in der jeweiligen Warteschlange befindlichen Entities und gegebenenfalls die
Aufhebung ihrer Blockierung. Dazu wird wie bei *Find* und *Avail* (s. o.) die Bedingung
dynamisch ausgewertet. Die Prüfung endet hier beim ersten Entity, bei dem sie negativ
ausfällt.

Es können mehrere Warteschlangen für bedingtes Warten (bei mehreren Bedingungen) eingerichtet werden. Für jede dieser Warteschlangen werden **automatische Statistiken** geführt und bei Bedarf Reports generiert. Es werden die gleichen Kennwerte
berechnet wie für Master- und Slave-Warteschlangen.

Wenn mehrere Entities auf die Erfüllung *verschiedener* Bedingungen warten, ist es
meist zweckmäßig, für jede Bedingung eine eigene *CondQ*-Warteschlange vorzusehen.
Falls diese Entities in eine gemeinsame Warteschlange eingereiht werden, reicht das
beschriebene Prüfverfahren nämlich im allgemeinen nicht aus, um mit einem *Signal* an
diese Schlange alle Entities freizugeben, deren Bedingungen erfüllt sind. Steht beispielsweise ein Entity an vorderster Stelle, das blockiert bleibt, wird die Prüfung abgebrochen. Um solche Fälle dennoch behandeln zu können, ist ein logisches Warte-
schlangenattribut *All* vorgesehen, das der Anwender setzen kann. Es bewirkt, daß bei
jedem *Signal*-Aufruf (mit entsprechend größerem Aufwand) *sämtliche* Entities in der
Schlange geprüft werden.

Prinzipiell ist für das Überprüfen der Bedingungen die folgende Automatisierung
denkbar, die dem Anwender explizite Signal-Aufrufe ersparen würde: Es könnten zu
jedem Ereigniszeitpunkt implizite *Signal*-Aufrufe erfolgen, und zwar für sämtliche
Warteschlangen (die entsprechend ihrem Attribut *All* unterschiedlich behandelt wer-

den). Dies wäre jedoch zum einen mit hohem zusätzlichen Laufzeitaufwand verbunden, zum anderen wäre der Handlungsspielraum des Anwenders eingeschränkt. Ein kontrollierter (individueller) Einsatz der *Signal*-Aufrufe wäre ihm verwehrt. *Birtwistle* [Bir79a, S. 118 ff.] schlägt zur Automatisierung ein spezielles Entity vor ("Snoopy" genannt), das für die impliziten *Signal*-Aufrufe zuständig ist.

In bezug auf die **Synchronisation** von Entities liegen beim bedingten Warten wieder ähnliche Verhältnisse wie bei der Ressourcen- und Produzenten/Konsumenten-Synchronisation vor: Zum einen erfolgt sie nicht immer, sondern nur wenn die anzugebende Bedingung nicht erfüllt ist, und zum anderen koordinieren die Entities sich nicht paarweise, wie dies bei der direkten Prozeßkooperation der Fall war. Vielmehr können einem Entity beliebig viele Partner gegenüberstehen.

7.6 Zufallszahlenerzeugung

DESMO erzeugt Pseudozufallszahlen nach der (multiplikativen) **Kongruenzmethode** (vgl. 4.1). Es gibt eine Reihe diskreter und kontinuierlicher Verteilungen und man unterscheidet eine dritte Kategorie, um der zweiwertigen Bernoulli-Verteilung gesondert Rechnung zu tragen. Diese läßt sich statt durch ganzzahlige auch durch Boole´sche Werte repräsentieren, was durch die meisten höheren Programmiersprachen unterstützt wird. Im einzelnen sehen die Kategorien der Verteilungen wie folgt aus:

- Reelle Verteilungen
  - Konstanten (zur Lieferung fester Werte, z. B. zu Testzwecken)
  - Gleichverteilung (mit Intervallangabe)
  - Exponentialverteilung
  - Erlang-Verteilung
  - Normalverteilung
  - Empirische Verteilung (vom Anwender selbst festzulegen)

- Ganzzahlige Verteilungen
  - Konstante
  - Gleichverteilung
  - Poisson-Verteilung
  - Empirische Verteilung (s. o.)

- Zwei-Punkt-Verteilungen
  - Konstante
  - Bernoulli-Verteilung

Aufgrund der Typstrenge in Modula und der wünschenswerten Mehrfachverwendung von Funktionsnamen (Overloading) sind die aufgeführten Verteilungen in drei verschiedenen Modulen implementiert (*RealDist, IntDist* und *BoolDist*).

Für jeden benötigten **Zufallszahlenstrom** wird ein Objekt erzeugt, wobei bereits zum Zeitpunkt der Erzeugung die Verteilung einschließlich ihrer Parameter festgelegt wird. Diese Angaben erfolgen also **einmal an zentraler Stelle** und nicht jeder Generierung der jeweils nächsten Zufallszahl. Beispiel:

```
MyStream : IntDist.Object;        (* Deklaration einer Variablen für *)
                                  (* ganzzahlige Zufallszahlenströme *)

MyStream := IntDist.Uniform ("Title", (* Erzeugung eines          *)
                            Low,      (* gleichverteilten          *)
                            High);    (* Zufallszahlenstroms       *)

x := IntDist.Sample (MyStream);       (* Zuweisung einer Zufalls- *)
                                      (* zahl an die Variable x   *)
```

Der so erzeugte Zufallszahlenstrom *MyStream* liefert gleichverteilte Zufallszahlen im Intervall [*Low, High*]. Diese Konzeption erhöht nicht nur den Komfort für den Anwender, sondern verringert auch das Risiko, daß sich schwer zu erkennende Programmierfehler bei der Verwendung von Zufallszahlenströmen einschleichen. Im Fall der empirischen Verteilung ist zusätzlich eine Tabelle mit den Koordinaten der Sprungstellen der Verteilungsfunktion anzugeben. Beispiel:

```
EmpStream : RealDist.Object;      (* Deklaration einer Variablen für *)
                                  (* reelle Zufallszahlenströme      *)

EmpVal, EmpProb : ARRAY [1..5] OF REAL; (* Deklaration der Felder *)
                                        (* für die Tabelle        *)

EmpVal  [1] := 1.5; EmpVal  [2] := 3.7; (* Eintragen der Stütz- *)
...                                     (* stellen...          *)

EmpProb [1] := 0.1; EmpProb [2] := 0.7; (* ... und der Werte der *)
...                                     (* Verteilungsfunktion   *)

EmpStream :=                            (* Erzeugung des Stroms  *)
   RealDist.Empirical ("E.-Dist.", EmpVal, EmpProb);

x := RealDist.Sample (EmpStream);       (* Zuweisung einer Zufalls- *)
                                        (* zahl an die Variable x   *)
```

Im Unterschied zu den ganzzahligen wird bei den reellen empirischen Verteilungen zwischen den Stützstellen linear interpoliert.

Die **Startwerte** für die Zufallszahlenströme lassen sich explizit angeben. Wenn der Anwender darauf verzichtet, werden die Startwerte automatisch erzeugt; speziell für Startwerte gibt es einen zusätzlichen internen Zahlenstrom.

Die eigentliche Zufallszahlenerzeugung, also die Berechnung des jeweils nächsten Wertes, erfolgt jeweils bei Aufruf der einheitlich mit *Sample* benannten Prozeduren.

Verteilungstyp und -parameter eines Zufallszahlenstroms bleiben unverändert, solange er nicht neu initialisiert wird.

Über die verschiedenen Zufallszahlenströme lassen sich Reports anfordern, die Kenndaten wie Verteilungsart und Startwert enthalten. Zur Durchführung von Varianz- reduzierungen in Simulationsläufen ist außerdem die Umwandlung von Zufallsvariab- len in ihre **antithetische** Form vorgesehen (vgl. 4.4.5.1).

Der hier zugrundeliegende Zufallszahlengenerator, der übrigens mit dem in 4.2 eingeführten Generator *nicht* identisch ist, besitzt eine sehr große Periodenlänge ($> 67 \cdot 10^6$, vgl. [Bir79a]). Mit Hilfe des internen Zufallszahlenstromes speziell für Startwerte wird eine automatische Startwerterzeugung realisiert, die mehr als 275 Zufallszahlenströme ohne Überlappung garantiert.

7.7 Statistik

Neben den impliziten statistischen Berechnungen für bestimmte Simulationsobjekte gibt es zusätzlich die Möglichkeit, über *beliebige* ganzzahlige oder reellwertige Beob- achtungsgrößen statistische Berechnungen zu veranlassen. Alle Statistikmodule ex- portieren eine Prozedur *Report* zur Ausgabe der Ergebnisse und eine Prozedur *Reset* zur Neuinitialisierung der Statistik, z. B. nach der Anlaufphase eines Simulationslaufs. Es werden fünf Arten statistischer Funktionen angeboten:

* einfache Zählfunktionen (Modul *Count*)
* *Tally*-Berechnungen (Modul *Tally*)
* *Accumulate*-Berechnungen (Modul *Accumulate*)
* Histogrammerstellung (Modul *Histogram*)
* lineare Regression (Modul *Regression*)

7.7.1 Nicht zeitgewichtete Statistik

Eine Unterstützung bei der zeitlich nicht gewichteten statistischen Erfassung von Beob- achtungsgrößen erhält der Anwender durch die Module *Tally*, *Count*, *Histogram* und *Regression*. Sie erfolgt **halbautomatisch**, d. h. jede Änderung einer Beobachtungs- größe muß vom Anwenderprogramm (mittels *Update*) explizit signalisiert werden, die weiteren Berechnungen und Ausgaben erfolgen jedoch automatisch.

Für jede zu observierende Größe muß zunächst ein *Datensammelobjekt* erzeugt wer- den, das bei späteren *Update*-Aufrufen als Parameter übergeben wird.

Tally-Berechnungen dienen der Ermittlung von **Mittelwerten** und **Standardabweichungen** ohne zeitliche Gewichtung. Ein Beispiel hierfür ist die Erfassung der Wartezeiten von Kunden in einem Bediensystem:

```
WT : Tally.Object;                    (* Deklaration eine Variablen für *)
                                      (* Tally-Datensammelobjekte        *)

PROCEDURE CustomerWaitingTime () : REAL;
(* ermittelt Wartezeit des laufenden (Kunden-) Entity *)
...
END CustomerWaitingTime;
...
WT := Tally.New ("Wait Time",         (* Erzeugung eines Tally- *)
            CustomerWaitingTime);     (* Datensammelobjekts.    *)
...
Tally.Update (WT)                     (* explizite Aktualisierung des *)
...                                   (* Datensammelobjekts           *)
Tally.Update (WT)
...
```

Die eigentliche Beobachtungsgröße muß lediglich **einmal an zentraler Stelle** spezifiziert werden, und zwar bei der Erzeugung des Datensammelobjekts (im folgenden kurz Datenobjekt genannt). Dabei wird eine benutzerdefinierte Funktion, deren Ergebnis die Beobachtungsgröße ist, der Prozedur *New* als Parameter übergeben. Diese Funktion kann beliebig komplexe Berechnungen enthalten. Die spätere Aktualisierung der Statistik erfolgt einheitlich durch *Update*-Aufrufe. Damit ist ein weitreichender Schutz vor fehlerhafter Berechnung oder Verwendung von Beobachtungsgrößen gegeben.

Der **Standard-Report** für ein Datenobjekt enthält die folgenden Daten:

* *Title*   Titel des Objektes
* *(Re)Set*   Zeitpunkt der letzten statistischen Rücksetzung
* *Obs*   Anzahl der Aktualisierungen ("observations")
* *Mean*   Mittelwert
* *Std.Dev*   Standardabweichung
* *Min*   Minimum
* *Max*   Maximum

Die statistischen Größen sind zusätzlich durch die Funktionen *ResetAt, Observations, Mean, StdDev, Minumum* und *Maximum* abfragbar. Hinzu kommt *Value* zur Ermittlung des letzten beobachteten Wertes einer Beobachtungsgröße.

Das Modul *Count* dient zur Realisierung einfacher **Zählfunktionen** für Beobachtungsgrößen. Sie haben lediglich die Aufgabe, bestimmte Systemzustände bezüglich ihrer Anzahl zu erfassen. Implementationstechnisch handelt es sich um einen "Ausschnitt" des Moduls *Tally*, wobei die Beobachtungsgröße hier vom Typ *CARDINAL* ist. Es handelt sich um jenen Wert, um den die Zählvariable bei der Aktualisierung erhöht wird, also um den Inkrementwert. In den meisten Fällen wird dies der konstante Wert 1 sein. Aus diesem Grund wird bei *Count* darauf verzichtet, die Beobachtungsgröße durch eine Funktion festzulegen. Der jeweilige Inkrementwert wird vielmehr beim Aufruf von *Update* als zusätzlicher Parameter angegeben.

Der Report von *Count* besteht nur noch aus der Ausgabe von Titel, Rücksetzzeitpunkt und dem jeweils ermittelten Zählergebnis (bezeichnet mit *Obs*).

Als Erweiterung der *Tally*-Berechnungen können **Histogramme** erzeugt werden (Modul *Histogram*). Dabei teilt der Anwender den Wertebereich einer Größe in Klassen auf. Im Standard-Report werden dann neben Mittelwert und Standardabweichung auch die relativen und absoluten Häufigkeiten angegeben, mit denen die Beobachtungsgröße Werte aus den jeweiligen Klassen angenommen hat. Die Ausgaben erfolgen sowohl in tabellarischer als auch in grafischer Form als Histogramm. Die Feinheit der Klassenaufteilung ist beliebig. Sie wird in Form von Unter- und Obergrenze und Anzahl der gewünschten Klassen spezifiziert, wobei eine Aufteilung in äquidistante Zellen mit entsprechender Breite erfolgt. Zusätzlich gibt es je einen Unter- und Überlaufbereich zur Registrierung außerhalb liegender Werte. Der Standard-Report für ein Datenobjekt enthält zu Beginn die gleichen Daten wie bei *Tally*. Anschließend folgt das Histogramm, wobei zusätzlich für jede Zelle die Anzahl der Beobachtungen, die prozentuale und die kumulierte Häufigkeit angegegeben werden (s. Abb. 7-1 und 7-2).

```
MODULE HistogramTest;
(*******************)

FROM Histogram IMPORT Object, New, Update, Report;

VAR h : Object;
    x : REAL;

PROCEDURE f () : REAL;
BEGIN
   RETURN x;
END f;

BEGIN
   h := New ("Beispiel", f, 50.0, 100.0, 5);

   x := 52.0;     Update (h);
   x := 73.0;     Update (h);
   x := 75.0;     Update (h);
   x := 77.0;     Update (h);
   x := 80.0;     Update (h);
   x := 85.0;     Update (h);
   x := 100.0;    Update (h);
   x := 200.0;    Update (h);

   Report (h);
END HistogramTest.
```

Abb. 7-1: Beispielprogramm zur Histogrammerstellung

```
Title              (Re)Set     Obs       Mean      Std.Dev        Min         Max
-----------------------------------------------------------------------------------
Beispiel            0.000        8     92.750       45.342      52.000     200.000


Cell  Lower Lim       N         %       Cum%
----------------------------------------------|-------------------------------------
   0  -Infinity        0     0.000      0.000  |
   1    50.000         1    12.500     12.500  |***********
   2    60.000         0     0.000     12.500  |
   3    70.000         3    37.500     50.000  |***********************************
   4    80.000         2    25.000     75.000  |************************
   5    90.000         0     0.000     75.000  |
   6   100.000         2    25.000    100.000  |************************
                                               |-------------------------------------
```

Abb. 7-2: Ausgabe zum Beispielprogramm

Bei der **linearen Regression** wird der wertmäßige Zusammenhang zweier Größen
ermittelt (Modul *Regression*). Dies geschieht durch Berechnung einer Ausgleichs- oder
Regressionsgeraden für zuvor angegebene Wertepaare nach der *Methode der kleinsten
Quadrate*: Unter der Voraussetzung, daß ein linearer Zusammenhang vorliegt, wird
eine Gerade so berechnet, daß die Summe der quadratischen Abweichungen der y-
Werte im Koordinatensystem minimal ist. Die Beschreibung der Geraden erfolgt durch
Angabe von Steigung und Abstand des Ordinatenschnittpunktes zum Nullpunkt. Zur
Bewertung der Güte, mit der die Gerade den Zusammenhang beschreibt, wird ein Kor-
relationskoeffizient mit angegeben.

Der Standard-Report für ein Datenobjekt listet unter den Titeln der beiden Beobachtungsgrößen die folgenden Daten auf:

- *(Re)Set*   Zeitpunkt der letzten statistischen Rücksetzung
- *Obs*   Anzahl der Aktualisierungen ("observations")
- *xBar*   Mittelwert der ersten Beobachtungsgröße
- *yBar*   Mittelwert der zweiten Beobachtungsgröße
- *Res.Std.Dev*   Residuale Standardabweichung
- *Reg.Coeff*   Steigung der Ausgleichsgeraden (Regressionskoeffizient)
- *Intercept*   Ordinatenabstand der Ausgleichsgeraden zum Nullpunkt
- *St.Dev.Reg.Coeff* Standardabweichung des Regressionskoeffizienten
- *Corr.Coeff*   Korrelationskoeffizient

Durch die Funktionen *ResetAt, Observations, xMean, yMean, ResStdDev, RegCoeff,
Intercept, StdDevRegCoeff* und *CorrCoeff* sind die statistischen Größen im Programm
abfragbar. Die Prozedur *Values* liefert über zwei Referenzparameter die beiden zuletzt
beobachteten Werte.

7.7.2 Zeitgewichtete Statistik

Im Gegensatz zu den erwähnten *Tally*-Berechnungen werden bei *Accumulate*-Berechnungen zeitliche Gewichtungen vorgenommen. Ein Beispiel ist die mittlere Anzahl von Kunden oder Aufträgen in einem System. Die Beobachtungsgröße muß als Funktion der Zeit darstellbar sein.

Neben der halbautomatischen Datenerfassung durch explizte *Update*-Aufrufe (wie bei *Tally*) besteht bei *Accumulate* die Möglichkeit der **vollautomatischen** Erfassung. Wählt der Anwender diese Option, erfolgen implizite *Update*-Aufrufe zu jedem Ereigniszeitpunkt. Dies führt im allgemeinen dazu, daß die Aktualisierung häufiger als notwendig erfolgt, was aufgrund der zeitlichen Gewichtung jedoch keine Konsequenzen für die Ergebnisse hat.

Aus Anwendersicht ist *Accumulate* völlig gleich aufgebaut wie *Tally*. Die Ausgabe erfolgt in der gleichen tabellarischen Form.

Wird für eine Beobachtungsgröße die vollautomatische statistische Erfassung gewünscht, so ist für den Parameter *Automatic* von *New* der Wert *TRUE* anzugeben.

7.7.3 Zeitreihen und Grafik

Sollten dem Anwender die mittels *Accumulate* ermittelbaren Daten nicht ausreichen oder wird eine andersartige statistische Aufbereitung beabsichtigt, so lassen sich mit Hilfe des Moduls *TimeSeries* die Daten zunächst auf eine Datei ausgeben. Damit eine nachträgliche zeitliche Gewichtung möglich ist, wird für jeden Wert der Beobachtungsgröße automatisch auch die Simulationszeit angegeben. Bei der **Erzeugung eines Zeitreihenobjektes** sind vom Anwender lediglich der gewünschte Dateiname, die Beobachtungsfunktion und das Beobachtungsintervall anzugeben. Der Anstoß der einzelnen Beobachtungen ist sowohl manuell als auch automatisch möglich.

Während bei *Accumulate* die Beobachtungswerte zu bestimmten Kenngrößen aggregiert werden, bleiben sie hier in ihrer ursprünglichen Form erhalten. Damit sind die Voraussetzungen für spezielle Analysen (Ermittlung stationärer Phasen, Autokorrelationsschätzungen usw.) oder für die Übernahme in eine Simulationsdatenbank gegeben. Auch eine nachträgliche grafische Aufbereitung der Zeitreihen ist möglich.

Eine **grafische Ausgabe** schon während des Simulationslaufs ermöglicht das Modul *DESgraph*. Beobachtungsgrößen lassen sich in Form von Verlaufskurven in einem Koordinatensystem auf dem Bildschirm darstellen. Die Beobachtungsgrößen werden gleichzeitig in unterschiedlichen Farben angezeigt. Hierfür ist die Prozedur *Initialize* aufzurufen, die ein Koordinatenkreuz auf dem Bildschirm zeichnet und das Grafiksystem initialisiert. Für jede zu observierende Größe ist nachfolgend die Prozedur *Plot* aufzurufen, wobei zur Skalierung Ober- und Untergrenze des zu betrachtenden Intervalls auf der Ordinate angegeben werden. Die Beobachtungswerte werden nur dann dargestellt, wenn sie innerhalb dieser Grenzen liegen.

Die eigentliche grafische Ausgabe erfolgt durch Aufrufe der Aktualisierungsprozedur *Update*. Dabei entstehen die Verlaufskurven dadurch, daß die entsprechenden Koordinatenpunkte des jeweils zeitlich vorangegangenen *Update*-Aufrufes mit den aktuellen durch Geradenstücke zu einer Treppenfunktion verbunden werden. Abbildung 7-3 zeigt eine Ausgabe für drei Beobachtungsgrößen. Das zugehörige Programm wird in 7.12 besprochen.

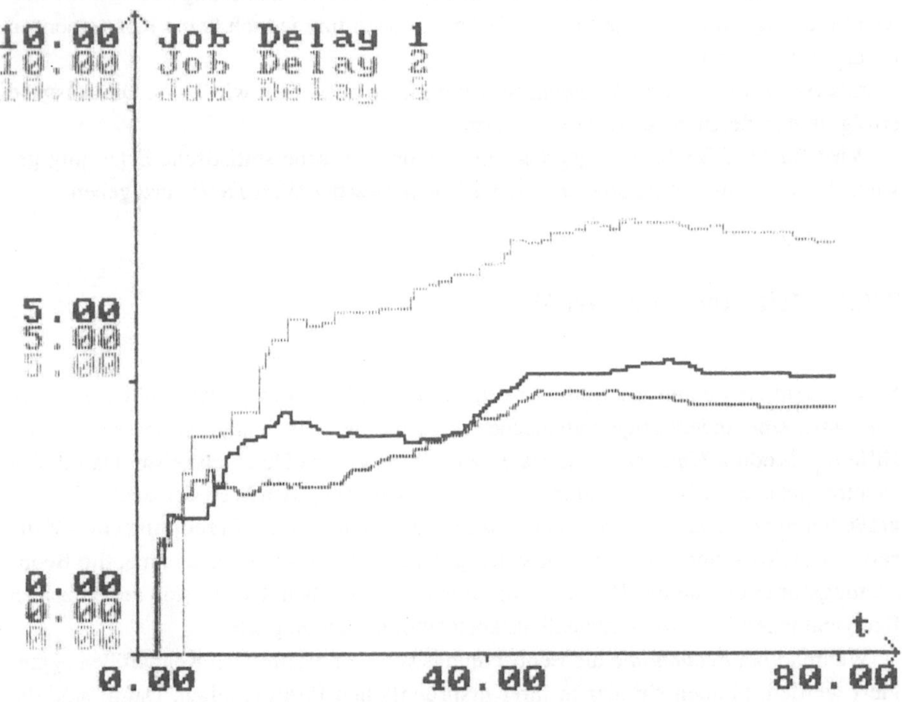

Abb. 7-3: Beispiel für eine grafische Ausgabe in DESMO (Jobshop-Modell)

7.8   Reportgenerierung

DESMO bietet die Möglichkeit, die Statistiken jedes Datenobjekts in Form eines
Reports auszugeben und ggf. auch die mit ihnen assoziierten Entities aufzulisten. Alle
Module, die Statistiken führen, exportieren zu diesem Zweck einheitlich benannte
Prozeduren. Neben den auf Einzelobjekte (z. B. Warteschlangen oder Datenobjekte)
bezogenen Prozeduren *Reset*, *Report* und *List* gibt es jeweils die Prozeduren *ResetAll*,
ReportAll und *ListAll*, die sich auf alle Objekte beziehen, die mit Hilfe des jeweiligen
Moduls erzeugt worden sind. Die Prozeduren wirken stets auf DESMO-Standard-
ausgabedateien, deren Namen bei Bedarf vom Anwender festgelegt werden können
(Details s. Anhang C).

Zu jedem Datenobjekttyp wird durch die Prozedur *Report* ein **Standard-Report** angeboten, der die jeweils wichtigsten Daten tabellarisch ausgibt. *ReportHeader* liefert
eine dazu passende Überschrift. Will der Anwender eigene Report-Routinen definieren,
so kann er die DESMO-Voreinstellungen für Überschrift und Datenausgaben jeweils
mittels *SetReportProc* überschreiben. Aufrufe von *Report*, *ReportHeader* und
ReportAll nehmen auf diese Bezug. Will man hinterher dennoch die Standard-Reports
verwenden, so ist das durch Aufruf von *StandardReport* bzw. *StandardHeader*
weiterhin möglich.

Die Verwendung von *SetReportProc* gestattet also die Einbindung **benutzerdefi-
nierter Ausgabeprozeduren** in die (halb-) automatischen Reportmechanismen auf der
aktuellen DESMO-Ausgabedatei. Eine Mischung von standardisierten und anwender-
spezifischen Ausgaben ist möglich. Die zusätzliche Ausgabe auf andere Dateien unter
Verantwortung des Anwenders bleibt davon unberührt.

Zur Unterstützung des Anwenders bei der Erstellung eigener Report-Prozeduren
werden von jedem statistikführenden Modul Funktionen zur Abfrage verschiedener
Attributwerte und statistischen Hilfsfunktionen bereitgestellt. Diese gehen i. d. R über
die im jeweiligen Standard-Report aufgelisteten Kennwerte hinaus, da der Umfang der
Standard-Reports auf ein vernünftiges Maß beschränkt wurde. Der Anwender kann
umfassendere Reports also mit relativ geringem Aufwand erzeugen, indem er eigene
Report-Prozeduren erstellt und dabei die hierfür angebotene Unterstützung nutzt.

7.9   Fehlerbehandlung

Die von einem Programmpaket vorgenommenen Fehlerbehandlung hat entscheidenden
Einfluß darauf, wie effektiv und effizient das Paket benutzt werden kann. Dem
Benutzer sollte im Fehlerfall eine möglichst **ausführliche Beschreibung der Fehler-**

ursache, der beteiligten Objekte und der ggf. vom System ergriffenen Maßnahmen zurückgemeldet werden. Die Meldung sollte dabei möglichst präzise auf die fehlerauslösende Programmstelle hinweisen, um die Lokalisierung des Fehlers zu erleichtern.

In DESMO werden einige Fehler (z. B. der Zugriff auf uninitialisierte Objekte) redundant auf mehreren Ebenen geprüft, damit sie auch bei einer unzulässigen Verwendung der angebotenen Bausteine sicher erkannt werden.

"Fatale" Fehler, die bei Programmfortsetzung zum Systemabsturz führen können oder keine sinnvolle Fortsetzung zulassen, werden mit einem **kontrollierten Abbruch** des Simulationslaufs quittiert. Die anderen Fehler werden entweder korrigiert oder ignoriert, wobei in jedem Fall eine Meldung ausgegeben wird.

Eine **Korrektur** ist beispielsweise dann sinnvoll, wenn versucht wird, ein Entity zu vernichten, das noch in einer Warteschlange steht. DESMO entfernt das Entity aus der Warteschlange und löscht es anschließend. Der Benutzer wird darüber informiert, weil der beschriebene Fall ja ein Symptom für einen schwerwiegenden Programmfehler sein könnte. Ähnliches gilt für den Fall, daß ein wartendes Entity in eine zweite Warteschlange eingetragen werden soll. DESMO entfernt ein solches Entity zunächst aus der alten Warteschlange. (Ein Entity darf sich nur in einer Schlange zur Zeit befinden.)

Bestimmte fehlerhafte Anweisungen können **ignoriert** werden, ohne daß dadurch der Simulationslauf beeinträchtigt wird. Dazu gehört z. B. der Versuch, ein bereits vorgemerktes Entity mit *Schedule* ein zweites Mal in die Ereignisliste einzutragen, oder ein externes Entity mit *ReSchedule* zu verschieben. Auch in solchen Fällen werden Warnungen ausgegeben, damit der Benutzer der Ursache des Problems nachgehen kann.

7.10 Deadlock-Überwachung

Deadlocks können allgemein in dynamischen Systemen mit parallel ablaufenden Prozessen auftreten, die sich gegenseitig beeinflussen. Meist ist die Beeinflussung durch den wechselseitigen Bedarf quantitativ begrenzter Betriebsmittel (Ressourcen) gegeben. Bei der Simulation eines entsprechend gearteten Wettbewerbssystems (und übrigens auch in dem zugrundeliegenden Realsystem) können Deadlocks zu unbeabsichtigten oder fehlerhaften Abläufen führen, so daß es sich als notwendig erweist, Maßnahmen gegen das Auftreten bzw. für den Fall des Auftretens zu ergreifen. Eine Unterstützung seitens des verwendeten Simulationspaketes erscheint daher sinnvoll.

Dieser Abschnitt beschreibt die Deadlock-Behandlung nicht nur am Beispiel der in DESMO realisierten Ansätze (Vorbeugung gegen und Erkennung von Deadlock-Zuständen), sondern vermittelt einen etwas breiteren Überblick über die Thematik. Für eine vertiefende Darstellung sei auf Literatur über *Betriebssysteme* verwiesen (z. B. [Pet85] oder [Wet87]).

7.10.1 Definition und Ursachen

Eine Gruppe von Prozessen in einem System befindet sich in einem **Deadlock-Zustand**, wenn jeder Prozeß dieser Gruppe auf ein Ereignis wartet, das nur durch einen anderen Prozeß dieser Gruppe ausgelöst werden kann [Pet85]. Man sagt dann auch von jedem einzelnen der Prozesse, er befinde sich in einem Deadlock-Zustand, während das System einen solchen *enthalte*. Das *System* befindet sich in einem Deadlock-Zustand, wenn sich jeder beteiligte Prozeß darin befindet, also einer entsprechenden Gruppe angehört.

Die **Ereignisse**, um die es hier geht, sind Betriebsmittel- oder Ressourcenzuteilung und -rückgabe. Dabei gibt es teilbare und unteilbare Betriebsmittel, d. h. sie können aus mehreren oder nur aus einer Ausprägung bestehen. Bei einem Deadlock können die beteiligten Ressourcenausprägungen von der gleichen oder von unterschiedlicher Art sein: Zwei Prozesse in einem Betriebssystem können z. B. je zwei von insgesamt vier Magnetbandeinheiten belegen und neu jeweils eine dritte benötigen. Im anderen Fall kann einem der beiden Prozesse z. B. eine Bandeinheit und dem anderen eine Platteneinheit zugeordnet sein, wobei jeder Prozeß zusätzlich das jeweils andere Gerät benötigt (dabei gebe es von jedem nur ein Exemplar).

Bei einem Wettbewerb um begrenzt vorhandene Betriebsmittel haben Engpässe *im Normalfall* vorübergehenden Charakter. Benötigt ein Prozeß ein Betriebsmittel, das gerade belegt ist, wird er nur solange blockiert, bis der andere Prozeß es wieder freigibt. Damit es zu einem Deadlock kommen kann, müssen ganz bestimmte **Voraussetzungen** erfüllt sein:

1. *Wechselseitiger Ausschluß:* Betriebsmittel können (zumindest teilweise) nur von einem Prozeß zur Zeit, also nur exklusiv benutzt werden.
2. *Inkrementelle Belegung:* Prozesse, die neue Anforderungen stellen, belegen bereits vorher zugewiesene Betriebsmittel.
3. *Verdrängungsfreiheit:* Betriebsmittel können Prozessen nicht entzogen werden, bevor sie diese von sich aus wieder freigeben. (Prozesse werden also nicht unterbrochen.)
4. *Zirkuläres Warten:* Es gibt eine geschlossene Kette von Prozessen, in der jeder Prozeß Betriebsmittel belegt, die sein Nachfolger in der Kette benötigt.

Dabei ist die zweite Bedingung streng genommen in der vierten enthalten. Ihre Sonderstellung erweist sich aber in Hinblick auf die Betrachtung konkreter Maßnahmen gegen Deadlocks als vorteilhaft.

7.10.2 Behandlungsmaßnahmen

Zur Behandlung des Deadlock-Problems gibt es vier prinzipielle Möglichkeiten:

* Vorbeugung
* Vermeidung
* Erkennung
* Beseitigung

In DESMO wird die Vorbeugung und Erkennung von Deadlocks unterstützt. Verfahren zur **Vermeidung** von Deadlocks versuchen mit Hilfe von Informationen über zukünftige Betriebsmittelanforderungen durch die beteiligten Prozesse Deadlock-Zustände zu "umgehen". Man spricht in diesem Zusammenhang von *sicheren* bzw. *unsicheren* Zuständen: Es läßt sich beweisen, daß – sofern sich das System in einem sicheren Zustand befindet – es mindestens eine daraus hervorgehende Zustandsfolge gibt, die keinen unsicheren Zustand enthält. Da Deadlock-Zustände nur über unsichere Zustände erreichbar sind, lassen sie sich somit vermeiden. Es werden dann nur solche Betriebsmittelvergaben zugelassen, die das System in einem sicheren Zustand belassen.

Kommt es zum Auftreten eines Deadlocks, so sind Maßnahmen zur **Beseitigung** zu ergreifen: Man kann einzelne (oder auch sämtliche) Prozesse der zirkulären Wartekette abbrechen, oder aber man verdrängt Prozesse und entzieht ihnen (temporär) bestimmte Betriebsmittel. Welche Maßnahmen auf welche Prozesse und Betriebsmittel im Einzelnen angewandt werden, ist eine Frage der Strategie, die vom zugrundeliegenden System abhängig ist.

Da in einem Simulationspaket weder Informationen über zukünftige Betriebsmittelanforderungen noch über Strategien zur Beseitigung von Deadlocks durch das Anwendersystem bekannt sind, können Maßnahmen der Vermeidung oder Beseitigung von Verklemmungen durch DESMO nicht unterstützt werden. Auch müßten diese Maßnahmen mit einem hohen *Overhead* erkauft werden, der bei einem Simulationsprogramm nicht gerechtfertigt erscheint. Das Sicherheitsbestreben etwa in einem Betriebssystem ist natürlich wesentlich größer, da dort unter allen Umständen ein fehlerfreier Ablauf garantiert werden muß.

Statische Überwachung (Vorbeugung)

Die oben genannten vier Bedingungen sind notwendig, aber nicht hinreichend für das Auftreten von Deadlocks. Es genügt deshalb, *eine* dieser Bedingungen zu negieren, um Deadlocks von vornherein zu verhindern. Dabei handelt es sich um eine vorbeugende Maßnahme, die *statisch*, also vor dem Zeitpunkt der eigentlichen Betriebsmittelvergabe erfolgt. Im folgenden werden die vier Möglichkeiten der Vorbeugung analysiert:

1. *Kein wechselseitiger Ausschluß:* Dies führt in der Regel zu keinem brauchbaren Ergebnis, da viele Betriebsmittel ihrer Konzeption nach unteilbar sind, also nur exklusiv benutzt werden können. In einem Betriebssystem wird z. B. der Zugriff auf einen Drucker stets einem Prozeß zur Zeit vorbehalten bleiben müssen.

2. *Keine inkrementelle Belegung:* Ein Prozeß kann benötigte Betriebsmittel immer nur gesammelt anfordern, also keine Nachforderungen stellen. Belegt er bereits Betriebsmittel, so muß er diese vollständig freigeben, bevor er weitere Anforderungen stellen kann. Ein einfach zu realisierender Spezialfall liegt vor, wenn jeder Prozeß *zu Beginn* sämtliche Betriebsmittel anfordern muß, die er jemals benötigen wird. Nachteilig an dieser Methode ist, daß es schwierig ist, den tatsächlichen Bedarf von Prozessen zu Beginn ihrer Laufzeit vorherzusagen, und vor allem, daß die Betriebsmittelnutzung außerordentlich ineffektiv werden kann. Wird keine inkrementelle Belegung zugelassen, ist es außerdem möglich, daß Prozesse "verhungern": Ein Teil der von einem Prozeß angeforderten Betriebsmittel wird ständig zwischen anderen Prozessen ausgetauscht, so daß er nie zum Zuge kommt.

3. *Verdrängung:* Wenn einem Prozeß der Zugriff auf Betriebsmittel versagt wird, wird er gleichzeitig verdrängt, d. h. es werden ihm auch alle vorher zugewiesenen Betriebsmittel (vorübergehend) wieder entzogen. Dieses Verfahren ist nur bei Ressourcen anwendbar, deren Status gesichert und später restauriert werden kann. Es wäre beispielsweise nicht sinnvoll, einem Prozeß einen Drucker zu entziehen.

4. *Kein zirkuläres Warten:* Die zyklische Prozeßwartekette läßt sich dadurch verhindern, daß man für die vorhandenen Betriebsmittel eine *Ordnungsrelation* definiert (baumartig oder auch linear). Anforderungen dürfen nur in einer Reihenfolge gestellt werden, die mit dieser Ordnung konsistent ist. Das Auftreten von Zyklen ist damit ausgeschlossen.

In DESMO erfolgt eine automatische Überwachung der Ressourcenbelegung gemäß einer vorgegebenen **linearen Ordnung** der Ressourcen. Darüber hinaus steht es dem Anwender natürlich frei, weitere Maßnahmen der statischen Überwachung in seinem Modellprogramm zu implementieren.

Die in DESMO gegebene Möglichkeit, für Prozesse Prioritäten festzulegen, sollte *nicht* dahingehend mißverstanden werden, daß ein höher priorisierter Prozeß einen anderen verdrängen könnte. Vielmehr wirken sich die Prioritäten ausschließlich auf die Behandlung *wartender* Prozesse aus. Beim Einreihen in eine Warteschlange wird die Priorität eines Prozesses berücksichtigt.

Bei den vorbeugenden Maßnahmen handelt es sich generell um Beschränkungen in der Freizügigkeit bei der Betriebsmittelvergabe. Diese Wettbewerbseinschränkung hat oft eine **niedrigere Betriebsmittelauslastung** und einen geringeren Systemdurchsatz zur Folge. Hinzu kommt ein Verwaltungsmehraufwand durch Überprüfungen bei jeder Betriebsmittelanforderung. Die automatische Überwachung in DESMO läßt sich daher vom Benutzer auch ausschalten.

Dynamische Überwachung (Erkennung)

DESMO verfügt zusätzlich über eine Möglichkeit zur *Erkennung* von Deadlocks. Diese Form der Überwachung erfolgt bei einer Betriebsmittelanforderung dynamisch, d. h. sie basiert jeweils auf der aktuellen Belegungssituation durch sämtliche Prozesse.

Als Hilfsmittel zur Beschreibung von Deadlocks dient der *Ressourcen-Allokationsgraph*. Die Knoten eines solchen Graphen stehen für Prozesse und Betriebsmittel, während gerichtete Kanten Betriebsmittelanforderungen und -belegungen darstellen. Im folgenden werden *Prozeßknoten* durch Kreise und *Betriebsmittelknoten* durch Rechtecke dargestellt. Für die beiden Kantenarten ist keine solche Unterscheidung notwendig, da sie an der Richtung der Kanten zu erkennen sind: *Anforderungen* führen von Prozeßknoten zu Betriebsmittelknoten, *Belegungen* verlaufen in umgekehrter Richtung.

Abbildung 7-4 zeigt ein Beispiel. In der dargestellten Situation liegt ein System mit drei Prozessen und zwei Betriebsmitteln vor, die beide teilbar sind. Die Anzahl vorhandener, angeforderter oder belegter Betriebsmitteleinheiten ist jeweils durch die Beschriftung angegeben: Das Betriebsmittel (die Ressource) *r1* umfaßt vier Exemplare (Ausprägungen), wobei dem Prozeß *p1* eines davon und dem Prozeß *p2* zwei zugeteilt sind. Prozeß *p1* belegt außerdem – wie auch *p3* – eine Ausprägung der Ressource *r2*, während Prozeß *p2* auf die Freigabe mindestens einer der beiden wartet.

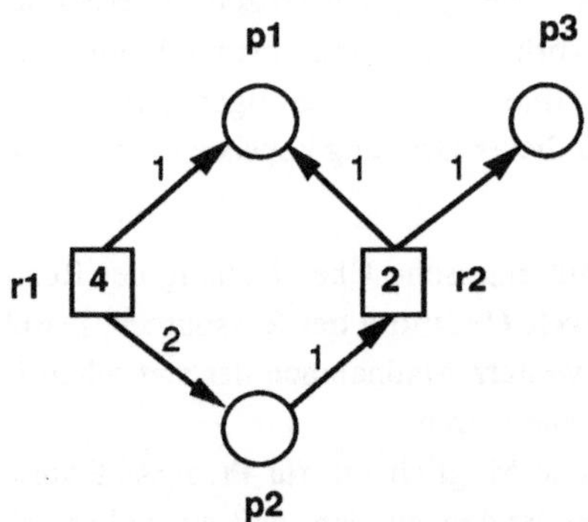

Abb. 7-4: Ressourcen-Allokationsgraph (Beispiel)

Für den Fall, daß das betrachtete System ausschließlich aus unteilbaren (exklusiven) Betriebsmitteln besteht, gilt die folgende Aussage: Genau dann, wenn ein *Zyklus* im Ressourcen-Allokationsgraphen enthalten ist, befinden sich die beteiligten Prozesse in einem Deadlock-Zustand. Diese Aussage entspricht der in 7.10.1 aufgeführten Wartebedingung. Sie ist in einem System von unteilbaren Ressourcen also nicht nur notwendig, sondern auch *hinreichend*. Ein Beispiel zeigt Abbildung 7-5.

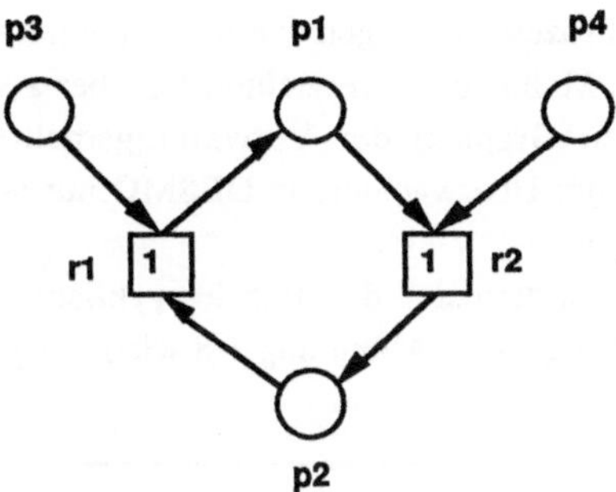

Abb. 7-5: Ein Zyklus im Allokationsgraphen

Man kann in diesem Fall zur Vereinfachung auch die Ressourcenknoten entfernen und die Kanten direkt zwischen den Prozessen verlaufen lassen. Es entsteht ein sogenannter *Wartegraph* (Abb. 7-6).

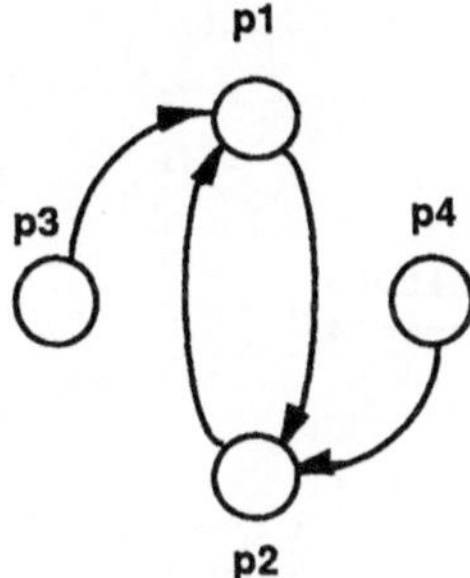

Abb. 7-6: Ein Zyklus im Wartegraphen

Der Vollständigkeit halber sei noch einmal festgestellt: In einem System mit *teilbaren* Betriebsmitteln gilt die Aussage: Das System enthält *keinen* Deadlock, wenn der Allokationsgraph keinen Zyklus enthält. (Die Wartebedingung ist notwendig.)

In DESMO wird der Ansatz verfolgt, daß dem Benutzer beim Zustandekommen eines Zyklus im Ressourcen-Allokationsgraphen eine **Warnung vor Deadlocks** zukommen soll, um ihm wenigstens einen Hinweis auf das erhöhte Risiko zu geben. Maßnahmen zur genaueren Überprüfung oder Behebung liegen dann im Ermessen des Benutzers. Zusammen mit der Warnung wird auch der gefundene Zyklus ausgegeben.

Maßnahmen zur *garantierten* Erkennung von Deadlocks würden höhere Laufzeiten beanspruchen und wären aufwendiger zu realisieren. Die zugrundeliegenden Algorithmen basieren in der Regel auf Matrizen zur Darstellung von Ressourcenbelegungen

bzw. -anforderungen von Prozessen. Wegen der zu erwartenden verminderten Systemleistung wurde auf solche Maßnahmen verzichtet. Da aber auch für die Zyklensuche
bei komplexer werdenden Graphen der Verwaltungsmehraufwand recht schnell
ansteigt, wird diese Form der Überwachung in DESMO nur vorgenommen, wenn der
Benutzer sie explizit einschaltet.

Ein kurzes Programm, bei dem sich drei Entities zyklisch blockieren, ist in Abbildung 7-7, die zugehörige Ausgabe in Abbildung 7-8 wiedergegeben.

```
MODULE Deadlock;
(**************)

FROM Res IMPORT Object, New, Acquire, Level, DeadlockCheck;
FROM ProcessSimulation
    IMPORT Hold, Entity, Schedule, Passivate;
IMPORT ProcessSimulation;

VAR r1, r2, r3 : Object;

    PROCEDURE p1 (e : Entity);
    (*---------------------*)
    BEGIN
       Acquire (r1, 1);
       Hold (0.0);
       Acquire (r2, 1);
    END p1;

    PROCEDURE p2 (e : Entity);
    (*---------------------*)
    BEGIN
       Acquire (r2, 1);
       Hold (0.0);
       Acquire (r3, 1);
    END p2;

    PROCEDURE p3 (e : Entity);
    (*---------------------*)
    BEGIN
       Acquire (r3, 1);
       Acquire (r1, 1);
    END p3;

BEGIN
    r1 := New ("Res-1", 1);
    r2 := New ("Res-2", 1);
    r3 := New ("Res-3", 1);
    Schedule (ProcessSimulation.New ("Entity-1", p1, NIL), 0.0);
    Schedule (ProcessSimulation.New ("Entity-2", p2, NIL), 0.0);
    Schedule (ProcessSimulation.New ("Entity-3", p3, NIL), 0.0);
    DeadlockCheck (DynamicB);
    Passivate;
END Deadlock.
```

Abb. 7-7: Programmbeispiel für einen Deadlock

```
        Error at Clock Time = 0.000  .
        *** Cause: Call on 'Res.Acquire'  ***
        Current = 'Entity-2 1'
        Warning: Cycle in resource allocation graph;
                 deadlock(s) not impossible!

          'Entity-2 1' holds resources of 'Res-2',
              which are waited for by 'Entity-1 1'.
          'Entity-1 1' holds resources of 'Res-1',
              which are waited for by 'Entity-3 1'.
          'Entity-3 1' holds resources of 'Res-3',
              which are waited for by 'Entity-2 1'.
```

Abb. 7-8: Fehlerausgabe des Deadlock-Programms

7.11 Implementation

7.11.1 Übersicht über die DESMO-Modulstruktur

Die gewählte Modularisierung von DESMO ist das Ergebnis einer klaren Trennung
zwischen Anwender- und Systemebene (s. Abb. 7-9).

Die Module der Anwenderebene sind durch weiß unterlegte Ovale dargestellt. Auf
diese kann vom Anwenderprogramm aus direkt zugegriffen werden. Die zentralen
Module der Anwenderebene, *EventSimulation* und *ProcessSimulation*, sind durch doppelte Umrandung hervorgehoben.

Die Module der Systemebene sind grau unterlegt. Sie bleiben dem Anwender verborgen. Das Modul *DESkernel* ("Discrete Event Simulation kernel") stellt zentrale
Funktionen zur Verfügung, die von nahezu allen anderen Modulen benutzt werden.

Die am unteren Rand stehenden, ebenfalls grau unterlegten Module gehören im
engeren Sinne nicht zu DESMO. Als generelle – nicht simulationsspezifische – und
auch im Hinblick auf die Portabilität bereitgestellte Hilfsmodule werden ihre Funktionen von verschiedenen System- und Anwendermodulen genutzt. Aus implementa-
tionstechnischen Gründen wird *StatKernel* nur für *Tally* und *Histogram* (nicht von
Count, *Accumulate* oder *Regression*) benötigt.

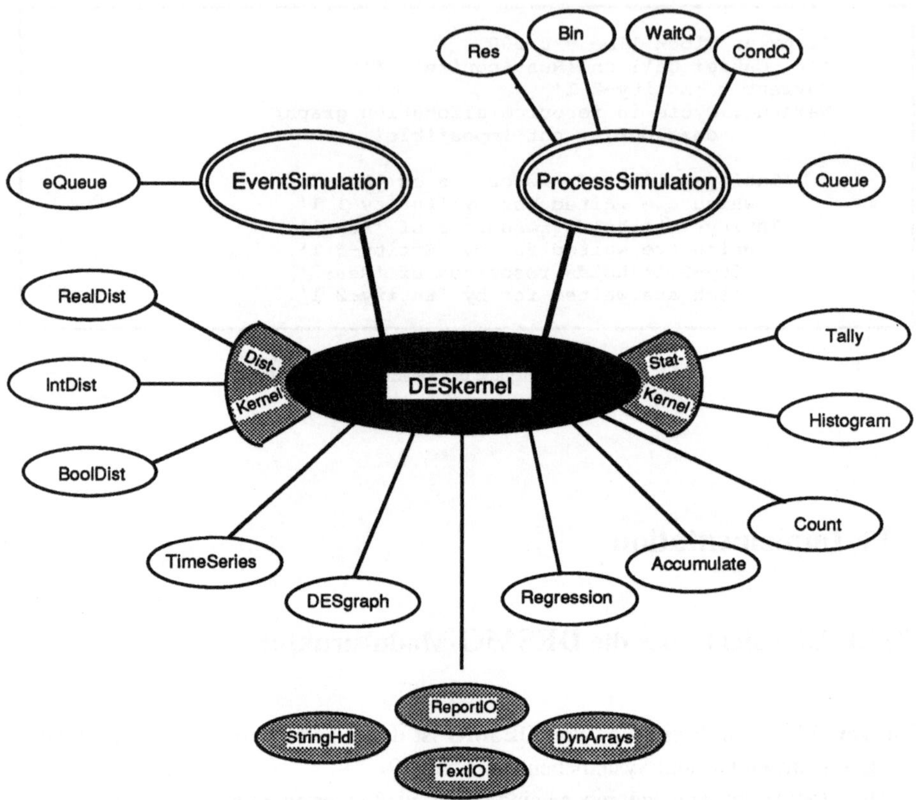

Abb. 7-9:　Logische Modulabhängigkeit in DESMO

7.11.2　Organisation der Ereignisliste

Die Verwaltung der Ereignisliste ist eine zentrale Aufgabe, die sich sowohl für den
ereignis- als auch für den prozeßorientierten Teil von DESMO stellt. Aufgrund der
meist großen Anzahl temporärer Objekte (Entities) in üblichen Simulationsläufen und
damit auch sehr vielen Teilaktionen, die in eine zeitlich geordnete Abfolge gebracht
werden müssen, ist eine **effiziente Implementation** der Ereignisliste entscheidend für
das Laufzeitverhalten der Modelle.

Die einfachste Lösung ist eine **lineare, einfach verkettete Liste**, deren Elemente
nach Aktivierungszeitpunkten geordnet sind. Das Kopfelement besitzt stets den klein-

sten Zeiteintrag. Zum Einfügen eines Elementes sind bei gleichverteilten Schlüsseln im Mittel jedoch O(n/2) Vergleiche nötig, wenn die Liste n Elemente enthält.

Bei **binären Bäumen** können diese Zugriffe auf O(log n) reduziert werden. Insbesondere bei ausgeglichenen Bäumen hat man jedoch beim Einfügen und Löschen – zwei häufigen Operationen auf der Ereignisliste – einen nicht unerheblichen Reorganisationsaufwand zu berücksichtigen (s. [Wir79], Abschnitt 4.4).

Einen Kompromiß zur Darstellung von Prioritätslisten stellen die sog. "leftist trees"[3] dar, wie sie allgemein bereits *D. E. Knuth* beschrieben hat (s. [Knu73], S. 150-152). Der daraus abgeleitete, von *Birtwistle* [Bir79b] in DEMOS verwendete und hier übernommene Algorithmus des **leftist priority tree** zeichnet sich durch die folgenden Invarianten aus. Für jedes Element *e* des Baumes gilt:

1. Ist *e*'s linker Teilbaum leer, so auch sein rechter.
2. Alle Elemente in *e*'s linkem Teilbaum haben den gleichen Zeiteintrag wie *e* oder einen kleineren als *e*.
3. Alle Elemente in *e*'s rechten Teilbaum haben einen größeren Zeiteintrag als alle Elemente in *e*'s linken Teilbaum und einen kleineren Eintrag als *e* selbst.

Aus 2. und 3. folgt, daß Elemente mit gleichem Zeiteintrag stets eine lineare Unterliste bilden, deren rechte Äste – mit Ausnahme des am dichtesten zur Wurzel stehenden Elements – alle leer sind. Bei der Implementation ist dann dafür zu sorgen, daß diese Unterliste gemäß FIFO geordnet wird, um die Behandlung sogenannter *time ties* eindeutig zu regeln. Das Wurzelelement entspricht dem letzten Element auf der Ereignisliste, hat also den größten Zeiteintrag. Das Blatt des am weitesten links befindlichen Astes stellt das Kopfelement der Ereignisliste dar. Beispielsweise ergibt die Zahlenfolge 5, 1, 0, 4, 1, 2, 3 den Baum:

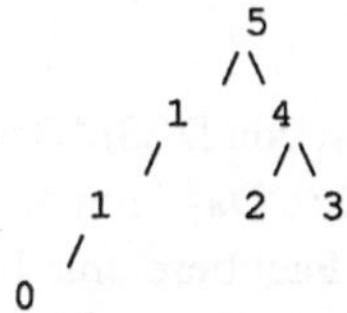

Im ungünstigsten Fall kann der Baum zu einer linearen Liste degenerieren, und zwar dann, wenn entweder alle Einträge den gleichen oder einen kleineren Schlüssel besitzen als das jeweils zuletzt eingetragene Element, oder nachträglich eingefügte Elemente stets einen größeren Schlüssel als das jeweilige Wurzelelement haben. Bei der letztgenannten Möglichkeit wird stets das hinzugefügte Element zur neuen Wurzel.

Zur **Optimierung der Zugriffe** auf die Ereignisliste ist neben dem Verweis auf das Wurzelelement (*Root*) auch ein Zeiger auf den Listenkopf (*Top*) definiert. Einfügungen

---

[3] Die Bezeichnung rührt von dem typischen "Bild" dieser Bäume her, deren linke Äste meist wesentlich länger sind als die rechten; sie sind "linksgerichtet" (*leftist*).

direkt vor oder hinter dem Listenkopf bzw. hinter allen *Items* mit gleichem Zeiteintrag wie das Kopfelement (Differenzzeit $dt = 0$) können über den Verweis *Top* sehr schnell (mit O(1)) ausgeführt werden. Gleiches gilt für Elemente, deren Zeiteintrag größer als der der Wurzel ist – sie werden jeweils zur neuen Wurzel – und für das direkte Einfügen vor oder hinter einem bereits vorgemerkten *Item*. Bei Einfügungen, die vergleichend von der Wurzel ausgehen, ist mit entsprechend höherem Aufwand zu rechnen.

In den aufgeführten **Prozeduren zur Ereignislistenmanipulation** müssen bei der Reorganisation des Baumes eine Reihe von Sonderfällen beachtet werden, die insbesondere Änderungen am Listenkopf und der Wurzel betreffen. So muß z. B. beim Löschen des Kopfelementes ggf. dessen Nachfolger als dasjenige Objekt bestimmt werden, welches als Blatt im äußerst linken Ast des rechten Teilbaumes des Vorgängers *Top^.Back* eingetragen ist. Dabei wird der rechte Teilbaum "verschwenkt". Beispiel:

Es gibt zahlreiche Konstellationen beim Einfügen und Löschen, auf die jedoch hier nicht eingegangen werden soll. Sie sind bereits von *Birtwistle* (vgl. [Bir79b], S. 5-6 bis 5-11) ausführlich diskutiert worden.

7.11.3 Systemtechnische Angaben

Zur Beurteilung des Umfangs und der Leistungsfähigkeit von DESMO sind hier einige Eckdaten des Systems und der Modellaufzeiten aufgeführt. Das Programmpaket wurde zunächst auf einem Großrechner VAX 8550 des Fachbereichs Informatik der Universität Hamburg entwickelt, um dann auf IBM PCs (PS/2 Modell 50 und 80 (mit 80287 Coprozessor)) unter MS-DOS 3.3 und LOGITECH-Modula, Vers. 3.0, portiert zu werden. Inzwischen wurde eine weitere Version für TopSpeed-Modula geschaffen.

Das Modul *DESgraph* der PC-Version basiert auf diversen Grafikoperationen des LOGITECH-Moduls *Graphics* bzw. der Fensterunterstützung des TopSpeed-Moduls *Windows*. Aufgrund fehlender Hardware-Unterstützung ist auf dem VAX-Großrechner keine Grafik-Ausgabe realisiert. Das Modul *TextIO* – auf dem Großrechner VAX in der Standard-Bibliothek vorhanden – ist mit Hilfe entsprechender LOGITECH- bzw. TopSpeed-Standardprozeduren adaptiert worden.

DESMO ist in 25 Module gegliedert. Die Definitionsmodule umfassen rund 4000, die Implementationsmodule rund 15 000 Zeilen (430 kB) Quellcode. Daraus werden rund 380 kB Objektcode erzeugt.

Die folgenden **Zeitangaben** beziehen sich auf das im anschließenden Abschnitt 7.12 behandelte Beispielmodell ("Jobshop"-Modell) in seinen verschiedenen Versionen (ereignis-, prozeß-, transaktionsorientierte Fassung usw.) bei 365 simulierten Produktionstagen.

Tabelle.3-1: Übersetzungs- und Laufzeiten des Simulationspaketes DESMO

	IBM PS/2 Mod. 80 (Coproz.)	
	LOGITECH-Modula	TopSpeed-Modula
Compilezeiten:		
DESMO	7:04	2:40
JobEvent	0:20	0:07
JobProc	0:20	0:06
JobTrans	0:18	0:06
JobActiv	0:19	0:06
JobPrioq	0:23	0:06
JobCondQ	0:18	0:06
Laufzeiten:		
JobEvent	4:05	2:30
JobProc	4:58	3:25
JobTrans	5:35	3:40
JobActiv	4:57	3:20
JobPrioq	5:34	4:30
JobCondQ	4:06	2:40

7.12 DESMO in der Simulationsanwendung

Die folgenden Beispiele für die Anwendung von DESMO verdeutlichen die Funktionalität des Simulationspaketes und veranschaulichen gleichzeitig zahlreiche Konzepte, die in diesem Buch eingeführt wurden. Das gilt insbesondere für die vier "Weltbilder" oder Modellierungsstile der zeitdiskreten Simulation, die hier systematisch gegenübergestellt werden. Darüber hinaus zeigen die Beispiele die Anwendung der höheren Synchronisationsmechanismen für Prozesse. Die vollständigen Beispielprogramme mit zugehörigen *Reports* und *Traces* sind in Anhang D zusammengestellt.

7.12.1 Modell eines Fertigungssystems (Jobshop-Modell)

Als Beispielmodell für DESMO dient – wie schon in 2.5 und 3.3 – ein Modell einer Fertigungsanlage. Die Anlage besteht aus fünf Maschinengruppen, von denen jede eine bestimmte Anzahl gleichartiger Maschinen enthält. In der Anlage werden verschiedene Arten von Produktionsaufträgen bearbeitet, hier als *Jobs* bezeichnet. Für jede Jobart ist eine charakteristische Reihenfolge von Bearbeitungsschritten in den verschiedenen Maschinengruppen definiert (*Routing*). Wenn alle Maschinen einer Gruppe bereits belegt sind, werden die eintreffenden Jobs in FIFO-Warteschlangen eingereiht. Die Fertigungsanlage wird also durch ein Netz von Mehrbedienstationen (*multiserver queues*) modelliert, wobei die Anzahl der "Bediener" in jeder Station durch die Anzahl der Maschinen in der entsprechenden Maschinengruppe gegeben ist.

Ein solches Modell kann zur **Engpaßanalyse** verwendet werden; eine typische Fragestellung könnte etwa lauten: "Wenn Mittel zur Anschaffung nur einer weiteren Maschine zur Verfügung stehen, welche Maschinengruppe sollte verstärkt werden, um einen maximalen Produktdurchsatz zu erzielen?"

Die nachfolgend beschriebenen Implementationen des Modells lesen die gewünschte Simulationsdauer als Anzahl zu simulierender 8-Stunden-Tage vom Terminal ein. Außerdem wird die Maschinenkonfiguration (Bestückung der Maschinengruppen mit Maschinen) eingelesen, so daß unterschiedliche Konfigurationen simuliert werden können. Die im Anhang zusammen mit den Programmen wiedergegebenen Reports wurden durch Programmläufe mit den Eingabedaten 365 (simulierte Arbeitstage) und 3-2-4-3-1 (Anzahl Maschinen pro Gruppe) erzeugt. Als unveränderliche **Modellparameter** werden die Zwischenankunftszeit der Jobs (hier 0.25 Std.), die Häufigkeitsverteilung der verschiedenen Jobarten und deren jeweilige Bearbeitungsreihenfolgen und mittlere Bearbeitungszeiten in den einzelnen Maschinengruppen angesehen; die entsprechenden Programmvariablen werden mit festen Werten initialisiert.

Der am Ende jedes Simulationslaufes auszugebende **Report** enthält neben der gemittelten Warteschlangenlänge und Wartezeit die Anzahl der bearbeiteten Jobs und die mittlere Auslastung je Maschinengruppe. Außerdem wird für jede Jobart die mittlere Verweildauer der Jobs im System aufgelistet. Bezogen auf obige Fragestellung ließe sich aus Auslastungsdaten der Maschinengruppen ableiten, in welcher Maschinengruppe die Erweiterung um zusätzliche Maschinen vermutlich den größten Nutzen brächte (nämlich in einer der am stärksten ausgelasteten Gruppen). Der Erfolg solcher Erweiterungen ließe sich durch Simulationsläufe mit den entsprechenden neuen Konfigurationen kontrollieren.

In den folgenden Abschnitten 7.12.2 bis 7.12.6 werden mehrere Implementationen dieses Modells in jeweils unterschiedlichen Modellierungsstilen – und entsprechend unter Verwendung unterschiedlicher Konstrukte von DESMO – erläutert. Es werden Kurzfassungen der Programmtexte wiedergegeben, damit die jeweils zu verdeutlichenden Konzepte klar hervortreten (vgl. aber Anhang D).

7.12.2 Ereignisorientierte Modellimplementation

Das Modell wird zunächst in der ereignisorientierten Version vorgestellt. Die Kurzfassung des Programms *JobEvent* (Anhang D.1.1) hat die Form:

```
PROCEDURE CreateJob (Myself : Entity);
(* Ansetzen des Ereignisses 'Arrival' und 'NewJob' *)
VAR myAttr, NextJobsAttr : JobAttr;
BEGIN
   NEW (NextJobsAttr);
   Schedule (Creation,
             New ("Job", NextJobsAttr),
             RealDist.Sample (ArrivalStream));
   myAttr := Attributes (Myself);
   WITH myAttr^ DO
      Kind  := IntDist.Sample (JobTypeStream);
      Route := JobData [Kind].Routing;
   END;
   Schedule (Arrival, Myself, 0.0);
END CreateJob;

PROCEDURE Arrive (Myself : Entity);
(* Ankunft eines (Teil-) Jobs an der Maschinengruppe *)
VAR myAttr : JobAttr;
BEGIN
   myAttr := Attributes (Myself);
   WITH myAttr^ DO
      eQueue.Insert (Myself, MGroup [Route^.Group] . WaitingJobs);
      IF MGroup [Route^.Group] . FreeMachines > 0 THEN
         eQueue.Remove (Myself);
         DEC (MGroup [Route^.Group] . FreeMachines);
         ServiceTime := RealDist.Sample (ServiceStream [Kind, Route^.Group]);
         Schedule (Departure, Myself, ServiceTime);
      END;
   END;
END Arrive;
```

```
PROCEDURE Depart (Myself : Entity);
(* Bedienungsende; Weiterleitung eines Jobs zur nächsten Maschinengruppe *)
VAR NextJob : Entity;
    myAttr, NextJobsAttr : JobAttr;
BEGIN
   myAttr := Attributes (Myself);
   WITH MGroup [myAttr^.Route^.Group] DO
      IF eQueue.Empty (WaitingJobs) THEN
      (* Freigabe einer Maschine *)
         INC (FreeMachines);
      ELSE
      (* Belegung der Maschine durch ersten Job in der Warteschlange *)
         NextJob := eQueue.First (WaitingJobs);
         NextJobsAttr := Attributes (NextJob);
         eQueue.Remove (NextJob);
         WITH NextJobsAttr^ DO (* Ansetzen des Bedienungsende-Ereignisses *)
            ServiceTime :=
               RealDist.Sample (ServiceStream [Kind, myAttr^.Route^.Group]);
            Schedule (Departure, NextJob, ServiceTime);
         END;
      END;
   END;
   IF  myAttr^.Route^.NextMachine # NIL THEN
   (* Ansetzen einer Jobankunft in der nächsten Maschinengruppe *)
      myAttr^.Route :=  myAttr^.Route^.NextMachine;
      Schedule (Arrival, Myself, 0.0);
   END;
END Depart;
```

Wie schon in 2.5.2 werden hier drei **Ereignistypen** unterschieden:

*   *Ankunft eines Jobs im System:* Ein neuer Produktionsauftrag trifft in der Fertigungs-
    anlage ein. Eigentlich ist dieses Ereignis mit der Ankunft des Jobs an der *ersten*
    Maschinengruppe identisch, es wurde aber programmtechnisch davon getrennt,
    damit nicht bei jeder Ankunft an einer Maschinengruppe festgestellt werden muß,
    ob es sich um die "Neuankunft" des Jobs handelt.
    Bei der Ankunft im System wird die Art und damit die Bearbeitungsreihenfolge des
    aktuellen Jobs festgelegt und seine Ankunft in der ersten Maschinengruppe als neues
    Ereignis noch zum gleichen (Simulations-) Zeitpunkt vorgemerkt. Außerdem wird
    das nächste Ereignis des gleichen Tys vorgemerkt – so entsteht der fortlaufende
    Zustrom von Jobs in das System.

*   *Ankunft eines Jobs an einer Maschinengruppe:* Wenn eine Maschine frei ist, so wird
    sie belegt und das Ende der Bearbeitung des Jobs vorgemerkt. Anderenfalls wird
    lediglich der Job in die Warteschlange der Gruppe eingereiht. Damit auch sofort
    bediente Jobs (als Nulleinträge) von der Wartezeitstatistik erfaßt werden, werden
    auch diese in die Warteschlange eingereiht und umgehend wieder entnommen.

*   *Ende der Bearbeitung eines Jobs in einer Maschinengruppe:* Im Falle einer nicht-
    leeren Warteschlange wird die Maschine dem ersten Job in der Warteschlange zuge-
    teilt. Dieser verläßt die Warteschlange und das Ende seiner Bearbeitung wird vorge-
    merkt. Für den Job, dessen Bearbeitung gerade beendet ist, wird die Ankunft in der
    nächsten Maschinengruppe seiner Route vorgemerkt, falls er noch weitere Bearbei-
    tungsschritte vor sich hat. Anderenfalls verläßt er das System.

Darüber hinaus werden zwei weitere Ereignisarten definiert (Abschluß des Ablaufprotokolls und Ende des Simulationslaufes), die in der Programmkurzfassung nicht angegeben sind. Diese beiden Ereignisarten haben keine Entsprechung im Realsystem. Sie werden in DESMO als *externe Ereignisse* angesetzt.

Die fünf Ereignisarten werden in der Typdefinition *EventType* aufgezählt. Die Feldvariable *Events* ordnet jeder Ereignisart einen Titel und eine Ereignisroutine zu.

Die Beschreibung der Ereignisarten legt die Modellierung der Jobs als Entities nahe, also als aktive Modellkomponenten, deren Handlungen auf der Ereignisliste vorgemerkt und die in Warteschlangen aufbewahrt werden können. Die Maschinengruppen hingegen werden lediglich als Datenobjekte dargestellt, die einzelnen Maschinen nur als Werte von Zählvariablen innerhalb des Maschinengruppenverbundes. Außer diesen Zählern enthält jede Maschinengruppe eine Warteschlange.

Die verschiedenen Bearbeitungsreihenfolgen der einzelnen Jobarten werden hier (anders als in 3.3) als einfach verkettete lineare Listen dargestellt, wobei jedes Listenelement außer dem Verweis auf den Nachfolger als Nutzinformation die Identifikation der Maschinengruppe enthält, in der der jeweilige Bearbeitungsschritt erfolgt. Da die Verbunde der Maschinengruppen zu einem Feld (*MGroup*) zusammengefaßt sind, dient als Identifikation ein Index auf dieses Feld. Die Parameter der Jobarten, insbesondere die Bearbeitungsreihenfolgen, werden ebenfalls in einem Feld (*JobData*) zusammengefaßt.

Für die Jobs werden als modellspezifische **Entity-Attribute** die Jobart (*Kind*), die Liste der noch zu passierenden Maschinengruppen einschließlich der aktuellen (*Route*), die Ankunftszeit im System (*ArrivalTime*) und die Bedienzeit in der aktuellen Maschinengruppe (*ServiceTime*) definiert. Diese Attribute sind zu einem *RECORD* zusammengefaßt. Ein Zeiger auf einen solchen *RECORD* (Typ *JobAttr*) muß für die Erzeugung eines neuen Entity an die Prozedur *New* übergeben werden.

In der Ereignisroutine*Depart* wird – sofern vorhanden – das nächste wartende Job-Entity aus der Warteschlange geholt. Dies geschieht mittels

```
eQueue.Remove (NextJob);
```

Es muß nicht angegeben werden, aus *welcher* Wareschlange das Entity zu entfernen ist, weil in DESMO sich ein Entity nur in einer Warteschlange zur Zeit befinden kann.

Die **automatische Warteschlangenstatistik** liefert die mittlere Warteschlangenlänge und Wartezeit je Maschinengruppe. Die übrigen statistischen Auswertungen werden **halbautomatisch** erzeugt. Die Auslastung der Maschinengruppen muß nach der Simulationszeit gewichtet gemittelt werden, hierfür wird je Maschinengruppe ein *Accumulate*-Objekt erzeugt. Die Aktualisierung dieser Datensammelobjekte erfolgt aus Effizienzgründen mit expliziten *Update*-Aufrufen – die automatische Aktualisierung ist im wesentlichen für die Entwicklungsphase eines Modells gedacht, damit nicht durch vergessene Aktualisierungen die Statistik verfälscht werden kann. Für jede Maschinengruppe ist eine Funktion (*GroupUtiln*, $1 \leq n \leq 5$) definiert, die beim Aufruf die aktuelle

Auslastung dieser Maschinengruppe (in Prozent) liefert. Diese Funktion wird dem jeweiligen *Accumulate*-Objekt bei dessen Erzeugung durch *New* zugeordnet.

Ebenfalls über explizit definierte Datensammelobjekte werden die Verweildauern von Jobs im System ausgewertet. Da diese Modellgröße keine Funktion der Zeit ist, werden hierfür *Tally*-Objekte definiert, je eines für jede Jobart und eines, das über alle Jobarten mittelt. Für alle vier *Tally*-Objekte wird eine einzige Beobachtungsfunktion definiert: *JobDelay* liefert immer die Zeitspanne, die seit dem Eintreffen des laufenden Jobs (*Current()*) im System vergangen ist.

Von den im Modell verwendeten **Zufallszahlenströmen** bedarf die Verteilung der Jobarten einer näheren Erläuterung. Jobs der Art Nr. 1, die nacheinander die Maschinengruppen 3, 1, 2 und 5 anlaufen, sollen 30%, Jobs der Art Nr. 2 (Gruppen 4, 1 und 3) die Hälfte und Jobs der Art Nr. 3 (Gruppen 2, 5, 1, 4 und 3) 20% aller Produktionsaufträge ausmachen. Diese Häufigkeitsverteilung wird in den Feldern *JobTypeVal* und *JobTypeProb* festgehalten, wobei *JobTypeVal* die Identifikationen der Jobarten und *JobTypeProb* die zugehörigen Werte der Verteilungsfunktion aufnimmt. Diese Felder werden der Funktion *Empirical* zur Erzeugung eines *IntDist*-Objekts übergeben.

Nachdem die beschriebenen Datenstrukturen in der Prozedur *Initialization* mit (Anfangs-) Werten belegt worden sind, wird vom Hauptprogramm die Ankunft des ersten Jobs im System vorgemerkt und dann der Simulationslauf durch Aufruf der Prozedur *StartSimulation* gestartet. Die Ausführung dieser Prozedur endet, nachdem in der Ereignisroutine *SimEnd* die Prozedur *StopSimulation* aufgerufen wurde. Das Simulationsende wird hier durch ein **externes Ereignis** ausgelöst, um die Fortführung der zeitgewichteten Statistik bis zum exakten Endzeitpunkt zu erzwingen. Ohne das externe Ereignis wird der an *StartSimulation* übergebene Endzeitpunkt nicht überschritten, d. h. der Simulationslauf ist bereits mit dem letzten Ereignis beendet, dessen Aktivierungszeitpunkt nicht größer als der Endzeitpunkt ist.

Die Formulierung des Modells und die Sammlung der benötigten statistischen Daten erfolgt in dieser Implementation auf einem Abstraktionsniveau, das etwa der Programmierung in der Simulationssprache **Simscript** entspricht.

7.12.3 Prozeßorientierte Modellimplementation

Die prozeßorientierte Version des Jobshop-Modells unterscheidet sich von der ereignisorientierten im wesentlichen dadurch, daß sowohl die **Jobs** als auch die **Maschinen** als **aktive Modellkomponenten** betrachtet werden (vgl. auch 2.5.3). Auch für die Maschinen sind in den Bedienstationen Warteschlangen vorgesehen. Die verkürzte Fassung des zugehörigen Programms *JobProc* (Anhang D.1.2) sieht wie folgt aus:

```
PROCEDURE MachineProcess (Myself : Entity);
(* Prozeßablauf einer Maschine *)
VAR Job : Entity;
    jAttr, myAttr : EntityAttr;
BEGIN
   myAttr := Attributes (Myself);
   WITH MGroup [myAttr^.myGroup] DO
      LOOP
        (* Warten auf nächsten Job *)
           Queue.Insert (Myself, IdleMachines);
           WHILE Queue.Empty (WaitingJobs) DO
              Passivate;
           END;
           (* Jobauswahl zur Bearbeitung *)
           Job   := Queue.First (WaitingJobs);
           jAttr := Attributes (Job);
           Queue.Remove (Job);
           Queue.Remove (Myself);
           (* Jobbearbeitung und nachfolgende Freigabe *)
           Hold (jAttr^.ServiceTime);
           Schedule (Job, 0.0);
        END;
      END
END MachineProcess;


PROCEDURE JobProcess (Myself : Entity);
(* Prozeßablauf eines Jobs *)
VAR myAttr, Attr : EntityAttr;
BEGIN
   NEW (Attr);
   Schedule (New ("Job", JobProcess, Attr), RealDist.Sample (ArrivalStream));
   myAttr := Attributes (Myself);
   (* Zuweisung der Jobattribute *)
   WITH myAttr^ DO
      myType := Job;
      Kind   := IntDist.Sample (JobTypeStream);
      Route  := JobData [Kind] . Routing;
      WHILE Route # NIL DO
      (* Durchlauf durch die Maschinengruppen gemäß Bearbeitungsreihenfolge *)
         WITH Route^ DO
         (* Aktivieren einer freien Maschine *)
            IF NOT Queue.Empty (MGroup [Group] . IdleMachines) THEN
               ScheduleAfter (Queue.First (MGroup [Group] . IdleMachines,
                              Myself);
            END;
            ServiceTime := RealDist.Sample (ServiceStream [Kind, Group]);
            (* Warten auf Bedienung *)
            Queue.Insert (Myself, MGroup [Group] . WaitingJobs);
            Passivate;
            Route := Route^.Next;
         END;
      END;
   END;
END JobProcess;
```

Die modellspezifischen Attribute der Jobs sind gegenüber der ereignisorientierten
Version unverändert. Maschinen erhalten als einziges modellspezifisches Attribut die
Identifikation ihrer Gruppe (*myGroup*). Für die Attribute sowohl der Jobs als auch der
Maschinen wird ein einziger (varianter) *RECORD*-Typ definiert, was sich in DESMO
grundsätzlich empfiehlt. Der Zeigertyp auf solche *RECORD*s heißt hier *EntityAttr*.

Während die Jobs hier – wie in der ereignisorientierten Version – die Werte ihrer Attribute bei der ersten Aktivierung selbst festlegen, müssen die Maschinenattributwerte bereits bei der Erzeugung der Maschinen definiert werden, da die Maschinen sich nur anhand ihrer Gruppenidentifikation im System orientieren können.

Jede Maschinengruppe besitzt eine zusätzliche **Warteschlange für unbeschäftigte Maschinen**. Alle Maschinen reihen sich bei ihrer ersten Aktivierung und nach jedem Bearbeitungsende in diese Warteschlange ein und passivieren sich danach, sofern keine Jobs auf Bearbeitung warten. Nachdem sie dann ggf. durch einen eintreffenden Job reaktiviert worden sind, entfernen sie diesen und sich selbst aus den jeweiligen Warteschlangen, warten die Bearbeitungszeit ab und reaktivieren dann den Job. Die Bearbeitung wird nur durch den Aufruf der *Hold*-Prozedur simuliert. Der einzige relevante Aspekt dieses Vorgangs ist in diesem Modell ja die Tatsache, daß er Zeit verbraucht.

Der Lebenslauf eines Jobs ist ähnlich einfach: Er wandert – gemäß seiner Bearbeitungsreihenfolge – von einer Maschinengruppe zur anderen, wobei er in jeder Gruppe zunächst ggf. eine untätige Maschine aktiviert und sich dann in die Job-Warteschlange einreiht und auf Bearbeitung wartet, d. h. sich passiviert. Für den Fall, daß eine untätige Maschine verfügbar ist, muß sichergestellt sein, daß sie nach ihrer Aktivierung durch den aktuellen Job nicht von einem weiteren Job belegt werden kann (denn sie wird vom Job-Prozeß nicht aus der Maschinen-Warteschlange entfernt). Deshalb wird mit *ScheduleAfter* erzwungen, daß unmittelbar nach Passivierung des laufenden Jobprozesses die Kontrolle an den Maschinenprozeß übergeben wird.

Mit Ausnahme der zusätzlichen **Warteschlangenstatistik** für unbeschäftigte Maschinen werden in dieser Implementation die gleichen statistischen Auswertungen vorgenommen wie in der ereignisorientierten.

Das Abstraktionsniveau dieser Implementation entspricht der Programmierung in **Simula** mit Hilfe der Standardklassen *Simulation* und *Link* (vgl. [Lam88]). Dabei ist allerdings zu berücksichtigen, daß in Simula statistische Auswertungen des Simulationslaufes "von Hand" programmiert werden müssen, während DESMO die Warteschlangenstatistik voll- und beliebige weitere Statistiken halbautomatisch führt.

7.12.4 Transaktionsorientierte Modellimplementation

Die Modellierung der Fertigungsanlage als **Netzwerk von Bedienstationen**, durch das Produktionsaufträge geschleust werden, entspricht der transaktionsorientierten Weltsicht. Diese läßt sich im Paket DESMO mit Hilfe von **Ressourcen** (*Res*-Objekten) darstellen. Die Aufträge belegen Ressourcen (Maschinen) in den Bedienstationen und geben sie nach Ablauf der Bearbeitungszeit wieder frei. Die transaktionsorientierte Implementation stellt die kompakteste aller hierbeschriebenen Varianten des Jobshop-Modells dar. Die Kurzfassung von *JobTrans* hat die Form:

```
PROCEDURE JobProcess (Myself : Entity);
(* Durchlauf eines Jobs *)
VAR myAttr, Attr : JobAttr;
BEGIN
   NEW (Attr);                                        (* Erzeugung des *)
   Schedule (New ("Job", JobProcess, Attr),           (* nächsten Jobs *)
             RealDist.Sample (ArrivalStream));
   myAttr := Attributes (Myself);
   WITH myAttr^ DO
   (* Zuweisung der benutzereigenen Attribute *)
      Kind     := IntDist.Sample(JobTypeStream);
      Route    := JobData [Kind].Routing;
      REPEAT
      (* Durchlauf durch die Maschinen gemäß der Bearbeitungsreihenfolge *)
         WITH MGroupData [Route^.Group] DO
            Res.Acquire (Machines, 1);
            (* Jobbearbeitung *)
            Hold (RealDist.Sample (ServiceStream [Kind, Route^.Group]));
            (* Freigabe der Maschine *)
            Res.Release (Machines, 1);
         END;
         Route := Route^.Next;
      UNTIL Route = NIL;
   END;
END JobProcess;
```

Wie im ereignisorientierten Modell haben wir auch hier nur einen einzigen Typ **aktiver Modellkomponenten**, die **Jobs**. Sie bilden die Transaktionen in diesem Weltbild. Die Maschinen werden faktisch wiederum als Zähler innerhalb der Maschinengruppen realisiert. Die Verwaltung dieser Zähler und der Warteschlangen obliegt hier aber nicht dem Modellprogrammierer, sondern ist durch Verwendung von *Res*-Objekten automatisiert. Die **Maschinen** werden als **Ressourcen** modelliert, die von Jobs zeitweilig belegt und anschließend wieder freigegeben werden.

Die Handlungen eines Jobs in einer Maschinengruppe beschränken sich darauf, eine Maschine aus dem *Res*-Objekt anzufordern, die Bearbeitung durch einen Aufruf von *Hold* zu simulieren und die belegte Maschine wieder freizugeben. Das ggf. nötige Warten auf eine freiwerdende Maschine braucht nicht vom Modellprogrammierer formuliert zu werden, es ist durch den Aufruf von *Res.Acquire* abgedeckt.

Im Unterschied zum automatischen Warteschlangenreport enthält der systemdefinierte Report des Moduls *Res* nicht die mittlere Warteschlangenlänge, dafür aber die mittlere Auslastung der Ressourcen. Die Auswertung der Warteschlangenlängen erfolgt in dieser Implementation daher über ein *Accumulate*-Objekt. Da Änderungen der Warteschlangenlänge, also Ein- und Ausfügeoperationen, ausschließlich innerhalb der Prozedur *Res.Acquire* (versteckt) stattfinden, können diese Objekte nicht durch explizite *Update*-Aufrufe aktualisiert werden. Hier ist daher die automatische Aktualisierung zu jedem Ereigniszeitpunkt angebracht.

Verglichen mit **GPSS**, der bekanntesten Sprache des transaktionsorientierten Ansatzes, entspricht der Leistungsumfang des Moduls *Res* den Storages bzw. – wenn die Kapazität auf 1 beschränkt wird – den Facilities, realisiert also die grundlegenden Blöcke von GPSS. Auch die meisten übrigen Blöcke lassen sich mit DESMO leicht nachbilden: Das Modul *CondQ* bietet Leistungen, die mit *Logic-Switches* und *TEST*- bzw. *GATE*-Blöcken vergleichbar sind, die *Hold*-Prozedur aus *ProcessSimulation* entspricht dem *ADVANCE*-Block, andere Blöcke können durch elementare Modula-Anweisungen oder die in DESMO verfügbaren Datensammel- und Zufallszahlenobjekte simuliert werden (vgl. auch [Roe78]). Allerdings sollten die *QUEUE*s von GPSS nicht mit den *Queue*-Objekten in DESMO verwechselt werden: Erstere sind reine Datensammel-objekte zur Protokollierung von Wartezeiten, die in DESMO durch *Tally*-Objekte nachzubilden wären.

7.12.5 Aktivitätsorientierte Modellimplementation

In der aktivitätsorientierten Weltsicht liegt der Schwerpunkt bei der Modellbildung auf zeitkonsumierenden Handlungen, den *Aktivitäten*. Diese müssen nicht unbedingt als Tätigkeiten *eines* Entity gesehen werden, man kann sie sich auch als **gemeinsame Handlungen** mehrerer Entities denken. Anders als in der ereignis- oder der prozeß-orientierten Weltsicht erfolgt die Ausführung einer Aktivität auch nicht zu einem vorgemerkten Zeitpunkt, sondern nach dem Eintreten beliebiger **Bedingungen**, etwa der Verfügbarkeit von Entities mit bestimmten Eigenschaften.

Das Jobshop-Modell ist nicht komplex genug, um diese beiden Aspekte der aktivi-tätsorientierten Simulation (gemeinsame Handlungen und bedingtes Warten) in einem Modellprogramm unterzubringen. Es wurden daher zwei Implementationen des Jobshop-Modells programmiert, von denen jede eines dieser aktivitätsorientierten Konzepte zur Ablaufsteuerung einsetzt.

Version mit gemeinsamen Aktivitäten von Entities

Die Kurzfassung dieser Version (Anhang D.1.4) lautet:

```
PROCEDURE Service (Machine, Job : Entity);
(* Gemeinsame Aktivität von Job und Maschine *)
VAR MachAttr, JobsAttr : EntityAttr;
BEGIN
   MachAttr := Attributes (Machine);
   JobsAttr := Attributes (Job);
   WITH MGroup [MachAttr^.myGroup] DO
      DEC (FreeMachines);
      Hold (JobsAttr^.ServiceTime);
      INC (FreeMachines);
   END;
END Service;
```

```
PROCEDURE MachineProcess (Myself : Entity);
(* Ablauf einer Maschine ('Master') *)
VAR myAttr  : EntityAttr;
    myQueue : WaitQ.Object;
BEGIN
   myAttr  := Attributes (Myself);
   myQueue := MGroup[myAttr^.myGroup].MQueue;
   LOOP
      WaitQ.CoOpt (myQueue, Service);
   END
END MachineProcess;

PROCEDURE JobProcess (Myself : Entity);
(* Ablauf eines Jobs ('Slave') *)
VAR myAttr, Attr : EntityAttr;
BEGIN
   NEW (Attr);
   Schedule (
      New ("Job", JobProcess, Attr),
      RealDist.Sample (ArrivalStream));
   myAttr := Attributes (Myself);
   WITH myAttr^ DO
      myType  := Job;
      Kind    := IntDist.Sample (JobTypeStream);
      Route   := JobData [Kind] . Routing;
      WHILE Route # NIL DO
      (* Kooperation einer Maschinengruppe gemäß Bearbeitungsreihenfolge *)
         ServiceTime :=
            RealDist.Sample (ServiceStream [Kind, Route^.Group]);
         WaitQ.Wait (MGroup [Route^.Group] . MQueue);
         Route := Route^.Next;
      END;
   END;
END JobProcess;
```

Das Programm *JobActiv* baut auf der prozeßorientierten Implementation auf. **Maschinen** werden ebenso wie **Jobs** als **Entities** modelliert. Im Mittelpunkt steht die Bearbeitung eines Jobs durch eine Maschine. Die Bearbeitung wird als **gemeinsame Aktivität** dieser beiden Entities aufgefaßt und durch eine eigene Prozedur (*Service*) beschrieben. Die Maschinengruppen werden als *WaitQ*-Objekte dargestellt, in denen Maschinen als *Master* und Jobs als *Slaves* aufeinander warten, um ihre gemeinsame Handlung auszuführen. Die Bearbeitung ist von keinen weiteren Bedingungen abhängig, so daß nicht der volle Leistungsumfang des Moduls *WaitQ* ausgenutzt wird.

Die Abläufe in *JobActiv* stimmen bis ins Detail mit denen in *JobProc* überein, sie sind lediglich auf höherem Abstraktionsniveau beschrieben. Keine der beiden Prozeßroutinen *MachineProcess* und *JobProcess* nimmt explizite Warteschlangenmanipulationen oder Vormerkungen vor. Diese erfolgen vielmehr verdeckt durch die höher aggregierten *WaitQ*-Operationen. Spätestens beim Vergleich der Report-Ausgaben fällt auf, daß die Master-Warteschlangen in *JobActiv* offensichtlich identisch sind mit den Warteschlangen für unbeschäftigte Maschinen in *JobProc*, die Slave-Warteschlangen mit denen für wartende Jobs.

Version mit bedingtem Warten

Die zweite aktivitätsorientierte Implementation des Jobshop-Modells, *JobCondQ*,
basiert auf *JobTrans*. Nur die **Jobs** werden als **Entities** modelliert, die Maschinen
wiederum durch Zählvariablen realisiert. Da sich nur die Prozedur *JobProcess* ändert
und die Funktionsprozedur *MachineIsFree* hinzukommt, wird im Anhang auf die Darstellung dieser Programmvariante verzichtet. Die beiden Prozeduren haben die Form:

```
PROCEDURE MachineIsFree (Job : Entity) : BOOLEAN;
(* Prüfung, ob Maschine frei ist *)
VAR jAttr : JobAttr;
BEGIN
   jAttr := Attributes (Job);
   RETURN MGroupData [jAttr^.Route^.Group]. FreeMachines > 0;
END MachineIsFree;

PROCEDURE JobProcess (Myself : Entity);
(* Ablauf eines Jobs *)
VAR myAttr, Attr : JobAttr;
BEGIN
   NEW (Attr);
   Schedule (
      New ("Job", JobProcess, Attr),
      RealDist.Sample (ArrivalStream));
   myAttr := Attributes (Myself);
   WITH myAttr^ DO
      Kind    := IntDist.Sample(JobTypeStream);
      Route   := JobData [Kind].Routing;
      REPEAT
      (* Durchlauf durch Maschinengruppe gemäß der Bearbeitungsreihenfolge *)
         WITH MGroupData [Route^.Group] DO
            CondQ.WaitUntil (WaitingJobs, MachineIsFree);
            DEC (FreeMachines);
            Hold (RealDist.Sample (ServiceStream [Kind, Route^.Group]));
            INC (FreeMachines);
            CondQ.Signal (WaitingJobs);
         END;
         Route := Route^.Next;
      UNTIL Route = NIL;
   END;
END JobProcess;
```

In einer Maschinengruppe eintreffende Jobs warten in einem *CondQ*-Objekt darauf,
daß eine Maschine frei wird. Da alle Jobs in einer *CondQ* auf die Erfüllung der
gleichen Bedingung warten, kann der Parameter *All* auf *FALSE* gesetzt werden. Wenn
keine Maschine frei ist, genügt es, dies einmal festzustellen, nämlich bei der
Anwendung der Funktion *MachineIsFree* auf den ersten wartenden Job. Danach kann
die Prüfung der Warteschlangenelemente abgebrochen werden, denn sie wird für alle
weiteren wartenden Jobs gleich ausgehen.

7.12.6 Modellerweiterung: Prioritäten und Unterbrechungen

Um Prioritäten und Unterbrechungen im Jobshop-Modell unterzubringen, wurde es um **Eilaufträge** erweitert: Ein fester, als Modellparameter beim Programmstart abzufragender Anteil der Produktionsaufträge soll vorrangig bearbeitet werden. Diese Eilaufträge verdrängen normale Produktionsaufträge aus dem Bearbeitungsvorgang und müssen nur dann warten, wenn alle Maschinen der betreffenden Gruppe bereits von Eilaufträgen belegt sind. In der Warteschlange stehen sie dann wiederum vor allen Standard-Jobs. Unterbrochene Jobs werden wieder in die Warteschlange der Maschinengruppe eingereiht. Die Unterbrechung hat keinen Einfluß auf die Gesamtbearbeitungszeit eines Jobs, sondern lediglich auf seine Wartezeit. Eilaufträge treten in allen Jobarten mit der gleichen relativen Häufigkeit auf.

Die Implementation dieses erweiterten Modells (*JobPrioQ*) wurde aus *JobActiv* weiterentwickelt, wobei die Rollen der **Masters** und **Slaves** vertauscht wurden. Diese Vorgehensweise bietet sich an, weil dadurch die in einer Maschinengruppe eintreffenden Eilaufträge über das vordefinierte Attribute *Owner* der Maschinen sehr elegant feststellen können, ob der Job, den die Maschine als ihren *Owner* noch bearbeitet, nicht priorisiert ist. Die (leicht vereinfachte) Kurzfassung sieht wie folgt aus:

```
PROCEDURE Service (Job : Entity; Machine : Entity);
(* Beschreibung der Kooperation zwischen Maschine und Job   *)
(* (gemeinsame Aktivitäten von Prozessen)                   *)
VAR jAttr, mAttr : EntityAttr;
    StartJob : SimTime;
BEGIN
   jAttr := Attributes (Job);
   mAttr := Attributes (Machine);
   WITH MGroup [mAttr^.myGroup] DO
      (* Kennzeichnung der Maschine als beschäftigt *)
      Queue.Insert (Machine, BusyMachines);
      DEC (FreeMachines);
      (* Beginn der Jobbearbeitung *)
      StartJob := Time ();
      Hold (jAttr^.ServiceTime);
      (* Maschine wieder als frei markieren *)
      Queue.Remove (Machine);
      INC (FreeMachines);
      WITH jAttr^ DO
         IF InterruptCode (Interrupted (Job)) = PrioJobWaiting THEN
            (* Berechnung der restlichen Bearbeitungszeit des Jobs *)
            ServiceTime := ServiceTime - (Time () - StartJob);
            (* Priorität leicht erhöhen, um eine Warteschlangenposition *)
            (* vor allen anderen bisher nicht bearbeiteten Standardjobs *)
            (* zu erzwingen                                            *)
            SetPriority (Job, 1);
         ELSE
            ServiceTime := 0.0;
         END;
      END;
   END;
END Service;
```

```modula2
PROCEDURE MachineProcess (Myself : Entity);
(* Ablauf einer Maschine ('Slave') *)
VAR myAttr  : EntityAttr;
    myQueue : WaitQ.Object;
BEGIN
   myAttr  := Attributes (Myself);
   myQueue := MGroup[myAttr^.myGroup].IdleMachines;
   LOOP
      WaitQ.Wait (myQueue);
   END
END MachineProcess;

PROCEDURE WorkingOnLoPriJob (Machine : Entity) : BOOLEAN;
BEGIN
   RETURN Priority (Owner (Machine)) < 2;
END WorkingOnLoPriJob;

PROCEDURE JobProcess (Myself : Entity);
(* Ablauf eines Jobs *)
VAR myAttr, Attr : EntityAttr;

   PROCEDURE Visit (g : MGroupType);
   VAR Machine : Entity;
   BEGIN
      WITH myAttr^ DO
         WITH MGroup [g] DO
            IF (Priority (Myself) = 2) AND (FreeMachines = 0) THEN
            (* Auftrag hat Priorität: Maschine mit Standardjob suchen *)
               Queue.Find (Machine, BusyMachines, WorkingOnLoPriJob);
               (* Auftrag mit niedriger Priorität verdrängen *)
               Interrupt (Owner (Machine), PrioJobWaiting);
            END;
            ServiceTime := RealDist.Sample (ServiceStream [Kind, g]);
            WHILE ServiceTime > 0.0 DO
            (* Bearbeitung eines Jobs *)
               WaitQ.CoOpt (IdleMachines, Service);
            END;
         END;
      END;
   END Visit;

BEGIN (* JobProcess *)
   NEW (Attr);
   (* Erzeugung des nächsten Jobs *)
   Schedule (New ("Job", JobProcess, Attr),
             RealDist.Sample (ArrivalStream));
   myAttr := Attributes (Myself);
   WITH myAttr^ DO
   (* Zuweisung der Jobattribute *)
      myType := Job;
      Kind   := IntDist.Sample (JobTypeStream);
      Route  := JobData [Kind] . Routing;
      IF BoolDist.Sample (JobPrioStream) THEN
         SetPriority (Myself, 2);
      END;
      WHILE Route # NIL DO
      (* Aufsuchen von Maschinengruppen gemäß der Bedienungsreihenfolge *)
         Visit (Route^.Group);
         Route := Route^.Next;
      END;
   END;
END JobProcess;
```

Die Prozeßroutine der Maschinen unterscheidet sich kaum von der in *JobActiv*. Lediglich die Einreihung in die *WaitQ* erfolgt nun durch *Wait* statt durch *CoOpt*, damit die Maschine die Rolle des Slave übernimmt. Während der Bearbeitung eines Jobs werden Maschinen in ein zusätzliches *Queue*-Objekt (*BusyMachines*) der jeweiligen Gruppe eingereiht, damit Eilaufträge auch auf die beschäftigten Maschinen dieser Gruppe zugreifen können. Im Unterschied zu den bisher verwendeten Warteschlangen nimmt *BusyMachines* also nicht im eigentlichen Sinne wartende Entities auf, sondern dient lediglich dazu, bestimmte Entities zu kennzeichnen und zugreifbar zu machen.

Die Handlungen von Standard- und Eilaufträgen unterscheiden sich nur wenig, so daß sie sinnvollerweise in einer gemeinsamen Prozedur beschrieben werden. Trifft ein Eilauftrag in einer Maschinengruppe ein und findet keine freie Maschine vor, so durchsucht er die Menge der belegten Maschinen nach einer, die einen Standardauftrag bearbeitet (*WorkingOnLoPriJob*). Findet er eine solche, so wird deren Master – und damit die gemeinsame Handlung der Maschine und ihres Jobs – unterbrochen. Eil- wie Standardaufträge ermitteln dann ihre Bearbeitungszeit und reihen sich zur Kooperation mit einer Maschine in die Master-Warteschlange der Gruppe ein. Da ein Standardauftrag unterbrochen werden kann, wird die Kooperationsanforderung solange wiederholt, bis die gesamte Bearbeitungszeit abgearbeitet ist. Dieser Ablauf wird innerhalb des Job-Prozesses als lokale Prozedur *Visit (Maschinengruppe)* formuliert, um die Übersichtlichkeit der Prozeßbeschreibung zu erhöhen.

Der Kern der **gemeinsamen Aktivität** von Job und Maschine (*Service*) ist der gleiche wie in *JobActiv*. Der wesentliche Unterschied besteht darin, daß nach der Ausführung von *Hold (ServiceTime)* die Bearbeitung nicht unbedingt vollständig abgeschlossen ist, da ja der Job – das die Kooperation eigentlich ausführende Entity – unterbrochen worden sein kann. In diesem Fall wird die verbleibende Restbearbeitungszeit in die modelldefinierten Attribute des Job eingetragen und seine Priorität auf 1 erhöht, damit seine Bearbeitung fortgesetzt wird, nachdem alle Eilaufträge (Priorität 2) abgearbeitet worden sind, aber bevor die eines neuen Standardjobs (Priorität 0) beginnt. Der unterbrochene Job reiht sich selbständig wieder in die Master-Warteschlange ein. Nachdem die Bearbeitung eines Jobs beendet ist, wird auch seine Priorität wieder zurückgesetzt, falls sie durch eine Unterbrechung erhöht worden ist (vgl. Anhang D.1.5). In der nächsten Maschinengruppe muß der Job ja wieder am Ende der Warteschlange eingereiht werden. Das "richtige" Ende der Bearbeitung wird daran erkannt, daß der Job nicht unterbrochen wurde. Eine Erkennung anhand der abgelaufenen Simulationszeit wäre zu unsicher, da die Berechnung von Gleitkommazahlen stets mit Rundungsfehlern behaftet sein kann.

7.12.7 Zeitreihen und Grafik

Am Beispiel des Jobshop-Modells soll auch die Verwendung von **Zeitreihenobjekten**
gezeigt werden. Soll beispielsweise ein Protokoll der Warteschlangenlänge in einer
Maschinengruppe erzeugt werden, so ist – wie für andere Datensammelobjekte – eine
Funktionsprozedur zu definieren, die bei jedem Aufruf den aktuellen Wert der
Beobachtungsgröße liefert:

```
PROCEDURE QLength1 () : REAL;
BEGIN
    RETURN FLOAT (Queue.Length (MGroup [1] . WaitingJobs));
END QLength1;
```

Ein Zeitreihenobjekt kann dann wie folgt definiert werden:

```
VAR QueueLen1 : TimeSeries.Object;
    ...
QueueLen1 :=
    TimeSeries.New ("Queue Length 1", "JOBSHOP.QL1", QLength1,
                    0.0, 80.0, TRUE);
```

Durch diese Definition wird eine Textdatei mit dem Namen "JOBSHOP.QL1" erzeugt.
Nach dem Simulationslauf enthält diese Datei unter der Überschrift "Queue Length 1"
eine Liste von Zahlenpaaren. Jedes dieser Zahlenpaare steht für einen Simulationszeitpunkt (erste Zahl) und die beobachtete Warteschlangenlänge zu diesem Zeitpunkt. Die
Liste beginnt mit der Beobachtung zum Simulationszeitpunkt 0.0 und enthält ab Simulationszeit 80.0 keine Beobachtungen mehr. Zu jedem **Ereigniszeitpunkt** würde automatisch eine Beobachtung protokolliert werden und zwar, nachdem alle Ereignisse
bzw. Prozeßaktivierungen dieses Zeitpunktes ausgeführt worden sind. Diese Verfah-
rensweise ist allerdings nur für solche Modellgrößen sinnvoll, die sich als Funktionen
der Zeit auffassen lassen.

Bei anderen Zufallsvariablen – wie z. B. den Verweildauern von Jobs im System –
ist die Zeitreihendatei explizit, d. h. durch *TimeSeries.Update* zu aktualisieren. Außerdem kann die explizite Aktualisierung aus Effizienzgründen sinnvoll sein, wenn die
Änderungen der protokollierten Modellgröße unter Kontrolle des Modellprogramms
stattfinden und nicht in hochaggregierten Synchronisationsprozeduren versteckt sind.
Dadurch können wiederholte Protokollierungen des gleichen Wertes vermieden werden, die Zeitreihendatei benötigt weniger Speicherplatz und das Modellprogramm läuft
schneller. Bei expliziter Aktualisierung eines Zeitreihenobjektes werden die Parameter
von *TimeSeries.New*, die bei automatischer Aktualisierung das Beobachtungsintervall
definieren, ignoriert.

Jeder Simulationslauf des Jobshop-Modells beginnt mit einem für das reale Geschehen sehr untypischen Zustand: Alle Warteschlangen sind leer, jeder eintreffende Job
wird sofort bedient. Erst nachdem einige Simulationszeit verstrichen ist und die Warte-

schlangen sich gefüllt haben, können realistische Wartezeiten beobachtet werden. Es ist daher sinnvoll, die Beobachtungen während dieser **Anlaufphase** bei der statistischen Auswertung des Simulationslaufes außer Acht zu lassen (vgl. 4.4.2).

Die Länge der Anlaufphase abzuschätzen, ist eine der Anwendungen, für die die **Auswertung von Zeitreihen** sinnvoll ist. Die Anwendung einfacher heuristischer Regeln zur Bestimmung der Anlaufphase wird in DESMO durch die **grafische Dar-stellung** von Verlaufskurven mit Hilfe des Moduls *DESgraph* unterstützt.

Eine Verlaufskurve kann nur für solche Modellgrößen erstellt werden, die sich als Funktion der Simulationszeit darstellen lassen. Da sich Stationarität (der Zustand nach dem Ende der Anlaufphase) stets auf statistische Gesamtheiten bezieht, nicht auf einzelne Beobachtungswerte[4], bietet es sich an, als Beobachtungsgröße für eine Verlaufskurve die Auswertung eines Datensammelobjektes zu verwenden. Beispiel:

```
PROCEDURE JobDelay1 () : REAL;
BEGIN
    RETURN Tally.Mean (JobData [1] . Delay);
END JobDelay1;
...
DESgraph.Initialize (80.0, TRUE);
DESgraph.Plot ("Job Delay 1", JobDelay1, 0.0, 30.0);
```

Hier wird eine Verlaufskurve der mittleren Verweildauern der Produktionsaufträge vom Typ 1 in der Fertigungsanlage erstellt. Die Zeitachse (Abszisse) wird so skaliert, daß 80 Simulationszeiteinheiten gleichzeitig auf dem Bildschirm dargestellt werden können. Die Entwicklung der mittleren Verweildauer auf der Ordinate wird im Bereich zwischen 0 und 30 Zeiteinheiten grafisch dargestellt.

Anhand einer solchen Verlaufskurve kann die Anlaufphase eines Simulationslaufs relativ einfach als der Teil des Diagramms identifiziert werden, in dem die Mittelwerte noch sehr instabil sind. Hierbei ist allerdings Vorsicht angebracht: Mit zunehmender Zahl von Beobachtungen werden die Schwankungen von Mittelwerten auf jeden Fall kleiner, denn neue Beobachtungen liefern einen relativ zur Summe der bisherigen Beobachtungen immer kleineren Beitrag.

Wie Zeitreihen können auch Verlaufskurven explizit aktualisiert werden, um Laufzeit einzusparen. Hierbei ist zu beachten, daß mehrere Verlaufskurven für unterschiedliche Modellgrößen gleichzeitig erstellt werden können. Sie werden auf dem Bildschirm durch verschiedene Farben unterschieden. Allerdings ist nicht jeder Modellgröße ein eigenes "Verlaufskurvenobjekt" zugeordnet. Vielmehr wird das gesamte Diagramm mit allen dargestellten Verlaufskurven als ein Objekt betrachtet. Die Prozedur *DESgraph.Update* ist immer dann aufzurufen, wenn sich mindestens eine der dargestellten Größen ändert (sofern bei *DESgraph.Initialize* explizite Aktualisierung eingestellt wurde).

---

[4] Es ist ja nicht so, daß in der stationären Phase alle Jobs eines Typs die gleiche Wartezeit hätten. Lediglich die *Verteilung* der Wartezeiten ändert sich nicht mehr.

7.12.8 Weitere Beispielmodelle

Die im vorherigen Abschnitt dargestellten Versionen des *JobShop*-Modells zeigen
bereits die Anwendung der meisten von DESMO angebotenen Synchronisationsmechanismen. Bisher unberücksichtigte oder in bestimmten, komplexeren Kombinationen nicht verwendete Operationen werden in weiteren Beispielmodellen demonstriert,
die ebenfalls im Anhang D wiedergegeben sind. Die Beispiele gehen auf *Birtwistle*
zurück [Bir79a]. An dieser Stelle sollen nur einige erläuternde Anmerkungen zu den
Beispielen angebracht werden. Die genaue Aufgabenstellung ist jeweils als Kommentar
in den einzelnen Programmen enthalten (Anhang D.2).

1. Das erste Beispiel (FERRY.MOD) simuliert den Betrieb einer Autofähre. Es basiert
   auf der Produzenten/Konsumenten-Beziehung (Modul *Bin*).
2. Eine zweite, komplexere Version des Fährmodells (FERRY2.MOD) demonstriert
   eine direkte Prozeßkooperation (Modul *WaitQ*) eines Master-Entity mit *mehreren*
   Slave-Entities. Dies wird möglich durch die kaskadierende Kooperationen: Eine der
   gemeinsam auszuführenden Handlungen besteht in einem weiteren Aufruf von
   CoOpt, wodurch ein weiterer *Slave* in die gemeinsame Handlung einbezogen wird.
   Die Aktivitätsprozedur muß dann rekursiv formuliert werden. Der Rekursionsschritt
   ist dabei der erneute Aufruf von *CoOpt*, die Rekursionsverankerung die eigentliche
   gemeinsame Aktivität.[5] Aufgrund der Rekursion werden die *Slaves* dann automatisch in einer LIFO-Reihenfolge (*last in - first out*) reaktiviert, da der "innerste"
   (d. h. letzte) *CoOpt*-Aufruf zuerst abgeschlossen wird. Um dem Modellprogrammierer diese *LIFO*-Politik nicht aufzuzwingen, mußte auch die explizite Reaktivierung der *Slaves* (in beliebiger Reihenfolge) innerhalb der Kooperationsprozedur zugelassen werden. Die automatische Reaktivierung erfolgt daher nur dann, wenn
   keine manuelle stattgefunden hat, was am zurückgesetzten *Owner*-Attribut des *Slave*
   sicher erkannt wird. FERRY2.MOD enthält Anweisungen sowohl für eine *LIFO*- als
   auch für eine *FIFO*-Entladung der Autofähre, so daß beide Varianten direkt verglichen werden können.
3. Das dritte Beispiel (TANKER.MOD), das die Entladung von Tankern in einem
   Hafen simuliert, zeigt die Verwendung der *Find*-Operation (Modul *WaitQ*) zur
   gezielten Kooperation unter Berücksichtigung bestimmter Restriktionen.
4. Das vierte Beispiel (TANKER2.MOD) erweitert das Tanker-Modell durch die Verwendung gestaffelter, in einer Rangfolge abzuprüfender Bedingungen. Hierbei
   kommt die (*WaitQ*-) Operation *Avail* zum Einsatz.

---

[5] Eine iterative Formulierung – mehrere *CoOpt*-Aufrufe nacheinander – würde nicht zum gewünschten
Ergebnis führen, da der Programmfluß aus *CoOpt* erst dann zurückkehrt, wenn die Kooperation vollständig abgearbeitet wurde. Man kann so nicht mehrere Slaves gleichzeitig, sondern eben nur nacheinander mit einem Master kooperieren lassen.

8 Ausblick: Neuere Konzepte zur Unterstützung der Modellbildung und Simulation

Die bestehenden Konzepte zur Unterstützung der Modellbildung und Simulation sind in mehrfacher Hinsicht noch nicht befriedigend. Daher werden die Methoden und Konzepte laufend weiterentwickelt. In diesem Ausblick werden einige Ergebnisse neuerer Entwicklungen vorgestellt, die bisher in der Praxis noch wenig beachtet werden.

Zunächst wird das Konzept der *objektorientierten Modellbildung* als Anwendung der Prinzipien und Hilfsmittel der objektorientierten Programmierung für die Modellbildung und Simulation dargestellt (8.1). Während dieser Ansatz bereits praktisch anwendbar ist, weist das Thema von Abschnitt 8.2 weiter in die Zukunft: Hier geht es um Perspektiven, die sich durch den Einsatz von Methoden aus dem Bereich der *Künstlichen Intelligenz (KI)* für die Modellbildung und Simulation ergeben. Diese Ansätze, insbesondere die Nutzung der Expertensystemtechnik für die Simulation und qualitative Verfahren, sind Gegenstand der aktuellen Forschung.

8.1 Objektorientierte Modellbildung

Die Idee der *objektorientierten Programmierung* wurde Ende der sechziger Jahre mit der Sprache Simula [Dah66] eingeführt und hat damit gerade im Bereich der Simulation eine relativ lange Tradition. Dennoch können die objektorientierten Ansätze zu den neueren Software-Konzepten gezählt werden, da sie erst in den letzten Jahren größere Verbreitung erlangt haben. Sie wurden durch Problemstellungen im Bereich des Software-Engineering und der Künstlichen Intelligenz gefördert und beeinflussen nun wiederum die Simulationssoftware. Auf dieser Grundlage entsteht ein neuer Modellierungsstil, der hier als *objektorientierte Modellbildung* bezeichnet wird.

8.1.1 Objektorientierte Programmierung

Die objektorientierte Programmierung führt eine neue Sichtweise in die Programmierung ein, die sie von anderen Paradigmen der Programmierung (prozedurale, regelbasierte oder logik-basierte Programmierung) deutlich unterscheidet. Nur wenige objektorientierte Programmiersprachen haben bisher eine nennenswerte Verbreitung gefunden. Dazu gehören Smalltalk [Gol83], LOOPS [Bob86], Flavors [Moo86] und C++ [Str86].

Auf dem Gebiet der objektorientierten Programmierung gibt es eine Vielzahl von Differenzierungen, auf die hier nicht eingegangen werden kann. Vielmehr sollen nur die grundlegenden Konzepte und Begriffe dieses Paradigmas erläutert werden. Ausführlichere Darstellungen sind z. B. in [Cox87] und [Ste85] zu finden.

Trotz der Unterschiede zwischen den objektorientierten Sprachen ist ihnen ein **spezieller Objektbegriff** gemeinsam (vgl. [Ste85]). Als *Objekt* wird hier eine Einheit aus Daten und Operationen bezeichnet. Jedes Objekt besteht aus einer *Datenstruktur* und einer Sammlung von Operationen, den sog. *Methoden*, die diese Daten manipulieren. Außerhalb des Objekts ist nur bekannt, welche Methoden es ausführen kann, nicht jedoch, auf welche Weise sie realisiert sind. Auch die Daten sind von außen nicht direkt zugreifbar.

Alle Abläufe werden in der objektorientierten Programmierung durch den Austausch von **Nachrichten** zwischen den Objekten realisiert. Eine Nachricht enthält mindestens die Angabe ihres Empfängers und einen sogenannten *Selektor*. Beim Empfänger wird aufgrund des Selektors eine Methode ausgewählt und ausgeführt. Die Ausführung einer Methode beinhaltet i. a. das Versenden von Nachrichten an weitere Objekte.

Ein weiteres Charakteristikum der objektorientierten Programmierung ist die Dichotomie von **Klassen** und **Instanzen**. Es ist hervorzuheben, daß sowohl Klassen als auch Instanzen Objekte sind. *Klassen* sind Objekte, die die gemeinsamen Eigenschaften einer Menge von Objekten beschreiben. Von Klassen können (durch das Versenden einer speziellen Nachricht an die Klasse) *Instanzen* erzeugt werden. Dies sind Exemplare (Ausprägungen) der Klasse. Sie weisen die Methoden und Datenstrukturen auf, die durch die Klasse festgelegt sind. Der Datenaspekt wird durch lokale Variablen, sogenannte *Instanzvariablen* realisiert. Die Werte der Variablen sind im Moment der Instantiierung entweder undefiniert oder – wenn die Klasse Defaultwerte enthält – voreingestellt. Danach können die Werte der Variablen variieren. Verschiedene Instanzen einer Klasse unterscheiden sich i. a. durch die aktuellen Werte ihrer Instanzvariablen.

Alle Objekte sind Instanzen einer Klasse. Da Klassen ebenfalls Objekte sind, sind auch sie Instanzen einer übergeordneten Klasse, der sogenannten *Metaklasse*. Jede objektorientierte Sprache muß jedoch eine *allgemeinste* Klasse besitzen, die keine Instanz einer anderen Klasse ist.

Dieses Verhältnis zwischen Klasse und Instanz ist zu unterscheiden von dem Konzept der **Vererbung**, das den wichtigsten Vorzug der objektorientierten Programmierung bildet. *Vererbung* charakterisiert das Verhältnis zwischen zwei Klassen, von denen die eine durch Spezialisierung aus der anderen entstanden ist. Das heißt, daß die Eigenschaften, die in der allgemeineren Klasse (auch als *Superklasse* bezeichnet) beschrieben sind, an die speziellere (die *Subklasse*) übergehen, wobei neue Eigenschaften hinzukommen oder auch ererbte Eigenschaften modifiziert (überschrieben) werden können. Die Vererbung kann über beliebig viele Stufen erfolgen, so daß sich – ausgehend von der erwähnten allgemeinsten Klasse – eine Hierarchie von spezieller werdenden Klassen, die sogenannte *Vererbungshierarchie*, ergibt. Abbildung 8-1 zeigt hierfür ein Beispiel. In der dargestellten Hierarchie könnten beispielsweise die Eigenschaften *Position* und *Geschwindigkeit* von der allgemeinen Klasse *Fahrzeuge* auf alle Subklassen vererbt werden.

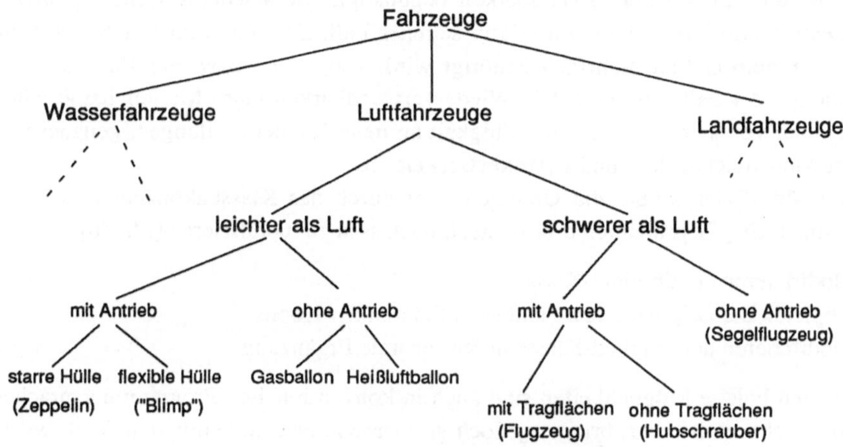

Abb. 8-1: Beispiel für eine Vererbungshierarchie

8.1.2 Vorzüge der objektorientierten Programmierung

Als wichtigste Vorzüge des objektorientierten Ansatzes gegenüber anderen Paradigmen der Programmierung sind zu nennen (vgl. [Mic88]):

* Modularität/Kapselung
* höhere Wiederverwendbarkeit von Programmcode
* verbesserte Modifizierbarkeit/Erweiterbarkeit
* konzeptuelle Nähe zur abgebildeten Realität

Die **Modularisierung** wird bei objektorientierten Sprachen durch die Strukturierung eines Programms in Objekte realisiert. Der Inhalt eines Objekts ist ausschließlich über eine einfache und explizit definierte Schnittstelle ansprechbar, insbesondere ist die Implementation der Objektdatenstruktur und der darauf operierenden Methoden von außen nicht zugänglich. In dieser Hinsicht können die Objektklassen als abstrakte

Datentypen und ihre Instanzen als Datenkapseln betrachtet werden. In der Striktheit der Kapselung sind bei den verschiedenen objektorientierten Programmiersprachen erhebliche Unterschiede festzustellen [Mic88].

Die **Wiederverwendbarkeit** von Software ist angesichts hoher Entwicklungskosten von großer praktischer Bedeutung. Software-*Wartung* kann als Wiederverwendung von Modulen über die Zeit betrachtet werden, im Gegensatz zur Wiederverwendung von Modulen über verschiedene Anwendungen [Bas87].

Bei objektorientierten Sprachen ist es insbesondere die klare Schnittstelle der Objekte, die ihre Wiederverwendbarkeit begünstigt. Die Wiederverwendung *unveränderter* Module ist jedoch ein relativ seltener Fall. Er setzt voraus, daß exakt die gleiche Funktionalität mehrfach benötigt wird, was selten bzw. nur für Standardfunktionen der Fall sein wird. Die Wiederverwendbarkeit eines Moduls hängt daher wesentlich von seiner Anpassungsfähigkeit an neue Problemstellungen, genauer von seiner **Modifizierbarkeit** und **Erweiterbarkeit** ab.

Die Modifizierbarkeit von Objekten wird durch das Klassenkonzept wesentlich unterstützt. Es gibt prinzipiell drei Wege, um Klassen zu modifizieren [Mic88]:

- Modifizieren der Original-Klasse
- Kopieren der Original-Klasse und Modifizieren der Kopie
- Modifizieren der Original-Klasse durch separate Ergänzung

Die ersten beiden Möglichkeiten sind auch in konventionellen Programmiersprachen relativ leicht realisierbar, bringen jedoch gravierende Nachteile mit sich (z. B. wachsende Komplexität der Klassen und Redundanz des Programmcodes). Der dritte Weg wird von objektorientierten Sprachen durch das Konzept der Vererbung unterstützt. Trifft eine Klasse nicht die Anforderungen einer neuen Anwendung, so kann eine Subklasse definiert werden, die als Voreinstellung alle Eigenschaften der Ursprungsklasse aufweist. Sie kann dann durch die notwendigen Erweiterungen oder Ersetzungen modifiziert werden, ohne daß dies Rückwirkungen auf die ursprüngliche Klasse hat. Dabei muß nicht einmal der von der Ursprungsklasse verwendete Code kopiert werden, da er durch den Vererbungsmechanismus von der Subklasse aus nutzbar ist.

Bei der Programmierung unter der objektorientierten Sichtweise läßt sich eine große **konzeptuelle Nähe zum Anwendungsbereich** des Programms erhalten. Bei konventionellen Programmiersprachen hat der Software-Entwickler prinzipiell zwei Möglichkeiten: Er kann zunächst die benötigten Datenstrukturen festlegen und dann die Funktionen daran ausrichten, oder zuerst die notwendigen Funktionen definieren und von diesen die Datenstrukturen ableiten. Die dadurch entstehende Trennung von Daten und Algorithmen im Programm erscheint jedoch häufig unnatürlich. Objektorientierte Programmiersprachen erlauben es dagegen, sich an den Objekten der Realität zu orientieren, in denen Struktur und Verhalten meist zu einer untrennbaren Einheit verschmolzen sind. Sie fördern dadurch einen problemadäquaten Entwurf und eine natürliche Strukturierung der Programme.

8.1.3 Bedeutung der objektorientierten Programmierung für die Modellbildung und Simulation

Bei der Erstellung von Simulationsprogrammen treten die gleichen Probleme wie bei anderen komplexen Software-Entwicklungsaufgaben auf, häufig sogar erschwert durch die schwierige Nachprüfbarkeit der Ergebnisse. Die genannten Vorzüge der objektorientierten Programmierung sind daher gerade im Bereich der Modellbildung und Simulation von Bedeutung (vgl. [And89], [Lar88]).

Der Vorzug der **Wiederverwendbarkeit** fördert den Einsatz ausgereifter Modellkomponenten. Alle Simulationsmodelle eines bestimmten Typs (z. B. ereignisorientierte Modelle) enthalten auf der Ebene des Simulationsprogramms teilweise gleiche Komponenten, unabhängig von der bearbeiteten Problemstellung (vgl. 2.3). Werden diese Komponenten als Objekte realisiert, können sie nicht nur komfortabel in allen Modellen eingesetzt, sondern bei Bedarf auch mit minimalem Aufwand modifiziert werden. Wiederverwendbarkeit ist aber auch für den problemabhängigen Teil der Modelle von Bedeutung. So wird es möglich, Komponenten bewährter Modelle in andere Modelle einzubinden oder ein vollständiges Modell als Komponente eines übergeordneten Modells zu verwenden. Durch das Konzept der Vererbung gehen die Möglichkeiten der Modifikation weit über die einfache Modelldekomposition, d. h. die Zerlegung eines Modells in Submodelle, hinaus [And89].

Der zweite Vorzug des objektorientierten Ansatzes, die **konzeptuelle Nähe zum Problembereich**, ist auch für die frühen Phasen der Modellbildung (Modellentwurf) von Bedeutung. Der Weg von einem informalen Modell zu einem lauffähigen Programm wird verkürzt. Dies verringert nicht nur den Aufwand für eine Modellstudie (vgl. [Nie89]), sondern erhöht auch die Transparenz des Modells, da die Objekte des Realsystems relativ direkt in programmiersprachliche Objekte abgebildet werden können. Der Zusammenhang zwischen Programmstruktur und der Struktur des Realsystems – wie sie vom Modellentwickler gesehen wird – ist leichter nachzuvollziehen.

Die Verwendung einer objektorientierten Programmiersprache allein bietet trotz ihrer Vorzüge jedoch keine umfassende Unterstützung der Modellbildung und Simulation. Der Einsatz (interaktiver) Unterstützungssysteme (vgl. 6.1.3) wird dadurch nicht überflüssig. *O. Nierstraz* weist auf drei Problembereiche hin, aus denen sich Anforderungen an ein solches System ableiten lassen:

> "... we need not only powerful mechanisms and paradigms for reusability (such as those provided by object-oriented languages), but tools to help us design objects, to select und reuse objects, and to manage an evolving software base." [Nie89, S. 16]

Der **Entwurf neuer Objekte** ist hauptsächlich ein Problem der Wahl einer geeigneten Aggregationsebene. Ein Unterstützungssystem kann diese Aufgabe vor allem durch Möglichkeiten zur nachträglichen Aggregation oder Disaggregation von Objekten erleichtern. Die **Auswahl unter vorhandenen Objekten,** die für eine spezielle Problemstellung geeignet sind, wird derzeit von objektorientierten Systemen ausschließlich durch einen sogenannten *Browser* unterstützt, der eine relativ komfortable Sichtung der im System vorhandenen Objekte ermöglicht. Darüber hinaus kann eine zielgerichtete Auswahl nur auf der Basis der persönlichen Kenntnisse des Software-Entwicklers und der Software-Dokumentation erfolgen. Diese Mittel stoßen jedoch an Grenzen. Unterstützungssysteme könnten hier einen weitergehenden Beitrag leisten, indem sie beispielsweise eine von der Vererbungshierarchie unabhängige Klassifikation der Objekte unterstützen. Bei der Verwaltung der Objektbasis tritt neben dem Problem der *Konsistenzerhaltung* (ähnlich wie bei Datenbanken) vor allem das Problem der *Redundanz* auf. Da der objektorientierte Ansatz mit seiner flexiblen Modifizierbarkeit das Entstehen von vielen fast gleichartigen Objekten begünstigt, stellt sich die Frage, für welche Objekte ein dauerhafter Eintrag in die Objektbasis überhaupt sinnvoll ist und welche neuen Objekte so leistungsfähig sind, daß andere entfernt werden können.[1] Um diese Schwierigkeit zu beseitigen, wäre es notwendig, Verfahren zur *Leistungsselektion* von Objekten zu entwickeln.

Die obige Darstellung macht bereits deutlich, daß der objektorientierte Ansatz einige neue Schwierigkeiten mit sich bringt. *J. Rothenberg* hat auf eine Reihe von weiteren Problemen hingewiesen [Rot86].

8.2   Einsatz von KI-Methoden

Die Anfänge des Forschungsgebietes *Künstliche Intelligenz (KI)* liegen bereits in den fünfziger Jahren. Ausgangspunkt war der Wunsch, die Intelligenz des Menschen mit Hilfe von Rechnern und Programmen nachzubilden. In der KI-Forschung haben sich mehrere Schwerpunkte herausgebildet, die mittlerweile als Teildisziplinen angesehen werden können (s. z. B. [Nil82], [Sch86b]):

* Problemlösen (*problem solving*)
* Spielen (*game playing*)
* Automatische Beweisverfahren (*theorem proving*)
* Sprachverarbeitung (*natural language processing*)

---

[1] Einen typischen Fall dieses noch ungelösten Problems könnte der Leser dieses Buches entdeckt haben: In Anhang B.2.4 ist das Modul *FixedInOut* abgedruckt, das die Prozedur *WriteFixed* zur Ausgabe von Festkommazahlen exportiert, wobei die Anzahl der Vor- und Nachkommastellen durch Parameter festgelegt wird. Für das zuvor entwickelte Beispielprogramm in Anhang B.1 wurde bereits eine solche Prozedur benötigt und im Modul *FixedPointIO* implementiert, hier jedoch mit fester Stellenzahl. Im Nachhinein erweist sich *FixedPointIO* nun als überflüssig. In einem objekt-orientierten System könnte das alte Modul durch Spezialisierung des neuen, leistungsfähigeren Moduls gewonnen werden.

- Bildverarbeitung (*vision*)
- Robotik (*robotics*)
- Expertensysteme (*expert systems*)

Unabhängig von einer Bewertung der Zielsetzung der KI ist festzustellen, daß dieses Forschungsgebiet eine Reihe von Methoden und Techniken hervorgebracht hat, die für die Informatik im allgemeinen von Nutzen sind. Hier soll der (mögliche) Transfer dieser Methoden in das Gebiet der Modellbildung und Simulation dargestellt werden.

Erste Ansätze zu einer Verbindung von Methoden aus beiden Bereichen wurden zu Beginn der achtziger Jahre formuliert und sind in den beiden grundlegenden Publikationen *Knowledge-Based Simulation* von *P. Klahr* und *W. W. Faught* [Kla80] und *KBS: an Artificial Intelligence Approach to flexible Simulation* von *R. Reddy* und *M. S. Fox* [Red81] festgehalten. Über die generellen Möglichkeiten und Perspektiven einer Verbindung der beiden Bereiche gibt es mittlerweile zahlreiche Veröffentlichungen (z. B. [Gai85], [Vau85], [Elz86c], [Öre87]).

Realisiert wurden solche Ansätze bisher vor allem im Bereich der diskreten, ereignisorientierten Simulation. Neben dem System KBS [Red86] sind beispielsweise SimKit [Int86] und SimulationCraft [Fox86] zu nennen. Darüber hinaus gibt es Ansätze, Programmiersprachen aus dem Bereich der KI (z. B. PROLOG, s. [Cle85]) zur Implementation von Simulationsmodellen einzusetzen. Auf diese Weise können die Modelle ohne programmiersprachliche Inkonsistenzen in KI-Systeme integriert werden. Als Anwendungsgebiet steht bei den meisten Realisierungen der technisch/ökonomische Bereich, beispielsweise die industrielle Fertigung und Planung, im Vordergrund (s. z. B. [For87]).

Die Ansatzpunkte für eine Verbindung von Modellbildung und Simulation mit KI-Methoden bestehen in der Identifizierung von *gemeinsamen Konzepten* einerseits und *unterschiedlichen Problembereichen* andererseits. So steht in beiden Gebieten das Konzept des **Modells** im Zentrum der Betrachtung. In beiden Bereichen werden Modelle als Abbildungen von realen oder gedachten Systemen (allgemein: Originalen) aufgefaßt[2] (vgl. [Elz86b] und Kap. 1). Deutliche Unterschiede zwischen den beiden Bereichen ergeben sich, wenn man die Art der Modelle und ihre Nutzung betrachtet. Während man im Bereich der "konventionellen" Modellbildung und Simulation die Modelle *numerisch* verarbeitet und an ihrem dynamischen Verhalten interessiert ist, steht in der KI die *symbolische* Verarbeitung, speziell das logische Schließen und die dadurch mögliche Herleitung von strukturellen Aussagen im Mittelpunkt.

Diese beiden Bereiche können einander auf unterschiedliche Weise ergänzen (vgl. [Öre84] und [Elz86c]). Abbildung 8-2 zeigt einige Aspekte einer möglichen Symbiose zwischen KI und konventioneller Simulation.

---

[2] Neben diesem Modellbegriff spielt in der KI auch der Modellbegriff der mathematischen Logik eine Rolle. Dieser uneinheitliche Gebrauch des Ausdrucks "Modell" kann leicht zu Mißverständnissen führen. Der mathematisch-logische Modellbegriff ist in diesem Buch nicht relevant.

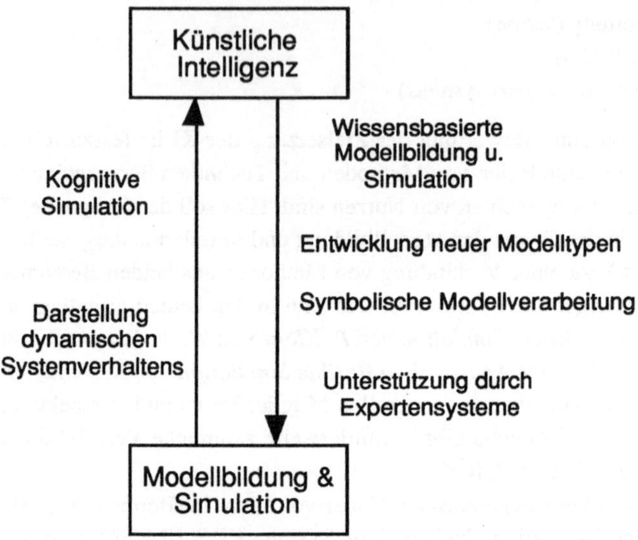

Abb. 8-2: Perspektiven der Verbindung von KI und Modellbildung und Simulation (nach [Öre84])

Hier soll nur eine Richtung dieser Beziehung diskutiert werden, die Anwendung von KI-Methoden zur Unterstützung der Modellbildung und Simulation.

8.2.1 Einsatz von Expertensystemen zur Unterstützung der Modellbildung und Simulation

Die erfolgreiche Durchführung einer Simulationsstudie erfordert umfangreiche Fachkenntnisse *sowohl* im untersuchten Problembereich *als auch* in der Methodik der Modellbildung und Simulation. Systeme zur Unterstützung der Modellbildung und Simulation zielen darauf ab, die Spezialkenntnisse der zweitgenannten Art entbehrlich zu machen. Ein Wissenschaftler (z. B. auf dem Gebiet der Ökonomie oder Ökologie) sollte die Simulation nutzen können, ohne sich umfangreiches Spezialwissen auf dem Gebiet der Informatik aneignen zu müssen. Somit stellt sich die Frage, wie weit Methoden der KI eingesetzt werden können, um diesem Ziel näherzukommen.

Die computergestützte Bereitstellung von Spezialwissen für "Nicht-Experten" ist Gegenstand der *Expertensystemtechnik*, einem Teilgebiet der KI.

Expertensysteme gehören zur Klasse der *wissensbasierten Systeme*, d. h. sie beruhen auf einer strikten Trennung zwischen verarbeitetem Wissen (der sog. *Wissensbasis*) und der Verarbeitungsvorschrift selbst (den sog. *Inferenz-* oder *Schlußfolgerungs-*

regeln). Mit Expertensystemen soll die Fähigkeit eines Experten nachgebildet werden, auf der Basis seines Wissens durch Schlußfolgerungen die Problemstellungen eines abgegrenzten Sachgebietes, der sog. *Domäne*, zu bearbeiten (vgl. [Pup88]). In der Wissensbasis eines Expertensystems ist das Spezialwissen festgehalten, das ein Experte über die Domäne besitzt. Dieses Wissen wird im Prozeß der sog. *Wissensakquisition* u. U. unter Mitwirkung eines *Wissensingenieurs* vom Experten explizit dargestellt, formalisiert und schließlich in maschinengerechter Form in der Wissensbasis repräsentiert. Unter Verwendung einer *Problemlösungsstrategie*, die von einer Komponente des Expertensystems, der *Inferenzmaschine*, realisiert wird, kann dieser Wissensbestand von anderen Benutzern eingesetzt werden, um Schlußfolgerungen aus dem gespeicherten Wissen hinsichtlich einer aktuellen Problemstellung zu ziehen. Ein Expertensystem besteht typischerweise aus den folgenden Komponenten (s. Abb. 8-3):

- *Dialogkomponente:* Sie steuert den Dialog mit dem Benutzer.
- *Problemlösungskomponente:* Sie dient zur Ableitung von Schlußfolgerungen aus der Wissensbasis in bezug auf eine gegebene Problemstellung.
- *Wissensbasis:* Sie enthält das formalisierte Expertenwissen, eventuell Falldaten und Zwischenergebnisse des Problemlösungsprozesses.

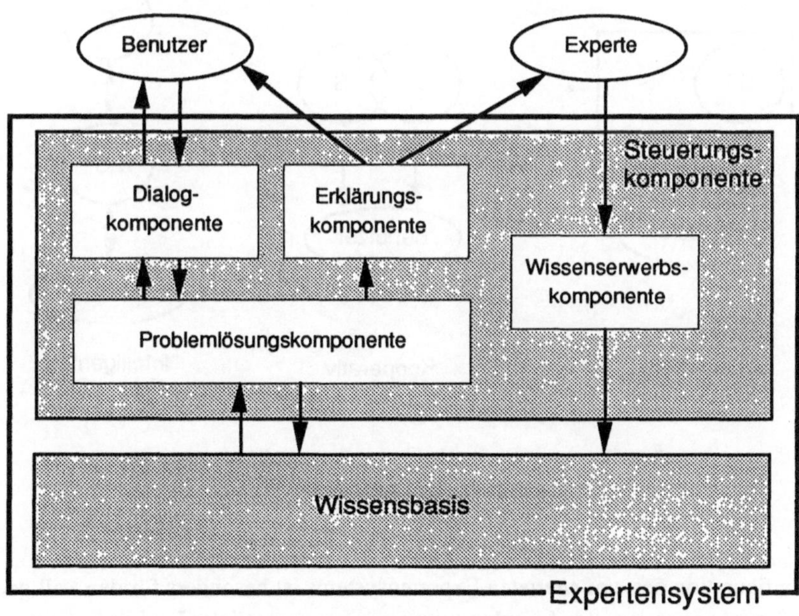

Abb. 8-3: Aufbau eines Expertensystems

- *Erklärungskomponente:* Sie erzeugt Beschreibungen der Lösungswege, die das System zu einem bestimmten Problem gefunden hat; dadurch kann der Benutzer das Zustandekommen der Lösung nachvollziehen.
- *Wissenserwerbskomponente:* Sie unterstützt den Aufbau und die Weiterentwicklung der Wissensbasis.

Für eine detailliertere Darstellung der Expertensystemtechnik und der Schwierigkeiten, die dem Aufbau von praktisch einsetzbaren Expertensystemen entgegenstehen, sei auf die entsprechende Literatur verwiesen (z. B. [Pup88], [Dre86], [Coy89]).

Ein konkreter Ansatz, die Unterstützung der Modellbildung und Simulation durch den Einsatz von KI-Methoden zu verbessern, besteht in der **Kopplung von Simulationssystemen mit Expertensystemen**, in denen relevantes Expertenwissen für Problemstellungen im Rahmen der Modellbildung und Simulation verfügbar gemacht wird. Für die Ausführung dieser Kopplung gibt es eine Reihe von Möglichkeiten, die für unterschiedliche Problemstellungen geeignet erscheinen. *R. O'Keefe* hat einige hybride Konfigurationen der beiden Systemkonzepte aufgezeigt [OKe86]. In Abbildung 8-4 sind jene Konfigurationen dargestellt, die unter dem Aspekt der Unterstützung der Modellbildung und Simulation interessant erscheinen.

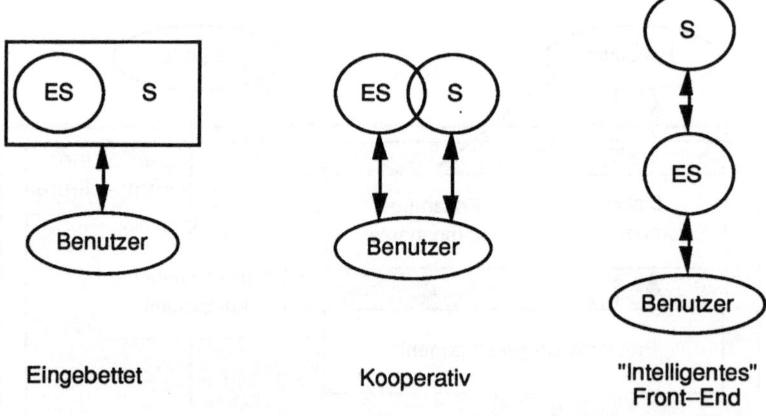

Abb. 8-4: Kopplung von Simulationssystemen mit Expertensystemen

(S: Simulationssystem, ES: Expertensystem)

Die Konfiguration des *eingebetteten* Expertensystems ist besonders für den Fall geeignet, daß ein konventionelles Simulationssystem um zusätzliche Funktionen erweitert werden soll (z. B. Durchführung von komplexen Simulationsexperimenten, s. u.), ohne daß deren Realisierung durch ein Expertensystem für den Benutzer sichtbar werden soll. Bei einer *kooperativen* Konfiguration arbeiten beide Systeme auf gemeinsamen

Datenbeständen (z. B. Simulationsergebnisse) und nutzen diese zu unterschiedlichen Zwecken. Der Benutzer hat unmittelbaren Zugriff auf beide Systemkomponenten. Bei der Konfiguration des *"intelligenten" Front-End* dagegen interagiert der Benutzer nur mit dem Expertensystem. Dieses übernimmt die eigentliche Steuerung des Simulationssystems und hat die Aufgabe, die Nutzung der Funktionen des Simulationssystems zu erleichtern.

Es stellt sich die Frage, welche Problemstellungen bei der Durchführung von Simulationsstudien für den Einsatz eines Expertensystems geeignet erscheinen. Zwei wichtige Voraussetzungen für den Einsatz von Expertensystemen sind die *Eingrenzbarkeit der Problemstellung und des relevanten Wissens* und die *Verfügbarkeit von formalisierbarem Expertenwissen* für den jeweiligen Bereich (vgl. [Pup88], [Sha85]). Die folgende Aufzählung enthält potentielle **Aufgabenbereiche für Expertensysteme** aus dem Bereich der Modellbildung und Simulation, die diese Voraussetzungen weitgehend erfüllen.

Benutzung der Simulationssoftware

Auf der Grundlage eines Expertensystems erscheint es möglich, eine "intelligente" *Hilfe-Funktion* für Benutzer vorhandener Simulationssoftware zu realisieren. Eine solche Hilfe-Funktion kann auf der Basis des jeweiligen Zustandes des EDV-Systems z. B. die Zielsetzung des Benutzer erfragen, Vorschläge für sinnvolle Aktionen daraus ableiten und diese zurückmelden. Präzise und informative Fehlermeldungen sind auf dieser Grundlage ebenfalls besser zu verwirklichen. Ein weitergehender Ansatz ist die Realisierung einer "intelligenten" *adaptiven Benutzeroberfläche*, die durch ein im Hintergrund arbeitendes Expertensystem dynamisch an verschiedene Benutzertypen und/oder die zunehmenden Fertigkeiten und Kenntnisse eines Benutzers angepaßt wird [Tre88].

Auswahl der geeigneten Simulationsmethodik und -sprache

Die Auswahl einer geeigneten Simulationsmethodik und einer dazu passenden Simulationssprache setzt Kenntnisse über die Leistungsfähigkeit der verschiedenen Modellierungsstile (Weltbilder der Simulation) in bezug auf unterschiedliche Problemklassen voraus. In einem Expertensystem könnten diese Kenntnisse festgehalten sein und für eine Beratung des Benutzers auf der Basis einer Problemklassifikation genutzt werden. *R. E. Shannon* [Sha75] hat einen Entscheidungsbaum vorgeschlagen, der als Grundlage für eine derartige Klassifikation dienen kann. Das System ESS-S [Jag84] unterstützt den Benutzer bei der Auswahl einer geeigneten Simulationssprache unter Verwendung eines Expertensystems.

Auswahl von vorhandenen Modellen aus einer Modellbasis

Um die Mehrfacherstellung von Modellen für den gleichen Problembereich zu vermeiden, ist es sinnvoll, auf vorhandene Modelle zurückzugreifen und diese entweder zu modifizieren oder als Teil- bzw. Submodelle zu verwenden (vgl. 6.1.3, Modellbanksysteme). Die Auswahl aus einer möglicherweise umfangreichen Modellbasis (oder Modellbank) setzt Kenntnisse über die Funktionalität und den Gültigkeitsbereich der einzelnen Modelle voraus. Diese Kenntnisse können in einer Wissensbasis gespeichert werden (vgl. [Ket86]). Ist dieses Wissen verfügbar, kann der Benutzer bei der Modellauswahl durch ein Expertensystem beraten werden, das zu einer gegebenen Problembeschreibung relevante Modelle auffindet (vgl. [Cel85], [Sta86], [Öre88]).

Anleitung bei der Modellbildung

Zur Unterstützung der Modellbildung kann der Benutzer bei der Auswahl und Verknüpfung vorhandener Modellbausteine (vgl. [Sta86]) oder bei der Neuerstellung von Modellen angeleitet werden, indem die Angaben zum Modell durch das System systematisch abgefragt werden. Zur Auswahl der Fragen und zur Erstellung einer Modellbeschreibung muß das System sowohl auf domänen-spezifisches Wissen als auch auf Wissen zur Methodik der Modellbildung und Simulation zurückgreifen (vgl. [Mur88]).

Ein noch weitergehender Ansatz ist die Modellbildung durch *Induktion*. Hierbei wird die Modellstruktur aus Modellzuständen abgeleitet, die vom Benutzer exemplarisch eingegeben wurden (vgl. [OKe86]).

Eine besondere Schwierigkeit ist häufig die korrekte mathematische Formulierung eines konzeptuellen Modells. Auch hier ist ein potentielles Anwendungsgebiet für ein Expertensystem zu sehen. In der Wissensbasis von ECO (vgl. [Usc84], [Rob89]) beispielsweise ist Wissen über mathematische Beschreibungsmittel enthalten.

Nachdem das Modell in seinen wesentlichen Bestandteilen fertiggestellt ist, muß seine Validität überprüft werden. Da die Modellvalidierung eine schwierig durchzuführende und aufwendige Arbeitsphase ist, kann hierbei der Einsatz eines Expertensystems, das dem Modellierer die notwendigen Prüfprozeduren vorschlägt, hilfreich sein (vgl. [Sar86]). Es gibt Ansätze, auch die systematische Fehlersuche in Modellen durch den Einsatz eines Expertensystems zu unterstützen (vgl. [Hil87]).

Planung von Simulationsexperimenten

Eine Unterstützung bei der Planung von Simulationsexperimenten ist auch für Benutzer von Interesse, die bereits vorhandene Modelle zur Beantwortung bestimmter Fragestellungen nutzen wollen. Nach der Auswahl eines Modells muß zu diesem Zweck ein sog. experimenteller Rahmen erstellt werden [Zei84]. In einem *experimentellen Rahmen (experimental frame)* wird festgelegt, welche Experimente zur Beantwortung der zu untersuchenden Fragestellung durchzuführen sind. Im Mittelpunkt steht dabei die Wahl der relevanten Eingangs- und Ausgangsgrößen und die geeignete Belegung der Eingangsgrößen (vgl. 4.4). Auch die Konstruktion dieses experimentellen Rahmens ist ein Anwendungsgebiet für Expertensysteme (vgl. [Jon86] und [Roz86]).

Durchführung von Simulationsexperimenten

Die Durchführung von Simulationsexperimenten ist zeitaufwendig, weil in der Regel zahlreiche Simulationsläufe systematisch durchgeführt werden müssen. Eine (Teil-) Automatisierung erscheint daher wünschenswert. Ein Expertensystem, das relevantes Wissen über den Ablauf von Experimenten enthält, kann eine automatische Parametervariation (z. B. im Rahmen einer Sensitivitätsanalyse oder eines Optimierungsexperimentes) effizient durchführen. In allen Fällen ist die grundlegende Problemstellung als Suchproblem zu charakterisieren. Im System SIMEX [Bec87] werden beispielsweise Graphsuchverfahren eingesetzt, um eine Parameterkombination zu ermitteln, bei der das Modell einen vorgegebenen Zustand einnimmt.

Analyse von Simulationsergebnissen

Bei der Ergebnisanalyse kann ein Expertensystem dazu eingesetzt werden, die Daten nach unterschiedlichen Kriterien zu aggregieren (vgl. [Nog87]) oder die Bewertung der Ergebnisse bezüglich des experimentellen Rahmens vorzunehmen (vgl. [Red85]). Eine besondere Schwierigkeit ist die korrekte Anwendung von statistischen Verfahren zur Analyse von Simulationsergebnissen. *J. M. Mellichamp* und *Y. H. Park* haben für diesen Problembereich einen Ansatz zur Unterstützung durch ein Expertensystem entwickelt [Mel89].

Diese Aufzählung verdeutlicht das breite Spektrum der Einsatzmöglichkeiten für Expertensysteme auf dem Gebiet der Modellbildung und Simulation. Es gibt einige Ansätze, die das Ziel verfolgen, dieses gesamte Spektrum abzudecken, die also eine **umfassende Unterstützung** des gesamten Prozesses der Modellbildung und Simulation mit Hilfe eines Expertensystems anstreben [Sat87]. Bei derart weitreichenden Vorhaben ist jedoch zu erwarten, daß die auf dem Gebiet der Expertensystemtechnik ohnehin vorhandenen Probleme überhand nehmen. So wird beispielsweise das Problem der Wissensakquisition und der Wartung der Wissensbasen durch den Umfang und die Heterogenität des relevanten Wissens potenziert. Außerdem wird eine umfassende Realisierung durch zahlreiche Interdependenzen zwischen den einzelnen Problembereichen erschwert, die eine Modularisierung der Wissensbasen unmöglich machen. Darüber hinaus weist *T. I. Ören* darauf hin, daß in *wissensbasierten Unterstützungssystemen* neben der Qualitätssicherung für die Modelle auch eine Qualitätssicherung für die verwendeten Wissensbasen erforderlich wäre [Öre88]. Das bedeutet, daß auch die **Validierungsproblematik** (vgl. Kap. 5) sich verschärft. Der Benutzer eines Expertensystems sollte grundsätzlich in der Lage sein, die Qualität der ermittelten Lösungen selbst zu beurteilen (vgl. [Dre86]).

Die hier skizzierten Ansätze zur Unterstützung der Modellbildung und Simulation durch Einsatz von Expertensystemen beruhen auf der unveränderten Übernahme der konventionellen Methoden der Modellbildung und Simulation. Es wird ein wissensbasiertes Instrumentarium bereitgestellt, das einige Tätigkeiten im Rahmen der konventionellen Methodik unterstützt. Man kann daher eher von einer *Kombination* als von einer *Integration* der Bereiche Simulation und KI sprechen. Es gibt jedoch auch Ansätze, die auf eine methodische Integration abzielen und dadurch neue Aspekte in die Simulation einbringen. Ein solcher Ansatz ist die qualitative Simulation.

8.2.2 Qualitative Simulation

Ausgangspunkt für die Entwicklung der qualitativen Simulation war die Erkenntnis, daß der Mensch das Verhalten physikalischer Systeme, deren genaue mathematische Beschreibung sehr kompliziert wäre, auf der Ebene von Kausalbeziehungen allein mit mit Hilfe seines Alltagswissens relativ gut voraussagen kann (vgl. [Kui84]). In der kognitiv orientierten KI wird versucht, diese Fähigkeit des Menschen nachzubilden.

Über ihre Wurzeln im kognitiven Bereich hinaus gewinnt die qualitative Simulation zunehmend dadurch an Bedeutung, daß sie interessante Ergebnisse bei der Darstellung und Vorhersage des dynamischen Verhaltens von Systemen liefern kann. Sie stellt eine Alternative zur Nutzung von konventionellen Simulationstechniken dar, wo es darum geht, unvollständig und ungenau beschriebene Systeme auf einer hohen Abstraktionsebene zu simulieren oder Simulationsverfahren in KI-Systeme einzubeziehen (vgl. [Pup88]).

Ursprünglich wurden mit den Mitteln der qualitativen Simulation kontinuierliche physikalische Systeme untersucht. Die Verfahren wurden jedoch auch für diskrete Systeme eingesetzt (vgl. [Bob84]). Methodisch ist das Gebiet der qualitativen Simulation noch sehr heterogen. Es existieren zahlreiche Ansätze mit spezifischen Vor- und Nachteilen (vgl. z. B. [For84]). Die folgende Darstellung orientiert sich weitgehend an der von *B. Kuipers* [Kui84] und der dort verwendeten Terminologie.

Die Vorgehensweise bei der qualitativen Simulation ist dadurch charakterisiert, daß aus einer **qualitativen Strukturbeschreibung** eines Systems sein **qualitatives Verhalten** abgeleitet werden soll. Die Strukturbeschreibung der Systeme besteht in der qualitativen Simulation aus den Systemgrößen und der Beschreibung der Interaktionen zwischen den Größen auf der Ebene von *Kausalbeziehungen*. Diese explizite Darstellung der Kausalbeziehungen unterscheidet die qualitative von der konventionellen Simulation.

Kausalbeziehungen werden häufig in Form von sog. **Beschränkungen** (*constraints*) dargestellt. Als *Constraints* bezeichnet man in der KI Aussagen, die dauerhaft gültige Beziehungen zwischen Variablen regelhaft festlegen. Die Aussagen haben die Funktion von Randbedingungen, die die Belegungsmöglichkeiten der Variablen einschränken. Beispiele für einfache Constraints sind die Relationen *größer*, *kleiner* und *gleich* zwischen Systemgrößen.

In der qualitativen Simulation werden sowohl die Systemzustände als auch die Zustandsänderungen nicht durch numerische Werte, sondern durch **qualitative Kategorien** angegeben. Diese müssen so gewählt werden, daß die für das Systemverhalten relevanten Kategorien explizit dargestellt werden können. Innerhalb der Kategorien sind somit Regionen qualitativ gleichartigen Verhaltens von Systemkomponenten dargestellt. In einigen Ansätzen werden nur die Kategorien *positiv*, *negativ* und *null* für die einzelnen Systemgrößen vorgesehen (vgl. [Bob84]). Änderungsraten von Systemgrößen können beispielsweise durch die Werte *zunehmend*, *abnehmend* und *gleichbleibend* modelliert werden.

Im Vergleich zur konventionellen, numerischen Simulation wird auf diese Weise ein Abstraktionsgrad erreicht, der die Zahl der möglichen Systemzustände und Zustandsübergänge drastisch reduziert. Der Anspruch der qualitativen Simulation ist es, trotz dieser **Vergröberung** das Systemverhalten qualitativ korrekt wiederzugeben. *F. Puppe* schreibt dazu:

> "Die Idee der qualitativen Simulation besteht darin, die Strukturbeschreibung so weit zu vereinfachen, daß einfache algebraische Techniken benutzt werden können und trotzdem die qualitativ wichtigen Zustandsübergänge herleitbar sind." [Pup88, S. 102]

Bei der Festlegung qualitativer Kategorien zur Beschreibung der Systemzustände spielen *qualitative Grenzwerte* (engl.: *landmark values*) eine entscheidende Rolle (vgl. [Pup88] und [Kui84]). Dabei handelt es sich um Werte, bei deren Über- bzw. Unterschreiten sich das Verhalten des untersuchten Systems signifikant verändert. Ein Beispiel für einen solchen Grenzwert ist der Siedepunkt einer Flüssigkeit. Für einfache Systeme sind derartige Grenzwerte allgemein bekannt, vielfach ist es jedoch die Aufgabe von Experten, qualitative Grenzwerte für ein spezielles System zu benennen. Es ist jedoch auch möglich, erst durch die qualitative Simulation bisher unbekannte Grenzwerte zu ermitteln [Kui84].

Die üblichen mathematischen Verfahren zur Zustandsfortschreibung, wie sie in der konventionellen Simulation eingesetzt werden, sind in der qualitativen Simulation nicht mehr anwendbar. An ihre Stelle müssen Verfahren treten, die auf der Basis der qualitativen Strukturbeschreibung und der qualitativen Kategorien arbeiten können. Liegt die Strukturbeschreibung in Form von Beschränkungen vor, werden Verfahren zur Beschänkungserfüllung (*constraint satisfaction*) eingesetzt, z. B. das Fortpflanzen von Beschränkungen (*constraint propagation*). Dies ist eine Methode zur Auswertung des von den Constraints beschriebenen Beziehungsnetzes mit dem Ziel, die aktuell unbekannten Größen aus den bekannten abzuleiten.

Für einen qualitativen Simulationslauf wird neben der Strukturbeschreibung des Systems (dem qualitativen Modell) eine Anfangsbelegung der Variablen (Systemgrößen) benötigt. Daraus lassen sich die *aktiven Prozesse* im System ableiten, die die Systemgrößen verändern. Wenn die aktiven Prozesse die Systemgrößen so verändern, daß ein aktiver Prozeß terminiert oder neue Prozesse aktiviert werden (z. B. bei Erreichen eines qualitativen Grenzwertes), beginnt eine neue *Episode* der Simulation. Sie ist dadurch gekennzeichnet, daß eine andere Menge von aktiven Prozessen gegeben ist.

Bei der Bestimmung der Folgeepisode kann das Problem auftreten, daß die absolute Veränderung von Systemgrößen qualitativ nicht eindeutig zu bestimmen ist. Dies ist beispielsweise der Fall, wenn eine Größe durch einen Prozeß zunimmt, durch einen anderen jedoch verringert wird. In solchen Fällen werden alle Folgeepisoden, die aufgrund der Unsicherheiten möglich erscheinen, bei der Fortsetzung der Simulation weiterverfolgt.

Die Simulation endet, wenn kein aktiver Prozeß mehr vorhanden ist und die Änderungsraten aller Systemgrößen den Wert *gleichbleibend* angenommen haben, oder wenn eine frühere Episode (gekennzeichnet durch die gleiche Menge aktiver Prozesse) erneut durchlaufen wird und ein Zyklus in der Folge der Episoden erkannt wird. Die qualitative Simulation erzeugt als Ergebnis eine Folge von Episoden, denen qualitativ unterschiedliche Systemzustände entsprechen.

Die Idee der qualitativen Simulation kann an einem einfachen *Wärmeflußsystem* illustriert werden (vgl. [Kui84]). Das System besteht aus einer Wärmequelle mit einer konstanten Temperatur, die einen Behälter mit einer anfangs niedrigeren Temperatur allmählich aufheizt. Zwischen Wärmequelle und Behälter besteht ein Wärmefluß.

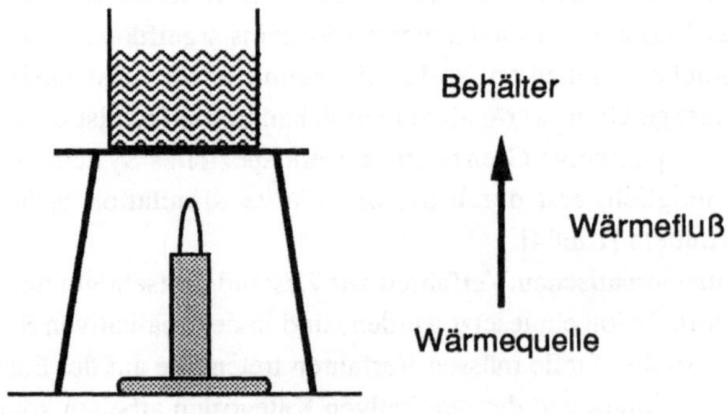

Abb. 8-5: Einfaches Wärmeflußsystem

Für dieses System gibt es zwei qualitativ verschiedene Zustände:

> Zustand 1: Temp (Behälter) < Temp (Wärmequelle)
> Zustand 2: Temp (Behälter) = Temp (Wärmequelle)

Im Wärmeflußsystem gelten die folgenden Zusammenhänge:

1. Temperaturdifferenz = Temp (Wärmequelle) minus Temp (Behälter), wobei *minus* eine qualitative Subtraktion ist, die als Ergebnis die qualitativen Werte *positiv*, *negativ* oder *null* liefert.

2. Wärmefluß = F+ (Temperaturdifferenz), wobei F+ eine monoton steigende Funktion ist.

3. Änderung (Temp (Behälter)) = Wärmefluß.

Ausgehend von Zustand 1 ergeben sich damit die folgenden qualitativen Werte:

> Temperaturdifferenz = positiv
> Wärmefluß = positiv
> Temp (Behälter) = zunehmend
> Temperaturdifferenz = abnehmend
> Wärmefluß = abnehmend

Aus diesen Werten kann geschlossen werden, daß sich die Temperatur des Behälters der Temperatur der Wärmequelle annähert. Diese spielt in diesem Modell die Rolle eines qualitativen Grenzwertes. Aus der Tatsache, daß sich die Temperaturen annähern, kann geschlossen werden, daß irgendwann der qualitative Grenzwert und damit Zustand 2 erreicht wird. In diesem Zustand ergeben sich die folgenden Werte:

> Temperaturdifferenz = null
> Wärmefluß = null
> Temp (Behälter) = gleichbleibend
> Temperaturdifferenz = gleichbleibend
> Wärmefluß = gleichbleibend

Da alle Änderungsraten den Wert *gleichbleibend* angenommen haben, liegt kein aktiver Prozeß mehr vor und die Simulation endet.

Generell kann man beim **Ablauf der qualitativen Simulation** drei Phasen unterscheiden, die iterativ in einer Verarbeitungsschleife durchlaufen werden (vgl. [Pup88]):

- *Intrastate-Analyse:* Vervollständigung der Wertebelegung der Systemgrößen in einem Zustand durch Anwendung der Strukturbeschreibung.

- *Interstate-Analyse:* Übergang in einen neuen Zustand durch Fortschreiben der Änderungstendenzen, bis bestimmte Schwellwerte (qualitative Grenzwerte) erreicht werden. Damit ist das Terminieren oder Aktivieren von Prozessen verbunden.
- *Globale Analyse:* Steuerung des Übergangs zwischen Intrastate- und Interstate-Analyse und Erkennen von Zyklen und Gleichgewichtszuständen (in denen keine Prozesse mehr aktiv sind).

Die qualitative Simulation hat den **Vorteil**, daß Vorgänge, die mathematisch-numerisch nur sehr aufwendig oder möglicherweise überhaupt nicht adäquat zu beschreiben sind, auf einfache, anschauliche Weise dargestellt werden. Darüber hinaus ist eine qualitative Simulation auch auf einem sehr hohen Aggregationsniveau und bei unvollständigem Wissen über das System durchführbar, was für die konventionelle Simulation nicht gilt.

Ein **Nachteil** der qualitativen Simulation ist jedoch, daß Unsicherheiten bezüglich der Folgeepisoden durch Fallunterscheidungen behandelt werden müssen. Bei umfangreicheren Problemstellungen kann aus diesem Grund eine *kombinatorische Explosion* der möglichen Folgeepisoden auftreten, die praktisch nicht mehr handhabbar ist. Ein weiteres Problem ist die Bestimmung der qualitativen Grenzwerte, die bereits eine relativ genaue Kenntnis des untersuchten Systems voraussetzt.

Ein weiterer Nachteil der qualitativen Simulation ist die Tatsache, daß die Simulationszeit nicht explizit repräsentiert wird. So kann über die Zeitdauer von Episoden keine Aussage gemacht werden. Die qualitative Simulation läßt daher im Gegensatz zur konventionellen Simulation keine zeitbezogenen Schlußfolgerungen aus den Ergebnissen zu.

Die große Zahl von ungelösten Problemen ist ein Grund dafür, daß die qualitative Simulation bisher nur für relativ einfache Problemstellungen eingesetzt wurde und noch keine nennenswerte praktische Bedeutung erlangt hat.

Dennoch gibt es einige Systeme, die Verfahren der qualitativen Simulation unterstützen. Hier sind vor allem die Systeme QSIM (vgl. [Kui84]), ENVISION (vgl. [DeK84]), HIQUAL (vgl. [Vos86]) und das System von *W. Long* (vgl. [Lon86]) zu nennen. Das letztgenannte System ist deswegen interessant, weil es auch innerhalb der qualitativen Kategorien eine weitere Differenzierung von Größenordnungen erlaubt. Damit kann auch bei entgegengesetzten Einwirkungen auf Systemgrößen die insgesamt resultierende Änderung der Größe qualitativ bestimmt werden.

Anhang A: Übungen

A.1 Simulationsaufgaben

Aufgabe 1: Platzreservierungsmodell mit Anrufwiederholung

Ändern Sie das Modula-2-Simulationsprogramm aus Anhang B.1 für das Platzreservierungssystem aus Abschnitt 2.4.1.2 leicht ab, indem nur insgesamt 15 Telefonleitungen zur Verfügung stehen und Kunden ohne freie Leitung ihren Anrufversuch wiederholen (im Abstand von jeweils 30 Sekunden maximal dreimal). Geben Sie eine zusätzliche Statistik über diejenigen Kunden aus, die erst nach wiederholtem Anruf eine freie Leitung erhalten.

Aufgabe 2: Simulation einer Tankstelle

Erstellen Sie ein Programm in Modula-2, mit dem die Bedienung von Kunden an einer Tankstelle simuliert werden kann. Für die Kunden stehen zwei Zapfsäulen (mit gleichen Kraftstoffsorten) zur Verfügung. Ein eintreffender Kunde wird sofort bedient, sofern mindestens eine Zapfsäule frei ist. Sonst muß er solange warten, bis die vor ihm angekommenen Kunden getankt haben und eine Zapfsäule für ihn frei wird.

Die Kunden treffen in beliebigen, zufälligen Zeitabständen an der Tankstelle ein. Sie reihen sich in eine Warteschlange ein. Es wird angenommen, daß die Bedienung eines Kunden gleichverteilt zwischen 2 und 8 Minuten Zeit in Anspruch nimmt. Die Zwischenankunftszeiten der Kunden seien exponentialverteilt mit Mittelwert 5 Minuten.

a) Führen Sie die Simulation über einen Zeitraum von 100 Stunden durch und ermitteln Sie:
  – die durchschnittliche Auslastung der beiden Zapfsäulen
  – die mittlere Wartezeit der Kunden
b) Ändern Sie das Simulationsprogramm so ab, daß Kunden nach 12 Minuten Wartezeit die Tankstelle wieder verlassen, wenn sie bis zu diesem Zeitpunkt noch nicht bedient wurden.

Aufgabe 3: Platzreservierungsmodell mit Telefon- und Bürokunden

Erweitern Sie das Simulationsprogramm für das Platzreservierungssystem aus Abschnitt 2.4.1.2 und Anhang B.1 so, daß neben der telefonischen Reservierung auch Reservierungen im Büro entgegengenommen werden. Es stehen insgesamt 7 Reservierungskräfte, die sowohl Bürokunden (mit Priorität) als auch Telefonkunden (im Verhältnis 1:2) bedienen, und 14 Telefonleitungen zur Verfügung. Die exponentialverteilten Zwischenankunftszeiten der Kunden sollen nunmehr im Mittel 15 Sekunden betragen. Es sollen die gleichen Statistiken ausgegeben werden, und zwar getrennt für Telefon- und Bürokunden (soweit möglich) und zusätzlich für alle Kunden.

Aufgabe 4:   Fertigungssystem mit Eilaufträgen

Modifizieren Sie das Fertigungssystem aus 2.5.1 derart, daß es neben Standardaufträgen auch Eilaufträge gibt. Diese sollen zur Bearbeitung an jeder Maschinengruppe bevorzugt ausgewählt werden (jedoch ohne Unterbrechung laufender Bearbeitungsvorgänge). Ändern Sie das Simulationsprogramm in Anhang B.2 entsprechend ab und geben Sie getrennte Statistiken für Standard- und Eilaufträge aus.

Aufgabe 5:   Re-Implementierung des Platzreservierungsmodells
mit Simulationsbausteinen

Reimplementieren Sie das Bahnreservierungsmodell aus Abschnitt 2.4.1.2 und Anhang B.1 mit Hilfe der im Abschnitt 3.2 eingeführten Modula-2-Simulationsbausteine (vgl. auch Anh. B.2). Diskutieren Sie, inwieweit die Simulationsbausteine den Benutzer bei der Realisierung von Simulationsmodellen entlasten können. Welche zusätzlichen allgemeingültigen Simulationsbausteine wären nützlich?

Aufgabe 6:   Modell eines Lagerhaltungssystems

Implementieren Sie das Lagerhaltungsmodell aus 2.4.2.2 mit Hilfe der in 3.2 eingeführten Simulationsbausteine (vgl. auch Anh. B.2). Verwenden Sie Warteschlangenkonstrukte für die Behandlung der Nachfragemengen.

Aufgabe 7:   Modell eines ausfallanfälligen Systems

Implementieren Sie das Simulationsmodell eines ausfallanfälligen Systems mit verschiedenen Wartungsstrategien aus Abschnitt 2.4.3.2 mit Hilfe der in Abschnitt 3.2 eingeführten Simulationsbausteine (vgl. auch Anh. B.2). Welches allgemeingültige Simulationsmodul kann bei diesem Modelltyp nicht genutzt werden?

Aufgabe 8:   Re-Implementierung des Platzreservierungsmodells mit DESMO

Implementieren Sie das Modell aus 2.4.2.2 mit dem Simulationspaket DESMO.

Aufgabe 9:   Lagerhaltungsmodell mit Eillieferungen

Modifizieren Sie das Lagerhaltungsmodell aus Abschnitt 2.4.2.2 so, daß neben den Normallieferungen auch Eillieferungen angefordert werden können, wenn der Lagerbestand eines Produktes aufgebraucht ist. Als Bestellmenge der Eillieferung zum Zeitpunkt t wird (s + L⁻(t)) mit $L^-(t) \geq 0$ festgelegt, wobei L⁻ die Vorbestellungen bezeichnet. Eillieferungen treffen am folgenden Tag nach der Bestellung ein. Die Fixkosten je Bestellung steigen für diesen Fall auf 128 GE, die Bestellstückkosten auf 4 GE.

Implementieren Sie dieses Modell in Modula-2 oder mit Hilfe des Simulationspaketes DESMO. Erweitern Sie die Statistiken für die Eillieferungen.

Aufgabe 10: Fertigungssystem mit Maschinenausfall

Ändern Sie das Fertigungssystem aus 2.5.1 so, daß in den einzelnen Maschinengruppen Maschinenausfälle auftreten können (vgl. auch 2.4.3, Simulation ausfallanfälliger Systeme). Die Laufzeiten und Reparaturzeiten der einzelnen Maschinentypen in Stunden seien gemäß Tabelle A-1 verteilt.

Geben Sie Statistiken über die Ausfallzeiten der Maschinen aus. Implementieren Sie dieses kombinierte "ausfallanfällige Bedienungs-/Wartesystem" in Modula-2 oder DESMO.

Tabelle A-1: Daten zum Modell eines Fertigungssystems mit Maschinenausfall

Maschinen-typ	mittlere Laufzeit (exponentialverteilt) μ	Reparaturzeit (normalverteilt) μ	σ^2
1	500	2	1.0
2	300	3	1.5
3	750	1	0.5
4	400	2.5	1.25
5	600	3.5	1.75

Aufgabe 11: Rechensystemmodell

Eine Firma betreibe einen (etwas veralteten) Time-Sharing-Rechner mit einer CPU und n Terminals. An jedem der n Bildschirme arbeite jeweils ein Benutzer abwechselnd in aktiven (Nachdenken und Eintippen = Benutzerreaktionszeit) und passiven Phasen (Warten auf Systemantwort). Die Benutzer-reaktionszeiten folgen einer Exponentialverteilung mit Mittelwert $\mu = 25$ Sekunden und die Verar-beitunszeit eines Auftrages einer Exponentialverteilung mit $\mu = 0.8$ Sekunden. Die Benutzeraufträge (Jobs) werden in die Warteschlange des Systems eingereiht und im Time-Sharing-Modus abgearbeitet, d. h. jedem Job werden zyklisch Zeitscheiben (von maximal $q = 0.1$ Sekunden Länge) zugewiesen. Ist die noch notwendige Verarbeitungszeit eines Jobs s kleiner oder gleich q, bearbeitet die CPU den Job während s Sekunden zuzüglich eines fixen Overheads von $r = 0.015$ Sekunden und sendet dann die Antwort an das Terminal. Wenn s größer als q ist, bearbeitet die CPU den Job q + r Sekunden und reiht ihn wieder an das Ende der Warteschlange ein. Die Restverarbeitunszeit des Jobs wird um q Sekunden reduziert. Der Vorgang wird solange wiederholt, bis die Restverarbeitungszeit gleich 0 ist. R_i sei definiert als die Antwortzeit des i-ten Jobs, d. h. die Zeit zwischen Absendung des Jobs vom Terminal bis zur Rücksendung des Ergebnisses nach abgeschlossener Bearbeitung durch die CPU. Es sollen mit einem Simulationsmodell Konfigurationen mit n = 40, 42, ..., 50 Terminals hinsichtlich ihres Antwort-zeitverhaltens und der CPU-Auslastung (Annahme: keine zusätzlichen Batch-Jobs) analysiert werden. Insbesondere interessiere die Frage, wieviele Terminals zugelassen werden dürfen, um den Benutzern eine durchschnittliche Antwortzeit von 20 Sekunden zu garantieren. Im Anfangszustand (Simulationszeitpunkt 0) seien alle Terminalbenutzer im "Nachdenkstatus" (nach [Law82], S. 70 f.).

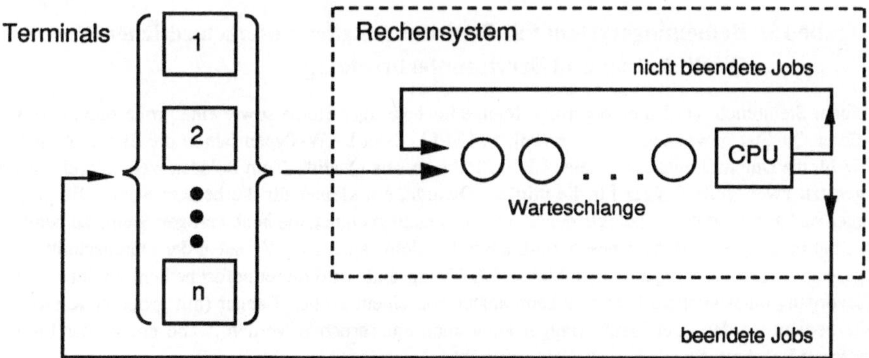

Abb. A-1: Rechensystemmodell

Aufgabe 12: Hafenmodell

In einer Hafenanlage stehen zwei Molen zur Entladung jeweils eines Frachtschiffes zur Verfügung. Die Schiffe laufen den Hafen mit exponentialverteilter Zwischenankunftszeit ($\mu = 10$ Std.) an. Sie müssen dort warten, bis eine Mole frei wird, um unmittelbar anzudocken und entladen zu werden. Anschließend verlassen die Schiffe den Hafen. Beim Andocken sind jeweils 2 Hafenschlepper notwendig, beim Verlassen einer. Insgesamt stehen drei Schlepper zur Verfügung. Die Entladezeit sei normalverteilt mit $\mu = 14$ Stunden und $\sigma = 3$ Stunden (vgl. [Bir79a], S. 41).

a) Simulieren Sie diese Hafenanlage unter Verwendung eines Simulationspakets. Bei einer Implementation mit DESMO sollten die höheren Synchronisationsmechanismen des Ressourcenwettbewerbs (*Acquire, Release*) benutzt werden.
b) Modifizieren Sie das Hafenmodell, indem Sie eine Vertauschung der Ressourcen-Anfragen vornehmen. Verfolgen Sie den Simulationsablauf über eine längere Simulationszeit mit Hilfe der Tracing-Funktion. Erläutern Sie die dann auftretende problematische Situation.

Aufgabe 13: Hafenmodell mit Niedrigwasser

Erweitern sie das in Aufgabe 12 spezifizierte Hafenmodell wie folgt (nach [Bir79a], S. 104):
Beladene Schiffe können nur dann in den Hafen einlaufen, wenn kein Niedrigwasser herrscht. Anderenfalls muß auf einen ausreichenden Wasserstand gewartet werden. Entladene Schiffe können tidenunabhängig auslaufen. Niedrigwasser dauert 4 Stunden an, Normalwasserstand 13 Stunden.
Hinweis: Bei einer Implementation mit DESMO sollten die höheren Synchronisationsmechanismen des Ressourcenwettbewerbs (*Avail, Acquire, Release*) und des bedingten Wartens (*WaitUntil, Signal*) verwendet werden.

Aufgabe 14: Ressourcenwettbewerb zwischen Nachbarn

Entwerfen und implementieren Sie ein stochastisches Simulationsmodell für die folgende Situation ("Speisende Philosophen" aus [Bir79a], S. 114 f.):
Fünf Philosophen sitzen an einem runden Tisch, um eine gewisse Zeit abwechselnd nachzudenken und Spaghetti zu essen. Zwischen zwei benachbarten Philosophen liegt je eine Gabel. Da zum Essen jeweils eine linke und eine rechte Gabel notwendig sind, findet ein Ressourcenwettbewerb zwischen Nachbarn statt. Die Zeiten für Denk- und Speisephasen sind gleichverteilt zwischen 20 und 30 Sekunden bzw. zwischen 10 und 20 Sekunden.

Aufgabe 15: Bedienungssystem mit Bedienungsstellen unterschiedlicher Qualifikation und Serviceunterbrechung

In einem Steinbruch werden eine geringe Menge hochwertiger Steine sowie eine große Menge Steine mittlerer Qualität gewonnen (vgl. [Bir79a], S. 124 f.). Zwei LKW-Typen fahren die Steine ab: große LKW für die Durchschnittsware, kleine LKW für die bessere Qualität. Zum Beladen werden drei Bagger eingesetzt: zwei große Bagger für die mittlere Qualität, ein kleiner für die bessere Sorte. Die großen Bagger sind aufgrund der Topologie des Steinbruchs nicht geeignet, die hochwertigen Steine zu bearbeiten. Sind beide großen Bagger beschäftigt, kann der kleine auch zum Verladen der Durchschnittsware eingesetzt werden. Sobald jedoch ein kleiner LKW erscheint, wird dieser sofort bedient und der andere Ladevorgang unterbrochen. Letzterer kann später von einem großen Bagger (mit größerer Kapazität) weiterbedient werden. Der kleine Bagger kann auch unterbrochen werden, wenn ein großer Bagger wieder zur Beladung eines großen LKW bereitsteht.
Die Zwischenankunftszeiten der großen LKW betragen 0.0455 Stunden, die der kleinen 0.1 Stunden.

249

A.2 Simulationsprojekte

Projektthema 1: Lagerhaltungs-Simulation einer Klinik-Blutbank

Systemspezifikation:

Mit zunehmender Bedeutung der Transfusionsmedizin nimmt der Bedarf an Blutspenden zur Herstellung von Transfusionsblutkonserven immer mehr zu. Als Beispiel für ein Lagerhaltungproblem für begrenzt haltbare Produkte soll die Lagerhaltung in einer Klinik-Blutbank simuliert werden, die Blutkonserven für die Transfusionspatienten ihrer Klinik in Bereitschaft halten muß. Da die Blutkonserven einerseits nur begrenzt haltbar sind, andererseits jedoch zumindest bei Notoperationen unmittelbar verfügbar sein müssen, stellt die Lagerhaltung einen Kompromiß zwischen Verfall überalterter Blutkonserven und Fehlmengen nicht vorrätiger Konserven dar, die als Notlieferung unter zusätzlichen Kosten von einer zentralen Blutbank außerplanmäßig beschafft werden müssen. Die Klinik betreibe in geringem Umfang Eigenproduktion über einen eigenen kleinen Blutspenderstamm; die Hauptnachfrage werde jedoch durch externe Lieferungen von einem zentralen Blutspendedienst erfüllt.

Blutkonserven werden nach Anforderung aus dem Lager für einen bestimmten Patienten bis zur Transfusion reserviert. Werden nicht alle angeforderten Konserven benötigt, so wird die Reservierung wieder aufgehoben und die Konserven werden wieder dem Lager zugeführt.

Für die Modellierung sind statistische Angaben erforderlich wie Ankunftsverteilung der Patienten (unterschieden nach Wochentagen, Nächten und Wochenenden), deren Blutgruppen, der Anteil der Notfälle unter den Patienten (diese benötigen unmittelbar Blutkonserven), der Konservenbedarf je Patient, etc. Diese Angaben sind in Tabelle A-2 zusammengestellt. Die folgenden Modellannahmen werden gemacht.

Modellannahmen:

- Es wird nur unterschieden zwischen den Hauptblutgruppen A, 0, AB und B; die Rhesusfaktoren positiv und negativ und weitere Blutgruppeneigenschaften werden vernachlässigt.
- Die Lebensdauer der Blutkonserven betrage 20 Tage; danach gelten sie als verfallen und können nicht mehr zur Transfusion verwendet werden. Konserven, die bereits reserviert waren, können auch noch nach Überschreiten der 20-Tagesfrist transfundiert werden.
- An Wochentagen herrsche Normalbetrieb von 7:00 bis 19:00 Uhr, Notbetrieb von 19:00 bis 7:00. An Wochenenden wird nur ein Notbetrieb aufrechterhalten (von Samstag 7:00 bis Montag 7:00).
- Während des Notbetriebes werden nur Notfälle versorgt.
- Jeweils am Dienstag um 19:00 werden Bestellungen für Blutkonserven an die zentrale Blutbank aufgegeben, die mittwochs früh um 10:00 in Höhe der Bestellmenge geliefert werden. Die Bestellungen werden nach bestimmten Verfahren (z. B. (s, S)-Politik, vgl. 2.4.2) vorgenommen, die mit Hilfe der Simulation zu analysieren sind. Bei der Wahl der Bestellverfahren ist ggf. nur zu unterscheiden zwischen Bestellmengen für seltene (AB), mittlere (B) und häufige Blutgruppen (A, 0).
- Die Klinik verfüge über eine geringe Eigenherstellung von Blutkonserven durch einen kleinen Spenderstamm (s. o.). An Wochentagen können während der Tagesschicht von 7:00 bis 17:00 Uhr die Blutspenden abgenommen werden. Die Herstellungszeit einer Konserve einschließlich Spende betrage im Mittel 90 Minuten. Danach kann die Konserve in den Lagerbestand aufgenommen werden.
- Blutkonserven bleiben von der Reservierung bis zur Transfusion bzw. Aufhebung der Reservierung ausschließlich für einen bestimmten Patienten reserviert.
- Saisonale Schwankungen von Konservenangebot und -nachfrage werden vernachlässigt.
- Auftretende Fehlmengen in der Klinik werden durch (zeitverzugslose) Notlieferungen (unter zusätzlichen Kosten) ausgeglichen.

- Als Vorbestellzeit wird die Zeit zwischen Patientenankunft und Reservierungsbeginn aufgefaßt. Es muß sichergestellt werden, daß die Vorbestellzeit nicht am Wochenende bzw. in den Nachtstunden endet, da es sich bei diesen Patienten nicht um Notfälle handelt.
- Verfallene Konserven werden aus dem verfügbaren Lagerbestand am Ende des letzten Reservierungstages aussortiert.

Kostenfaktoren:

Bestellkosten je Konserve	2.50 DM
Kosten je verfallener Konserve (Konservenpreis)	125.00 DM
Kosten einer Notlieferung	37.50 DM
Kosten einer Normallieferung (je Liefertermin)	22.50 DM

Tabelle A-2: Statistische Daten des Blutbank-Lagerhaltungsmodells

Verteilung	Typ	Parameter
Zwischenankunftszeiten der Patienten an Wochentagen der Nachtpatienten (nur Notfälle) der Wochenendpatienten (nur Notfälle)	exponentialverteilt exponentialverteilt exponentialverteilt	$\mu = 36$ min $\mu = 72$ min $\mu = 96$ min
Konserven je Patient	Geometrische Verteilung: $f(x) = p \cdot (1-p)^{x-1}$	$p = 0.44$
Auslieferungsalter der Konserven	gleichverteilt	1 bis 12 Tage
Notfälle bei Tagespatienten	Bernoulli-Verteilung	$p = 0.52$
Vorbestellungszeit	gleichverteilt	1 bis 7 Tage
Reservierungszeit (in Tagen)	empirische diskrete Verteilung	$p\,(t=0) = 0.55$ $p\,(t=1) = 0.25$ $p\,(t=2) = 0.20$
Transfusionswahrscheinlichkeit einer reservierten Blutkonserve	Bernoulli-Verteilung	$p = 0.57$
Verteilung der Blutgruppen	empirische diskrete Verteilung	$p\,(A) = 0.44$ $p\,(0) = 0.39$ $p\,(B) = 0.12$ $p\,(AB) = 0.05$
Zwischenankunftszeiten der Spender am Tag	exponentialverteilt	$\mu = 60$ min
Herstellungszeit einer Konserve	normalverteilt	$\mu = 90$ min $\sigma = 10$ min

Aufgabenstellung:

Entwerfen und implementieren Sie das Simulationsmodell zur Analyse verschiedener Lagerhaltungspolitiken in einer Klinik-Blutbank nach dem ereignisorientierten Weltbild. Testen Sie mit dem Modell
verschiedene Lagerhaltungspolitiken, ggf. unterschieden nach seltenen, mittleren und häufigen Blutgruppen (oder nach den vier Blutgruppen). Vergleichen Sie jeweils Konservenverfall, Fehlmengen,
durchschnittliches Transfusionsalter sowie die Kosten jeder Bestellpolitik.

Projektthema 2: Simulation eines Containerhafen-Terminals
als Bedienungs-/Wartesystem

Systemspezifikation:

Im kombinierten Verkehr bildet ein Container-Terminal in einem Hafen die Verbindungsstelle zwischen
See- und Binnenlandverkehr. Die wichtigste Aufgabe eines Terminals besteht darin, eine große Anzahl
von Containern (täglich mehrere tausend) zwischen Schiffen und den Landverkehrsmitteln (LKW, Zug)
umzuschlagen. Bei gegebener Infrastruktur (Liegeplätze für Schiffe, Stellplätze für Container) und
Containerlademitteln (u.a. Container-Transportfahrzeuge, sog. Vancarrier, und Containerladebrücken)
können für die Disposition der Lademittel verschiedene Strategien eingesetzt werden. Fortschritte in der
Kommunikationstechnik und der Datenverarbeitung ermöglichen es, den Disponenten am Container-Terminal zeitverzugslos Meldungen über jede Zustandsänderung eines Containers bzw. eines Lademittels
zu übermitteln. Dies erlaubt den Einsatz neuer Strategien zur Containerlademittel-Disposition, die vor-
mals aufgrund fehlender aktueller Informationen ausgeschlossen waren.

An dem Container-Terminal werden die Containerbrücken den Schiffen nach deren Ankunft fest zugewiesen. Die Anzahl der Containerbrücken pro Schiff ist abhängig von der Schiffsgröße und schwankt
zwischen 1 für kleine Feederschiffe und 3 für große Containerschiffe. Jeder einzelnen Containerbrücke
werden nun wieder bis zu drei Vancarrier zugewiesen. Die Vancarrier und Containerbrücken arbeiten
beim Be- und Entladen des Schiffes zusammen. Die Vancarrier transportieren solange Container zwischen den einzelnen Stellplätzen und der Containerbrücke, bis das Schiff fertig ent- bzw. beladen ist. Die
Vancarrier sind den Containerbrücken fest zugeordnet und bekommen die einzelnen Transportaufträge
von den Containerbrücken zugewiesen. Einige Schiffe sollen als Eilaufträge (mit Unterbrechung einer
laufenden Be- und Entladung anderer Schiffe) behandelt werden.

Am Container-Terminal stehen insgesamt sechs Liegeplätze zur Verfügung, davon zwei in der Länge
von 300 m und damit geeignet für Containerschiffe (bzw. für zwei Feederschiffe). Die anderen vier
Liegeplätze sind nur 150 m lang und bieten allein Platz für Feederschiffe.

Modellannahmen:

* Keine Unterscheidung zwischen verschiedenen Containerarten (Länge, Gefahrgut-Container etc.).
* Direktumschlag, d. h. Transport von einem Kaipuffer (der Stellfläche der Containerbrücke für Con-
tainer am Kai) zu einem anderen, bleibt unberücksichtigt (außer bei Leercontainern).
* Aus Vereinfachungsgründen soll nur die Wasserseite (Vernachlässigung der Züge und LKW's für den
Landtransport) simuliert werden.
* Containertransport ausschließlich mit Vancarriern.
* Kein Ausfall von Vancarriern und Containerbrücken durch Wartung oder Defekte.
* Unterscheidung zwischen zwei Schiffstypen (Containerschiffe, Feederschiffe), in beiden Fällen ferner
zwischen Normal- und Eilaufträgen (bei Strategien mit Prioritäten, s. u.).

• Es wird nur der Transport zwischen Stellflächen und Kaipuffern betrachtet. Stellflächen sind:
   – Import-Bereich (Stellflächen für ankommende Container)
   – Export-Bereich (Stellflächen für zu verladende Container)
   – Leer-Bereich (Zwischenlagerung von Leercontainern)

Die Kapazitäten der Stellflächen werden als unbegrenzt angenommen. Für die Kaipuffer steht eine Kapazität von neun Containern je Containerbrücke zur Verfügung.

Tabelle A-3: Daten zum Hafenmodell

<u>Containerschiff:</u>	
Länge:	bis 300 m
Liegeplatzlänge:	300 m
Ankünfte pro Tag:	3 mit exponentialverteilter Zwischenankunftszeit von 8 Stunden (480 Minuten)
Container-Umschlagmenge:	normalverteilt mit $\mu = 550$ St. und $\sigma = 50$
<u>Feederschiff:</u>	
Länge:	bis 150 m
Liegeplatzlänge:	150 m
Ankünfte pro Tag:	6 mit exponentialverteilter Zwischenankunftszeit von 4 Stunden (240 Minuten)
Container-Umschlagmenge:	normalverteilt mit $\mu = 40$ St. und $\sigma = 15$
<u>Containerbrücken:</u>	
Anzahl:	12
Breite:	ca. 20 m
Ladezeit je Container:	gleichverteilt zwischen 1.5 und 2 Minuten (ohne Umstapeln mit 90% Wahrscheinlichkeit) bzw. zwischen 4.0 und 8.0 Minuten (mit Umstapeln mit 10% Wahrscheinlichkeit)
<u>Vancarrier :</u>	
Anzahl:	24 im Schiffsladebereich
Geschwindigkeit:	beladen 5 m/sec leer 8 m/sec
Fahrtwege:	normalverteilt mit $\mu = 650$ m und $\sigma = 160$ m für den Exportbereich $\mu = 750$ m und $\sigma = 140$ m für den Importbereich $\mu = 950$ m und $\sigma = 125$ m für den Leerbereich
<u>Kaipuffer:</u>	
Stellfläche der Containerbrücke für Container am Kai:	Kapazität = 9 St.
Zielverteilung der Container:	Ankommende Container: 10% in den Leerbereich 60% in den Importbereich 30% in den Exportbereich Zu verladende Container: 10% aus dem Leerbereich 90% aus dem Exportbereich
<u>Umschlagverteilung:</u>	
Art der Ladung:	Entladung gleichverteilt zwischen 25% und 75% der Umschlagmenge. Restliche Umschlagmenge wird geladen.

Aufgabenstellung:

Entwerfen und implementieren Sie ein zeitdiskretes (prozeßorientiertes) Simulationsmodell des oben beschriebenen (vereinfachten) Container-Terminals. Das Modell dient dazu, die Schiffsliegezeiten unter Berücksichtigung der verschiedenen Betriebsmittel zu minimieren, indem verschiedene Kapazitäten (Zahl der Vancarrier, Containerbrücken) bzw. unterschiedliche Bedienstrategien von Vancarriern (z. B. feste Zuordnung von Vancarriern zu Containerbrücken gegenüber einer flexiblen auftragsorientierten Arbeitsweise) analysiert werden. Testen Sie mit dem Modell verschiedene Bedienstrategien (z. B. FCFS, Prioritäten, Round Robin, kürzeste erwartete Bedienzeit). Als Grundlage dienen die statistischen Daten in Tabelle A-3.

Projektthema 3: Simulation eines flexiblen Fertigungssystems für Autoradios

Systemspezifikation:

Für die Planung flexibler Fertigungssysteme stellen Simulationsmodelle ein wichtiges Hilfsmittel dar. Es soll die Fertigungslinie einer Autoradiofabrik zur Endmontage von Radios simuliert werden, um eine Engpaßanalyse durchzuführen. Die Fertigungslinie sei ausfallanfällig, d. h. jede Arbeitsstation kann aufgrund verschiedener Störungen für eine gewisse Zeitspanne ihre Funktion einstellen.
Die Fertigungslinie soll der Montage von zwei verschiedenen Autoradiotypen (Alpha und Beta) dienen und die einzelnen Werkstücke zu den Arbeitsstationen transportieren. Von der Hauptlinie zweigen drei Seitenlinien ab, an denen die Arbeitsstationen liegen.

Die Arbeitsstationen werden in drei Klassen eingeteilt: Teststationen, Montagestationen und Reparaturstationen. Die Teststationen identifizieren schadhafte Produkte, die dann in der Reparaturstation nachbearbeitet werden müssen, um anschließend erneut in den Herstellungsablauf einzufließen. Nur funktionstüchtige Produkte verlassen die Montagestrecke.

Weiterhin gibt es Stationen, die nur einen bestimmten Radiotyp bearbeiten, neben Stationen, die verschiedene Radiotypen bearbeiten können. Jede Arbeitsstation hat einen Eingangspuffer für ankommende Werkstücke. Jedes Werkstück muß bis zur Fertigstellung bestimmte Arbeitsschritte durchlaufen. Dazu steuert es nacheinander die notwendigen Arbeitsstationen an.

In Seitenlinie 1 befinden sich zwei Teststationen, die je einen bestimmten Radiotyp bearbeiten: eine Alpha- und eine Beta-Teststation. In Seitenlinie 2 befinden sich drei Montagestationen. Die erste, die Radio-Montagestation, bearbeitet alle Radiotypen. Die letzten beiden bearbeiten je einen bestimmten Radiotyp, es sind die Alpha-Montagestation und die Beta-Montagestation. In der Seitenlinie 3 befindet sich eine Reparaturstation, die defekte Radios von jedem Typ bearbeitet (s. Abb. A-2).

Die Wegesteuerung in der flexiblen Fertigungslinie, das Routing, ist bestimmten Bedingungen unterworfen, die nachfolgend für die verschiedenen Linien aufgeführt werden. Die Radios werden über die Hauptlinie des Fertigungssystems zu den Seitenlinien mit den Arbeitsstationen transportiert. Die Hauptlinie besteht aus 3 Verteilern, die den Zugang zu den Seitenlinien regeln, und dem Haupttransportband. Jeder Radiotyp muß eine bestimmte Reihenfolge von Arbeitsstationen ansteuern.

Wegesteuerung in der gesamten flexiblen Fertigungslinie:

1. Radios werden zur Bearbeitung in die Fertigungslinie geschleust, solange die Hauptlinie – d. h. in diesem Fall der Verteiler 1 – Aufnahmekapazität frei hat.
2. Radios verlassen die Fertigungslinie, wenn sie fehlerfrei montiert wurden.

Wegesteuerung in der Hauptlinie:

1. Radios werden direkt über die Verteiler zu der Seitenlinie transportiert, in der sich ihre nächste Arbeitsstation befindet.
2. Radios warten vor der Seitenlinie im Verteiler solange auf Zutritt, bis die Aufnahmekapazität der Seitenlinie die Aufnahme gewährt.

Wegesteuerung in einer Seitenlinie:

1. Ist die Kapazität der nächsten anzusteuernden Arbeitsstation einschließlich Eingangspuffer erschöpft, dann kreist das Radio in der Seitenlinie solange, bis diese Arbeitsstation aufnahmebereit ist.
2. Radios, die an allen vorgeschriebenen Arbeitsstationen bearbeitet wurden und das Transportband der Seitenlinie durchlaufen haben, werden aus der Seitenlinie ausgeschleust, wenn die Hauptlinie – also der nächster Verteiler oder aber das Haupttransportband – Aufnahmekapazität frei hat.
3. Kann ein Radio nicht ausgeschleust werden, so muß es in der Seitenlinie kreisen.

Um Blockaden zu vermeiden, ist das Zugangslimit für Radios zu den Seitenlinien kleiner als die Aufnahmekapazität des Förderbandes der Seitenlinie.

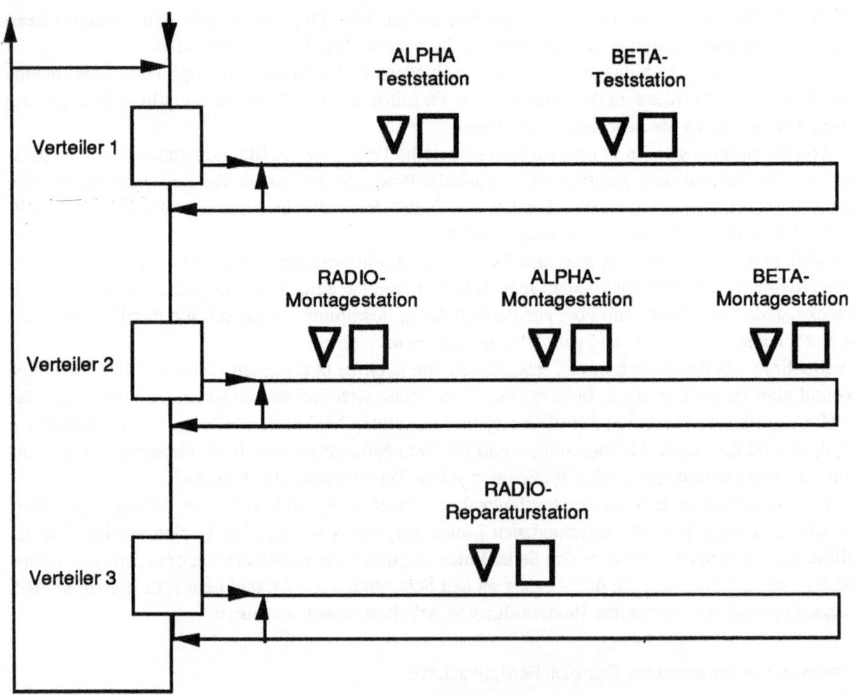

Abb. A-2: Aufbau der Montagelinie

Aufgabenstellung:

Entwerfen und implementieren Sie ein zeitdiskretes, prozeßorientiertes Simulationsmodell für das flexible Fertigungssystem. Bestimmen Sie entsprechende Warte- und Auslastungsstatistiken für das Fertigungssystem. Prüfen Sie, ob die Kapazitäten der Arbeitsstationen zur Vermeidung von Engpässen ausgebaut werden sollten. Als Grundlage dienen die folgenden statistischen Daten:

- Alle 12 Sekunden wird ein unbearbeitetes Werkstück in das Fertigungsmodell geschleust, falls die Hauptlinie Aufnahmekapazität frei hat. Mit der Wahrscheinlichkeit $p = 0.5$ wird ein Radio vom Typ Alpha oder ein Radio vom Typ Beta generiert. In der Hauptlinie liegen Verzweigungspunkte, die Verteiler, die die Radios in die Seitenlinien schleusen. Ein Verteiler hat die Kapazität $k = 2$ Radios und die Durchlaufzeit $t = 4$ Sekunden.
- Das Zugangslimit zu einer Seitenlinie liegt bei 58 Radios. Das Transportband einer Seitenlinie hat die Kapazität $k = 60$ Radios und die Transportzeit $t = 120$ Sekunden pro Durchlauf.
- Das Transportband der Hautplinie hat die Kapazität $k = 33$ Radios und die Transportzeit $t = 200$ Sekunden.
- Teststationen haben die Kapazität $k = 2$ Radios, Montage- und Reparaturstationen haben die Kapazität $k = 1$ Radio.
- Eingangspuffer haben eine Durchlaufzeit von 7 Sekunden. Arbeitsstationen mit Kapazität 1 haben einen Eingangspuffer mit Kapazität $k = 4$. Eingangspuffer der Teststationen haben Kapazität $k = 8$.

Radios vom Typ Alpha werden in dieser Reihenfolge bearbeitet:

1. Bearbeitung in Seitenlinie 1:
   a) in der Alpha-Teststation; die Bedienzeit ist normalverteilt mit dem Mittelwert 26,4 Sekunden und der Standardabweichung 0.26.

2. Bearbeitung in Seitenlinie 2:
   a) in der Radio-Montage-Station, Bedienzeit: 10.5 Sekunden.
   b) in der Alpha-Montage-Station, Bedienzeit: 11.7 Sekunden.

3. Bearbeitung in Seitenlinie 3:
   Falls in der Alpha-Teststation ein Radio als beschädigt identifiziert wird (die Produktausfallwahrscheinlichkeit ist $p = 0.03$), so wird das defekte Radio direkt in die Reparaturstation gesandt und von dort wieder zur Alpha-Teststation. Die Bedienzeit der Reparaturstation ist gleichverteilt zwischen 95 und 115 Sekunden.

Radios vom Typ Beta werden in dieser Reihenfolge bearbeitet:

1. Bearbeitung in Seitenlinie 1:
   a) in der Beta-Teststation; die Bedienzeit ist normalverteilt mit dem Mittelwert 30.2 Sekunden und der Standardabweichung 0.3.

2. Bearbeitung in Seitenlinie 2:
   a) in der Radio-Montage-Station, Bedienzeit: 11.2 Sekunden.
   b) in der Beta-Montage-Station, Bedienzeit: 11.9 Sekunden.

3. Bearbeitung in Seitenlinie 3:

   Falls in der Beta-Teststation ein Radio als beschädigt identifiziert wird (die Produktausfallwahrscheinlichkeit ist p=0.06), dann wird das defekte Radio direkt zur Reparaturlinie gesandt und von dort wieder zur Beta-Teststation. Die Bedienzeit der Reparaturstation ist gleichverteilt zwischen 95 und 115 Sekunden.

Alle Arbeitsstationen fallen unabhängig voneinander aus. Die Störungsdauer (= Reparaturzeit) ist gleichverteilt zwischen 180 und 900 Sekunden. Der Abstand zwischen zwei Störungen (vom Ende der ersten Störung bis zum Beginn der zweiten Störung) ist exponentialverteilt mit dem Mittelwert 7200 Sekunden.

Anhang B: Modula-2-Simulationsprogramme

B.1 Modula-2-Programm eines Platzreservierungsmodells

```
MODULE Reservation;

(*****************************************************************************)
(*                                                                          *)
(*        Dateiname:         Rail.MOD                                        *)
(*                                                                          *)
(*        Projektleiter:     Prof. Dr.-Ing. B. Page                         *)
(*                           Fachbereich Informatik der Universität Hamburg *)
(*                                                                          *)
(*        Autorin:           A. Ritscher                                    *)
(*                                                                          *)
(*        Programminhalt:    Telefonische Platzreservierung                 *)
(*                           (ereignisorientiert)                           *)
(*                                                                          *)
(*****************************************************************************)

Das Modell dient zur Engpassanalyse einer Reservierungsstelle der Bahn.Buchungen
koennen nur telephonisch erfolgen. Es stehen 18 Telephonleitungen und 5 Reservie-
rungskraefte zur Verfuegung. Kunden werden entweder sofort bedient, warten eine
bestimmte Zeit oder oder erhalten keine freie Leitung (Verlustsystem). Die Zwischen-
ankunftszeiten der Anrufer und die Bedienzeiten sind negativ-exponential-, die
"Geduld" normalverteilt. Die Wahrscheinlichkeit fuer die Buchung einer Hin- und
Rueckfahrt betraegt 0.75. In diesem Fall verdoppelt sich die Bedienzeit. Zeitangaben
erfolgen auf Sekundenbasis.

Eingabedaten:
   - Simulationsdauer,
   - mittlere Zwischenankunftszeiten
   - mittlere Bedienzeiten
   - mittlere "Geduld" und deren Standardabweichung
Ausgabedaten (Mindestanforderung):
   - mittlere Wartezeit und Warteschlangenlaenge,
   - mittlere Auslastung der Leitungen und der Bedienkraefte
   - Anrufe ohne freie Leitung
   - Anrufe ohne Bedienung nach Ablauf der "Geduldsphase"

(*****************************************************************************)


FROM InOut IMPORT WriteLn, WriteString, WriteCard, ReadCard, OpenOutput,
                  CloseOutput, Write;
FROM LongIO IMPORT WriteLongInt, ReadLongInt;
FROM Distribution IMPORT Exponential, Random, RandomStart, Norm;
FROM Storage IMPORT ALLOCATE, DEALLOCATE;
FROM MathLib0 IMPORT sqrt;
FROM FixedPointIO IMPORT WriteFixedPoint;
FROM LongReal IMPORT LongToReal;
```

```modula2
CONST MaxLines          = 18;
      MaxServer         = 5;
      MaxWaitingTime = 480;
      OneWay            = 0.25;

TYPE  EventType = (EventCall, EventMaxWaited, EventCompletion,
                   EventEndofSimulation);
      EvList = POINTER TO EventList;
      QuList = POINTER TO Queue;


      (* Ereignisliste *)
      EventList = RECORD Time: LONGINT;
                         Event: EventType;
                         Priority : CARDINAL;
                         (* je höher die Zahl, desto höher die Priorität *)
                         Next:  EvList
                  END;


      (* Warteschlange fuer wartende Anrufe *)
      Queue = RECORD ArrivalTime : LONGINT;
                     WaitingTime: CARDINAL;
                     Next: QuList
              END;

VAR   EvTOP : EvList;
      QuTOP : QuList;

      Lines  : [0..MaxLines];
      Server : [0..MaxServer];

      MeanInterCallTime, MeanServiceTime,
      MeanWaitingTime, Deviation, Seed,
      ImmedServed, NoLine, NoServer, Served        : CARDINAL;

      SimulationTime, CurrentTime, SumOfServTimes : LONGINT;

      WaitingTimes : ARRAY [0..MaxWaitingTime] OF CARDINAL;


PROCEDURE ScheduleEvent (Event : EvList);
(*---------------------------------------*)
   (* ScheduleEvent reiht ein Ereignis in die nach Zeitpunkt und Priorität  *)
   (* geordnete Ereignisliste EvTOP ein.                                    *)
 VAR p : EvList;

 BEGIN
   IF (EvTOP = NIL) THEN (* leere Liste *)
     Event^.Next := NIL;
     EvTOP := Event;
   ELSE
     IF (EvTOP^.Time > Event^.Time) OR
        ((EvTOP^.Time = Event^.Time) AND
         (EvTOP^.Priority <= Event^.Priority)) THEN
     (* Event wird am Anfang von EvTOP eingetragen. *)
       Event^.Next := EvTOP;
       EvTOP := Event;
     ELSE
       p := EvTOP;
       WHILE (p^.Next <> NIL) AND (p^.Next^.Time < Event^.Time) DO
       (* Solange die Liste nicht leer ist und die Zeit Event^.Time zu groß *)
       (* ist, gehe zum naechsten Element der Liste.                        *)
         p := p^.Next;
       END;
```

```
        WHILE (p^.Next <> NIL) AND
              ((p^.Next^.Time = Event^.Time) AND
               (p^.Next^.Priority > Event^.Priority)) DO
        (* Solange die Liste nicht leer ist und sowohl die Zeit gleich der   *)
        (* des Ereignisses in der Liste ist und die Prioritaet niedriger      *)
        (* ist, gehe zum naechsten Ereignis in der Liste.                     *)

          p := p^.Next;
        END;
        Event^.Next := p^.Next;
        p^.Next := Event;
      END;
    END;
END ScheduleEvent;


PROCEDURE Initialization;
(*-------------------*)
VAR i        : CARDINAL;
    P1, P2 : EvList;

BEGIN
  (* Initialisierung *)
  CurrentTime := VAL (LONGINT,0);

  (* Die Ereignisliste und die Warteschlange werden auf NIL gesetzt. *)
  EvTOP := NIL;
  QuTOP := NIL;

  Lines  := MaxLines;
  Server := MaxServer;

  ImmedServed := 0;
  NoLine      := 0;
  NoServer    := 0;
  Served      := 0;

  SumOfServTimes := VAL (LONGINT,0);

  FOR i := 0 TO MaxWaitingTime DO
    WaitingTimes[i] := 0;
  END;

  (* Eingabe *)
  Write (14C);
  WriteString ("**********************************************************");
  WriteLn;
  WriteString ("*                                                        *");
  WriteLn;
  WriteString ("*              BAHNRESERVIERUNGSMODELL                   *");
  WriteLn;
  WriteString ("*                                                        *");
  WriteLn;
  WriteString ("**********************************************************");
  WriteLn;WriteLn;
  WriteString ("Bitte geben Sie die Simulationszeit als"); WriteLn;
  WriteString ("              LONGINT-Zahl ein   : ");
  ReadLongInt (SimulationTime);
  WriteLn;WriteLn;
  WriteString ("Bitte geben Sie die folgenden Werte "); WriteLn;
  WriteString ("als CARDINAL-Zahlen ein.");
  WriteLn;WriteLn;
  WriteString ("Anfangswert des Zufallszahlenstroms (>0)    : ");
  ReadCard (Seed); WriteLn;
```

```modula2
    WriteString ("Mittlere Zwischenankunftszeit der Anrufe    : ");
    ReadCard (MeanInterCallTime); WriteLn;
    WriteString ("Mittlere Servicezeit für eine einfache Fahrt : ");
    ReadCard (MeanServiceTime); WriteLn;
    WriteString ("Mittlere Wartezeit eines Anrufers           : ");
    ReadCard (MeanWaitingTime); WriteLn;
    WriteString ("Abweichung davon                            : ");
    ReadCard (Deviation); WriteLn;

    (* Initialisierung des Zufallszahlengenerators *)
    RandomStart (Seed);

    (* Eintragen des Ereignisses Anruf in die Ereignisliste *)
    NEW (P1);
    P1^.Time := CurrentTime;
    P1^.Event := EventCall;
    P1^.Priority := 1;
    ScheduleEvent (P1);

    (* Eintragen des Ereignisses EndofSimulation in die Ereignisliste *);
    NEW (P2);
    P2^.Time := SimulationTime;
    P2^.Event := EventEndofSimulation;
    P2^.Priority := 4;
    ScheduleEvent (P2);
END Initialization;

PROCEDURE MaxWaited;
(*----------------*)
    (* MaxWaited holt den Anruf, der dieses Ereignis initiiert hat, aus der  *)
    (* Warteschlange QuTOP und löscht ihn.                                    *)
VAR p1, p2 : QuList;
    A       : LONGINT;
    W       : CARDINAL;
BEGIN
  A := QuTOP^.ArrivalTime;
  W := QuTOP^.WaitingTime;
  IF (A + VAL (LONGINT,W)) = CurrentTime THEN
    p1 := QuTOP;
    QuTOP := QuTOP^.Next;
  ELSE
    p2 := QuTOP;
    A := p2^.Next^.ArrivalTime;
    W := p2^.Next^.WaitingTime;
    WHILE (A + VAL (LONGINT,W)) <> CurrentTime DO
      p2 := p2^.Next;
      A := p2^.Next^.ArrivalTime;
      W := p2^.Next^.WaitingTime;
    END;
    p1 := p2^.Next;
    p2^.Next := p2^.Next^.Next;
  END;

  DISPOSE (p1);

  Lines := Lines + 1;

(* Statistik *)
  NoServer := NoServer + 1;
  WaitingTimes [W] := WaitingTimes [W] + 1;
END MaxWaited;
```

```
PROCEDURE DeleteMaxWaited (A, W : LONGINT);
(*-------------------------------------------*)
    (* DelteteMaxWaited wird von Service aufgerufen und loescht das       *)
    (* WartenEnde-Ereignis des Anrufers, dessen Bedienung gerade beginnt, *)
    (* aus der Ereignisliste.                                             *)
    (* A = Ankunftszeit des Anrufs, W = maximale Wartezeit des Anrufs.    *)
    (* C ist also der Zeitpunkt, zu dem MaxWaited aufgerufen werden soll. *)
VAR p1, p2 : EvList;
    C        : LONGINT;
BEGIN
  C := A + W;
  p1 := EvTOP;
  IF (EvTOP^.Time = C) AND (EvTOP^.Event = EventMaxWaited) THEN
    EvTOP := EvTOP^.Next;
    DISPOSE (p1);
  ELSE
    WHILE (p1^.Next^.Time <> C) OR
      (p1^.Next^.Event <> EventMaxWaited) DO
      p1 := p1^.Next;
    END;
    p2 := p1^.Next;
    p1^.Next := p1^.Next^.Next;
    DISPOSE (p2);
  END;
END DeleteMaxWaited;


PROCEDURE Service (A : LONGINT; W : CARDINAL);
(*-----------------------------------------------*)
    (* Service wird von Completion und von Call aufgerufen, ruft          *)
    (* DeleteMaxWaited auf, falls der Anruf gewartet hat, berechnet die   *)
    (* Bedienzeit in Abhaengigkeit des Fahrtyps, erzeugt das Bedienende-  *)
    (* Ereignis Completion und fuegt dieses in die Ereignisliste ein.     *)
    (* Parameter A = Zeitpunkt des Systemeintritts                        *)
    (* Parameter W = Zeitspanne, die der Anrufer maximal gewartet haette. *)

VAR ServTime : CARDINAL;
    p1         : EvList;

    PROCEDURE Type () : CARDINAL;
    (*-------------------------------*)
        (* Wenn Random > 0.25 ist, wird die Bedienzeit fuer Hin- und  *)
        (* Rueckfahrt zurueckgegeben, sonst die einfache Bedienzeit.  *)
    BEGIN
      IF Random() > OneWay THEN
        RETURN 2*MeanServiceTime
      ELSE
        RETURN MeanServiceTime
      END;
    END Type;

BEGIN
  IF CurrentTime > A THEN
    DeleteMaxWaited (A, VAL (LONGINT,W));
  ELSE
    (* Statistik der sofort bedienten Anrufer *)
    ImmedServed := ImmedServed + 1;
  END;

  ServTime := TRUNC (Exponential (FLOAT(Type())));

  (* Statistik *)
  Served := Served + 1;
  SumOfServTimes := SumOfServTimes + VAL (LONGINT,ServTime);
  WaitingTimes[VAL (CARDINAL,(CurrentTime-A))] :=
    WaitingTimes[VAL (CARDINAL,(CurrentTime-A))] + 1;
```

```
      NEW (p1);
      p1^.Time := CurrentTime + VAL (LONGINT,ServTime);
      p1^.Event := EventCompletion;
      p1^.Priority := 3;
      ScheduleEvent (p1);
   END Service;

   PROCEDURE Completion;
   (*-----------------*)
      (* Completion gibt eine Telefonleitung frei und prueft, ob die        *)
      (* Warteschlange leer ist. Wenn ja, so wird ein Bediener freigegeben,  *)
      (* sonst wird der erste Anruf aus der Warteschlange entfernt und Service *)
      (* aufgerufen.                                                         *)
   VAR p1 : QuList;
       A  : LONGINT;
       W  : CARDINAL;
   BEGIN
      Lines := Lines + 1;
      IF QuTOP = NIL THEN
          Server := Server + 1;
      ELSE
         p1 := QuTOP;
         A := p1^.ArrivalTime;
         W := p1^.WaitingTime;
         QuTOP := QuTOP^.Next;
         DISPOSE (p1);
         Service (A, W);
      END;
   END Completion;

   PROCEDURE Call;
   (*-----------*)
      (* Call generiert den naechsten Anruf und prueft, ob eine freie Leitung *)
      (* vorhanden ist. Wenn nicht, so wird der Zaehler NoLine erhoeht.        *)
      (* Ansonsten wird eine Leitung besetzt und entweder Service aufgerufen,  *)
      (* falls ein Bediener frei ist, oder der Anruf in die Warteschlange      *)
      (* eingereiht.                                                          *)
   VAR Ev1       : EvList;
       Qu1, Qu2 : QuList;
   BEGIN
   (* Generieren des naechsten Call-Ereignisses *)
      NEW (Ev1);
      Ev1^.Time := CurrentTime +
         VAL (LONGINT,TRUNC (Exponential (FLOAT (MeanInterCallTime)))));
      Ev1^.Event := EventCall;
      Ev1^.Priority := 1;
      ScheduleEvent (Ev1);

      IF Lines = 0 THEN
        NoLine := NoLine + 1;
      ELSE
        Lines := Lines - 1;
        IF Server > 0 THEN
          Server := Server - 1;
          Service (CurrentTime,0);
        ELSE
          NEW (Qu2);
          Qu2^.ArrivalTime := CurrentTime;
          Qu2^.WaitingTime := TRUNC (Norm (FLOAT (MeanWaitingTime), FLOAT (Deviation)));
          (* Die Wartezeit darf die Grenzen 0 und 480 nicht ueberschreiten. *)
          IF Qu2^.WaitingTime < 0 THEN
            Qu2^.WaitingTime := 0
          ELSE
            IF Qu2^.WaitingTime > MaxWaitingTime THEN
               Qu2^.WaitingTime := MaxWaitingTime;
            END;
```

```modula2
      END;
      Qu2^.Next := NIL;

      (* Einfuegen des Anrufs in die Warteschlange *)
      IF QuTOP = NIL THEN
        QuTOP := Qu2;
      ELSE
        Qu1 := QuTOP;
        WHILE Qu1^.Next <> NIL DO
          Qu1 := Qu1^.Next;
        END;
        Qu1^.Next := Qu2;
      END;

      (* Eintragen des MaxWaited-Ereignisses *)
      NEW (Ev1);
      Ev1^.Time := CurrentTime + VAL (LONGINT,Qu2^.WaitingTime);
      Ev1^.Event := EventMaxWaited;
      Ev1^.Priority := 2;
      ScheduleEvent (Ev1);
    END; (* IF Server > 0 *)
  END; (* IF Lines = 0 *)
END Call;

PROCEDURE EndofSimulation;
(*----------------------*)
    (* EndofSimulation veranlasst Reportausgabe. *)
BEGIN
  Report;
END EndofSimulation;

PROCEDURE SelectEvent;
(*------------------*)
VAR p1     : EvList;
    Event : EventType;
BEGIN
  IF CurrentTime > EvTOP^.Time THEN
    WriteString ("Zeitfehler !!!"); WriteLn;
  END;
  CurrentTime := EvTOP^.Time;
  Event := EvTOP^.Event;

  (* erste Ereignisnotiz wird aus der Liste geholt. *)
  p1 := EvTOP;
  EvTOP := EvTOP^.Next;
  DISPOSE (p1);

  CASE Event OF
    EventCall        : Call; |
    EventCompletion : Completion; |
    EventMaxWaited   : MaxWaited; |
  ELSE
    EndofSimulation;
  END;
END SelectEvent;

PROCEDURE Report;
(*------------*)
VAR NoZerosMeanWaitingTime, NoZerosStdDev,
    EveryMeanWaitingTime, EveryStdDev, A,
    LineUtilization, ServerUtilization : REAL;
    I, AllCalls, QueueContent : CARDINAL;
    Z : LONGINT;
BEGIN
  NoZerosMeanWaitingTime := 0.0;
  EveryMeanWaitingTime   := 0.0;
```

```
Z := VAL (LONGINT,0);
A := 0.0;
NoZerosStdDev := 0.0;
EveryStdDev    := 0.0;

QueueContent := 0;

(* Wartestatistik der Wartenden ohne sofort Bediente *)
FOR I := 1 TO MaxWaitingTime DO
  NoZerosMeanWaitingTime := NoZerosMeanWaitingTime +
                            FLOAT(I) * FLOAT(WaitingTimes[I]);
  Z := Z + VAL(LONGINT,WaitingTimes[I]);
END;
A := NoZerosMeanWaitingTime;
IF Z <> VAL(LONGINT,0) THEN
  NoZerosMeanWaitingTime := NoZerosMeanWaitingTime / LongToReal(Z);
END;
IF Z <> VAL (LONGINT,1) THEN
  FOR I := 1 TO MaxWaitingTime DO
    NoZerosStdDev := NoZerosStdDev + FLOAT(WaitingTimes[I]) *
      (NoZerosMeanWaitingTime - FLOAT(I)) *
      (NoZerosMeanWaitingTime - FLOAT(I));
  END;
  NoZerosStdDev := sqrt (NoZerosStdDev / LongToReal (Z-VAL(LONGINT,1)));
END;

(* Wartestatistik mit sofort Bedienten *)
Z := Z + VAL (LONGINT,WaitingTimes[0]);

IF Z <> VAL(LONGINT,0) THEN
  EveryMeanWaitingTime := A / LongToReal(Z);
END;
IF Z <> VAL (LONGINT,1) THEN
  FOR I := 0 TO MaxWaitingTime DO
    EveryStdDev := EveryStdDev + FLOAT(WaitingTimes[I]) *
      (EveryMeanWaitingTime - FLOAT(I)) * (EveryMeanWaitingTime - FLOAT(I));
  END;
  EveryStdDev := sqrt (EveryStdDev / LongToReal (Z-VAL(LONGINT,1)));
END;

(* aktueller Inhalt der Warteschlange *)
WHILE QuTOP <> NIL DO
  QueueContent := QueueContent + 1;
  QuTOP := QuTOP^.Next;
END;

(* Summe aller Anrufe *)
AllCalls := Served + NoLine + NoServer + QueueContent;

(* Auslastung der Telefonleitungen *)
LineUtilization := (A + LongToReal (SumOfServTimes)) /
  LongToReal (SimulationTime) / FLOAT(MaxLines);

(* Auslastung der Bediener *)
ServerUtilization := LongToReal (SumOfServTimes) /
  LongToReal (SimulationTime) / FLOAT(MaxServer);

(* Ausgabe *)
(* Umlenkung der Standardausgabe auf eine beliebige Datei *)
WriteString ("Bitte geben Sie einen Namen fuer die Ausgabedatei an");
WriteLn;
OpenOutput("RPT"); WriteLn;

WriteString ("****************************************************************");
WriteLn;
WriteString ("*                                                            *");
```

```
WriteLn;
WriteString ("*                       SIMULATIONS-REPORT DES                    *");
WriteLn;
WriteString ("*                                                                 *");
WriteLn;
WriteString ("*      B A H N R E S E R V I E R U N G S M O D E L L S     *");
WriteLn;
WriteString ("*                                                                 *");
WriteLn;
WriteString ("*******************************************************************");
WriteLn; WriteLn; WriteLn; WriteLn;

WriteString ("-------------------------------------------------------------");
WriteLn;
WriteString ("I                                                           I");
WriteLn;
WriteString ("I                        Eingabedaten                       I");
WriteLn;
WriteString ("I                                                           I");
WriteLn;
WriteString ("-------------------------------------------------------------");
WriteLn;WriteLn;WriteLn;
WriteString ("Simulationszeit_______________________________________");
WriteLongInt (SimulationTime,6); WriteLn;
WriteString ("Startwert des Zufallszahlengenerators_______________");
WriteCard (Seed,6); WriteLn;
WriteString ("mittlere Zwischenankunftszeit der Anrufe___________");
WriteCard (MeanInterCallTime,6); WriteLn;
WriteString ("mittlere Bedienzeit für eine einfache Fahrt________");
WriteCard (MeanServiceTime,6); WriteLn;
WriteString ("mittlere Wartezeit eines Anrufers__________________");
WriteCard (MeanWaitingTime,6); WriteLn;
WriteString ("Abweichung von der mittleren Wartezeit____________");
WriteCard (Deviation,6);
WriteLn;WriteLn;WriteLn;WriteLn;
WriteString ("-------------------------------------------------------------");
WriteLn;
WriteString ("I                                                           I");
WriteLn;
WriteString ("I                        Ausgabedaten                       I");
WriteLn;
WriteString ("I                                                           I");
WriteLn;
WriteString ("-------------------------------------------------------------");
WriteLn;WriteLn;WriteLn;
WriteString ("Anrufstatistik"); WriteLn;
WriteString ("---------------");
WriteLn;WriteLn;
WriteString ("Alle Anrufe_______________________________________");
WriteCard (AllCalls,6); WriteLn;
WriteString ("Bediente Anrufe___________________________________");
WriteCard (Served,6); WriteLn;
WriteString ("Sofort bediente Anrufe____________________________");
WriteCard (ImmedServed,6); WriteLn;
WriteString ("Anrufe ohne Bedienung_____________________________");
WriteCard (NoServer,6); WriteLn;
WriteString ("Anrufe ohne freie Leitung_________________________");
WriteCard (NoLine,6); WriteLn;
WriteString ("Anrufe im System nach Simulationsende____________");
WriteCard (QueueContent,6);
WriteLn;WriteLn;
WriteString ("Wartestatistik"); WriteLn;
WriteString ("---------------");
WriteLn;WriteLn;
WriteString ("Mittlere Wartezeit mit sofort bedienten Anrufen______");
WriteFixedPoint (EveryMeanWaitingTime); WriteLn;
```

```modula2
  WriteString ("mit der Abweichung_________________________________________");
  WriteFixedPoint (EveryStdDev); WriteLn;
  WriteString ("Mittlere Wartezeit ohne sofort bediente_______________");
  WriteFixedPoint (NoZerosMeanWaitingTime); WriteLn;
  WriteString ("mit der Abweichung_________________________________________");
  WriteFixedPoint (NoZerosStdDev);
  WriteLn;WriteLn;
  WriteString ("Auslastungsstatistik"); WriteLn;
  WriteString ("----------------------");
  WriteLn;WriteLn;
  WriteString ("Auslastung eines Bedieners______________________________");
  WriteFixedPoint (ServerUtilization); WriteLn;
  WriteString ("Auslastung einer Telefonleitung__________________________");
  WriteFixedPoint (LineUtilization); WriteLn;
  CloseOutput;
END Report;

BEGIN  (* Reservation *)
  Initialization;
  REPEAT
    SelectEvent;
  UNTIL EvTOP^.Event = EventEndofSimulation;
  SelectEvent;
END Reservation.




DEFINITION MODULE Distribution;

(**************************************************************************)
(*                                                                      *)
(*       Dateiname:          Distribu.DEF                               *)
(*                                                                      *)
(*       Projektleiter:      Prof. Dr.-Ing. B. Page                     *)
(*                           Fachbereich Informatik der Universität Hamburg *)
(*                                                                      *)
(*       Autorin:            A. Ritscher                                *)
(*                                                                      *)
(*       Programminhalt:     Erzeugung von Zufallszahlen und Bereitstellung *)
(*                           von Verteilungsfunktionen                  *)
(*                                                                      *)
(**************************************************************************)

PROCEDURE Exponential (Mean : REAL) : REAL;
   (* Erzeugung einer exponential-verteilten Zufallszahl um den Mittelwert *)
   (* Mean                                                                *)

PROCEDURE Random() : REAL;
   (* Random liefert eine Zufallszahl zwischen 0 und 1.                  *)

PROCEDURE RandomStart(Begin: CARDINAL);
   (* Initialisierung des Zufallszahlengenerators                        *)

PROCEDURE Norm (Mean, Deviation:REAL):REAL;
   (* Norm liefert eine normal verteilte Zufallszahl mit Mittelwert Mean  *)
   (* und Varianz Deviation.                                             *)

END Distribution.
```

```modula2
IMPLEMENTATION MODULE Distribution;

(*****************************************************************************)
(*                                                                         *)
(*      Dateiname:          Distribu.MOD                                   *)
(*                                                                         *)
(*      Projektleiter:      Prof. Dr.-Ing. B. Page                        *)
(*                          Fachbereich Informatik der Universität Hamburg *)
(*                                                                         *)
(*      Autorin:            A. Ritscher                                    *)
(*                                                                         *)
(*****************************************************************************)

FROM MathLib0 IMPORT ln;
FROM Random IMPORT RandomReal, RandomInit;

PROCEDURE Exponential (Mean:REAL):REAL;
(*--------------------------------------*)
BEGIN
    RETURN -(ln(RandomReal()) * Mean)
END Exponential;


PROCEDURE Norm (Mean, Deviation:REAL):REAL;
(*----------------------------------------------*)
    (* Nach dem zentralen Grenzwertsatz ist eine Summe von N unabhängigen,   *)
    (* gleichverteilten Zufallszahlen fuer grosse N (N >= 12) asymptotisch   *)
    (* normalverteilt.                                                       *)
VAR Sum : REAL;
    i   : CARDINAL;
BEGIN
  Sum := 0.0;
  FOR i := 1 TO 12 DO
      (* Summe von 12 (0,1)-verteilten Zufallszahlen *)
    Sum := Sum + RandomReal();
  END;
  (* Transformation auf das gewuenschte Intervall *)
  RETURN (Sum - 6.0) * Deviation + Mean;
END Norm;

PROCEDURE Random():REAL;
(*----------------------*)
BEGIN
    RETURN RandomReal();
END Random;

PROCEDURE RandomStart(Begin: CARDINAL);
(*------------------------------------------*)
BEGIN
    RandomInit(Begin);
END RandomStart;

END Distribution.
```

```
DEFINITION MODULE FixedPointIO;

(*********************************************************************************)
(*                                                                             *)
(*      Dateiname:          FixedPoi.DEF                                        *)
(*                                                                             *)
(*      Projektleiter:      Prof. Dr.-Ing. B. Page                             *)
(*                          Fachbereich Informatik der Universität Hamburg     *)
(*                                                                             *)
(*      Autorin:            A. Ritscher                                        *)
(*                                                                             *)
(*      Programminhalt:     Ausgabe von REAL Zahl in Festkomma - Darstellung   *)
(*                                                                             *)
(*********************************************************************************)

PROCEDURE WriteFixedPoint (RealNumber: REAL);

END FixedPointIO.




IMPLEMENTATION MODULE FixedPointIO;

(*********************************************************************************)
(*                                                                             *)
(*      Dateiname:          FixedPoi.MOD                                        *)
(*                                                                             *)
(*      Projektleiter:      Prof. Dr.-Ing. B. Page                             *)
(*                          Fachbereich Informatik der Universität Hamburg     *)
(*                                                                             *)
(*      Autorin:            A. Ritscher                                        *)
(*                                                                             *)
(*********************************************************************************)

FROM RealConversions IMPORT RealToString;
FROM InOut IMPORT Write, WriteString;

PROCEDURE WriteFixedPoint (RealNumber: REAL);
(*---------------------------------------------*)
   (* Umwandlung und Ausgabe einer REAL-Zahl in Festpunktdarstellung mit   *)
   (* Hilfe der LOGITECH-Prozedur RealToString. Die Anzahl der             *)
   (* Nachkommastellen und der Gesamtlänge sind festgelegt.                *)

CONST NumberLength   = 8;
      AfterDecPointL = 3;

VAR   okay           : BOOLEAN;
      I              : INTEGER;
      StringNumber   : ARRAY[0..NumberLength] OF CHAR;
BEGIN
   RealToString(RealNumber, AfterDecPointL, NumberLength,
                StringNumber, okay);
   IF NOT okay
      THEN WriteString("RealConversionError")
      ELSE FOR I := 0 TO NumberLength  DO
              Write(StringNumber[I])
           END
   END
END WriteFixedPoint;

END FixedPointIO.
```

```
DEFINITION MODULE LongReal;

(*********************************************************************************)
(*                                                                             *)
(*      Dateiname:          LongReal.DEF                                        *)
(*                                                                             *)
(*      Projektleiter:      Prof. Dr.-Ing. B. Page                             *)
(*                          Fachbereich Informatik der Universität Hamburg     *)
(*                                                                             *)
(*      Autorin:            A. Ritscher                                        *)
(*                                                                             *)
(*      Programminhalt:     Prozedur zur Umwandlung einer LONGINT-Zahl in      *)
(*                          eine REAL-Zahl                                      *)
(*                                                                             *)
(*********************************************************************************)

PROCEDURE LongToReal (L : LONGINT) : REAL;
    (* wandelt eine LONGINT-Zahl in eine REAL-Zahl um.                         *)

END LongReal.




IMPLEMENTATION MODULE LongReal;

(*********************************************************************************)
(*                                                                             *)
(*      Dateiname:          LongReal.MOD                                        *)
(*                                                                             *)
(*      Projektleiter:      Prof. Dr.-Ing. B. Page                             *)
(*                          Fachbereich Informatik der Universität Hamburg     *)
(*                                                                             *)
(*      Autorin:            A. Ritscher                                        *)
(*                                                                             *)
(*********************************************************************************)

PROCEDURE LongToReal (L : LONGINT) : REAL;
(*-------------------------------------------*)
    (* LongToReal wandelt eine LONGINT-Zahl L in eine REAL-Zahl F um. L wird *)
    (* durch 10000 geteilt und durch den ganzzahligen Teil des Ergebnisses   *)
    (* ersetzt, und zwar so oft, bis L = 0 ist. Der Rest der Division wird   *)
    (* mit TRUNC in eine REAL-Zahl umgewandelt und so oft mit 10000          *)
    (* multipliziert, wie L schon durch 10000 dividiert wurde. Diese Zahl    *)
    (* wird dann zu F addiert.                                               *)

CONST Faktor = VAL (LONGINT,10000);
VAR   F, A : REAL;
      i, n : CARDINAL;
BEGIN
  F := FLOAT(0);
  n := 0;
  WHILE L > VAL (LONGINT,0) DO
    A := FLOAT (VAL (CARDINAL,(L MOD Faktor)));
    FOR i := 1 TO n DO
      A := A * FLOAT (10000);
    END;
    n := n + 1;
    F := F + A;
    L := L DIV Faktor;
  END;
  RETURN F;
END LongToReal;

END LongReal.
```

```
***********************************************************
*                                                         *
*                 SIMULATIONS-REPORT DES                  *
*                                                         *
*    B A H N R E S E R V I E R U N G S M O D E L L S      *
*                                                         *
***********************************************************



-----------------------------------------------------------
I                                                         I
I                    Eingabedaten                         I
I                                                         I
-----------------------------------------------------------


Simulationszeit_____________________________________360000
Startwert des Zufallszahlengenerators_______________ 12345
mittlere Zwischenankunftszeit der Anrufe____________    20
mittlere Bedienzeit für eine einfache Fahrt_________    60
mittlere Wartezeit eines Anrufers___________________   240
Abweichung von der mittleren Wartezeit______________   120




-----------------------------------------------------------
I                         ·                               I
I                    Ausgabedaten                         I
I                                                         I
-----------------------------------------------------------


Anrufstatistik
----------------

Alle Anrufe_________________________________________ 18143
Bediente Anrufe_____________________________________ 15821
Sofort bediente Anrufe______________________________  3940
Anrufe ohne Bedienung_______________________________  2161
Anrufe ohne freie Leitung___________________________   161
Anrufe im System nach Simulationsende_______________     0

Wartestatistik
------------------

Mittlere Wartezeit mit sofort bedienten Anrufen_____ 69.262
mit der Abweichung__________________________________ 66.581
Mittlere Wartezeit ohne sofort bediente____________  90.679
mit der Abweichung__________________________________ 62.143

Auslastungsstatistik
----------------------

Auslastung eines Bedieners__________________________ 0.913
Auslastung einer Telefonleitung_____________________ 0.446
```

B.2 Eine einfache Modula-2-Simulationsumgebung

B.2.1 Modul EventChain

```modula2
DEFINITION MODULE EventChain;

(**************************************************************************)
(*                                                                      *)
(*      Dateiname:          EVENTCHA.DEF                                 *)
(*                                                                      *)
(*      Projektleiter:      Prof. Dr.-Ing. B. Page                      *)
(*                          Fachbereich Informatik der Universität Hamburg *)
(*                                                                      *)
(*      Autoren:            A. Heymann, H. Liebert                      *)
(*                                                                      *)
(*      Programminhalt:     Ereignislistenverwaltung und Zeitfuehrung   *)
(*                          fuer die ereignisorientierte Simulation     *)
(*                                                                      *)
(**************************************************************************)
(*      Erstellt in Logitech Modula-2/86 Vers. 3.03 unter MS-DOS        *)
(**************************************************************************)

FROM SYSTEM IMPORT ADDRESS, BYTE;

EXPORT QUALIFIED Schedule, NextEvent, Time, CurrentTime;

TYPE
    EventType = BYTE;           (* Im Hauptprogramm vom Benutzer zu definieren- *)
                                (* der Aufzaehlungstyp mit max. 256 Elementen   *)

    RefEntity = ADDRESS;        (* vom Benutzer zu definierender Objektverweis  *)

    Time = REAL;                (* Zeitbasis des Simulationssystems             *)


PROCEDURE CurrentTime () : Time;
    (* aktuelle Simulationszeit                                             *)

PROCEDURE Schedule (Event : EventType; Entity : RefEntity; t : Time);
    (* Eintrag einer Ereignisnotiz mit Ereignistyp 'Event',             *)
    (* Objektverweis 'Entity' (ggf. NIL) und Ereigniszeitpunkt 't'      *)
    (* in die Ereignisliste.                                            *)
    (* Bei Zeitgleichheit der Eintraege wird die Prioritaet durch die   *)
    (* Definitionsreihenfolge der Elemente in 'EventType' festgelegt.   *)
    (* Das 1. Element im Aufzaehlungstyp hat die hoechste Prioritaet.   *)
    (* Bei unzulaessigen Zeitangaben erfolgt ein Programmabbruch!       *)

PROCEDURE NextEvent (VAR Event : EventType; VAR Entity : RefEntity);
    (* Entfernen der aktuellen Ereignisnotiz von der Ereignisliste, ermit- *)
    (* teln des Ereignistyps und Uebergabe des Objektverweises an 'Entity'; *)
    (* Fortschreibung der Simulationszeit (CurrentTime).                *)
    (* Im Falle einer leeren Ereignisliste wird eine Fehlermeldung      *)
    (* ausgegeben und das Programm abgebrochen!                         *)

END EventChain.
```

```modula2
IMPLEMENTATION MODULE EventChain;

(****************************************************************************)
(*                                                                        *)
(*      Dateiname:              EVENTCHA.MOD                               *)
(*                                                                        *)
(*      Projektleiter:          Prof. Dr.-Ing. B. Page                    *)
(*                              Fachbereich Informatik der Universität Hamburg *)
(*                                                                        *)
(*      Autoren:                A. Heymann, H. Liebert                     *)
(*                                                                        *)
(*      Programminhalt:         Definition der Ereignisliste mit Prozeduren *)
(*                              zum Erzeugen bzw. Auswerten / Loeschen von *)
(*                              Ereignisnotizen; Zeitfuehrung              *)
(*                                                                        *)
(****************************************************************************)
(*      Erstellt in Logitech Modula-2/86 Vers. 3.03 unter MS-DOS          *)
(****************************************************************************)

FROM Storage          IMPORT ALLOCATE, DEALLOCATE;
FROM Terminal         IMPORT Write, WriteString, WriteLn;
FROM RealConversions IMPORT RealToString;

TYPE
   RefEventNotice = POINTER TO EventNotice;

   EventNotice = RECORD            (* Ereignisnotiz:     *)
      SchedTime : Time;            (* Ereigniszeitpunkt *)
      Kind      : EventType;       (* Ereignisart        *)
      ConsEnt   : RefEntity;       (* Objektverweis      *)
      Next      : RefEventNotice;  (* Verkettung         *)
   END;

VAR
   SystemTime : Time;      (* aktuelle Simulationssystemzeit *)

   Top : RefEventNotice; (* Kopfelement der Ereignisliste  *)

PROCEDURE CurrentTime () : Time;
(*----------------------------*)
   (* Die Variable 'SystemTime' ist gekapselt. *)
BEGIN
   RETURN SystemTime;
END CurrentTime;

PROCEDURE Schedule (Event : EventType; Entity : RefEntity; t : Time);
(*----------------------------------------------------------------*)
VAR s        : ARRAY [0 .. 14] OF CHAR;
    Dummy    : BOOLEAN;
    Notice,
    p1, p2   : RefEventNotice;
BEGIN
   IF t < SystemTime THEN
      (* in der Vergangenheit liegende Ereignisse sind unzulaessig, *)
      (* Fehlermeldung ausgeben und Programm abbrechen.             *)
      Write (VAL (CHAR, 7));   (* BELL *)
      WriteString ("Fehler in Eventchain.Schedule: ");
      WriteLn;
      WriteString ("Ereigniszeit t = ");
      RealToString (SystemTime, 4, 15, s, Dummy);
      WriteString (s);
      WriteString (" liegt in der Vergangenheit!");
      HALT;
   END;
```

```
      (* neue Ereignisnotiz bereitstellen *)
      NEW (Notice);

      (* Attribute eintragen *)
      WITH Notice^ DO
         SchedTime := t;
         Kind      := Event;
         ConsEnt   := Entity
      END;


      (* Eintragen in die Ereignisliste : Bei Zeitgleichheit hinter bereits   *)
      (* vorhandenen Notizen, Prioritaet fallend gemaess Definitionsreihen-    *)
      (* folge der Ereignisse.                                                 *)

      IF Top = NIL THEN
         (* die Ereignisliste ist (noch) leer *)
         Top       := Notice;
         Top^.Next := NIL;
      ELSE
         (* richtige Einfuegeposition gemaess Zeiteintrag suchen *)
         p1 := Top; p2 := NIL;
         WHILE (p1 # NIL) AND (p1^.SchedTime < t) DO
            p2 := p1;
            p1 := p1^.Next
         END;

         (* bei 'SchedTime' = t, Prioritaet beachten:                      *)
         (* Einfuegen gem. FIFO u. Prioritaet (fallende Folge). Da 'Kind' *)
         (* und 'Event' vom Typ 'BYTE' sind, fuer den nur die Zuweisung   *)
         (* und der Test auf Gleichheit erlaubt sind, muss der Vergleich  *)
         (* per Typkonvertierung vorgenommen werden!                      *)

         WHILE (p1 # NIL) AND (p1^.SchedTime = t)
                           AND (ORD (p1^.Kind) <= ORD (Event)) DO
            p2 := p1;
            p1 := p1^.Next
         END;
         IF p2 = NIL THEN
            (* als neues Kopfelement einfuegen *)
            Top := Notice;
         ELSE
            (* zwischen 'p2' und 'p1' einfuegen *)
            p2^.Next := Notice;
         END;
         Notice^.Next := p1;
      END;
END Schedule;

PROCEDURE NextEvent (VAR Event : EventType; VAR Entity : RefEntity);
(*----------------------------------------------------------------------*)
VAR s      : ARRAY [0 .. 14] OF CHAR;
    Notice : RefEventNotice;
    Dummy  : BOOLEAN;
BEGIN
   Notice := Top;
   IF Notice = NIL THEN
      (* keine Notiz mehr in der Liste vorhanden, also *)
      (* Meldung ausgeben und Programm abbrechen!      *)
      Write (VAL (CHAR, 7));  (* BELL *)
      WriteString ("Fehler in Eventchain.NextEvent: ");
      WriteString ("Ereignisliste ist leer zur Zeit t = ");
      RealToString (SystemTime, 4, 15, s, Dummy);
      WriteString (s);
      HALT;
   END;
```

```modula2
   (* neues Kopfelement bestimmen *)
   Top := Top^.Next;

   (* Simulationszeit aktualisieren und aktuelle Ereignisdaten uebergeben *)
   SystemTime := Notice^.SchedTime;
   Entity     := Notice^.ConsEnt;
   Event      := Notice^.Kind;

   (* die Notiz wird nicht mehr benoetigt, also loeschen *)
   DISPOSE (Notice);
END NextEvent;


BEGIN (* EventChain *)
   SystemTime := 0.0;
   Top        := NIL;
END EventChain.
```

B.2.2 Modul Queue

```modula2
DEFINITION MODULE Queue;

(***********************************************************************)
(*                                                                     *)
(*      Dateiname:         QUEUE.DEF                                    *)
(*                                                                     *)
(*      Projektleiter:     Prof. Dr.-Ing. B. Page                      *)
(*                         Fachbereich Informatik der Universität Hamburg *)
(*                                                                     *)
(*      Autoren:           A. Heymann, H. Liebert                      *)
(*                                                                     *)
(*      Programminhalt:    Definition und Verwaltung von Warteschlangen *)
(*                         mit automatischer Statistikfortschreibung   *)
(*                                                                     *)
(***********************************************************************)
(*      Erstellt in Logitech Modula-2/86 Vers. 3.03 unter MS-DOS       *)
(***********************************************************************)

FROM SYSTEM     IMPORT ADDRESS;
FROM EventChain IMPORT Time, CurrentTime;

EXPORT QUALIFIED
   QueueInit, Queue, Insert, Remove, Empty, EntityCount,
   Length, MaxLength, AvgQueueLength, AvgWaitingTime;

TYPE
   Queue;                     (* Warteschlangendefinition            *)

   RefEntity = ADDRESS;    (* Objektverweis aus dem Hauptprogramm *)


PROCEDURE QueueInit (VAR Q : Queue);
   (* (Re-)Initialisierung der Warteschlange 'Q'.                     *)
   (* Nicht-initialisierte W.Schl. fuehren zu Laufzeitfehlern!        *)

PROCEDURE Insert (Entity : RefEntity; Q : Queue);
   (* Einfuegen des Objektverweises 'Entity' in die Warteschlange 'Q' gem. *)
   (* FIFO. Bei uninitialisierter WSchl. erfolgt ein Programmabbruch!      *)
```

```
PROCEDURE Remove (VAR Entity : RefEntity; Q : Queue);
    (* Entfernen des ersten Elements aus der Warteschlange 'Q', Uebergabe    *)
    (* des Objektverweises an die aufrufende Prozedur. Bei Zugriff auf eine  *)
    (* leere oder uninitialisierte Warteschlange erfolgt ein Programmabbruch!*)

PROCEDURE Empty  (Q : Queue) : BOOLEAN;
    (* Test auf leere Warteschlange                                          *)

PROCEDURE Length (Q : Queue) : CARDINAL;
    (* aktuelle Laenge der Warteschlange 'Q'                                 *)

PROCEDURE MaxLength (Q : Queue) : CARDINAL;
    (* maximale Laenge der Warteschlange 'Q'                                 *)

PROCEDURE AvgQueueLength (Q : Queue) : REAL;
    (* zeitlich gewichtete mittlere Warteschlangenlaenge;                    *)
    (* im Fehlerfall Ausgabe von -1.0                                        *)

PROCEDURE AvgWaitingTime (Q : Queue) : REAL;
    (* mittlere Wartezeit in der Warteschlange 'Q';                          *)
    (* im Fehlerfall Ausgabe von -1.0                                        *)

PROCEDURE EntityCount (Q : Queue) : CARDINAL;
    (* Anzahl der durch die Warteschlange gelaufenen Objekte                 *)

END Queue.




IMPLEMENTATION MODULE Queue;

(*******************************************************************************)
(*                                                                           *)
(*       Dateiname:          QUEUE.MOD                                        *)
(*                                                                           *)
(*       Projektleiter:      Prof. Dr.-Ing. B. Page                          *)
(*                           Fachbereich Informatik der Universität Hamburg  *)
(*                                                                           *)
(*       Autoren:            A. Heymann, H. Liebert                          *)
(*                                                                           *)
(*       Programminhalt:     Implementation von Warteschlangen und den       *)
(*                           darauf anwendbaren Operationen                  *)
(*                                                                           *)
(*******************************************************************************)
(*     Erstellt in Logitech Modula-2/86 Vers. 3.03 unter MS-DOS             *)
(*******************************************************************************)

FROM Storage    IMPORT ALLOCATE, DEALLOCATE;
FROM Terminal   IMPORT Write, WriteString, WriteLn;
FROM EventChain IMPORT Time, CurrentTime;

CONST
    undefined  = -1.0;    (* als Fehlermarke bei Division durch 0 *)
    Start      =  0.0;    (* Startwert der Zeiteintraege          *)

TYPE
    Queue =       POINTER TO Header;        (* Warteschlangendefinition *)

    RefElement = POINTER TO Element;        (* Verkettungsstruktur      *)
```

```
    Header = RECORD                      (* Kopf einer Warteschlange:    *)
       SelfRef            : Queue;        (* Selbstverweis (Validierung) *)
       Length             : CARDINAL;     (* aktuelle W.Schl.-Laenge     *)
       MaxLength          : CARDINAL;     (* maximale Laenge             *)
       LastAccess         : Time;         (* letzter Zugriff             *)
       EntityCount        : CARDINAL;     (* Anzahl Durchlaeufe          *)
       WSumOfLength       : REAL;         (* Summe gewichteter Laenge    *)
       SumOfWaitingTime   : Time;         (* Summe aller Wartezeiten     *)
       FirstElement       : RefElement;   (* erstes  W.Schl.-Element     *)
       LastElement        : RefElement;   (* letztes W.Schl.-Element     *)
    END;

    Element = RECORD                (* verstecktes Verkettungselement: *)
       TimeEntered : Time;          (* Einfuegezeitpunkt               *)
       Entity      : RefEntity;     (* Objektverweis                   *)
       Next        : RefElement     (* Verkettung                      *)
    END;


PROCEDURE Insert (Entity : RefEntity; Q : Queue);
(*---------------------------------------------------*)
VAR NewElem, Last : RefElement;
BEGIN
    IF (Q = NIL) OR (Q # Q^.SelfRef) THEN
       (* Warteschlange nicht initialisiert => *)
       (* Fehlermeldung und Programmabbruch    *)
       WriteString ("Fehler in Queue.Insert: ");
       WriteString ("Warteschlange nicht initialisiert !");
       HALT;
    END;

    (* neues Warteschlangen-Element bereitstellen *)
    NEW (NewElem);

    (* Attribute und modellspez. Objekte anbinden *)
    NewElem^.TimeEntered := CurrentTime();
    NewElem^.Entity      := Entity;
    NewElem^.Next        := NIL;

    (* Anfuegen an das Ende der Warteschlange *)
    IF Q^.FirstElement = NIL THEN
       Q^.FirstElement := NewElem
    ELSE
       Q^.LastElement^.Next := NewElem
    END;
    Q^.LastElement := NewElem;

    (* Warteschlangen-Statistik fortschreiben: *)
    (*   gewichtete Laenge, aktuelle Laenge,   *)
    (*   maximale Laenge, letzter Zugriff      *)
    WITH Q^ DO
       WSumOfLength :=
          WSumOfLength + FLOAT (Length) * (CurrentTime() - LastAccess);
       INC (Length);
       IF Length > MaxLength THEN
          MaxLength := Length
       END;
       LastAccess := CurrentTime();
    END
END Insert;
```

```modula2
   PROCEDURE Remove (VAR Entity : RefEntity; Q : Queue);
   (*----------------------------------------------------*)
   VAR RemElem : RefElement;
   BEGIN
      IF (Q = NIL) OR (Q # Q^.SelfRef) THEN
         (* Warteschlange nicht initialisiert => *)
         (* Fehlermeldung und Programmabbruch     *)
         WriteString ("Fehler in Queue.Remove: ");
         WriteString ("Warteschlange nicht initialisiert !");
         HALT;
      END;

      IF Q^.FirstElement = NIL THEN
         (* Warteschlange ist leer ==> Programmabbruch *)
         Write (VAL (CHAR, 7));   (* BELL *)
         WriteString ("Fehler in Queue.Remove: ");
         WriteString ("Die Warteschlange ist leer !");
         HALT;
      ELSE
         (* Objektverweis extrahieren *)
         Entity          := Q^.FirstElement^.Entity;
         RemElem         := Q^.FirstElement;
         Q^.FirstElement := Q^.FirstElement^.Next;
         IF Q^.FirstElement = NIL THEN
            (* Warteschlange wurde leer *)
            Q^.LastElement := NIL;
         END;

         (* Warteschlangen-Statistik fortschreiben :            *)
         (*  Anz. Durchlaeufe, gewichtete Laenge, aktuelle Laenge, *)
         (*  Summe der Wartezeiten, letzter Zugriff             *)
         WITH Q^ DO
            WSumOfLength :=
               WSumOfLength + FLOAT (Length) * (CurrentTime() - LastAccess);
            INC (EntityCount);
            DEC (Length);
            SumOfWaitingTime :=
               SumOfWaitingTime + CurrentTime() - RemElem^.TimeEntered;
            LastAccess := CurrentTime();
         END;
         (* Entferntes Element loeschen *)
         DISPOSE (RemElem);
      END;
   END Remove;

   PROCEDURE Empty (Q : Queue) : BOOLEAN;
   (*-----------------------------------*)
   BEGIN
      RETURN Q^.Length = 0
   END Empty;

   PROCEDURE Length (Q : Queue) : CARDINAL;
   (*-------------------------------------*)
   BEGIN
      RETURN Q^.Length
   END Length;

   PROCEDURE MaxLength (Q : Queue) : CARDINAL;
   (*----------------------------------------*)
   BEGIN
      RETURN Q^.MaxLength
   END MaxLength;
```

```
PROCEDURE AvgQueueLength (Q : Queue) : REAL;
(*-------------------------------------------*)
VAR now : Time;
BEGIN
    now := CurrentTime();
    WITH Q^ DO
        (* gew. W.Schl.-Laenge zunaechst aktualisieren *)
        WSumOfLength :=
            WSumOfLength + FLOAT (Length) * (now - LastAccess);
        LastAccess := now;
        IF now = 0.0 THEN
            RETURN undefined;
        ELSE
            RETURN Q^.WSumOfLength / now;
        END;
    END;
END AvgQueueLength;

PROCEDURE AvgWaitingTime (Q : Queue) : REAL;
(*-------------------------------------------*)
BEGIN
    IF Q^.EntityCount = 0 THEN
        RETURN undefined;
    ELSE
        RETURN Q^.SumOfWaitingTime / FLOAT (Q^.EntityCount);
    END;
END AvgWaitingTime;

PROCEDURE EntityCount (Q : Queue) : CARDINAL;
(*-------------------------------------------*)
BEGIN
    RETURN Q^.EntityCount
END EntityCount;

PROCEDURE QueueInit (VAR Q : Queue);
(*-------------------------------*)
VAR e1, e2 : RefElement;
BEGIN
    IF (Q # NIL) AND (Q^.SelfRef = Q) THEN
        (* Die Warteschlange existiert bereits und  *)
        (* wird nun lediglich reinitialisiert, also *)
        (* Loeschen aller Warteschlangeneintraege.  *)
        e1 := Q^.FirstElement;
        WHILE e1 # NIL DO
            e2 := e1^.Next;
            DISPOSE (e1);
            e1 := e2;
        END;
    ELSE
        (* neuen W.Schl.-Kopf erzeugen *)
        NEW (Q);
    END;
    WITH Q^ DO
        SelfRef            := Q;
        Length             := 0;
        MaxLength          := 0;
        LastAccess         := Start;
        EntityCount        := 0;
        WSumOfLength       := 0.0;
        SumOfWaitingTime   := Start;
        FirstElement       := NIL;
        LastElement        := NIL
    END
END QueueInit;

END Queue.
```

B.2.3 Modul Distributions

```
DEFINITION MODULE Distributions;

(*************************************************************************)
(*                                                                       *)
(*      Dateiname:        DISTRIBU.DEF                                    *)
(*                                                                       *)
(*      Projektleiter:    Prof. Dr.-Ing. B. Page                         *)
(*                        Fachbereich Informatik der Universität Hamburg *)
(*                                                                       *)
(*      Autoren:          A. Heymann, H. Liebert                         *)
(*                                                                       *)
(*      Programminhalt:   Erzeugung von Zufallszahlen und Bereitstellung *)
(*                        diverser Verteilungsfunktionen                 *)
(*                                                                       *)
(*************************************************************************)
(*      Erstellt in Logitech Modula-2/86 Vers. 3.03 unter MS-DOS         *)
(*************************************************************************)

EXPORT QUALIFIED
    RandomNumberStream, StreamInit,
    Random, Uniform, Exponential, Erlang, Normal;

TYPE
    RandomNumberStream;   (* Zufallszahlenstrom *)

PROCEDURE StreamInit (VAR s : RandomNumberStream; Seed : LONGINT);
    (* Initialisierung des Zufallszahlenstroms 's' mit Startwert 'Seed'.   *)
    (* Bei Eingabe von 'Seed' = 0, -1, -2, .. , - 9 werden (feste) Start-   *)
    (* werte eingesetzt, die eine weitgehende Ueberlappungsfreiheit der     *)
    (* Zufallszahlenstroeme sicherstellen.                                  *)
    (* Bei Zugriff auf nicht initialisierte Zufallsstroeme wird das Programm *)
    (* abgebrochen!                                                          *)

PROCEDURE Random (s : RandomNumberStream) : REAL;
    (* gleichverteilte Zufallszahlen im Intervall (0,1) mit Zufallsstrom 's' *)

PROCEDURE Uniform (Low, High : REAL; s : RandomNumberStream) : REAL;
    (* gleichverteilte Zufallszahlen im Intervall (Low, High)              *)
    (* mit Zufallsstrom 's'                                                *)

PROCEDURE Exponential (Mean : REAL; s : RandomNumberStream) : REAL;
    (* negativ-exponentiell verteilte Zufallszahlen mit Mittelwert 'Mean'  *)
    (* und Zufallsstrom 's'                                                *)

PROCEDURE Erlang (Mean : REAL; k : CARDINAL; s : RandomNumberStream) : REAL;
    (* k-Erlang-verteilte Zufallszahlen mit Mittelwert 'Mean'              *)
    (* und Zufallsstrom 's'                                                *)

PROCEDURE Normal (Mean, StdDev : REAL; s : RandomNumberStream) : REAL;
    (* normal-verteilte Zufallszahlen mit Mittelwert 'Mean',              *)
    (* Standardabweichung 'StdDev' und Zufallsstrom 's'                   *)

END Distributions.
```

```
IMPLEMENTATION MODULE Distributions;

(*********************************************************************)
(*                                                                 *)
(*      Dateiname:          DISTRIBU.MOD                           *)
(*                                                                 *)
(*      Projektleiter:      Prof. Dr.-Ing. B. Page                *)
(*                          Fachbereich Informatik der Universität Hamburg *)
(*                                                                 *)
(*      Autoren:            A. Heymann, H. Liebert                *)
(*                                                                 *)
(*      Programminhalt:     Implementation von Zufallsgeneratoren und *)
(*                          Verteilungsfunktionen                 *)
(*                                                                 *)
(*                          Der Zufallszahlengenerator arbeitet auf 32-Bit- *)
(*                          Integer-Variablen. Diese sind unter Logitech- *)
(*                          Modula als LONGINT verfügbar. Der "normale" Typ *)
(*                          INTEGER wird in 16-Bit-Worten dargestellt. *)
(*                                                                 *)
(*********************************************************************)
(*      Erstellt in Logitech Modula-2/86 Vers. 3.03 unter MS-DOS  *)
(*********************************************************************)

FROM MathLib0 IMPORT ln;
FROM Storage  IMPORT ALLOCATE;
FROM Terminal IMPORT Write, WriteString, WriteLn;

TYPE
   RandomNumberStream = POINTER TO StreamType; (* Zufallszahlenstrom *)

   StreamType = RECORD                (* Zufallsz.stromobjekt:      *)
      SelfRef : RandomNumberStream; (* Selbstverweis (Validierung) *)
      Value   : LONGINT;              (* aktueller Seed-Wert        *)
   END;

VAR
   DefaultSeeds : ARRAY [-9 .. 0] OF LONGINT;  (* Default-Startwerte *)


(* Da die Standardfunktion 'FLOAT' lediglich 'INTEGER'-Werte in 'REAL'-  *)
(* Werte konvertiert, muss fuer die Konvertierung von 'LONGINT'-Werten eine *)
(* eigene Funktion programmiert werden. Diese Funktion zerlegt einen       *)
(* 'LONGINT'-Wert rekursiv in 'INTEGER'-wertige "Portionen", die dann ein- *)
(* zeln durch 'FLOAT' konvertiert werden koennen. Nur fuer POSITIVE Zahlen *)
(* implementiert!          *)

   PROCEDURE Float (l : LONGINT) : REAL;
   (*---------------------------------*)
   CONST Portion       = 32768;
         FloatPortion = 32768.0;
   VAR   TempL : LONGINT;
         TempI : INTEGER;
   BEGIN
      IF l < VAL (LONGINT, Portion) THEN      (* Rekursionsverankerung:   *)
         RETURN FLOAT (VAL (INTEGER, l));     (*    direkte Konvertierung *)
      ELSE                                    (* Rekursionsschritt:       *)
         TempL := l MOD VAL (LONGINT, Portion); (*  Abspaltung einer hinrei-*)
         TempI := VAL (INTEGER, TempL);       (*    chend kleinen "Portion",*)
         RETURN                               (*    Konvertierung derselben *)
            FLOAT (TempI) +                   (*    und des Restes.        *)
            FloatPortion * Float (l DIV VAL (LONGINT, Portion));
      END;
   END Float;
```

```modula2
(*********************** exportierte Prozeduren ***************************)

PROCEDURE Random (s : RandomNumberStream) : REAL;
(*-------------------------------------------------*)
   (* portabler Uniform-(0,1)-Generator nach Marse und Roberts   *)
   (* (FORTRAN) bzw. Sheppard und Friel (Ada).                   *)
   (* Voraussetzung: 32-Bit-Ganzzahlentypen.                     *)
   (* Ausdruecke, die auf LONGINT- und INTEGER-Werten operieren, *)
   (* muessen ggf. Typkonvertierungen mittels VAL vornehmen.     *)
CONST b2e15 = 32768;  b2e16 = 65536;  b2e24 = 16777216;
      Modulus = 2147483647;   (*  2^31 - 1  *)
VAR   i : INTEGER;
      Multiplier, High15, High31,
      Low15, LowProduct, Overflow : LONGINT;
BEGIN
   IF (s = NIL) OR (s^.SelfRef # s) THEN
      (* Fehlermeldung und Programmabbruch *)
      Write (VAL (CHAR, 7));   (* BELL *)
      WriteString ("Fehler in Distributions.Random: ");
      WriteString ("Zufallsstrom nicht initialisiert !");
      HALT;
   END;
   Multiplier := VAL (LONGINT, 24112);
   FOR i := 1 TO 2 DO
      High15      :=  s^.Value DIV b2e16;
      LowProduct  := (s^.Value MOD b2e16) * Multiplier;
      Low15       := LowProduct DIV b2e16;
      High31      := High15 * Multiplier + Low15;
      Overflow    := High31 DIV VAL (LONGINT, b2e15);
      s^.Value :=
         (((LowProduct - Low15 * b2e16) - Modulus)
         + (High31 - Overflow * VAL (LONGINT, b2e15)) * b2e16) + Overflow;
      IF s^.Value < VAL (LONGINT, 0) THEN
         s^.Value := s^.Value + Modulus;
      END;
      Multiplier := VAL (LONGINT, 26143);
   END;
   RETURN
      Float (VAL (LONGINT, 2) * (s^.Value DIV VAL (LONGINT, 256))
         + VAL (LONGINT, 1))  /  Float (b2e24);
END Random;

PROCEDURE Uniform (Low, High : REAL; s : RandomNumberStream) : REAL;
(*-----------------------------------------------------------------*)
BEGIN
   RETURN ((High - Low) * Random (s) + Low)
END Uniform;

PROCEDURE Exponential (Mean : REAL; s : RandomNumberStream) : REAL;
(*----------------------------------------------------------------*)
BEGIN
   RETURN - (ln (1.0 - Random(s)) * Mean)
END Exponential;

PROCEDURE Erlang (Mean : REAL; k : CARDINAL; s : RandomNumberStream) : REAL;
(*-----------------------------------------------------------------------*)
VAR Sum : REAL;
    i   : CARDINAL;
BEGIN
   Mean := Mean / FLOAT (k);
   Sum  := 0.0;
   FOR i := 1 TO k DO
      Sum := Sum + Exponential (Mean, s)
   END;
   RETURN Sum
END Erlang;
```

```
PROCEDURE Normal (Mean, StdDev : REAL; s : RandomNumberStream) : REAL;
 (*------------------------------------------------------------------*)
    (* nach dem zentralen Grenzwertsatz ist eine Summe von N unabhaen- *)
    (* gigen, gleichverteilten Zufallszahlen fuer grosse N (N >= 12)   *)
   . (* asymptotisch normalverteilt.                                   *)
VAR Sum : REAL;
    i   : CARDINAL;
BEGIN
   Sum  := 0.0;
   FOR i := 1 TO 12 DO
       (* Summe von 12 (0,1)-verteilten Zufallszahlen *)
       Sum := Sum + Random (s);
   END;
   (* Transformation auf das gewuenschte Intervall *)
   RETURN (Sum - 6.0) * StdDev + Mean;
END Normal;

PROCEDURE StreamInit (VAR s : RandomNumberStream; Seed : LONGINT);
 (*---------------------------------------------------------------*)
BEGIN
   NEW (s);
   s^.SelfRef := s;
   IF (Seed < VAL (LONGINT, 1)) AND (Seed > VAL (LONGINT, -10)) THEN
       (* Defaultwerte einsetzen *)
       s^.Value := DefaultSeeds [VAL (INTEGER, Seed)];
   ELSE
       (* vom Anwender uebergebenen Wert nehmen *)
       s^.Value := Seed;
   END;
END StreamInit;

BEGIN (* Distributions *)
   (* statistisch getestete Startwerte (nach Marse u. Roberts) *)
   DefaultSeeds [ 0]  := 1973272912;  DefaultSeeds [-1] :=  281629770;
   DefaultSeeds [-2]  :=   20006270;  DefaultSeeds [-3] := 1280689831;
   DefaultSeeds [-4]  := 2096730329;  DefaultSeeds [-5] := 1933576050;
   DefaultSeeds [-6]  :=  913566091;  DefaultSeeds [-7] :=  246780520;
   DefaultSeeds [-8]  := 1363774876;  DefaultSeeds [-9] :=  604901985;
END Distributions.
```

B.2.4   Modul FixedInOut

```
DEFINITION MODULE FixedInOut;

(******************************************************************************)
(*                                                                          *)
(*      Dateiname:         FIXEDINO.DEF                                      *)
(*                                                                          *)
(*      Projektleiter:     Prof. Dr.-Ing. B. Page                           *)
(*                         Fachbereich Informatik der Universität Hamburg   *)
(*                                                                          *)
(*      Autoren:           A. Heymann, H. Liebert                           *)
(*                                                                          *)
(*      Programminhalt:    Festpunkt-Ausgabe von REAL-Zahlen mit Vor-       *)
(*                         und Nachkommastellen nach eigener Wahl           *)
(*                         (Erweiterung zum Standard-Modul 'RealInOut')     *)
(*                                                                          *)
(******************************************************************************)
(*      Erstellt in Logitech Modula-2/86 Vers. 3.03 unter MS-DOS            *)
(******************************************************************************)
```

```
EXPORT QUALIFIED WriteFixed;


PROCEDURE WriteFixed (Num : REAL; Fore, After : CARDINAL);
    (* Die REAL-Zahl 'Num' wird mit 'Fore' Vorkomma- und 'After' Nachkomma-  *)
    (* stellen ausgegeben. 'Fore' enthaelt ggf. auch das Vorzeichen!          *)
    (* Die Gesamtbreite betraegt  Fore+After+1  Stellen. Beim Datentyp REAL   *)
    (* sind 15 Stellen signifikant.                                           *)
    (* Ist eine Zahl daher nicht darstellbar, erscheint eine Anzahl von Ster-*)
    (* nen ('*') in der Ausgabe. Das Ausgabefeld wird ggf. links mit Leer-    *)
    (* zeichen aufgefuellt. Das Exponential-Format wird nicht unterstuetzt.   *)


END FixedInOut.




IMPLEMENTATION MODULE FixedInOut;

(****************************************************************************)
(*                                                                        *)
(*        Dateiname:           FIXEDINO.MOD                               *)
(*                                                                        *)
(*        Projektleiter:       Prof. Dr.-Ing. B. Page                     *)
(*                             Fachbereich Informatik der Universität Hamburg *)
(*                                                                        *)
(*        Autoren:             A. Heymann, H. Liebert                     *)
(*                                                                        *)
(*        Programminhalt:      Formatierte Ausgabe von REAL-Zahlen        *)
(*                             im Festpunktformat                         *)
(*                                                                        *)
(****************************************************************************)
(*      Erstellt in Logitech Modula-2/86 Vers. 3.03 unter MS-DOS          *)
(****************************************************************************)

FROM RealConversions IMPORT RealToString;
FROM InOut           IMPORT Write, WriteString;

PROCEDURE WriteFixed (Num : REAL; Fore, After : CARDINAL);
(*----------------------------------------------------------*)
VAR s         : ARRAY [0 .. 25] OF CHAR;
    okay      : BOOLEAN;
    Width, i  : CARDINAL;
BEGIN
   (* Gesamtbreite inkl. Dezimalpunkt *)
   Width := Fore + After + 1;
   (* Konvertierung m.H. von Logitech-Routinen *)
   RealToString (Num, After, Width, s, okay);
   IF NOT okay THEN
      (* irgend ein Fehler ist aufgetreten => Sterne ausgeben *)
      FOR i := 1 TO Width DO
         Write ('*');
      END
   ELSE
      (* String ausgeben, ggf. links mit Leerzeichen aufgefuellt *)
      WriteString (s);
   END;
END WriteFixed;

END FixedInOut.
```

B.2.5   Anwendungsbeispiel: Modul JobShop

```
MODULE JobShop;

(**************************************************************************)
(*                                                                      *)
(*      Dateiname:        JOBSHOP.MOD                                    *)
(*                                                                      *)
(*      Projektleiter:    Prof. Dr.-Ing. B. Page                        *)
(*                        Fachbereich Informatik der Universität Hamburg *)
(*                                                                      *)
(*      Autoren:          A. Heymann, H. Liebert                        *)
(*                                                                      *)
(*      Programminhalt:   Simulation eines Fertigungssystems            *)
(*                        (ereignisorientierter Ansatz)                 *)
(*                                                                      *)
(**************************************************************************)
(*      Erstellt in Logitech Modula-2/86 Vers. 3.03 unter MS-DOS        *)
(**************************************************************************

Hilfs- und Verwaltungsprozeduren:

   - Initialisation;
        Dialog-Abfrage der Dauer des Simulationslaufs,
        der Zwischenankunftszeit der Auftraege,
        der Maschinenzahl pro Gruppe und der
        Startwerte fuer die Zufallszahlengeneratoren,
        Initialisierung der Warteschlangen,
        Festlegung der Verarbeitungsreihenfolge (Job Route)

   - Report;
        Protokoll der Eingabedaten und Ausgabe der Simulationsergebnisse

   - SelectEvent;
        Bestimmt das naechste Ereignis und ruft die entsprechende
        (Ereignis-)Prozedur (CreateJob, Arrive, Depart) auf.

   - SetJobType () : JobType;
        Funktion zur Bestimmung der (0.3 / 0.5 / 0.2) - verteilten
        Auftragsart

Ereignisroutinen:

   - CreateJob;
        Generiert einen neuen Auftrag (Job), bestimmt dessen Art und
        die Verarbeitungsreihenfolge (Route).

   - Arrive (Job : RefEntity);
        Ein (Teil-)Auftrag kommt bei einer beliebigen Maschinengruppe
        an und wird in deren Warteschlange eingereiht.
        Falls eine Maschine frei ist, wird diese belegt,
        der Auftrag aus der Warteschlange entfernt und das Ereignis
        "Ende der Bedienung" angesetzt, anderenfalls wartet der Auftrag
        auf spaetere Bearbeitung.

   - Depart (Job : RefEntity);
        Wenn die Bedienung beendet ist, wird das Ereignis "Ankunft in der
        naechsten Maschinengruppe" angesetzt (sofern das Ende der Route
        noch nicht erreicht ist).
        Bei nichtleerer Warteschlange wird der erste wartende Job entfernt
        und sofort bearbeitet.


**************************************************************************)
```

```modula2
FROM Storage IMPORT ALLOCATE, DEALLOCATE;
FROM InOut    IMPORT
   ReadCard, ReadInt, WriteCard, WriteInt, Write, WriteString, WriteLn,
   OpenOutput, CloseOutput, Done;
FROM LongIO      IMPORT ReadLongInt, WriteLongInt;
FROM RealInOut  IMPORT ReadReal;
FROM FixedInOut IMPORT WriteFixed;
FROM EventChain IMPORT Schedule, NextEvent, Time, CurrentTime;
FROM Queue       IMPORT
   QueueInit, Queue, Insert, Remove, Empty, AvgQueueLength, AvgWaitingTime;
FROM Distributions IMPORT
   RandomNumberStream, StreamInit, Random, Exponential, Erlang;

CONST NJobTypes       = 3;     (* Anzahl der versch. Auftragsarten *)
      NMachineGroups = 5;     (* Anzahl der Maschinengruppen        *)
      HoursPerDay     = 8.0;   (* taegl. Arbeitszeit der Maschinen *)

TYPE   EventType  = (NewJob, Arrival, Departure);        (* Ereignisarten     *)
       StreamType = (TypeOfJob, ServTime, ArriveTime);   (* Zufallsstroeme     *)
       JobType    = [1..NJobTypes];                       (* Auftragsarten      *)
       MGroupType = [1..NMachineGroups];                  (* Maschinentypen     *)
       RefEntity  = POINTER TO JobParams;                 (* einzelner Auftrag *)

       JobParams  = RECORD          (* Parameter eines Bearbeitungsauftrages: *)
          ArrivalTime : Time;       (* Ankunftszeit in einer Maschine          *)
          ServiceTime : Time;       (* Bedienzeit   in einer Maschine          *)
          Kind        : JobType;    (* Auftragsart                             *)
          Task        : CARDINAL;   (* aktuelle Teilauftragsnummer             *)
       END;

VAR    Streams : ARRAY StreamType OF RandomNumberStream; (* Zufallsz.stroeme *)
       Seed    : ARRAY StreamType OF LONGINT;            (* Startwerte        *)

       MGroupData : ARRAY MGroupType OF RECORD (* Attribute d. Masch.gruppen:*)
          MQueue            : Queue;            (* Warteschlange              *)
          FreeMachines      : CARDINAL;         (* z.Z. nicht belegte Masch.  *)
          NumOfMachines     : CARDINAL;         (* Gesamtmaschinenzahl        *)
          SumOfServTimes    : Time;             (* Summe der Bedienzeiten     *)
       END;

       JobData : ARRAY JobType OF RECORD        (* Attribute der Auftragsarten: *)
          TasksPerJob    : CARDINAL;            (* Anzahl der Teilauftraege    *)
          SumOfJobDelay : Time;                 (* Summe der Wartezeiten       *)
          JobCount       : CARDINAL;            (* Anzahl erzeugter Auftraege  *)
          ServedTasks    : CARDINAL;            (* Anz. bearbeiteter Teilauftr. *)
       END;

Routing : ARRAY JobType, MGroupType OF CARDINAL;
   (* Wege durch den Maschinenpark: jeder Eintrag enthaelt die Nummer der  *)
   (* naechsten Maschinengruppe bezogen auf Jobtyp und Teilauftrag          *)

   SimTime : Time;                      (* Laenge des Simulationslaufes      *)
   MeanArrivalTime: Time;               (* Zwischenankunftszeit der Auftraege *)
   MeanServiceTime: ARRAY JobType, MGroupType OF Time; (* mittl. Bedienzeit *)


   (*----------------------*)
   (*    Hilfsprozeduren    *)
   (*----------------------*)


PROCEDURE Initialization;
(*----------------------*)
   (* Startwerte von Variablen setzen, Eingabedaten lesen *)
VAR m : MGroupType;
    j : JobType;
```

```modula2
BEGIN
    WriteString ("    +----------------------------------------+"); WriteLn;
    WriteString ("    | Simulation eines Fertigungssystems |"); WriteLn;
    WriteString ("    +----------------------------------------+"); WriteLn;
    WriteLn;

    (* Einlesen der Simulationszeit *)
    WriteString ("Simulationsdauer (in Tagen) : ");
    ReadReal (SimTime); WriteLn;
    (* Stunden-Konvertierung *)
    SimTime :=  SimTime * HoursPerDay;

    (* Einlesen der Zwischenankunftszeit *)
    WriteString ("Zwischenankunftszeit (in Stunden) : ");
    ReadReal (MeanArrivalTime); WriteLn;

    (* Einlesen der Startwerte und Initial. der Zufallsz.generatoren *)
    WriteString ("Seed [JobType]    = ");
    ReadLongInt (Seed [TypeOfJob]); WriteLn;
    StreamInit  (Streams [TypeOfJob], Seed [TypeOfJob]);
    WriteString ("Seed [ServiceTime] = ");
    ReadLongInt (Seed [ServTime]); WriteLn;
    StreamInit  (Streams [ServTime], Seed [ServTime]);
    WriteString ("Seed [ArrivalTime] = ");
    ReadLongInt (Seed [ArriveTime]); WriteLn;
    StreamInit  (Streams [ArriveTime], Seed [ArriveTime]);

    (* Maschinengruppen initialisieren : Einlesen der Maschinenzahl *)
    WriteString ("Anzahl der Maschinen in Gruppe ");  WriteLn;
    FOR m := 1 TO NMachineGroups DO
       WriteCard (m, 4); WriteString (": ");
       WITH MGroupData [m] DO
          ReadCard (NumOfMachines);
          FreeMachines := NumOfMachines;
       END;
    END;

    (* Initialisierung der Warteschlangen *)
    FOR m := 1 TO NMachineGroups DO
       WITH MGroupData [m] DO
          QueueInit (MQueue);
          SumOfServTimes := 0.0;
       END;
    END;

    (* Attribute der Auftragsarten initialisieren *)
    JobData [1].TasksPerJob := 4;
    JobData [2].TasksPerJob := 3;
    JobData [3].TasksPerJob := 5;

    FOR j := 1 TO NJobTypes DO
       WITH JobData [j] DO
          SumOfJobDelay := 0.0;
          JobCount      := 0;
          ServedTasks   := 0;
       END;
    END;

    (* Verarbeitungsreihenfolge festlegen: *)
    (* [Typ, Task] -> Maschinengruppe      *)
    (* Typ 1 *)              (* Typ 2 *)
    Routing [1,1] := 3;      Routing [2,1] := 4;
    Routing [1,2] := 1;      Routing [2,2] := 1;
    Routing [1,3] := 2;      Routing [2,3] := 3;
    Routing [1,4] := 5;
```

```
   (* Typ 3 *)
   Routing [3,1] := 2;
   Routing [3,2] := 5;
   Routing [3,3] := 1;
   Routing [3,4] := 4;
   Routing [3,5] := 3;

   (* mittlere Bedienzeiten *)
   MeanServiceTime [1,3] := 0.5 ;   MeanServiceTime [2,4] := 1.1 ;
   MeanServiceTime [1,1] := 0.6 ;   MeanServiceTime [2,1] := 0.8 ;
   MeanServiceTime [1,2] := 0.85;   MeanServiceTime [2,3] := 0.75;
   MeanServiceTime [1,5] := 0.5 ;

   MeanServiceTime [3,2] := 1.2 ;
   MeanServiceTime [3,5] := 0.25;
   MeanServiceTime [3,1] := 0.7 ;
   MeanServiceTime [3,4] := 0.9 ;
   MeanServiceTime [3,3] := 1.0 ;

END Initialization;

PROCEDURE SelectEvent;
(*-----------------*)
   (* Bestimmung des naechsten Ereignisses   *)
   (* und Aufruf der entspr. Ereignisroutine *)
VAR Event : EventType;
    Job   : RefEntity;
BEGIN
   NextEvent (Event, Job);
   CASE Event OF
      NewJob   : CreateJob    |
      Arrival  : Arrive (Job) |
      Departure: Depart (Job)
   END
END SelectEvent;

PROCEDURE SetJobType () : JobType;
(*------------------------------*)
   (* Bestimmung der (0.3 / 0.5 / 0.2) - verteilten Auftragsart *)
VAR p : REAL;
BEGIN
   p := Random (Streams [TypeOfJob]);
   IF p < 0.3 THEN
      RETURN 1
   ELSIF p < 0.8 THEN
      RETURN 2
   ELSE
      RETURN 3
   END;
END SetJobType;


   (*----------------------*)
   (*   Ereignisroutinen   *)
   (*----------------------*)

PROCEDURE CreateJob;
(*--------------*)
   (* Ereignisse "Ankunft in einer Maschinengruppe" *)
   (* und "Neuer Auftrag" ansetzen                   *)
VAR Job : RefEntity;
BEGIN
   NEW (Job);
   WITH Job^ DO
      Kind := SetJobType();
      Task := 1;
   END;
```

```modula2
      INC (JobData [Job^.Kind].JobCount);
      Schedule ( Arrival, Job, CurrentTime() );
      Schedule ( NewJob,  NIL, CurrentTime()
         + Exponential ( MeanArrivalTime, Streams [ArriveTime] ) );
END CreateJob;

PROCEDURE Arrive (Job : RefEntity);
(*-------------------------------*)
   (* Ankunft eines (Teil-) Auftrags *)
   (* in einer Maschinengruppe       *)
VAR Group : CARDINAL;
BEGIN
   (* Ankunftszeit und Gruppennummer festhalten *)
   Job^.ArrivalTime := CurrentTime();
   Group := Routing [Job^.Kind, Job^.Task];
   WITH MGroupData [Group] DO
      (* Auftrag in die Warteschlange einfuegen        *)
      (* => autom. Fortschreibung der W.Schl.Statistik *)
      Insert (Job, MQueue);
      IF FreeMachines > 0 THEN
         (* mind. 1 Maschine frei, belegen; *)
         (* Wartezeit ist hier gleich null  *)
         Remove (Job, MQueue);
         DEC (FreeMachines);
         (* Ereignis "Ende der Bedienung" aufsetzen *)
         Job^.ServiceTime :=
            Erlang ( MeanServiceTime [Job^.Kind, Group], 2,
               Streams [ServTime] );
         Schedule ( Departure, Job, CurrentTime() + Job^.ServiceTime );
         INC (JobData [Job^.Kind].ServedTasks);
      END;
   END;
END Arrive;

PROCEDURE Depart (Job : RefEntity);
(*-------------------------------*)
   (* Ende der Bedienung, Weiterreichen des   *)
   (* Auftrags an die naechste Maschinengruppe *)
VAR Group       : CARDINAL;
    WaitingTime : Time;
BEGIN
   Group := Routing [Job^.Kind, Job^.Task];
   (* Bedienzeit des beendeten Teilauftrags protokollieren *)
   WITH MGroupData [Group] DO
      SumOfServTimes := SumOfServTimes + Job^.ServiceTime;
   END;
   IF Job^.Task = JobData [Job^.Kind].TasksPerJob THEN
      (* alle Teilauftraege erfuellt, Job entfernen *)
      DISPOSE (Job);
   ELSE
      (* Ankunft in naechster Maschinengruppe ansetzen *)
      INC (Job^.Task);
      Schedule ( Arrival, Job, CurrentTime() );
   END;
   WITH MGroupData [Group] DO
      IF Empty (MQueue) THEN
         (* Maschine freigeben *)
         INC (FreeMachines);
      ELSE
         (* Maschine mit erstem Job in der Warteschlange neu besetzen *)
         Remove (Job, MQueue);
         WaitingTime := CurrentTime() - Job^.ArrivalTime;
         (* Ereignis "Ende der Bedienung" ansetzen *)
         Job^.ServiceTime :=
            Erlang ( MeanServiceTime [Job^.Kind, Group], 2,
               Streams [ServTime] );
```

```
            Schedule ( Departure, Job, CurrentTime() + Job^.ServiceTime );
            (* Statistik; hier ist die Wartezeit > 0 *)
            WITH JobData [Job^.Kind] DO
               INC (ServedTasks);
               SumOfJobDelay := SumOfJobDelay + WaitingTime;
            END;
         END;
      END;
END Depart;


   (*-------------------*)
   (* Ausgabe-Prozedur *)
   (*-------------------*)


PROCEDURE Report;
(*-------------*)
   (* Aufbereitung der Eingaben, Simulationsergebnisse und Statistiken *)
CONST undefined = -1.0;   (* als Marke fuer undefinierte Werte *)
VAR   MeanOverallJobDelay : Time;
      MeanJobDelay        : ARRAY JobType   OF Time;
      AvgGroupUtilization : ARRAY MGroupType OF REAL;
      TotalJobCount       : CARDINAL;
      TotalServedTasks    : CARDINAL;
      j : JobType;
      m : MGroupType;

   PROCEDURE Space (Num : CARDINAL);
   (*----------------------------*)
      (* rueckt Zeilen um 'Num' Leerzeichen ein *)
   VAR i : CARDINAL;
   BEGIN
      FOR i := 1 TO Num DO
         Write (' ');
      END;
   END Space;

BEGIN
   (* Meldung auf dem Bildschirm bringen: *)
   WriteLn;
   WriteString ("JOBSHOP : Die Simulationszeit ist abgelaufen.");
   WriteLn;

   (* Umlenken der Ausgabe vom Bildschirm zur externen Ausgabe-Datei:    *)
   (* der Dateiname wird interaktiv abgefragt, die Extension uebernommen! *)
   OpenOutput ("RPT");
   IF NOT Done THEN
      WriteString ('Die Report-Datei konnte nicht geoeffnet werden !');
      HALT   (* Programm stoppen *)
   END;

   (* Berechnung der geforderten statistischen Ergebnisse *)
   TotalJobCount       := 0;
   TotalServedTasks    := 0;
   MeanOverallJobDelay := 0.0;

   (* mittlere Wartezeit fuer jede Auftragsart *)
   (* inklusive sofort bedienter Auftraege     *)
   FOR j := 1 TO NJobTypes DO
      WITH JobData [j] DO
         IF ServedTasks = 0 THEN
            MeanJobDelay [j] := undefined;
         ELSE
            MeanJobDelay [j] := SumOfJobDelay * FLOAT (TasksPerJob)
               / FLOAT (ServedTasks);
         END;
         INC (TotalJobCount, JobCount);
```

```
            INC (TotalServedTasks, ServedTasks);
      END;
END;


(* gewichtete mittlere Wartezeit ueber alle Auftragsarten *)
IF TotalServedTasks = 0 THEN
   MeanOverallJobDelay := undefined;
ELSE
   FOR j := 1 TO NJobTypes DO
      WITH JobData [j] DO
         IF MeanJobDelay [j] # undefined THEN
            MeanOverallJobDelay :=  MeanOverallJobDelay +
               FLOAT (ServedTasks) / FLOAT (TotalServedTasks) *
               MeanJobDelay [j];
         END;
      END;
   END;
END;


(* mittlere Auslastung der Maschinengruppen *)
FOR m := 1 TO NMachineGroups DO
   WITH MGroupData [m] DO
      IF (SimTime # 0.0) AND (NumOfMachines > 0) THEN
         AvgGroupUtilization [m] := SumOfServTimes
            / (SimTime * FLOAT (NumOfMachines));
      ELSE
         AvgGroupUtilization [m] := undefined;
      END;
   END;
END;


Space (11);
WriteString ("=================================================");
WriteLn; Space (11);
WriteString ("===     Simulation eines Fertigungssystems    ===");
WriteLn; Space (11);
WriteString ("===                in Modula-2                ===");
WriteLn; Space (11);
WriteString ("=================================================");
WriteLn; WriteLn; WriteLn;
Space (27);  WriteString ("Eingabeparameter");  WriteLn;
Space (27);  WriteString ("================");  WriteLn;
WriteLn; WriteLn;
Space (19);  WriteString ("Simulationsdauer  : ");
WriteFixed (SimTime, 6, 2); WriteString (" h"); WriteLn;
Space (19);  WriteString ("mittl. Zw.ank.zeit : ");
WriteFixed (MeanArrivalTime, 6, 2); WriteString (" h");
WriteLn; WriteLn;


Space (19);  WriteString ("Maschinengruppe | 1 2 3 4 5");  WriteLn;
Space (19);  WriteString ("----------------+----------------");  WriteLn;
Space (19);  WriteString ("Maschinenanzahl |");
FOR m := 1 TO NMachineGroups DO
   WriteCard ( MGroupData [m].NumOfMachines, 3);
END;
WriteLn; WriteLn; WriteLn;


Space (19);  WriteString ("Zufallsz.-Strom |     Startwert ");  WriteLn;
Space (19);  WriteString ("----------------+----------------");  WriteLn;
Space (19);  WriteString (" Auftragsarten  |");
WriteLongInt (Seed [TypeOfJob], 12); WriteLn;
Space (19);  WriteString (" Bedienzeiten   |");
WriteLongInt (Seed [ServTime], 12); WriteLn;
Space (19);  WriteString (" Zw.ank.zeiten  |");
WriteLongInt (Seed [ArriveTime], 12);
WriteLn; WriteLn; WriteLn; WriteLn;
```

```modula2
    Space (24); WriteString ("Simulationsergebnisse");   WriteLn;
    Space (24); WriteString ("=====================");   WriteLn;
    WriteLn; WriteLn;

    (** JobTypen-Report **)
    Space (18); WriteString (" Jobtyp | # Jobs | mittl. Wartezeit ");   WriteLn;
    Space (18); WriteString ("--------+--------+-------------------");   WriteLn;
    FOR j := 1 TO NJobTypes DO
        Space (18); WriteCard (j, 5); WriteString ("    | ");
        WriteCard  (JobData [j].JobCount, 6); WriteString (" | ");
        WriteFixed (MeanJobDelay [j], 7, 3);  WriteString (" h");
        WriteLn;
    END;
    Space (18);  WriteString ("--------+--------+-------------------");
    WriteLn;
    Space (18); WriteString (" gesamt | ");
    WriteCard  (TotalJobCount, 6); WriteString (" | ");
    WriteFixed (MeanOverallJobDelay, 7, 3); WriteString (" h");
    WriteLn; WriteLn; WriteLn; WriteLn;

    (** Maschinengruppen-Report **)
    WriteString ("Masch.Grp. | mittl. W.Schl.Lg. |");
    WriteString (" mittl. Wartezeit |  mittl. Auslastung"); WriteLn;
    WriteString ("-----------+------------------+");
    WriteString ("------------------+-------------------"); WriteLn;
    FOR m := 1 TO NMachineGroups DO
        Space (5); WriteInt (m, 1); WriteString ("     | ");
        WriteFixed  (AvgQueueLength (MGroupData [m].MQueue), 7, 3);
        WriteString ("        |    ");
        WriteFixed  (AvgWaitingTime (MGroupData [m].MQueue), 5, 3);
        WriteString (" h     |      ");
        WriteFixed  ((AvgGroupUtilization [m] * 100.0), 5, 2);
        WriteString (" %"); WriteLn;
    END;
    (* auf Bildschirmausgabe zurueckschalten *)
    CloseOutput;
END Report;

BEGIN  (* -- Hauptprogramm (JobShop) -- *)
    Initialization;

    (* ersten Auftrag sofort ansetzen *)
    Schedule ( NewJob, NIL, CurrentTime() );

    (* bis zur eingegebenen Simulationsdauer Kon- *)
    (* trolle an Ereignissteuerung uebergeben      *)
    WHILE CurrentTime() < SimTime DO
        SelectEvent
    END;

    (* Ergebnisaufbereitung *)
    Report;
END JobShop.
```

```
================================================================
===        Simulation eines Fertigungssystems        ===
===                   in Modula-2                     ===
================================================================


                     Eingabeparameter
                     ================

        Simulationsdauer      :      800.00 h
        mittl. Zw.ank.zeit    :        0.10 h

        Maschinengruppe  |  1   2   3   4   5
        -----------------+------------------
        Maschinenanzahl  |  7   3   8   7   3


        Zufallsz.-Strom  |      Startwert
        -----------------+---------------
         Auftragsarten   |          -1
         Bedienzeiten    |          -2
         Zw.ank.zeiten   |          -3



                   Simulationsergebnisse
                   =====================


        Jobtyp  |  # Jobs  |  mittl. Wartezeit
        --------+--------+------------------
            1   |   2416  |      116.294 h
            2   |   3980  |        1.966 h
            3   |   1542  |      150.534 h
        --------+--------+------------------
         gesamt |   7938  |       67.329 h


Masch.Grp.  | mittl. W.Schl.Lg.  | mittl. Wartezeit  | mittl. Auslastung
------------+--------------------+-------------------+------------------
        1   |        7.733       |       0.846 h     |      93.53 %
        2   |      750.938       |     150.374 h     |      99.86 %
        3   |        1.223       |       0.134 h     |      80.22 %
        4   |        6.080       |       0.984 h     |      92.09 %
        5   |        0.036       |       0.012 h     |      40.78 %
```

Anhang C: DESMO-Benutzerdokumentation

C.1 Ereignisorientierte Simulation

C.1.1 Modul EventSimulation

```
DEFINITION MODULE EventSimulation;

(*************************************************************************)
(*                                                                       *)
(*      Dateiname:          EVENTSIMU.DEF                                 *)
(*                                                                       *)
(*      Projektleiter:      Prof. Dr.-Ing. B. Page                       *)
(*                          Fachbereich Informatik der Universität Hamburg *)
(*                                                                       *)
(*      Autoren:            R. Boelckow, A. Heymann, H. Liebert          *)
(*                                                                       *)
(*      Programminhalt:     Ereignissteuerung und Zeitfuehrung von DESMO *)
(*                          (ereignisorientierter Ansatz)                *)
(*                                                                       *)
(*************************************************************************)
(*      V1=DOS Version fuer Logitech Modula-2/86 Vers. 3.03 unter MS-DOS  *)
(*      V2=DOS Version fuer TopSpeed Modula-2/87 Vers. 1.17 unter MS-DOS  *)
(*************************************************************************
```

Das 'Entity' als aktives, temporaeres Simulationsobjekt enthaelt nur die fuer diese
Weltsicht relevanten, festen Attribute und ist somit nicht kompatibel mit dem der
prozessorientierten Version. Man kann es mit zusaetzlichen, anwendungsspezifischen
Attributen in Form von dynamisch erzeugten Verbunden versehen.

Jedem (Simulations-)Ereignistyp ist im Anwenderprogramm ein Element eines Aufzaeh-
lungstyps sowie eine Ereignisroutine vom Typ 'PROCEDURE (Entity)' zuzuordnen. Dies
gilt auch fuer externe Ereignisse. Der Parameter vom Typ 'Entity' enthaelt dabei im
Simulationslauf das der Ereignisroutine zugeordnete, bei ihrer Ausfuehrung aktive
Simulationsobjekt ('Current'). Dem Anwender wird dadurch die Abfrage des laufenden
'Entity' in den Ereignisroutinen erspart.

Jede Ereignisroutine wird zusammen mit einem Namen (zu Protokoll-Zwecken) in einem
Feld von 'EventDescriptor' der Ereignissteuerung uebergeben (s. 'StartSimulation').
Das Feld wird durch den Aufzaehlungstyp der definierten Ereignistypen
indiziert.

Die korrekte Zuordnung von Ereignistypen, Ereignisprozeduren und Namen liegt voll in
der Verantwortung des Anwenders! Das gilt auch fuer die konsistente Zuordnung von
Ereignistypen und 'Entities' zur Laufzeit im Rahmen von Ereignislisten-
manipulationen.

Externe Ereignisse (bzw. 'Entities') unterscheiden sich von nicht-externen durch die
Erzeugung und Beschraenkungen bei den moeglichen Manipulationen (s. u.).

Der Simulationslauf beginnt mit dem Aufruf von 'StartSimulation' und endet nach Ablauf der angegebenen Simulationszeit, dem Aufruf von 'StopSimulation' oder wenn die
Ereignisliste leer ist.

Die Simulationszeitbasis ist reellwertig.

Fehler- und Konsistenzpruefungen zur Laufzeit beziehen sich auf die Gueltigkeit bzw.
Existenz und den Zustand von 'Entities' vor den einzelnen Operationen sowie
zulaessige Werte von Ereignistypen. Aktuelle 'Entity'-Eingabeparameter muessen
zumindest existieren!
Sofern sinnvoll, wird im Fehlerfall der Simulationslauf nach Ausgabe einer
entsprechenden Meldung fortgesetzt und die unzulaessige Operation ignoriert, wobei
VAR-Parameter bzw. Funktionen definierte Werte erhalten. Anderenfalls bricht das
Programm kontrolliert ab.

Wenn nicht besonders aufgefuehrt, erhalten bei Fehlern CARDINALs und INTEGERs den
Wert 0, BOOLEANs 'FALSE', 'Entities' 'NullEntity', REALs einen negativen Wert.

Hinweis:
    Namen werden ggf. gekuerzt,
    Dateinamen muessen den Konventionen des Zielsystems genuegen.

```
*****************************************************************************)

FROM SYSTEM      IMPORT ADDRESS, BYTE;
(*<V1   FROM FileSystem IMPORT File;   V1>*)
(*<V2*) FROM FIO         IMPORT File; (*V2>*)

(*<V1
EXPORT QUALIFIED
    (* Simulationskontrolle und allgemeine Dienstfunktionen *)
    SimTime, Time, NOW, EventDescriptor, StartSimulation, StopSimulation,
    List, Reset, Report, Trace, NoTrace, Debug, NoDebug,
    SetDebugFile, SetErrorFile, SetReportFile, SetTraceFile, CloseFiles,

    (* Erzeugung und Manipulation temporaerer, aktiver Objekte ('Entities') *)
    Entity, NullEntity, New, Dispose, Equal, Current,

    (* Abfrage bzw. Manipulation der 'Entity'-Attribute *)
    Attributes, Priority, SetPriority, IsExternal, Idle, EvTime, NextEv,

    (* Manipulation der Ereignisliste *)
    ExternalEvent, Schedule, ReSchedule, ScheduleAfter, ScheduleBefore, Cancel;
V1>*)

TYPE
    SimTime = REAL;

    Entity;

    EventDescriptor = RECORD
        (* Jedem Ereignistyp ist ein Verbund mit Namen *)
        (* und zugehoeriger Ereigisroutine zuzuordnen. *)
      Title   : ARRAY [0..11] OF CHAR;
      Actions : PROCEDURE (Entity);
    END;

(*********** Simulationskontrolle und allgemeine Dienstfunktionen *********)

PROCEDURE Time () : SimTime;
    (* Abfrage der aktuellen Simulationszeit.                            *)

PROCEDURE NOW () : SimTime;
    (* Pseudo-Zeit: "Sofort danach" (s. 'Schedule').                     *)
```

```
PROCEDURE StartSimulation (
   Events    : ARRAY OF EventDescriptor;
   SimPeriod : SimTime);
   (* Beginn des Simulationslaufes.                                       *)
   (* Der Ablaufsteuerung ist ein Feld ('Events') mit der (impliziten) Zu- *)
   (* ordnung von Ereignistypen, Ereignisroutinen und Namen zu uebergeben. *)
   (* Dabei hat der Anwender selbst auf Konsistenz und Vollstaendigkeit zu  *)
   (* achten.                                                              *)
   (* Die automatische Abarbeitung der Ereignisroutinen endet bei Aufruf   *)
   (* von 'StopSimulation', nach Verstreichen von 'SimPeriod' Zeiteinheiten *)
   (* oder nach Abarbeitung des letzten Ereignislisteneintrags.           *)

PROCEDURE StopSimulation;
   (* Beendigung des Simulationslaufes nach Ausfuehrung der laufenden      *)
   (* Ereignisroutine.                                                    *)

PROCEDURE List;
   (* Auflistung aller auf der Ereignisliste vorgemerkten oder in Warte-   *)
   (* schlangen eingetragenen 'Entities' auf der aktuellen Debug-Datei.    *)

PROCEDURE Reset;
   (* Ruecksetzung der kumulierenden Statistik.                           *)
   (* Alle statistischen Berechnungen (automatische wie halbautomatische)  *)
   (* werden auf 0 gesetzt und neu gestartet.                             *)

PROCEDURE Report;
   (* Ausgabe des globalen Reports auf der aktuellen 'Report'-Datei.       *)
   (* Die Ausgabe umfasst saemtliche Einzelreports aller im Modell defi-   *)
   (* nierten Warteschlangen, Statistik-Objekte und Zufallszahlenstroeme.  *)

PROCEDURE Trace;
   (* Aktivierung der (automatischen) Ablaufverfolgung.                   *)
   (* Alle Manipulationen auf der Ereignisliste und Warteschlangen werden  *)
   (* in der jeweils aktuellen 'Trace'-Datei protokolliert.               *)

PROCEDURE NoTrace;
   (* Deaktivierung der Ablaufverfolgung.                                 *)

PROCEDURE Debug;
   (* Aktivierung der Testhilfe. Nach jeder Manipulation auf der Ereignis- *)
   (* liste oder Warteschlangen wird das betroffene Objekt mit allen einge- *)
   (* tragenen 'Entities' in der jeweils aktuellen 'Debug'-Datei ausgegeben.*)

PROCEDURE NoDebug;
   (* Deaktivierung der Testhilfe.                                        *)

PROCEDURE SetDebugFile (Name : ARRAY OF CHAR);
   (* Einstellen einer neuen 'Debug'-Datei. Zuvor ggf. Schliessen der vor- *)
   (* herigen Ausgabeeinheit. Vor dem ersten Aufruf von 'SetDebugFile'     *)
   (* werden diese Daten in die Datei 'DESMO.DBG' geschrieben.            *)

PROCEDURE SetErrorFile (Name : ARRAY OF CHAR);
   (* Einstellen einer neuen 'Error'-Datei. Zuvor ggf. Schliessen der vor- *)
   (* herigen Ausgabeeinheit. Vor dem ersten Aufruf von 'SetErrorFile'     *)
   (* werden die Fehlermeldungen in die Datei 'DESMO.ERR' geschrieben.    *)

PROCEDURE SetReportFile (Name : ARRAY OF CHAR);
   (* Einstellen einer neuen 'Report'-Datei. Zuvor ggf. Schliessen der vor- *)
   (* herigen Ausgabeeinheit. Vor dem ersten Aufruf von 'SetReportFile'    *)
   (* werden diese Daten in die Datei 'DESMO.RPT' geschrieben.            *)

PROCEDURE SetTraceFile (Name : ARRAY OF CHAR);
   (* Einstellen einer neuen 'Trace'-Datei. Zuvor ggf. Schliessen der vor- *)
   (* herigen Ausgabeeinheit. Vor dem ersten Aufruf von 'SetTraceFile'     *)
   (* werden diese Daten in die Datei 'DESMO.TRC' geschrieben.            *)
```

```
PROCEDURE CloseFiles;
    (* Schliessen der 'Debug'-, 'Error'-, 'Report'- und 'Trace'-Dateien.    *)
    (* Diese Prozedur sollte am Ende eines Anwenderprogramms aufgerufen      *)
    (* werden,  wenn nicht sichergestellt ist, dass das Modula-Laufzeit-     *)
    (* oder das Betriebssystem am Programmende automatisch saemtliche noch   *)
    (* geoeffneten Dateien schliesst.                                        *)

(********** Erzeugung und Manipulation temporaerer, aktiver Objekte *********)

PROCEDURE NullEntity () : Entity;
    (* Pseudo-'Entity': Kein 'Entity'. *)

PROCEDURE New (Title : ARRAY OF CHAR; Attributes : ADDRESS) : Entity;
    (* Erzeugung eines neuen 'Entity'.                                       *)
    (* Durch 'Title' wird es in der 'Debug'-, 'Error'- oder 'Trace'-Datei    *)
    (* identifiziert. DESMO numeriert ausserdem 'Entities' mit gleichem      *)
    (* 'Title' fortlaufend modulo 100 (d.h. nach Nummer 99 beginnt die       *)
    (* Numerierung neu bei 0).                                               *)
    (* 'Attributes' ist ein Zeiger auf die vom Anwender zu definierenden     *)
    (* Attribute des 'Entity'. Es empfiehlt sich, die Attribute aller im     *)
    (* Modell verwendeten 'Entity'-Typen in EINEM gemeinsamen, varianten,    *)
    (* dynamisch zu erzeugenden Verbund zusammenzufassen und den jeweils     *)
    (* gueltigen Typ durch Abfrage des Etikett-Feldes zu bestimmen.          *)
    (* Die hier definierten Attribute koennen zur Laufzeit mittels der       *)
    (* Funktion 'Attributes' ermittelt werden.                              *)
    (* Darueberhinaus koennen in den Ereignisroutinen zusaetzliche, nicht    *)
    (* abfragbare Attribute (als lokale Variable) definiert werden.          *)
    (* Werden keine abfragbaren, anwendungsspezifischen Attribute benoe-     *)
    (* tigt, so kann auch 'NIL' uebergeben werden.                           *)
    (* Die Erzeugung eines Entity impliziert nicht den Eintrag eines         *)
    (* Ereignisses auf der Ereignisliste!                                    *)

PROCEDURE Dispose (VAR e : Entity);
    (* Freigabe des vom 'Entity' 'e' und seinen festen, nicht anwenderdef.   *)
    (* Attributen belegten Speichers. Befindet sich 'e' auf der Ereignis-    *)
    (* liste oder in einer Warteschlange, wird es aus jener entfernt.        *)
    (* 'e' ist danach ein 'NullEntity'.                                      *)

PROCEDURE Equal (e1, e2 : Entity) : BOOLEAN;
    (* Test auf Identitaet zweier 'Entities'.                                *)
    (* Auch fuer Test auf 'NullEntity' geeignet.                             *)

PROCEDURE Current () : Entity;
    (* Ermittlung des aktiven, gerade laufenden 'Entity'.                    *)
    (* Falls keine Ereignisroutine aktiv => 'NullEntity'.                    *)

(************* Abfrage bzw. Manipulation der 'Entity'-Attribute *************)

PROCEDURE Attributes (e : Entity) : ADDRESS;
    (* Ermittlung der anwenderdef. Attribute eines 'Entity', ggf. 'NIL'.     *)

PROCEDURE Priority (e : Entity) : INTEGER;
    (* Prioritaet eines 'Entity' bei Einfuegung in Warteschlangen.           *)
    (* Bei der Erzeugung erhaelt ein 'Entity' die Prioritaet 0.              *)

PROCEDURE SetPriority (e : Entity; NewPriority : INTEGER);
    (* Aenderung der Prioritaet eines 'Entity'.                              *)
    (* Sie wirkt nur auf Einfuegungen in Warteschlangen!                     *)
PROCEDURE Idle (e : Entity) : BOOLEAN;
    (* Abfrage, ob ein 'Entity' nicht vorgemerkt und nicht laufend           *)
    (* ('Current') ist. In diesem Fall wird TRUE zurueckgegeben.             *)

PROCEDURE IsExternal (e : Entity) : BOOLEAN;
    (* Abfrage, ob ein 'Entity' als 'extern' deklariert ist.                 *)
    (* Bei der Erzeugung durch 'New' ist der Wert gleich 'FALSE'.            *)
```

```
PROCEDURE EvTime (e : Entity) : SimTime;
   (* Abfrage des (naechsten) Aktivierungszeitpunktes eines 'Entity'.      *)
   (* Bei passiven 'Entities' ist der Wert negativ.                        *)

PROCEDURE NextEv (e : Entity) : Entity;
   (* Nachfolger eines 'Entity' auf der Ereignisliste, ggf. 'NullEntity'.  *)

(********************** Manipulation der Ereignisliste *********************)

PROCEDURE ExternalEvent (
   Title     : ARRAY OF CHAR;
   EventType : BYTE;
   t         : SimTime);
   (* Ein externes Ereignis mit Ereignistyp 'EventType' und Namen 'Title'  *)
   (* wird zum Zeitpunkt 't' (absolut) angesetzt. Ist 't' kleiner als die  *)
   (* aktuelle Simulationszeit, so wird kein Eintrag vorgenommen.          *)
   (* Das implizit erzeugte 'Entity' kann weder in Warteschlangen einge-   *)
   (* fuegt, noch mittels einer der 'Schedule'-Prozeduren manipuliert      *)
   (* werden. Lediglich das Loeschen ('Cancel') ist zugelassen.            *)
   (* Es kann auch keine anwenderdefinierten Attribute erhalten.           *)
   (* Unzulaessige Operationen werden mit entsprechenden Fehlermeldungen    *)
   (* quittiert.                                                           *)
   (* Nach Ablauf der Ereignisroutine wird der 'Entity'-Speicherplatz      *)
   (* automatisch freigegeben.                                            *)
   (* Auf korrekte Zuordnung des Ereignistyps ist vom Anwender selbst zu   *)
   (* achten. Zur Laufzeit kann nur die Zulaessigkeit des Ereignistyps     *)
   (* geprueft und gemeldet werden!                                        *)

PROCEDURE Schedule (EventType : BYTE; e : Entity; dt : SimTime);
   (* Ansetzen eines Ereignisses vom Typ 'EventType' zum Zeitpunkt         *)
   (* ('Time ()' + 'dt').                                                  *)
   (* Das zugeordnete 'Entity' 'e' wird bei Aktivierung der Ereignisroutine *)
   (* an diese uebergeben.                                                 *)
   (* Ist 'dt' = 'NOW ()', so wird 'e' direkt nach der laufenden Ereignis- *)
   (* routine aktiviert, sonst nach allen bereits vorgemerkten 'Entities'  *)
   (* mit gleicher Ereigniszeit.                                           *)
   (* Negative Zeitangaben werden durch 0.0 ueberschrieben.                *)
   (* Auf korrekte Zuordnung des Ereignistyps und des betroffenen 'Entity' *)
   (* ist vom Anwender selbst zu achten. Zur Laufzeit kann nur die         *)
   (* Zulaessigkeit des Ereignistyps abgeprueft und gemeldet werden!       *)
   (* Das betroffene 'Entity' 'e' darf nicht vorgemerkt sein!              *)
   (* Die Prozedur ist NICHT fuer externe Ereignisse zugelassen!          *)

PROCEDURE ReSchedule (e : Entity; dt : SimTime);
   (* Verschiebung des dem 'Entity' 'e' zugeordneten, vorgemerkten         *)
   (* Ereignisses auf den Zeitpunkt ('Time ()' + 'dt').                    *)
   (* Das laufende 'Entity' ('Current') ist NICHT mehr vorgemerkt !        *)
   (* (Sonstiges: s. 'Schedule')                                           *)

PROCEDURE ScheduleAfter (EventType : BYTE; e, Where : Entity);
   (* Ansetzen eines Ereignisses vom Typ 'EventType' mit 'Entity' 'e'      *)
   (* direkt nach dem 'Entity' 'Where' zu dessen Ereigniszeitpunkt.        *)
   (* 'e' darf nicht vorgemerkt, 'Where' muss vorgemerkt oder gleich       *)
   (* 'Current' sein! (Sonstiges: s. 'Schedule')                           *)

PROCEDURE ScheduleBefore (EventType : BYTE; e, Where : Entity);
   (* Ansetzen eines Ereignisses vom Typ 'EventType' mit 'Entity' 'e'      *)
   (* direkt vor dem 'Entity' 'Where' zu dessen Ereigniszeitpunkt.         *)
   (* 'e' darf nicht vorgemerkt, 'Where' muss vorgemerkt sein !            *)
   (* (Sonstiges: s. 'Schedule')                                           *)

PROCEDURE Cancel (e : Entity);
   (* Loeschen einer dem 'Entity' 'e' zugeordneten Ereignisnotiz.          *)
   (* 'e' muss vorgemerkt sein !                                           *)

END EventSimulation.
```

C.1.2   Modul eQueue

```
DEFINITION MODULE eQueue;

(***********************************************************************)
(*                                                                   *)
(*      Dateiname:          EQUEUE.DEF                               *)
(*                                                                   *)
(*      Projektleiter:      Prof. Dr.-Ing. B. Page                  *)
(*         .                Fachbereich Informatik der Universität Hamburg   *)
(*                                                                   *)
(*      Autoren:            R. Boelckow, A. Heymann, H. Liebert      *)
(*                                                                   *)
(*      Programminhalt:     Definition von und Operationen auf Warte-   *)
(*                          schlangen (ereignisorientierte Version)  *)
(*                                                                   *)
(***********************************************************************)
(*      V1=DOS Version fuer Logitech Modula-2/86 Vers. 3.03 unter MS-DOS    *)
(*      V2=DOS Version fuer TopSpeed Modula-2/87 Vers. 1.17 unter MS-DOS    *)
(***********************************************************************

Die in diesem Modul definierten Warteschlangen koennen beliebige Objekte vom Typ
'Entity' der ereignisorientierten Version DESMO's aufnehmen. Definitionen von Warte-
schlangen erfolgen mittels 'New', Einfuegungen mittels 'Insert' etc., Loeschungen
mittels 'Remove' und Suchvorgaenge mittels 'Find'.

Eine Beschraenkung der Anzahl gleichzeitig existierender Warteschlangen sowie ihrer
Kapazitaet ist prinzipiell nicht gegeben.

Ein 'Entity' kann sich jedoch gleichzeitig in hoechstens einer Warteschlange befin-
den; beim Versuch einer weiteren Einfuegung wird es aus der alten Warteschlange ent-
fernt und in die neue eingefuegt. Das Einfuegen erfolgt nach Prioritaet und inner-
halb gleich priorisierter 'Entities' nach dem FIFO-Prinzip, d.h. 'Entities' hoeherer
Prioritaet stehen vor allen anderen mit niedrigerer Prioritaet, 'Entities' gleicher
Prioritaet in der (zeitlichen) Reihenfolge ihres Eintrags.

Bei unzulaessigen Operationen und fehlerhaften Zugriffen auf Warteschlangen oder
'Entities' werden Warnungen oder Fehlermeldungen ausgegeben. Ausserdem werden in
diesen Faellen - sofern kein Programmabbruch erfolgt - definierte Werte an VAR-
Parameter bzw. als Funktionswerte zurueckgegeben. Sofern nicht anders angegeben,
erhalten CARDINALs den Wert 0, BOOLEANs 'FALSE', Texte "", 'Entities' 'NullEntity'
und REALs -1.0.

***********************************************************************)

FROM EventSimulation IMPORT Entity, SimTime;

(*<V1
EXPORT QUALIFIED
    (* Definition und Erzeugung von Warteschlangenobjekten *)
   Object, New,

    (* Manipulationen auf Warteschlangen *)
   Insert, InsertAfter, InsertBefore, Remove, Find, FindNext,

    (* Abfrage von Attributen und statistischen Daten *)
   GetTitle, ResetAt, Observations,
   First, Last, Pred, Succ, Empty, Length, MinLength, MaxLength,
   AvgLength, StdDevLength, MinLengthAt, MaxLengthAt,
   MaxWaitTime, AvgWaitTime, StdDevWaitTime, MaxWaitTimeAt,
```

```
      (* 'Debug'-Hilfe, Ruecksetzen, 'Report'- und Ueberschriftenausgabe *)
      List, Reset, Report, ReportHeader, StandardReport, StandardHeader,
      SetReportProc, ListAll, ResetAll, ReportAll;
V1>*)

TYPE
   Object;

   (*** Prozedur-Typen zur Redefinition von Reports und Ueberschriften: ***)
   ReportHeaderType = PROC;                   (* Ueberschrift *)
   ReportType       = PROCEDURE (Object); (* Datenausgabe *)

(****************** Erzeugung von Warteschlangenobjekten ******************)

PROCEDURE New (Title : ARRAY OF CHAR) : Object;
   (* Erzeugung einer neuen Warteschlange.                             *)
   (* Durch 'Title' wird sie in der 'Report'-, 'Error'-, 'Trace'-      *)
   (* und 'Debug'-Datei identifiziert. Der Name sollte eindeutig       *)
   (* vergeben werden, da er direkt uebernommen wird.                  *)

(***************** Manipulationen auf Warteschlangenobjekten ***************)

PROCEDURE Insert (e : Entity; q : Object);
   (* Einfuegen von 'e' in die Warteschlange 'q' nach Prioritaet bzw. FIFO, *)
   (* ggf. vorher Entfernung aus anderer Warteschlange.                *)

PROCEDURE InsertAfter (e, Where : Entity);
   (* Einfuegen direkt hinter einem anderen 'Entity' ohne Beruecksichtigung *)
   (* der Prioritaet, ggf. vorher Entfernung aus anderer Warteschlange. *)
   (* 'Where' muss sich in einer Warteschlange befinden!               *)

PROCEDURE InsertBefore (e, Where : Entity);
   (* Einfuegen direkt vor einem anderen 'Entity' ohne Beruecksichtigung *)
   (* der Prioritaet, ggf. vorher Entfernung aus anderer Warteschlange. *)
   (* 'Where' muss sich in einer Warteschlange befinden!               *)

PROCEDURE Remove (e : Entity);
   (* Entfernung von 'e' aus einer Warteschlange. Befindet sich 'e' nicht *)
   (* in einer Warteschlange, so wird die Operation nicht ausgefuehrt. *)

TYPE
   Condition = PROCEDURE (Entity) : BOOLEAN;   (* Suchbedingung *)

PROCEDURE Find (VAR e : Entity; q : Object; Cond : Condition);
   (* Suchen eines 'Entity' 'e', das die Bedingung 'Cond' erfuellt, ab der *)
   (* ersten Position in der Warteschlange 'q'. Die Position des gefundenen *)
   (* 'Entity' wird fuer spaetere 'FindNext'-Aufrufe festgehalten.     *)
   (* Erfuellt kein 'Entity' die Suchbedingung oder ist die Warteschlange *)
   (* leer, so wird ein 'NullEntity' zurueckgegeben und die Suchbedingung *)
   (* geloescht. *)

PROCEDURE FindNext (VAR e : Entity; q : Object);
   (* Fortsetzung der Suche nach 'Entities' mit gleicher Bedingung nach *)
   (* erfolgreichem 'Find' (bzw. 'FindNext') ab der Position hinter dem *)
   (* zuletzt gefundenen 'Entity'.                                     *)
   (* Die erste Suchoperation muss stets mit einem 'Find' erfolgen,    *)
   (* um die Suchbedingung zu definieren!                              *)

(************* Abfrage von Attributen und statistischen Daten *************)

PROCEDURE GetTitle (q : Object; VAR Text : ARRAY OF CHAR);
   (* Abfrage des Namens einer Warteschlange.                          *)

PROCEDURE ResetAt (q : Object) : SimTime;
   (* Zeitpunkt der letzten Ruecksetzung.                              *)
```

```
PROCEDURE Observations (q : Object) : CARDINAL;
    (* Anzahl erfolgter vollstaendiger Einfuege-/Loeschoperationen          *)
    (* seit dem letzten Ruecksetzen.                                        *)

PROCEDURE First (q : Object) : Entity;
    (* Kopfelement der Warteschlange; 'NullEntity', falls 'q' leer.         *)

PROCEDURE Last (q : Object) : Entity;
    (* Letztes Element der Warteschlange; 'NullEntity', falls 'q' leer.     *)

PROCEDURE Pred (e : Entity) : Entity;
    (* Vorgaenger des 'Entity' 'e'; 'NullEntity', falls nicht existent.     *)

PROCEDURE Succ (e : Entity) : Entity;
    (* Nachfolger des 'Entity' 'e'; 'NullEntity', falls nicht existent.     *)

PROCEDURE Empty (q : Object) : BOOLEAN;
    (* Abfrage auf leere Warteschlange.                                     *)

PROCEDURE Length (q : Object) : CARDINAL;
    (* Aktuelle Warteschlangenlaenge.                                       *)


 (*** Abfragefunktionen zur kumulierenden Warteschlangenstatistik seit   ***)
 (*** dem letzten Ruecksetzen. Bei Mehrdeutigkeiten gilt der Zeitpunkt    ***)
 (*** des ersten Auftretens eines Extremwertes (Suffix "At").            ***)
 (*** 'AvgLength' und 'StdDevLength' sind zeitlich gewichtet!            ***)


PROCEDURE MinLength       (q : Object) : CARDINAL;
PROCEDURE MaxLength       (q : Object) : CARDINAL;
PROCEDURE AvgLength       (q : Object) : REAL;
PROCEDURE StdDevLength    (q : Object) : REAL;
PROCEDURE MinLengthAt     (q : Object) : SimTime;
PROCEDURE MaxLengthAt     (q : Object) : SimTime;

PROCEDURE MaxWaitTime     (q : Object) : SimTime;
PROCEDURE AvgWaitTime     (q : Object) : SimTime;
PROCEDURE StdDevWaitTime  (q : Object) : SimTime;
PROCEDURE MaxWaitTimeAt   (q : Object) : SimTime;

(***** 'Debug'-Hilfe, Ruecksetzen, 'Report'- und Ueberschriftenausgabe *****)

PROCEDURE List (q : Object);
    (* Auflistung aller zum aktuellen Zeitpunkt in der Warteschlange 'q'    *)
    (* enthaltenen 'Entities' mit Angabe ihrer Prioritaet und ihres         *)
    (* Einfuegezeitpunktes auf der aktuellen 'Debug'-Datei.                 *)

PROCEDURE Reset (q : Object);
    (* Ruecksetzen der kumulierenden Statistik der Warteschlange 'q'.       *)
    (* Neustart der statistischen Berechnungen mit Anfangswert 0.           *)

PROCEDURE Report (q : Object);
    (* Ausgabe (eines Teils) der kumulierten Warteschlangenstatistik der    *)
    (* Warteschlange 'q' auf der aktuellen 'Report'-Datei.                  *)
    (* Dabei wird 'StandardReport' aufgerufen, sofern nicht mittels         *)
    (* 'SetReportProc' eine andere Prozedur angekoppelt wurde.              *)

PROCEDURE ReportHeader;
    (* Ausgabe einer Ueberschrift fuer den Report auf der aktuellen         *)
    (* 'Report'-Datei.                                                      *)
    (* Dabei wird 'StandardHeader' aufgerufen, sofern nicht mittels         *)
    (* 'SetReportProc' eine andere Prozedur angekoppelt wurde.              *)

PROCEDURE StandardReport (q : Object);
    (* Ausgabe des Standard-Reports auf der aktuellen 'Report'-Datei.       *)
```

```
PROCEDURE StandardHeader;
   (* Ausgabe der Standard-Ueberschrift auf der aktuellen 'Report'-Datei.   *)

PROCEDURE SetReportProc (Header : ReportHeaderType; Body : ReportType);
   (* Ersetzung der Standardprozeduren fuer Ueberschrift und 'Report'        *)
   (* durch benutzerdefinierte Prozeduren.                                   *)
   (* 'Header' ersetzt die an 'ReportHeader' gebundene, 'Body' die an        *)
   (* 'Report' gebundene Prozedur.                                           *)
   (* 'Header' und 'Body' werden in 'ReportAll' verwendet.                   *)

PROCEDURE ListAll;
   (* Auflistung der Elemente aller erzeugten Warteschlangen vom Typ         *)
   (* 'Object' auf der aktuellen 'Debug'-Datei.                              *)

PROCEDURE ResetAll;
   (* Ruecksetzung aller Warteschlangen vom Typ 'Object'.                    *)

PROCEDURE ReportAll;
   (* 'Report' ueber alle erzeugten Warteschlangen vom Typ 'Object'          *)
   (* auf der aktuellen 'Report'-Datei.                                      *)

END eQueue.
```

C.2 Prozeßorientierte Simulation

C.2.1 Modul ProcessSimulation

```
DEFINITION MODULE ProcessSimulation;

(************************************************************************)
(*                                                                      *)
(*      Dateiname:          PROCESSSI.DEF                                *)
(*                                                                      *)
(*      Projektleiter:      Prof. Dr.-Ing. B. Page                      *)
(*                          Fachbereich Informatik der Universität Hamburg *)
(*                                                                      *)
(*      Autoren:            R. Boelckow, A. Heymann, H. Liebert          *)
(*                                                                      *)
(*      Programminhalt:     Prozesssteuerung und Zeitfuehrung von DESMO  *)
(*                          (prozessorientierter Ansatz)                 *)
(*                                                                      *)
(************************************************************************)
(*      V1=DOS Version fuer Logitech Modula-2/86 Vers. 3.03 unter MS-DOS *)
(*      V2=DOS Version fuer TopSpeed Modula-2/87 Vers. 1.17 unter MS-DOS *)
(************************************************************************)

FROM SYSTEM IMPORT BYTE, ADDRESS;

(*<V1
EXPORT QUALIFIED
   (* Simulationskontrolle *)
   SimTime, Time, NOW, ProcessStackSize,
   List, Reset, Report, Trace, NoTrace, Debug, NoDebug,
   SetDebugFile, SetErrorFile, SetTraceFile, SetReportFile, CloseFiles,
```

```
    (* Manipulation benutzerdefinierte Prozesse ('Entities') *)
    Entity, NullEntity, New, Dispose, Equal, Main, Current,

    (* Abfrage / Manipulation der Entity-Attribute *)
    Attributes, Priority, SetPriority, Interrupted, Idle, Avail, Owner,
    Terminated, NextEv, EvTime,

    (* Manipulation der Ereignisliste *)
    Schedule, ReSchedule, ScheduleAfter, ScheduleBefore, Cancel,

    (* Interprozess-Synchronisation *)
    EntityCoOperation, CoOpt, Interrupt, ClearInterrupt,

    (* Selbst-Manipulation des gerade laufenden Prozesses ('Current') *)
    Hold, Passivate, DisposeOnTermination;
V1>*)

TYPE
    Entity;
    EntityActions      = PROCEDURE ((* Selbstreferenz *) Entity);
    EntityCoOperation = PROCEDURE ((* Master- *) Entity, (* Slave- *) Entity);
    SimTime = REAL;

VAR
    ProcessStackSize : CARDINAL;
    (* Groesse des lokalen Kellerspeichers fuer 'Entities'.                 *)
    (* Der hier eingetragene Wert wird bei allen folgenden Aufrufen von 'New'*)
    (* verwendet, um die Groesse des dynamisch zu erzeugenden lokalen Keller-*)
    (* speichers (Stack) fuer das zu erzeugende 'Entity' zu definieren.      *)
    (* Die Variable ist mit dem Wert 2048 vorbelegt, der fuer alle           *)
    (* getesteten Modelle ausreichte. Ein groesserer Wert koennte benoetigt  *)
    (* werden, wenn die Handlungsbeschreibung eines 'Entity' (oder eine      *)
    (* davon aufgerufene Prozedur) lokale Variablen mit grossem Speicher-    *)
    (* bedarf enthaelt, oder rekursiv programmierte Prozeduren aufruft.      *)
    (* Anzeichen fuer einen zu klein gewaehlten 'ProcessStackSize' sind      *)
    (* Programmabbrueche mit der Fehlermeldung "Stack Overflow", fuer zu     *)
    (* gross gewaehlten solche mit der Fehlermeldung "Heap Overflow".        *)


(**********************************************************************************)
(************************** Simulationskontrolle **************************)
(**********************************************************************************)

PROCEDURE Time () : SimTime;
    (* Abfrage des aktuellen Standes der Simulationsuhr.                     *)

PROCEDURE NOW () : SimTime;
    (* Pseudo-Simulationszeit: "Jetzt sofort"                               *)
    (* Uebergabe von 'NOW ()' als Aktivierungszeitpunkt beim Aufruf von     *)
    (* 'Schedule' bewirkt, dass das zu aktivierende 'Entity' das gerade     *)
    (* laufende vom Kopf der Ereignisliste verdraengt und sofort aktiviert  *)
    (* wird, waehrend bei Uebergabe von 0.0 das zu aktivierende 'Entity'    *)
    (* nach allen anderen fuer den gleichen Zeitpunkt vorgemerkten Prozessen *)
    (* aktiviert wird.                                                       *)

PROCEDURE List;
    (* Ausgabe der vollstaendigen Ereignisliste sowie aller Warteschlangen  *)
    (* (einschliesslich der implizit definierten) auf die aktuelle 'Debug'- *)
    (* Datei. Alle eingetragenen 'Entities' werden mit ihrem Aktivierungs-  *)
    (* zeitpunkt (in der Ereignisliste) bzw. dem Zeitpunkt ihrer Einreihung *)
    (* (bei Warteschlangen) ausgegeben.                                     *)

PROCEDURE Reset;
    (* Ruecksetzen der kumulierenden Statistik.                             *)
    (* Alle statistischen Berechnungen (automatische wie halbautomatische)  *)
    (* werden auf 0 gesetzt und neu gestartet.                              *)
```

```
PROCEDURE Report;
    (* Ausgabe eines globalen Reports auf die aktuelle 'Report'-Datei.      *)
    (* Der Report umfasst saemtliche Einzelreports aller im Modell          *)
    (* definierten Warteschlangen (einschliesslich der in den               *)
    (* Synchronisationsobjekten implizit definierten), Statistik-           *)
    (* Objekte und Zufallszahlenstroeme.                                    *)

PROCEDURE Trace;
    (* Einschalten des 'Trace'-Modus.                                       *)
    (* Dabei werden alle folgenden Manipulationen auf der Ereignisliste,    *)
    (* Warteschlangen und Synchronisationsobjekten in der jeweils aktuellen *)
    (* 'Trace'-Datei protokolliert.                                         *)

PROCEDURE NoTrace;
    (* Ausschalten des 'Trace'-Modus.                                       *)

PROCEDURE Debug;
    (* Einschalten des 'Debug'-Modus.                                       *)
    (* Hierbei wird nach jeder Manipulation auf der Ereignisliste oder einer *)
    (* Warteschlange (einschliessliche der in den Synchronisationsobjekten  *)
    (* implizit definierten) das betroffene Objekt mit allen eingetragenen  *)
    (* 'Entities' ausgegeben.                                               *)

PROCEDURE NoDebug;
    (* Ausschalten des 'Debug'-Modus.                                       *)

PROCEDURE SetDebugFile (Name : ARRAY OF CHAR);
    (* Einstellen einer neuen 'Debug'-Datei.                                *)
    (* In diese Datei werden alle Ausgaben von 'List' und 'Debug'geschrieben.*)
    (* Vorm ersten Aufruf von 'SetDebugFile' werden diese Daten in die Datei *)
    (* 'DESMO.DBG' geschrieben.                                             *)

PROCEDURE SetErrorFile (Name : ARRAY OF CHAR);
    (* Einstellen einer neuen 'Error'-Datei.                                *)
    (* In diese Datei werden alle Fehlermeldungen geschrieben, die sich     *)
    (* durch falsche oder inkonsistente Verwendung der von DESMO bereit-    *)
    (* gestellten Funktionen ergeben.  Vorm ersten Aufruf von 'SetErrorFile' *)
    (* werden diese Daten in die Datei 'DESMO.ERR' geschrieben.             *)

PROCEDURE SetTraceFile (Name : ARRAY OF CHAR);
    (* Einstellen einer neuen 'Trace'-Datei.                                *)
    (* In diese Datei werden alle Ausgaben von und 'Trace' geschrieben.     *)
    (* Vorm ersten Aufruf von 'SetTraceFile' werden diese Daten in die Datei *)
    (* 'DESMO.TRC' geschrieben.                                             *)

PROCEDURE SetReportFile (Name : ARRAY OF CHAR);
    (* Einstellen einer neuen 'Report'-Datei.                               *)
    (* In diese Datei werden alle Ausgaben von 'Report' geschrieben. Vorm   *)
    (* ersten Aufruf von 'SetReportFile' werden diese Daten in die Datei    *)
    (* 'DESMO.RPT' geschrieben.                                             *)

PROCEDURE CloseFiles;
    (* Schliessen der 'Debug'-, 'Error'-, 'Trace'- und 'Report'-Dateien.    *)
    (* Diese Funktion steht bereit, da nicht bei allen Implementationen     *)
    (* von Modula-2 davon ausgegangen werden kann, dass das Laufzeitsystem  *)
    (* oder das Betriebssystem bei Programmende alle noch offenen Dateien   *)
    (* schliessen. Wenn darueber Unsicherheit besteht, sollte diese Prozedur *)
    (* unmittelbar vor dem Programmende aufgerufen werden.                  *)
    (* Unter LOGITECH-Modula ist das selbsttaetige Schliessen aller Dateien *)
    (* bei Programmende sichergestellt, so dass auf den Aufruf von          *)
    (* 'CloseFiles' verzichtet werden kann.                                 *)
```

```
(***********************************************************************)
(********** Manipulation benutzerdefinierter Prozesse ('Entities') ********)
(***********************************************************************)

PROCEDURE New (
   Title      : ARRAY OF CHAR;
   Actions    : EntityActions;
   Attributes : ADDRESS)
: Entity;
   (* Erzeugung eines neuen 'Entity'.                                  *)
   (* Durch den 'Title' wird das 'Entity' in der 'Error'-, 'Trace'- oder   *)
   (* Debug'-Datei identifiziert. DESMO numeriert ausserdem 'Entities' mit  *)
   (* gleichem 'Title' fortlaufend modulo 100 (d.h. nach Nummer 99 beginnt  *)
   (* die Numerierung neu bei 0).                                      *)
   (* 'Actions' ist eine Prozedur, die die Handlungen des zu erzeugenden  *)
   (* Entity' beschreibt. Als Eingabeparameter erhaelt diese Prozedur das  *)
   (* 'Entity' selbst (anderenfalls muesste sie erst 'Current' aufrufen, um *)
   (* die eigene Identitaet zu erfragen).                              *)
   (* Die Ausfuehung der 'Actions'-Prozedur beginnt erst bei der ersten  *)
   (* Aktivierung des 'Entity'. 'New' allein bewirkt noch keine Aktivierung!*)
   (* Attributes' ist ein Zeiger auf die Attribute des neuen 'Entity'. Die  *)
   (* Datenstruktur fuer diese Attribute ist vom Modellprogrammierer zu  *)
   (* definieren und vor dem Aufruf von 'New' dynamisch zu erzeugen.   *)
   (* 'Attributes' ist ein Zeiger auf die benutzerdefinierten, von "aussen" *)
   (* abfragbaren Attribute des zu erzeugenden 'Entity', eine vom Modell-  *)
   (* programmierer zu definierende Datenstruktur. Falls abfragbare     *)
   (* Attribute nicht beoetigt werden, kann auch 'NIL' uebergeben werden.  *)
   (* Es bietet sich an, die Attribute ALLER 'Entity'-Typen in EINEM   *)
   (* varianten Verbund mit Etikett-Feld ('Tag') gemeinsam zu definieren,  *)
   (* so dass anhand des Etikett-Feldes der 'Entity'-Typ festgestellt   *)
   (* werden kann. Die hier ueber 'Attributes' definierten Attribute   *)
   (* koennen spaeter durch Aufruf der Funktion 'Attributes' abgefragt  *)
   (* werden. Darueber hinaus kann ein 'Entity' auch nicht-abfragbare   *)
   (* Attribute in Form lokaler Variablen der 'Action'-Prozedur besitzen.  *)

PROCEDURE Dispose (VAR e : Entity);
   (* Vernichtung eines 'Entity'.                                      *)
   (* Der durch das 'Entity' belegte Speicherplatz wird freigegeben. Falls *)
   (* das 'Entity' mit abfragbaren Attributen ausgestattet wurde, sind  *)
   (* diese durch den Modellprogrammierer zu vernichten. 'Dispose' darf nur *)
   (* fuer terminierte 'Entities' verwendet werden.                    *)


(***********************************************************************)
(* Die beiden folgenden Funktionen erlauben den Vergleich zweier 'Entities' *)
(* sowie die Ueberpruefung von Null-Eintraegen (etwa in Warteschlangen).   *)
(* So kann z.B. durch                                               *)
(*     'IF Equal (Owner (EntityA), NullEntity ()) THEN ... ELSE ... END'   *)
(* festgestellt werden, ob 'EntityA' als Slave an einer direkten Prozess-  *)
(* kooperation (vgl. 'CoOpt') beteiligt ist oder nicht.             *)
(* (Diese Abfrage ist exakt die Wirkungsweise der Funktion 'Avail' (s.u.).) *)
(***********************************************************************)

PROCEDURE NullEntity () : Entity;
   (* Pseudo-'Entity': Kein 'Entity.'                                  *)

PROCEDURE Equal (e1, e2 : Entity) : BOOLEAN;
   (* Feststellung der Identitaet zweier 'Entities'.                   *)

PROCEDURE Current () : Entity;
   (* Abfrage des gerade laufenden 'Entity'.                           *)
   (* Diese Funktion liefert das aktuell aktive 'Entity', also dasjenige,  *)
   (* das gerade am Kopf der Ereignisliste steht. Zwar steht jedem 'Entity' *)
   (* in seiner Handlungsbeschreibung die Selbstreferenz als Eingabepara-  *)
   (* meter zur Verfuegung. Wenn aber diese Handlungsbeschreibung globale  *)
   (* Hilfsprozeduren aufruft, so kann in diesen bei Bedarf 'Current'   *)
   (* abgefragt werden, um eine solche Selbstreferenz zu erhalten.     *)
```

```
PROCEDURE Main () : Entity;
   (* Abfrage des 'Entity', das das Hauptprogramm repraesentiert. Damit das *)
   (* auch das Hauptprogramm aktiviert und passiviert werden kann, wird es  *)
   (* durch ein 'Entity' repraesentiert, das durch diese Funktion erfragt   *)
   (* werden kann. Dies ist in jedem Modell das einzige 'Entity', das nicht *)
   (* durch 'New' erzeugt werden muss, sondern implizit definiert ist.      *)

   (*********************************************************************************)
   (*************** Abfrage / Manipulation der Entity-Attribute **************)
   (*********************************************************************************)

PROCEDURE Attributes (e : Entity) : ADDRESS;
   (* Abfrage der benutzerdefinierten Attribute des 'Entity' 'e'.          *)
   (* Diese Funktion liefert den Zeiger, der bei der Erzeugung von 'e' als *)
   (* Parameter 'Attributes' uebergeben wurde.                             *)

PROCEDURE Priority (e : Entity) : INTEGER;
   (* Abfrage der Prioritaetsstufe des 'Entity' 'e'.                         *)
   (* Die Prioritaetsstufe eines 'Entity' beeinflusst seine Verweildauer in *)
   (* Warteschlangen (einschliesslich der in Synchronisationsobjekten        *)
   (* implizit definierten Warteschlangen): 'Entities' werden in             *)
   (* Warteschlangen nach Prioritaeten sortiert eingetragen, 'Entities'      *)
   (* hoeherer Prioritaet stehen vor allen 'Entities' niedrigerer            *)
   (* Prioritaet. Innerhalb einer Prioritaetsstufe wird die FIFO-Strategie   *)
   (* angewendet, d.h. 'Entities' werden hinter allen bereits eingereihten   *)
   (* 'Entities' der gleichen Prioritaetsstufe eingetragen.                  *)
   (* Bei der Erzeugung erhaelt jedes Entity die Prioritaetsstufe 0. Danach  *)
   (* kann durch 'SetPriority' (s.u.) die Prioritaet erhoeht oder (durch     *)
   (* negative Werte) vermindert werden.                                     *)

PROCEDURE SetPriority (e : Entity; NewPriority : INTEGER);
   (* Setzen der Prioritaetsstufe des 'Entity' 'e' auf 'NewPriority'.      *)
   (* vgl. 'Priority'                                                      *)

PROCEDURE Interrupted (e : Entity) : BYTE;
   (* Abfrage des Unterbrechungsstatus des 'Entity' 'e'. (vgl. 'Interrupt' *)
   (* Wurde 'e' nicht unterbrochen, so wird 0 zurueckgegeben.              *)

PROCEDURE Idle (e : Entity) : BOOLEAN;
   (* Abfrage des Aktivierungsstatus des 'Entity' 'e'. Die Funktion liefert *)
   (* 'TRUE', wenn 'e' nicht in die Ereignisliste eingetragen ist.          *)

PROCEDURE Avail (e : Entity) : BOOLEAN;
   (* Abfrage der Vefuegbarkeit des 'Entity' 'e' fuer direkte Kooperation.  *)
   (* Die Funktion liefert 'TRUE', wenn 'e' noch nicht als Slave an einer   *)
   (* direkten Prozesskooperation beteiligt ist (vgl. 'CoOpt').             *)

PROCEDURE Owner (e : Entity) : Entity;
   (* Abfrage des Masters des 'Entity' 'e' bei direkter Prozesskooperation. *)
   (* Die Funktion liefert den Master von 'e', wenn 'e' als Slave an einer  *)
   (* direkten Prozesskooperation beteiligt ist, sonst 'NullEntity ()'.     *)
   (* vgl. 'CoOpt'                                                          *)

PROCEDURE Terminated (e : Entity) : BOOLEAN;
   (* Abfrage der Terminierung des 'Entity' 'e'.                          *)
   (* Die Funktion liefert 'TRUE', wenn die Handlungsbeschreibung von 'e' *)
   (* vollstaendig abgearbeitet ist, 'e' aber noch nicht vernichtet wurde. *)

PROCEDURE NextEv (e : Entity) : Entity;
   (* Abfrage des Nachfolgers des 'Entity' 'e' auf der Ereignisliste.     *)

PROCEDURE EvTime (e : Entity) : SimTime;
   (* Abfrage des naechsten Aktivierungszeitpunktes des 'Entity' 'e'.      *)
   (* Diese Funktion liefert nur dann einen gueltigen Wert, wenn 'e' in die *)
   (* Ereignisliste eingetragen ist (d.h. 'Idle (e) = FALSE').             *)
```

```
(*****************************************************************************)
(********************** Manipulation der Ereignisliste *********************)
(*****************************************************************************)

PROCEDURE Schedule (e : Entity; dt : SimTime);
   (* Aktivierung des 'Entity' 'e' zum Zeitpunkt 'Time () + dt'.           *)
   (* 'e' wird (ggf. hinter allen 'Entities' mit gleichem Aktivierungs-    *)
   (* zeitpunkt) in die Ereignisliste eingetragen und aktiviert, sobald    *)
   (* alle vor 'e' eingetragenen Prozessaktivierungen abgearbeitet sind.   *)
   (* Die Operation wird nur dann ausgefuehrt, wenn 'e' nicht bereits auf  *)
   (* der Ereignisliste steht.                                             *)

PROCEDURE ReSchedule (e : Entity; dt : SimTime);
   (* Verschieben des Aktivierungszeitpunktes von 'e' auf 'Time () + dt'.  *)
   (* Wie 'Schedule', aber nur fuer solche 'Entities', die bereits in die  *)
   (* Ereignisliste eingetragen sind. Der alte Ereignislisteneintrag wird  *)
   (* gestrichen und durch einen neuen ersetzt.                            *)

PROCEDURE ScheduleAfter (e, Where : Entity);
   (* Aktivierung des 'Entity' 'e' unmittelbar nach 'Where'.               *)
   (* 'e' wird als Nachfolger von 'Where' in die Ereignisliste eingetragen. *)
   (* Die Operation wird nur dann ausgefuehrt, wenn 'e' nicht bereits auf  *)
   (* der Ereignisliste steht (wohl aber 'Where'!).                        *)

PROCEDURE ScheduleBefore (e, Where : Entity);
   (* Aktivierung des 'Entity' 'e' unmittelbar vor 'Where'.                *)
   (* 'e' wird als Vorgaenger von 'Where' in die Ereignisliste eingetragen. *)
   (* Die Operation wird nur dann ausgefuehrt, wenn 'e' nicht bereits auf  *)
   (* der Ereignisliste steht (wohl aber 'Where'!).                        *)

PROCEDURE Cancel (e : Entity);
   (* Streichen der Aktivierung des 'Entity' 'e' von der Ereignisliste.    *)


(*****************************************************************************)
(********************** Interprozess - Synchronisation *********************)
(*****************************************************************************)

PROCEDURE CoOpt (Slave : Entity; Activity : EntityCoOperation);
   (* Ausfuehrung einer direkten Kooperation von 'Current ()' (als Master) *)
   (* und 'Slave'.                                                         *)
   (* Die Kooperation wird als Prozedur 'Activity' uebergeben. Man kann    *)
   (* sich die Kooperation als gemeinsame Handlung der beiden beteiligten  *)
   (* 'Entities' vorstellen und die 'Activity' voellig symmetrisch         *)
   (* formulieren. Tatsaechlich wird die Prozedur aber vom 'Master'-Prozess *)
   (* ausgefuehrt, was sich darin aeussert, dass in der 'Trace'-Datei die  *)
   (* gemeinsamen Handlungen als Handlungen des 'Masters' erscheinen und   *)
   (* waehrend der Kooperation 'Current' (s.o.) den 'Master' liefert.      *)
   (* Waehrend der Kooperation ist der 'Master' als 'Owner' (s.o.) in die  *)
   (* systemdefinierten) Attribute des 'Slave's eingetragen. Nach          *)
   (* Beendigung der Kooperation sind beide 'Entities' wieder aktiv, wobei *)
   (* die Handlungen des 'Masters' zuerst fortgesetzt werden.              *)
   (* Die Operation wird nur dann ausgefuehrt, wenn 'Slave' sich zuvor     *)
   (* mittels 'Wait' in eine 'WaitQ' (vgl. gleichnamiges Modul) eingereiht *)
   (* hat. Durch 'CoOpt' wird er aus dieser Warteschlange entfernt und nach *)
   (* erfolgter Kooperation wieder aktiviert.                              *)

PROCEDURE Interrupt (e : Entity; Code : BYTE);
   (* Unterbrechung des 'Entity' 'e'.                                      *)
   (* 'e' wird zum aktuellen Simulationszeitpunkt aktiviert und 'Code' als *)
   (* 'Interrupted' in die systemdefinierten Attribute von 'e' eingetragen. *)
   (* Der Modellprogrammierer sollte alle moeglichen Unterbrechungs-       *)
   (* ursachen als Aufzaehlungstyp definieren. Das unterbrochene 'Entity'  *)
   (* kann dann anhand seines Unterbrechungsstatus 'Code' (vgl.            *)
   (* 'Interrupted') den Grund fuer seine Unterbrechung feststellen.       *)
   (* Der Aufzaehlungstyp sollte als erste Komponente 'NoInterrupt'        *)
   (* enthalten, da die erste Komponente die Ordnungszahl 0 erhaelt und der *)
```

```
    (* Unterbrechungsstatus 0 den Normalzustand ("keine Unterbrechung")    *)
    (* kodiert.                                                             *)

PROCEDURE ClearInterrupt (e : Entity);
    (* Ruecksetzen des Unterbrechungsstatus des 'Entity' 'e'.              *)
    (* Der Unterbrechungsstatus von 'e' wird auf 0 zurueckgesetzt.         *)
    (* Insbesondere sollte jedes unterbrochene 'Entity', nachdem es auf    *)
    (* seineUnterbrechung angemessen reagiert hat, seinen eigenen          *)
    (* Unterbrechungsstatus zuruecksetzen: 'ClearInterrupt (Current ());'. *)

(***********************************************************************************)
(********** Selbstmanipulation des aktiven 'Entity' ('Current ()') **********)
(***********************************************************************************)

PROCEDURE Hold (dt : SimTime);
    (* Aussetzen der 'Entity'-Handlungen bis 'Time () + dt'.               *)
    (* 'Hold (dt)' ist eine Abkuerzung fuer 'ReSchedule (Current (), dt)'. *)

PROCEDURE Passivate;
    (* Passivierung des aktiven 'Entity'.                                  *)
    (* 'Passivate' ist eine Abkuerzung fuer 'Cancel (Current ())'.         *)

PROCEDURE DisposeOnTermination;
    (* Vernichtung des aktiven 'Entity' nach seiner Terminierung.          *)
    (* Diese Prozedur weist das aktive 'Entity' an, sich nach Beendigung   *)
    (* seiner Handlungen selbsttaetig zu vernichten. Wird sie nicht        *)
    (* aufgerufen, so bleibt das 'Entity' nach seiner Terminierung solange *)
    (* bestehen, bis ein anderes 'Entity' es explizit (durch 'Dispose')    *)
    (* vernichtet. Damit koennen auch nach seiner Terminierung noch seine  *)
    (* Attribute (system- wie benutzerdefinierte) abgefragt werden.        *)
    (* Wird 'DisposeOnTermination' verwendet, so muss das 'Entity' selbst  *)
    (* seine benutzerdefinierten Attribute vernichten, wenn der dafuer     *)
    (* belegte Speicherplatz freigegeben werden soll.                      *)

END ProcessSimulation.
```

C.2.2 Modul Queue

```
DEFINITION MODULE Queue;

(**********************************************************************************)
(*                                                                              *)
(*     Dateiname:          QUEUE.DEF                                            *)
(*                                                                              *)
(*     Projektleiter:      Prof. Dr.-Ing. B. Page                              *)
(*                         Fachbereich Informatik der Universität Hamburg      *)
(*                                                                              *)
(*     Autoren:            R. Boelckow, A. Heymann, H. Liebert                 *)
(*                                                                              *)
(*     Programminhalt:     Definition von und Operationen auf Warte-           *)
(*                         schlangen (prozessorientierte Version)              *)
(*                                                                              *)
(**********************************************************************************)
(*     V1=DOS Version fuer Logitech Modula-2/86 Vers. 3.03 unter MS-DOS    *)
(*     V2=DOS Version fuer TopSpeed Modula-2/87 Vers. 1.17 unter MS-DOS    *)
(**********************************************************************************
```

Die in diesem Modul definierten Warteschlangen koennen beliebige Objekte vom Typ
'Entity' der prozessorientierten Version DESMO's aufnehmen. Definitionen von Warteschlangen erfolgen mittels 'New', Einfuegungen mittels 'Insert' etc., Loeschungen
mittels 'Remove' und Suchvorgaenge mittels 'Find'.

Eine Beschraenkung der Anzahl gleichzeitig existierender Warteschlangen sowie ihrer
Kapazitaet ist prinzipiell nicht gegeben.

Ein 'Entity' kann sich jedoch gleichzeitig in hoechstens einer Warteschlange befinden; beim Versuch einer weiteren Einfuegung wird es aus der alten Warteschlange entfernt und in die neue eingefuegt. Das Einfuegen erfolgt nach Prioritaet und innerhalb gleich priorisierter 'Entities' nach dem FIFO-Prinzip, d.h. 'Entities' hoeherer
Prioritaet stehen vor allen anderen mit niedrigerer Prioritaet, 'Entities' gleicher
Prioritaet in der (zeitlichen) Reihenfolge ihres Eintrags.

Bei unzulaessigen Operationen und fehlerhaften Zugriffen auf Warteschlangen oder
'Entities' werden Warnungen oder Fehlermeldungen ausgegeben. Ausserdem werden in
diesen Faellen - sofern kein Programmabbruch erfolgt - definierte Werte an VAR-
Parameter bzw. als Funktionswerte zurueckgegeben. Sofern nicht anders angegeben,
erhalten CARDINALs den Wert 0, BOOLEANs 'FALSE', Texte "", 'Entities' 'NullEntity'
und REALs -1.0.

```
*******************************************************************************)

FROM ProcessSimulation IMPORT Entity, SimTime;

(*<V1
EXPORT QUALIFIED
    (* Definition und Erzeugung von Warteschlangenobjekten *)
   Object, New,

    (* Manipulationen auf Warteschlangen *)
   Insert, InsertAfter, InsertBefore, Remove, Find, FindNext,

    (* Abfrage von Attributen und statistischen Daten *)
   GetTitle, ResetAt, Observations,
   First, Last, Pred, Succ, Empty, Length, MinLength, MaxLength,
   AvgLength, StdDevLength, MinLengthAt, MaxLengthAt,
   MaxWaitTime, AvgWaitTime, StdDevWaitTime, MaxWaitTimeAt,

    (* 'Debug'-Hilfe, Ruecksetzen, 'Report'- und Ueberschriftenausgabe *)
   List, Reset, Report, ReportHeader, StandardReport, StandardHeader,
   SetReportProc, ListAll, ResetAll, ReportAll;
V1>*)

TYPE
   Object;

    (*** Prozedur-Typen zur Redefinition von Reports und Ueberschriften: ***)
   ReportHeaderType = PROC;                  (* Ueberschrift *)
   ReportType       = PROCEDURE (Object); (* Datenausgabe *)

(****************** Erzeugung von Warteschlangenobjekten ******************)

PROCEDURE New (Title : ARRAY OF CHAR) : Object;
    (* Erzeugung einer neuen Warteschlange.                                *)
    (* Durch 'Title' wird sie in der 'Report'-, 'Error'-, 'Trace'- und     *)
    (* 'Debug'-Datei identifiziert. Der Name sollte eindeutig vergeben     *)
    (* werden, da er direkt uebernommen wird.                              *)

(**************** Manipulationen auf Warteschlangenobjekten ***************)

PROCEDURE Insert (e : Entity; q : Object);
    (* Einfuegen von 'e' in die Warteschlange 'q' nach Prioritaet bzw. FIFO, *)
    (* ggf. vorher Entfernung aus anderer Warteschlange.                     *)
```

```
PROCEDURE InsertAfter (e, Where : Entity);
   (* Einfuegen direkt hinter einem anderen 'Entity' ohne Beruecksichtigung *)
   (* der Prioritaet, ggf. vorher Entfernung aus anderer Warteschlange.     *)
   (* 'Where' muss sich in einer Warteschlange befinden!                    *)

PROCEDURE InsertBefore (e, Where : Entity);
   (* Einfuegen direkt vor einem anderen 'Entity' ohne Beruecksichtigung    *)
   (* der Prioritaet,  ggf. vorher Entfernung aus anderer Warteschlange.    *)
   (* 'Where' muss sich in einer Warteschlange befinden!                    *)

PROCEDURE Remove (e : Entity);
   (* Entfernung von 'e' aus einer Warteschlange. Befindet sich 'e' nicht   *)
   (* in einer Warteschlange, so wird die Operation nicht ausgefuehrt.      *)

TYPE
   Condition = PROCEDURE (Entity) : BOOLEAN;   (* Suchbedingung *)

PROCEDURE Find (VAR e : Entity; q : Object; Cond : Condition);
   (* Suchen eines 'Entity' 'e', das die Bedingung 'Cond' erfuellt, ab der  *)
   (* ersten Position in der Warteschlange 'q'. Die Position des gefundenen *)
   (* 'Entity' wird fuer spaetere 'FindNext'-Aufrufe festgehalten.          *)
   (* Erfuellt kein 'Entity' die Suchbedingung oder ist die Warteschlange   *)
   (* leer, so wird ein 'NullEntity' zurueckgegeben und die Suchbedingung   *)
   (* geloescht.                                                            *)

PROCEDURE FindNext (VAR e : Entity; q : Object);
   (* Fortsetzung der Suche nach 'Entities' mit gleicher Bedingung nach     *)
   (* erfolgreichem 'Find' (bzw. 'FindNext') ab der Position hinter dem     *)
   (* zuletzt gefundenen 'Entity'.                                          *)
   (* Die erste Suchoperation muss stets mit einem 'Find' erfolgen, um die  *)
   (* Suchbedingung zu definieren!                                          *)

(************** Abfrage von Attributen und statistischen Daten **************)

PROCEDURE GetTitle (q : Object; VAR Text : ARRAY OF CHAR);
   (* Abfrage des Namens einer Warteschlange.                               *)

PROCEDURE ResetAt (q : Object) : SimTime;
   (* Zeitpunkt der letzten Ruecksetzung.                                   *)

PROCEDURE Observations (q : Object) : CARDINAL;
   (* Anzahl erfolgter vollstaendiger Einfuege-/Loeschoperationen           *)
   (* seit dem letzten Ruecksetzen.                                         *)

PROCEDURE First (q : Object) : Entity;
   (* Kopfelement der Warteschlange; 'NullEntity', falls 'q' leer.          *)

PROCEDURE Last (q : Object) : Entity;
   (* Letztes Element der Warteschlange; 'NullEntity', falls 'q' leer.      *)

PROCEDURE Pred (e : Entity) : Entity;
   (* Vorgaenger des 'Entity' 'e'; 'NullEntity', falls nicht existent.      *)

PROCEDURE Succ (e : Entity) : Entity;
   (* Nachfolger des 'Entity' 'e'; 'NullEntity', falls nicht existent.      *)

PROCEDURE Empty (q : Object) : BOOLEAN;
   (* Abfrage auf leere Warteschlange.                                      *)

PROCEDURE Length (q : Object) : CARDINAL;
   (* Aktuelle Warteschlangenlaenge.                                        *)
```

```
(*** Abfragefunktionen zur kumulierenden Warteschlangenstatistik seit   ***)
(*** dem letzten Ruecksetzen. Bei Mehrdeutigkeiten gilt der Zeitpunkt    ***)
(*** des ersten Auftretens eines Extremwertes (Suffix "At").             ***)
(*** 'AvgLength' und 'StdDevLength' sind zeitlich gewichtet!             ***)

PROCEDURE MinLength      (q : Object) : CARDINAL;
PROCEDURE MaxLength      (q : Object) : CARDINAL;
PROCEDURE AvgLength      (q : Object) : REAL;
PROCEDURE StdDevLength   (q : Object) : REAL;
PROCEDURE MinLengthAt    (q : Object) : SimTime;
PROCEDURE MaxLengthAt    (q : Object) : SimTime;


PROCEDURE MaxWaitTime    (q : Object) : SimTime;
PROCEDURE AvgWaitTime    (q : Object) : SimTime;
PROCEDURE StdDevWaitTime (q : Object) : SimTime;
PROCEDURE MaxWaitTimeAt  (q : Object) : SimTime;


(***** 'Debug'-Hilfe, Ruecksetzen, 'Report'- und Ueberschriftenausgabe *****)

PROCEDURE List (q : Object);
    (* Auflistung aller zum aktuellen Zeitpunkt in der Warteschlange 'q'   *)
    (* enthaltenen 'Entities' mit Angabe ihrer Prioritaet und ihres        *)
    (* Einfuegezeitpunktes auf der aktuellen 'Debug'-Datei.                *)

PROCEDURE Reset (q : Object);
    (* Ruecksetzen der kumulierenden Statistik der Warteschlange 'q'.      *)
    (* Neustart der statistischen Berechnungen mit Anfangswert 0.          *)

PROCEDURE Report (q : Object);
    (* Ausgabe (eines Teils) der kumulierten Warteschlangenstatistik der   *)
    (* Warteschlange 'q' auf der aktuellen 'Report'-Datei.                 *)
    (* Dabei wird 'StandardReport' aufgerufen, sofern nicht mittels        *)
    (* 'SetReportProc' eine andere Prozedur angekoppelt wurde.             *)

PROCEDURE ReportHeader;
    (* Ausgabe einer Ueberschrift fuer den Report auf der aktuellen        *)
    (* 'Report'-Datei.                                                     *)
    (* Dabei wird 'StandardHeader' aufgerufen, sofern nicht mittels        *)
    (* 'SetReportProc' eine andere Prozedur angekoppelt wurde.             *)

PROCEDURE StandardReport (q : Object);
    (* Ausgabe des Standard-Reports auf der aktuellen 'Report'-Datei.      *)

PROCEDURE StandardHeader;
    (* Ausgabe der Standard-Ueberschrift auf der aktuellen 'Report'-Datei. *)

PROCEDURE SetReportProc (Header : ReportHeaderType; Body : ReportType);
    (* Ersetzung der Standardprozeduren fuer Ueberschrift und 'Report' durch *)
    (* benutzerdefinierte Prozeduren. 'Header' ersetzt die an 'ReportHeader' *)
    (*  gebundene, 'Body' die an 'Report' gebundene Prozedur.              *)
    (* 'Header' und 'Body' werden in 'ReportAll' verwendet.                *)

PROCEDURE ListAll;
    (* Auflistung der Elemente aller erzeugten Warteschlangen              *)
    (* vom Typ 'Object' auf der aktuellen 'Debug'-Datei.                   *)

PROCEDURE ResetAll;
    (* Ruecksetzung aller Warteschlangen vom Typ 'Object'.                 *)

PROCEDURE ReportAll;
    (* 'Report' ueber alle erzeugten Warteschlangen vom Typ               *)
    (* 'Object' auf der aktuellen 'Report'-Datei.                         *)


END Queue.
```

C.3 Höhere Synchronisationsmechanismen

C.3.1 Modul Res

```
DEFINITION MODULE Res;

(*****************************************************************************)
(*                                                                          *)
(*      Dateiname:          RES.DEF                                         *)
(*                                                                          *)
(*      Projektleiter:      Prof. Dr.-Ing. B. Page                         *)
(*                          Fachbereich Informatik der Universität Hamburg  *)
(*                                                                          *)
(*      Autoren:            R. Boelckow, A. Heymann, H. Liebert             *)
(*                                                                          *)
(*      Programminhalt:     Steuerung der Belegung und                     *)
(*                          Freigabe von Ressourcen                        *)
(*                                                                          *)
(*****************************************************************************)
(*      V1=DOS Version fuer Logitech Modula-2/86 Vers. 3.03 unter MS-DOS    *)
(*      V2=DOS Version fuer TopSpeed Modula-2/87 Vers. 1.17 unter MS-DOS    *)
(*****************************************************************************

Dieses Modul realisiert einen Mechanismus fuer Ressourcenwettbewerb zwischen
Entities. Es lassen sich verschiedene Arten von Ressourcen (jeweils mit Kapazitae-
ten) definieren, um spaeter von Entities angefordert zu werden. Definitionen er-
folgen mittels 'New', Anforderungen mittels 'Acquire' und Rueckgaben mittels
'Release'.

Es werden implizit Warteschlangen fuer Entities gefuehrt, deren Nachfrage nicht
sofort befriedigt werden kann. Dabei erfolgen Einreihungen nach Prioritaeten gestaf-
felt. Die Fortsetzung des Ablaufs wartender Entities geschieht automatisch, wenn sie
die erste Warteschlangenposition erreichen (nach Ressourcenfreigabe durch andere
Entities) und ihr Bedarf befriedigt werden kann.

Bei der Anforderung von Ressourcen koennen Deadlocks auftreten. Eine Ueberwachung
wird in statischer und dynamischer Form angeboten. "Statisch" bedeutet hier, dass
die Uebereinstimmung von Deklarations- und Belegungsreihenfolge ueberprueft wird,
waehrend "dynamisch" sich auf die tatsaechliche momentane Ressourcenvergabe bezieht
(darstellbar durch einen Allokationsgraf).

Eine Beschraenkung der Anzahl der Ressourcenarten und ihrer Kapazitaeten ist nicht
prinzipiell gegeben. Bei unzulaessigen Operationen und fehlerhaften Zugriffen auf
Ressourcen werden Warnungen oder Fehlermeldungen ausgegeben. Ausserdem werden in
diesen Faellen - sofern kein Programmabbruch erfolgt - definierte Werte an VAR-
Parameter bzw. als Funktionswerte zurueckgegeben: Fuer statistisch nicht definierte
Groessen (Mittelwerte, Standardabweichungen) -1.0, ansonsten fuer CARDINALs 0,
BOOLEANs 'FALSE', String-Parameter "" und REALs 0.0.


*****************************************************************************)

FROM ProcessSimulation IMPORT Entity;

(*<V1
EXPORT QUALIFIED
    (* Kernfunktionen *)
  Object, New, Acquire, Release, Avail, ReleasedAll,

    (* Deadlock-Behandlung *)
  Level, DeadlockCheck,
```

```
   (* statistische (Hilfs-)Funktionen *)
   Users, Minimum, AvgUsage,
   Empty, Length, MinLength, MaxLength, AvgLength, StdDevLength,
   MaxWaitTime, AvgWaitTime, StdDevWaitTime,
   ResetAt, MinLengthAt, MaxLengthAt, MaxWaitTimeAt,

   (* Ausgaben und statistische Ruecksetzung *)
   Report, ReportHeader, ReportAll,
   SetReportProc, StandardReport, StandardHeader,
   Reset, ResetAll, List, ListAll,

   GetTitle;
V1>*)

TYPE
   Object;
   ReportType = PROCEDURE (Object);
   ReportHeaderType = PROC;
   SimTime = REAL;

(*******************)
(*  Kernfunktionen  *)
(*******************)

PROCEDURE New (Title : ARRAY OF CHAR; Init : CARDINAL) : Object;
   (* Generierung einer Ressourcenart mit Titel (zur Identifikation z. B.   *)
   (* in spaeteren Reports) und Kapazitaetsfestlegung; Eintragung in eine    *)
   (* Liste fuer gesammelte Reports und statistische Ruecksetzungen.         *)

PROCEDURE Acquire (r : Object; n : CARDINAL);
   (* Anforderung einer bestimmten Anzahl von Ressourcen eines (vorher       *)
   (* mittels 'New' erzeugten) Typs. Bei zu geringem Vorrat erfolgt          *)
   (* Einreihung des entsprechenden Entities in eine Warteschlange           *)
   (* (ggf. gemaess Prioritaet). Deadlock-Ueberwachung erfolgt gem. dem      *)
   (* durch 'DeadlockCheck' vorgegebenen Level.                              *)

PROCEDURE Release (r : Object; n : CARDINAL);
   (* Rueckgabe von Ressourcen und ggf. Zuteilung an wartende Entities       *)

PROCEDURE Avail (r : Object) : CARDINAL;
PROCEDURE ReleasedAll (
   e : Entity;
   VAR r : Object;
   VAR n : CARDINAL)
: BOOLEAN;
   (* Ueberpruefung, ob ein 'Entity' 'e' alle belegten Ressourcen frei-      *)
   (* gegeben hat. Falls nicht, wird in 'r' das (gem. Generierungsreihen-    *)
   (* folge) erste Ressourcenobjekt, von dem noch Ressourcen belegt sind,    *)
   (* und in 'n' die belegte Menge zurueckgegeben.                           *)

(***********************)
(*  Deadlock-Behandlung  *)
(***********************)

TYPE Level = (off, Static, DynamicA, DynamicB);

PROCEDURE DeadlockCheck (l : Level);
   (* 'Static':  Pruefung auf Belegungsreihenfolge gem.                      *)
   (*            Deklarationsreihenfolge (Default)                           *)
   (* 'Dynamic': Pruefung auf Zyklenfreiheit im RessourcenAllokationsgraph   *)
   (*            'A': jedesmal, wenn ein Entity versucht,                     *)
   (*                 eine Ressource zu belegen.                             *)
   (*            'B': jedesmal, wenn ein Entity auf                          *)
   (*                 Ressourcen-Zuteilung warten muss,                      *)
```

```
    (* Nach der ersten Ressourcen-Anforderung (durch 'Acquire') kann der    *)
    (* Ueberwachungs-Level nicht mehr um-, sondern nur noch abgeschaltet     *)
    (* werden ('off').                                                       *)


    (***************************************)
    (*  statistische (Hilfs-)Funktionen  *)
    (***************************************)


    PROCEDURE Users      (r : Object) : CARDINAL;
       (* Anzahl der Ressourcen-Rueckgaben                                   *)
    PROCEDURE Minimum  (r : Object) : CARDINAL;
    PROCEDURE AvgUsage (r : Object) : REAL;


    PROCEDURE Empty         (r : Object) : BOOLEAN;
    PROCEDURE Length        (r : Object) : CARDINAL;
    PROCEDURE MinLength     (r : Object) : CARDINAL;
    PROCEDURE MaxLength     (r : Object) : CARDINAL;
    PROCEDURE AvgLength     (r : Object) : REAL;
    PROCEDURE StdDevLength  (r : Object) : REAL;


    PROCEDURE MaxWaitTime     (r : Object) : SimTime;
    PROCEDURE AvgWaitTime     (r : Object) : SimTime;
    PROCEDURE StdDevWaitTime  (r : Object) : SimTime;


    PROCEDURE ResetAt (r : Object) : SimTime;
     (* bei den folgenden drei Prozeduren ist bei Mehrdeutigkeit der erste   *)
     (* Wert (Zeitpunkt) gemeint.                                            *)
    PROCEDURE MinLengthAt     (r : Object) : SimTime;
    PROCEDURE MaxLengthAt     (r : Object) : SimTime;
    PROCEDURE MaxWaitTimeAt   (r : Object) : SimTime;


    (*********************************************)
    (*  Ausgaben und statistische Ruecksetzung  *)
    (*********************************************)


    (* die drei folgenden Prozeduren liefern per Default die entsprechenden  *)
    (* Standardausgaben (gem. 'StandardReport' bzw. 'StandardHeader'),       *)
    (* ansonsten die gem. 'SetReportProc' spezifizierten.                    *)
    PROCEDURE Report (r : Object);
    PROCEDURE ReportHeader;
       (* Ausgabe einer Ueberschrift fuer Reports                           *)
    PROCEDURE ReportAll;

    PROCEDURE SetReportProc (
       Header : ReportHeaderType;
       Body   : ReportType);
       (* Definition selbstdefinierter Reports                              *)
    PROCEDURE StandardReport (r : Object);
    PROCEDURE StandardHeader;


    (* Ruecksetzen der kumulierten Statistik (fuer Neu-Starts)              *)
    PROCEDURE Reset (r : Object);
    PROCEDURE ResetAll;
    (* Tabellarische Ausgabe aller Entities, die                           *)
    (* - Ressourcen des angegebenen Typs belegen,                          *)
    (* - auf Ressourcen des angegebenen Typs warten.                       *)
    PROCEDURE List (r : Object);
    PROCEDURE ListAll;

    PROCEDURE GetTitle (r : Object; VAR Title : ARRAY OF CHAR);

END Res.
```

C.3.2 Modul Bin

```
DEFINITION MODULE Bin;

(******************************************************************************)
(*                                                                          *)
(*      Dateiname:          BIN.DEF                                         *)
(*                                                                          *)
(*      Projektleiter:      Prof. Dr.-Ing. B. Page                         *)
(*                          Fachbereich Informatik der Universität Hamburg  *)
(*                                                                          *)
(*      Autoren:            R. Boelckow, A. Heymann, H. Liebert             *)
(*                                                                          *)
(*      Programminhalt:     Produzenten-Konsumenten-Mechanismus            *)
(*                                                                          *)
(******************************************************************************)
(*      V1=DOS Version fuer Logitech Modula-2/86 Vers. 3.03 unter MS-DOS    *)
(*      V2=DOS Version fuer TopSpeed Modula-2/87 Vers. 1.17 unter MS-DOS    *)
(*****************************************************************************
```

Das Modul 'Bin' realisiert eine Form der Prozesssynchronisation, bei der 'Entities'
voneinander unabhaengig beliebige, nicht unterscheidbare Objekte ("Produkte") in
einem Behaelter ("bin") oder Puffer bereitstelle bzw. aus diesem entnehmen. Definitionen von Puffern erfolgen mittels 'New, Bereitstellungen in Puffern mittels
'Give', Entnahmen mittels 'Take'.

Eine Beschraenkung der Anzahl der Puffer und ihrer Kapazitaet ist prinzipiell nicht
gegeben; ein negativer Inhalt ist nicht moeglich.

Es werden implizit Warteschlangen fuer 'Entities' gefuehrt, deren Nachfrage nicht
sofort befriedigt werden kann. Nach Prioritaet und dann nach FIFO-Strategie wird
entschieden, in welcher Reihenfolge den wartenden 'Entities' die "Produkte" zugeteilt werden. "Produzierende" 'Entities' brauchen nie zu warten!

Bei unzulaessigen Operationen und fehlerhaften Zugriffen auf Puffer werden Warnungen
oder Fehlermeldungen ausgegeben. Ausserdem werden in diesen Faellen - sofern kein
Programmabbruch erfolgt - definierte Werte an VAR-Parameter bzw. als Funktionswerte
zurueckgegeben. Sofern nicht anders angegeben, erhalten CARDINALs den Wert 0,
BOOLEANs 'FALSE', Texte "" und REALs -1.0.

```
    ***************************************************************************)

(*<V1
EXPORT QUALIFIED
    (* Definition und Erzeugung von Puffern *)
    Object, New,

    (* Manipulationsoperationen *)
    Take, Give,

    (* Abfrage von Attributen und statistischen Daten *)
    GetTitle, ResetAt, Users, Maximum, Avail, AvgAvail, Empty, Length,
    MinLength, MaxLength, AvgLength, StdDevLength, MinLengthAt, MaxLengthAt,
    MaxWaitTime, AvgWaitTime, StdDevWaitTime, MaxWaitTimeAt,

    (* 'Debug'-Hilfe sowie Ruecksetzen und Ausgabe statistischer Daten *)
    List, Reset, Report, ReportHeader, StandardReport, StandardHeader,
    SetReportProc, ResetAll, ReportAll, ListAll;
V1>*)

TYPE
    Object;
    SimTime = REAL;
```

```
     (* Prozedur-Typen zur Redefinition von Reports und deren Ueberschriften *)
    ReportHeaderType = PROC;
    ReportType       = PROCEDURE (Object);

PROCEDURE New (Title : ARRAY OF CHAR; Init : CARDINAL) : Object;
    (* Erzeugung einer 'Bin-Instanz.                                          *)
    (* Durch 'Title' wird sie in der 'Report'-, 'Error'-, 'Trace'- und        *)
    (* 'Debug'-Datei identifiziert. Der Name sollte eindeutig vergeben        *)
    (* werden, da er direkt uebernommen wird.                                 *)
    (* Mit 'Init' wird der anfaengliche Pufferinhalt festgelegt.              *)

PROCEDURE Take (b : Object; n : CARDINAL);
    (* Anforderung von 'n' "Produkten" aus dem Puffer 'b'.                    *)
    (* Bei zu geringem Vorrat wird das betreffende 'Entity' (nach Prioritaet *)
    (*bzw. FIFO) in eine Warteschlange eingefuegt.                            *)

PROCEDURE Give (b : Object; n : CARDINAL);
    (* Bereitstellung von 'n' "Produkten" im Puffer 'b'.                      *)
    (* Diese werden ggf. wartenden 'Entities' gemaess der Reihenfolge         *)
    (* in der Warteschlange zugeteilt.                                        *)

PROCEDURE GetTitle (b : Object; VAR Title : ARRAY OF CHAR);
    (* Abfrage des Namens eines Puffers.                                      *)

PROCEDURE ResetAt (b : Object) : SimTime;
    (* Zeitpunkt der letzten Ruecksetzung.                                    *)

PROCEDURE Users (b : Object) : CARDINAL;
    (* Anzahl der "produzierenden" Zugriffe auf den Puffer 'b'                *)
    (* seit dem letzten Ruecksetzen.                                          *)

PROCEDURE Maximum (b : Object) : CARDINAL;
    (* Groesster Inhalt von 'b' seit dem letzten Ruecksetzen.                 *)

PROCEDURE Avail (b : Object) : CARDINAL;
    (* Aktueller Inhalt des Puffers 'b'.                                      *)

PROCEDURE AvgAvail (b : Object) : REAL;
    (* Zeitgewichteter durchschnittlicher Inhalt des Puffers 'b'             *)
    (* seit dem letzten Ruecksetzen.                                          *)

PROCEDURE Empty (b : Object) : BOOLEAN;
    (* Abfrage auf leere Warteschlange vor dem Puffer.                        *)
    (* Im Fehlerfall wird 'TRUE' zurueckgegeben.                              *)

PROCEDURE Length (b : Object) : CARDINAL;
    (* Abfrage der aktuellen Warteschlangenlaenge vor dem Puffer 'b'.         *)

  (*** Abfragefunktionen zur kumulierenden Warteschlangenstatistik seit     ***)
  (*** dem letzten Ruecksetzen. Bei Mehrdeutigkeiten gilt der Zeitpunkt     ***)
  (*** des ersten Auftretens eines Extremwertes (Suffix "At").             ***)
  (*** 'AvgLength' und 'StdDevLength' sind zeitlich gewichtet!             ***)

PROCEDURE MinLength       (b : Object) : CARDINAL;
PROCEDURE MaxLength       (b : Object) : CARDINAL;
PROCEDURE AvgLength       (b : Object) : REAL;
PROCEDURE StdDevLength    (b : Object) : REAL;
PROCEDURE MinLengthAt     (b : Object) : SimTime;
PROCEDURE MaxLengthAt     (b : Object) : SimTime;

PROCEDURE MaxWaitTime     (b : Object) : SimTime;
PROCEDURE AvgWaitTime     (b : Object) : SimTime;
PROCEDURE StdDevWaitTime  (b : Object) : SimTime;
PROCEDURE MaxWaitTimeAt   (b : Object) : SimTime;
```

```
PROCEDURE List (b : Object);
    (* Auflistung aller zum aktuellen Zeitpunkt vor dem Puffer 'b' auf       *)
    (* Zuteilung wartenden 'Entities' auf der aktuellen 'Debug'-Datei.       *)

PROCEDURE Reset (b : Object);
    (* Ruecksetzen der kumulierenden Statistik.                              *)

PROCEDURE Report (b : Object);
    (* Ausgabe (eines Teils) der kumulierenden Statistik auf der             *)
    (* aktuellen 'Report'-Datei.                                             *)
    (* Dabei wird 'StandardReport' aufgerufen, sofern nicht mittels          *)
    (* 'SetReportProc' eine andere Prozedur angekoppelt wurde.               *)

PROCEDURE ReportHeader;
    (* Ausgabe einer Ueberschrift fuer den Report.                           *)
    (* Dabei wird 'StandardHeader' aufgerufen, sofern nicht mittels          *)
    (* 'SetReportProc' eine andere Prozedur angekoppelt wurde.               *)

PROCEDURE StandardReport (q : Object);
    (* Ausgabe des Standard-Reports auf der aktuellen 'Report'-Datei.        *)

PROCEDURE StandardHeader;
    (* Ausgabe der Standard-Ueberschrift auf der aktuellen 'Report'-Datei.   *)

PROCEDURE SetReportProc (Header : ReportHeaderType; Body : ReportType);
    (* Ersetzung der Standardprozeduren fuer Ueberschrift                    *)
    (* und Report durch benutzerdefinierte Prozeduren.                       *)

PROCEDURE ListAll;
    (* Auflistung der Elemente aller Warteschlangen,                         *)
    (* die sich vor den erzeugten Puffern gebildet haben.                    *)

PROCEDURE ResetAll;
    (* Ruecksetzung aller erzeugten Puffer.                                  *)

PROCEDURE ReportAll;
    (* Report ueber alle erzeugten Puffer.                                   *)

END Bin.
```

C.3.3 Modul WaitQ

```
DEFINITION MODULE WaitQ;

(***********************************************************************************)
(*                                                                               *)
(*      Dateiname:           WAITQ.DEF                                            *)
(*                                                                               *)
(*      Projektleiter:       Prof. Dr.-Ing. B. Page                              *)
(*                           Fachbereich Informatik der Universität Hamburg      *)
(*                                                                               *)
(*      Autoren:             R. Boelckow, A. Heymann, H. Liebert                 *)
(*                                                                               *)
(*      Programminhalt:      "Entity-Entity-Kooperation (Master / Slave)"        *)
(*                                                                               *)
(***********************************************************************************)
(*      V1=DOS Version fuer Logitech Modula-2/86 Vers. 3.03 unter MS-DOS     *)
(*      V2=DOS Version fuer TopSpeed Modula-2/87 Vers. 1.17 unter MS-DOS     *)
(***********************************************************************************)
```

Dieses Modul realisiert die direkte Kooperation jeweils zweier 'Entities'. Dabei
wird von einer "Master-Slave"-Beziehung ausgegangen.

Nach der Erzeugung einer 'WaitQ' mittels 'New' signalisieren "Master" und "Slave"
jeweils mittels 'CoOpt' bzw. 'Wait' ihren Kooperationswunsch. Kommt eine solche Kooperation zustande, wird eine gemeinsame Handlung der beiden Prozesse durchgefuehrt.
Der "Master" bestimmt dabei die Art dieser Handlung. Danach laufen die Prozesse
asynchron weiter; die Kooperation ist beendet.

Die Reihenfolge der Parameter einer 'Activity' ist stets "Master,Slave". Blockierte
"Masters" und "Slaves" werden in getrennten Warteschlangen verwaltet.

Neben einer Kooperation mit dem jeweils ersten wartenden "Slave" ist auch eine gezielte Kooperation (mittels 'Find') bzw. Suche nach geeigneten Kandidaten durch
Angabe einer Synchronisationsbedingung (mittels 'Avail') moeglich.

Bei unzulaessigen Operationen und fehlerhaften Zugriffen auf 'WaitQ's werden Warnungen oder Fehlermeldungen ausgegeben. Ausserdem werden in diesen Faellen - sofern
kein Programmabbruch erfolgt - definierte Werte an VAR-Parameter bzw. als Funktionswerte zurueckgegeben. Sofern nicht anders angegeben, erhalten CARDINALs den
Wert 0, BOOLEANs 'FALSE', Texte "" und REALs -1.0.

```
**********************************************************************)

FROM ProcessSimulation IMPORT Entity, EntityCoOperation, SimTime;

(*<V1
EXPORT QUALIFIED
    (* Definition und Erzeugung von 'WaitQ'-Objekten *)
   Object, New,

    (* Synchronisationsoperationen *)
   Wait, CoOpt, Find, Avail,

    (* Attribute der 'WaitQ'-Objekte *)
   GetTitle, ResetAt, Observations,

    (* Attribute und statistische Daten ("Master"-Warteschlange) *)
   mEmpty, mLength,
   mMinLength, mMaxLength, mAvgLength, mStdDevLength, mMinLengthAt,
   mMaxLengthAt, mMaxWaitTime, mAvgWaitTime, mStdDevWaitTime, mMaxWaitTimeAt,

    (* Attribute und statistische Daten ("Slave"-Warteschlange) *)
   sEmpty, sLength,
   sMinLength, sMaxLength, sAvgLength, sStdDevLength, sMinLengthAt,
   sMaxLengthAt, sMaxWaitTime, sAvgWaitTime, sStdDevWaitTime, sMaxWaitTimeAt,

    (* 'Debug'-Hilfe, Ruecksetzung und Ausgabe von statistischen Daten *)
   List, Reset, Report, ReportHeader, StandardReport, StandardHeader,
   SetReportProc, ListAll, ResetAll, ReportAll;
V1>*)

TYPE
   Object;
    (* Bedingung fuer eine (gezielte) Kooperation von 'Entities' *)
   Condition = PROCEDURE (Entity, Entity) : BOOLEAN;

    (* Prozedur-Typen zur Redefinition von Reports und Ueberschriften *)
   ReportHeaderType = PROC;
   ReportType       = PROCEDURE (Object);

PROCEDURE New (t : ARRAY OF CHAR) : Object;
    (* Generierung einer 'WaitQ'-Instanz.                                *)
    (* Durch 'Title' wird sie in der 'Report'-, 'Error'-, 'Trace'- und   *)
    (* 'Debug'-Datei identifiziert. Der Name sollte eindeutig vergeben    *)
    (* werden, da er direkt uebernommen wird.                            *)
```

```
PROCEDURE Wait (w : Object);
    (* Ein "Slave"-'Entity' signalisiert seinen Kooperationswunsch.      *)
    (* Wartet kein "Master"-'Entity', so erfolgt der Eintrag des "Slave" in *)
    (* eine Warteschlange (gemaess Prioritaet und FIFO). Dort verbleibt es  *)
    (* passiv, bis ein "Master" zur Verfuegung steht. Sonst wird das erste  *)
    (* Element der "Master"-Warteschlange reaktiviert.                      *)

PROCEDURE CoOpt (w : Object; Activity : EntityCoOperation);
    (* Ein "Master"-'Entity' signalisiert seinen Kooperationswunsch.       *)
    (* Steht ein kooperationsbereiter "Slave" zur Verfuegung, wird die      *)
    (* gemeinsame Handlung ('Activity') mit dem ersten Element der          *)
    (* "Slave"-Warteschlange ausgefuehrt. Danach geht die Ablaufkontrolle   *)
    (* wieder an die Einzelprozesse ueber; die Kooperation ist abgeschlossen.*)
    (* Wartet kein "Slave"-'Entity', wird der "Master" in eine Warteschlange *)
    (* (gem. Prioritaet und FIFO) eingetragen und passiviert.               *)

PROCEDURE Find (w : Object; c : Condition; Activity : EntityCoOperation);
    (* Ein "Master"-'Entity' signalisiert seinen Kooperationswunsch mit     *)
    (* einem "Slave"-'Entity', das zusaetzlich die Bedingung 'c' erfuellt.   *)
    (* Warten mehrere "Slaves", werden sie gemaess ihrer Eintragsreihenfolge *)
    (* in der Warteschlange ueberprueft. Wird ein passender "Slave" gefunden,*)
    (* kommt die gemeinsame Handlung 'Activity' zur Ausfuehrung.            *)
    (* Andernfalls wird der "Master" analog zu 'CoOpt' in eine Warteschlange *)
    (* eingetragen und passiviert.                                          *)

PROCEDURE Avail (w : Object; VAR Slave : Entity; c : Condition) : BOOLEAN;
    (* Analog zu 'Find' sucht ein "Master"-'Entity' ein "Slave"-'Entity',   *)
    (* das die Bedingung 'c' erfuellt, ohne jedoch bei Erfolg eine direkte   *)
    (* Kooperation aufzunehmen bzw. bei Misserfolg zu warten.               *)
    (* Auf diese Weise kann z.B. gestaffelt mit unterschiedlich "scharfen"   *)
    (* Kriterien nach kooperationsbereiten 'Entities' gesucht werden.       *)
    (* Wird kein passendes 'Entity' gefunden, ist 'Slave' ein 'NullEntity'.  *)

    (*** Im folgenden beziehen sich Funktionen mit Praefix "m" auf die    ***)
    (*** "Master"-, mit Praefix "s" auf die "Slave"-Warteschlange!        ***)
    (*** Die kumulierende Warteschlangenstatistik bezieht sich auf die    ***)
    (*** letzte Ruecksetzung. Bei Mehrdeutigkeiten gilt der Zeitpunkt des ***)
    (*** ersten Auftretens eines Extremwertes (Suffix "At").              ***)
    (*** 'AvgLength' und 'StdDevLength' sind zeitlich gewichtet!          ***)

PROCEDURE GetTitle (w : Object; VAR Title : ARRAY OF CHAR);
    (* Abfrage des Namens einer 'WaitQ'.                                   *)

PROCEDURE ResetAt (w : Object) : SimTime;
    (* Zeitpunkt der letzten Ruecksetzung.                                 *)

PROCEDURE Observations (w : Object) : CARDINAL;
    (* Abfrage der Anzahl der durch die Warteschlange gelaufen 'Entities'.  *)

PROCEDURE mEmpty (w : Object) : BOOLEAN;
PROCEDURE sEmpty (w : Object) : BOOLEAN;
    (* Test auf leere Warteschlange.                                       *)
    (* Im Fehlerfall wird 'TRUE' zurueckgegeben.                           *)

PROCEDURE mLength (w : Object) : CARDINAL;
PROCEDURE sLength (w : Object) : CARDINAL;
    (* Abfrage der aktuellen Warteschlangenlaenge.                         *)

PROCEDURE mMinLength     (w : Object) : CARDINAL;
PROCEDURE mMaxLength     (w : Object) : CARDINAL;
PROCEDURE mAvgLength     (w : Object) : REAL;
PROCEDURE mStdDevLength  (w : Object) : REAL;
PROCEDURE mMinLengthAt   (w : Object) : SimTime;
PROCEDURE mMaxLengthAt   (w : Object) : SimTime;
```

```
PROCEDURE mMaxWaitTime    (w : Object) : SimTime;
PROCEDURE mAvgWaitTime    (w : Object) : SimTime;
PROCEDURE mStdDevWaitTime (w : Object) : SimTime;
PROCEDURE mMaxWaitTimeAt  (w : Object) : SimTime;

PROCEDURE sMinLength      (w : Object) : CARDINAL;
PROCEDURE sMaxLength      (w : Object) : CARDINAL;
PROCEDURE sAvgLength      (w : Object) : REAL;
PROCEDURE sStdDevLength   (w : Object) : REAL;
PROCEDURE sMinLengthAt    (w : Object) : SimTime;
PROCEDURE sMaxLengthAt    (w : Object) : SimTime;

PROCEDURE sMaxWaitTime    (w : Object) : SimTime;
PROCEDURE sAvgWaitTime    (w : Object) : SimTime;
PROCEDURE sStdDevWaitTime (w : Object) : SimTime;
PROCEDURE sMaxWaitTimeAt  (w : Object) : SimTime;

PROCEDURE List (w : Object);
    (* Auflistung aller zum aktuellen Zeitpunkt in der "Master"- und       *)
    (* "Slave"-Warteschlange von 'w' enthaltenen 'Entities' auf der        *)
    (* aktuellen 'Debug'-Datei.                                            *)

PROCEDURE Reset (w : Object);
    (* Ruecksetzen der kumulierenden Statistik (beider Warteschlangen).    *)

PROCEDURE Report (w : Object);
    (* Ausgabe (eines Teils) der kumulierenden Warteschlangenstatistik     *)
    (* (beider Warteschlangen) auf der aktuellen 'Report'-Datei.           *)
    (* Dabei wird 'StandardReport' aufgerufen, sofern nicht mittels        *)
    (* 'SetReportProc' eine andere Prozedur angekoppelt wurde.             *)

PROCEDURE ReportHeader;
    (* Ausgabe einer Ueberschrift fuer den Report.                        *)
    (* Dabei wird 'StandardHeader' aufgerufen, sofern nicht mittels        *)
    (* 'SetReportProc' eine andere Prozedur angekoppelt wurde.             *)

PROCEDURE StandardReport (q : Object);
    (* Ausgabe des Standard-Reports auf der aktuellen 'Report'-Datei.      *)

PROCEDURE StandardHeader;
    (* Ausgabe der Standard-Ueberschrift auf der aktuellen 'Report'-Datei. *)

PROCEDURE SetReportProc (Header : ReportHeaderType; Body : ReportType);
    (* Ersetzung der Standardprozeduren fuer Ueberschrift und Report       *)
    (* durch benutzerdefinierte Prozeduren.                               *)
    (* 'Header' ersetzt die an 'ReportHeader' gebundene, 'Body' die an     *)
    (* 'Report' gebundene Prozedur.                                       *)
    (* 'Header' und 'Body' werden in 'ReportAll' verwendet.               *)

PROCEDURE ListAll;
    (* Auflistung der Elemente aller hier erzeugten Warteschlangen.        *)

PROCEDURE ResetAll;
    (* Ruecksetzung aller erzeugten 'WaitQ's.                            *)

PROCEDURE ReportAll;
    (* Report ueber alle erzeugten 'WaitQ's.                             *)

END WaitQ.
```

C.3.4 Modul CondQ

```
DEFINITION MODULE CondQ;

(*****************************************************************************)
(*                                                                         *)
(*      Dateiname:          CONDQ.DEF                                       *)
(*                                                                         *)
(*      Projektleiter:      Prof. Dr.-Ing. B. Page                         *)
(*                          Fachbereich Informatik der Universität Hamburg *)
(*                                                                         *)
(*      Autoren:            R. Boelckow, A. Heymann, H. Liebert            *)
(*                                                                         *)
(*      Programminhalt:     Warteschlange mit "bedingtem Warten"           *)
(*                                                                         *)
(*****************************************************************************)
(*      V1=DOS Version fuer Logitech Modula-2/86 Vers. 3.03 unter MS-DOS   *)
(*      V2=DOS Version fuer TopSpeed Modula-2/87 Vers. 1.17 unter MS-DOS   *)
(*****************************************************************************

Dieses Modul bietet Synchronisationsmechanismen, mit denen 'Entities' sich blockie-
ren koennen, solange eine individuell vorgegebene Bedingung nicht erfuellt ist.
Definitionen erfolgen mittels 'New', Blockaden mittels 'WaitUntil'.

Eine wiederholte Ueberpruefung auf eventuelle Erfuellung der Bedingungen muss je-
weils explizit durch 'Signal' veranlasst werden, liegt also voll in der Verant-
wortung des Modellerstellers. Auf eine automatische Ueberpruefung aller wartenden
'Entities' wird verzichtet, da sie einen erheblichen Verwaltungsaufwand erfordert
und somit eine hohe Modellaufzeit bewirkt.

Bei unzulaessigen Operationen und fehlerhaften Zugriffen auf 'CondQ's werden War-
nungen oder Fehlermeldungen ausgegeben. Ausserdem werden in diesen Faellen - sofern
kein Programmabbruch erfolgt - definierte Werte an VAR-Parameter bzw. als Funk-
tionswerte zurueckgegeben. Sofern nicht anders angegeben, erhalten CARDINALs den
Wert 0, BOOLEANs 'FALSE', Texte "" und REALs -1.0.

*****************************************************************************)

FROM ProcessSimulation IMPORT Entity, SimTime;

(*<V1
EXPORT QUALIFIED
    (* Definition und Erzeugung von Warteschlangen fuer bedingtes Warten *)
    Object, New,

    (* Synchronisations-Operationen *)
    WaitUntil, Signal,

    (* Abfrage von Attributen und statistischen Daten *)
    GetTitle, ResetAt, Observations, Empty, Length,
    MinLength, MaxLength, AvgLength, StdDevLength, MinLengthAt, MaxLengthAt,
    MaxWaitTime, AvgWaitTime, StdDevWaitTime, MaxWaitTimeAt,

    (* 'Debug'-Hilfe sowie Ruecksetzung und Ausgabe statistischer Daten *)
    List, Reset, Report, ReportHeader, StandardReport, StandardHeader,
    SetReportProc, ListAll, ResetAll, ReportAll;
V1>*)

TYPE
    Object;

    (* Vom Modellersteller zu uebergebende Bedingungsfunktion *)
    Condition = PROCEDURE (Entity) : BOOLEAN;
```

```
    (* Prozedur-Typen zur Redefinition von Reports und Ueberschriften *)
  ReportHeaderType = PROC;                  (* Ueberschrift *)
  ReportType       = PROCEDURE (Object);    (* Datenausgabe *)

PROCEDURE New (Title : ARRAY OF CHAR; All : BOOLEAN) : Object;
    (* Generierung einer neuen 'CondQ'-Instanz.                        *)
    (* Durch 'Title' wird sie in der 'Report'-, 'Error'-, 'Trace'- und *)
    (* 'Debug'-Datei identifiziert. Der Name sollte eindeutig vergeben *)
    (* werden, da er direkt uebernommen wird.                          *)
    (* Das Attribut 'All' bestimmt, ob bei Zustandsaenderungen stets fuer *)
    (* alle oder nur einige der in der 'CondQ' wartenden 'Entities' eine *)
    (* erneute Auswertung ihrer Synchronisationsbedingung erfolgen soll *)
    (* (s. 'Signal').                                                  *)

PROCEDURE WaitUntil (c : Object; Cond : Condition);
    (* Ein 'Entity' wird durch Aufruf dieser Prozedur solange blockiert, *)
    (* bis die uebergebene Synchronisationsbedingung erfuellt ist.     *)
    (* Dabei wird es gemaess Prioritaet und FIFO-Politik in eine Warte- *)
    (* schlange eingereiht.                                            *)

PROCEDURE Signal (c : Object);
    (* Durch 'Signal' wird eine erneute Ueberpruefung der Synchronisations- *)
    (* bedingung der in der 'CondQ' wartenden 'Entities' veranlasst.   *)
    (* Die Pruefung endet beim ersten 'Entity', dessen Bedingung nicht er- *)
    (* fuellt werden kann.                                            *)
    (* Wurde der 'CondQ' bei ihrer Erzeugung das Attribut 'All'='TRUE' zu- *)
    (* geordnet, so werden sukzessiv jeweils saemtliche wartenden 'Entities' *)
    (* ueberprueft. Dieses Vorgehen ist z.B. dann sinnvoll, wenn 'Entities' *)
    (* mit verschiedenen Bedingungen in einer 'CondQ' eingetragen sind. *)
    (* Der Aufruf von 'Signal' sollte jeweils dann erfolgen, wenn eine Zu- *)
    (* standsaenderung auch zur Erfuellung mindestens einer Bedingung in der *)
    (* betreffenden 'CondQ' fuehren koennte.                          *)
    (* Bei leerer Warteschlange hat die Prozedur keine Wirkung.       *)

PROCEDURE GetTitle (c : Object; VAR Title : ARRAY OF CHAR);
    (* Abfrage des Namens einer 'CondQ'.                              *)

PROCEDURE ResetAt (c : Object) : SimTime;
    (* Zeitpunkt der letzten Ruecksetzung.                            *)

PROCEDURE Observations (c : Object) : CARDINAL;
    (* Anzahl der durchgelaufenen Objekte.                            *)

PROCEDURE Empty (c : Object) : BOOLEAN;
    (* Test auf leere 'CondQ'.                                        *)
    (* Im Fehlerfall wird 'TRUE' zurueckgegeben.                      *)

PROCEDURE Length (c : Object) : CARDINAL;
    (* Ermitteln der aktuellen Warteschlangenlaenge.                  *)

 (*** Abfragefunktionen zur kumulierenden Warteschlangenstatistik seit ***)
 (*** dem letzten Ruecksetzen. Bei Mehrdeutigkeiten gilt der Zeitpunkt ***)
 (*** des ersten Auftretens eines Extremwertes (Suffix "At").          ***)
 (*** 'AvgLength' und 'StdDevLength' sind zeitlich gewichtet!          ***)

PROCEDURE MinLength     (c : Object) : CARDINAL;
PROCEDURE MaxLength     (c : Object) : CARDINAL;
PROCEDURE AvgLength     (c : Object) : REAL;
PROCEDURE StdDevLength  (c : Object) : REAL;
PROCEDURE MinLengthAt   (c : Object) : SimTime;
PROCEDURE MaxLengthAt   (c : Object) : SimTime;

PROCEDURE MaxWaitTime    (c : Object) : SimTime;
PROCEDURE AvgWaitTime    (c : Object) : SimTime;
PROCEDURE StdDevWaitTime (c : Object) : SimTime;
PROCEDURE MaxWaitTimeAt  (c : Object) : SimTime;
```

```
PROCEDURE List (c : Object);
   (* Auflistung aller zum aktuellen Zeitpunkt in der 'CondQ'          *)
   (* 'c' wartenden 'Entities' auf der aktuellen 'Debug'-Datei.        *)

PROCEDURE Reset (c : Object);
   (* Ruecksetzen der kumulierenden Statistik.                         *)

PROCEDURE Report (c : Object);
   (* Ausgabe (eines Teils) der kumulierenden Statistik auf der        *)
   (* aktuellen 'Report'-Datei.                                        *)
   (* Dabei wird 'StandardReport' aufgerufen, sofern nicht mittels     *)
   (* 'SetReportProc' eine andere Prozedur angekoppelt wurde.          *)

PROCEDURE ReportHeader;
   (* Ausgabe einer Ueberschrift fuer den Report.                      *)
   (* Dabei wird 'StandardHeader' aufgerufen, sofern nicht mittels     *)
   (* 'SetReportProc' eine andere Prozedur angekoppelt wurde.          *)

PROCEDURE StandardReport (q : Object);
   (* Ausgabe des Standard-Reports auf der aktuellen 'Report'-Datei.   *)

PROCEDURE StandardHeader;
   (* Ausgabe der Standard-Ueberschrift auf der aktuellen 'Report'-Datei.   *)

PROCEDURE SetReportProc (Header : ReportHeaderType; Body : ReportType);
   (* Ersetzung der Standardprozeduren fuer Ueberschrift und Report    *)
   (* durch benutzerdefinierte Prozeduren.                             *)
   (* 'Header' ersetzt die an 'ReportHeader' gebundene,                *)
   (* 'Body' die an 'Report' gebundene Prozedur.                       *)
   (* 'Header' und 'Body' werden in 'ReportAll' verwendet.             *)

PROCEDURE ListAll;
   (* Auflistung der Elemente aller generierten 'CondQ's.              *)

PROCEDURE ResetAll;
   (* Ruecksetzung aller generierten 'CondQ's.                         *)

PROCEDURE ReportAll;
   (* Report ueber alle 'CondQ's.                                      *)

END CondQ.
```

C.4 Zufallszahlen

C.4.1 Modul RealDist

```
DEFINITION MODULE RealDist;

(*************************************************************************)
(*                                                                       *)
(*      Dateiname:          REALDIST.DEF                                 *)
(*                                                                       *)
(*      Projektleiter:      Prof. Dr.-Ing. B. Page                       *)
(*                          Fachbereich Informatik der Universität Hamburg *)
(*                                                                       *)
(*      Autoren:            R. Boelckow, A. Heymann, H. Liebert          *)
(*                                                                       *)
(*      Programminhalt:     Erzeugung von Stroemen reellwertiger         *)
(*                          Zufallszahlen                                *)
(*                                                                       *)
(*************************************************************************)
(*      V1=DOS Version fuer Logitech Modula-2/86 Vers. 3.03 unter MS-DOS  *)
(*      V2=DOS Version fuer TopSpeed Modula-2/87 Vers. 1.17 unter MS-DOS  *)
(*************************************************************************

Startwerte fuer die erzeugten Zufallszahlenstroeme werden automatisch erzeugt,
koennen aber auch "von Hand" (durch 'SetSeed') eingestellt werden.
Unter Verwendung des Startwertgenerators koennen mehr als 275 Zufallszahlenstroeme
generiert werden, aus denen jeweils ueber 120000 Zufallszahlen gezogen werden koen-
nen, ohne dass es zu Ueberlappungen kommt.

*************************************************************************)

(*<V1
EXPORT QUALIFIED
   Object, SetSeed, Constant, Uniform, Empirical, Exponential, Erlang, Normal,
   Sample, Reset, ResetAll, Antithetic, AntitheticAll, SeedGenerator,
   Report, ReportAll, SetReportProc, StandardHeader, StandardReport,
   GetTitle, ResetAt, Observations, GetType, Seed, ParameterA, ParameterB;
V1>*)

TYPE
   Object;
   SimTime = REAL;

PROCEDURE Constant (t : ARRAY OF CHAR; Value : REAL) : Object;
   (* Erzeugung eines Zufallszahlenstromes mit konstanter "Verteilung".    *)
   (* Jeder Aufruf von 'Sample' liefert den Wert 'Value'. Diese            *)
   (* "Verteilung" kann sinnvoll verwendet werden, um etwa in der Testphase *)
   (* eines Modells bestimmte Groessen zunaechst vereinfacht als Konstanten *)
   (* darzustellen und erst spaeter, wenn das Modell in den grundsaetzlichen*)
   (* Ablaeufen "steht", stochastische Schwankungen zu beruecksichtigen.   *)

PROCEDURE Uniform (t : ARRAY OF CHAR; Lo, Hi : REAL) : Object;
   (* Erzeugung eines Zufallszahlenstromes mit [Lo,Hi]-Gleichverteilung. *)

PROCEDURE Empirical (t : ARRAY OF CHAR; VAR x, F : ARRAY OF REAL) : Object;
   (* Erzeugung eines Zufallszahlenstromes mit empirischer Verteilung.     *)
   (* In 'x' wird eine Menge von Werten uebergeben, in 'F' die dazuge-      *)
   (* hoerigen Werte der Verteilungsfunktion.                              *)
```

```
(* Dabei muessen folgende Bedingungen erfuellt sein:                 *)
(* (1)            HIGH (x)  =  HIGH (F)                               *)
(* (2)              x [0] <= ... <= x [HIGH(x)]                       *)
(* (3)     0.0 <= F [0] <= ... <= F [HIGH(x)] = 1.0                   *)
(* Verletzung von Bedingung (1) ist ein "fataler" Fehler und fuehrt zum  *)
(* Abbruch des Programms. Bei Verletzung von Bedingung (2) oder (3) wird *)
(* eine ad hoc-Massnahme zur Behebung des Fehlers getroffen. Die so      *)
(* veraenderten ARRAYs werden zurueckuebergeben.                      *)

PROCEDURE Exponential (t : ARRAY OF CHAR; Mean : REAL) : Object;
    (* Erzeugung eines Zufallszahlenstroms mit negativ-exponentieller   *)
    (* Verteilung. 'Mean' ist der Mittelwert der Verteilung.            *)

PROCEDURE Erlang (t : ARRAY OF CHAR; k : CARDINAL; Mean : REAL) : Object;
    (* Erzeugung eines Zufallszahlenstroms mit k-Erlang-Verteilung.     *)
    (* 'Mean' ist der Mittelwert der Verteilung.                        *)

PROCEDURE Normal (t : ARRAY OF CHAR; Mean, StdDev : REAL) : Object;
    (* Erzeugung eines Zufallszahlenstroms mit Gauss'scher Normal-Verteilung.*)
    (* 'Mean' ist der Mittelwert der Verteilung,                        *)
    (* 'StdDev' die Standardabweichung.                                 *)

PROCEDURE Sample (d : Object) : REAL;
    (* Ziehung einer Zufallszahl aus dem Strom 'd'.                     *)

PROCEDURE SetSeed (d : Object; s : LONGINT);
    (* Setzen des Zufallszahlenstroms 'd' auf den neuen Startwert 's'.  *)

PROCEDURE SeedGenerator (NewSeed : LONGINT);
    (* Einstellung eines neuen Startwerts fuer den Startwertgenerator.  *)

PROCEDURE Reset (d : Object);
    (* Ruecksetzen des Zufallszahlenstromes 's'.                        *)
    (* Dies betrifft lediglich die Zaehlung der 'Sample'-Aufrufe (Spalten *)
    (* 'Obs' und natuerlich '(Re)set' im Report). Der Zufallszahlenstrom *)
    (* selbst bleibt unberuehrt.                                        *)

PROCEDURE Report (d : Object);
    (* Ausgabe eines Reports ueber den Zufallszahlenstrom 'd'.          *)

PROCEDURE Antithetic (d : Object);
    (* Setzen des Stromes 's' auf die Erzeugung antithetischer Zufallszahlen.*)

(**********************************************************************************)
(* Die Prozeduren 'ResetAll', 'ReportAll' und 'AntitheticAll' fuehren die  *)
(* entsprechenden Prozeduren ohne 'All'-Suffix jeweils fuer alle in die    *)
(* Reportliste eingetragenen Zufallszahlenstroeme aus.                     *)
(* Da die ueber diesen Modul erzeugten Zufallszahlenstroeme zusammen mit   *)
(* den ueber 'IntDist' od. 'RealDist' erzeugten intern in einer gemeinsamen *)
(* Reportliste verwaltet werden, werden durch einen Aufruf dieser Proze-   *)
(* duren auch die ueber die anderen Module erzeugten Stroeme manipuliert.  *)
(* Mit anderen Worten: 'BoolDist.ResetAll', 'IntDist.ResetAll' und         *)
(* 'RealDist.ResetAll' sind in ihrer Wirkung identisch, man kann sie als   *)
(* verschiedene Namen fuer ein und dieselbe Prozedur ansehen. Das gleiche  *)
(* gilt natuerlich fuer 'ReportAll' und 'AntitheticAll'.                   *)
(**********************************************************************************)

PROCEDURE ResetAll;
PROCEDURE ReportAll;
PROCEDURE AntitheticAll;

TYPE
    ReportHeaderType = PROCEDURE;
    ReportType       = PROCEDURE (Object);
```

```
PROCEDURE SetReportProc (Header : ReportHeaderType; Body : ReportType);
    (* Definition eines benutzerdefinierten Reports.                      *)
    (* 'Body' ersetzt die hier definierte Prozedur 'Report'. 'Header' wird *)
    (* von 'ReportAll' aufgerufen, bevor die einzelnen Reports ausgegeben  *)
    (* werden, und kann verwendet werden, um die Spaltenueberschriften fuer *)
    (* den Report auszugeben. Durch die beiden nachfolgend deklarierten Pro- *)
    (* zeduren kann nach einer Aenderung wieder der systemdefinierte Report *)
    (* eingestellt werden: 'SetReportProc (StandardHeader, StandardReport);' *)
    (* ACHTUNG: Da die Zufallszahlenstroeme von 'BoolDist', 'IntDist' und   *)
    (* 'RealDist' intern in EINER gemeinsamen Reportliste verwaltet werden, *)
    (* muss die als 'Body' uebergebene Prozedur in der Lage sein, fuer ALLE *)
    (* Arten von Verteilungen in ALLEN Modulen einen Report auszugeben.     *)

PROCEDURE StandardReport (d : Object);
PROCEDURE StandardHeader;

(******************************************************************************)
(* Folgende Prozeduren liefern alle Informationen, die im Standard-Report   *)
(* erscheinen, mit Ausnahme der Wertetabellen der empirischen Verteilungen  *)
(* (diese muss der Modellprogrammierer ohnehin als Variable implementieren, *)
(* so dass sie ihm jederzeit zur Verfuegung stehen).                        *)
(******************************************************************************)

PROCEDURE GetTitle       (d : Object; VAR t : ARRAY OF CHAR);
PROCEDURE ResetAt        (d : Object) : SimTime;
PROCEDURE Observations   (d : Object) : CARDINAL;
PROCEDURE GetType        (d : Object; VAR t : ARRAY OF CHAR);
PROCEDURE ParameterA     (d : Object) : REAL;
PROCEDURE ParameterB     (d : Object) : REAL;
PROCEDURE Seed           (d : Object) : LONGINT;

END RealDist.
```

C.4.2   Modul IntDist

```
DEFINITION MODULE IntDist;

(******************************************************************************)
(*                                                                          *)
(*      Dateiname:           INTDIST.DEF                                     *)
(*                                                                          *)
(*      Projektleiter:       Prof. Dr.-Ing. B. Page                         *)
(*                           Fachbereich Informatik der Universität Hamburg *)
(*                                                                          *)
(*      Autoren:             R. Boelckow, A. Heymann, H. Liebert            *)
(*                                                                          *)
(*      Programminhalt:      Erzeugung von Stroemen ganzzahliger            *)
(*                           Zufallszahlen                                  *)
(*                                                                          *)
(******************************************************************************)
(*      V1=DOS Version fuer Logitech Modula-2/86 Vers. 3.03 unter MS-DOS    *)
(*      V2=DOS Version fuer TopSpeed Modula-2/87 Vers. 1.17 unter MS-DOS    *)
(******************************************************************************

Startwerte fuer die erzeugten Zufallszahlenstroeme werden automatisch erzeugt,
koennen aber auch "von Hand" (durch 'SetSeed') eingestellt werden.
Unter Verwendung des Startwertgenerators koennen mehr als 275 Zufallszahlenstroeme
generiert werden, aus denen jeweils ueber 120000 Zufallszahlen gezogen werden koen-
nen, ohne dass es zu Ueberlappungen kommt.

******************************************************************************)
```

```
(*<V1
EXPORT QUALIFIED
   Object, Constant, Uniform, Empirical, Poisson, SetSeed, Sample,
   SeedGenerator, Antithetic, AntitheticAll, Reset, ResetAll,
   Report, ReportAll, SetReportProc, StandardHeader, StandardReport,
   GetTitle, ResetAt, Observations, GetType, Seed, ParameterA, ParameterB;
V1>*)

TYPE
   Object;
   SimTime = REAL;

PROCEDURE Constant (t : ARRAY OF CHAR; Value : INTEGER) : Object;
   (* Erzeugung eines Zufallszahlenstromes mit konstanter "Verteilung".    *)
   (* Jeder Aufruf von 'Sample' liefert den Wert 'Value'. Diese            *)
   (* "Verteilung" kann sinnvoll verwendet werden, um etwa in der Testphase *)
   (* eines Modells bestimmte Groessen zunaechst vereinfacht als Konstanten *)
   (* darzustellen und erst spaeter, wenn das Modell in den grundsaetzlichen*)
   (* Ablaeufen "steht", stochastische Schwankungen zu beruecksichtigen.    *)

PROCEDURE Uniform (t : ARRAY OF CHAR; Lo, Hi : INTEGER) : Object;
   (* Erzeugung eines Zufallszahlenstromes mit [Lo,Hi]-Gleichverteilung.    *)

PROCEDURE Empirical (
   t : ARRAY OF CHAR;
   VAR x : ARRAY OF INTEGER;
   VAR F : ARRAY OF REAL)
 : Object;
   (* Erzeugung eines Zufallszahlenstromes mit empirischer Verteilung.     *)
   (* In 'x' wird eine Menge von Werten uebergeben, in 'F' die dazu-       *)
   (* gehoerigen Werte der Verteilungsfunktion.                            *)
   (* Dabei muessen folgende Bedingungen erfuellt sein:                    *)
   (* (1)          HIGH (x)  =  HIGH (F)                                   *)
   (* (2)            x [0] <= ... <= x [HIGH(x)]                           *)
   (* (3)    0.0 <= F [0] <= ... <= F [HIGH(x)] = 1.0                      *)
   (* Verletzung von Bedingung (1) ist ein "fataler" Fehler und fuehrt zum *)
   (* Abbruch des Programms. Bei Verletzung von Bedingung (2) oder (3) wird *)
   (* eine ad hoc-Massnahme zur Behebung des Fehlers getroffen. Die so     *)
   (* veraenderten ARRAYs werden zurueckuebergeben.                        *)

PROCEDURE Poisson (t : ARRAY OF CHAR; Mean : REAL) : Object;
   (* Erzeugung eines Zufallszahlenstroms mit Poisson-Verteilung.          *)
   (* 'Mean' ist der Mittelwert der erzeugten Zufallszahlen, also (im      *)
   (* Unterschied zu DEMOS) der KEHRWERT der Ankunftsrate.                 *)

PROCEDURE Sample (d : Object) : INTEGER;
   (* Ziehung einer Zufallszahl aus dem Strom 'd'.                         *)

PROCEDURE SetSeed (d : Object; s : LONGINT);
   (* Setzen des Zufallszahlenstroms 'd' auf den neuen Startwert 's'.      *)

PROCEDURE SeedGenerator (NewSeed : LONGINT);
   (* Einstellung eines neuen Startwerts fuer den Startwertgenerator.      *)

PROCEDURE Reset (d : Object);
   (* Ruecksetzen des Zufallszahlenstromes 's'.                           *)
   (* Dies betrifft lediglich die Zaehlung der 'Sample'-Aufrufe (Spalten   *)
   (* 'Obs' und natuerlich '(Re)set' im Report). Der Zufallszahlenstrom    *)
   (* selbst bleibt unberuehrt.                                            *)

PROCEDURE Report (d : Object);
   (* Ausgabe eines Reports ueber den Zufallszahlenstrom 'd'. *)

PROCEDURE Antithetic (d : Object);
   (* Setzen des Stroms 's' auf die Erzeugung antithetischer Zufallszahlen. *)
```

```
(***************************************************************************)
(* Die Prozeduren 'ResetAll', 'ReportAll' und 'AntitheticAll' fuehren die  *)
(* entsprechenden Prozeduren ohne 'All'-Suffix jeweils fuer alle in die     *)
(* Reportliste eingetragenen Zufallszahlenstroeme aus.                      *)
(* Da die ueber diesen Modul erzeugten Zufallszahlenstroeme zusammen mit    *)
(* den ueber 'IntDist' od. 'RealDist' erzeugten intern in einer gemeinsamen *)
(* Reportliste verwaltet werden, werden durch einen Aufruf dieser Proze-    *)
(* duren auch die ueber die anderen Module erzeugten Stroeme manipuliert.   *)
(* Mit anderen Worten: 'BoolDist.ResetAll', 'IntDist.ResetAll' und          *)
(* 'RealDist.ResetAll' sind in ihrer Wirkung identisch, man kann sie als    *)
(* verschiedene Namen fuer ein und dieselbe Prozedur ansehen. Das gleiche   *)
(* gilt natuerlich fuer 'ReportAll' und 'AntitheticAll'.                    *)
(***************************************************************************)

PROCEDURE AntitheticAll;
PROCEDURE ResetAll;
PROCEDURE ReportAll;

TYPE
   ReportHeaderType = PROCEDURE;
   ReportType       = PROCEDURE (Object);

PROCEDURE SetReportProc (Header : ReportHeaderType; Body : ReportType);
   (* Definition eines benutzerdefinierten Reports.                         *)
   (* 'Body' ersetzt die hier definierte Prozedur 'Report'. 'Header' wird   *)
   (* von 'ReportAll' aufgerufen, bevor die einzelnen Reports ausgegeben    *)
   (* werden, und kann verwendet werden, um die Spaltenueberschriften fuer  *)
   (* den Report auszugeben.                                                *)
   (* Durch die beiden nachfolgend deklarierten Prozeduren kann nach einer  *)
   (* Aenderung wieder der systemdefinierte Report eingestellt werden:      *)
   (* 'SetReportProc (StandardHeader, StandardReport);'                     *)
   (* ACHTUNG: Da die Zufallszahlenstroeme von 'BoolDist', 'IntDist' und    *)
   (* 'RealDist' intern in EINER gemeinsamen Reportliste verwaltet werden,  *)
   (* muss die als 'Body' uebergebene Prozedur in der Lage sein, fuer ALLE  *)
   (* Arten von Verteilungen in ALLEN Modulen einen Report auszugeben.      *)

PROCEDURE StandardReport (d : Object);
PROCEDURE StandardHeader;

(***************************************************************************)
(* Folgende Prozeduren liefern alle Informationen, die im Standard-Report  *)
(* erscheinen, mit Ausnahme der Wertetabellen der empirischen Verteilungen *)
(* (diese muss der Modellprogrammierer ohnehin als Variable implementieren, *)
(* so dass sie ihm jederzeit zur Verfuegung stehen).                        *)
(***************************************************************************)

PROCEDURE GetTitle      (d : Object; VAR t : ARRAY OF CHAR);
PROCEDURE ResetAt       (d : Object) : SimTime;
PROCEDURE Observations  (d : Object) : CARDINAL;
PROCEDURE GetType       (d : Object; VAR t : ARRAY OF CHAR);
PROCEDURE ParameterA    (d : Object) : REAL;
PROCEDURE ParameterB    (d : Object) : REAL;
PROCEDURE Seed          (d : Object) : LONGINT;

END IntDist.
```

C.4.3   Modul BoolDist

```
DEFINITION MODULE BoolDist;

(***********************************************************************)
(*                                                                     *)
(*      Dateiname:          BOOLDIST.DEF                               *)
(*                                                                     *)
(*      Projektleiter:      Prof. Dr.-Ing. B. Page                     *)
(*                          Fachbereich Informatik der Universität Hamburg *)
(*                                                                     *)
(*      Autoren:            R. Boelckow, A. Heymann, H. Liebert        *)
(*                                                                     *)
(*      Programminhalt:     Erzeugung von Stroemen zweipunktverteilter *)
(*                          Zufallszahlen                              *)
(*                                                                     *)
(***********************************************************************)
(*      V1=DOS Version fuer Logitech Modula-2/86 Vers. 3.03 unter MS-DOS  *)
(*      V2=DOS Version fuer TopSpeed Modula-2/87 Vers. 1.17 unter MS-DOS  *)
(***********************************************************************

Startwerte fuer die erzeugten Zufallszahlenstroeme werden automatisch erzeugt,
koennen aber auch "von Hand" (durch 'SetSeed') eingestellt werden.
Unter Verwendung des Startwertgenerators koennen mehr als 275 Zufallszahlenstroeme
generiert werden, aus denen jeweils ueber 120000 Zufallszahlen gezogen werden koen-
nen, ohne dass es zu Ueberlappungen kommt.


***********************************************************************)

(*<V1
EXPORT QUALIFIED
   Object, Constant, Bernoulli, SetSeed, Sample,
   SeedGenerator, Antithetic, AntitheticAll, Reset, ResetAll,
   Report, ReportAll, SetReportProc, StandardHeader, StandardReport,
   GetTitle, ResetAt, Observations, GetType, Seed, ParameterA, ParameterB;
V1>*)

TYPE
   Object;
   SimTime = REAL;

PROCEDURE Constant (t : ARRAY OF CHAR; Value : BOOLEAN) : Object;
      (* Erzeugung eines Zufallszahlenstromes mit konstanter "Verteilung".    *)
      (* Jeder Aufruf von 'Sample' liefert den Wert 'Value'. Diese           *)
      (* "Verteilung" kann sinnvoll verwendet werden, um etwa in der Testphase *)
      (* eines Modells bestimmte Groessen zunaechst vereinfacht als Konstanten *)
      (* darzustellen und erst spaeter, wenn das Modell in den grundsaetzlichen*)
      (* Ablaeufen "steht", stochastische Schwankungen zu beruecksichtigen.   *)

PROCEDURE Bernoulli (t : ARRAY OF CHAR; p : REAL) : Object;
      (* Erzeugung eines Zufallszahlenstroms mit Bernoulli-Verteilung.       *)
      (* 'p' gibt dabei die Trefferwahrscheinlichkeit an.                    *)

PROCEDURE Sample (d : Object) : BOOLEAN;
      (* Ziehung einer Zufallszahl aus dem Strom 'd'.                        *)

PROCEDURE SetSeed (d : Object; s : LONGINT);
      (* Setzen des Zufallszahlenstroms 'd' auf den neuen Startwert 's'.     *)

PROCEDURE SeedGenerator (NewSeed : LONGINT);
      (* Einstellung eines neuen Startwerts fuer den Startwertgenerator.     *)

PROCEDURE Antithetic (d : Object);
      (* Setzen des Stromes 's' auf die Erzeugung antithetischer Zufallszahlen.*)
```

```
PROCEDURE Reset (d : Object);
    (* Ruecksetzen des Zufallszahlenstromes 's'.                      *)
    (* Dies betrifft lediglich die Zaehlung der 'Sample'-Aufrufe (Spalten   *)
    (* 'Obs' und natuerlich '(Re)set' im Report). Der Zufallszahlenstrom    *)
    (* selbst bleibt unberuehrt.                                       *)

PROCEDURE Report (d : Object);
    (* Ausgabe eines Reports ueber den Zufallszahlenstrom 'd'.              *)


(************************************************************************)
(* Die Prozeduren 'ResetAll', 'ReportAll' und 'AntitheticAll' fuehren die  *)
(* entsprechenden Prozeduren ohne 'All'-Suffix jeweils fuer alle in die    *)
(* Reportliste eingetragenen Zufallszahlenstroeme aus.                *)
(* Da die ueber diesen Modul erzeugten Zufallszahlenstroeme zusammen mit   *)
(* den ueber 'IntDist' od. 'RealDist' erzeugten intern in einer gemeinsamen *)
(* Reportliste verwaltet werden, werden durch einen Aufruf dieser Proze-   *)
(* duren auch die ueber die anderen Module erzeugten Stroeme manipuliert.  *)
(* Mit anderen Worten: 'BoolDist.ResetAll', 'IntDist.ResetAll' und         *)
(* 'RealDist.ResetAll' sind in ihrer Wirkung identisch, man kann sie als   *)
(* verschiedene Namen fuer ein und dieselbe Prozedur ansehen. Das gleiche  *)
(* gilt natuerlich fuer 'ReportAll' und 'AntitheticAll'.              *)
(************************************************************************)

PROCEDURE ResetAll;
PROCEDURE ReportAll;
PROCEDURE AntitheticAll;


TYPE
    ReportHeaderType = PROCEDURE;
    ReportType       = PROCEDURE (Object);


PROCEDURE SetReportProc (Header : ReportHeaderType; Body : ReportType);
    (* Definition eines benutzerdefinierten Reports.                  *)
    (* 'Body' ersetzt die hier definierte Prozedur 'Report'. 'Header' wird  *)
    (* von 'ReportAll' aufgerufen, bevor die einzelnen Reports ausgegeben   *)
    (* werden, und kann verwendet werden, um die Spaltenueberschriften fuer *)
    (* den Report auszugeben.                                          *)
    (* Durch die beiden nachfolgend deklarierten Prozeduren kann nach einer *)
    (* Aenderung wieder der systemdefinierte Report eingestellt werden:     *)
    (* 'SetReportProc (StandardHeader, StandardReport);'                    *)
    (* ACHTUNG: Da die Zufallszahlenstroeme von 'BoolDist', 'IntDist' und   *)
    (* 'RealDist' intern in EINER gemeinsamen Reportliste verwaltet werden, *)
    (* muss die als 'Body' uebergebene Prozedur in der Lage sein, fuer ALLE *)
    (* Arten von Verteilungen in ALLEN Modulen einen Report auszugeben.     *)

PROCEDURE StandardReport (d : Object);
PROCEDURE StandardHeader;


(************************************************************************)
(* Folgende Prozeduren liefern alle Informationen, die im Standard-Report  *)
(* erscheinen, mit Ausnahme der Wertetabellen der empirischen Verteilungen *)
(* (diese muss der Modellprogrammierer ohnehin als Variable implementieren, *)
(* so dass sie ihm jederzeit zur Verfuegung stehen).                  *)
(************************************************************************)


PROCEDURE GetTitle       (d : Object; VAR t : ARRAY OF CHAR);
PROCEDURE ResetAt        (d : Object) : SimTime;
PROCEDURE Observations   (d : Object) : CARDINAL;
PROCEDURE GetType        (d : Object; VAR t : ARRAY OF CHAR);
PROCEDURE ParameterA     (d : Object) : REAL;
PROCEDURE ParameterB     (d : Object) : REAL;
PROCEDURE Seed           (d : Object) : LONGINT;


END BoolDist.
```

C.5 Statistik

C.5.1 Modul Tally

```
DEFINITION MODULE Tally;

(*********************************************************************)
(*                                                                   *)
(*      Dateiname:            TALLY.DEF                              *)
(*                                                                   *)
(*      Projektleiter:        Prof. Dr.-Ing. B. Page                *)
(*                            Fachbereich Informatik der Universität Hamburg *)
(*                                                                   *)
(*      Autoren:              R. Boelckow, A. Heymann, H. Liebert   *)
(*                                                                   *)
(*      Programminhalt:       Halbautomatische Statistik            *)
(*                            ohne zeitliche Gewichtung             *)
(*                                                                   *)
(*********************************************************************)
(*     V1=DOS Version fuer Logitech Modula-2/86 Vers. 3.03 unter MS-DOS *)
(*     V2=DOS Version fuer TopSpeed Modula-2/87 Vers. 1.17 unter MS-DOS *)
(*********************************************************************

Dieses Modul dient zur halbautomatischen statistischen Erfassung von Beobachtungs-
groessen ohne zeitliche Gewichtung. Fuer jede solche Groesse ist ein Datenobjekt zu
erzeugen (mittels 'New'). Die statistische Aktualisierung ist anschliessend stets
explizit zu veranlassen (mittels 'Update').

Eine Beschraenkung der Anzahl der Tally-Objekte ist nicht prinzipiell gegeben. Bei
unzulaessigen Operationen und fehlerhaften Zugriffen werden Warnungen ausgegeben.
Ausserdem werden in diesen Faellen definierte Werte an VAR-Parameter bzw. als Funk-
tionswerte zurueckgegeben: Fuer statistisch nicht definierte Groessen (Mittelwerte,
Standardabweichungen) -1.0, ansonsten fuer CARDINALs 0, String-Parameter "" und
REALs 0.0.

*********************************************************************)

(*<V1
EXPORT QUALIFIED
    (* Kernfunktionen *)
  Object, New, Update, Value,

    (* statistische (Hilfs-)Funktionen *)
  ResetAt, Observations, Mean, StdDev, Minimum, Maximum,

    (* Ausgaben und statistische Ruecksetzung *)
  Report, ReportHeader, ReportAll,
  SetReportProc, StandardReport, StandardHeader,
  Reset, ResetAll,

  GetTitle;
V1>*)

TYPE
    Object;
    Observation = PROCEDURE () : REAL;
    ReportType  = PROCEDURE (Object);
    ReportHeaderType = PROC;
    SimTime = REAL;
```

```
(*******************)
(*  Kernfunktionen  *)
(*******************)

PROCEDURE New (Title : ARRAY OF CHAR; f : Observation) : Object;
    (* Generierung eines Datenobjektes mit Titel (zur Identifikation in    *)
    (* spaeteren Reports) und Verweis auf eine Funktion zur spaeteren      *)
    (* Erfassung der Beobachtungsgroesse; Eintragung in eine Liste fuer    *)
    (* spaetere gesammelte Reports und statistische Ruecksetzungen.        *)

PROCEDURE Update (t : Object);
    (* Aktualisierung der (internen) Statistik bzgl. der jeweiligen        *)
    (* Beobachtungsgroesse. Der aktuelle Wert dieser Groesse wird durch    *)
    (* Aufruf der bei 'New' zuvor angegebenen Funktion ermittelt.          *)

PROCEDURE Value (t : Object) : REAL;
    (* letzter Wert der Beobachtungsgroesse                                *)

(************************************)
(*  statistische (Hilfs-)Funktionen  *)
(************************************)

PROCEDURE ResetAt       (t : Object) : SimTime;
PROCEDURE Observations (t : Object) : CARDINAL;
PROCEDURE Mean      (t : Object) : REAL;
PROCEDURE StdDev   (t : Object) : REAL;
PROCEDURE Minimum (t : Object) : REAL;
PROCEDURE Maximum (t : Object) : REAL;

(*********************************************)
(*  Ausgaben und statistische Ruecksetzung  *)
(*********************************************)

    (* die drei folgenden Prozeduren liefern per Default die entsprechenden *)
    (* Standardausgaben (gem.'StandardReport' bzw. 'StandardHeader'),       *)
    (* ansonsten die gem. 'SetReportProc' spezifizierten.                   *)

PROCEDURE Report (t : Object);
PROCEDURE ReportHeader;
    (* Ausgabe einer Ueberschrift fuer Reports                             *)
PROCEDURE ReportAll;

PROCEDURE SetReportProc (
   Header : ReportHeaderType;
   Body   : ReportType);
    (* Definition selbstdefinierter Reports                                *)
PROCEDURE StandardReport (t : Object);
PROCEDURE StandardHeader;

    (* Ruecksetzen der kumulierten Statistik (fuer Neu-Starts)             *)
PROCEDURE Reset (t : Object);
PROCEDURE ResetAll;

PROCEDURE GetTitle (t : Object; VAR Title : ARRAY OF CHAR);

END Tally.
```

C.5.2 Modul Histogram

```
DEFINITION MODULE Histogram;

(*********************************************************************)
(*                                                                 *)
(*      Dateiname:          HISTOGRAM.DEF                           *)
(*                                                                 *)
(*      Projektleiter:      Prof. Dr.-Ing. B. Page                 *)
(*                          Fachbereich Informatik der Universität Hamburg *)
(*                                                                 *)
(*      Autoren:            R. Boelckow, A. Heymann, H. Liebert     *)
(*                                                                 *)
(*      Programminhalt:     Histogramm-Erstellung mit zusaetzlich zeit- *)
(*                          ungewichteter halbautomatischer Statistik *)
(*                                                                 *)
(*********************************************************************)
(*      V1=DOS Version fuer Logitech Modula-2/86 Vers. 3.03 unter MS-DOS *)
(*      V2=DOS Version fuer TopSpeed Modula-2/87 Vers. 1.17 unter MS-DOS *)
(*********************************************************************

Dieses Modul dient zur halbautomatischen statistischen Erfassung von Beobachtungs-
groessen ohne zeitliche Gewichtung mit zusaetzlicher Histogrammerstellung. Fuer jede
solche Groesse ist ein Datenobjekt zu erzeugen (mittels 'New'). Die statistische
Aktualisierung ist danach stets explizit zu veranlassen (mittels 'Update').

Eine Beschraenkung der Anzahl der Histogramm-Objekte ist nicht prinzipiell gegeben.
Bei unzulaessigen Operationen und fehlerhaften Zugriffen werden Warnungen aus-
gegeben. Ausserdem werden in diesen Faellen definierte Werte an VAR-Parameter bzw.
als Funktionswerte zurueckgegeben: Fuer statistisch nicht definierte Groessen
(Mittelwerte, Standardabweichungen) -1.0, ansonsten fuer CARDINALs 0, String-
Parameter "" und REALs 0.0.


*********************************************************************)

(*<V1
EXPORT QUALIFIED
    (* Kernfunktionen *)
   Object, New, Update, ObsInCell, Value,

    (* statistische (Hilfs-)Funktionen *)
   ResetAt, Observations, Mean, StdDev, Minimum, Maximum,

    (* Ausgaben und statistische Ruecksetzung *)
   Report, ReportHeader, ReportAll,
   SetReportProc, StandardReport, StandardHeader,
   Reset, ResetAll,

   GetTitle;
V1>*)

TYPE
   Object;
   Observation = PROCEDURE () : REAL;
   ReportType  = PROCEDURE (Object);
   ReportHeaderType = PROC;
   SimTime = REAL;

(*********************)
(*  Kernfunktionen  *)
(*********************)
```

```
PROCEDURE New (
   Title  : ARRAY OF CHAR;
   f      : Observation;
   Lower,
   Upper  : REAL;
   nCells : CARDINAL)
   : Object;
   (* Generierung eines Datenobjektes mit Titel (zur Identifikation in   *)
   (* spaeteren Reports) und Verweis auf eine Funktion zur spaeteren     *)
   (* Erfassung der Beobachtungsgroesse; Eintragung in eine Liste fuer   *)
   (* spaetere gesammelte Reports und statistische Ruecksetzungen.       *)
   (* Zusaetzlich zu der Anzahl der gewuenschten Zellen gibt es jeweils  *)
   (* eine Zelle fuer Unter- und Ueberlaeufe.                            *)

PROCEDURE Update (h : Object);
   (* Aktualisierung der (internen) Statistik bzgl. der jeweiligen       *)
   (* Beobachtungsgroesse. Der aktuelle Wert dieser Groesse wird durch   *)
   (* Aufruf der bei 'New' zuvor angegebenen Funktion ermittelt.         *)

PROCEDURE ObsInCell (h : Object; Cell : CARDINAL) : CARDINAL;
   (* Anzahl der beobachteten Werte in der angegeben Zelle; 'Cell' = 0 fuer *)
   (* Unter- und 'Cell' = 'nCells'+1 fuer Ueberlaeufe.                    *)

PROCEDURE Value (h : Object) : REAL;
   (* letzter Wert der Beobachtungsgroesse                               *)


(**************************************)
(*   statistische (Hilfs-)Funktionen  *)
(**************************************)


PROCEDURE ResetAt       (h : Object) : SimTime;
PROCEDURE Observations (h : Object) : CARDINAL;
PROCEDURE Mean         (h : Object) : REAL;
PROCEDURE StdDev       (h : Object) : REAL;
PROCEDURE Minimum      (h : Object) : REAL;
PROCEDURE Maximum      (h : Object) : REAL;


(**********************************************)
(*   Ausgaben und statistische Ruecksetzung   *)
(**********************************************)


   (* die drei folgenden Prozeduren liefern per Default die entsprechenden *)
   (* Standardausgaben (gem. 'StandardReport' bzw. 'StandardHeader'),    *)
   (* ansonsten die gem. 'SetReportProc' spezifizierten.                 *)

PROCEDURE Report (h : Object);
PROCEDURE ReportHeader;
   (* Ausgabe einer Ueberschrift fuer Reports                            *)
PROCEDURE ReportAll;

PROCEDURE SetReportProc (
   Header : ReportHeaderType;
   Body   : ReportType);
   (* Definition selbstdefinierter Reports                               *)
PROCEDURE StandardReport (h : Object);
PROCEDURE StandardHeader;

   (* Ruecksetzen der kumulierten Statistik (fuer Neu-Starts)            *)
PROCEDURE Reset (h : Object);
PROCEDURE ResetAll;

PROCEDURE GetTitle (h : Object; VAR Title : ARRAY OF CHAR);

END Histogram.
```

C.5.3 Modul Count

```
DEFINITION MODULE Count;

(*****************************************************************************)
(*                                                                         *)
(*      Dateiname:          COUNT.DEF                                       *)
(*                                                                         *)
(*      Projektleiter:      Prof. Dr.-Ing. B. Page                         *)
(*                          Fachbereich Informatik der Universität Hamburg *)
(*                                                                         *)
(*      Autoren:            R. Boelckow, A. Heymann, H. Liebert            *)
(*                                                                         *)
(*      Programminhalt:     Einfache Zaehlfunktionen                       *)
(*                                                                         *)
(*****************************************************************************)
(*     V1=DOS Version fuer Logitech Modula-2/86 Vers. 3.03 unter MS-DOS    *)
(*     V2=DOS Version fuer TopSpeed Modula-2/87 Vers. 1.17 unter MS-DOS    *)
(*****************************************************************************

Dieses Modul stellt eine einfache Zaehlfunktion fuer Beobachtungsgroessen bereit.
Fuer jede Groesse ist ein Datenobjekt zu erzeugen (mittels 'New'). Die Aktualisie-
rung hat stets explizit zu erfolgen (mittels 'Update').

Eine Beschraenkung der Anzahl der Count-Objekte ist nicht prinzipiell gegeben. Bei
fehlerhaften Zugriffen werden Warnungen ausgegeben. Ausserdem werden in diesen
Faellen definierte Werte an VAR-Parameter bzw. als Funktionswerte zurueckgegeben:
Fuer CARDINALs 0, String-Parameter "" und REALs 0.0.

*****************************************************************************)

(*<V1
EXPORT QUALIFIED
    (* Kernfunktionen *)
   Object, New, Update, Value,

    (* statistische (Hilfs-)Funktionen *)
   ResetAt, Observations,

    (* Ausgaben und statistische Ruecksetzung *)
   Report, ReportHeader, ReportAll,
   SetReportProc, StandardReport, StandardHeader,
   Reset, ResetAll,

   GetTitle;
V1>*)

TYPE
   Object;
   ReportType = PROCEDURE (Object);
   ReportHeaderType = PROC;
   SimTime = REAL;

(********************)
(*  Kernfunktionen  *)
(********************)

PROCEDURE New (Title : ARRAY OF CHAR) : Object;
    (* Generierung eines Datenobjektes mit Titel (zur Identifikation in    *)
    (* spaeteren Reports); Eintragung in eine Liste fuer spaetere gesammelte *)
    (* Reports und statistische Ruecksetzungen.                            *)
```

```
PROCEDURE Update (c : Object; Val : CARDINAL);
   (* Aktualisierung der (internen) Statistik bzgl. der jeweiligen        *)
   (* Beobachtungsgroesse.                                                 *)

PROCEDURE Value  (c : Object) : CARDINAL;
   (* letzter Wert der Beobachtungsgroesse                                 *)

(************************************)
(*  statistische (Hilfs-)Funktionen  *)
(************************************)

PROCEDURE ResetAt       (c : Object) : SimTime;
PROCEDURE Observations (c : Object) : CARDINAL;

(*********************************************)
(*  Ausgaben und statistische Ruecksetzung  *)
(*********************************************)

  (* die drei folgenden Prozeduren liefern per Default die entsprechenden  *)
  (* Standardausgaben (gem. 'StandardReport' bzw. 'StandardHeader'),       *)
  (* ansonsten die gem. 'SetReportProc' spezifizierten.                    *)
PROCEDURE Report (c : Object);
PROCEDURE ReportHeader;
   (* Ausgabe einer Ueberschrift fuer Reports                             *)
PROCEDURE ReportAll;

PROCEDURE SetReportProc (
   Header : ReportHeaderType;
   Body   : ReportType);
   (* Definition selbstdefinierter Reports                                 *)
PROCEDURE StandardReport (c : Object);
PROCEDURE StandardHeader;

  (* Ruecksetzen der kumulierten Statistik (fuer Neu-Starts)               *)
PROCEDURE Reset (c : Object);
PROCEDURE ResetAll;

PROCEDURE GetTitle (c : Object; VAR Title : ARRAY OF CHAR);

END Count.
```

C.5.4 Modul Accumulate

```
DEFINITION MODULE Accumulate;

(***************************************************************************)
(*                                                                       *)
(*       Dateiname:         ACCUMULAT.DEF                                 *)
(*                                                                       *)
(*       Projektleiter:     Prof. Dr.-Ing. B. Page                       *)
(*                          Fachbereich Informatik der Universität Hamburg *)
(*                                                                       *)
(*       Autoren:           R. Boelckow, A. Heymann, H. Liebert          *)
(*                                                                       *)
(*       Programminhalt:    Halbautomatische Statistik                   *)
(*                          mit zeitlicher Gewichtung                    *)
(*                                                                       *)
(***************************************************************************)
(*     V1=DOS Version fuer Logitech Modula-2/86 Vers. 3.03 unter MS-DOS   *)
(*     V2=DOS Version fuer TopSpeed Modula-2/87 Vers. 1.17 unter MS-DOS   *)
(***************************************************************************
```

Dieses Modul dient zur halbautomatischen statistischen Erfassung von Beobachtungs-
groessen mit zeitlicher Gewichtung. Fuer jede solche Groesse ist ein Datenobjekt zu
erzeugen (mittels 'New'). Die statistischen Aktualisierungen koennen anschliessend
explizit (mittels 'Update') oder implizit (siehe 'New') veranlasst werden.

Eine Beschraenkung der Anzahl der Accumulate-Objekte ist nicht prinzipiell gegeben.
Bei unzulaessigen Operationen und fehlerhaften Zugriffen werden Warnungen ausge-
geben. Ausserdem werden in diesen Faellen definierte Werte an VAR-Parameter bzw. als
Funktionswerte zurueckgegeben: Fuer statistisch nicht definierte Groessen
(Mittelwerte, Standardabweichungen) -1.0, ansonsten fuer CARDINALs 0, String-
Parameter "" und REALs 0.0.

```
*********************************************************************************)

(*<V1
EXPORT QUALIFIED
    (* Kernfunktionen *)
   Object, New, Update, Value,

    (* statistische (Hilfs-)Funktionen *)
   ResetAt, Observations, Mean, StdDev, Minimum, Maximum,

    (* Ausgaben und statistische Ruecksetzung *)
   Report, ReportHeader, ReportAll,
   SetReportProc, StandardReport, StandardHeader,
   Reset, ResetAll,

   GetTitle;
V1>*)

TYPE
   Object;
   Observation = PROCEDURE () : REAL;
   ReportType   = PROCEDURE (Object);
   ReportHeaderType = PROC;
   SimTime = REAL;

(********************)
(*  Kernfunktionen  *)
(********************)

PROCEDURE New (
   Title      : ARRAY OF CHAR;
   f          : Observation;
   Automatic : BOOLEAN)
   : Object;
   (* Generierung eines Datenobjektes mit Titel (zur Identifikation in    *)
   (* spaeteren Reports) und Verweis auf eine Funktion zur spaeteren       *)
   (* Erfassung der Beobachtungsgroesse; Eintragung in eine Liste fuer     *)
   (* spaetere gesammelte Reports und statistische Ruecksetzungen.         *)
   (* Wird 'Automatic' gesetzt, so erfolgt die nachfolgende Erfassung      *)
   (* statistischer Daten fuer die Beobachtungsgroesse automatisch         *)
   (* (zu jedem Ereigniszeitpunkt).                                        *)

PROCEDURE Update (a : Object);
   (* Aktualisierung der (internen) Statistik bzgl. der jeweiligen         *)
   (* Beobachtungsgroesse. Der aktuelle Wert dieser Groesse wird durch     *)
   (* Aufruf der bei 'New' zuvor angegebenen Funktion ermittelt.           *)
   (* Ist 'Automatic' gesetzt, sind Aufrufe von 'Update' durch den Anwender *)
   (* ueberfluessig.                                                       *)

PROCEDURE Value (a : Object) : REAL;
   (* letzter Wert der Beobachtungsgroesse                                 *)
```

```
(**************************************)
(*  statistische (Hilfs-)Funktionen  *)
(**************************************)

PROCEDURE ResetAt        (a : Object) : SimTime;
PROCEDURE Observations (a : Object) : CARDINAL;
PROCEDURE Mean      (a : Object) : REAL;
PROCEDURE StdDev    (a : Object) : REAL;
PROCEDURE Minimum (a : Object) : REAL;
PROCEDURE Maximum (a : Object) : REAL;


(**********************************************)
(*  Ausgaben und statistische Ruecksetzung   *)
(**********************************************)

   (* die drei folgenden Prozeduren liefern per Default die entsprechenden   *)
   (* Standardausgaben (gem. 'StandardReport' bzw. 'StandardHeader'),        *)
   (* ansonsten die gem. 'SetReportProc' spezifizierten.                     *)

PROCEDURE Report (a : Object);
PROCEDURE ReportHeader;
   (* Ausgabe einer Ueberschrift fuer Reports                               *)
PROCEDURE ReportAll;

PROCEDURE SetReportProc (Header : ReportHeaderType; Body : ReportType);
   (* Definition selbstdefinierter Reports                                  *)
PROCEDURE StandardReport (a : Object);
PROCEDURE StandardHeader;

   (* Ruecksetzen der kumulierten Statistik (fuer Neu-Starts)               *)
PROCEDURE Reset (a : Object);
PROCEDURE ResetAll;

PROCEDURE GetTitle (a : Object; VAR Title : ARRAY OF CHAR);

END Accumulate.
```


C.5.5   Modul Regression


```
DEFINITION MODULE Regression;

(*****************************************************************************)
(*                                                                         *)
(*      Dateiname:           REGRESSI.DEF                                   *)
(*                                                                         *)
(*      Projektleiter:       Prof. Dr.-Ing. B. Page                        *)
(*                           Fachbereich Informatik der Universität Hamburg *)
(*                                                                         *)
(*      Autoren:             R. Boelckow, A. Heymann, H. Liebert           *)
(*                                                                         *)
(*      Programminhalt:      Lineare Regression                            *)
(*                                                                         *)
(*****************************************************************************)
(*      V1-DOS Version fuer Logitech Modula-2/86 Vers. 3.03 unter MS-DOS    *)
(*      V2-DOS Version fuer TopSpeed Modula-2/87 Vers. 1.17 unter MS-DOS    *)
(*****************************************************************************
```

Dieses Modul dient zur halbautomatischen statistischen Erfassung von Beobachtungs-
groessen zwecks linearer Regression. Fuer jedes Groessenpaar ist ein Datenobjekt zu
erzeugen (mittels 'New'). Die statistische Aktualisierung ist anschliessend stets
explizit zu veranlassen (mittels 'Update').

Eine Beschraenkung der Anzahl der Regressions-Objekte ist prinzipiell nicht gegeben.
Bei unzulaessigen Operationen und fehlerhaften Zugriffen werden Warnungen ausgegeben. Ausserdem werden für diese Faelle definierte Werte als Ergebnis zurueckgegeben:
Fuer statistisch nicht definierte Groessen (z. B. Mittelwerte, Standardabweichungen)
-1.0, ansonsten fuer CARDINALs 0, String-Parameter "" und REALs 0.0.

```
***********************************************************************************)

(*<V1
EXPORT QUALIFIED
    (* Kernfunktionen *)
  Object, New, Update, Values,

    (* statistische (Hilfs-)Funktionen *)
  ResetAt, Observations, xMean, yMean, ResStdDev,
  RegCoeff, Intercept, StdDevRegCoeff, CorrCoeff,

    (* Ausgaben und statistische Ruecksetzung *)
  Report, ReportHeader, ReportAll,
  SetReportProc, StandardReport, StandardHeader,
  Reset, ResetAll,

  GetTitles;
V1>*)

TYPE
  Object;
  Observation = PROCEDURE (VAR REAL, VAR REAL);
  ReportType  = PROCEDURE (Object);
  ReportHeaderType = PROC;
  SimTime = REAL;

(********************)
(*  Kernfunktionen  *)
(********************)

PROCEDURE New (Title1, Title2 : ARRAY OF CHAR; f : Observation) : Object;
    (* Generierung eines Datenobjektes mit Titel (zur Identifikation in     *)
    (* spaeteren Reports) und Verweis auf eine Funktion zur spaeteren       *)
    (* Erfassung der Beobachtungsgroesse; Eintragung in eine Liste fuer     *)
    (* spaetere gesammelte Reports und statistische Ruecksetzungen.         *)

PROCEDURE Update (r : Object);
    (* Aktualisierung der (internen) Statistik bzgl. der jeweiligen         *)
    (* Beobachtungsgroesse. Der aktuelle Wert dieser Groesse wird durch     *)
    (* Aufruf der bei 'New' zuvor angegebenen Funktion ermittelt.           *)

PROCEDURE Values (r : Object; VAR x, y : REAL);
    (* letzter Wert der Beobachtungsgroesse                                 *)

(*************************************)
(*  statistische (Hilfs-)Funktionen  *)
(*************************************)

PROCEDURE ResetAt        (r : Object) : REAL;
PROCEDURE Observations (r : Object) : CARDINAL;
PROCEDURE xMean          (r : Object) : REAL;
PROCEDURE yMean          (r : Object) : REAL;
PROCEDURE ResStdDev      (r : Object) : REAL;
    (* Residuale Standardabweichung                                         *)
PROCEDURE RegCoeff (r : Object) : REAL;
    (* Regressionskoeffizient                                               *)
PROCEDURE Intercept (r : Object) : REAL;
    (* Ordinatenabstand der Ausgleichsgeraden zum Nullpunkt                 *)
PROCEDURE StdDevRegCoeff (r : Object) : REAL;
    (* Standardabweichung der Regressionskoeffizienten                      *)
```

```
PROCEDURE CorrCoeff (r : Object) : REAL;
   (* Korrelationskoeffizient                                             *)


(*********************************************)
(*  Ausgaben und statistische Ruecksetzung  *)
(*********************************************)

 (* die drei folgenden Prozeduren liefern per Default die entsprechenden  *)
 (* Standardausgaben (gem. 'StandardReport' bzw. 'StandardHeader'),        *)
 (* ansonsten die gem. 'SetReportProc' spezifizierten.                     *)

PROCEDURE Report (r : Object);
PROCEDURE ReportHeader;
   (* Ausgabe einer Ueberschrift fuer Reports                             *)
PROCEDURE ReportAll;

PROCEDURE SetReportProc (
   Header : ReportHeaderType;
   Body   : ReportType);
   (* Definition selbstdefinierter Reports                                *)
PROCEDURE StandardReport (r : Object);
PROCEDURE StandardHeader;

 (* Ruecksetzen der kumulierten Statistik (fuer Neu-Starts)               *)
PROCEDURE Reset (r : Object);
PROCEDURE ResetAll;

PROCEDURE GetTitles (r : Object; VAR Title1, Title2 : ARRAY OF CHAR);

END Regression.
```


C.5.6   Modul TimeSeries


```
DEFINITION MODULE TimeSeries;

(*****************************************************************************)
(*                                                                          *)
(*      Dateiname:          TIMESERIES.DEF                                   *)
(*                                                                          *)
(*      Projektleiter:      Prof. Dr.-Ing. B. Page                          *)
(*                          Fachbereich Informatik der Universität Hamburg   *)
(*                                                                          *)
(*      Autoren:            R. Boelckow, A. Heymann, H. Liebert             *)
(*                                                                          *)
(*      Programminhalt:     Erzeugung und Aktualisierung von Zeitreihen     *)
(*                                                                          *)
(*****************************************************************************)
(*      V1=DOS Version fuer Logitech Modula-2/86 Vers. 3.03 unter MS-DOS    *)
(*      V2=DOS Version fuer TopSpeed Modula-2/87 Vers. 1.17 unter MS-DOS    *)
(*****************************************************************************)

(*<V1
EXPORT QUALIFIED
   Object, New, Update, CloseFiles;
V1>*)

TYPE
   Object;
   SimTime = REAL;
   Observation = PROCEDURE () : REAL;
```

```
PROCEDURE New (
   Title, FileName : ARRAY OF CHAR;
   f               : Observation;
   Start, End      : SimTime;
   Automatic       : BOOLEAN)
: Object;
   (* Definition einer Zeitreihe.                                    *)
   (* Die Werte der zu beobachtenden Modellgroesse 'f' werden in einer *)
   (* ASCII-Datei mit dem Namen 'FileName' protokolliert. 'FileName' muss *)
   (* den Namenskonventionen des verwendeten Betriebssystems entsprechen. *)
   (* Das Betriebssystem kann Beschraenkungen hinsichtlich der Anzahl *)
   (* gleichzeitig geoeffneter Dateien auferlegen. Solche Beschraenkungen *)
   (* begrenzen auch die Anzahl der definierbaren Zeitreihen.         *)
   (* 'Title' wird als erste Textzeile (Ueberschrift) in die Datei    *)
   (* geschrieben.                                                    *)
   (* Die Protokollierung der Werte von 'f' kann wahlweise manuell    *)
   (* ('Automatic = FALSE') durch Aufruf von Update erfolgen (s.u.) oder *)
   (* automatisch ('Automatic = TRUE') zu jedem Ereigniszeitpunkt.    *)

PROCEDURE Update (t : Object);
   (* Aktualisierung der Zeitreihe 't'.                               *)
   (* Die zu beobachtende Modellgroesse wird ausgewertet und der aktuelle *)
   (* Wert zusammen mit dem aktuellen Stand der Simulationsuhr in die bei *)
   (* 'New' genannte ASCII-Datei geschrieben.                         *)

PROCEDURE CloseFiles ();
   (* Schliessen aller in diesem Modul geoeffneten Zeitreihendateien. *)
   (* Alle durch 'New' geoeffneten Dateien werden geschlossen, um eine *)
   (* sichere Speicherung der Zeitreihen zu gewaehrleisten.           *)

END TimeSeries.
```

C.5.7   Modul DESgraph

```
DEFINITION MODULE DESgraph;

(*********************************************************************)
(*                                                                 *)
(*      Dateiname:        DESGRAPH.DEF                             *)
(*                                                                 *)
(*      Projektleiter:    Prof. Dr.-Ing. B. Page                  *)
(*                        Fachbereich Informatik der Universität Hamburg *)
(*                                                                 *)
(*      Autoren:          R. Boelckow, A. Heymann, H. Liebert      *)
(*                                                                 *)
(*      Programminhalt:   Darstellung einer oder mehrerer Modell-  *)
(*                        groessen als Verlaufskurven waehrend des *)
(*                        Simulationslaufes auf dem Bildschirm.    *)
(*                                                                 *)
(*********************************************************************)
(*      V1=DOS Version fuer Logitech Modula-2/86 Vers. 3.03 unter MS-DOS  *)
(*      V2=DOS Version fuer TopSpeed Modula-2/87 Vers. 1.17 unter MS-DOS  *)
(*********************************************************************

Dieses Modul ist fuer Rechner implementiert, die mit einem Farb-Grafikadapter
("CGA") oder einer Hercules(tm)-Monochromgrafikkarte ausgeruestet sind.

*********************************************************************)
```

```
(*<V1
EXPORT QUALIFIED
   Initialize, DeInitialize, Plot, Update;
V1>*)

TYPE
   SimTime = REAL;
   Observation = PROCEDURE () : REAL;

PROCEDURE Initialize (DiagramWidth : SimTime; Automatic : BOOLEAN);
   (* Initialisierung des Grafiksystems.                                  *)
   (* 'DiagramWidth' gibt die Laenge des auf dem Bildschirm dargestellten *)
   (* Intervalls der (Simulations-) Zeitachse an. Wird ein laengerer Zeit-*)
   (* raum simuliert, so stellt der Bildschirm ein Fenster dar, unter dem *)
   (* ein "Virtuelles Gesamtdiagram" vorbeigeschoben wird.                *)
   (* Dieses "Vorbeischieben" (und damit allerdings auch der Simulations- *)
   (* lauf) kann vom Benutzer ausgesetzt werden, indem er eine beliebige  *)
   (* Taste drueckt. Die Simulation und die Fortschreibung des Diagramms  *)
   (* wird fortgesetzt, sobald der Benutzer nochmals eine beliebige Taste *)
   (* drueckt. 'Automatic' gibt an, ob das Diagramm automatisch oder von  *)
   (* Hand aktualisiert wird. Wird 'FALSE' uebergeben, so ist der Modell- *)
   (* programmierer dafuer verantwortlich, zu den geeigneten Zeitpunkten  *)
   (* die Prozedur 'Update' s.u.) aufzurufen, um das Diagram zu aktuali-  *)
   (* sieren. Bei 'TRUE' erfolgen diese Aufrufe automatisch zu jedem      *)
   (* Ereigniszeitpunkt, d.h. jedesmal, nachdem alle Ereignisroutinen bzw.*)
   (* Prozessaktivierungen, die fuer den gleichen Zeitpunkt angesetzt     *)
   (* waren, abgearbeitet sind.                                           *)

PROCEDURE DeInitialize ();
   (* De-Initialisierung des Grafiksystems                                *)
   (* (Zurueckschalten in den Textmodus).                                 *)

PROCEDURE Plot (Title : ARRAY OF CHAR; f : Observation; Lo, Hi : REAL);
   (* Darstellung einer Verlaufskurve ueber die gesamte Simulationsdauer. *)
   (* Je nach Grafiksystem kann nur eine bestimmte Anzahl von Verlaufs-   *)
   (* kurven erstellt werden, darueber hinausgehende Aufrufe von 'Plot'   *)
   (* werden ignoriert. Die Maximalzahl darstellbarer Verlaufskurven fuer *)
   (* den Farb-/Grafikadapter ("CGA") betraegt 3, fuer die Hercules(tm)-  *)
   (* Monochrom-grafikkarte 1.                                            *)
   (* 'Title' ist ein vom Modellprogrammierer beliebig zu vergebender Name*)
   (* fuer die darzustellende Groesse.                                    *)
   (* 'f' ist eine reellwertige Funktion, die vom Grafiksystem bei jedem  *)
   (* Aufruf von 'Update' (s.u.) ausgewertet wird und dann den aktuellen  *)
   (* Wert der darzustellenden Groesse liefert.                           *)
   (* 'Lo' und 'Hi' dienen zur Skalierung des Diagramms. Werte von 'f'    *)
   (* werden nur dann grafisch dargestellt, wenn sie zwischen 'Lo' und 'Hi' *)
   (* liegen.                                                             *)

PROCEDURE Update;
   (* Aktualisierung des Diagramms.                                       *)
   (* Diese Prozedur muss nur dann explizit aufgerufen werden, wenn bei   *)
   (* 'Initialize' (s.o.) 'Automatic = FALSE' uebergeben wurde. In diesem *)
   (* Fall sollte 'Update' jedesmal aufgerufen werden, wenn sich eine der *)
   (* im Diagramm dargestellten Groessen geaendert hat.                   *)

END DESgraph.
```

C.6 Hilfsmodule

C.6.1 Modul StringHdl

```
DEFINITION MODULE StringHdl;

(****************************************************************************)
(*                                                                          *)
(*      Dateiname:          STRINGHDL.DEF                                    *)
(*                                                                          *)
(*      Projektleiter:      Prof. Dr.-Ing. B. Page                          *)
(*                          Fachbereich Informatik der Universität Hamburg  *)
(*                                                                          *)
(*      Autoren:            R. Boelckow, A. Heymann, H. Liebert             *)
(*                                                                          *)
(*      Programminhalt:     String-Verarbeitungsroutinen                    *)
(*                                                                          *)
(****************************************************************************)
(*     V1=DOS Version fuer Logitech Modula-2/86 Vers. 3.03 unter MS-DOS     *)
(*     V2=DOS Version fuer TopSpeed Modula-2/87 Vers. 1.17 unter MS-DOS     *)
(****************************************************************************

Dieses Modul bietet Prozeduren zur Manipulation von Zeichenketten. Dabei kann auf
Zeichenketten bis zu einer Laenge von 256 gearbeitet werden.Intern wird der String
durch ein Nullzeichen begrenzt, d. h. er endet vor diesem. Bei der Uebergabe einer
Position in der Zeichenkette muss beachtet werden, dass sich der Indexbereich von 1
bis zur Laenge erstreckt.

****************************************************************************)

(*<V1
EXPORT QUALIFIED
  Length, Fill, Copy, Concat, Insert, Substr, Delete, Replace, Pos,
  UppersEqual, Equal, TrimR, TrimL, Trim, RealToFix, CardToString;
V1>*)

PROCEDURE Length (s : ARRAY OF CHAR) : CARDINAL;
    (* Ermitteln der Laenge eines Strings. Falls 's' kein Begrenzungs      *)
    (* (Null-)Zeichen enthaelt, wird die aktuelle Feldlaenge zurueckgegeben. *)

PROCEDURE Fill (VAR Result : ARRAY OF CHAR; n : CARDINAL; c : CHAR);
    (* Der resultierende String besteht aus (maximal) 'n' Zeichen 'c'.     *)
    (* Der Rest wird ggf. mit Leerzeichen aufgefuellt.                     *)

PROCEDURE Copy (Source : ARRAY OF CHAR; VAR Result : ARRAY OF CHAR);
    (* Kopiert 'Source' nach 'Result'. Der Rest wird ggf. mit Leerzeichen  *)
    (* aufgefuellt oder entsprechend der 'Result'-Laenge abgeschnitten.    *)

PROCEDURE Concat (s1, s2 : ARRAY OF CHAR; VAR Result : ARRAY OF CHAR);
    (* Konkateniert zwei Zeichenketten. Der Rest wird ggf. mit Leerzeichen *)
    (* aufgefuellt oder entsprechend der 'Result'-Laenge abgeschnitten.    *)

PROCEDURE Insert (
    VAR Result : ARRAY OF CHAR;
        Pos    : CARDINAL;
        StringToBeInserted : ARRAY OF CHAR);
    (* Fuegt String vor der Stelle 'Pos' in 'Result' ein.                  *)
    (* Falls 'Pos' <= 1 wird vor 'Result', falls 'Pos' > Laenge (Result)   *)
    (* nach 'Result' eingefuegt. Der Ueberhang wird entsprechend der       *)
    (* 'Result'-Laenge abgeschnitten.                                      *)
```

```
PROCEDURE Substr (
        Source : ARRAY OF CHAR;
        From,
        To      : CARDINAL;
    VAR Result : ARRAY OF CHAR);
    (* Der "Substring" von Position 'From' bis einschl. 'To' wird an      *)
    (* 'Result' zugewiesen. Der Rest wird ggf. mit Leerzeichen aufgefuellt *)
    (* oder entsprechend der 'Result'-Laenge abgeschnitten.                *)

PROCEDURE Delete (VAR Source : ARRAY OF CHAR; From, To : CARDINAL);
    (* Der "Substring" von Position 'From' bis einschl. 'To' wird in      *)
    (* 'Source' geloescht. Der Rest wird mit Leerzeichen aufgefuellt.      *)

PROCEDURE Replace (
    VAR Source        : ARRAY OF CHAR;
        OldSubString,
        NewSubString : ARRAY OF CHAR);
    (* Ersetzt 'OldSubstring' durch 'NewSubString' in 'Source'.           *)
    (* Der Rest wird ggf. mit Leerzeichen aufgefuellt oder entsprechend der *)
    (* 'Source'-Laenge abgeschnitten. 'Replace' ist ohne Wirkung, falls    *)
    (* 'OldSubString' nicht existiert.                                     *)

PROCEDURE Pos (Source, SubString : ARRAY OF CHAR) : CARDINAL;
    (* Ermitteln der relat. Position von 'SubString' in der 'Source'.     *)
    (* Falls 'SubString' nicht vorkommt, ist das Resultat 0.              *)

PROCEDURE UppersEqual (s1, s2 : ARRAY OF CHAR) : BOOLEAN;
    (* Test von Zeichenketten auf Gleichheit.                             *)
    (* Sie werden dazu in Grossbuchstaben umgewandelt.                    *)

PROCEDURE Equal (s1, s2 : ARRAY OF CHAR) : BOOLEAN;
    (* Test auf gleiche Laenge und gleichen Inhalt.                       *)

PROCEDURE TrimR (VAR s : ARRAY OF CHAR);
    (* Ersetzt rechtsbuendige Leerzeichen durch das Nullzeichen [00 (HEX)]. *)

PROCEDURE TrimL (VAR s : ARRAY OF CHAR);
    (* Loescht fuehrende Leerzeichen.                                     *)

PROCEDURE Trim (VAR s : ARRAY OF CHAR);
    (* Wirkt wie 'TrimL' und 'TrimR' zusammen.                           *)

PROCEDURE RealToFix (Num : REAL;
                     Fore, After : CARDINAL;
                     VAR s : ARRAY OF CHAR  );
    (* Wandelt eine REAL-Zahl in einen String mit fester Vor- und Nachkomma- *)
    (* stellenzahl (ggf. gerundet) um. Die Feldbreite betraegt dabei       *)
    (* 'Fore' + 1 + 'After' (1 f. Komma), wobei das Vorzeichen zu den      *)
    (* Vorkommastellen gehoert.                                           *)
    (* Im Fehlerfall wird - wenn moeglich - die Exponentialdarstellung     *)
    (* gewaehlt. Anderenfalls werden entsprechend der Feldbreite Sterne     *)
    (* ausgegeben.                                                        *)
    (* Bei ausreich. Feldbreite werden linksbuendig Leerzeichen ergaenzt.  *)
    (* Falls null Nachkommastellen gewaehlt sind, wird eine Ganzzahl-       *)
    (* Darstellung (ohne Dezimalpunkt) erzeugt.                           *)

PROCEDURE CardToString (
        Num : CARDINAL;
        Len : CARDINAL;
    VAR s      : ARRAY OF CHAR);
    (* Wandelt eine CARDINAL-Zahl in eine Zeichenkette fester Laenge um.   *)
    (* Bei unzulaessigen Laengen werden Sterne zurueckgegeben.            *)

END StringHdl.
```

C.6.2   Modul ReportIO

```
DEFINITION MODULE ReportIO;

(*****************************************************************************)
(*                                                                         *)
(*      Dateiname:              ReportIO.DEF                               *)
(*                                                                         *)
(*      Projektleiter:          Prof. Dr.-Ing. B. Page                    *)
(*                              Fachbereich Informatik der Universität Hamburg *)
(*                                                                         *)
(*      Autoren:                R. Boelckow, A. Heymann, H. Liebert        *)
(*                                                                         *)
(*      Programminhalt:         Ausschliessliche Ausgabe von Text und Werten *)
(*                              in die Report-Datei                        *)
(*                                                                         *)
(*****************************************************************************)
(*      V1=DOS Version fuer Logitech Modula-2/86 Vers. 3.03 unter MS-DOS   *)
(*      V2=DOS Version fuer TopSpeed Modula-2/87 Vers. 1.17 unter MS-DOS   *)
(*****************************************************************************

Dieses Modul erlaubt die vereinfachte Ausgabe der Datentypen CHAR, (ARRAY OF CHAR),
INTEGER, CARDINAL, REAL und LONGINT auf die Reportdatei, die in 'EventSimulation'
bzw. 'ProcessSimulation' durch 'SetReportFile' eingestellt wurde.

*****************************************************************************)

(*<V1
EXPORT QUALIFIED
   Write, WriteString, WriteInt, WriteCard, WriteReal, WriteFixed, WriteLn,
   WriteLongInt;
V1>*)

PROCEDURE Write        (ch : CHAR);
PROCEDURE WriteString (s : ARRAY OF CHAR);
PROCEDURE WriteInt    (i : INTEGER;  Width : CARDINAL);
PROCEDURE WriteCard   (c : CARDINAL; Width : CARDINAL);
PROCEDURE WriteReal   (r : REAL;       Width : CARDINAL);
PROCEDURE WriteFixed  (r : REAL; Fore, Aft : CARDINAL);

PROCEDURE WriteLongInt (l : LONGINT;  Width : CARDINAL);

PROCEDURE WriteLn;

END ReportIO.
```

Anhang D: Programmtexte der Beispielmodelle

D.1 Jobshop-Modell

D.1.1 Ereignisorientierte Version


```
MODULE JobEvent;

(******************************************************************************)
(*                                                                          *)
(*       Dateiname:         JobEvent.MOD                                     *)
(*                                                                          *)
(*       Projektleiter:     Prof. Dr.-Ing. B. Page                          *)
(*                          Fachbereich Informatik der Universität Hamburg  *)
(*                                                                          *)
(*       Autoren:           R. Boelckow, A. Heymann, H. Liebert             *)
(*                                                                          *)
(*       Programminhalt:    "Jobshop-Modell" (ereignisorientiert)           *)
(*                                                                          *)
(******************************************************************************)
(*       Erstellt in TopSpeed Modula-2/87 Vers. 1.17 unter MS-DOS           *)
(******************************************************************************

Das Modell dient zur Engpassanalyse einer Fertigungsanlage, die aus mehreren Maschi-
nengruppen mit einer unterschiedlichen Anzahl jeweils identischer Maschinen besteht.
Die Maschinengruppen bearbeiten verschiedene Produktarten, die unterschiedliche Ver-
arbeitungsreihenfolgen durchlaufen. Die Teilauftraege werden in FIFO-Warteschlangen
der einzelnen Maschinengruppen eingereiht, um dort auf Zuteilung einer freien Ma-
schine zu warten. Die Zwischenankunftszeit der Auftraege ist neg.-exponentiell ver-
teilt, die Bedienzeiten sind k-Erlang (k=2) verteilt.
(Details s. Initialisierungsteil)

Die Eingabedaten sind:
   - Simulationsdauer (in Tagen),
   - Maschinenzahl pro Gruppe.
Die geforderten Ausgabedaten sind:
   - mittl. Verweildauer pro Auftragsart,
   - mittl. Verweildauer ueber alle Auftraege,
   - mittl. Warteschlangenlaenge pro Maschinengruppe,
   - mittl. Auslastung -""-
   - mittl. Wartezeiten in den Warteschlangen.

******************************************************************************)

FROM Storage        IMPORT ALLOCATE, DEALLOCATE;
FROM EventSimulation IMPORT
   SimTime, Entity, New, Schedule, EventDescriptor, Attributes, Time,
   StartSimulation, StopSimulation, SetTraceFile, SetErrorFile, SetReportFile,
   CloseFiles, ExternalEvent, Current, Dispose, Trace, NoTrace, Report;
```

```
IMPORT eQueue;
IMPORT RealDist, IntDist;
IMPORT Accumulate, Tally;

FROM StringHdl IMPORT Copy, Concat, Delete, Trim, CardToString;
FROM IO        IMPORT RdCard, WrCard, WrStr, WrLn, RdReal, WrReal;

CONST NJobTypes       = 3;      (* Anzahl der versch. Auftragsarten    *)
      NMachineGroups  = 5;      (* Anzahl der Maschinengruppen          *)
      HoursPerDay     = 8.0;    (* taegl. Arbeitszeit der Maschinen     *)
      MeanArrivalTime = 0.25;   (* Zwischenankunftszeit der Auftraege   *)

TYPE  EventType  = (Creation, Arrival, Departure, EndOfTrace, EndOfSimulation);
      JobType    = [1..NJobTypes];
      MGroupType = [1..NMachineGroups];
      RefRoute   = POINTER TO RouteType;

      JobAttr = POINTER TO RECORD      (* Parameter eines Bearbeitungsauftrages *)
         ArrivalTime : SimTime;        (* Ankunft im System                  *)
         ServiceTime : SimTime;        (* Bedienzeit in einer Maschine       *)
         Kind        : JobType;        (* Auftragsart                        *)
         Route       : RefRoute;       (* Weg durch den Maschinenpark        *)
      END;

      RouteType = RECORD              (* Listenelement zur Darstellung      *)
         Group : MGroupType;          (* der Verarbeitungsreihenfolge       *)
         Next  : RefRoute;
      END;

VAR   MGroup : ARRAY MGroupType OF RECORD       (* Maschinengruppen-Attribute *)
         WaitingJobs       : eQueue.Object;      (* Warteschlange              *)
         FreeMachines,                           (* unbeschaeftige Maschinen   *)
         NumOfMachines     : CARDINAL;           (* Gesamtmaschinenzahl        *)
         Utilization       : Accumulate.Object;  (* Auslastung                 *)
      END;

      JobData : ARRAY JobType OF RECORD          (* Auftragsarten-Attribute    *)
         Routing     : RefRoute;                 (* Weg durch die Maschinen    *)
         TasksPerJob : CARDINAL;                 (* Anzahl der Teilauftraege   *)
         Delay       : Tally.Object;
      END;

      OverallJobDelay : Tally.Object;

      JobTypeStream   : IntDist.Object;
      ArrivalStream   : RealDist.Object;
      ServiceStream   : ARRAY JobType, MGroupType OF RealDist.Object;

      (* mittl. Bedienzeit *)
      MeanServiceTime: ARRAY JobType, MGroupType OF SimTime;

      Events : ARRAY EventType OF EventDescriptor;

      SimPeriod : SimTime;

PROCEDURE GroupUtil1 () : REAL;          FORWARD;
PROCEDURE GroupUtil2 () : REAL;          FORWARD;
PROCEDURE GroupUtil3 () : REAL;          FORWARD;
PROCEDURE GroupUtil4 () : REAL;          FORWARD;
PROCEDURE GroupUtil5 () : REAL;          FORWARD;
PROCEDURE Depart (Myself : Entity);      FORWARD;
PROCEDURE JobDelay () : REAL;            FORWARD;
PROCEDURE CreateJob (Myself : Entity);   FORWARD;
PROCEDURE Arrive (Myself : Entity);      FORWARD;
PROCEDURE TraceOff (Dummy : Entity);     FORWARD;
PROCEDURE SimEnd (Dummy : Entity);       FORWARD;
```

```
      (************************)
      (**    Hilfsprozeduren    **)
      (************************)

PROCEDURE Initialization;
(*--------------------*)
(* Startwerte von Variablen setzen, Eingabedaten lesen *)
VAR m : MGroupType;
    j : JobType;
    r : RefRoute;
    Name, Nr, NameWithNr : ARRAY [0..11] OF CHAR;
    JobTypeVal  : ARRAY [1..NJobTypes] OF INTEGER;
    JobTypeProb : ARRAY [1..NJobTypes] OF REAL;

   PROCEDURE Extend (VAR r : RefRoute; g : MGroupType);
   (*---------------------------------------------------*)
   (* Verlaengert die Route um Element mit naechster Gruppennummer *)
   VAR NewRef, r1 : RefRoute;
   BEGIN
      NEW (NewRef);
      WITH NewRef^ DO
        Group := g;
        Next  := NIL
      END;
      IF r = NIL THEN
         r := NewRef;
      ELSE
         r1 := r;
         WHILE r1^.Next # NIL DO
            r1 := r1^.Next;
         END;
         r1^.Next := NewRef;
      END;
   END Extend;

BEGIN
   WrStr ("      ****************************"); WrLn;
   WrStr ("      *** Job Shop Simulation ***"); WrLn;
   WrStr ("      ****************************"); WrLn;
   WrLn;

   (* Einlesen der Simulationszeit *)
   WrStr ("Simulationszeit (in Tagen) : ");
   SimPeriod := RdReal (); WrLn;
   SimPeriod :=  SimPeriod * HoursPerDay ; (* Stunden-Konvertierung *)

   (* Maschinengruppen initialisieren : Einlesen der Maschinenzahl *)
   WrStr ("Anzahl der Maschinen in Gruppe "); WrLn;
   FOR m := 1 TO NMachineGroups DO
      CardToString (m, 2, Nr);
      WrCard (m,3);
      WrStr (": ");
      WITH MGroup [m] DO
         NumOfMachines := RdCard ();
         FreeMachines := NumOfMachines;
         Copy ("Jobs Wait", Name);
         Trim (Name);
         Concat (Name, Nr, NameWithNr);
         WaitingJobs := eQueue.New (NameWithNr);
         Copy ("% Util Grp", Name);
         Trim (Name);
         Concat (Name, Nr, NameWithNr);
      END;
   END;
```

```
(* Erfassung der Auslastung durch manuelle Fortschreibung *)
MGroup [1] . Utilization := Accumulate.New ("Util Grp 1", GroupUtil1, FALSE);
MGroup [2] . Utilization := Accumulate.New ("Util Grp 2", GroupUtil2, FALSE);
MGroup [3] . Utilization := Accumulate.New ("Util Grp 3", GroupUtil3, FALSE);
MGroup [4] . Utilization := Accumulate.New ("Util Grp 4", GroupUtil4, FALSE);
MGroup [5] . Utilization := Accumulate.New ("Util Grp 5", GroupUtil5, FALSE);

(* Attribute der Auftragsarten initialisieren *)
JobData [1].TasksPerJob := 4;
JobData [2].TasksPerJob := 3;
JobData [3].TasksPerJob := 5;

Copy ("Job Delay", Name);
Trim (Name);
FOR j := 1 TO NJobTypes DO
   CardToString (j, 2, Nr);
   Concat (Name, Nr, NameWithNr);
   JobData [j] . Routing := NIL;
   JobData [j] . Delay   := Tally.New (NameWithNr, JobDelay);
END;

OverallJobDelay := Tally.New ("Ttl Job Dly", JobDelay);

(* Verarbeitungsreihenfolge festlegen *)
(* Typ 1 *)                            (* Typ 2 *)
Extend(JobData [1].Routing, 3);        Extend(JobData [2].Routing, 4);
Extend(JobData [1].Routing, 1);        Extend(JobData [2].Routing, 1);
Extend(JobData [1].Routing, 2);        Extend(JobData [2].Routing, 3);
Extend(JobData [1].Routing, 5);
 (* Typ 3 *)
Extend(JobData [3].Routing, 2);
Extend(JobData [3].Routing, 5);
Extend(JobData [3].Routing, 1);
Extend(JobData [3].Routing, 4);
Extend(JobData [3].Routing, 3);

(* mittlere Bedienzeiten *)
MeanServiceTime [1,3] := 0.5 ;         MeanServiceTime [2,4] := 1.1 ;
MeanServiceTime [1,1] := 0.6 ;         MeanServiceTime [2,1] := 0.8 ;
MeanServiceTime [1,2] := 0.85;         MeanServiceTime [2,3] := 0.75;
MeanServiceTime [1,5] := 0.5 ;

MeanServiceTime [3,2] := 1.2 ;
MeanServiceTime [3,5] := 0.25;
MeanServiceTime [3,1] := 0.7 ;
MeanServiceTime [3,4] := 0.9 ;
MeanServiceTime [3,3] := 1.0 ;

(* nicht benutzte Felder mit null initialisieren *)
MeanServiceTime [1,4] := 0.0 ;
MeanServiceTime [2,2] := 0.0 ;
MeanServiceTime [2,5] := 0.0 ;

(* Verteilung der Job-Arten *)
JobTypeVal [1] := 1;  JobTypeProb [1] := 0.3;
JobTypeVal [2] := 2;  JobTypeProb [2] := 0.8;
JobTypeVal [3] := 3;  JobTypeProb [3] := 1.0;

(* Verteilungen *)
JobTypeStream := IntDist.Empirical ("Job Type", JobTypeVal, JobTypeProb);
ArrivalStream := RealDist.Exponential ("InterArrival", MeanArrivalTime);
Copy ("Service", Name);
Trim (Name);
FOR j := 1 TO NJobTypes DO
   CardToString (j, 2, Nr);
   Concat (Name, Nr, NameWithNr);
```

```
      FOR m := 1 TO NMachineGroups DO
         Delete (NameWithNr, 10, 12);
         Trim (NameWithNr);
         CardToString (m, 2, Nr);
         Concat (NameWithNr, Nr, NameWithNr);
         ServiceStream [j, m] :=
            RealDist.Erlang (NameWithNr, 2, MeanServiceTime [j, m]);
      END;
   END;

   (* Ereignisarten *)
   Events [Creation]    . Title   := "Creation    ";
   Events [Creation]    . Actions := CreateJob;
   Events [Arrival]     . Title   := "Arrival     ";
   Events [Arrival]     . Actions := Arrive;
   Events [Departure]   . Title   := "Departure   ";
   Events [Departure]   . Actions := Depart;

   (* externe Ereignisse *)
   Events [EndOfTrace]      . Title   := "End of Trace";
   Events [EndOfTrace]      . Actions := TraceOff;
   Events [EndOfSimulation] . Title   := "End of Sim";
   Events [EndOfSimulation] . Actions := SimEnd;

END Initialization;

PROCEDURE GroupUtil1 () : REAL;
(*---------------------------*)
BEGIN
   WITH MGroup [1] DO
      RETURN 100.0 * FLOAT(NumOfMachines-FreeMachines) / FLOAT(NumOfMachines);
   END;
END GroupUtil1;

PROCEDURE GroupUtil2 () : REAL;
(*---------------------------*)
BEGIN
  WITH MGroup [2] DO
     RETURN 100.0 * FLOAT(NumOfMachines-FreeMachines) / FLOAT(NumOfMachines);
  END;
END GroupUtil2;

PROCEDURE GroupUtil3 () : REAL;
(*---------------------------*)
BEGIN
   WITH MGroup [3] DO
      RETURN 100.0 * FLOAT(NumOfMachines-FreeMachines) / FLOAT(NumOfMachines);
   END;
END GroupUtil3;

PROCEDURE GroupUtil4 () : REAL;
(*---------------------------*)
BEGIN
   WITH MGroup [4] DO
      RETURN 100.0 * FLOAT(NumOfMachines-FreeMachines) / FLOAT(NumOfMachines);
   END;
END GroupUtil4;

PROCEDURE GroupUtil5 () : REAL;
(*---------------------------*)
BEGIN
   WITH MGroup [5] DO
      RETURN 100.0 * FLOAT(NumOfMachines-FreeMachines) / FLOAT(NumOfMachines);
   END;
END GroupUtil5;
```

```
PROCEDURE JobDelay () : REAL;
(*-------------------------------*)
VAR jAttr : JobAttr;
BEGIN
   jAttr := Attributes (Current ());
   RETURN Time () - jAttr^.ArrivalTime;
END JobDelay;


   (*************************)
   (**   Ereignisroutinen   **)
   (*************************)


PROCEDURE TraceOff (Dummy : Entity);
(*-------------------------------*)
BEGIN
   NoTrace;
END TraceOff;


PROCEDURE SimEnd (Dummy : Entity);
(*-------------------------------*)
BEGIN
   StopSimulation;
END SimEnd;


PROCEDURE CreateJob (Myself : Entity);
(*-----------------------------------*)
(* Ereignisse "Ankunft" und "Neuer Auftrag" ansetzen *)
VAR myAttr, NextJobsAttr : JobAttr;
BEGIN
   NEW (NextJobsAttr);
   Schedule (Creation,
             New ("Job", NextJobsAttr),
             RealDist.Sample (ArrivalStream));
   myAttr := Attributes (Myself);
   WITH myAttr^ DO
      Kind   := IntDist.Sample (JobTypeStream);
      Route := JobData [Kind].Routing;
      ArrivalTime := Time ();
   END;
   Schedule (Arrival, Myself, 0.0);
END CreateJob;


PROCEDURE Arrive (Myself : Entity);
(*-----------------------------------*)
(* Ankunft eines (Teil-) Auftrags in einer Maschinengruppe *)
VAR Group  : CARDINAL;
    myAttr : JobAttr;
BEGIN
   myAttr := Attributes (Myself);
   Group := myAttr^.Route^.Group;
   WITH myAttr^ DO
      WITH MGroup [Group] DO
         (* Auftrag in die Warteschlange einfuegen *)
         eQueue.Insert (Myself, WaitingJobs);
         IF FreeMachines > 0 THEN
            (* mind. 1 Maschine frei, belegen (Wartezeit ist hier = 0) *)
            eQueue.Remove (Myself);
            DEC (FreeMachines);
            Accumulate.Update (Utilization);
            (* Ereignis "Ende der Bedienung" ansetzen *)
            ServiceTime := RealDist.Sample (ServiceStream [Kind, Group]);
            Schedule (Departure, Myself, ServiceTime);
         END; (* IF *)
      END; (* WITH *)
   END; (* WITH *)
END Arrive;
```

```
PROCEDURE Depart (Myself : Entity);
(*-------------------------------*)
(* Ende der Bedienung, Weiterreichen des     *)
(* Auftrags an die naechste Maschinengruppe *)
VAR Group         : CARDINAL;
    NextMachine   : RefRoute;
    NextJob       : Entity;
    myAttr,
    NextJobsAttr : JobAttr;
BEGIN
    myAttr := Attributes (Myself);
    WITH myAttr^ DO
       NextMachine := Route^.Next;
       Group := Route^.Group;
    END;
    WITH MGroup [Group] DO
       IF eQueue.Empty (WaitingJobs) THEN
          (* Maschine freigeben *)
          INC (FreeMachines);
          Accumulate.Update (Utilization);
       ELSE
          (* Maschine mit 1. Job aus Warteschlange neu besetzen *)
          NextJob := eQueue.First (WaitingJobs);
          NextJobsAttr := Attributes (NextJob);
          eQueue.Remove (NextJob);
          (* Ereignis "Ende der Bedienung" aufsetzen *)
          WITH NextJobsAttr^ DO
             ServiceTime := RealDist.Sample (ServiceStream [Kind, Group]);
             Schedule (Departure, NextJob, ServiceTime);
          END;
       END; (* IF *)
    END; (* WITH *)
    IF NextMachine = NIL THEN
       (* alle Teilauftraege erfuellt, Job entfernen *)
       WITH myAttr^ DO
          Tally.Update (JobData [Kind].Delay);
          Tally.Update (OverallJobDelay);
       END;
       DISPOSE (myAttr);
       Dispose (Myself);
    ELSE
       (* Ankunft in naechster Maschinengruppe aufsetzen *)
       myAttr^.Route := NextMachine;
       Schedule (Arrival, Myself, 0.0);
    END;
END Depart;


VAR FirstJobsAttr : JobAttr;


BEGIN   (* Hauptprogramm *)
   SetTraceFile  ("JOBEVENT.TRC");
   SetErrorFile  ("JOBEVENT.ERR");
   SetReportFile ("JOBEVENT.RPT");
   Initialization;
   Trace;
   NEW (FirstJobsAttr);
   Schedule (Creation, New ("Job", FirstJobsAttr), 0.0);
   ExternalEvent ("External", EndOfTrace, 8.0);
   ExternalEvent ("External", EndOfSimulation, SimPeriod);
   StartSimulation (Events, SimPeriod);
   Report;
   CloseFiles;
END JobEvent.
```

```
                        Clock Time = 2920.000
**************************************************************************
*                                                                        *
*                            R E P O R T                                 *
*                                                                        *
**************************************************************************


                              Q U E U E S
                              -----------

Title           (Re)set    Obs    Qmax   Qnow     Qavg.   Zeros   avg.Wait
-------------------------------------------------------------------------
Jobs Wait 1      0.000   11587     46       1     9.913    1252      2.498
Jobs Wait 2      0.000    5756     80      69    25.624     263     12.808
Jobs Wait 3      0.000   11582     14       3     0.710    6763      0.179
Jobs Wait 4      0.000    8073     72       8    16.741     406      6.055
Jobs Wait 5      0.000    5753     23       1     1.807    1451      0.917


                        A C C U M U L A T E S
                        ---------------------

Title           (Re)set    Obs       Mean   Std.Dev      Min        Max
-------------------------------------------------------------------------
Util Grp 1       0.000    2501     95.015    16.426    0.000    100.000
Util Grp 2       0.000     524     96.992    14.454    0.000    100.000
Util Grp 3       0.000   13522     71.950    30.208    0.000    100.000
Util Grp 4       0.000     809     97.187    13.066    0.000    100.000
Util Grp 5       0.000    2901     79.058    40.689    0.000    100.000


                              T A L L I E S
                              -------------

Title           (Re)set    Obs       Mean   Std.Dev      Min        Max
-------------------------------------------------------------------------
Job Delay 1      0.000    3474     18.842    10.615    1.543     46.156
Job Delay 2      0.000    5791     11.424     5.809    1.045     33.188
Job Delay 3      0.000    2272     26.438    12.147    3.319     55.928
Ttl Job Dly      0.000   11537     16.612    10.675    1.045     55.928


                        D I S T R I B U T I O N S
                        -------------------------

Title           (Re)set   Obs Type           P a r a m e t e r s      Seed
-------------------------------------------------------------------------
Job Type         0.000   11632 I-Empir.       1        0.3000    33427485
                                              2        0.8000
                                              3        1.0000
InterArrival     0.000   11632 Neg-Expon.     0.2500             22276755
Service 1 1      0.000    3515 k-Erlang       0.6000        2    46847980
Service 1 2      0.000    3477 k-Erlang       0.8500        2    43859043
Service 1 3      0.000    3516 k-Erlang       0.5000        2    64042082
Service 1 4      0.000       0 k-Erlang       0.0000        2    44366385
Service 1 5      0.000    3475 k-Erlang       0.5000        2    41357879
Service 2 1      0.000    5794 k-Erlang       0.8000        2    11320893
Service 2 2      0.000       0 k-Erlang       0.0000        2     6528269
Service 2 3      0.000    5791 k-Erlang       0.7500        2    47478000
Service 2 4      0.000    5798 k-Erlang       1.1000        2    46802881
Service 2 5      0.000       0 k-Erlang       0.0000        2    59224073
Service 3 1      0.000    2278 k-Erlang       0.7000        2    22046052

...
```

```
                            Clock Time = 0.000
*************************************************************************
*                                                                       *
*                     T R A C I N G   C O M M E N C E S                 *
*                                                                       *
*************************************************************************

     Time Event          Entity        Action(s)
    ---------------------------------------------------------------------
     0.000 Creation       Job 1         schedules 'Creation' of 'Job 2' at 0.086
                                         schedules 'Arrival' of itself now
           Arrival        Job 1         inserts itself into 'Jobs Wait 3'
                                         removes itself from 'Jobs Wait 3'
                                         schedules 'Departure' of itself at 0.275
     0.086 Creation       Job 2         schedules 'Creation' of 'Job 3' at 0.485
                                         schedules 'Arrival' of itself now
           Arrival        Job 2         inserts itself into 'Jobs Wait 4'
                                         removes itself from 'Jobs Wait 4'
                                         schedules 'Departure' of itself at 2.087
     0.275 Departure      Job 1         schedules 'Arrival' of itself now
           Arrival        Job 1         inserts itself into 'Jobs Wait 1'
                                         removes itself from 'Jobs Wait 1'
                                         schedules 'Departure' of itself at 2.492
...
     2.492 Departure      Job 1         schedules 'Arrival' of itself now
           Arrival        Job 1         inserts itself into 'Jobs Wait 2'
                                         removes itself from 'Jobs Wait 2'
                                         schedules 'Departure' of itself at 3.331
...
     3.331 Departure      Job 1         schedules 'Arrival' of itself now
           Arrival        Job 1         inserts itself into 'Jobs Wait 5'
                                         removes itself from 'Jobs Wait 5'
                                         schedules 'Departure' of itself at 3.452
     3.375 Departure      Job 9         removes 'Job14' from 'Jobs Wait 4'
                                         schedules 'Departure' of 'Job14' at 4.156
                                         schedules 'Arrival' of itself now
           Arrival        Job 9         inserts itself into 'Jobs Wait 1'
     3.452 Departure      Job 1
...
     7.992 Creation       Job35         schedules 'Creation' of 'Job36' at 8.029
                                         schedules 'Arrival' of itself now
           Arrival        Job35         inserts itself into 'Jobs Wait 3'
                                         removes itself from 'Jobs Wait 3'
                                         schedules 'Departure' of itself at 8.426
     8.000 End of Trace External 1

                            Clock Time = 8.000
*************************************************************************
*                                                                       *
*                  T R A C I N G   S W I T C H E D   O F F              *
*                                                                       *
*************************************************************************
```

D.1.2 Prozeßorientierte Version

```
MODULE JobProc;

(***************************************************************************)
(*                                                                       *)
(*      Dateiname:         JobProc.MOD                                    *)
(*                                                                       *)
(*      Projektleiter:     Prof. Dr.-Ing. B. Page                        *)
(*                         Fachbereich Informatik der Universität Hamburg *)
(*                                                                       *)
(*      Autoren:           R. Boelckow, A. Heymann, H. Liebert           *)
(*                                                                       *)
(*      Programminhalt:    "Jobshop-Modell" (prozessorientiert)          *)
(*                                                                       *)
(***************************************************************************)
(*      Erstellt in TopSpeed Modula-2/87 Vers. 1.17 unter MS-DOS         *)
(***********************************************************************

Das Modell dient zur Engpassanalyse einer Fertigungsanlage, die aus mehreren
Maschinengruppen mit einer unterschiedlichen Anzahl jeweils identischer Maschinen
besteht. Die Maschinengruppen bearbeiten verschiedene Produktarten, die unterschied-
liche Verarbeitungsreihenfolgen durchlaufen. Die Teilauftraege werden in FIFO-Warte-
schlangen der einzelnen Maschinengruppen eingereiht, um dort auf Zuteilung einer
freien Maschine zu warten. Die Zwischenankunftszeit der Auftraege ist neg.-exponen-
tiell verteilt, die Bedienzeiten sind k-Erlang (k=2) verteilt.
(Details s. Initialisierungsteil)

Die Eingabedaten sind:
   - Simulationsdauer (in Tagen),
   - Maschinenzahl pro Gruppe.
Die geforderten Ausgabedaten sind:
   - mittl. Verweildauer pro Auftragsart,
   - mittl. Verweildauer ueber alle Auftraege,
   - mittl. Warteschlangenlaenge pro Maschinengruppe,
   - mittl. Auslastung -""-
   - mittl. Wartezeiten in den Warteschlangen.


***************************************************************************)

FROM ProcessSimulation IMPORT
    SimTime, Entity, New, Schedule, ScheduleAfter, Hold, Passivate,
    Current, Attributes, Time, SetTraceFile, SetErrorFile, SetReportFile,
    CloseFiles, Trace, NoTrace, Report, DisposeOnTermination;

IMPORT Queue;
IMPORT RealDist, IntDist;
IMPORT Accumulate, Tally;

FROM Storage    IMPORT ALLOCATE, DEALLOCATE;
FROM StringHdl  IMPORT Copy, Concat, Delete, Trim, CardToString;
FROM IO         IMPORT RdCard, WrCard, WrStr, WrLn, RdReal;

CONST NJobTypes       = 3;    (* Anzahl der versch. Auftragsarten    *)
      NMachineGroups  = 5;    (* Anzahl der Maschinengruppen         *)
      HoursPerDay     = 8.0;  (* taegl. Arbeitszeit der Maschinen    *)
      MeanArrivalTime = 0.25; (* Zwischenankunftszeit der Auftraege *)

TYPE  JobType    = [1..NJobTypes];
      MGroupType = [1..NMachineGroups];
```

```
      RefRoute = POINTER TO RouteType;
      RouteType = RECORD               (* Listenelement zur Darstellung  *)
         Group : MGroupType;           (* der Verarbeitugsreihenfolge    *)
         Next  : RefRoute;
      END;

      EntityType = (Job, Machine);
      EntityAttr = POINTER TO RECORD
         CASE myType : EntityType OF
         Job :
            Arrival     : SimTime;      (* Ankunft im System                *)
            ServiceTime : SimTime;      (* Bearb.zeit in akt. Masch.grp.    *)
            Kind        : JobType;      (* Auftragsart                      *)
            Route       : RefRoute; |   (* Weg durch den Maschinenpark      *)
         Machine :
            myGroup     : MGroupType;   (* Gruppenzugehoerigkeit            *)
         END;
      END;

VAR   MGroup : ARRAY MGroupType OF RECORD     (* Maschinengruppen-Attribute *)
         IdleMachines   : Queue.Object;       (* unbeschaeftigte Maschinen  *)
         WaitingJobs    : Queue.Object;       (* Warteschlange              *)
         NumOfMachines  : CARDINAL;           (* Gesamtmaschinenzahl        *)
         Utilization    : Accumulate.Object;  (* Auslastung                 *)
      END;

      JobData : ARRAY JobType OF RECORD     (* Auftragsarten-Attribute       *)
         Routing : RefRoute;               (* Weg durch die Maschinen       *)
         Delay   : Tally.Object;           (* Gesamtverweildauer im System  *)
      END;

      OverallJobDelay : Tally.Object;

      JobTypeStream   : IntDist.Object;
      ArrivalStream   : RealDist.Object;
      ServiceStream   : ARRAY JobType, MGroupType OF RealDist.Object;

      (* mittl. Bedienzeit *)
      MeanServiceTime: ARRAY JobType, MGroupType OF SimTime;

      SimPeriod : SimTime;

PROCEDURE GroupUtil1 () : REAL; FORWARD;
PROCEDURE GroupUtil2 () : REAL; FORWARD;
PROCEDURE GroupUtil3 () : REAL; FORWARD;
PROCEDURE GroupUtil4 () : REAL; FORWARD;
PROCEDURE GroupUtil5 () : REAL; FORWARD;
PROCEDURE JobDelay ()   : REAL; FORWARD;
PROCEDURE MachineProcess (Myself : Entity); FORWARD;

      (************************)
      (**   Hilfsprozeduren  **)
      (************************)

PROCEDURE Initialization;
(*---------------------*)
(* Startwerte von Variablen setzen, Eingabedaten lesen *)
VAR g : MGroupType;
    m : CARDINAL;
    j : JobType;
    r : RefRoute;
    Name, Nr, NameWithNr : ARRAY [0..11] OF CHAR;
    JobTypeVal  : ARRAY JobType OF INTEGER;
    JobTypeProb : ARRAY JobType OF REAL;
    Attr : EntityAttr;
```

```
   PROCEDURE Extend (VAR r : RefRoute; g : MGroupType);
   (*----------------------------------------------------*)
   (* Verlaengert die Route um Element mit naechster Gruppennummer *)
   VAR NewRef, r1 : RefRoute;
   BEGIN
      NEW (NewRef);
      WITH NewRef^ DO
        Group := g;
        Next  := NIL
      END;
      IF r = NIL THEN
        r := NewRef;
      ELSE
        r1 := r;
        WHILE r1^.Next # NIL DO
          r1 := r1^.Next;
        END;
        r1^.Next := NewRef;
      END;
   END Extend;

BEGIN
   WrStr ("      ****************************"); WrLn;
   WrStr ("      *** Job Shop Simulation ***"); WrLn;
   WrStr ("      ****************************"); WrLn;
   WrLn;

      (* Einlesen der Simulationszeit *)
   WrStr ("Simulationszeit (in Tagen) : ");
   SimPeriod := RdReal (); WrLn;
   SimPeriod :=  SimPeriod * HoursPerDay ; (* Stunden-Konvertierung *)

      (* Maschinengruppen initialisieren : Einlesen der Maschinenzahl *)
   WrStr ("Anzahl der Maschinen in Gruppe "); WrLn;
   FOR g := 1 TO NMachineGroups DO
      CardToString (g, 2, Nr);
      WrCard (g, 3); WrStr (": ");
      WITH MGroup [g] DO
         NumOfMachines := RdCard ();
         Copy ("Jobs Wait", Name);
         Trim (Name);
         Concat (Name, Nr, NameWithNr);
         WaitingJobs := Queue.New (NameWithNr);
         Copy ("Idle Mach", Name);
         Trim (Name);
         Concat (Name, Nr, NameWithNr);
         IdleMachines := Queue.New (NameWithNr);
         Copy ("Machine", Name);
         Trim (Name);
         Concat (Name, Nr, NameWithNr);
         FOR m := 1 TO NumOfMachines DO
            NEW (Attr);
            Attr^.myType  := Machine;
            Attr^.myGroup := g;
            Schedule (New (NameWithNr, MachineProcess, Attr), 0.0);
         END;
      END;
   END;

   (* Erfassung der Auslastung durch manuelle Fortschreibung *)
   MGroup [1] . Utilization := Accumulate.New ("Util Grp 1", GroupUtil1, FALSE);
   MGroup [2] . Utilization := Accumulate.New ("Util Grp 2", GroupUtil2, FALSE);
   MGroup [3] . Utilization := Accumulate.New ("Util Grp 3", GroupUtil3, FALSE);
   MGroup [4] . Utilization := Accumulate.New ("Util Grp 4", GroupUtil4, FALSE);
   MGroup [5] . Utilization := Accumulate.New ("Util Grp 5", GroupUtil5, FALSE);
```

```
    Copy ("Job Delay", Name);
    Trim (Name);
    FOR j := 1 TO NJobTypes DO
        CardToString (j, 2, Nr);
        Concat (Name, Nr, NameWithNr);
        WITH JobData [j] DO
            Routing := NIL;
            Delay   := Tally.New (NameWithNr, JobDelay);
        END;
    END;

    OverallJobDelay := Tally.New ("Ttl Job Dly", JobDelay);

    (* Verarbeitungsreihenfolge festlegen *)
    (* Typ 1 *)                        (* Typ 2 *)
    Extend(JobData [1].Routing, 3);    Extend(JobData [2].Routing, 4);
    Extend(JobData [1].Routing, 1);    Extend(JobData [2].Routing, 1);
    Extend(JobData [1].Routing, 2);    Extend(JobData [2].Routing, 3);
    Extend(JobData [1].Routing, 5);
     (* Typ 3 *)
    Extend(JobData [3].Routing, 2);
    Extend(JobData [3].Routing, 5);
    Extend(JobData [3].Routing, 1);
    Extend(JobData [3].Routing, 4);
    Extend(JobData [3].Routing, 3);


    (* mittlere Bedienzeiten *)
    MeanServiceTime [1,3] := 0.5 ;     MeanServiceTime [2,4] := 1.1 ;
    MeanServiceTime [1,1] := 0.6 ;     MeanServiceTime [2,1] := 0.8 ;
    MeanServiceTime [1,2] := 0.85;     MeanServiceTime [2,3] := 0.75;
    MeanServiceTime [1,5] := 0.5 ;

    MeanServiceTime [3,2] := 1.2 ;
    MeanServiceTime [3,5] := 0.25;
    MeanServiceTime [3,1] := 0.7 ;
    MeanServiceTime [3,4] := 0.9 ;
    MeanServiceTime [3,3] := 1.0 ;

    (* nicht benutzte Felder mit null initialisieren *)
    MeanServiceTime [1,4] := 0.0;
    MeanServiceTime [2,2] := 0.0;
    MeanServiceTime [2,5] := 0.0;

    (* Verteilung der Job-Arten *)
    JobTypeVal [1] := 1; JobTypeProb [1] := 0.3;
    JobTypeVal [2] := 2; JobTypeProb [2] := 0.8;
    JobTypeVal [3] := 3; JobTypeProb [3] := 1.0;

    (* Verteilungen *)
    JobTypeStream := IntDist.Empirical ("Job Type", JobTypeVal, JobTypeProb);
    ArrivalStream := RealDist.Exponential ("InterArrival", MeanArrivalTime);
    Copy ("Service", Name);
    Trim (Name);
    FOR j := 1 TO NJobTypes DO
        CardToString (j, 2, Nr);
        Concat (Name, Nr, NameWithNr);
        FOR m := 1 TO NMachineGroups DO
            Delete (NameWithNr, 10, 12);
            Trim (NameWithNr);
            CardToString (m, 2, Nr);
            Concat (NameWithNr, Nr, NameWithNr);
            ServiceStream [j, m] :=
                RealDist.Erlang (NameWithNr, 2, MeanServiceTime [j, m]);
        END;
    END;
END Initialization;
```

```
PROCEDURE GroupUtil1 () : REAL;
(*-----------------------------*)
BEGIN
    WITH MGroup [1] DO
        RETURN 100.0 * FLOAT (NumOfMachines-Queue.Length (IdleMachines)) /
                       FLOAT (NumOfMachines);
    END;
END GroupUtil1;

PROCEDURE GroupUtil2 () : REAL;
(*-----------------------------*)
BEGIN
    WITH MGroup [2] DO
        RETURN 100.0 * FLOAT (NumOfMachines-Queue.Length (IdleMachines)) /
                       FLOAT (NumOfMachines);
    END;
END GroupUtil2;

PROCEDURE GroupUtil3 () : REAL;
(*-----------------------------*)
BEGIN
    WITH MGroup [3] DO
        RETURN 100.0 * FLOAT (NumOfMachines-Queue.Length (IdleMachines)) /
                       FLOAT (NumOfMachines);
    END;
END GroupUtil3;

PROCEDURE GroupUtil4 () : REAL;
(*-----------------------------*)
BEGIN
    WITH MGroup [4] DO
        RETURN 100.0 * FLOAT (NumOfMachines-Queue.Length (IdleMachines)) /
                       FLOAT (NumOfMachines);
    END;
END GroupUtil4;

PROCEDURE GroupUtil5 () : REAL;
(*-----------------------------*)
BEGIN
    WITH MGroup [5] DO
        RETURN 100.0 * FLOAT (NumOfMachines-Queue.Length (IdleMachines)) /
                       FLOAT (NumOfMachines);
    END;
END GroupUtil5;

PROCEDURE JobDelay () : REAL;
(*-----------------------*)
VAR jAttr : EntityAttr;
BEGIN
    jAttr := Attributes (Current ());
    RETURN Time () - jAttr^.Arrival;
END JobDelay;

        (**************************)
        (**  Prozessdefinitionen  **)
        (**************************)

PROCEDURE MachineProcess (Myself : Entity);
(*---------------------------------------------*)
(* Ablauf in einer Maschine *)
VAR Job : Entity;
    jAttr, myAttr : EntityAttr;
BEGIN
    myAttr := Attributes (Myself);
    WITH MGroup [myAttr^.myGroup] DO
```

```
        LOOP
            Queue.Insert (Myself, IdleMachines);    (* auf neuen Auftrag warten *)
            Accumulate.Update (Utilization);
            WHILE Queue.Empty (WaitingJobs) DO
                Passivate;
            END;
            Job   := Queue.First (WaitingJobs);     (* Auftrag holen *)
            jAttr := Attributes (Job);
            Queue.Remove (Job);
            Queue.Remove (Myself);
            Accumulate.Update (Utilization);
            Hold (jAttr^.ServiceTime);              (* Auftrag bearbeiten und   *)
            Schedule (Job, 0.0);                    (* anschliessend freigeben  *)
        END;
    END
END MachineProcess;

PROCEDURE JobProcess (Myself : Entity);
(*------------------------------------*)
(* Ablauf eines Auftrags *)
VAR myAttr, Attr : EntityAttr;
BEGIN (* JobProcess *)
    NEW (Attr);  (* Nachfolger erzeugen *)
    Schedule ( New ("Job", JobProcess, Attr), RealDist.Sample (ArrivalStream));
    myAttr := Attributes (Myself);
    WITH myAttr^ DO  (* eigene Attribute setzen *)
        myType  := Job;
        Arrival := Time ();
        Kind    := IntDist.Sample (JobTypeStream);
        Route   := JobData [Kind] . Routing;
        WHILE Route # NIL DO  (* Maschinengruppen gemaess Route durchlaufen *)
            WITH Route^ DO
                (* ggf. freie Maschine "wecken" *)
                IF NOT Queue.Empty (MGroup [Group] . IdleMachines) THEN
                    ScheduleAfter (Queue.First (MGroup [Group] . IdleMachines),
                                   Myself);
                END;
                ServiceTime := RealDist.Sample (ServiceStream [Kind, Group]);
                (* auf Bedienung warten *)
                Queue.Insert (Myself, MGroup [Group] . WaitingJobs);
                Passivate;
                Route := Route^.Next;
            END;
        END;
        Tally.Update (JobData [Kind] . Delay);
        Tally.Update (OverallJobDelay);
    END;
    DISPOSE (myAttr);
    DisposeOnTermination;
END JobProcess;

VAR FirstJobsAttr : EntityAttr;

BEGIN (* Hauptprogramm *)
    Initialization;
    SetTraceFile  ("JOBPROC.TRC");
    SetErrorFile  ("JOBPROC.ERR");
    SetReportFile ("JOBPROC.RPT");
    Trace;
    NEW (FirstJobsAttr);
    Schedule (New ("Job", JobProcess, FirstJobsAttr), 0.0);
    Hold (8.0);
    NoTrace;
    Hold (SimPeriod - 8.0);
    Report; CloseFiles;
END JobProc.
```

```
                      Clock Time = 2920.000
************************************************************************
*                                                                    *
*                         R E P O R T                                *
*                                                                    *
************************************************************************


                            Q U E U E S
                            ------------

Title          (Re)set    Obs    Qmax    Qnow     Qavg.   Zeros   avg.Wait
------------------------------------------------------------------------
Jobs Wait 1     0.000   11587     46       0      9.847    1255      2.482
Idle Mach 1     0.000   11587      3       0      0.149   10333      0.038
Jobs Wait 2     0.000    5757     80      68     25.523     267     12.761
Idle Mach 2     0.000    5757      2       0      0.060    5490      0.030
Jobs Wait 3     0.000   11582     14       3      0.723    6748      0.182
Idle Mach 3     0.000   11582      4       0      1.121    4836      0.283
Jobs Wait 4     0.000    8072     71       9     16.644     402      6.020
Idle Mach 4     0.000    8072      3       0      0.084    7670      0.031
Jobs Wait 5     0.000    5753     22       2      1.807    1436      0.917
Idle Mach 5     0.000    5753      1       0      0.209    4318      0.106


                      A C C U M U L A T E S
                      ----------------------

Title          (Re)set    Obs      Mean    Std.Dev      Min        Max
------------------------------------------------------------------------
Util Grp 1      0.000   23174    94.997    16.585     0.000    100.000
Util Grp 2      0.000   11514    96.986    14.534     0.000    100.000
Util Grp 3      0.000   23164    71.941    30.080     0.000    100.000
Util Grp 4      0.000   16144    97.171    13.138     0.000    100.000
Util Grp 5      0.000   11506    79.046    40.697     0.000    100.000


                          T A L L I E S
                          -------------

Title          (Re)set    Obs      Mean    Std.Dev      Min        Max
------------------------------------------------------------------------
Job Delay 1     0.000    3474    18.776    10.581     1.543     45.719
Job Delay 2     0.000    5791    11.373     5.724     0.890     32.716
Job Delay 3     0.000    2272    26.349    12.053     3.319     56.172
Ttl Job Dly     0.000   11537    16.549    10.613     0.890     56.172


                    D I S T R I B U T I O N S
                    --------------------------

Title          (Re)set   Obs  Type            P a r a m e t e r s      Seed
------------------------------------------------------------------------
Job Type        0.000  11632  I-Empir.        1           0.3000   33427485
                                              2           0.8000
                                              3           1.0000
InterArrival    0.000  11632  Neg-Expon.      0.2500               22276755
Service 1 1     0.000   3515  k-Erlang        0.6000      2        46847980
Service 1 2     0.000   3513  k-Erlang        0.8500      2        43859043
Service 1 3     0.000   3517  k-Erlang        0.5000      2        64042082
Service 1 4     0.000      0  k-Erlang        0.0000      2        44366385
Service 1 5     0.000   3477  k-Erlang        0.5000      2        41357879
Service 2 1     0.000   5794  k-Erlang        0.8000      2        11320893

...
```

```
                              Clock Time = 0.000
***********************************************************************
*                                                                     *
*                   T R A C I N G   C O M M E N C E S                 *
*                                                                     *
***********************************************************************

      Time   Current         Action(s)
    -------------------------------------------------------------------
     0.000   M A I N         schedules 'Job 1' now
                             holds for 8.000, until 8.000
             Machine 1 1     inserts itself into 'Idle Mach 1'
                             passivates
             Machine 1 2     inserts itself into 'Idle Mach 1'
                             passivates
             Machine 1 3     inserts itself into 'Idle Mach 1'
                             passivates
             Machine 2 1     inserts itself into 'Idle Mach 2'
                             passivates
             Machine 2 2     inserts itself into 'Idle Mach 2'
                             passivates
             Machine 3 1     inserts itself into 'Idle Mach 3'
                             passivates
             Machine 3 2     inserts itself into 'Idle Mach 3'
                             passivates
             Machine 3 3     inserts itself into 'Idle Mach 3'
                             passivates
             Machine 3 4     inserts itself into 'Idle Mach 3'
                             passivates
             Machine 4 1     inserts itself into 'Idle Mach 4'
                             passivates
             Machine 4 2     inserts itself into 'Idle Mach 4'
                             passivates
             Machine 4 3     inserts itself into 'Idle Mach 4'
                             passivates
             Machine 5 1     inserts itself into 'Idle Mach 5'
                             passivates
             Job 1           schedules 'Job 2' at 0.086
                             schedules 'Machine 3 1' now
                             inserts itself into 'Jobs Wait 3'
                             passivates
             Machine 3 1     removes 'Job 1' from 'Jobs Wait 3'
                             removes itself from 'Idle Mach 3'
                             holds for 0.275, until 0.275
     0.086   Job 2           schedules 'Job 3' at 0.485
                             schedules 'Machine 4 1' now
                             inserts itself into 'Jobs Wait 4'
                             passivates
             Machine 4 1     removes 'Job 2' from 'Jobs Wait 4'
                             removes itself from 'Idle Mach 4'
                             holds for 2.001, until 2.087
     0.275   Machine 3 1     schedules 'Job 1' now
                             inserts itself into 'Idle Mach 3'
                             passivates
             Job 1           schedules 'Machine 1 1' now
                             inserts itself into 'Jobs Wait 1'
                             passivates
             Machine 1 1     removes 'Job 1' from 'Jobs Wait 1'
                             removes itself from 'Idle Mach 1'
                             holds for 2.217, until 2.492
...
```

```
     2.492   Machine 1 1   schedules 'Job 1' now
                           inserts itself into 'Idle Mach 1'
                           passivates
             Job 1         schedules 'Machine 2 1' now
                           inserts itself into 'Jobs Wait 2'
                           passivates
             Machine 2 1   removes 'Job 1' from 'Jobs Wait 2'
                           removes itself from 'Idle Mach 2'
                           holds for 0.838, until 3.331
...
     3.331   Machine 2 1   schedules 'Job 1' now
                           inserts itself into 'Idle Mach 2'
                           passivates
             Job 1         schedules 'Machine 5 1' now
                           inserts itself into 'Jobs Wait 5'
                           passivates
             Machine 5 1   removes 'Job 1' from 'Jobs Wait 5'
                           removes itself from 'Idle Mach 5'
                           holds for 0.121, until 3.452
     3.375   Machine 4 3   schedules 'Job 9' now
                           inserts itself into 'Idle Mach 4'
                           removes 'Job14' from 'Jobs Wait 4'
                           removes itself from 'Idle Mach 4'
                           holds for 0.781, until 4.156
             Job 9         inserts itself into 'Jobs Wait 1'
                           passivates
     3.452   Machine 5 1   schedules 'Job 1' now
                           inserts itself into 'Idle Mach 5'
                           passivates
             Job 1         *** terminates
...
     7.992   Job35         schedules 'Job36' at 8.029
                           schedules 'Machine 3 4' now
                           inserts itself into 'Jobs Wait 3'
                           passivates
             Machine 3 4   removes 'Job35' from 'Jobs Wait 3'
                           removes itself from 'Idle Mach 3'
                           holds for 0.434, until 8.426

                          Clock Time = 8.000
********************************************************************************
*                                                                            *
*                  T R A C I N G   S W I T C H E D   O F F                    *
*                                                                            *
********************************************************************************
```

D.1.3   Transaktionsorientierte Version

```
MODULE JobTrans;

(**********************************************************************)
(*                                                                    *)
(*      Dateiname:         JobTrans.MOD                               *)
(*                                                                    *)
(*      Projektleiter:     Prof. Dr.-Ing. B. Page                     *)
(*                         Fachbereich Informatik der Universität Hamburg  *)
(*                                                                    *)
(*      Autoren:           R. Boelckow, A. Heymann, H. Liebert        *)
(*                                                                    *)
(*      Programminhalt:    "Jobshop-Modell" (transaktionsorientiert)  *)
(*                                                                    *)
(**********************************************************************)
(*      Erstellt in TopSpeed Modula-2/87 Vers. 1.17 unter MS-DOS      *)
(**********************************************************************

Das Modell dient zur Engpassanalyse einer Fertigungsanlage, die aus mehreren
Maschinengruppen mit einer unterschiedlichen Anzahl jeweils identischer Maschinen
besteht. Die Maschinengruppen bearbeiten verschiedene Produktarten, die unterschied-
liche Verarbeitungsreihenfolgen durchlaufen. Die Teilauftraege werden in FIFO-Warte-
schlangen der einzelnen Maschinengruppen eingereiht, um dort auf Zuteilung einer
freien Maschine zu warten. Die Zwischenankunftszeit der Auftraege ist neg.-exponen-
tiell verteilt, die Bedienzeiten sind k-Erlang (k=2) verteilt.
(Details s. Initialisierungsteil)

Die Eingabedaten sind:
   - Simulationsdauer (in Tagen),
   - Maschinenzahl pro Gruppe.
Die geforderten Ausgabedaten sind:
   - mittl. Verweildauer pro Auftragsart,
   - mittl. Verweildauer ueber alle Auftraege,
   - mittl. Warteschlangenlaenge pro Maschinengruppe,
   - mittl. Auslastung -""-
   - mittl. Wartezeiten in den Warteschlangen.


**********************************************************************)

FROM ProcessSimulation IMPORT
    SimTime, Entity, Current, New, Schedule, Attributes, Time, Hold,
    DisposeOnTermination, Report, Trace, NoTrace,
    SetTraceFile, SetErrorFile, SetReportFile, CloseFiles;

IMPORT Res;
IMPORT RealDist, IntDist;
IMPORT Accumulate, Tally;

FROM Storage   IMPORT ALLOCATE, DEALLOCATE;
FROM StringHdl IMPORT Copy, Concat, Delete, Trim, CardToString;
FROM IO        IMPORT RdCard, WrCard, WrStr, WrLn, RdReal;

CONST NJobTypes      = 3;    (* Anzahl der versch. Auftragsarten  *)
      NMachineGroups = 5;    (* Anzahl der Maschinengruppen        *)
      HoursPerDay    = 8.0;  (* taegl. Arbeitszeit der Maschinen   *)
      MeanArrivalTime = 0.25; (* Zwischenankunftszeit der Auftraege *)

TYPE  JobType    = [1..NJobTypes];
      MGroupType = [1..NMachineGroups];
      RefRoute   = POINTER TO RouteType;
```

```modula
    JobAttr = POINTER TO RECORD    (* Parameter eines Bearbeitungsauftrages *)
       Arrival : SimTime;          (* Ankunft im System              *)
       Kind    : JobType;          (* Auftragsart                    *)
       Route   : RefRoute;         (* Weg durch den Maschinenpark    *)
    END;

    RouteType = RECORD             (* Listenelement zur Darstellung  *)
       Group : MGroupType;         (* der Bearbeitungsreihenfolge    *)
       Next  : RefRoute;
    END;

VAR MGroupData : ARRAY MGroupType OF RECORD    (* Maschinengruppen-Attribute *)
       Machines : Res.Object;                  (* Maschinen der Gruppe       *)
       AvgQlen  : Accumulate.Object;           (* Warteschlangenlaenge       *)
    END;

    JobData : ARRAY JobType OF RECORD          (* Auftragsarten-Attribute    *)
       Routing  : RefRoute;                    (* Weg durch die Maschinen    *)
       Delay    : Tally.Object;                (* Verzoegerung eines Jobs    *)
    END;

    OverallJobDelay : Tally.Object;

    JobTypeStream : IntDist.Object;
    ArrivalStream : RealDist.Object;
    ServiceStream : ARRAY JobType, MGroupType OF RealDist.Object;

    (* mittl. Bedienzeit*)
    MeanServiceTime: ARRAY JobType, MGroupType OF SimTime;

    SimPeriod : SimTime;

PROCEDURE QLength1 () : REAL; FORWARD;
PROCEDURE QLength2 () : REAL; FORWARD;
PROCEDURE QLength3 () : REAL; FORWARD;
PROCEDURE QLength4 () : REAL; FORWARD;
PROCEDURE QLength5 () : REAL; FORWARD;
PROCEDURE JobDelay () : REAL; FORWARD;

    (*************************)
    (**   Hilfsprozeduren   **)
    (*************************)

PROCEDURE Initialization;
(*--------------------*)
(* Startwerte von Variablen setzen, Eingabedaten lesen *)
VAR NMachines : CARDINAL;
    m : MGroupType;
    j : JobType;
    r : RefRoute;
    Name, Nr, NameWithNr : ARRAY [0..11] OF CHAR;
    JobTypeVal  : ARRAY JobType OF INTEGER;
    JobTypeProb : ARRAY JobType OF REAL;

    PROCEDURE Extend (VAR r : RefRoute; g : MGroupType);
    (*---------------------------------------------------*)
    (* Verlaengert die Route um Element mit naechster Gruppennummer *)
    VAR NewRef, r1 : RefRoute;
    BEGIN
       NEW (NewRef);
       WITH NewRef^ DO
         Group := g;
         Next  := NIL
       END;
       IF r = NIL THEN
         r := NewRef;
```

```
      ELSE
         r1 := r;
         WHILE r1^.Next # NIL DO
            r1 := r1^.Next;
         END;
         r1^.Next := NewRef;
      END;
   END Extend;

BEGIN
   WrStr ("      ****************************"); WrLn;
   WrStr ("      *** Job Shop Simulation ***"); WrLn;
   WrStr ("      ****************************"); WrLn;
   WrLn;

      (* Einlesen der Simulationszeit *)
   WrStr ("Simulationszeit (in Tagen) : ");
   SimPeriod := RdReal (); WrLn;
   SimPeriod := SimPeriod * HoursPerDay ; (* Stunden-Konvertierung *)

      (* Maschinengruppen initialisieren : Einlesen der Maschinenzahl *)
   WrStr ("Anzahl der Maschinen in Gruppe "); WrLn;
   FOR m := 1 TO NMachineGroups DO
      CardToString (m, 2, Nr);
      WrCard (m,3); WrStr (": ");
      WITH MGroupData [m] DO
         NMachines := RdCard ();
         Copy ("Mach Group", Name);
         Trim (Name);
         Concat (Name, Nr, NameWithNr);
         Machines := Res.New (NameWithNr, NMachines);
      END;
   END;

   (* automatische Erfassung der Warteschlangenlaenge *)
   MGroupData [1] . AvgQlen := Accumulate.New ("Queue Len 1", QLength1, TRUE);
   MGroupData [2] . AvgQlen := Accumulate.New ("Queue Len 2", QLength2, TRUE);
   MGroupData [3] . AvgQlen := Accumulate.New ("Queue Len 3", QLength3, TRUE);
   MGroupData [4] . AvgQlen := Accumulate.New ("Queue Len 4", QLength4, TRUE);
   MGroupData [5] . AvgQlen := Accumulate.New ("Queue Len 5", QLength5, TRUE);

   Copy ("Job Delay", Name);
   Trim (Name);
   FOR j := 1 TO NJobTypes DO
      CardToString (j, 2, Nr);
      Concat (Name, Nr, NameWithNr);
      WITH JobData [j] DO
         Routing := NIL;
         Delay   := Tally.New (NameWithNr, JobDelay);
      END;
   END;

   OverallJobDelay   := Tally.New ("Ttl Job Dly", JobDelay);

   (* Verarbeitungsreihenfolge festlegen *)
   (* Typ 1 *)                            (* Typ 2 *)
   Extend(JobData [1].Routing, 3);        Extend(JobData [2].Routing, 4);
   Extend(JobData [1].Routing, 1);        Extend(JobData [2].Routing, 1);
   Extend(JobData [1].Routing, 2);        Extend(JobData [2].Routing, 3);
   Extend(JobData [1].Routing, 5);
   (* Typ 3 *)
   Extend(JobData [3].Routing, 2);
   Extend(JobData [3].Routing, 5);
   Extend(JobData [3].Routing, 1);
   Extend(JobData [3].Routing, 4);
   Extend(JobData [3].Routing, 3);
```

```
   (* mittlere Bedienzeiten *)
  MeanServiceTime [1,3] := 0.5 ;        MeanServiceTime [2,4] := 1.1 ;
  MeanServiceTime [1,1] := 0.6 ;        MeanServiceTime [2,1] := 0.8 ;
  MeanServiceTime [1,2] := 0.85;        MeanServiceTime [2,3] := 0.75;
  MeanServiceTime [1,5] := 0.5 ;

  MeanServiceTime [3,2] := 1.2 ;
  MeanServiceTime [3,5] := 0.25;
  MeanServiceTime [3,1] := 0.7 ;
  MeanServiceTime [3,4] := 0.9 ;
  MeanServiceTime [3,3] := 1.0 ;

   (* nicht benutzte Felder mit null initialisieren *)
  MeanServiceTime [1,4] := 0.0;
  MeanServiceTime [2,2] := 0.0;
  MeanServiceTime [2,5] := 0.0;

   (* Verteilung der Job-Arten *)
  JobTypeVal [1] := 1; JobTypeProb [1] := 0.3;
  JobTypeVal [2] := 2; JobTypeProb [2] := 0.8;
  JobTypeVal [3] := 3; JobTypeProb [3] := 1.0;

   (* Verteilungen *)
  JobTypeStream := IntDist.Empirical ("Job Type", JobTypeVal, JobTypeProb);
  ArrivalStream := RealDist.Exponential ("InterArrival", MeanArrivalTime);
  Copy ("Service", Name);
  Trim (Name);
  FOR j := 1 TO NJobTypes DO
     CardToString (j, 2, Nr);
     Concat (Name, Nr, NameWithNr);
     FOR m := 1 TO NMachineGroups DO
        Delete (NameWithNr, 10, 12);
        Trim (NameWithNr);
        CardToString (m, 2, Nr);
        Concat (NameWithNr, Nr, NameWithNr);
        ServiceStream [j, m] :=
           RealDist.Erlang (NameWithNr, 2, MeanServiceTime [j, m]);
     END;
  END;
END Initialization;

PROCEDURE QLength1 () : REAL;
(*-------------------------*)
BEGIN
   RETURN FLOAT (Res.Length (MGroupData [1] . Machines));
END QLength1;

PROCEDURE QLength2 () : REAL;
(*-------------------------*)
BEGIN
   RETURN FLOAT (Res.Length (MGroupData [2] . Machines));
END QLength2;

PROCEDURE QLength3 () : REAL;
(*-------------------------*)
BEGIN
   RETURN FLOAT (Res.Length (MGroupData [3] . Machines));
END QLength3;

PROCEDURE QLength4 () : REAL;
(*-------------------------*)
BEGIN
   RETURN FLOAT (Res.Length (MGroupData [4] . Machines));
END QLength4;
```

```
PROCEDURE QLength5 () : REAL;
(*-------------------------*)
BEGIN
   RETURN FLOAT (Res.Length (MGroupData [5] . Machines));
END QLength5;

PROCEDURE JobDelay () : REAL;
(*------------------------*)
VAR jAttr : JobAttr;
BEGIN
   jAttr := Attributes (Current ());
   RETURN Time () - jAttr^.Arrival;
END JobDelay;

PROCEDURE JobProcess (Myself : Entity);
(*-------------------------------------*)
(* Ablauf eines Auftrages *)
VAR myAttr, Attr : JobAttr;
BEGIN
   NEW (Attr);
   (* Nachfolger erzeugen *)
   Schedule (New ("Job", JobProcess, Attr),
             RealDist.Sample (ArrivalStream));
   myAttr := Attributes (Myself);
   WITH myAttr^ DO
      (* eigene Attribute setzen *)
      Arrival := Time();
      Kind    := IntDist.Sample(JobTypeStream);
      Route   := JobData [Kind].Routing;
      REPEAT
         (* Masch.Gruppen gem. Route durchlaufen *)
         WITH MGroupData [Route^.Group] DO
            (* Maschine exklusiv belegen *)
            Res.Acquire (Machines, 1);
            (* Bearbeitung *)
            Hold (RealDist.Sample (ServiceStream [Kind, Route^.Group]));
            (* Maschine freigeben *)
            Res.Release (Machines, 1);
         END;
         Route := Route^.Next;
      UNTIL Route = NIL;
      Tally.Update (JobData[Kind].Delay);
      Tally.Update (OverallJobDelay);
   END;
   DISPOSE (myAttr);
   DisposeOnTermination;
END JobProcess;

VAR FirstJobsAttr : JobAttr;

BEGIN (* Hauptprogramm *)
   Initialization;
   SetTraceFile  ("JOBTRANS.TRC");
   SetErrorFile  ("JOBTRANS.ERR");
   SetReportFile ("JOBTRANS.RPT");
   Trace;
   NEW (FirstJobsAttr);
   Schedule (New ("Job", JobProcess, FirstJobsAttr), 0.0);
   Hold (8.0);
   NoTrace;
   Hold (SimPeriod - 8.0);
   Report;
   CloseFiles;
END JobTrans.
```

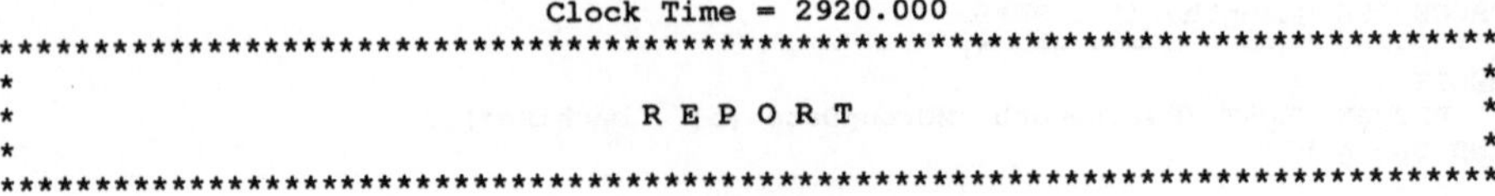

```
                              Clock Time = 2920.000
*************************************************************************
*                                                                       *
*                              R E P O R T                              *
*                                                                       *
*************************************************************************
```

R E S O U R C E S

Title	(Re)set	Users	Limit	Min	Now	Usage [%]	AvgWait	QMaxL
Mach Group 1	0.000	11584	3	0	0	95.020	2.498	46
Mach Group 2	0.000	5754	2	0	0	96.993	12.808	80
Mach Group 3	0.000	11578	4	0	0	71.970	0.179	14
Mach Group 4	0.000	8070	3	0	0	97.188	6.055	72
Mach Group 5	0.000	5752	1	0	0	79.060	0.917	23

A C C U M U L A T E S

Title	(Re)set	Obs	Mean	Std.Dev	Min	Max
Queue Len 1	0.000	54298	9.909	9.953	0.000	46.000
Queue Len 2	0.000	54298	25.612	21.520	0.000	80.000
Queue Len 3	0.000	54298	0.710	1.527	0.000	14.000
Queue Len 4	0.000	54298	16.731	13.939	0.000	72.000
Queue Len 5	0.000	54298	1.806	2.635	0.000	23.000

T A L L I E S

Title	(Re)set	Obs	Mean	Std.Dev	Min	Max
Job Delay 1	0.000	3474	18.842	10.615	1.543	46.156
Job Delay 2	0.000	5791	11.424	5.809	1.045	33.188
Job Delay 3	0.000	2272	26.438	12.147	3.319	55.928
Ttl Job Dly	0.000	11537	16.612	10.675	1.045	55.928

D I S T R I B U T I O N S

Title	(Re)set	Obs	Type	Parameters		Seed
Job Type	0.000	11632	I-Empir.	1	0.3000	33427485
				2	0.8000	
				3	1.0000	
InterArrival	0.000	11632	Neg-Expon.	0.2500		22276755
Service 1 1	0.000	3515	k-Erlang	0.6000	2	46847980
Service 1 2	0.000	3477	k-Erlang	0.8500	2	43859043
Service 1 3	0.000	3516	k-Erlang	0.5000	2	64042082
Service 1 4	0.000	0	k-Erlang	0.0000	2	44366385
Service 1 5	0.000	3475	k-Erlang	0.5000	2	41357879
Service 2 1	0.000	5794	k-Erlang	0.8000	2	11320893
Service 2 2	0.000	0	k-Erlang	0.0000	2	6528269
Service 2 3	0.000	5791	k-Erlang	0.7500	2	47478000
Service 2 4	0.000	5798	k-Erlang	1.1000	2	46802881
Service 2 5	0.000	0	k-Erlang	0.0000	2	59224073
Service 3 1	0.000	2278	k-Erlang	0.7000	2	22046052

...

```
                         Clock Time = 0.000
********************************************************************************
*                                                                              *
*                    T R A C I N G   C O M M E N C E S                         *
*                                                                              *
********************************************************************************


      Time   Current      Action(s)
---------------------------------------------------------------------------
     0.000   M A I N       schedules 'Job 1' now
                           holds for 8.000, until 8.000
              Job 1        schedules 'Job 2' at 0.086
                           seizes 1 of 'Mach Group 3'
                           holds for 0.275, until 0.275
     0.086   Job 2        schedules 'Job 3' at 0.485
                           seizes 1 of 'Mach Group 4'
                           holds for 2.001, until 2.087
     0.275   Job 1        releases 1 to 'Mach Group 3'
                           seizes 1 of 'Mach Group 1'
                           holds for 2.217, until 2.492
...
     2.492   Job 1        releases 1 to 'Mach Group 1'
                           seizes 1 of 'Mach Group 2'
                           holds for 0.838, until 3.331
...
     3.331   Job 1        releases 1 to 'Mach Group 2'
                           seizes 1 of 'Mach Group 5'
                           holds for 0.121, until 3.452
     3.375   Job 9        releases 1 to 'Mach Group 4'
                           awaits 1 of 'Mach Group 1'
              Job14        seizes 1 of 'Mach Group 4'
                           holds for 0.781, until 4.156
     3.452   Job 1        releases 1 to 'Mach Group 5'
                           *** terminates
...
     7.992   Job35        schedules 'Job36' at 8.029
                           seizes 1 of 'Mach Group 3'
                           holds for 0.434, until 8.426

                         Clock Time = 8.000
********************************************************************************
*                                                                              *
*                    T R A C I N G   S W I T C H E D   O F F                   *
*                                                                              *
********************************************************************************
```

D.1.4   Aktivitätsorientierte Version

```
MODULE JobActiv;

(**************************************************************************)
(*                                                                      *)
(*       Dateiname:         JobActiv.MOD                                 *)
(*                                                                      *)
(*       Projektleiter:     Prof. Dr.-Ing. B. Page                      *)
(*                          Fachbereich Informatik der Universität Hamburg *)
(*                                                                      *)
(*       Autoren:           R. Boelckow, A. Heymann, H. Liebert         *)
(*                                                                      *)
(*       Programminhalt:    "Jobshop-Modell" (aktivitaetsorientiert)    *)
(*                                                                      *)
(**************************************************************************)
(*       Erstellt in TopSpeed Modula-2/87 Vers. 1.17 unter MS-DOS       *)
(**************************************************************************

Das Modell dient zur Engpassanalyse einer Fertigungsanlage, die aus mehreren
Maschinengruppen mit einer unterschiedlichen Anzahl jeweils identischer Maschinen
besteht. Die Maschinengruppen bearbeiten verschiedene Produktarten, die unterschied-
liche Verarbeitungsreihenfolgen durchlaufen. Die Teilauftraege werden in FIFO-Warte-
schlangen der einzelnen Maschinengruppen eingereiht, um dort auf Zuteilung einer
freien Maschine zu warten.Die Zwischenankunftszeit der Auftraege ist neg.-exponen-
tiell verteilt, die Bedienzeiten sind k-Erlang (k=2) verteilt.
(Details s. Initialisierungsteil)

Die Eingabedaten sind:
   - Simulationsdauer (in Tagen),
   - Maschinenzahl pro Gruppe.
Die geforderten Ausgabedaten sind:
   - mittl. Verweildauer pro Auftragsart,
   - mittl. Verweildauer ueber alle Auftraege,
   - mittl. Warteschlangenlaenge pro Maschinengruppe,
   - mittl. Auslastung -""-
   - mittl. Wartezeiten in den Warteschlangen.


**************************************************************************)

FROM ProcessSimulation IMPORT
   SimTime, Entity, New, Schedule, Hold,
   Current, Attributes, Time, SetTraceFile, SetErrorFile, SetReportFile,
   CloseFiles, Trace, NoTrace, Report, DisposeOnTermination;

IMPORT WaitQ;
IMPORT RealDist, IntDist;
IMPORT Accumulate, Tally;

FROM Storage    IMPORT ALLOCATE, DEALLOCATE;
FROM StringHdl IMPORT Copy, Concat, Delete, Trim, CardToString;
FROM IO        IMPORT RdCard, WrCard, WrStr, WrLn, RdReal;

CONST NJobTypes       = 3;    (* Anzahl der versch. Auftragsarten  *)
      NMachineGroups = 5;    (* Anzahl der Maschinengruppen        *)
      HoursPerDay    = 8.0;  (* taegl. Arbeitszeit der Maschinen   *)
      MeanArrivalTime = 0.25; (* Zwischenankunftszeit der Auftraege *)

TYPE  JobType    = [1..NJobTypes];
      MGroupType = [1..NMachineGroups];
```

```
        RefRoute = POINTER TO RouteType;
        RouteType = RECORD             (* Listenelement zur Darstellung  *)
           Group : MGroupType;         (* der Verarbeitungsreihenfolge   *)
           Next  : RefRoute;
        END;

        EntityType = (Job, Machine);

        EntityAttr = POINTER TO RECORD
           CASE myType : EntityType OF
           Job :
              Arrival     : SimTime;        (* Ankunft im System             *)
              ServiceTime : SimTime;        (* Bearb.zeit in akt. Masch.grp. *)
              Kind        : JobType;        (* Auftragsart                   *)
              Route       : RefRoute; |     (* Weg durch den Maschinenpark   *)
           Machine:
              myGroup : MGroupType;
           END;
        END;

VAR     MGroup : ARRAY MGroupType OF RECORD   (* Maschinengruppen-Attribute *)
           MQueue          : WaitQ.Object;    (* Warteschlange              *)
           FreeMachines,                      (* Anzahl freier Maschinen    *)
           NumOfMachines : CARDINAL;          (* Gesamtmaschinenzahl        *)
           Utilization   : Accumulate.Object; (* Auslastung                 *)
        END;

        JobData : ARRAY JobType OF RECORD   (* Auftragsarten-Attribute     *)
           Routing : RefRoute;              (* Weg durch die Maschinen      *)
           Delay   : Tally.Object;          (* Gesamtverweildauer im System *)
        END;

        OverallJobDelay : Tally.Object;       (* Verweildauer aller Auftraege *)

        JobTypeStream : IntDist.Object;
        ArrivalStream : RealDist.Object;
        ServiceStream : ARRAY JobType, MGroupType OF RealDist.Object;

        (* mittl. Bedienzeit *)
        MeanServiceTime: ARRAY JobType, MGroupType OF SimTime;

        SimPeriod : SimTime;

PROCEDURE MachineProcess (Myself : Entity); FORWARD;
PROCEDURE GroupUtil1 () : REAL; FORWARD;
PROCEDURE GroupUtil2 () : REAL; FORWARD;
PROCEDURE GroupUtil3 () : REAL; FORWARD;
PROCEDURE GroupUtil4 () : REAL; FORWARD;
PROCEDURE GroupUtil5 () : REAL; FORWARD;
PROCEDURE JobDelay ()    : REAL; FORWARD;


        (***********************)
        (**   Hilfsprozeduren   **)
        (***********************)

PROCEDURE Initialization;
(*---------------------*)
(* Startwerte von Variablen setzen, Eingabedaten lesen *)
VAR g : MGroupType;
    m : CARDINAL;
    j : JobType;
    r : RefRoute;
    Name, Nr, NameWithNr : ARRAY [0..11] OF CHAR;
    JobTypeVal  : ARRAY JobType OF INTEGER;
    JobTypeProb : ARRAY JobType OF REAL;
    Attr : EntityAttr;
```

```
    PROCEDURE Extend (VAR r : RefRoute; g : MGroupType);
    (*-------------------------------------------------------*)
    (* Verlaengert die Route um Element mit naechster Gruppennummer *)
    VAR NewRef, r1 : RefRoute;
    BEGIN
        NEW (NewRef);
        WITH NewRef^ DO
          Group := g;
          Next  := NIL
        END;
        IF r = NIL THEN
          r := NewRef;
        ELSE
          r1 := r;
          WHILE r1^.Next # NIL DO
            r1 := r1^.Next;
          END;
          r1^.Next := NewRef;
        END;
    END Extend;

BEGIN
    WrStr ("       ***************************"); WrLn;
    WrStr ("       *** Job Shop Simulation ***"); WrLn;
    WrStr ("       ***************************"); WrLn;
    WrLn;

    (* Einlesen der Simulationszeit *)
    WrStr ("Simulationszeit (in Tagen) : ");
    SimPeriod := RdReal (); WrLn;
    SimPeriod :=  SimPeriod * HoursPerDay ; (* Stunden-Konvertierung *)

    (* Maschinengruppen initialisieren : Einlesen der Maschinenzahl *)
    WrStr ("Anzahl der Maschinen in Gruppe "); WrLn;
    FOR g := 1 TO NMachineGroups DO
        CardToString (g, 2, Nr);
        WrCard (g, 3); WrStr (": ");
        WITH MGroup [g] DO
            NumOfMachines := RdCard ();
            FreeMachines := NumOfMachines;
            Copy ("Group", Name);
            Trim (Name);
            Concat (Name, Nr, NameWithNr);
            MQueue := WaitQ.New (NameWithNr);
            Copy ("Machine", Name);
            Trim (Name);
            Concat (Name, Nr, NameWithNr);
            FOR m := 1 TO NumOfMachines DO
                NEW (Attr);
                Attr^.myType  := Machine;
                Attr^.myGroup := g;
                Schedule (New (NameWithNr, MachineProcess, Attr), 0.0);
            END;
        END;
    END;

    (* Erfassung der Auslastung mit manueller Fortschreibung *)
    MGroup [1] . Utilization := Accumulate.New ("Util Grp 1", GroupUtil1, FALSE);
    MGroup [2] . Utilization := Accumulate.New ("Util Grp 2", GroupUtil2, FALSE);
    MGroup [3] . Utilization := Accumulate.New ("Util Grp 3", GroupUtil3, FALSE);
    MGroup [4] . Utilization := Accumulate.New ("Util Grp 4", GroupUtil4, FALSE);
    MGroup [5] . Utilization := Accumulate.New ("Util Grp 5", GroupUtil5, FALSE);
```

```
    (* Auftragsverweildauer *)
    Copy ("Job Delay", Name);
    Trim (Name);
    FOR j := 1 TO NJobTypes DO
       CardToString (j, 2, Nr);
       Concat (Name, Nr, NameWithNr);
       WITH JobData [j] DO
          Routing := NIL;
          Delay   := Tally.New (NameWithNr, JobDelay);
       END;
    END;
    OverallJobDelay := Tally.New ("Ttl Job Dly", JobDelay);

    (* Verarbeitungsreihenfolge festlegen *)
    (* Typ 1 *)                          (* Typ 2 *)
    Extend(JobData [1].Routing, 3);      Extend(JobData [2].Routing, 4);
    Extend(JobData [1].Routing, 1);      Extend(JobData [2].Routing, 1);
    Extend(JobData [1].Routing, 2);      Extend(JobData [2].Routing, 3);
    Extend(JobData [1].Routing, 5);
    (* Typ 3 *)
    Extend(JobData [3].Routing, 2);
    Extend(JobData [3].Routing, 5);
    Extend(JobData [3].Routing, 1);
    Extend(JobData [3].Routing, 4);
    Extend(JobData [3].Routing, 3);

    (* mittlere Bedienzeiten *)
    MeanServiceTime [1,3] := 0.5 ;       MeanServiceTime [2,4] := 1.1 ;
    MeanServiceTime [1,1] := 0.6 ;       MeanServiceTime [2,1] := 0.8 ;
    MeanServiceTime [1,2] := 0.85;       MeanServiceTime [2,3] := 0.75;
    MeanServiceTime [1,5] := 0.5 ;

    MeanServiceTime [3,2] := 1.2 ;
    MeanServiceTime [3,5] := 0.25;
    MeanServiceTime [3,1] := 0.7 ;
    MeanServiceTime [3,4] := 0.9 ;
    MeanServiceTime [3,3] := 1.0 ;

    (* nicht benutzte Felder mit null initialisieren *)
    MeanServiceTime [1,4] := 0.0;
    MeanServiceTime [2,2] := 0.0;
    MeanServiceTime [2,5] := 0.0;

    (* Verteilung der Job-Arten *)
    JobTypeVal [1] := 1; JobTypeProb [1] := 0.3;
    JobTypeVal [2] := 2; JobTypeProb [2] := 0.8;
    JobTypeVal [3] := 3; JobTypeProb [3] := 1.0;

    (* Verteilungen *)
    JobTypeStream := IntDist.Empirical ("Job Type", JobTypeVal, JobTypeProb);
    ArrivalStream := RealDist.Exponential ("InterArrival", MeanArrivalTime);
    Copy ("Service", Name);
    Trim (Name);
    FOR j := 1 TO NJobTypes DO
       CardToString (j, 2, Nr);
       Concat (Name, Nr, NameWithNr);
       FOR m := 1 TO NMachineGroups DO
          Delete (NameWithNr, 10, 12);
          Trim (NameWithNr);
          CardToString (m, 2, Nr);
          Concat (NameWithNr, Nr, NameWithNr);
          ServiceStream [j, m] :=
             RealDist.Erlang (NameWithNr, 2, MeanServiceTime [j, m]);
       END;
    END;
END Initialization;
```

```
PROCEDURE GroupUtil1 () : REAL;
(*---------------------------*)
BEGIN
    WITH MGroup [1] DO
        RETURN 100.0 * FLOAT(NumOfMachines-FreeMachines) / FLOAT(NumOfMachines);
    END;
END GroupUtil1;

PROCEDURE GroupUtil2 () : REAL;
(*---------------------------*)
BEGIN
    WITH MGroup [2] DO
        RETURN 100.0 * FLOAT(NumOfMachines-FreeMachines) / FLOAT(NumOfMachines);
    END;
END GroupUtil2;

PROCEDURE GroupUtil3 () : REAL;
(*---------------------------*)
BEGIN
    WITH MGroup [3] DO
        RETURN 100.0 * FLOAT(NumOfMachines-FreeMachines) / FLOAT(NumOfMachines);
    END;
END GroupUtil3;

PROCEDURE GroupUtil4 () : REAL;
(*---------------------------*)
BEGIN
    WITH MGroup [4] DO
        RETURN 100.0 * FLOAT(NumOfMachines-FreeMachines) / FLOAT(NumOfMachines);
    END;
END GroupUtil4;

PROCEDURE GroupUtil5 () : REAL;
(*---------------------------*)
BEGIN
    WITH MGroup [5] DO
        RETURN 100.0 * FLOAT(NumOfMachines-FreeMachines) / FLOAT(NumOfMachines);
    END;
END GroupUtil5;

PROCEDURE JobDelay () : REAL;
(*-------------------------*)
VAR jAttr : EntityAttr;
BEGIN
    jAttr := Attributes (Current ());
    RETURN Time () - jAttr^.Arrival;
END JobDelay;


        (***************************)
        (** Prozessdefinitionen **)
        (***************************)


PROCEDURE Service (Machine, Job : Entity);
(*--------------------------------------------*)
(* gemeinsame Handlung von Auftrag und Maschine              *)
(* (Belegung der Maschine, Bearbeitung, Freigabe der Maschine) *)
VAR MachAttr, JobsAttr : EntityAttr;
BEGIN
    MachAttr := Attributes (Machine);
    JobsAttr := Attributes (Job);
    WITH MGroup [MachAttr^.myGroup] DO
        DEC (FreeMachines);
        Accumulate.Update (Utilization);
        Hold (JobsAttr^.ServiceTime);
```

```
         INC (FreeMachines);
         Accumulate.Update (Utilization);
      END;
END Service;

PROCEDURE MachineProcess (Myself : Entity);
(*-----------------------------------------*)
(* Ablauf des "Masters": Zuteilung jeweils eines Auftrags *)
(* und Ausfuehrung der gemeinsamen Handlung.              *)
VAR myAttr  : EntityAttr;
    myQueue : WaitQ.Object;
BEGIN
   myAttr  := Attributes (Myself);
   myQueue := MGroup[myAttr^.myGroup].MQueue;
   LOOP
      WaitQ.CoOpt (myQueue, Service);
   END
END MachineProcess;

PROCEDURE JobProcess (Myself : Entity);
(*------------------------------------*)
(* Ablauf eines Auftrages ("Slaves") *)
VAR myAttr, Attr : EntityAttr;
BEGIN
   NEW (Attr);
   (* Nachfolger generieren *)
   Schedule (New ("Job", JobProcess, Attr),
             RealDist.Sample (ArrivalStream));
   myAttr := Attributes (Myself);
   WITH myAttr^ DO
      (* eigene Attribute setzen *)
      myType  := Job;
      Arrival := Time ();
      Kind    := IntDist.Sample (JobTypeStream);
      Route   := JobData [Kind] . Routing;
      WHILE Route # NIL DO
         (* gemaess Route mit den Maschinengruppen kooperieren *)
         ServiceTime :=
            RealDist.Sample (ServiceStream [Kind, Route^.Group]);
         WaitQ.Wait (MGroup [Route^.Group] . MQueue);
         Route := Route^.Next;
      END;
      Tally.Update (JobData [Kind] . Delay);
      Tally.Update (OverallJobDelay);
   END;
   DISPOSE (myAttr);
   DisposeOnTermination;
END JobProcess;

VAR FirstJobsAttr : EntityAttr;

BEGIN (* Hauptprogramm *)
   Initialization;
   SetTraceFile  ("JOBACTIV.TRC");
   SetErrorFile  ("JOBACTIV.ERR");
   SetReportFile ("JOBACTIV.RPT");
   Trace;
   NEW (FirstJobsAttr);
   Schedule (New ("Job", JobProcess, FirstJobsAttr), 0.0);
   Hold (8.0);
   NoTrace;
   Hold (SimPeriod - 8.0);
   Report;
   CloseFiles;
END JobActiv.
```

```
                    Clock Time = 2920.000
***************************************************************************
*                                                                         *
*                            R E P O R T                                  *
*                                                                         *
***************************************************************************
```

W A I T - Q U E U E S

Title	(Re)set	Obs	Qmax	Qnow	Qavg.	Zeros	avg.Wait
Group 1 M	0.000	11587	3	0	0.149	10333	0.038
Group 1 S	0.000	11587	46	0	9.847	1255	2.482
Group 2 M	0.000	5757	2	0	0.060	5490	0.030
Group 2 S	0.000	5757	80	68	25.523	267	12.761
Group 3 M	0.000	11582	4	0	1.121	4836	0.283
Group 3 S	0.000	11582	14	3	0.723	6748	0.182
Group 4 M	0.000	8072	3	0	0.084	7670	0.031
Group 4 S	0.000	8072	71	9	16.644	402	6.020
Group 5 M	0.000	5753	1	0	0.209	4318	0.106
Group 5 S	0.000	5753	22	2	1.807	1436	0.917

A C C U M U L A T E S

Title	(Re)set	Obs	Mean	Std.Dev	Min	Max
Util Grp 1	0.000	23171	94.997	16.585	0.000	100.000
Util Grp 2	0.000	11512	96.986	14.534	0.000	100.000
Util Grp 3	0.000	23160	71.941	30.080	0.000	100.000
Util Grp 4	0.000	16141	97.171	13.138	0.000	100.000
Util Grp 5	0.000	11505	79.046	40.697	0.000	100.000

T A L L I E S

Title	(Re)set	Obs	Mean	Std.Dev	Min	Max
Job Delay 1	0.000	3474	18.776	10.581	1.543	45.719
Job Delay 2	0.000	5791	11.373	5.724	0.890	32.716
Job Delay 3	0.000	2272	26.349	12.053	3.319	56.172
Ttl Job Dly	0.000	11537	16.549	10.613	0.890	56.172

D I S T R I B U T I O N S

Title	(Re)set	Obs	Type	Parameters		Seed
Job Type	0.000	11632	I-Empir.	1	0.3000	33427485
				2	0.8000	
				3	1.0000	
InterArrival	0.000	11632	Neg-Expon.	0.2500		22276755
Service 1 1	0.000	3515	k-Erlang	0.6000	2	46847980
Service 1 2	0.000	3513	k-Erlang	0.8500	2	43859043

...

```
                          Clock Time = 0.000
***********************************************************************
*                                                                     *
*                    T R A C I N G   C O M M E N C E S                 *
*                                                                     *
***********************************************************************

     Time   Current        Action(s)
   -------------------------------------------------------------------
     0.000  M A I N         schedules 'Job 1' now
                            holds for 8.000, until 8.000
            Machine 1 1     waits in 'Group 1 M'
            Machine 1 2     waits in 'Group 1 M'
            Machine 1 3     waits in 'Group 1 M'
            Machine 2 1     waits in 'Group 2 M'
            Machine 2 2     waits in 'Group 2 M'
            Machine 3 1     waits in 'Group 3 M'
            Machine 3 2     waits in 'Group 3 M'
            Machine 3 3     waits in 'Group 3 M'
            Machine 3 4     waits in 'Group 3 M'
            Machine 4 1     waits in 'Group 4 M'
            Machine 4 2     waits in 'Group 4 M'
            Machine 4 3     waits in 'Group 4 M'
            Machine 5 1     waits in 'Group 5 M'
            Job 1           schedules 'Job 2' at 0.086
                            waits in 'Group 3 S'
            Machine 3 1     co-opts 'Job 1' from 'Group 3 S'
                            holds for 0.275, until 0.275
     0.086  Job 2           schedules 'Job 3' at 0.485
                            waits in 'Group 4 S'
            Machine 4 1     co-opts 'Job 2' from 'Group 4 S'
                            holds for 2.001, until 2.087
     0.275  Machine 3 1     schedules 'Job 1' now
                            waits in 'Group 3 M'
            Job 1           waits in 'Group 1 S'
            Machine 1 1     co-opts 'Job 1' from 'Group 1 S'
                            holds for 2.217, until 2.492
...
     2.492  Machine 1 1     schedules 'Job 1' now
                            waits in 'Group 1 M'
            Job 1           waits in 'Group 2 S'
            Machine 2 1     co-opts 'Job 1' from 'Group 2 S'
                            holds for 0.838, until 3.331
...
     3.331  Machine 2 1     schedules 'Job 1' now
                            waits in 'Group 2 M'
            Job 1           waits in 'Group 5 S'
            Machine 5 1     co-opts 'Job 1' from 'Group 5 S'
                            holds for 0.121, until 3.452
...
     3.452  Machine 5 1     schedules 'Job 1' now
                            waits in 'Group 5 M'
            Job 1           *** terminates
...
     7.992  Job35           schedules 'Job36' at 8.029
                            waits in 'Group 3 S'
            Machine 3 4     co-opts 'Job35' from 'Group 3 S'
                            holds for 0.434, until 8.426

                          Clock Time = 8.000
***********************************************************************
*                                                                     *
*                    T R A C I N G   S W I T C H E D   O F F           *
*                                                                     *
***********************************************************************
```

D.1.5   Version mit Prioritäten und Unterbrechungen

```
MODULE JobPrioQ;

(***********************************************************************)
(*                                                                   *)
(*      Dateiname:         JobPrioQ.MOD                              *)
(*                                                                   *)
(*      Projektleiter:     Prof. Dr.-Ing. B. Page                   *)
(*                         Fachbereich Informatik der Universität Hamburg *)
(*                                                                   *)
(*      Autoren:           R. Boelckow, A. Heymann, H. Liebert      *)
(*                                                                   *)
(*      Programminhalt:    "Jobshop-Modell"                         *)
(*                                                                   *)
(***********************************************************************)
(*      Erstellt in TopSpeed Modula-2/87 Vers. 1.17 unter MS-DOS    *)
(***********************************************************************

Das Modell dient zur Engpassanalyse einer Fertigungsanlage, die aus mehreren
Maschinengruppen mit einer unterschiedlichen Anzahl jeweils identischer Maschinen
besteht. Die Maschinengruppen bearbeiten verschiedene Produktarten, die unterschied-
liche Verarbeitungsreihenfolgen durchlaufen. Die Teilauftraege werden in FIFO-Warte-
schlangen der einzelnen Maschinengruppen eingereiht, um dort auf Zuteilung einer
freien Maschine zu warten. Ein Teil der Auftraege erhaelt eine hoehere Prioritaet
(Eilauftraege). Diese Auftraege werden in Warteschlangen bevorzugt behandelt
(Verdraengungsstrategie durch Unterbrechung). Die Zwischenankunftszeit der Auftraege
ist neg.-exponentiell verteilt, die Bedienzeiten sind k-Erlang (k=2) verteilt.
(Details s. Initialisierungsteil)

Die Eingabedaten sind:
    - Simulationsdauer (in Tagen),
    - Maschinenzahl pro Gruppe,
    - Wahrscheinlichkeit fuer Priorisierung von Auftraegen.
Die geforderten Ausgabedaten sind:
    - mittl. Verweildauer pro Auftragsart,
    - mittl. Verweildauer ueber alle Auftraege,
    - mittl. Warteschlangenlaenge pro Maschinengruppe,
    - mittl. Auslastung -""-
    - mittl. Wartezeiten in den Warteschlangen.


    ***********************************************************************)

FROM ProcessSimulation IMPORT
    SimTime, Entity, New, Equal, Schedule, Hold, Owner, NullEntity,
    Priority, SetPriority, Interrupt, Interrupted, ClearInterrupt,
    Current, Attributes, Time, SetTraceFile, SetErrorFile, SetReportFile,
    CloseFiles, Trace, NoTrace, Report, DisposeOnTermination;

IMPORT WaitQ, Queue;
IMPORT RealDist, IntDist, BoolDist;
IMPORT Accumulate, Tally;

FROM Storage    IMPORT ALLOCATE, DEALLOCATE;
FROM StringHdl  IMPORT Copy, Concat, Delete, Trim, CardToString;
FROM IO         IMPORT RdCard, WrCard, WrStr, WrLn, RdReal;

CONST NJobTypes        = 3;      (* Anzahl der versch. Auftragsarten  *)
      NMachineGroups   = 5;      (* Anzahl der Maschinengruppen        *)
      HoursPerDay      = 8.0;    (* taegl. Arbeitszeit der Maschinen   *)
      MeanArrivalTime  = 0.25;   (* Zwischenankunftszeit der Auftraege *)

TYPE  JobType     = [1..NJobTypes];
      MGroupType  = [1..NMachineGroups];
```

```
        RefRoute = POINTER TO RouteType;
        RouteType = RECORD                  (* Listenelement zur Darstellung  *)
           Group : MGroupType;              (* der Verarbeitugsreihenfolge    *)
           Next  : RefRoute;
        END;

        EntityType = (Job, Machine);

        EntityAttr = POINTER TO RECORD
           CASE myType : EntityType OF
           Job :
              Arrival      : SimTime;        (* Ankunft im System                *)
              ServiceTime  : SimTime;        (* Bearb.zeit in akt. Masch.grp.    *)
              Kind         : JobType;        (* Auftragsart                      *)
              Route        : RefRoute;  |    (* Weg durch den Maschinenpark      *)
           Machine :
              myGroup : MGroupType;
           END;
        END;

        (* Unterbrechungsursachen *)
        InterruptCode = (NoInterrupt, PrioJobWaiting);

VAR     MGroup : ARRAY MGroupType OF RECORD      (* Attribute der Maschinengrp.  *)
           BusyMachines  : Queue.Object;         (* arbeitende Maschinen         *)
           IdleMachines  : WaitQ.Object;         (* Warteschlange                *)
           FreeMachines,                         (* unbeschaeftigte Maschinen    *)
           NumOfMachines : CARDINAL;             (* Gesamtmaschinenzahl          *)
           Utilization   : Accumulate.Object;    (* Auslastung                   *)
        END;

        JobData : ARRAY JobType OF RECORD        (* Attribute der Auftragsarten  *)
           Routing     : RefRoute;               (* Weg durch die Maschinen      *)
           Delay       : Tally.Object;           (* Gesamtverweildauer im System *)
        END;

        OverallJobDelay : Tally.Object;
        JobPrioStream   : BoolDist.Object;
        JobTypeStream   : IntDist.Object;
        ArrivalStream   : RealDist.Object;
        ServiceStream   : ARRAY JobType, MGroupType OF RealDist.Object;
        JobPrioProb     : REAL;

        (* mittl. Bedienzeit *)
        MeanServiceTime: ARRAY JobType, MGroupType OF SimTime;

        SimPeriod : SimTime;

PROCEDURE MachineProcess (Myself : Entity); FORWARD;
PROCEDURE GroupUtil1 ()  : REAL; FORWARD;
PROCEDURE GroupUtil2 ()  : REAL; FORWARD;
PROCEDURE GroupUtil3 ()  : REAL; FORWARD;
PROCEDURE GroupUtil4 ()  : REAL; FORWARD;
PROCEDURE GroupUtil5 ()  : REAL; FORWARD;
PROCEDURE JobDelay ()    : REAL; FORWARD;

        (**************************)
        (**    Hilfsprozeduren  **)
        (**************************)

PROCEDURE Initialization;
(*----------------------*)
(* Startwerte von Variablen setzen, Eingabedaten lesen *)
VAR g : MGroupType;
    m : CARDINAL;
    j : JobType;
```

```
    r : RefRoute;
    Name, Nr, NameWithNr : ARRAY [0..11] OF CHAR;
    JobTypeVal  : ARRAY JobType OF INTEGER;
    JobTypeProb : ARRAY JobType OF REAL;
    Attr : EntityAttr;

    PROCEDURE Extend (VAR r : RefRoute; g : MGroupType);
    (*-----------------------------------------------------*)
    (* Verlaengert die Route um Element mit naechster Gruppennummer *)
    VAR NewRef, r1 : RefRoute;
    BEGIN
        NEW (NewRef);
        WITH NewRef^ DO
          Group := g;
          Next  := NIL
        END;
        IF r = NIL THEN
            r := NewRef;
        ELSE
           r1 := r;
           WHILE r1^.Next # NIL DO
              r1 := r1^.Next;
           END;
           r1^.Next := NewRef;
        END;
    END Extend;

BEGIN
    WrStr ("      ***************************"); WrLn;
    WrStr ("      *** Job Shop Simulation ***"); WrLn;
    WrStr ("      ***************************"); WrLn;
    WrLn;

      (* Einlesen der Simulationszeit *)
    WrStr ("Simulationszeit (in Tagen) : ");
    SimPeriod := RdReal (); WrLn;
    SimPeriod :=  SimPeriod * HoursPerDay ; (* Stunden-Konvertierung *)

      (* Maschinengruppen initialisieren : Einlesen der Maschinenzahl *)
    WrStr ("Anzahl der Maschinen in Gruppe "); WrLn;
    FOR g := 1 TO NMachineGroups DO
       CardToString (g, 2, Nr);
       WrCard (g, 3); WrStr (": ");
       WITH MGroup [g] DO
          NumOfMachines := RdCard ();
          FreeMachines := NumOfMachines;
          Copy ("Group", Name);
          Trim (Name);
          Concat (Name, Nr, NameWithNr);
          IdleMachines := WaitQ.New (NameWithNr);
          Copy ("Busy Mach", Name);
          Trim (Name);
          Concat (Name, Nr, NameWithNr);
          BusyMachines := Queue.New (NameWithNr);
          Copy ("Machine", Name);
          Trim (Name);
          Concat (Name, Nr, NameWithNr);
          FOR m := 1 TO NumOfMachines DO
             NEW (Attr);
             Attr^.myType  := Machine;
             Attr^.myGroup := g;
             Schedule (New (NameWithNr, MachineProcess, Attr), 0.0);
          END;
       END;
    END;
```

```
(* Erfassung der Auslastung mit manueller Fortschreibung *)
MGroup [1] . Utilization := Accumulate.New ("Util Grp 1", GroupUtil1, FALSE);
MGroup [2] . Utilization := Accumulate.New ("Util Grp 2", GroupUtil2, FALSE);
MGroup [3] . Utilization := Accumulate.New ("Util Grp 3", GroupUtil3, FALSE);
MGroup [4] . Utilization := Accumulate.New ("Util Grp 4", GroupUtil4, FALSE);
MGroup [5] . Utilization := Accumulate.New ("Util Grp 5", GroupUtil5, FALSE);

WrLn;
WrStr ("Wahrscheinlichkeit fuer Eilauftrag: ");
JobPrioProb := RdReal ();

Copy ("Job Delay", Name);
Trim (Name);
FOR j := 1 TO NJobTypes DO
   CardToString (j, 2, Nr);
   Concat (Name, Nr, NameWithNr);
   WITH JobData [j] DO
      Routing := NIL;
      Delay   := Tally.New (NameWithNr, JobDelay);
   END;
END;

OverallJobDelay := Tally.New ("Ttl Job Dly", JobDelay);

(* Verarbeitungsreihenfolge festlegen *)
(* Typ 1 *)                            (* Typ 2 *)
Extend(JobData [1].Routing, 3);        Extend(JobData [2].Routing, 4);
Extend(JobData [1].Routing, 1);        Extend(JobData [2].Routing, 1);
Extend(JobData [1].Routing, 2);        Extend(JobData [2].Routing, 3);
Extend(JobData [1].Routing, 5);
 (* Typ 3 *)
Extend(JobData [3].Routing, 2);
Extend(JobData [3].Routing, 5);
Extend(JobData [3].Routing, 1);
Extend(JobData [3].Routing, 4);
Extend(JobData [3].Routing, 3);

(* mittlere Bedienzeiten *)
MeanServiceTime [1,3] := 0.5 ;         MeanServiceTime [2,4] := 1.1 ;
MeanServiceTime [1,1] := 0.6 ;         MeanServiceTime [2,1] := 0.8 ;
MeanServiceTime [1,2] := 0.85;         MeanServiceTime [2,3] := 0.75;
MeanServiceTime [1,5] := 0.5 ;

MeanServiceTime [3,2] := 1.2 ;
MeanServiceTime [3,5] := 0.25;
MeanServiceTime [3,1] := 0.7 ;
MeanServiceTime [3,4] := 0.9 ;
MeanServiceTime [3,3] := 1.0 ;

(* nicht benutzte Felder auch initialisieren *)
MeanServiceTime [1,4] := 0.0;
MeanServiceTime [2,2] := 0.0;
MeanServiceTime [2,5] := 0.0;

(* Verteilung der Job-Arten *)
JobTypeVal [1] := 1; JobTypeProb [1] := 0.3;
JobTypeVal [2] := 2; JobTypeProb [2] := 0.8;
JobTypeVal [3] := 3; JobTypeProb [3] := 1.0;

(* Verteilungen *)
JobTypeStream := IntDist.Empirical ("Job Type", JobTypeVal, JobTypeProb);
ArrivalStream := RealDist.Exponential ("InterArrival", MeanArrivalTime);
Copy ("Service", Name);
Trim (Name);
```

```
      FOR j := 1 TO NJobTypes DO
         CardToString (j, 2, Nr);
         Concat (Name, Nr, NameWithNr);
         FOR m := 1 TO NMachineGroups DO
            Delete (NameWithNr, 10, 12);
            Trim (NameWithNr);
            CardToString (m, 2, Nr);
            Concat (NameWithNr, Nr, NameWithNr);
            ServiceStream [j, m] :=
               RealDist.Erlang (NameWithNr, 2, MeanServiceTime [j, m]);
         END;
      END;
      JobPrioStream := BoolDist.Bernoulli ("Priority", JobPrioProb);
END Initialization;

PROCEDURE GroupUtil1 () : REAL;
(*--------------------------------*)
BEGIN
   WITH MGroup [1] DO
      RETURN 100.0 * FLOAT(NumOfMachines-FreeMachines) / FLOAT(NumOfMachines);
   END;
END GroupUtil1;

PROCEDURE GroupUtil2 () : REAL;
(*--------------------------------*)
BEGIN
   WITH MGroup [2] DO
      RETURN 100.0 * FLOAT(NumOfMachines-FreeMachines) / FLOAT(NumOfMachines);
   END;
END GroupUtil2;

PROCEDURE GroupUtil3 () : REAL;
(*--------------------------------*)
BEGIN
   WITH MGroup [3] DO
      RETURN 100.0 * FLOAT(NumOfMachines-FreeMachines) / FLOAT(NumOfMachines);
   END;
END GroupUtil3;

PROCEDURE GroupUtil4 () : REAL;
(*--------------------------------*)
BEGIN
   WITH MGroup [4] DO
      RETURN 100.0 * FLOAT(NumOfMachines-FreeMachines) / FLOAT(NumOfMachines);
   END;
END GroupUtil4;

PROCEDURE GroupUtil5 () : REAL;
(*--------------------------------*)
BEGIN
   WITH MGroup [5] DO
      RETURN 100.0 * FLOAT(NumOfMachines-FreeMachines) / FLOAT(NumOfMachines);
   END;
END GroupUtil5;

PROCEDURE JobDelay () : REAL;
(*--------------------------*)
VAR jAttr : EntityAttr;
BEGIN
   jAttr := Attributes (Current ());
   RETURN Time () - jAttr^.Arrival;
END JobDelay;
```

```
        (***************************)
        (**  Prozessdefinitionen  **)
        (***************************)

PROCEDURE Service (Job : Entity; Machine : Entity);
(*------------------------------------------------*)
(* Gemeinsame Handlung einer Maschine und eines Jobs *)
VAR jAttr, mAttr : EntityAttr;
    StartJob : SimTime;
BEGIN
   jAttr := Attributes (Job);
   mAttr := Attributes (Machine);
   WITH MGroup [mAttr^.myGroup] DO
      Queue.Insert (Machine, BusyMachines);   (* Maschine als beschaeftigt  *)
      DEC (FreeMachines);                     (* markieren                  *)
      Accumulate.Update (Utilization);
      StartJob := Time ();                    (* Job-Bearbeitung beginnen   *)
      Hold (jAttr^.ServiceTime);
      Queue.Remove (Machine);                 (* Maschine wieder als frei   *)
      INC (FreeMachines);                     (* markieren                  *)
      Accumulate.Update (Utilization);
      WITH jAttr^ DO                          (* Interrupt-Status auswerten *)
         IF InterruptCode (Interrupted (Job)) = PrioJobWaiting THEN
            ClearInterrupt (Job);
               (* Restbearbeitungszeit fuer den Job ermitteln und seine   *)
               (* Prioritaet leicht erhoehen, so dass er vor allen noch    *)
               (* nicht begonnenen Jobs in die W-Schlange eingereiht wird. *)
            ServiceTime := ServiceTime - (Time () - StartJob);
            SetPriority (Job, 1);
         ELSE
            ServiceTime := 0.0;
               (* Falls bei frueherem Ausfuehren des obigen THEN-Zweiges   *)
               (* die Prioritaet des Jobs zeitweilig erhoeht wurde, so kann *)
               (* sie jetzt - nach der vollstaendigen Abarbeitung - wieder  *)
               (* zurueckgesetzt werden.                                    *)
            IF Priority (Job) = 1 THEN
               SetPriority (Job, 0);
            END;
         END;
      END;
   END;
END Service;

PROCEDURE MachineProcess (Myself : Entity);
(*----------------------------------------*)
(* Ablauf in einer Maschine ("Slave") *)
VAR myAttr  : EntityAttr;
    myQueue : WaitQ.Object;
BEGIN
   myAttr  := Attributes (Myself);
   myQueue := MGroup[myAttr^.myGroup].IdleMachines;
   LOOP
      WaitQ.Wait (myQueue);
   END
END MachineProcess;

PROCEDURE WorkingOnLoPriJob (Machine : Entity) : BOOLEAN;
(*------------------------------------------------------*)
BEGIN
   RETURN Priority (Owner (Machine)) < 2;
END WorkingOnLoPriJob;

PROCEDURE JobProcess (Myself : Entity);
(*-----------------------------------*)
(* Ablauf eines Auftrages ("Master") *)
VAR myAttr, Attr : EntityAttr;
```

```
    PROCEDURE Visit (g : MGroupType);
    (*-----------------------------*)
    VAR Machine : Entity;
    BEGIN
        WITH myAttr^ DO
            WITH MGroup [g] DO
                IF (Priority (Myself) = 2) AND (FreeMachines = 0) THEN
                    (* Auftrag hat Prioritaet: Maschine mit Standardjob suchen *)
                    Queue.Find (Machine, BusyMachines, WorkingOnLoPriJob);
                    IF NOT Equal (Machine, NullEntity ()) THEN
                        (* einen Auftrag mit niedriger Prioritaet verdraengen *)
                        Interrupt (Owner (Machine), PrioJobWaiting);
                    END;
                END;
                ServiceTime := RealDist.Sample (ServiceStream [Kind, g]);
                WHILE ServiceTime > 0.0 DO
                    (* Auftrag bearbeiten *)
                    WaitQ.CoOpt (IdleMachines, Service);
                END;
            END;
        END;
    END Visit;

BEGIN (* JobProcess *)
    NEW (Attr);
    (* Erzeugung des Nachfolgers *)
    Schedule (New ("Job", JobProcess, Attr),
              RealDist.Sample (ArrivalStream));
    myAttr := Attributes (Myself);
    WITH myAttr^ DO
        (* eigene Attribute setzen *)
        myType  := Job;
        Arrival := Time ();
        Kind    := IntDist.Sample (JobTypeStream);
        Route   := JobData [Kind] . Routing;
        IF BoolDist.Sample (JobPrioStream) THEN
            SetPriority (Myself, 2);
        END;
        WHILE Route # NIL DO
            (* Masch.Gruppen gemaess Route "besuchen" *)
            Visit (Route^.Group);
            Route := Route^.Next;
        END;
        Tally.Update (JobData [Kind] . Delay);
        Tally.Update (OverallJobDelay);
    END;
    DISPOSE (myAttr);
    DisposeOnTermination;
END JobProcess;

VAR FirstJobsAttr : EntityAttr;

BEGIN (* Hauptprogramm *)
    Initialization;
    SetTraceFile  ("JOBPRIOQ.TRC");
    SetErrorFile  ("JOBPRIOQ.ERR");
    SetReportFile ("JOBPRIOQ.RPT");
    Trace;
    NEW (FirstJobsAttr);
    Schedule (New ("Job", JobProcess, FirstJobsAttr), 0.0);
    Hold (8.0);
    NoTrace;
    Hold (SimPeriod - 8.0);
    Report;
    CloseFiles;
END JobPrioQ.
```

```
                         Clock Time = 2920.000
*************************************************************************
*                                                                       *
*                           R E P O R T                                 *
*                                                                       *
*************************************************************************
```

W A I T - Q U E U E S

Title	(Re)set	Obs	Qmax	Qnow	Qavg.	Zeros	avg.Wait
Group 1 M	0.000	13604	44	0	10.259	3240	2.202
Group 1 S	0.000	13604	3	1	0.149	12383	0.032
Group 2 M	0.000	6821	83	71	26.044	1336	10.946
Group 2 S	0.000	6821	2	0	0.060	6551	0.026
Group 3 M	0.000	12495	12	1	0.730	7639	0.171
Group 3 S	0.000	12495	4	0	1.121	5770	0.262
Group 4 M	0.000	9572	74	6	16.347	1926	4.986
Group 4 S	0.000	9572	3	0	0.084	9147	0.026
Group 5 M	0.000	6343	22	2	1.985	2049	0.914
Group 5 S	0.000	6343	1	0	0.210	4886	0.096

Q U E U E S

Title	(Re)set	Obs	Qmax	Qnow	Qavg.	Zeros	avg.Wait
Busy Mach 1	0.000	13602	3	2	2.850	0	0.612
Busy Mach 2	0.000	6819	2	2	1.940	0	0.830
Busy Mach 3	0.000	12491	4	4	2.879	0	0.673
Busy Mach 4	0.000	9569	3	3	2.916	0	0.889
Busy Mach 5	0.000	6342	1	1	0.790	0	0.364

A C C U M U L A T E S

Title	(Re)set	Obs	Mean	Std.Dev	Min	Max
Util Grp 1	0.000	27206	94.992	16.768	0.000	100.000
Util Grp 2	0.000	13640	96.963	14.615	0.000	100.000
Util Grp 3	0.000	24986	71.957	30.398	0.000	100.000
Util Grp 4	0.000	19141	97.183	13.042	0.000	100.000
Util Grp 5	0.000	12685	79.039	40.702	0.000	100.000

T A L L I E S

Title	(Re)set	Obs	Mean	Std.Dev	Min	Max
Job Delay 1	0.000	3475	19.239	15.133	0.696	63.040
Job Delay 2	0.000	5793	11.447	7.894	0.534	37.011
Job Delay 3	0.000	2272	26.368	18.270	1.133	71.218
Ttl Job Dly	0.000	11540	16.728	14.148	0.534	71.218

```
                          D I S T R I B U T I O N S
                          ---------------------------


Title              (Re)set    Obs Type              P a r a m e t e r s        Seed
------------------------------------------------------------------------------------
Job Type            0.000   11632 I-Empir.           1           0.3000    33427485
                                                     2           0.8000
                                                     3           1.0000

InterArrival        0.000   11632 Neg-Expon.      0.2500                    22276755
Service 1 1         0.000    3515 k-Erlang        0.6000           2        46847980
Service 1 2         0.000    3514 k-Erlang        0.8500           2        43859043
Service 1 3         0.000    3517 k-Erlang        0.5000           2        64042082
Service 1 4         0.000       0 k-Erlang        0.0000           2        44366385
Service 1 5         0.000    3477 k-Erlang        0.5000           2        41357879
Service 2 1         0.000    5795 k-Erlang        0.8000           2        11320893
Service 2 2         0.000       0 k-Erlang        0.0000           2         6528269
Service 2 3         0.000    5794 k-Erlang        0.7500           2        47478000
Service 2 4         0.000    5803 k-Erlang        1.1000           2        46802881
Service 2 5         0.000       0 k-Erlang        0.0000           2        59224073
Service 3 1         0.000    2275 k-Erlang        0.7000           2        22046052
Service 3 2         0.000    2312 k-Erlang        1.2000           2        65931384
Service 3 3         0.000    2274 k-Erlang        1.0000           2        25261809
Service 3 4         0.000    2275 k-Erlang        0.9000           2        17756070
Service 3 5         0.000    2276 k-Erlang        0.2500           2        45177506
Priority            0.000   11632 Bernoulli       0.2000                     8824372




                          Clock Time = 0.000
****************************************************************************
*                                                                        *
*                     T R A C I N G   C O M M E N C E S                   *
*                                                                        *
****************************************************************************


     Time  Current      Action(s)
------------------------------------------------------------------------------
    0.000  M A I N       schedules 'Job 1' now
                         holds for 8.000, until 8.000
           Machine 1 1   waits in 'Group 1 S'
           Machine 1 2   waits in 'Group 1 S'
           Machine 1 3   waits in 'Group 1 S'
           Machine 2 1   waits in 'Group 2 S'
           Machine 2 2   waits in 'Group 2 S'
           Machine 3 1   waits in 'Group 3 S'
           Machine 3 2   waits in 'Group 3 S'
           Machine 3 3   waits in 'Group 3 S'
           Machine 3 4   waits in 'Group 3 S'
           Machine 4 1   waits in 'Group 4 S'
           Machine 4 2   waits in 'Group 4 S'
           Machine 4 3   waits in 'Group 4 S'
           Machine 5 1   waits in 'Group 5 S'
           Job 1         schedules 'Job 2' at 0.086
                         co-opts 'Machine 3 1' from 'Group 3 S'
                         inserts 'Machine 3 1' into 'Busy Mach 3'
                         holds for 0.275, until 0.275
    0.086  Job 2         schedules 'Job 3' at 0.485
                         co-opts 'Machine 4 1' from 'Group 4 S'
                         inserts 'Machine 4 1' into 'Busy Mach 4'
                         holds for 2.001, until 2.087
```

```
       0.275   Job 1        removes 'Machine 3 1' from 'Busy Mach 3'
                            schedules 'Machine 3 1' now
                            co-opts 'Machine 1 1' from 'Group 1 S'
                            inserts 'Machine 1 1' into 'Busy Mach 1'
                            holds for 2.217, until 2.492
               Machine 3 1  waits in 'Group 3 S'
...
       2.059   Job 8        removes 'Machine 4 2' from 'Busy Mach 4'
                            schedules 'Machine 4 2' now
                            finds 'Machine 1 1' in 'Busy Mach 1'
                            interrupts 'Job 1', with reason-no 1
                            waits in 'Group 1 M'
               Job 1        removes 'Machine 1 1' from 'Busy Mach 1'
                            schedules 'Machine 1 1' now
                            waits in 'Group 1 M'
               Machine 4 2  waits in 'Group 4 S'
               Machine 1 1  waits in 'Group 1 S'
               Job 6        co-opts 'Machine 4 2' from 'Group 4 S'
                            inserts 'Machine 4 2' into 'Busy Mach 4'
                            holds for 1.933, until 3.992
               Job 8        co-opts 'Machine 1 1' from 'Group 1 S'
                            inserts 'Machine 1 1' into 'Busy Mach 1'
                            holds for 1.274, until 3.333
...
       2.263   Job 5        removes 'Machine 1 2' from 'Busy Mach 1'
                            schedules 'Machine 1 2' now
                            co-opts 'Machine 3 3' from 'Group 3 S'
                            inserts 'Machine 3 3' into 'Busy Mach 3'
                            holds for 0.566, until 2.829
               Machine 1 2  waits in 'Group 1 S'
               Job 1        co-opts 'Machine 1 2' from 'Group 1 S'
                            inserts 'Machine 1 2' into 'Busy Mach 1'
                            holds for 0.433, until 2.696
...
       2.696   Job 1        removes 'Machine 1 2' from 'Busy Mach 1'
                            schedules 'Machine 1 2' now
                            co-opts 'Machine 2 1' from 'Group 2 S'
                            inserts 'Machine 2 1' into 'Busy Mach 2'
                            holds for 0.838, until 3.535
               Machine 1 2  waits in 'Group 1 S'
               Job13        co-opts 'Machine 1 2' from 'Group 1 S'
                            inserts 'Machine 1 2' into 'Busy Mach 1'
                            holds for 0.309, until 3.005
...
       3.419   Job16        removes 'Machine 1 3' from 'Busy Mach 1'
                            schedules 'Machine 1 3' now
                            finds 'Machine 2 1' in 'Busy Mach 2'
                            interrupts 'Job 1', with reason-no 1
                            waits in 'Group 2 M'
               Job 1        removes 'Machine 2 1' from 'Busy Mach 2'
                            schedules 'Machine 2 1' now
                            waits in 'Group 2 M'
               Machine 1 3  waits in 'Group 1 S'
               Machine 2 1  waits in 'Group 2 S'
               Job10        co-opts 'Machine 1 3' from 'Group 1 S'
                            inserts 'Machine 1 3' into 'Busy Mach 1'
                            holds for 1.230, until 4.649
               Job16        co-opts 'Machine 2 1' from 'Group 2 S'
                            inserts 'Machine 2 1' into 'Busy Mach 2'
                            holds for 0.743, until 4.162
...
```

```
      4.162  Job16           removes 'Machine 2 1' from 'Busy Mach 2'
                             schedules 'Machine 2 1' now
                             co-opts 'Machine 5 1' from 'Group 5 S'
                             inserts 'Machine 5 1' into 'Busy Mach 5'
                             holds for 0.121, until 4.283
             Machine 2 1     waits in 'Group 2 S'
             Job 1           co-opts 'Machine 2 1' from 'Group 2 S'
                             inserts 'Machine 2 1' into 'Busy Mach 2'
                             holds for 0.116, until 4.278
...
      4.278  Job 1           removes 'Machine 2 1' from 'Busy Mach 2'
                             schedules 'Machine 2 1' now
                             waits in 'Group 5 M'
             Machine 2 1     waits in 'Group 2 S'
...
      4.887  Job13           removes 'Machine 5 1' from 'Busy Mach 5'
                             schedules 'Machine 5 1' now
                             *** terminates
             Machine 5 1     waits in 'Group 5 S'
             Job 1           co-opts 'Machine 5 1' from 'Group 5 S'
                             inserts 'Machine 5 1' into 'Busy Mach 5'
                             holds for 0.585, until 5.473
...
      5.473  Job 1           removes 'Machine 5 1' from 'Busy Mach 5'
                             schedules 'Machine 5 1' now
                             *** terminates
             Machine 5 1     waits in 'Group 5 S'
             Job15           co-opts 'Machine 5 1' from 'Group 5 S'
                             inserts 'Machine 5 1' into 'Busy Mach 5'
                             holds for 0.193, until 5.666
...
      7.992  Job35           schedules 'Job36' at 8.029
                             co-opts 'Machine 3 2' from 'Group 3 S'
                             inserts 'Machine 3 2' into 'Busy Mach 3'
                             holds for 0.434, until 8.426

                          Clock Time = 8.000
*****************************************************************************
*                                                                         *
*               T R A C I N G   S W I T C H E D   O F F                   *
*                                                                         *
*****************************************************************************
```

D.2 Weitere Beispielmodelle

D.2.1 Simulation einer Fähre

```
MODULE Ferry;

(****************************************************************************)
(*                                                                        *)
(*      Dateiname:          Ferry.MOD                                     *)
(*                                                                        *)
(*      Projektleiter:      Prof. Dr.-Ing. B. Page                        *)
(*                          Fachbereich Informatik der Universität Hamburg *)
(*                                                                        *)
(*      Autoren:            R. Boelckow, A. Heymann, H. Liebert           *)
(*                                                                        *)
(*      Programminhalt:     Simulation einer Fähre                        *)
(*                          vgl.[Bir79a], S. 69                           *)
(*                                                                        *)
(****************************************************************************)
(*      Erstellt in TopSpeed Modula-2/87 Vers. 1.17 unter MS-DOS          *)
(****************************************************************************

Die einzige Verbindung zwischen einer kleinen Insel und dem Festland besteht aus
einer Autofaehre. Die Faehre liegt ueber Nacht am Festland, Betriebsbeginn ist um
7.00 Uhr, Betriebsschluss etwa um 21.45 Uhr. Die Faehre kann maximal 6 Pkw auf-
nehmen. Bei Ankunft an einem Kai werden zunaechst alle Autos von der Faehre gefah-
ren, um dann wartende Pkw fuer die naechste Überfahrt aufzunehmen. Die Faehre star-
tet, wenn die Ladekapazitaet erreicht ist oder keine weiteren Fahrzeuge warten. Die
Zwischenankunftszeit der Pkw ist neg.-expon. verteilt, die Faehrzeit normalverteilt,
die Be- und Entladezeit pro Auto konstant.

****************************************************************************)

FROM Storage            IMPORT ALLOCATE;
FROM ProcessSimulation IMPORT
   New, Schedule, Hold, Time, NOW, Trace, NoTrace, Report, Entity, Attributes,
   Current, SetTraceFile, SetErrorFile, SetReportFile, CloseFiles;
FROM RealDist IMPORT Object, Exponential, Normal, Sample;

IMPORT Tally;
IMPORT Count;
IMPORT Bin;
FROM Bin IMPORT Avail, Take, Give;

TYPE Side = (Mainland, Island);
     EntityAttr = POINTER TO RECORD
        (* Attribute werden nur für die Fähre benötigt *)
        Cars : CARDINAL;
     END;

VAR  q        : ARRAY Side OF Bin.Object;
     NextCar  : ARRAY Side OF Object;
     Shutdown : Bin.Object;
     Crossing : Object;
     Load     : Tally.Object;
     Trips,
     Empties  : Count.Object;
     CurSide  : Side;
```

```
PROCEDURE FerryLoad () : REAL;
(*----------------------------*)
VAR fAttr : EntityAttr;
BEGIN
   fAttr := Attributes (Current ());
   RETURN FLOAT (fAttr^.Cars);
END FerryLoad;

PROCEDURE FerryProcess (Myself : Entity);
(*---------------------------------------*)
VAR myAttr : EntityAttr;
    s       : Side;
BEGIN
   myAttr := Attributes (Myself);
   WITH myAttr^ DO
      WHILE Time () < (21.0 * 60.0 + 45.0) DO    (* bis 21.45 h *)
         FOR s := Mainland TO Island DO
            Cars := 0;
            WHILE (Cars < 6) AND (Avail (q [s]) > 0) DO
               Take (q [s], 1);
               Hold (0.5);
               INC (Cars)
            END;
            Tally.Update (Load);
            IF Cars = 0 THEN
               Count.Update (Empties, 1)
            END;
            Hold (Sample (Crossing));
            Hold (FLOAT (Cars) * 0.5);
         END;
         Count.Update (Trips, 1)
      END;
   END;
   Give (Shutdown, 1)
END FerryProcess;

PROCEDURE ArrivalProcess (Myself : Entity);
(*-----------------------------------------*)
VAR MySide : Side;
BEGIN
   MySide := CurSide;
   LOOP
      Hold (Sample (NextCar [MySide]));
      Give (q [MySide], 1)
   END
END ArrivalProcess;

VAR fAttr : EntityAttr;

BEGIN
   Hold (7.0 * 60.0);
   NextCar [Mainland] := Exponential ("Mainland", 1.0 / 0.15);
   NextCar [Island]   := Exponential ("Island",   1.0 / 0.15);
   q [Mainland]       := Bin.New ("Mainland", 3);
   q [Island]         := Bin.New ("Island",   1);
   Shutdown           := Bin.New ("Shutdown", 0);
   Crossing           := Normal ("Crossing", 8.0, 0.5);
   Trips              := Count.New ("Trips");
   Empties            := Count.New ("Empty Trips");
   Load               := Tally.New ("Avg. Load", FerryLoad);
   SetTraceFile  ("FERRY.TRC");
   SetErrorFile  ("FERRY.ERR");
   SetReportFile ("FERRY.RPT");
   Trace;
```

```
    FOR CurSide := Mainland TO Island DO
        Schedule (New ("Arrival", ArrivalProcess, NIL), NOW ())
    END;
    NEW (fAttr);
    Schedule (New ("Ferry", FerryProcess, fAttr), 0.0);
    Take (Shutdown, 1);
    NoTrace;
    Report;
    CloseFiles;
END Ferry.
```

```
                          Clock Time = 1315.293
****************************************************************************
*                                                                        *
*                              R E P O R T                               *
*                                                                        *
****************************************************************************
```

D I S T R I B U T I O N S

Title	(Re)set	Obs	Type	Parameters		Seed
Mainland	420.000	133	Neg-Expon.	6.6667		33427485
Island	420.000	146	Neg-Expon.	6.6667		22276755
Crossing	420.000	78	Normal	8.0000	0.5000	46847980

B I N S

Title	(Re)set	Users	Init	Max	Now	Average	AvgWait	QMaxL
Mainland	420.000	132	3	6	2	1.678	0.000	1
Island	420.000	145	1	7	7	1.705	0.000	1
Shutdown	420.000	1	0	1	0	0.000	895.293	1

C O U N T S

Title	(Re)set	Obs
Trips	420.000	39
Empty Trips	420.000	2

T A L L I E S

Title	(Re)set	Obs	Mean	Std.Dev	Min	Max
Avg. Load	420.000	78	3.487	1.634	0.000	6.000

```
                          Clock Time = 420.000
***************************************************************************
*                                                                         *
*                 T R A C I N G   C O M M E N C E S                       *
*                                                                         *
***************************************************************************

      Time  Current      Action(s)
    ---------------------------------------------------------------------
    420.000  M A I N      schedules 'Arrival 1' now
             Arrival 1    holds for 17.716, until 437.716
             M A I N      schedules 'Arrival 2' now
             Arrival 2    holds for 2.302, until 422.302
             M A I N      schedules 'Ferry 1' now
                          awaits 1 of 'Shutdown'
             Ferry 1      seizes 1 of 'Mainland'
                          holds for 0.500, until 420.500
    420.500               seizes 1 of 'Mainland'
                          holds for 0.500, until 421.000
    421.000               seizes 1 of 'Mainland'
                          holds for 0.500, until 421.500
    421.500               holds for 8.004, until 429.504
    422.302  Arrival 2    gives 1 to 'Island'
                          holds for 10.627, until 432.929
...
   1311.356  Arrival 1    gives 1 to 'Mainland'
                          holds for 9.320, until 1320.676
   1313.274  Arrival 2    gives 1 to 'Island'
                          holds for 0.351, until 1313.625
   1313.293  Ferry 1      holds for 2.000, until 1315.293
   1313.625  Arrival 2    gives 1 to 'Island'
                          holds for 0.858, until 1314.483
   1314.483               gives 1 to 'Island'
                          holds for 11.268, until 1325.750
   1315.293  Ferry 1      gives 1 to 'Shutdown'
                          *** terminates
             M A I N      seizes 1 of 'Shutdown'

                          Clock Time = 1315.293
***************************************************************************
*                                                                         *
*              T R A C I N G   S W I T C H E D   O F F                    *
*                                                                         *
***************************************************************************
```

D.2.2   Simulation einer Fähre mit direkt kooperierenden Prozessen

```
MODULE Ferry2;

(****************************************************************************)
(*                                                                        *)
(*       Dateiname:           Ferry2.MOD                                  *)
(*                                                                        *)
(*       Projektleiter:       Prof. Dr.-Ing. B. Page                      *)
(*                            Fachbereich Informatik der Universität Hamburg *)
(*                                                                        *)
(*       Autoren:             R. Boelckow, A. Heymann, H. Liebert         *)
(*                                                                        *)
(*       Programminhalt:      Simulation einer Fähre                      *)
(*                            vgl. [Bir79a], S. 80f.                      *)
(*                                                                        *)
(****************************************************************************)
(*       Erstellt in TopSpeed Modula-2/87 Vers. 1.17 unter MS-DOS         *)
(****************************************************************************

Das Modell unterscheidet sich vom einfachen Faehrmodell (FERRY.MOD) dadurch, dass
die Faehre und die Pkw jeweils als direkt kooperierende Prozesse formuliert sind.
Ausserdem fahren die Autos nacheiner normalverteilten Aufenthaltszeit von der Insel
zurueck zum Festland.
Das Modell enthaelt zudem zwei Versionen des Entladevorganges:
Pkw koennen das Schiff in FIFO- oder LIFO-Reihenfolge verlassen.

LIFO: Entladung der Fahrzeuge aus der Fähre nach LIFO-Strategie
FIFO: Entladung der Fahrzeuge aus der Fähre nach FIFO-Strategie

****************************************************************************)

FROM Storage IMPORT ALLOCATE;
FROM ProcessSimulation IMPORT
   New, Schedule, Hold, Passivate, Time, NOW, Trace, NoTrace, Report, Entity,
   Attributes, Current, Main, SetTraceFile, SetErrorFile, SetDebugFile,.
   SetReportFile, CloseFiles, DisposeOnTermination;

IMPORT WaitQ, Queue, RealDist, Tally, Count;

TYPE Side = (Mainland, Island);
     EntityAttr = POINTER TO RECORD
        (* Attribute werden nur für die Fähre benötigt *)
        Cargo : Queue.Object;
        s     : Side;
     END;

VAR  Quay      : ARRAY Side OF WaitQ.Object;
     NextCar   : RealDist.Object;
     Crossing  : RealDist.Object;
     Stay      : RealDist.Object;
     Load      : Tally.Object;
     Trips,
     Empties   : Count.Object;
     CurSide   : Side;

PROCEDURE FerryLoad () : REAL;
(*--------------------------*)
VAR fAttr : EntityAttr;
BEGIN
   fAttr := Attributes (Current ());
   RETURN FLOAT (Queue.Length (fAttr^.Cargo));
END FerryLoad;
```

```
PROCEDURE Transfer (Ferry, Car : Entity);
(*-------------------------------------*)
VAR FerryAttr : EntityAttr;
BEGIN
   FerryAttr := Attributes (Ferry);
   WITH FerryAttr^ DO
      (* Auto in den Laderaum aufnehmen *)
      Queue.Insert (Car, Cargo);
      Hold (0.5);
      IF (Queue.Length (Cargo) = 6) OR WaitQ.sEmpty (Quay [s]) THEN
         (* wenn Laderaum voll oder keine weiteren wartenden Autos: *)
         (* abfahren                                                *)
         Tally.Update (Load);
         Hold (RealDist.Sample (Crossing));
      ELSE
         (* weiteres Auto aufnehmen *)
         WaitQ.CoOpt (Quay [s], Transfer);
      END;

(*<FIFO*)        (* ALLE Autos in FIFO-Reihenfolge  *) (*FIFO>*)
(*<FIFO*)         (* entladen                       *) (*FIFO>*)
(*<FIFO*)        WHILE NOT Queue.Empty (Cargo) DO      (*FIFO>*)
(*<FIFO*)           Car := Queue.First (Cargo);        (*FIFO>*)
(*<FIFO*)           Hold (0.5);                        (*FIFO>*)
(*<FIFO*)           Queue.Remove (Car);                (*FIFO>*)
(*<FIFO*)           Schedule (Car, 0.0);               (*FIFO>*)
(*<FIFO*)        END;                                  (*FIFO>*)

(*<LIFO          (* Das Auto entladen, welches aktuell *) LIFO>*)
(*<LIFO          (* mit der Fähre kooperiert           *) LIFO>*)
(*<LIFO          Hold (0.5);                              LIFO>*)
(*<LIFO          Queue.Remove (Car);                      LIFO>*)

   END;
END Transfer;

PROCEDURE FerryProcess (Myself : Entity);
(*-------------------------------------*)
VAR myAttr : EntityAttr;
    CurrentSide : Side;
BEGIN
   myAttr := Attributes (Myself);
   WITH myAttr^ DO
      Cargo := Queue.New ("Cargo");
      WHILE Time () < (21.0 * 60.0 + 45.0) DO    (* bis 21.45 h *)
         FOR CurrentSide := Mainland TO Island DO
            s := CurrentSide;
            IF WaitQ.sEmpty (Quay [s]) THEN
               Tally.Update (Load);
               Count.Update (Empties, 1);
               Hold (RealDist.Sample (Crossing));
            ELSE
               WaitQ.CoOpt (Quay [s], Transfer);
            END;
         END;
         Count.Update (Trips, 1)
      END;
   END;
   Schedule (Main (), NOW ());
END FerryProcess;
```

```
PROCEDURE CarProcess (Myself : Entity);
(*-----------------------------------*)
BEGIN
   Schedule (New ("Car", CarProcess, NIL), RealDist.Sample (NextCar));
   WaitQ.Wait (Quay [Mainland]);
   Hold (RealDist.Sample (Stay));
   WaitQ.Wait (Quay [Island]);
   DisposeOnTermination;
END CarProcess;

VAR fAttr : EntityAttr;

BEGIN
   Hold (7.0 * 60.0);
   Quay [Mainland] := WaitQ.New ("Mainland");
   Quay [Island]   := WaitQ.New ("Island");
   NextCar         := RealDist.Exponential ("Next Car", 1.0 / 0.15);
   Crossing        := RealDist.Normal ("Crossing", 8.0, 0.5);
   Stay            := RealDist.Normal ("Stay", 60.0, 30.0);
   Trips           := Count.New ("Trips");
   Empties         := Count.New ("Empty Trips");
   Load            := Tally.New ("Avg. Load", FerryLoad);
   (*<FIFO*) SetTraceFile  ("FIFOFERRY.TRC"); (*FIFO>*)
   (*<FIFO*) SetErrorFile  ("FIFOFERRY.ERR"); (*FIFO>*)
   (*<FIFO*) SetDebugFile  ("FIFOFERRY.DBG"); (*FIFO>*)
   (*<FIFO*) SetReportFile ("FIFOFERRY.RPT"); (*FIFO>*)
   (*<LIFO   SetTraceFile  ("LIFOFERRY.TRC");    LIFO>*)
   (*<LIFO   SetErrorFile  ("LIFOFERRY.ERR");    LIFO>*)
   (*<LIFO   SetDebugFile  ("LIFOFERRY.DBG");    LIFO>*)
   (*<LIFO   SetReportFile ("LIFOFERRY.RPT");    LIFO>*)

   Trace;
   NEW (fAttr);
   Schedule (New ("Ferry", FerryProcess, fAttr), 0.0);
   Schedule (New ("Car", CarProcess, NIL), NOW ());
   Passivate;
   NoTrace;
   Report;
   CloseFiles;
END Ferry2.
```

```
                          Clock Time = 1319.246
********************************************************************************
*                                                                              *
*                              R E P O R T                                     *
*                                                                              *
********************************************************************************


                          W A I T - Q U E U E S
                          ---------------------


Title            (Re)set    Obs   Qmax   Qnow     Qavg.   Zeros    avg.Wait
--------------------------------------------------------------------------------
Mainland M       420.000    132     1      0      0.000    132       0.000
Mainland S       420.000    132     8      1      1.851      1      12.550

Island M         420.000    123     1      0      0.000    123       0.000
Island S         420.000    123     8      0      1.649      0      12.058


                          D I S T R I B U T I O N S
                          -------------------------


Title            (Re)set    Obs Type              P a r a m e t e r s      Seed
--------------------------------------------------------------------------------
Next Car         420.000    133 Neg-Expon.       6.6667                33427485
Crossing         420.000     80 Normal           8.0000      0.5000    22276755
Stay             420.000    132 Normal          60.0000     30.0000    46847980


                             C O U N T S
                             -----------


Title            (Re)set    Obs
------------------------------------
Trips            420.000     40
Empty Trips      420.000      8


                             T A L L I E S
                             -------------


Title            (Re)set    Obs     Mean     Std.Dev      Min        Max
--------------------------------------------------------------------------------
Avg. Load        420.000     80    3.188     1.801       0.000      6.000


                             Q U E U E S
                             -----------


Title            (Re)set    Obs   Qmax   Qnow     Qavg.   Zeros    avg.Wait
--------------------------------------------------------------------------------
Cargo            420.000    255     6      0      3.018      0      10.644
```

```
                         Clock Time = 420.000
*********************************************************************************
*                                                                               *
*                     T R A C I N G   C O M M E N C E S                         *
*                                                                               *
*********************************************************************************

      Time   Current       Action(s)
---------------------------------------------------------------------------------
   420.000   M A I N       schedules 'Ferry 1' now
                           schedules 'Car 1' now
             Car 1         schedules 'Car 2' at 437.716
                           waits in 'Mainland S'
             M A I N       passivates
             Ferry 1       co-opts 'Car 1' from 'Mainland S'
                           inserts 'Car 1' into 'Cargo'
                           holds for 0.500, until 420.500
   420.500                 holds for 8.398, until 428.898
   428.898                 holds for 0.500, until 429.398
   429.398                 removes 'Car 1' from 'Cargo'
                           schedules 'Car 1' now
                           holds for 8.121, until 437.518
             Car 1         holds for 60.238, until 489.635
   437.518   Ferry 1       holds for 8.381, until 445.899
   437.716   Car 2         schedules 'Car 3' at 442.078
                           waits in 'Mainland S'
   442.078   Car 3         schedules 'Car 4' at 447.891
                           waits in 'Mainland S'
   445.899   Ferry 1       holds for 8.074, until 453.973
   447.891   Car 4         schedules 'Car 5' at 457.899
                           waits in 'Mainland S'
   453.973   Ferry 1       co-opts 'Car 2' from 'Mainland S'
                           inserts 'Car 2' into 'Cargo'
                           holds for 0.500, until 454.473
   454.473                 co-opts 'Car 3' from 'Mainland S'
                           inserts 'Car 3' into 'Cargo'
                           holds for 0.500, until 454.973
   454.973                 co-opts 'Car 4' from 'Mainland S'
                           inserts 'Car 4' into 'Cargo'
                           holds for 0.500, until 455.473
   455.473                 holds for 7.691, until 463.164
   457.899   Car 5         schedules 'Car 6' at 461.242
                           waits in 'Mainland S'
   461.242   Car 6         schedules 'Car 7' at 468.956
                           waits in 'Mainland S'
   463.164   Ferry 1       holds for 0.500, until 463.664
   463.664                 removes 'Car 2' from 'Cargo'
                           schedules 'Car 2' now
                           holds for 0.500, until 464.164
             Car 2         holds for 93.221, until 556.886
   464.164   Ferry 1       removes 'Car 3' from 'Cargo'
                           schedules 'Car 3' now
                           holds for 0.500, until 464.664
             Car 3         holds for 31.143, until 495.307
   464.664   Ferry 1       removes 'Car 4' from 'Cargo'
                           schedules 'Car 4' now
                           holds for 7.463, until 472.127
             Car 4         holds for 25.941, until 490.605
...
   489.635   Car 1         waits in 'Island S'
   490.605   Car 4         waits in 'Island S'
   491.643   Ferry 1       co-opts 'Car 9' from 'Mainland S'
                           inserts 'Car 9' into 'Cargo'
                           holds for 0.500, until 492.143
...
```

```
  504.124  Ferry 1         removes 'Car13' from 'Cargo'
                           schedules 'Car13' now
                           co-opts 'Car 1' from 'Island S'
                           inserts 'Car 1' into 'Cargo'
                           holds for 0.500, until 504.624
           Car13           holds for 25.927, until 530.050
...
  517.460  Ferry 1         removes 'Car 5' from 'Cargo'
                           schedules 'Car 5' now
                           co-opts 'Car14' from 'Mainland S'
                           inserts 'Car14' into 'Cargo'
                           holds for 0.500, until 517.960
           Car 5           *** terminates
...
 1318.246  Ferry 1         holds for 0.500, until 1318.746
 1318.746                  removes 'Car25' from 'Cargo'
                           schedules 'Car25' now
                           holds for 0.500, until 1319.246
           Car25           *** terminates
 1319.246  Ferry 1         removes 'Car23' from 'Cargo'
                           schedules 'Car23' now
                           schedules 'M A I N' now

                     Clock Time = 1319.246
*******************************************************************************
*                                                                           *
*                  T R A C I N G   S W I T C H E D   O F F                   *
*                                                                           *
*******************************************************************************
```

D.2.3 Tanker-Modell mit Prioritäten

```
MODULE Tanker;

(******************************************************************************)
(*                                                                          *)
(*      Dateiname:              TANKER.MOD                                   *)
(*                                                                          *)
(*      Projektleiter:          Prof. Dr.-Ing. B. Page                      *)
(*                              Fachbereich Informatik der Universität Hamburg *)
(*                                                                          *)
(*      Autoren:                R. Boelckow, A. Heymann, H. Liebert         *)
(*                                                                          *)
(*      Programminhalt:         "Tanker-Modell"                             *)
(*                              vgl. [Bir79a], S. 98                        *)
(*                                                                          *)
(******************************************************************************)
(*      Erstellt in TopSpeed Modula-2/87 Vers. 1.17 unter MS-DOS            *)
(******************************************************************************

Tankschiffe laufen mit neg.-expon. verteilter Zwischenankunftszeit in einem Hafen
ein, um dort ihre Ladung in jeweils einen der fuenf vorhandenen, gleichgrossen Oel-
tanks zu pumpen. Ist ein Oeltank (fast) voll, wird sein Inhalt automatisch an eine
Raffinerie weitergeleitet. Waehrend dieser Zeit darf der Tank nicht befuellt werden.
Es gibt drei verschieden grosse, gleichverteilte Tankschifftypen; das erste Schiff
erreicht den Hafen am Simulationsbeginn.Die Oeltanks besitzen unterschiedliche
Anfangsfuellstaende; die Pumpraten sind konstant. Ein Tankschiff kann nur entladen
werden,wenn ein Oeltank seine gesamte Ladung aufnehmen kann. Oeltanks mit kleinerem
Fehlbestand haben Prioritaet.

******************************************************************************)

FROM ProcessSimulation IMPORT
    Entity, SimTime, New, Schedule, Hold, Time, Trace, NoTrace, Current,
    SetPriority, Attributes, DisposeOnTermination, Report,
    SetErrorFile, SetTraceFile, SetReportFile, CloseFiles;

IMPORT IntDist;
IMPORT WaitQ;
FROM Storage  IMPORT ALLOCATE;
FROM RealDist IMPORT Object, Uniform, Exponential, Normal, Sample;
FROM WaitQ    IMPORT Find, Wait;

TYPE EntityType = (Tanker, ShoreTank);
     EntityAttr = POINTER TO EntityRec;
     EntityRec  = RECORD
        CASE Type : EntityType OF
            Tanker    : Load : INTEGER;
        |  ShoreTank : Free : INTEGER;
        END
     END;

VAR  TankQ      : WaitQ.Object;
     Arrival    : Object;
     Size       : IntDist.Object;
     PumpRate,
     dRate      : REAL;
     SetupTime  : SimTime;
```

```
PROCEDURE Eligible (t, st : Entity) : BOOLEAN;
(*-------------------------------------------*)
VAR tAttr, stAttr : EntityAttr;
BEGIN
    tAttr := Attributes (t);
    stAttr := Attributes (st);
    RETURN stAttr^.Free >= tAttr^.Load
END Eligible;

PROCEDURE Unload (t, st : Entity);
(*---------------------------*)
VAR tAttr, stAttr : EntityAttr;
BEGIN
    tAttr := Attributes (t);
    stAttr := Attributes (st);
    Hold (SetupTime + FLOAT (tAttr^.Load) * PumpRate);
    stAttr^.Free := stAttr^.Free - tAttr^.Load;
    SetPriority (st, -stAttr^.Free);
END Unload;

PROCEDURE TankerProcess (Myself : Entity);
(*------------------------------------*)
VAR myAttr, Attr : EntityAttr;
BEGIN
    NEW (Attr);
    Schedule (New ("T", TankerProcess, Attr), Sample (Arrival));
    myAttr := Attributes (Myself);
    myAttr^.Type := Tanker;
    myAttr^.Load := 5 * IntDist.Sample (Size);
    Find (TankQ, Eligible, Unload);
    DisposeOnTermination;
END TankerProcess;

PROCEDURE ShoreTankProcess (Myself : Entity);
(*---------------------------------------*)
VAR myAttr : EntityAttr;
    Max    : INTEGER;
BEGIN
    myAttr := Attributes (Myself);
    Max := 70;
    WITH myAttr^ DO
        LOOP
            SetPriority (Myself, -Free);
            WHILE Free >= 20 DO
                Wait (TankQ);
            END;
            Hold (FLOAT (Max-Free) * dRate);
            Free := Max
        END
    END
END ShoreTankProcess;

PROCEDURE NewShoreTank (Free : INTEGER) : Entity;
(*-------------------------------------------*)
VAR a : EntityAttr;
BEGIN
    NEW (a);
    a^.Type := ShoreTank;
    a^.Free := Free;
    RETURN New ("S", ShoreTankProcess, a)
END NewShoreTank;
```

```
VAR a : EntityAttr;

BEGIN
   SetupTime := 0.5;
   PumpRate  := 1.0;
   dRate     := 0.25;
   Arrival   := Exponential ("Arrivals", 8.0);
   Size      := IntDist.Uniform ("Load", 3, 5);
   TankQ     := WaitQ.New ("Shoretanks");

   SetErrorFile  ("TANKER.ERR");
   SetTraceFile  ("TANKER.TRC");
   SetReportFile ("TANKER.RPT");

   Trace;
   Schedule (NewShoreTank (70), 0.0);
   Schedule (NewShoreTank (70), 0.0);
   Schedule (NewShoreTank (45),12.0);
   Schedule (NewShoreTank (25), 3.5);
   Schedule (NewShoreTank (70), 8.0);

   NEW (a);
   Schedule (New ("T", TankerProcess, a), 0.0);

   Hold (60.0);

   NoTrace;
   Hold (940.0);

   Report;
   CloseFiles;
END Tanker.
```

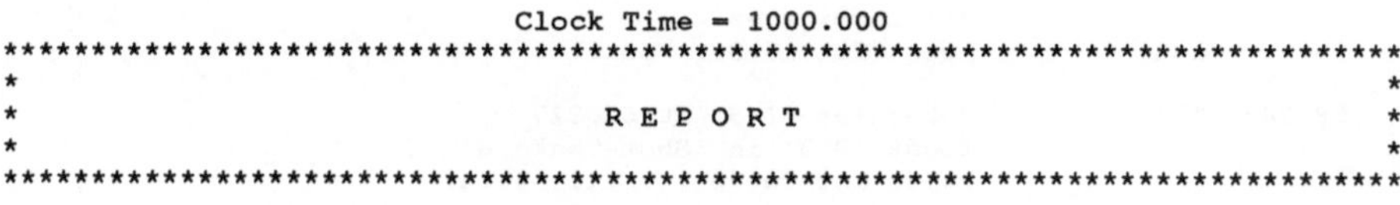

```
                     Clock Time = 1000.000
*********************************************************************************
*                                                                              *
*                            R E P O R T                                       *
*                                                                              *
*********************************************************************************


                  D I S T R I B U T I O N S
                  -------------------------


Title          (Re)set   Obs Type           P a r a m e t e r s      Seed
-------------------------------------------------------------------------------
Arrivals        0.000    128 Neg-Expon.      8.0000                 33427485
Load            0.000    128 I-Uniform       3            5         22276755


                  W A I T - Q U E U E S
                  ---------------------


Title          (Re)set   Obs    Qmax    Qnow     Qavg.   Zeros   avg.Wait
-------------------------------------------------------------------------------
Shoretanks M    0.000    128      4       0       0.149    100      1.160
Shoretanks S    0.000    128      5       2       1.843     29     14.054
```

```
                           Clock Time = 0.000
******************************************************************************
*                                                                            *
*                    T R A C I N G   C O M M E N C E S                       *
*                                                                            *
******************************************************************************

    Time  Current       Action(s)
--------------------------------------------------------------------------------
    0.000 M A I N       schedules 'S 1' now
                        schedules 'S 2' now
                        schedules 'S 3' at 12.000
                        schedules 'S 4' at 3.500
                        schedules 'S 5' at 8.000
                        schedules 'T 1' now
                        holds for 60.000, until 60.000
          S 1           waits in 'Shoretanks S'
          S 2           waits in 'Shoretanks S'
          T 1           schedules 'T 2' at 21.259
                        finds 'S 1' in 'Shoretanks S'
                        holds for 25.500, until 25.500
    3.500 S 4           waits in 'Shoretanks S'
    8.000 S 5           waits in 'Shoretanks S'
   12.000 S 3           waits in 'Shoretanks S'
   21.259 T 2           schedules 'T 3' at 26.493
                        finds 'S 4' in 'Shoretanks S'
                        holds for 15.500, until 36.759
   25.500 T 1           schedules 'S 1' now
                        *** terminates
          S 1           waits in 'Shoretanks S'
   26.493 T 3           schedules 'T 4' at 33.469
                        finds 'S 3' in 'Shoretanks S'
                        holds for 25.500, until 51.993
   33.469 T 4           schedules 'T 5' at 45.479
                        finds 'S 1' in 'Shoretanks S'
                        holds for 15.500, until 48.969
   36.759 T 2           schedules 'S 4' now
                        *** terminates
          S 4           holds for 15.000, until 51.759
...
   58.747 T 7           schedules 'T 8' at 62.227
                        finds 'S 5' in 'Shoretanks S'
                        holds for 25.500, until 84.247

                           Clock Time = 60.000
******************************************************************************
*                                                                            *
*                  T R A C I N G   S W I T C H E D   O F F                   *
*                                                                            *
******************************************************************************
```

D.2.4 Erweitertes Tanker-Modell

```
MODULE Tanker2;

(*********************************************************************)
(*                                                                   *)
(*      Dateiname:         TANKER2.MOD                               *)
(*                                                                   *)
(*      Projektleiter:     Prof. Dr.-Ing. B. Page                    *)
(*                         Fachbereich Informatik der Universität Hamburg *)
(*                                                                   *)
(*      Autoren:           R. Boelckow, A. Heymann, H. Liebert       *)
(*                                                                   *)
(*      Programminhalt:    "Tanker-Modell" mit verschiedenden Ölqualitäten *)
(*                         vgl. [Bir79a], S. 108ff                   *)
(*                                                                   *)
(*********************************************************************)
(*      Erstellt in TopSpeed Modula-2/87 Vers. 1.17 unter MS-DOS     *)
(*********************************************************************

In Erweiterung zum Basismodell (TANKER.MOD) werden fuenf (gleichverteilte) Oelsorten
unterschiedlicher Qualitaet eingefuehrt. Hoeherwertige Oele besitzen eine hoehere
Typnummer. Einlaufende Tankschiffe versuchen einen Tank nach folgender Rangfolge zu
befuellen: Der Tank
  1) enthaelt dieselbe Oelsorte und besitzt ausreichende Kapazitaet.
  2) enthaelt dieselbe Oelsorte, kann aber nicht die gesamte Ladung aufnehmen.
  3) ist leer und enthielt dieselbe oder eine bessere Sorte.
  4) ist leer und enthielt eine schlechtere Oelqualitaet. In diesem
     Fall muss zunaechst eine Tankreinigung vorgenommen werden.


*********************************************************************)

FROM ProcessSimulation IMPORT
    Entity, SimTime, New, Schedule, Hold, CoOpt, Time, Trace, NoTrace,
    Current, Priority, SetPriority, Attributes, DisposeOnTermination,
    Report, SetTraceFile, SetErrorFile, SetReportFile, CloseFiles;

IMPORT IntDist;
IMPORT WaitQ;
IMPORT CondQ;
FROM Storage  IMPORT ALLOCATE;
FROM RealDist IMPORT Object, Uniform, Exponential, Normal, Sample;
FROM WaitQ    IMPORT Avail, Find, Wait;
FROM CondQ    IMPORT WaitUntil, Signal;

TYPE EntityType = (Tanker, ShoreTank);
     EntityAttr = POINTER TO EntityRec;
     EntityRec  = RECORD
       Qlty : INTEGER;
       CASE Type : EntityType OF
          Tanker    : Load : INTEGER;
                      MySt : Entity; |
          ShoreTank : Free : INTEGER;
       END
     END;

VAR  TankQ, EmptyQ    : WaitQ.Object;
     q                : CondQ.Object;
     Arrival, Clean   : Object;
     Size, OilType    : IntDist.Object;
     PumpRate, dRate  : REAL;
     SetupTime        : SimTime;
```

```
PROCEDURE SameTypeAndSufficientCapacity (t, st : Entity) : BOOLEAN;
(*-------------------------------------------------------------*)
VAR tAttr, stAttr : EntityAttr;
BEGIN
    tAttr := Attributes (t);
   stAttr := Attributes (st);
   RETURN (stAttr^.Qlty = tAttr^.Qlty) AND (stAttr^.Free >= tAttr^.Load)
END SameTypeAndSufficientCapacity;

PROCEDURE SameTypeOnly (t, st : Entity) : BOOLEAN;
(*-----------------------------------------------*)
VAR tAttr, stAttr : EntityAttr;
BEGIN
    tAttr := Attributes (t);
   stAttr := Attributes (st);
   RETURN stAttr^.Qlty = tAttr^.Qlty
END SameTypeOnly;

PROCEDURE NotInferiorType (t, st : Entity) : BOOLEAN;
(*-------------------------------------------------*)
VAR tAttr, stAttr : EntityAttr;
BEGIN
    tAttr := Attributes (t);
   stAttr := Attributes (st);
  RETURN stAttr^.Qlty >= tAttr^.Qlty
END NotInferiorType;

PROCEDURE JustEmpty (t, st : Entity) : BOOLEAN;
(*-------------------------------------------*)
BEGIN
  RETURN TRUE
END JustEmpty;

PROCEDURE ShoreTankAvailable (st : Entity) : BOOLEAN;
(*-------------------------------------------------*)
VAR stAttr : EntityAttr;
BEGIN
  stAttr := Attributes (st);
  WITH stAttr^ DO
    RETURN Avail (TankQ,  MySt, SameTypeAndSufficientCapacity)
        OR Avail (TankQ,  MySt, SameTypeOnly)
        OR Avail (EmptyQ, MySt, NotInferiorType)
        OR Avail (EmptyQ, MySt, JustEmpty);
  END
END ShoreTankAvailable;

PROCEDURE Unload (t, st : Entity);
(*----------------------------*)
VAR tAttr, stAttr : EntityAttr;
     l               : INTEGER;
BEGIN
    tAttr := Attributes (t);
   stAttr := Attributes (st);
   IF stAttr^.Qlty < tAttr^.Qlty
      THEN Hold (Sample (Clean));
   END;
   stAttr^.Qlty := tAttr^.Qlty;
   IF stAttr^.Free >= tAttr^.Load
      THEN l := tAttr^.Load
      ELSE l := stAttr^.Free
   END;
   Hold (SetupTime + FLOAT (l) * PumpRate);
   stAttr^.Free := stAttr^.Free - l;
   tAttr^.Load := tAttr^.Load - l;
   SetPriority (t, Priority (t) + 1)
END Unload;
```

```
PROCEDURE TankerProcess (Myself : Entity);
(*-----------------------------------------*)
VAR myAttr, Attr : EntityAttr;
BEGIN
   NEW (Attr);
   Schedule (New ("T", TankerProcess, Attr), Sample (Arrival));
   myAttr := Attributes (Myself);
   WITH myAttr^ DO
      Type := Tanker;
      Qlty := IntDist.Sample (OilType);
      Load := 5 * IntDist.Sample (Size);
      WHILE Load > 0 DO
         WaitUntil (q, ShoreTankAvailable);
         CoOpt (MySt, Unload);
      END;
   END;
   DisposeOnTermination;
END TankerProcess;

PROCEDURE ShoreTankProcess (Myself : Entity);
(*-------------------------------------------*)
VAR myAttr : EntityAttr;
    Max    : INTEGER;
BEGIN
   myAttr := Attributes (Myself);
   Max := 70;
   WITH myAttr^ DO
      LOOP
         IF Free < Max THEN
            WHILE Free >= 5 DO
               Signal (q);
               Wait (TankQ)
            END;
            Hold (FLOAT (Max-Free) * dRate)
         END;
         SetPriority (Myself, -Qlty);
         Signal (q);
         Wait (EmptyQ);
         SetPriority (Myself, 0)
      END
   END
END ShoreTankProcess;

PROCEDURE NewShoreTank (Free, Qlty : INTEGER) : Entity;
(*----------------------------------------------------*)
VAR a : EntityAttr;
BEGIN
   NEW (a);
   a^.Type := ShoreTank;
   a^.Free := Free;
   a^.Qlty := Qlty;
   RETURN New ("S", ShoreTankProcess, a)
END NewShoreTank;

VAR a : EntityAttr;

BEGIN
  SetTraceFile  ("TANKER2.TRC");
  SetErrorFile  ("TANKER2.ERR");
  SetReportFile ("TANKER2.RPT");
  Trace;
  SetupTime := 0.5;
  PumpRate  := 1.0;
  dRate     := 0.25;
  Arrival   := Exponential ("Arrivals", 8.0);
  Size      := IntDist.Uniform ("Load", 3, 5);
```

```
  OilType       := IntDist.Uniform ("Type", 1, 5);
  Clean         := Uniform ("Cleaning", 2.0, 2.5);
  TankQ         := WaitQ.New ("Shoretanks");
  EmptyQ        := WaitQ.New ("Empty Tanks");
  q             := CondQ.New ("Q", FALSE);

  Schedule (NewShoreTank (70, IntDist.Sample (OilType)), 0.0);
  Schedule (NewShoreTank (70, IntDist.Sample (OilType)), 0.0);
  Schedule (NewShoreTank (45, IntDist.Sample (OilType)),12.0);
  Schedule (NewShoreTank (25, IntDist.Sample (OilType)), 3.5);
  Schedule (NewShoreTank (70, IntDist.Sample (OilType)), 8.0);

  NEW (a);
  Schedule (New ("T", TankerProcess, a), 0.0);

  Hold (60.0);
  NoTrace;
  Hold (940.0);
  Report;
  CloseFiles;
END Tanker2.
```

```
                        Clock Time = 1000.000
************************************************************************
*                                                                      *
*                          R E P O R T                                 *
*                                                                      *
************************************************************************


                      D I S T R I B U T I O N S
                      -------------------------


Title          (Re)set    Obs Type           P a r a m e t e r s        Seed
-----------------------------------------------------------------------------
Arrivals       0.000      128 Neg-Expon.     8.0000                  33427485
Load           0.000      128 I-Uniform      3            5          22276755
Type           0.000      133 I-Uniform      1            5          46847980
Cleaning       0.000        4 R-Uniform      2.0000       2.5000     43859043


                      W A I T - Q U E U E S
                      ---------------------


Title          (Re)set    Obs   Qmax   Qnow     Qavg.   Zeros   avg.Wait
-----------------------------------------------------------------------------
Shoretanks M   0.000        0      0      0     0.000       0
Shoretanks S   0.000       14      3      0     0.678       0       48.413

Empty Tank M   0.000        0      0      0     0.000       0
Empty Tank S   0.000      220      2      0     0.052     218        0.236


                      C O N D - Q U E U E S
                      ---------------------


Title          (Re)set    Obs   Qmax   Qnow     Qavg.   Zeros   avg.Wait All
-----------------------------------------------------------------------------
Q              0.000      234    116    116    49.329      17        3.466 no
```

```
                         Clock Time = 0.000
**********************************************************************
*                                                                    *
*                    T R A C I N G   C O M M E N C E S               *
*                                                                    *
**********************************************************************

     Time  Current      Action(s)
-----------------------------------------------------------------------
    0.000  M A I N      schedules 'S 1' now
                        schedules 'S 2' now
                        schedules 'S 3' at 12.000
                        schedules 'S 4' at 3.500
                        schedules 'S 5' at 8.000
                        schedules 'T 1' now
                        holds for 60.000, until 60.000
           S 1          signals 'Q'
                        waits in 'Empty Tank S'
           S 2          signals 'Q'
                        waits in 'Empty Tank S'
           T 1          schedules 'T 2' at 21.259
                        co-opts 'S 2' from 'Empty Tank S'
                        holds for 2.315, until 2.315
    2.315               holds for 25.500, until 27.815
    3.500  S 4          signals 'Q'
                        waits in 'Shoretanks S'
    8.000  S 5          signals 'Q'
                        waits in 'Empty Tank S'
   12.000  S 3          signals 'Q'
                        waits in 'Shoretanks S'
   21.259  T 2          schedules 'T 3' at 26.493
                        co-opts 'S 3' from 'Shoretanks S'
                        holds for 15.500, until 36.759
   26.493  T 3          schedules 'T 4' at 33.469
                        co-opts 'S 1' from 'Empty Tank S'
                        holds for 2.489, until 28.982
   27.815  T 1          schedules 'S 2' now
                        *** terminates
           S 2          signals 'Q'
                        waits in 'Shoretanks S'
   28.982  T 3          holds for 25.500, until 54.482
   33.469  T 4          schedules 'T 5' at 45.479
                        co-opts 'S 5' from 'Empty Tank S'
                        holds for 15.500, until 48.969
   36.759  T 2          schedules 'S 3' now
                        *** terminates
           S 3          signals 'Q'
                        waits in 'Shoretanks S'
   45.479  T 5          schedules 'T 6' at 49.491
                        co-opts 'S 2' from 'Shoretanks S'
                        holds for 20.500, until 65.979
   48.969  T 4          schedules 'S 5' now
                        *** terminates
           S 5          signals 'Q'
                        waits in 'Shoretanks S'
...

                         Clock Time = 60.000
**********************************************************************
*                                                                    *
*                    T R A C I N G   S W I T C H E D   O F F         *
*                                                                    *
**********************************************************************
```

Literatur

[Amb85] K. Amborski, M. Kociecki: Die Anwendung des Simulators GPSS-FORTRAN zur Simulation eines Container-Terminals. In: [Möl85], S. 474-478

[And89] M. Andersson: An Object-Oriented Modelling Environment. In: [Iaz89], S. 77-82

[Bai78] N. T. J. Bailey: The Utilization and Validation of Mathematical Models in Medicine and Public Health. In: J. Anderson (Hrsg): Proc. Medical Informatics Europe, Vol. 1. Lecture Notes in Medical Informatics 1, Berlin: Springer 1978, S. 397-403

[Ban75] B. Bandini: Kriterien für die Auswahl diskreter Simulationssprachen – Vergleichende Darstellung eines Simulationsmodells aus dem medizinischen Bereich. Basel: Apolonia 1975

[Bar83] M. Barel, B. Jobes: Untersuchungen an Generatoren für gleichverteilte Zufallszahlen. Angewandte Informatik 9/1983, S. 404-409

[Bas87] P. G. Basset: Frame-based Software Engineering. IEEE Software, July 1987, S. 9-16

[Bec87] S. Becker, G. Hille, M. Ramlow: Wissensbasierte Simulation eines Ökosystems. In: A. Jaeschke, B. Page, (Hrsg.): Informatikanwendungen im Umweltbereich. KfK-Bericht 4223, Kernforschungzentrum Karlsruhe 1987, S. 245-258

[Bel84] K. Bellmann: Strategien zur raschen Minderung von Schwefelemissionen aus öffentlichen Kraftwerken in Baden-Württemberg. Angewandte Systemanalyse, Vol. 5, 2/1984, S. 65-72

[Bel87] P. C. Bell, R. M. O'Keefe: Visual Interactive Simulation - History, recent developments, and major issues. Simulation, Vol. 49, 3/1987, S. 109-116

[Bir79a] G. M. Birtwistle: DEMOS - A System for Discrete Event Modeling On Simula. London: Mac Millan 1979

[Bir79b] G. M. Birtwistle: DEMOS Reference Manual. Univ. of Bradford 1979

[Bir81] G. M. Birtwistle: The Design Decisions behind DEMOS. In: Proc. UKSC Conference on Computer Simulation. Guilford: Westbury House 1981

[Bir85a] G. M. Birtwistle, G. Lomow, B. Unger, P. Luker: Process Style Packages for Discrete Event Modelling: Experience from the transaction, activity, and event approaches. Transactions of The Society for Computer Simulation, Vol. 2, 1/1985, S. 27-56

[Bir85b] G. Birtwistle (Ed.): AI, Graphics and Simulation. La Jolla: SCS 1985

[Bir87] G. M. Birtwistle, G. Lomow, B. Unger: Process Style Packages for Discrete Event Modelling: DEMOS: A Process Based Simulation Package. Transactions of The Society for Computer Simulation, Vol. 3, 4/1987, S. 279-318

[Bob84] D. G. Bobrow: Qualitative Reasoning about Physical Systems: An Introduction. AI Journal, Vol. 24, 1984, S. 1-5

[Bob85] D. G. Bobrow, P. J. Hayes: Artificial Intelligence - Where Are We? Artificial Intelligence, Vol. 25, 1985, S. 375-415

[Bob86] D. G. Bobrow et al.: CommonLoops: Merging Lisp and Object-Oriented Programming. In: [Mey86], S. 17-29

[Bol87] E. Bollweg, B. Page: Simulation von Autotelefonsystemen zur Analyse von Verfahren der Funkfrequenzzuteilung auf einem PC. In: J. Halin (Hrsg.): Proc. 4. Symp. Simulationstechnik. Informatik Fachberichte 150, 1987, S. 448-455

[Böl89a] R. Bölckow, A. Heymann, H. Liebert, B. Page: A Portable Discrete Event Simulation Environment in Modula-2.. In: Proc. European Simulation Multiconference, Rome 1989, S. 97-102

[Böl89b] R. Bölckow, A. Heymann, R. Kandler, H. Liebert: Entwurf und Implementation eines Simulators für die zeitdiskrete Simulation in Modula-2. Diplomarbeit, Fachbereich Informatik, Universität Hamburg 1989

[Bos89] H. Bossel: Simulation dynamischer Systeme – Grundwissen, Methoden, Programme. Braunschweig: Vieweg 1989

[Box78] G. E. P. Box, W. G. Hunter, I. S. Hunter: Statistics for Experiments: An Introduction to Design, Data Analysis, and Model Building. New York: Wiley 1978

[Bra82] V. Brandenburg, H. Krcmar: Simulation organisatorischer Abläufe mit CAPSIM. In: [Gol82], S. 46-55

[Bre84] F. Breitenecker, W. Kleinert (Hrsg.): Proc. 2. Symp. Simulationstechnik, Informatik-Fachberichte 85, Berlin 1984,

[Bre87] B. Breckling, G. Lehnert, G: Organismengemeinschaften auf Habitatinseln - Ein zeitdiskretes Simulationsmodell. In: [Hal87], S. 632-639

[Byt84] Theme: Modula-2. Byte, Vol. 9, 8/1984, S. 142-232

[Cel85] F. E. Cellier, B. P. Zeigler: AI's Role in Control of Systems: Structural and Behavioral Knowledge. In: [Bir85], S. 165-171

[Cle85] J. Cleary, K. Goh, B. Unger: Discrete Event Simulation in Prolog. In: [Bir85], S. 8-13

[Coa84] D. Coar: Pascal, Ada, and Modula-2. Byte, Vol. 9, 8/1984, S. 215-232

[Con63] R. W. Conway: Some tactical Problems in digital Simulation. Management Science 10, 1/1963, S. 47-61

[Cox87] B. C. Cox: Object-Oriented Programming, An Evolutionary Approach. Reading, Mass.: Addison-Wesley 1987

[Dah66] O. J. Dahl, K. Nygaard: SIMULA - An Algol-Based Simulation Language. CACM, Vol. 9, 1966, S. 671-678

[Dal89] M. Dal Cin, J. Lutz, T. Risse: Programmierung in Modula-2. Stuttgart: Teubner, 4. Aufl. 1989

[Dav89] R. Davies, R. M. O' Keefe: Simulation Modelling with Pascal. New York: Prentice Hall 1989

[DeK84] J. De Kleer: How Circuits Work. AI Journal, Vol. 24, 1984, S. 205-280

[Dit79] K. R. Dittrich, R. Hübner, P. C. Lockemann: Methodenbanksysteme: Ein Werkzeug zum Maßschneidern von Anwendersoftware. Informatik-Spektrum 2/1979, S. 194-203

[Dre86] H. L. Dreyfus, St. E. Dreyfus: Mind over Machine. Oxford: Blackwell 1986

[Eic89] M. H. Eich, C.-F. Fan, W. L. Sun, S. Rafiqi: A methodology for simulation of data base systems. Simulation, Vol. 52 6/1989, S. 241-254

[Elz86a] M. S. Elzas, T. I. Ören, B. P. Zeigler (Eds.): Modelling and Simulation Methodology in the Artificial Intelligence Era. Amsterdam: North-Holland 1986

[Elz86b] M. S. Elzas: Relations between Artificial Intelligence Environments and Modelling & Simulation Support Systems. In: [Elz86a], S. 61-77

[Elz86c] M. S. Elzas: The Kinship between Artificial Intelligence, Modelling & Simulation: An Appraisal. In: [Elz86a], S. 3-13

[Ems72] J. R. Emshoff, R. L. Sisson: Simulation mit dem Computer. München: Mod. Industrie 1972

[Fet75] R. B. Fetter, R. E. Mills: HOSPSIM: A Simulation Modelling Language for Health Care Systems. Simulation, Vol. 24, 3/1975, S. 73-80

[Fis73] G. S. Fishman: Concepts and Methods in discrete Event digital Simulation. New York: Wiley 1973

[Fis78] G. S. Fishman: Principles of Discrete Event Simulation. New York 1978

[Fis88] I. Fischer: Die statistische Auswertung von Simulationsdaten. In: K. Feldmann, B. Schmidt: Simulation in der Fertigungstechnik. Berlin: Springer 1986, S. 391-412

[For69] J. W. Forrester: Industrial Dynamics. Cambridge, Mass.: MIT Press 1969

[For72] J. W. Forrester: Grundzüge einer Systemtheorie. Wiesbaden: Th. Gabler 1972

[For84] K. Forbus: Qualitative Process Theory. AI Journal, Vol. 24, 1984, S. 85-168

[For87]   D. R. Ford, B. J. Schroer: An expert manufacturing simulation system. Simulation, Vol. 48, 5/1987, S. 193-200

[Fox86]   M. Fox, N. Sathi, V. Baskara, J. Bouer: SimulationCraft: An Expert System for Discrete Event Simulation. In: Proc. Eastern Simulation Conference, 1986

[Fra79]   M. Frank, P. Lorenz: Simulation diskreter Prozesse. Leipzig: VEB Fachbuch 1979, S. 48-64

[Fri78]   L. W. Friedman, H. H. Friedman: Statistical Considerations in Computer Simulation: The State of the Art. Journal of Statistical Computation and Simulation 19, 3/1978, S. 237-263

[Fri85]   P. Friel, S. Sheppard: Implications of the Ada Enviroment for Simulation Studies. In: Proc. Winter Simulation Conference, Simuletter, Vol. 16, 2/1985, S. 14-26

[Gai85]   B. R. Gaines, M. L. G. Shaw: Expert systems and simulation. In: [Bir85], S. 95-101

[Gas77]   S. I. Gass: Evaluation of complex Models. Computers & Operations Res. 4, 1977, S. 27-35

[Gas81]   S. I. Gass: Documentation for a Model – a Hierarchical Approach. CACM, Vol. 24, 11/1981, S. 728-733

[Geb74]   D. Gebhardt: Konfidenzintervalle bei der Warteschlangensimulation. Angewandte Informatik 2/74, S. 54-60

[Gei82]   A. Geiger, A. Schmidt: Kreislaufsimulationsmodell HUMAN. In: [Gol82], S. 62-68

[Gle84]   R. Gleaves: Modula-2 for Pascal Programmers. New York: Springer 1984

[Gol82]   M. Goller (Hrsg.): Proc. 1. Symp. Simulationstechnik. Informatik-Fachberichte 56, Berlin: Springer 1982

[Gol83]   A. Goldberg, D. Robson: Smalltalk-80: The Language and its Implementation. Reading, Mass.:Addison-Wesley 1983

[Gre51]   M. Greenberger: Notes on a new pseudorandom number generator. Journal of the Association of Computing Machinery 8/1951, S. 163-167

[Haa87]   D. Haaks, C. Meyer, B. Page: GRAPHDAS: A user friendly Simulation Data Base System. In: G. Mesnard (Ed.) Proc. Internat. AMSE Conference Modelling and Simulation. Tassin: AMSE Press 1987, S. 93-104

[Hal87]   J. Halin (Hrsg.): Proc. 4. Symp. Simulationstechnik. Informatik-Fachberichte 85, Berlin: Springer 1987

[Har73]   S. Harbordt: Computersimulation in den Sozialwissenschaften. Band 1, Hamburg 1973, S. 221-222

[Har74]   S. Harbordt: Computersimulation in den Sozialwissenschaften. Bd. 1, Reinbek: Rowohlt 1974

[Häu85]   A. Häuslein, K. Kullack, Ch. Nowak: Modellbildung und Simulation mit System Dynamics: Grundlage und Konzepte zur interaktiven Unterstützung. Mitteilung Nr. 133, Fachbereich Informatik, Universität Hamburg 1985

[Häu86]   A. Häuslein, B. Page: DYNAMIS: Ein Modellbildungs- und Simulationssystem mit objektorientierter Benutzeroberfläche. In: G. Hommel, S. Schindler (Hrsg.): Proc. GI – 16. Jahrestagung. Informatik-Fachberichte 126, Berlin: Springer 1986, S. 329-343

[Häu88a]   A. Häuslein, L. M. Hilty: Zur Transparenz von Simulationsmodellen. In: [Val88], S. 279-293

[Häu88b]   A. Häuslein, B. Page: Anforderungen an interaktive Simulationssysteme für die Umwelt-systemanalyse. In: A. Jaeschke, B. Page (Hrsg.): Proc. 2. Symp. Informatikanwendungen im Umweltbereich. Informatik-Fachberichte 170, Berlin: Springer 1988, S. 102-115

[Hen84]   J. Henize: Critical Issues in Evaluating Socio-Economic Models. In: T. Ören, B. Ziegler, M. Elzas (Hrsg.): Proc. Simulation and Modeling Methodologies: An Integrative View. Berlin: Springer 1984, S. 557-590

[Hil85]   L. M. Hilty: Benutzergerechte Modellierungssysteme. Diplomarbeit, Fachbereich Informatik, Universität Hamburg 1985

[Hil87]   T. R. Hill, S. D. Roberts: A prototype knowledge-based simulation support system. Simulation, Vol. 48, 4/1987, S. 152-161

[Him70]   L. Himmelblau: Process Analysis by Statistical Methods. New York: Wiley 1970

[Hol86]   J. D. Hollan et al.: Graphical Interfaces for Simulation. ICS Report 8603, University of California, San Diego 1986

[Hor71]   R. L. Horn: Validation of Simulation Results. Management Science 17, 5/1971, S. 247-257

[Hor84]   E. Horowitz: Fundamentals of Programming Languages. Berlin: Springer 1984

[Hor85]   E. H. Hornweber: Simulation elektrischer Schaltungen auf dem Rechner. Fachberichte Simulation 5, Berlin: Springer 1985

[Hut85]   E. L. Hutchins, J. D. Hollan, D. A. Norman: Direct Manipulation Interfaces. ICS Report 8503, Inst. for Cognitive Science, University of California, San Diego 1985

[Iaz89[G. Iazeolla, A. Lehmann, H. J. van den Herik (Eds.): Proc. Simulation Methodologies, Languages and Architectures, European Simulation Multiconference, Ghent 1989

[Int86]   IntelliCorp: The SimKit System: Knowledge Based Simulation Tools in KEE. Handbuch, Mountain View Calif.: IntelliCorp 1986

[Jag84]   V. Jagannathan, A. S. Elmaghraby, E. T. Swenson: ESS-S: An Expert Support System for Simulation Language Selection. Working Paper, University of Louisville 1984

[Jen85]   K. Jensen, N. Wirth: Pascal User Manual and Report. Berlin: Springer 1985

[Job82]   M. Jobmann: ILMAOS - Eine Sprache zur Formulierung von Rechensystemmodellen. Bericht Nr. 91, Fachbereich Informatik, Universität Hamburg 1982

[Joh84]   W. Johannsen J. Schulze, B. Wolfinger: Modellbildung und Simulation eines Gateway-Rechners. In: [Bre84], S. 84-90

[Jon86]   A. W. Jones: Possibilities for Expert Aids in System Simulation. In: [Elz86a], S. 145-152

[Kac85]   M. Kaczmark: Simulationsmodelle für die Untersuchung des Verkehrsablaufes im Straßennetz. In: [Möl85], S. 433-437

[Käm90]   S. Kämper: PEGROS: Ein Konzept zur Entwicklung eines graphischen, objektorientierten Modellbildungs- und Simulationswerkzeugs auf der Basis von Petri-Netzen. Dissertation, Fachbereich Informatik, Universität Hamburg 1990

[Ker81]   B. Kernighan: Why Pascal is Not my Favourite Programming Language. Computing Science Technical Report 100, Bell Laboratories, 1981

[Ket86]   D. L. Kettenis: Knowledge-based Model Storage and Retrieval: Problems and Possibilities. In: [Elz86a], S. 101-111

[Kla80]   P. Klahr, W. W. Faught: Knowledge-based Simulation. In: Proc. AAAI, Stanford 1980, S. 181-183

[Kle74]   J. P. Kleijnen: Statistical Techniques in Simulation. Bd. 1, New York: Dekker 1974

[Kle79]   J. P.. Kleijnen: The role of Statistical Methodology in Simulation. In: B. Zeigler (Ed.): Methodology in System Modelling and Simulation. Amsterdam: North-Holland 1979, S. 425-445

[Kle87]   J. P.. Kleijnen: Statistical Tools for Simulation Practioners. New York: Dekker 1987

[Klö82]   W. Klösgen, W. Schwarz: Modellbanksystem (MBS), Einführung in das System. Bonn: Gesellschaft für Mathematik und Datenverarbeitung mbH 1982

[Klö83]   W. Klösgen, W. Schwarz, A. Honermeier: Modellbanksystem (MBS), Zur Unterstützung der Arbeit mit sozio-ökonomischen Planungsmodellen. GMD-Arbeitspapiere 32, Bonn: Gesellschaft für Mathematik und Datenverarbeitung mbH 1983

[Knu69]   D. E. Knuth: The Art of Computer Programming. Vol. 2, Reading, Mass.:Addison-Wesley 1969

[Knu73]   D. E. Knuth: The Art of Computer Programming. Vol. 3, Reading, Mass.:Addison-Wesley 1973

[Köc72]   D. Köcher, G. Matt, C. Örtel, H. Schneeweiß: Einführung in die Simulationstechnik. Frankfurt a. M.: DGOR 1972

[Koh76]   J. Kohlas: Simulationsmethoden. In: H. Noltemeier (Hrsg.): Computergestützte Planungssysteme. Würzburg: Physica 1976, S. 223-246

[Kra65]   H. S. Krasnow: The Past, Present and Future of General Simulation Languages. Management Science, Vol. 11 A, 2/1965, S. 236-267

[Kre86]   W. Kreutzer: System Simulation – Programming Styles and Languages. Sydney: Addison-Wesley 1986

[Krü74]   S. Krüger: Simulation, Grundlagen, Techniken, Anwendungen. Berlin: De Gruyter 1974

[Kuh87] A. Kuhn: Stand der Simulation in der Fertigungstechnik und Entwicklungstendenzen. In: [Hal87], S. 2-27

[Kui84] B. Kuipers: Commonsense Reasoning about Causality: Deriving Behavior from Structure. In: AI Journal, Vol. 24, 1984, S. 169-203

[Lam88] G. Lamprecht: Einführung in die Programmiersprache SIMULA. Braunschweig: Vieweg 1988

[Lar88] T. S. Larkin, R. I. Carruthers, R. S. Soper: Simulation and object-oriented programming: the development of SERB. Simulation, Vol. 52, 3,/1988, S. 93-100

[Law79] A. M. Law, J. S. Carson: A Sequential Procedure for Determining the length of a Steady-State Simulation. Operations Research 27/1979, S. 1011-1025

[Law82] A. M. Law, W. D. Kelton: Simulation Modelling and Analysis. New York: McGraw-Hill 1982

[Leh51] D. H. Lehmer: Mathematical methods in large-scale computing units. Ann. Comp. Log. 26, Harvard University, 1951, S. 141-146

[Lew87] K. D. Lewke: Ein ereignisgetriebenes Simulationsmodell für MOS-Schaltwerke. In: [Hal87], S. 358-364

[Lon86] W. Long et al.: Reasoning about Therapy from Physiological Model. MEDINFO-1986, S. 756-760

[Mar80] F. Maryanski: Digital Computer Simulation. Rochelle Park, N.J.: Hayden 1980

[Mar83] K. Marse, S. D. Roberts: Implementing a portable FORTRAN uniform (0,1) generator. Simulation, 10/1983, S. 135-139

[Mel89] J. M. Mellichamp, Y. H. Park: A statistical expert system for simulation analysis. In: Simulation, Vol. 52, 4/1989, S. 134-139

[Mey78] K. Meyer, K. Schaller, B. Schmidt: SIM-QUEUE. Arbeitsberichte, Bd. 11, Inst. für Mathematische Maschinen und Datenverarbeitung, Universität Erlangen-Nürnberg 1978

[Mey86] N. Meyrowitz (Ed.): Proc. Object-Oriented Programming Systems, Languages and Applications. ACM Sigplan Notices, Vol 21, 11/1986

[Mic88] J. Micallef: Encapsulation, Reusability and Extensibility in Object-oriented Programming Languages. Journal of Object-Oriented Programming, Vol. 1, 1/1988, S. 12-36

[Möl85] D. P. F. Möller (Hrsg.): Proc. 3. Symp. Simulationstechnik. Informatik-Fachberichte 109, Berlin: Springer 1985

[Mol83] I. Molnar: Some Problems in Research of General Simulation Systems. In: W. Ameling (Ed.): Proc. First European Simulation Congress. Berlin 1983, S. 88-92

[Mon76] D. C. Montgomery: Design and Analysis of Experiments. New York: Wiley 1976

[Moo86] D. A. Moon: Object-Oriented Programming with Flavors. In: [Mey86], S. 1-16

[Mre82] M. Mresse: Der internationale Flughafen Zürich-Kloten als Simulationsmodell. In: [Gol82], S. 21-29

[Mur88] K. J. Murray, S. V. Sheppard: Knowledge-based simulation model specification. Simulation, Vol. 50, 3/1988, S. 112-119

[Mye71] R. H. Myers: Response Surface Methodology. Boston: Allyn and Bacon 1971

[Nan77] R. E. Nance: Model representation in descrete event simulation: Prospect for developing documentation standards. In: N. R. Adam et.al. (Ed.): Computer Simulation: A Tutorial. Computer 10, 4/1977, S.12-17

[Nan79] R. E. Nance: Model representation in discrete event simulation: Prospect for developing documentation standards. In: N.R. Adam et. al. (Hrsg.): Current Issues in Computer Simulation. New York: Academic Press 1979, S. 83-97

[Nau63] P. Nau (Ed.): The Revised Report on the Algorithmic Language ALGOL 60. CACM 1/1963, S. 1-17

[Nay67] T. H. Naylor, J. H. Finger: Verification of Computer Simulation Models. Management Science Vol. 14, 2/1967, S. 92-101

[Nie77]   G. Niemeyer: Kybernetische System- und Modelltheorie, System Dynamics. München: Franz Vahlen 1977

[Nie89]   O. Nierstrasz: A Survey of Object-Oriented Concepts. In: W. Kim, F.H. Lochovsky (Eds.): Object-Oriented Concepts, Databases and Applications. Reading, Mass.:Addison-Wesley 1989, S. 3-21

[Nil82]   N. J. Nilsson: Principles of Artificial Intelligence. Berlin: Springer 1982

[Nog87]   L. Nogarth: Qualitative Beurteilung zeitkontinuierlicher Variablen zur Wissensrepräsentation in Expertensystemen. Studienarbeit, Fachbereich Informatik, Universität Hamburg 1987

[OKe86]   R. O'Keefe: Simulation and Expert Systems – A taxonomy and some examples. Simulation, Vol. 46, 1/1986, S. 10-16

[Öre84]   T. I. Ören: Model-based Activities: A Paradigm Shift. In: T. Ören, B. Ziegler, M. Elzas (Hrsg.): Proc. Simulation and Modeling Methodologies: An Integrative View. Berlin: Springer 1984, S. 3-40

[Öre87]   T. I. Ören, B. P. Zeigler: Artificial intelligence in modelling and simulation: Directions to explore. Simulation, Vol. 48, 4/1987, S.131-134

[Öre88]   T. I. Ören: Bases for Advanced Simulation: Paradigms for the Future. Technical Report TR-88-26, Computer Science Department, University of Ottawa 1988

[Pag80]   B. Page: Die statistische Analyse von Simulationsexperimenten – Eine medizinische Fallstudie. EDV in Medizin und Biologie 11, 3/1980, S. 65-74

[Pag82]   B. Page: Methoden der Modellbildung in der Gesundheitsforschung. Medizinische Informatik und Statistik 37, Berlin: Springer 1982

[Pag83]   B. Page: Der Gültigkeitsnachweis von komplexen Simulationsmodellen. Angewandte Informatik 4/1983, S. 149-157

[Pag88]   B. Page, R. Bölckow, A. Heymann, R. Kadler, H. Liebert: Simulation und moderne Programmiersprachen. Modula-2, C, Ada. Fachberichte Simulation 8, Berlin: Springer 1988

[Par87]   C. S. Park, Y. D. Noh: A port simulation model for bulk cargo operations. Simulation, Vol. 48, 6/1987, S. 236-247

[Peg87]   C. D. Pegden: Introduction to SIMAN. Pennsylvania: Systems Modelling Corporation 1987

[Pet85]   J. L. Peterson, A. Silberschatz: Operating System Concepts. Reading, Mass.: Addison-Wesley 1985

[Pet87]   H. Peters: Simulation zur Personaleinsatzplanung in der Fertigung. In: [Hal87], S. 558-563

[Pet89]   D. Peters, T. Schäfer: Implementation eines transaktionsorientierten, interaktiven, grafischen Simulationssystems in Modula-2. Diplomarbeit, Fachbereich Informatik, Universität Hamburg 1989

[Pri74]   A..A. Pritsker: The GASP IV Simulation language. New York: Wiley 1974

[Pri86]   A. A. Pritsker, C. Pegden: Introduction to Simulation and SLAM II. New York: Wiley 1986

[Pup88]   F. Puppe: Einführung in Expertensysteme. Berlin: Springer 1988

[Red77]   P. G. Reddy, K. Kant: Auf dem Wege zu einer Simulationssprache für die Simulation von Eisenbahn-Teilnetzen. Schienen der Welt, Band 8, 1977, S. 269

[Red81]   R. Reddy, M. S. Fox: KBS: an Artificial Intelligence Approach to flexible Simulation. Technical Report CMU-RI-TR-81-1, Carnegie Mellon University, Pittsburgh 1981

[Red85]   Y. V. Reddy, M. S. Fox, N. Husain: Automating the analysis of simulations in KBS. In: [Bir85], S. 34-40

[Red86]   Y. V. Reddy et al.: The Knowledge-Based Simulation System. In: IEEE Software, 3/1986, S. 26-37

[Rob89]   D. Robertson et al.: The ECO program construction system: ways of increasing its representational power and their effects on the user interface. Int. Journal of Man-Machine Studies, Vol. 31, 1/1989, S. 1-26

[Rös78]   H. Rösmann: Simulation mit GPSS. München: Oldenbourg 1978

[Rot86]   J. Rothenberg: Objekt-Oriented Simulation: Where do we go from here? In: J. Wilson, J. Henriksen, S. Roberts (Eds.): Proc. IEEE Simulation Conference. Amsterdam: North-Holland 1986, S. 464-469

[Roz86]   J. W. Rozenblit, B. P. Zeigler: Entity-Based Structures for Model and Experimental Frame Construction. In: [Elz86a], S. 79-100

[Rus83]   E. C. Russel: Building Simulation Models with SIMSCRIPT II.5. Los Angeles: CACI 1983

[Rüs82]   H. H. Rüschmann: Vergleichende Analyse verschiedener Ansätze zu einer sozioökonomischen Modellierung von Gesundheitssystemen. Forschungsbericht, Bundesminister für Arbeit und Sozialordnung 1982

[Sar84]   R. G. Sargent: Simulation Model Validation. In: T. Ören, B. Ziegler, M. Elzas (Hrsg.): Proc. Simulation and Modeling Methodologies: An Integrative View. Berlin: Springer 1984, S. 537-555

[Sar86a] R. G. Sargent: The Use of Graphical Models in Model Validation. In: I. R. Wilson, I. O. Hendriksen, S. D. Roberts (Eds.): Proc. IEEE Simulation Conference, 1986, S. 237-241

[Sar86b] R. G. Sargent: An Exploration of Possibilities for Expert Aids in Model Validation. In: [Elz86a], S. 279-297

[Sat87]   N. Sathi et al.: An Artificial Intelligence Approach to the Simulation Life Cycle. Knowledge Forum, Vol. 1, 3/1987, S. 2-14

[Sch77]   H. P. Schwefel: Numerische Optimierung von Computermodellen mittels der Evolutionsstrategie. Basel: Birkhäuser 1977

[Sch79]   L. Schrage: A more portable FORTRAN random number generator. ACM Transactions on Mathematical Software, Vol. 5, 2/1979, S. 132-138

[Sch82]   B. Schmidt: Die Bestimmung von Konfidenzintervallen in der Simulation stochastischer zeitdiskreter Systeme. Elektronische Rechenanlagen, 24. Jg., 3/1982, S. 118-124

[Sch84]   B. Schmidt: Modellbildung mit GPSS FORTRAN Version 3. Fachberichte Simulation 3, Berlin: Springer 1984

[Sch85]   B. Schmidt: Systemanalyse und Modellaufbau, Grundlagen der Simulationstechnik. Fachberichte Simulation 1, Berlin: Springer 1985

[Sch86a] B. Schmidt: Classification of Simulation Software. Systems Analysis modelling simulation, Vol. 3, 2/1986, S. 133-140

[Sch86b] P. Schefe: Künstliche Intelligenz – Überblick und Grundlagen. Reihe Informatik 53, Mannheim: Bibliographisches Institut 1986

[Sch87a] B. Schmidt: Simulation von Produktionssystemen. In: K. Feldmann (Hrsg.): Fachtagung Rechnerintegrierte Produktionssysteme. Friedrich-Alexander-Universität Erlangen-Nürnberg, 1987, S. 237-278

[Sch87b] B. Schmidt: Transportmodelle. Fachberichte Simulation 7, Berlin: Springer 1987

[Sch88]   E. Scheube: Qualitätskriterien für graphische Modellbildungs- und Simulationssprachen. Diplomarbeit, Universität Hamburg, Fachbereich Informatik 1988

[SCS79]   Society for Computer Simulation (Ed.): Terminology for Model Credibility. Simulation, Vol. 32, 3/1979, S. 103-104

[SCS88]   Society for Computer Simulation (Ed.): Catalog of Simulation Software. Simulation, Vol. 51, 10/1988, S. 134-156

[Sha75]   R. E. Shannon: Systems Simulation – The Art and Science. Englewood Cliffs: Prentice Hall 1975

[Sha85]   R. E. Shannon, R. Mayer, H. H. Adelsberger: Expert systems and simulation. Simulation, Vol. 44, 6/1985, S. 275-284

[Shn83]   B. Shneiderman: Direct Manipulation: A step beyond programming languages. IEEE Computer, Vol 16, 8/1983, S. 57-69

[Sie83]   H. G. Siedka: Konzeption und Implementation eines Integrierten Simulationssystems für ökologische Anwendungen. Diplomarbeit, Fachbereich Informatik, Universität Hamburg 1983

[Spe82]   D. Spector: Ambiguities and Insecuritites in Modula-2. ACM Sigplan Notices, Vol. 17, 8/1982, S. 43-51

[Sta86]   C. R. Standridge: An Approach to Model Composition from Existing Modules. In: [Elz86a], S. 113-120

[Ste85]   M. Stefik, D. G. Bobrow: Object-Oriented Programming: Themes and Variations. The AI Magazine, Vol. 6, 4/1985, S. 40-62

[Str86]   B. Stroustrup: The C++ Programming Language. Reading, Mass.:Addison-Wesley 1986

[Stü75]   G. Stübel: Methodologische und Software Engineering–orientierte Untersuchungen für ein Unternehmensmodell verschiedener Strukturiertheitsgrade. Dissertation, Universität Stuttgart 1975

[Sum82]   R. T. Summer, R. E. Gleaves: Modula-2 - A Solution To Pascal's Problems. ACM SIGPLAN Notices Vol. 17, 9/1982, S. 28-33

[Toc63]   K. D. Tocher: The Art of Simulation. London: The English Universities Press 1963

[Tre88]   S. Treu: Designing a "Cognizant Interface" between the user and the simulation software. Simulation, Vol. 51, 6/1988, S. 227-234

[Ung84]   B. W. Unger, G. A. Lomow, G. M. Birtwistle: Simulation Software and Ada. San Diego: SCS 1984

[Usc84]   M. Uschold et al.: An Intelligent Front End for Ecological Modelling. In: O'Shea (Ed.): Proc. ECAI European Conference on Artificial Intelligence. Amsterdam: North-Holland 1984, S. 761-770

[Val87]   R. Valk (Hrsg.): Proc. GI – 18. Jahrestagung. Informatik-Fachberichte 87, Berlin: Springer 1987

[Vau85]   J. G. Vaucher: Views of modelling: Comparing the simulation and AI approaches. In: [Bir85], S. 3-7

[Vog86]   G. Vogel: Simulationsmodell zur Planung und Optimierung der getrennten Sammlung von Altstoffen – EDV-gestützte Auswertung von Müll- und Stoffflußanalysen. In: Proc. EDV für Umweltschutz und Energiewirtschaft. Wien, S. 384-391

[Vor88]   P. Vortisch: Mikroskopische Verkehrsflußsimulation zur Bewertung emissionsmindernder Maßnahmen im Straßenverkehr. In: [Val87], S. 294-299

[Vos86]   H. Voss: Representing and Analysing Causal, Temporal and Hierarchical Relations of Devices. Dissertation, Universität Kaiserslautern 1986

[Wel83]   P. D. Welch: The Statistical Analysis of Simulation Output. In: S. Lavenberg (Ed.): The Computer Performance Modeling Handbook, New York: Academic Press 1983, S. 250-281

[Wet87]   H. Wettstein: Architektur von Betriebssystemen. München: Hauser 1987

[Win84]   P. H. Winston: Artificial Intelligence. Reading, Mass.: Addison-Wesley 1984

[Wir79]   N. Wirth: Algorithmen und Datenstrukturen. Stuttgart: Teubner 1979

[Wir85]   N. Wirth: Programmieren in Modula-2. Berlin: Springer 3. Aufl. 1985

[Wol79]   M. Wolf: Die Leistungsfähigkeit des systemorientierten Ansatzes für die Modellbildung. In: F. X. Bea, A. Bohnet, H. Klimesch (Hrsg.): Systemmodelle. Anwendungsmöglichkeiten des systemtheoretischen Ansatzes. Fachberichte und Referate 7, München 1979

[Yam86]   Y. Yamamoto: Graphic Interfaces for Modelling Systems. In: M. S. Elzas, T. I. Ören, B. P. Zeigler (Eds.): Modelling and Simulation Methodology in the Artificial Intelligence Era. Amsterdam: North-Holland 1986, S. 399-403

[Zei76]   B. P. Zeigler: Theory of Modelling and Simulation. New York: Wiley 1976

[Zei84]   B. P. Zeigler: Multifacetted Modelling and Discrete Event Simulation. London: Academic Press 1984

Sachverzeichnis